Ansichten griechischer Rituale

Geburtstags-Symposium für
Walter Burkert

Ansichten
griechischer Rituale

Geburtstags-Symposium für
Walter Burkert

Castelen bei Basel 15. bis 18. März 1996

Herausgegeben von
Fritz Graf

B. G. Teubner Stuttgart und Leipzig 1998

Frontispiz
Aufnahme: Paul F. Büttler, Immensee

Die Deutsche Bibliothek – CIP-Einheitsaufnahme

Ansichten griechischer Rituale /
Geburtstags-Symposium für Walter Burkert,
Castelen bei Basel, 15. bis 18. März 1996 /
hrsg. von Fritz Graf. –
Stuttgart ; Leipzig : Teubner, 1998
ISBN 3-519-07433-8

© B. G. Teubner Stuttgart und Leipzig 1998

Printed in Germany
Gesamtherstellung: Druckhaus „Thomas Müntzer" GmbH, Bad Langensalza

Vorwort

Kaum ein anderer Gelehrter hat unsere Kenntnis der griechischen Religion – und damit nicht nur unser Verständnis eines zentralen Aspekts des Griechentums, sondern auch, ausgehend von dieser einen Religion, unser Verständnis von Religion überhaupt – in den letzten Dezennien derart gefördert, verändert und vertieft wie Walter Burkert. So lag es nahe, seinen 65. Geburtstag am 27. Februar 1996 (und den fast gleichzeitigen Rücktritt von seinem Zürcher Lehramt auf Ende des Wintersemesters 1995/96) zu markieren, indem im Rückblick und in der Weiterarbeit, in der Weiterführung wie im gelegentlichen Widerspruch, eben diese umfassende und lebendige Bedeutung von Burkerts wissenschaftlicher Leistung herausgestellt werden sollte. So versammelten drei seiner Schüler, Christoph Riedweg (damals Mainz, jetzt Zürich), Thomas A. Szlezák (Tübingen) und der Schreibende eine Reihe jener Forscherinnen und Forscher, deren eigenes Forschen sich demjenigen Burkerts verbunden fühlt – Weggenossen ebenso wie Schüler –, zu einem Symposium in der Römerstiftung René Clavel in August bei Basel.

In diesem gemeinsamen Anlaß sollten einige dem Gefeierten besonders nahe Themen im Mittelpunkt stehen, denn der Gelehrte, dessen Denken neben dem geschriebenen Werk auch immer durch das Gespräch – das mehrsprachig geführte Gespräch – wirkte und wirkt, sollte durch eine ihm verwandte Form der Darbringung geehrt werden; daß dieses Geburtstagskolloquium dann doch auch in die schriftliche Form der Festschrift münden würde, war freilich von Anfang an eingeplant. Das Thema des griechischen Rituals, zu dem Walter Burkert seit dem *Homo Necans* von 1972 Grundlegendes gesagt hatte, stand im Mittelpunkt; anderes, ihm ebenso Nahes – insbesondere die Orphik – kam dazu. Der in der ursprünglichen Konzeption sehr enge Zusammenhang der Beiträge hat sich in seiner Realisierung erweitert und aufgefächert, aber gerade dadurch die lebende Wirkung gezeigt, die vom Werk des Gefeierten ausgeht – einzelne Riten und Festkomplexe der antiken Welt, von der griechischen Bronzezeit bis in die griechisch-römische Spätantike, das Verhältnis von Tragödie und Ritual und die Rituale und Vorstellungen der orphisch-dionysischen Goldblättchen stehen neben grundsätzlicheren Überlegungen zum Ritus überhaupt, während

Th. Szlezáks Beitrag von dem sonst kaum berücksichtigten anderen großen Interesse des Gefeierten, der griechischen Philosophie, zeugt.

Im vorliegenden Band werden diese Beiträge in überarbeiteter Form zusammengebracht. Der Versuchung, etwas von der Dichte der Gespräche einzufangen, die damals auf Castelen stattfanden, widerstanden die Herausgeber: Vieles von diesen Gesprächen ist in die verschriftlichte Form der Beiträge eingeflossen, während durch die Wiedergabe zweier der damaligen Reden, der Begrüßungsrede durch Karl Pestalozzi, des Altrektors der Universität Basel, und des Schlußworts von Walter Burkert selber, versucht wurde, wenigstens etwas von der konstitutiven Mündlichkeit jenes eindrücklichen Anlasses einzufangen; Martin L. Wests geistvolles Geburtstagsgedicht schließlich nimmt die Stelle eines Beitrags ein, der an anderer Stelle als Teil einer Monographie erschienen ist. Die Einheit finden auch die gedruckten Beiträge letztlich in ihrer Beziehung auf Walter Burkerts Werk; wie sehr zudem viele der Arbeiten darüber hinaus miteinander ins Gespräch treten können, soll der Leser selber erfahren können.

Es bleibt der Dank. Zuerst ist es derjenige an alle Kolleginnen und Kollegen, Freundinnen und Freunde – an die, die damals zum Symposium beitrugen und den damaligen Beitrag nun auch zur Publikation bereitgestellt haben, aber auch an die, deren Mitdenken und Mitsprechen viel mehr bedeutet haben, als jetzt sichtbar wird. Dann ist es der Dank an die Basler Institutionen, welche das Symposium erst möglich gemacht hatten: die Römerstiftung René Clavel, die LaRoche-Stiftung mit ihrem nicht unbeträchtlichen Beitrag und die Universität Basel; und der Dank an den Verlag Teubner und seinen um die Altertumswissenschaften so verdienten Geschäftsführer, Herrn Heinrich Krämer, der auch diesen Band in vertrauter Schönheit besorgt hat. Zuletzt aber, doch nicht weniger herzlich, danke ich meinen Basler Mitarbeiterinnen und Mitarbeitern, die das Kolloquium mitgetragen und die am Band mitgearbeitet haben, allen voran Christian Oesterheld, der sich hingebungsvoll der großen Detailarbeit angenommen, und René Bloch, der die Korrekturen betreut hat.

Basel, im August 1997 Fritz Graf

Inhaltsverzeichnis

III Ritual und Tragödie

IV Orphica et Philosophica

Ὦ φίλε πουλυμαθές θ' ἅμα τ' ὀξυδρακὲς περὶ πάντων,
  πῶς σ' ἄρ' ἐπαινήσω; φαίη ἂν ὁ Κράτυλος
βουρέκτην σέ τιν' ὄντ' (ἐπεὶ ἦ μεγάλ' ἔργματ' ἔρεξας)
  ἦκα παραλλάξαντ' οὔνομα νῦν τελέθειν
Βουρκέρτην· τόσσαισιν ἀεὶ τοίαισί τε βίβλοις
  εὖ μάλα πλουτίζεις ἡμετέρας μελέτας.
πρῶτον μὲν Σοφίην καὶ Ἐπιστήμην ἀπέφηνας
  συμφυέας, πάντως αὐτὸς ἐπιστάμενος·
εἶθ' ἑξῆς, πλεόνεσσιν ἀγρυπνήσας ἐπὶ δέλτοις,
  πόλλ' ἐνὶ θρησκείαις καὶ Κυδαθηναϊκαῖς
τοῖ' ἔγνως νόμιμ' ὄνθ', οἷα θηρευτῆρσι παλαιοῖς,
  οἳ σκευῆι πρὸς πᾶν χρῶντο τέλος λιθίνηι.
θηρευτῆρσι, λέγω; καὶ θηρσί γε, τοῖς περ ὁμογνοὶ
  ἄνερες ἐκ κοινῆς μητρὸς ἀναπνέομεν.
οὔ τι γὰρ αὐτομάτως μύθων τὰ σχήματ' ἔγεντο,
  ἀλλὰ κατ' ἀνθρώπων τῶν προτέρων βίοτον.
κοὐ μόνος Ἡρόδοτος φιλοβάρβαρος, ἀλλ' ἄρα καὶ σύ
  ἦισθου, ὅσ' ἐξ Ἀσίης Ἑλλὰς ἐπεσπάσατο.
ναὶ μὴν κὰς βάκχων μυστήρια, φῶς μέγ' ἀνάψας,
  ἡγήσω πρόφρων καὶ κατέδειξας ὁδόν.
ὣς σὺ μὲν ἀρχαίων ἱερῶν πέρι καινὰ διδάσκων
  μὴ προκάμοις· βραχὺ δ' οὖν νῦν ἀναπαυόμενος
χαῖρε παθὼν τὸ πάθημα, τό τ' οὔ πω πρόσθ' ἐπεπόνθεις,
  πέντε πρὸς ἑξήκοντ' ἐκτελέσας ἔτεα
(πεντάδας εἴτ' ἐθέλεις τρεισκαίδεκα), κἀπιγραφεῖσαν
  βίβλον τήνδ' ἐσιδὼν σήν, ἀτὰρ οὐχ ὑπὸ σοῦ.

M. L. W.

Begrüßung aus Anlaß des Festvortrags in der Aula der Museen Basel im Rahmen des Geburtstagssymposions für Prof. Walter Burkert am 16. März 1996

Meine Damen und Herren,

in Vertretung von Herrn Rektor Hans-Joachim Güntheroth begrüße ich Sie herzlich zu diesem Festvortrag im Rahmen des Symposions "Ansichten griechischer Rituale". Mein besonderer Gruß gilt Ihnen, verehrter Herr Burkert, als dem Anlaß, dem Adressaten und letztlich *spiritus rector* dieses Symposions. Ich entbiete Ihnen die besten Wünsche unserer Universität als einem Forscher, dessen Ausstrahlung auch die Klassische Philologie in Basel in hohem Maße bestimmt. Gestatten Sie, daß ich versuche, den daraus hervorgegangenen heutigen Anlaß in einen größeren Zusammenhang zu stellen.

Zunächst ist es ja ungewöhnlich und ein novum in der Geschichte des Faches, daß ein zurücktretender Ordinarius für Klassische Philologie an der Universität Zürich in Basel gefeiert wird. Undenkbar, daß das einem Ernst Howald widerfahren wäre, bei dessen Feier zum 60. Geburtstag auf der Kyburg ich im *Trinummus* des Plautus mitgespielt habe. Erfreulicherweise bestehen die damaligen Abgrenzungsbedürfnisse, etwa in der Homerfrage, heute nicht mehr. Man hat gelernt, die Verschiedenheiten als Chancen der Ergänzung zu sehen und zusammenzuarbeiten. Hochschulpolitisch gesehen läßt sich dieses Symposion als Vorgriff auf eine "Hochschule Schweiz" verstehen, wobei die Gäste aus dem übrigen Europa und aus Übersee manifestieren, daß sich die Schweizer Altertumswissenschaften als Teil der weltweiten *humanities* verstehen. Dabei zeigt dieses Symposion freilich auch, daß solche Zusammenführungen nur gelingen können, wenn einzelne initiative Fachvertreter sie zu ihrer eigenen Sache machen. In diesem Sinne danke ich Herrn Kollegen Fritz Graf als dem Initianten und Hauptorganisator dieses Symposions.

Nun würde es aber in keiner Weise dem Forschungsansatz und der Denkweise des Gefeierten entsprechen, wenn wir uns mit einer so ephemeren Begründung zufriedengeben würden, weshalb dieses Burkert-Symposion in Basel stattfindet und wir uns heute gerade hier versammelt haben. Es gibt Kulthandlungen, Riten, Opfer, die an bestimmte Orte gehören, und umgekehrt können Örtlichkeiten auf magische Weise erzwingen, daß an ihnen wiedergeschieht, was längst geschah.

Diese Aula, meine Damen und Herren, scheint mir ein solcher Ort zu sein. Von diesem Katheder aus hat im Januar und Februar 1870 Friedrich Nietzsche seine Vorträge "Das griechische Musikdrama" und "Sokrates und die Tragödie" gehalten, aus denen dann seine *Geburt der Tragödie aus dem Geiste der Musik* hervorging. Auch Jacob Burckhardt stand bei seinen berühmten Aulavorträgen an dieser Stelle. Seit 1865 wohnte Johann Jakob Bachofen um die Ecke am Münsterplatz. Karl Meuli schließlich hielt, ususgemäß, 1926 hier seine Antrittsvorlesung über "Sagen des Dionysos". Es geht mir hier nicht, einmal mehr, um diese klingenden Basler Namen. Die Genannten gehören zusammen als Stifter und Förderer einer bestimmten Auffassung der Antike, insbesondere der Griechen. Man kann sie insofern als antiklassisch bezeichnen, als die großen Zeugnisse der griechischen Kultur von Kulturzuständen her gedeutet werden, die ihnen vorauslagen. In Jacob Burckhardts *Griechischer Kulturgeschichte* stieß ich in diesem Zusammenhang auf folgenden merkwürdigen Satz: "Diese Nation gilt nun für 'klassisch' im Gegensatz zu aller 'Romantik'. Wenn aber Romantik so viel ist als beständige Zurückbeziehung aller Dinge und Anschauungen auf eine poetisch gestaltete Vorzeit, so hatten die Griechen in ihrem Mythos eine ganz kolossale Romantik zur allherrschenden geistigen Voraussetzung."[1] Im folgenden spricht Burckhardt dann von lokalen Götter- und Heroenkulten. Jacob Burckhardt erklärt also die Griechen für romantisch. Romantisch kann man aber vor allem diese Betrachtungsweise nennen, wenn man darunter eine versteht, die nach den Bezügen nach rückwärts, in eine Vor- oder gar Urzeit fragt. Tatsächlich hat diese andere Art, die Griechen zu sehen, innerhalb des deutschen Sprachgebietes durch die Genannten von Basel aus entscheidende Anstöße erhalten. Dabei wechselte die Aufmerksamkeit vom Mythos auf die Musik oder den Kult. In dieser Tradition steht auch Walter Burkert, der sich auf Karl Meuli als einen seiner wichtigen Anreger beruft. Um Walter Burkert zu zitieren: "Zwischen dem Vormenschlichen und der Gegenwart fällt den Altertumswissenschaften damit schließlich eine Vorrangstellung zu, gestatten sie doch, die in der Sprache gegebene Innensicht

---

1 J. Burckhardt, *Griechische Kulturgeschichte* 1, hrsg. v. J. Oeri (Berlin/Stuttgart 1898²) 37 (= Jacob-Burckhardt-Gesamtausgabe Bd. 8, hrsg. v. F. Stähelin, Basel 1930, 36f.).

der menschlichen Kulturtradition am weitesten nach rückwärts zu verfolgen."[2]

Es ist nun aber nicht zu verkennen, daß dieser andere Zugang zu den Griechen und zur griechischen Kultur, wie er von dieser Stelle aus maßgeblich propagiert wurde, in extremer Spannung steht zu diesem Raum, dieser ehrwürdigen Aula. Das nach Plänen des Architekten Melchior Berri 1849 fertiggestellte Museum an der Augustinergasse, in dem wir uns befinden, ist ganz aus klassizistischem Geist gestaltet.[3] Berri dachte an einen "Tempel der Wissenschaft" im wörtlichen Sinne. Die Eingangshalle wollte er erst im "Charakter der Propyläen in Athen und Eleusis geschmückt" haben. Der Fries der Fassade erinnert neben anderen Details daran. Die Treppe, auf der wir heraufgekommen sind, ist durchaus als eine der Einweihung zu begehen, die uns von allem Profanen entfernt. Diese Aula allerdings war seinerzeit den Anhängern einer weißen Antike zu bunt. Berri schwebte bei der Ausgestaltung vor, was er auf seiner Italienreise in Pompeji gesehen hatte. Auch die Marmorbüsten in der Eingangshalle, darunter die des Großvaters von C. G. Jung, atmen römischen Geist. – Die ganze Aula ist auf das Katheder ausgerichtet, logozentriert sozusagen. Die Tür dahinter ist geschlossen, sie verweist auf das unbetretbare Mysterium, das allem Reden unerreichbar vorausliegt. Die Professorengalerie an den Wänden schließlich repräsentiert, mit Nietzsche gesprochen, sokratischen Geist.

Jacob Burckhardt scheint etwas von der Spannung gespürt zu haben, die zwischen dem Bau seines Schwagers und seinem eigenen Griechenbild bestand. Es ging auf seine Empfehlung zurück, daß man die Ausmalung des Treppenaufgangs mit Fresken Arnold Böcklin übertrug. So begleiten uns nun Böcklins Magna Mater, Flora und Apollo beim gemessenen Hinaufschreiten hierher, wo so oft eine andere Antike vorgestellt wurde.

Daß wir, indem wir dank mancherlei Zufällen Walter Burkert hier feiern, zugleich dem *genius loci* huldigen, könnte ich nicht besser illustrieren als mit den folgenden Eingangssätzen aus einer älteren Arbeit des Jubilars, die ich der 1990 erschienenen Sammlung "Wilder Ursprung" entnehme:

"Wer in Athen die Kehren des Weges zur Akropolis emporsteigt, während jene lichten Marmorkonturen, Säulenstellungen und Gebälk in wechselndem Spiel sich ineinanderschieben und auseinander entfalten, wird immer wieder ergriffen vom Geheimnis der griechischen Klassik – ein einzigartiges und einmaliges Gelingen, das nur hinzunehmen und aufzunehmen bleibt. Wenn man dann freilich sich bemüht, ins einzel-

---

2 Burkert 1988 b.

3 Das folgende nach P. L. Ganz et al., *Das Museum an der Augustinergasse in Basel und seine Porträtgalerie,* Basler Zs. f. Geschichte u. Altertumskunde 78 (Basel 1979).

ne einzudringen und möglichst alles noch Faßbare zu erfassen und ins Bewußtsein zu heben, kann die Beglückung unversehens umschlagen in Ratlosigkeit. Was dringt da alles an Uraltem, Dunklem, schwer oder gar nicht Verständlichem auf den Nachgeborenen ein: heilige Pelasger-Mauer und Erechtheion-Kultmal, die Jungfrau in Waffen und die Schlange, Kentauren und dreileibige Ungeheuer, Geburt aus der Erde und Geburt aus dem Haupt des Zeus – Rätsel über Rätsel. Und doch muß ja wohl beides, das Fremdartig-Urtümliche und das Klassische, in einem notwendigen Zusammenhang stehen derart, daß nicht das eine auf das andere fast durch Zufall gefolgt ist, sondern daß noch das Jüngere, großartig Entfaltete von der Lebenskraft des Älteren getragen ist, wie die Blüte von der Wurzel lebt. Will man diesen Zusammenhängen nachspüren, wird jedes Stückchen alter Überlieferung über die Kulte, die Riten und Mythen im Bereich der Akropolis bedeutsam; vielleicht, daß gelegentlich ein Sinnbezug aufleuchtet."[4]

Ich denke, den Verfasser dieser Sätze gerade an dieser Stelle zu feiern, läßt sich auch als Heimholung an einen seiner Ursprünge verstehen. Weshalb freilich Basel weit stärker als Zürich zum Nährboden dieser janusköpfigen Antike werden konnte, ist eine Frage, die ich nur anzudeuten, nicht zu beantworten wage.

Die in dieser Aula symbolisch lokalisierbare Ablösung unterschiedlicher Griechenbilder und die zwischen ihnen bis heute bestehende Spannung ist auch ein hermeneutisches Paradebeispiel. Es dämpft unsere Hoffnung auf endgültige Erkenntnis, eine Hoffnung, auf die wir doch nicht verzichten dürfen, und lehrt uns einsehen, daß es *die* Antike für uns nicht mehr geben kann – und darf. Schon vor gut hundert Jahren hat sich ein cleverer Wiener Gymnasiast dazu in sein Tagebuch lakonisch notiert: "Die Griechen Goethes. Die Griechen von Nietzsche. Die Griechen von Chénier."[5] Später hat Hofmannsthal, um ihn handelt es sich, diese Notiz zu folgendem Aphorismus im *Buch der Freunde* ausgestaltet:

"Betrachtet man die Wielandsche Auffassung der Antike und die Nietzschesche nebeneinander, ebenso die von Winckelmann und von Jacob Burckhardt, so erkennt man, daß wir etwa noch mehr als die andern Nationen die Antike als einen magischen Spiegel behandeln, aus dem wir unsere eigene Gestalt in fremder, gereinigter Erscheinung zu empfangen hoffen."[6]

Wenn dem so ist, so spricht aus dieser Aula nicht nur die spannungsgeladene Komplexität der Griechen und des Griechenbildes, sondern zugleich

---

4 Burkert 1966 b, 1 (= 1990 d, 40).

5 H. v. Hofmannsthal, *Aufzeichnungen,* Gesammelte Werke in Einzelausgaben 15, hrsg. v. H. Steiner (Frankfurt a. M. 1959) 96.

6 Ebd. 43.

unsere eigene. Und ihre Forschungen, verehrter Herr Burkert, wären über das hinaus, was sie Ihrem Fach an neuen Einsichten erschlossen haben, zugleich auch Aufklärungen unserer Kultur und unserer Gesellschaft über sich selbst. Daß es einem dabei manchmal auch angst und bange werden kann, ist nicht Ihre Schuld.

Angesichts dessen, was Sie an Zusammenhängen zwischen Opferritual und Tragödie aufgedeckt haben, lernen wir aber auch anders und neu ermessen, was es für die menschliche Gesittung bedeutet, daß sich die Goethesche Iphigenie von Thoas mit den Worten verabschieden kann: "Leb wohl und reiche mir/Zum Pfand der alten Freundschaft deine Rechte", und er schließlich, wenn auch widerwillig, einlenkt mit seinem eigenen, bewegenden "Lebt wohl!"

Für all das, verehrter Herr Burkert, danken wir Ihnen im Namen der *humanities.*

Karl Pestalozzi, Altrektor

I

Grundlagen und Reflexionen

JAN N. BREMMER

'Religion', 'Ritual' and the Opposition 'Sacred vs. Profane'

Notes towards a Terminological 'Genealogy'

"Every time that we undertake to explain something human taken at a given moment in history – be it a religious belief, a moral precept, an aesthetic style or an economic system – it is necessary to commence by going back to its most primitive and simple form, to try and account for the characteristics by which it was marked at that time, and then to show how it developed and became complicated little by little, and how it became that which it is at the moment in question." These words by Émile Durkheim (1858–1917) in the introduction to his *Elementary Forms* are certainly appropriate for the honorand of this congress[1]. From his *Homo necans* with its programmatic title describing the nature of man – so very different from that of our compatriot Huizinga – to his latest studies about retaliation in ancient Greece, with its back cover of two kissing chimpanzees, and the biological background of religion, Walter Burkert has looked for the nature of man and his perhaps most curious cultural institution, sacrifice, in his beginnings[2]. It may therefore be appropriate to offer him here some observations on the development of the terms 'religion' (§ 1), 'ritual' (§ 2) and the opposition 'sacred vs. profane' (§ 3), arguably three of the most important concepts in the history of religion, with special attention to the historiography of Greek and Roman religion. After all, Burkert has published a book called *Greek Religion,* analysed the nature of ritual, and used without reservations the term 'the sacred'[3]. Naturally, the subject is enormous and my contribution does not pretend to do more than to offer some observations; but standing on the shoulders of our predecessors, this dwarf, too, may perhaps see somewhat further.

---

1 É. Durkheim, *The Elementary Forms of the Religious Life,* tr. J. W. Swain (London 1915) 15 (= Durkheim 1912, 4 f.).

2 Burkert 1972 b; 1994; 1996; J. Huizinga, *Homo ludens* (Haarlem 1938).

3 Burkert 1977 a; 1979, 35–58 ("The Persistence of Ritual"); 1972 b, 9: "Grunderlebnis des 'Heiligen' ist die Opfertötung".

I

Religion

What does the term 'religion' mean and what does that meaning imply for a contemporary history of Greek religion? The first part of this question may occasion surprise, but the present meaning of religion is the outcome of a long process, which was already sketched by Max Müller (1823–1900) in his Gifford Lectures of 1888 in a still valuable study[4]. The etymology of Latin *religio* is still a much debated subject, and little progress seems to have been made since the beginning of this century: it is still impossible to state with any certainty whether the word derives from *religare* or *religere*[5]. In any case, it is clear that in many older passages *religio* has no religious content and just means 'scruples'[6], a meaning gradually pushed out by the 'religious' aspect of the term.

In the time of Cicero, Lucretius and Vergil[7], *religio* was not equivalent to our notion of 'religion' but contained a strong ritualistic aspect and was often connected with active worship according to the rules. This meaning was still prevalent in early Christian Latin. It was Lactantius (*Inst. Div.* 4. 28), who first started to stress the tie between God and man as expressed in *religio* and therefore preferred an etymological connection with *religare*[8]. In Augustine the idea of worship remained as strong as ever, but the opposition between Christians and pagans now allowed him to speak of a *religio Christiana* and of the contrast between a *vera* and a *falsa religio*. It is from this stage of the word that we can understand its medieval development[9].

---

4 M. Müller, *Natural Religion* (London 1889) 27–102; see now W. C. Smith, *The Meaning and End of Religion* (New York 1964); Despland 1979.

5 See most recently É. Benveniste, *Le vocabulaire des institutions indo-européennes* 2 (Paris 1969) 267–272, who has been refuted by Schilling 1979, 39–43; Wagenvoort 1980, 225–227.

6 This was already observed by W. F. Otto, "Religio und Superstitio", *ARW* 12 (1909) 533–554, here 533–548 (= *id.* 1975, 92–113, at 92–107), and *id.*, "Religio und Superstitio (Nachtrag)", *ibid.* 14 (1911) 406–422 (= *id.* 1975, 114–130).

7 J. Salem, "Comment traduire *religio* chez Lucrèce? Notes sur la constitution d'un vocabulaire philosophique latin à l'époque de Cicéron et Lucrèce", *ÉtClass* 62 (1994) 3–26.

8 Feil 1986, 60–64; C. A. Spada, "L'uso di *religio* e *religiones* nella polemica antipagana di Lattanzio", in: Bianchi 1994, 459–463.

9 For the early Church see L. Koep, "'Religio' und 'Ritus' als Problem des frühen Christentums", *JbAC* 5 (1962) 43–59; P. Stockmeier, *Glaube und Religion in der frühen Kirche* (Freiburg i. Br. usw. 1972); Feil 1986, 50–82; M. Sachot, "Comment le chri-

Whereas our classical material is rather limited, in the Middle Ages we can draw our material from a much larger geographical area and much more differentiated sources, which range from dictionaries to theologians, from illiterates to chroniclers. On the other hand, most national dictionaries of medieval Latin have not yet reached the letter 'R', so that our documentary evidence remains unsatisfactory. Still, the outline seems pretty clear. The old meaning of 'cult' and 'worshipfulness' continued to exist, but the notion of 'worship according to the rules' also developed into the new meaning of 'monastic order', surely the group that fulfilled its religious duties in the most exacting ways. Other words, such as *fides*[10], *lex* and *secta,* came much nearer to what we now call 'religion', but they did not develop into the abstraction 'Religion' and remained limited to a specific religion or a specific geographical area[11].

Important changes took place during and shortly after the Reformation, when the simple plurality of faiths greatly stimulated reflection on the phenomenon of religion. In the sixteenth century *religio Christiana* still means 'Christian religion', that is, the correct mode of Christian piety. But the ongoing religious wars and polemics gradually led to an objectification: *religio* started to assume the meaning of a set of doctrines, which could be true or false. From there, the development led in the first half of the seventeenth century to '*the* Christian religion' and, subsequently, to 'Religion', perhaps first in Lord Herbert of Cherbury (1583–1648). This development has recently been traced in various details and its major lines are now clear[12].

stianisme est-il devenu religio?", *Rev. des Sciences Religieuses* 59 (1985) 95–118; *id.,* "Religio/Superstitio. Histoire d'une subversion et d'un retournement", *RevHistRel* 208 (1991) 355–394.

10 For the early development of *fidelis/infidelis* see J. Chollet, "*Fidus* et *Fidelis* sont-ils synonymes?", in: C. Moussy (ed.), *Les problèmes de la synonymie en latin. Colloque du Centre Alfred Ernout. Université de Paris IV, 3 et 4 juin 1992,* Lingua Latina 2 (Paris 1994) 123–135.

11 As is realised by P. Biller, "Words and the Medieval Notion of 'Religion'", *JEcclHist* 36 (1985) 351–369, which unfortunately appeared too late for Feil 1986, 83–208.

12 Despland 1979, 167–325 (16th and 17th century); J. Bossey, "Some Elementary Forms of Durkheim", *Past & Present* 95 (1982) 3–18, esp. 4–8; J. Samuel Preus, *Explaining Religion. Criticism from Bodin to Freud* (New Haven/London 1987) 23–39: "The Deist Option: Herbert of Cherbury" (on Edward Herbert, 1583–1648); E. Feil, "From the Classical *Religio* to the Modern *Religion.* Elements of a Transformation between 1550 and 1650", in: M. Despland/G. Vallée (eds.), *Religion in History. The Word, the Idea, the Reality* (Waterloo, Ont. 1992) 31–43, an otherwise disappointing collection.

It has less been appreciated that this development has to be correlated to three other developments, which I cannot elaborate upon but which at least deserve to be mentioned. First, *religio* now started to lose its ritual aspects and became limited to an intellectual system. This development must have been promoted by the growing repudiation of ritual which became prevalent all over Europe (§ 2). Secondly, we now also start to find the *systematic* defence of atheism in the person of Spinoza (1632–1677). Thirdly, the French words *foi* and *croyance* now acquire their modern meanings in the work of Pascal (1623–1662). The rise of the analogous terms in the modern European languages, such as *faith* and *Glaube,* is still very much a *terra incognita*[13].

Even though 'religion' acquired an intellectual meaning in the seventeenth century, it did not immediately acquire a definitive content. Unfortunately, modern investigations into the term do not analyse the nineteenth century in any depth. That is understandable, but nevertheless it may close our eyes to some problems. Feil, in the introduction to his book *Religio,* takes Nilsson (1874–1967) sternly to task because he uses the expression *griechische Religion* without arguing for the correctness of using the term. Evidently, if curiously, Burkert's *Griechische Religion* had escaped him; if not, he would have surely suffered a similar fate[14]. Feil certainly has a point, since the use of the term 'religion' for certain Greek ideas and practices is an ethic term, which reflects the observer's point of view, not that of the actor: the Greeks themselves did not yet have a term for 'religion'. Admittedly, some scholars have argued against the use of modern terminology, but such a view is hardly tenable[15]. Post-modernist anthropology has stressed that in both cases we still have to do with an interpretative endeavour. The exclusive use of Greek terms may suggest an absence of the modern world, but one's own cultural framework will inevitably serve as point of reference[16].

The use of the term 'religion', then, is perfectly acceptable, but it is noteworthy that it has only gradually become accepted among German classi-

---

13 S. Berti, "At the roots of unbelief", *JHistIdeas* 56 (1995) 555–575; J. Wirth, "La naissance du concept de croyance (XIIᵉ–XVIIᵉ siècles)", *Bibliothèque d'Humanisme et Renaissance* 44. 1 (1983) 7–58; S. G. Hall et al., "Glaube IV–VI", *Theol. Realenzykl.* 13 (1984) 305–365.

14 Nilsson, GGR I³ (1969; 1944¹), cf. Feil 1986, 33 f.

15 Cf. J. Rudhardt, *Notions fondamentales de la pensée religieuse et actes constitutifs du culte dans la Grèce classique* (Geneva 1958¹; Paris 1992²) 5 f.

16 Cf. B. Boudewijnse, "Fieldwork at Home", *Etnofoor* (Amsterdam) 7 (1994) 73–95.

cists. Kant's (1724–1804) view that attempts to please God by mere external worship are not part of religion and Schleiermacher's (1768–1834) stress on feeling as the most important component of religion[17], are reflected in certain titles which look somewhat odd from a modern point of view. For example, Wissowa's (1859–1931) title, *Religion und Kultus der Römer*, is clearly a legacy of this nineteenth-century depreciation of ritual and similar titles can be found until about 1950[18]. Although the word *Religion* is not absent from histories of Greek and Roman religion of the first half of the nineteenth century[19], scholars of that century more often used titles like *Griechische Mythologie* or *Griechische Götterlehre* (a German calque on Latin *theologia*)[20]. The denigration of mythology, the corresponding rise of ritual at the end of the nineteenth century (§ 2) and the growing influence of the English anthropological school gradually made those terms unacceptable and in the twentieth century *Religion* has gained the field. The exception is U. von Wilamowitz-Moellendorff's (1848–1931) *Der Glaube der Hellenen* (Berlin, 1931), but this was a deeply personal choice, which went right against the grain of the times[21].

Just as peculiar as the combination of cult *and* religion is the title of Otto Gruppe's (1851–1921) highly learned *Griechische Mythologie und Religionsgeschichte*[22]. Yet both standard histories of Greek religion of this century, those by Nilsson and Burkert, do not include chapters on mythology. Whereas the former at least still argues that religion and mythology are fundamentally

17 For these views see the splendid overview by U. Dierse et al., "Religion", *HistWbPhilos* 8 (1992) 632–713, esp. 673–680; see also B. Lang, "Kultus", *HrwG* 3 (1993) 474–488.

18 Wissowa 1912 (1902¹); the combination can be found, e.g., in K. F. Hermann, *Lehrbuch der gottesdienstlichen Althertümer der Griechen* (Heidelberg 1846) 15; K. Werner, *Die Religionen und Culte des vorchristlichen Heidenthums* (Schaffhausen 1871); W. Grube, *Religion und Kultus der Chinesen* (Leipzig 1910); G. Herbig, *Religion und Kultus der Etrusker* (Breslau 1922); S. Mowinckel, *Religion og kultus* (Oslo 1950), German ed.: *Religion und Kultus* (Göttingen 1953).

19 Note also J. A. Hartung, *Die Religion der Römer nach den Quellen dargestellt,* 2 vols. (Erlangen 1836); M. W. Heffter, *Die Geschichte der Religion der Griechen* (Brandenburg 1845).

20 For many examples see A. Henrichs, "Welckers Götterlehre", in: W. M. Calder III et al. (eds.), *Friedrich Gottlieb Welcker. Werk und Wirkung,* Hermes Einzelschr. 49 (Stuttgart 1986) 179–229, esp. 187–190. For the early history of the term 'theology' see Th. Bonhoeffer, "Die Wurzeln des Begriffs Theologie", *ArchBegriffsgesch* 34 (1991) 7–26.

21 For the title see Henrichs 1985, esp. 290–294.

22 Gruppe 1906.

different and to a certain extent discusses mythology in his introduction,
the latter does not even discuss the omission; it is only Bruit Zaidman and
Schmitt Pantel who have restored mythology to a place within the history
of Greek religion, if hardly in a satisfactory manner[23].

The omission of mythology is once again a legacy of the late nineteenth century and not the outcome of the actor's point of view, since
mythology is fully integrated into Greek religion. On the other hand,
we cannot always take the latter's view as normative. The eternal debate
as to whether magic is part of religion seems to me the typical conse-
quence of an uncritical acceptance of the modern Western point of
view. At the same time, Burkert's omission also shows that the precise
content of what *we* call 'religion' is still not fully agreed upon among
classicists[24], as will also become clear in the discussion of our second section.

II

Ritual

The study of ritual has always been an important part of Burkert's work
and in 1979 he even dedicated a separate chapter to the subject in his *Structure and History*. He notes that no consensus regarding the definition of
ritual has yet been reached but then skirts this problem by stating that
ethology presents a "clear-cut definition . . . based on careful observation".
Of course, I do not want to dispute the care taken by ethologists, but one
may at least ask how these scholars knew what they had to observe. Surely, their point of departure was the pre-existing notion of ritual in anthropology and psychology. In other words, however valuable its contribution is, ethology can not present the key to the problem of how to define
ritual[25].

23 L. Bruit Zaidman/P. Schmitt Pantel, *Religion in the Ancient Greek City,* tr. by
P. Cartledge (Cambridge 1992) 143–175 (orig.: *La religion grecque,* Paris 1989,
103–126); see also Bremmer 1994, 55–68 (= 1996a, 62–76).

24 This is not different from sociologists, anthropologists and historians of religions;
see most recently R. T. McCutcheon, "The Category 'Religion' in Recent Publications. A Critical Survey", *Numen* 42 (1995) 284–309; H. Tyrell, "Religionssoziologie",
Gesch. u. Gesellsch. 22 (1996) 428–457, esp. 440–444.

25 Burkert 1979, 35–58; note also the various observations on ritual in *id.* 1996,
19 f. 25. 28 f. 41 f.

Burkert, naturally, was not the first to pose the question. He himself already quotes the pioneer study by the British anthropologist Goody[26], and since then there have been literally dozens of definitions, which all depart from the idea that ritual is an objective phenomenon[27]. Instead of contributing one more definition, we can also try to approach the problem from a different angle. What, we can ask, is the origin of the concept of ritual? Does a historical approach perhaps lead us out of the labyrinth of modern definitions?

An important step in the right direction was recently taken by two anthropologists, the American Talal Asad and the Dutch Barbara Boudewijnse. To Asad belongs the great merit of having noted that for a long time *ritual* signified a *text*, a scenario or even a liturgy, and only around 1900 developed into a notion for *behaviour*. In the course of time (so Asad) 'ritual' in its modern sense was made visible and theorizable as a result of an important development in Western society, namely that behaviour came to be taken as representational and independent of the individual self. Unfortunately, Asad does not succeed in tying this postulated development to the historical development of the notion of 'ritual'. On the other hand, Boudewijnse, after demonstrating that modern definitions of ‚ritual‘ wrongly try to refine or rephrase previous definitions instead of deconstructing the problem, has firmly tied the rise of our notion of 'ritual' to Robertson Smith (below) and the Victorians. Moreover, it is the gradual development of our notion and its appropriation by such different disciplines as anthropology, sociology, psychology and ethology, that account for the modern inability to reach a consensus about a definition[28]. Boudewijnse's explanation of the contemporary confusion seems to me to be unassailable, but her historical picture can still be somewhat refined.

Attention to ritual started with the Reformation, if in a rather negative way. On a wide scale, ritual became viewed as 'bare ceremoniousness' (1583) and classed with superstition[29]. The term 'ritual', consequentially, was not

---

26 Goody 1961.

27 An exception is C. Calame, "'Mythe' et 'rite' en Grèce: des catégories indigènes?" *Kernos* 4 (1991) 179–204, esp. 196–203.

28 T. Asad, *Genealogies of Religion* (Baltimore/London 1993) 55–79 [1988[1]]; B. Boudewijnse, "The Conceptualization of Ritual. A History of its Problematic Aspects", *Jaarboek voor Liturgieonderzoek* 11 (1995) 31–56.

29 J. Z. Smith, *To Take Place. Towards Theory in Ritual* (Chicago/London 1987) 98–103; P. Burke, *The Historical Anthropology of Early Modern Italy* (Cambridge 1987) 223–38. 258–60.

very popular among Protestants. For several centuries the most important positive example of the term remained the *rituale Romanum*, the standard manual for the mass. Its Catholic character is probably responsible for the fact that in the nineteenth century we do not often find 'ritual' in the titles of English or German books. When it is used in English, as in W. Palmer, *Origines liturgicae, or antiquities of the English ritual*, 2 vols (London, 1845⁴), it is clearly inspired by the Catholic usage. The same usage can also be found in Germany, such as, for example, in an anonymous *Ritual und Aufdeckung der Freimaurerei* (Leipzig, 1838), but later in the century it first became prevalent among Orientalists who had their own ritual texts, in particular the Rig-Veda; on the other hand, the alternative expression *Ritualbücher* or *Ritual-Litteratur* is rather a calque on Festus' notice of Etruscan *libri rituales* (p. 358 Lindsay)[30]. In Catholic France, *rituel* was understandably more customary and, in analogy to Catholic *rituale*, it was used to denote the ritual of the Freemasons or even the *rituels funéraires* of Egyptian papyri with their detailed directions for the Underworld, that means with texts[31].

Given this situation, it is rather striking that the term 'ritual' suddenly took off in England around 1890[32]. The first to explicitly demonstrate this interest in print was William Robertson Smith (1846–1894), who in a well known passage of the first series of his *Lectures on The Religion of the Semites* states that

> antique religions had for the most part no creeds; they consisted
> entirely of institutions and practices . . . So far as myths consist of
> explanations of ritual, their value is altogether secondary, and it may
> be affirmed with confidence that in almost every case the myth
> was derived from the ritual, and not the ritual from the myth; for
> the ritual was *fixed* (my italics) and the myth was variable, the ritual

---

30 Heffter (above n. 19) 57: ". . . blosser Ritualbücher, die das Aeussere eines Cultus festsetzen"; O. Donner, *Pindapitryajna. Das Manenopfer mit Klössen bei den Indern. Abhandlung aus dem vedischen Ritual* (Berlin 1870); A. Weber, *Episches im vedischen Ritual* (Berlin 1891); A. Hillebrandt, *Ritual-Litteratur. Vedische Opfer und Zauber*, Grundriß der indo-arischen Philologie und Altertumskunde 3 : 2 (Straßburg 1897; repr. Graz 1981). For the Etruscan *libri rituales* see J. Linderski, "The *Libri Reconditi*", *HSCP* 89 (1985) 207–234, esp. 231–234 (= in: *id., Roman Questions*, Heidelb. Althist. Beitr. u. Epigr. Stud. 20, Stuttgart 1995, 496–523, esp. 520–523).

31 E.g., F. Riebesthal, *Rituel macconnique pour tous les rites* (Strasbourg 1826); P. Gnieysse, *Rituel funéraire égyptien* (Paris 1876).

32 For the 'pre-history' of ritual see Schmidt 1994.

was obligatory and faith in the myth was at the discretion of the worshipper . . . The conclusion is, that in the study of ancient religions we
must begin, not with myth, but with ritual and traditional usage[33].

As Boudewijnse convincingly argues, Smith used the term 'ritual' with its
connotations of 'script for behaviour' because for him religious practice
was 'fixed' and obligatory. Smith' usage was clearly innovatory, since the
greatest anthropologist of his time, Edward B. Tylor (1832–1917), does not
use the term and was less interested in ritual: rites only take up one chapter of his *Primitive Culture* (1871). Despite his title, *Myth, Ritual and Religion* (1887), Andrew Lang (1844–1912), as Boudewijnse notes, shows no
particular interest in ritual either, but he does observe that "ritual . . . is
not a thing easily altered"[34]; this aspect recurs in R. R. Marett
(1866–1943), the author of the very first entry of 'ritual' in the *Encyclopaedia Britannica,* who notes that "a religion is congregational . . . it involves
a routine, a ritual"[35]. So, was Smith himself conscious of a revolution in
anthropology when he introduced the term 'ritual'? I do not really think
so. There is no lemma 'ritual' in the 9th and 10th edition of the *Encyclopaedia Britannica,* although he was its editor-in-chief; he hardly uses the
term in the only recently published second and third series of his *Lectures*[36] and, in fact, there is not even an entry 'ritual' in the index of his
famous *Lectures*!

On the other hand, there was somebody else with a great interest in rites.
In the Preface to the first edition of his first *Lectures* Smith warmly thanks
"Mr. J. G. Frazer, who has given me free access to his unpublished collections on the superstitions and religious observances of primitive nations in
all parts of the globe." Young Frazer (1854–1941) was indeed greatly interested in ethnographic details and already early in life set out to collect them
in a systematic way. In 1887 he issued widely a privately printed pamphlet,
*The Questions on the Manners, Customs, Religion, Superstitions, etc. of Unci-
vilized or Semi-Civilized Peoples,* which deals with such questions as birth,
marriage, death, time and politics, but most questions regarded mar-

33 Smith 1889, 16–18.
34 A. Lang, *Magic, Ritual and Religion,* 2 vols. (London 1887) 251.
35 R. R. Marett, "Ritual", *Encyclopaedia Britannica*[11] 23 (1910) 370–372; *id., Anthropology* (London/New York 1911) 212 (quote).
36 W. Robertson Smith, *Lectures on the Religion of the Semites (Second and Third
Series),* ed. J. Day (Sheffield 1995) 51 ("the increasing complexity of ritual"), 112
("Hebrew and heathen story and ritual").

riage[37]. The anthropologist Lewis Morgan (1818–1881) had also worked with lists, but Frazer's model surely was the great German folklorist Wilhelm Mannhardt (1831–1880), who had used questionnaires for his studies of European peasant customs[38].

Frazer frequently used the term 'ritual' in the first edition of *The Golden Bough*[39]. Despite rather different ideas about religion, Smith and Frazer were close friends who frequently exchanged ideas. It has often been thought that Frazer derived most of his ideas from Smith, but this is certainly not true and the most recent studies of the relationship between the two men stress Frazer's originality and independence[40]. Smith, though, was the first to state in print the antiquity of ritual and its priority above myth.

The term 'ritual' now soon became accepted in English classical and anthropological circles[41]. In 1890 Jane Harrison (1850–1928) followed Smith, although without any reference to him, in noting in the preface to her *Mythology & Monuments of Ancient Athens* (London 1890) that "in the large majority of cases *ritual practice misunderstood* explains the elaboration of myth"[42]. In *Anthropology and the Classics,* a 1910 collective publication, 'ritual' is used by Gilbert Murray (1866–1957) and Warde Fowler (1847–1921) as if the notion was self-evident[43]. Outside Classics, the notion remained

---

37 Cf. D. Richards, *Masks of Difference* (London 1994) 147–170.

38 W. Mannhardt, *Wald- und Feldkulte* 2 (Berlin 1877) XXXIVf., cf. T. Tybjerg, "Wilhelm Mannhardt – a Pioneer in the Study of Rituals", in: T. Ahlbäck (ed.), *The Problem of Ritual. Symposium on religious rites held at Åbo, Finland, on the 13th–16th of August 1991* (Stockholm 1993) 27–37.

39 J. G. Frazer, *The Golden Bough. A Study in Comparative Religion,* 2 vols. (London 1890) 1, 31. 279. 298. 308. 316. 349; 2, 38. 54. 63. 93 etc.; note also the expression "ritual books" (1, 8).

40 H. Philsooph, "A Reconsideration of Frazer's Relationship with Robertson Smith. The Myth and the Facts", in: Johnstone 1995, 331–342; R. Segal, "Smith versus Frazer on the Comparative Method", *ibid.* 343–350.

41 Note that the development has been overlooked by the otherwise very informative study of G. W. Stocking, Jr., *After Tylor: British Social Anthropology, 1888–1951* (Madison 1995).

42 On the problem as to whether Harrison was dependent on Smith see J. N. Bremmer, "Gerardus van der Leeuw and Jane Ellen Harrison", in: Kippenberg/Luchesi 1991, 237–241, esp. 238; R. Schlesier, *Kulte, Mythen und Gelehrte. Anthropologie der Antike seit 1800* (Frankfurt/M. 1994) 147f.

43 R. R. Marett (ed.), *Anthropology and the Classics* (Oxford 1908) 74 (Murray), 172 (Fowler).

alive among anthropologists because A. R. Radcliffe-Brown (1881–1955) and his school continued to be interested in the work of Smith[44]. Yet not everybody had noted the new development. The lemma 'Ritual' in the authoritative *Encyclopaedia of Religion and Ethics* just says: "See prayer, worship"[45].

It took only a few years before the new insights were received in France. As Durkheim himself states, it was during his 1894–95 course at the University of Bordeaux that "I achieved a clear view of the essential role played by the religion in social life . . . [this] was entirely due to the studies of religious history which I had just undertaken, and notably to the reading of the works of Robertson Smith and his school"[46]. It seems a reasonable guess that the re-orientation had come about through the second edition of Smith's *Lectures,* which had appeared the previous year. In this period Durkheim greatly relied on the librarian of the École Normale Superieure, Lucien Herr (1864–1926), who strenuously assisted him in the preparation of his courses and who had introduced him to the writings of the 'English school'[47]. Durkheim's conversion was towards religion, which came to play a large part in his journal *L'Année Sociologique,* in which his nephew Marcel Mauss (1872–1950) and Mauss' friend Henri Hubert (1872–1927) were responsible for the section 'sociologie religieuse'[48]. This part soon contained a regular sub-section called 'Le rituel'.

It was not only in England and France that the tide had turned away from beliefs and mythology to ritual. In 1896 the German folklorist and German-

---

44 J. Goody, *The Expansive Moment* (Cambridge 1995) 156.

45 J. Hastings (ed.), *Encyclopaedia of Religion and Ethics* 10 (Edinburgh 1918) s. v.

46 Quoted by Lukes 1973, 236; see also J. Sumpf, "Durkheim et le problème de l'étude sociologique de la religion", *Archives de sociologie des religions* 20 (1965) 63–73; H. Firsching, "Emile Durkheims Religionssoziologie – made in Germany?", in: V. Krech/H. Tyrell (eds.), *Religionssoziologie um 1900* (Würzburg 1995) 351–363.

47 Cf. M. Fournier, *Marcel Mauss* (Paris 1994) 202 f.; H. Mürmel, "Bemerkungen zum Problem des Einflusses von William Robertson Smith auf die Durkheimgruppe", in: H. Preissler/H. Seiwert (eds.), *Gnosisforschung und Religionsgeschichte. Festschrift für Kurt Rudolph zum 65. Geburtstag* (Marburg 1994) 471–478. On Herr: Ch. Andler, *Vie de Lucien Herr* (Paris 1932, repr. 1977); D. Lindenberg/P. Meyer, *L. Herr. Le socialisme et son destin* (Paris 1977).

48 For Mauss see A. Momigliano et al., *Gli uomini, le società, leiviltà. Uno studio intorna all'opera di Marcel Mauss,* ed. R. di Donato (Pisa 1985); Fournier (prev. n.). Hubert has not yet received the study he deserves, but see I. Strenski, "Emile Durkheim, Henri Hubert et le discours des modernistes religieux sur le symbolisme", *L'Ethnographie* 117 (1995) 33–52; *id., Religion in Relation* (London 1993) 180–201.

ic philologist Karl Weinhold (1823–1901) published his *Zur Geschichte des heidnischen Ritus*, which he started with the words: "Je mehr die Bedeutung des Cultus und der mit ihm zusammenhängenden Riten für die Religionsgeschichte erkannt wird . . ."[49]. This increasing interest was only slowly accepted in classical circles. The greatest contemporary expert on Greek religion, Hermann Usener (1834–1905), soon became acquainted with the new English developments, but he turned towards ritual only shortly before his death. He may even have found the term 'ritual' difficult to accept, since he spoke of 'heilige Handlung' – a term still used by his pupils Ludwig Deubner (1877–1946) and Richard Reitzenstein (1861–1931)[50]. However, in his review of Usener's *Sintflutsagen* (1900), Marcel Mauss had already observed that "il convient de noter que M. U[sener], pour comprendre la mythologie, fait beaucoup plus appel à la ritologie que dans ses livres précédents"[51].

In this respect Usener was more advanced than Wilamowitz, who already in Greifswald had heard about Robertson Smith from their mutual friend Julius Wellhausen (1844–1918) and had corresponded with Frazer, who had visited him in 1902[52]. Wilamowitz's interest was not in ritual but in the gods. In the most intelligent review of his *Glaube*, Louis Gernet (1882–1962) notes that there is "très peu de chose sur le sacrifice . . . peu de chose même sur le rituel"[53]. Among Usener's pupils, Deubner and Walter F. Otto (1874–1958) gradually accepted 'Ritual'[54], but not Aby Warburg

---

49 K. Weinhold, *Zur Geschichte des heidnischen Ritus*, Abh. Kgl. Akad. Wiss. Berlin, Phil.-hist. Kl. 1896 : 1, 3 (repr. in an abbreviated form as "Rituale Nacktheit", in: *id.*, *Brauch und Glaube. Schriften zur deutschen Volkskunde*, hrsg. v. C. Puetzfeld, Gießen 1937, 78–92, quote at 78).

50 Usener 1904; L. Deubner, "Lupercalia", *ARW* 13 (1910) 481–508, at 492 (= *id.*, 1982, 73–100, at 84); R. Reitzenstein, "Heilige Handlung", *Vortr. Bibl. Warburg* 8 (1928–29) 21–41.

51 *AnnSoc* 3 (1898–99 [199]) 261–265, quote at 264 (= Mauss 1969, 299–303, at 302).

52 Wilamowitz: Henrichs 1985, 279. Wellhausen: R. Smend, „William Robertson Smith and Julius Wellhausen", in: Johnstone 1995, 226–242; add J. de Bruyn (ed.), *Amicissime. Brieven van Christiaan Snouck Hurgronje aan Herman Bavinck, 1878–1921* (Amsterdam 1992) 29.

53 L. Gernet, Rev. of Wilamowitz-Moellendorff 1931/1932, *RevPhil* 60 (1934) 191–201, quote at 192 (= in: Gernet 1983, 104–115, at 105).

54 Deubner 1982, "Die Devotion der Decier", *ARW* 8 (1905) 66–81, at 67 (= *id.* 1982, 47–62, at 48); *id.*, "Zur Entwicklungsgeschichte der altrömischen Religion", *NjB* 14 (1911) 321–335, at 323 (= *id.* 1982, 113–127, at 115); *id.*, "Altrömische Religion", *Die Antike* 2 (1926) 61–78, at 77 (= *id.* 1982, 321–338, at 337): "Unbeweglichkeit des Rituals"; W. F. Otto, "Iuno. Beiträge zum Verständnisse der ältesten und

$(1866-1929)^{55}$, and the noun is still absent from Martin Nilsson's *Griechische Feste* (1906) despite frequent use of the adjective 'rituell'[56]. The 1908 Brockhaus (14th ed.), the German equivalent of the *Encyclopaedia Britannica*, still describes 'Ritual' as a manual, and *Die Religion in Geschichte und Gegenwart* $(1909-1913^1)$, the German counterpart of Hasting's *Encyclopaedia*, has no lemma 'Ritual' at all – just like its third edition of 1961.

In Holland the move towards ritual had also been noticed, since in a 1903 necrology of C. P. Tiele (1830–1902, the first occupant of the first Dutch Chair in the History of Religion), his successor P. D. Chantepie de la Saussaye (1848–1920) observed that Tiele was unable to follow the „anthropological school . . . which is more interested in customs than in ideas"[57]. It is rather striking that this change reflected itself also on the linguistic level. Whereas nineteenth-century Dutch writings used the word 'rituaal' when describing a liturgical scenario, in the beginning of the twentieth century a new word, 'ritueel' (inspired by French 'rituel'), started to appear – like German *Ritual,* first in descriptions of Indian religion[58].

Finally, Italy. After the unification of 1870 all theological chairs had been abolished and it is therefore not surprising that interest in ritual had to wait until 1911, when at the Primo Congresso di Etnografia in Rome it suddenly exploded, inspired especially by Arnold van Gennep's (1873–1957) *Les rites de passage* $(1909)^{59}$.

---

wichtigsten Thatsachen ihres Kultes", *Philologus* 64 (1905) 161–223, esp. 185, 189, 190: "Analogien in dem Ritual aller Völker" (on the Nonae Capratinae) (= in: *id.* 1975, 1–63, esp. 25, 29, 30).

55 Despite the confusing modern (!) title of Warburg's report of his visit to the Hopi Indians, *Schlangenritual. Ein Reisebericht,* ed. U. Raulff (Berlin 1988), and K. W. Forster, "Aby Warburg. His Study of Ritual and Art on Two Continents", *October* 77 (1996) 5–24.

56 Nilsson 1906, 21 ("Buphonienritual"), 52 ("ritueller Hinsicht"), 108 ("Prodigienritual"), 111 ("rituellen Handlungen"), etc.

57 P. D. Chantepie de la Saussaye, "Cornelis Petrus Tiele (16 December 1830–11 Januari 1902)", *Jaarb. Koninkl. Ak. Wetensch. (Amsterdam)* 1902, 125–154, esp. 146, repr. in *id., Portretten en kritieken* (Haarlem 1909), here 112. On Tiele see also E. Cossee, " 'Zoo wij iets sloopen, het is niet de godsdienst': Cornelis Petrus Tiele (1830–1902) als apologeet van het Modernisme", *Jaarb. voor de geschiedenis van het Nederlands Protestantisme na 1800* 1 (1995) 17–33.

58 Cf. J. S. Speyer, *Het Hindoeïsme* (Baarn 1911) 14; C. Snouck Hurgronje, *De Islam* (Baarn 1912) 24.

59 S. Puccini, "Evoluzionismo e positivismo nell' antropologia italiana (1869–1911)", in: P. Clemente et al., *L'antropologia italiana. Un secolo di storia,* Bibl. di cultura moderna 920 (Rome/Bari 1985) 97–148. On van Gennep, see below n. 62.

'The ritual turn', then, clearly took place in the late 1880s and 1890s. According to the Oxford anthropologist Franz Steiner (1909–1952), it was caused by the interest of the Victorian Age in 'irrational rules' of religion which could not be explained by the more rationalistic theories of the time. Although there is some truth in this observation, the developments certainly did not start in England. Rather, the first representative of the new developments was the already quoted Mannhardt, whose study of European peasant customs was immensely popular and influential; behind Mannhardt, there was the German Romantic movement with its burning interest in popular customs. This particular interest became intensified by the growing urbanisation of Western Europe in the second half of the nineteenth century, which enlarged the differences between town and country and made once-familiar customs look increasingly strange. The same development also made the study (as against the collecting) of folklore into a booming industry and the turn towards ritual clearly profited from this development[60].

Did 'the ritual turn' mean that ritual in itself also became a subject of interest? Hardly. None of the scholars quoted was interested in ritual as symbolic behaviour which deserved a study in its own right[61]. The exception of this rule was Van Gennep's *Les rites de passage,* but the latter's exclusion from the ruling school of Durkheim meant that the book did not receive all the attention it deserved[62]. In fact, interest in ritual proper came rather late. In order not to be deceived by my own subjective impression, I have counted the books with 'ritual' in the title in the Royal Library of The Hague. Evidently, the choice is subjective and a proper statistician would compare the results with the overall book production. Still, the global

---

60 F. Steiner, *Taboo* (London 1956) 50–51. For a good survey of the history of European folklore see G. Cocchiara, *Storia del folklore in Europa* (Turin 1971²).

61 As is also observed by J.-L. Durand and J. Scheid ,"'Rites' et 'religion'. Remarques sur certains préjugés des historiens de la religion des Grecs et des Romains", *ArchScSocRel* 85 (1994) 23–43.

62 van Gennep 1909 (= *The Rites of Passage,* tr. M. B. Vizedom and G. L. Caffee, London 1960). In a recent reprint (Paris 1969) the notes in Van Gennep's own copy have been added. Cf. K. van Gennep, *Bibliographie des oeuvres d'Arnold van Gennep* (Paris 1974); H. A. Senn, "Arnold van Gennep: Structuralist and Apologist for the Study of Folklore in France", *Folklore* 85 (1974) 229–243; N. Belmont, *Arnold van Gennep. The Creator of French Ethnography,* tr. D. Coltman (Chicago 1979) (*Arnold van Gennep. Créateur de l'ethnographie française,* Petite Bibl. Payot 232, Paris 1974); W. Belier, "Arnold van Gennep and the Rise of French Sociology of Religion", *Numen* 41 (1994) 141–162.

result, as presented here, seems to clearly indicate that it is only in the 1960s that interest started to take off. Milestones on this road, which deserves more attention than I can give it here, are the rise of ethology, as exemplified by Konrad Lorenz (1903–1989) and Niko Tinbergen (1907–1988), the English translation of Van Gennep's book (1960) and the influential work of Victor Turner (1920–1983), especially his *The Ritual Process* (1969)[63].

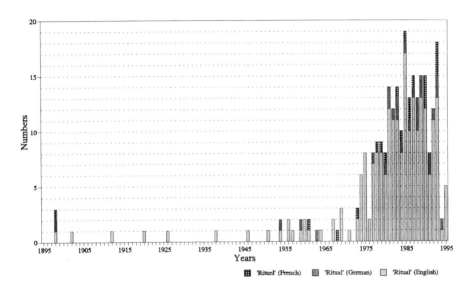

Walter Burkert's work is clearly an exponent of this new development in the 1960s. Yet he is also an inheritor of the nineteenth century. Everybody who reads Smith's *Lectures* and then the introduction of the *Homo Necans* will be struck by the enormous influence of Smith on Burkert and his work, in particular his stress on ritual in general and sacrifice in particular. Yet, the development of the term 'ritual' as sketched by me suggests that the concept is the product of a particular historical moment and not the

---

63 Turner 1969. For Turner's contributions see H. B. Boudewijnse, "The Ritual Studies of Victor Turner", in: H.-G. Heimbrock/H. B. B. (eds.), *Current Studies on Ritual* (Amsterdam/Atlanta 1990) 1–17; *ead.,* "De kracht van de verbeelding. De erfenis van Victor Turner (1920–1983)", *Facta* (Assen) 1 : 8 (1993) 6–9.

reflection of a new approach to an objective reality as, for example, observed by ethology. This makes one wonder whether we should not now pose some questions: Is it really the case that we should start a history of Greek religion with 'ritual', as Burkert does in his *Greek Religion?* Does not the organisation of his work in this respect still reflect the time when ritual was considered to be unchangeable and more ancient than beliefs, whereas more recent investigations have demonstrated that even sacrifice, the central Greek ritual, is the product of various times and places[64]? Is the opposition 'ritual vs. beliefs' not too absolute? Are rites not also a reflection of beliefs? Do not the gods and heroes lend Greek religion its specific 'colour', more than its ritual? I will not even try to discuss these questions here, but they deserve a new debate, it seems to me.

III
The Sacred and the Profane

In his *Homo necans* Burkert qualifies sacrifice as the "Grunderlebnis des Heiligen" (the 'sacred' in the English translation[65]). 'Holiness' or 'the sacred' are categories which loom large in phenomenological studies of religion, such as Gerardus van der Leeuw's (1890–1950) *Die Phänomenologie der Religion* and Joachim Wach's (1898–1955) *Sociology of Religion,* and in that excellent product from the school of Mircea Eliade (1907–1986), the *Encyclopedia of Religion,* which offers an extended lemma 'the sacred and the profane'; it is perhaps even Eliade's book *The Sacred and the Profane* which has made this combination first known outside the narrow world of sociologists, anthropologists and historians of religion. But where and when did this opposition originate, and is it a valid one[66]?

---

64 See Bremmer 1996b here 248–282.

65 Burkert 1972b, 9 = 1983, 3.

66 G. van der Leeuw, *Die Phänomenologie der Religion* (Tübingen 1933); J. Wach, *Sociology of Religion* (Chicago 1944) 357–360; M. Eliade, *Das Heilige und das Profane. Vom Wesen des Religiösen,* Rowohlts Deutsche Enzyklopädie 31, Hamburg 1957 (which was the ed. princ., translated from a French ms. by E. Grassi; English: *The Sacred and the Profane. The Nature of Religion,* tr. W. R. Trask, New York 1959; a French edition appeared only in 1965); C. Colpe, "The Sacred and the Profane", *EncRel* 12 (1987) 511–526; *id.,* "Das Heilige", *HrwG* 3 (1993) 80–99. For Eliade's earlier use of the combination and his invention of the term 'hierophany', which appears only in his post-war works, see M. L. Ricketts, *Mircea Eliade. The Romanian Roots, 1907–1945,* vol. 2, East European Monogr. 248 (Boulder/New York 1988) 1138f.

As with ritual, the origin of the rise of the opposition 'sacred vs. profane' can be precisely located – in the work of, once again, William
Robertson Smith[67]. In his *Lectures* he had stated that "the distinction between what is *holy* and what is *common* is one of the most important things
in ancient religion"[68]. It would take a while before the distinction between
sacred and profane started to appear in Durkheim's writings. It is not yet to
be found in his first article on the sociology of religion, a study of the definition of religious phenomena, which appeared just before the great stream
of ethnographic publications started to flow[69]. The article is rather schema-
tic but already speaks about "la distinction des choses en sacrées et pro-
fanes", although the distinction is not yet made the heart of religion; neither
is the 'sacred' defined in any satisfactory way. Although in successive years
Durkheim included "la morale" in the domain of the sacred, more progress
was made by Durkheim's pupils Mauss and Hubert. In their famous study
of sacrifice in 1899 they already concluded that "les choses sacrées, par rapport auxquelles fonctionne le sacrifice, sont des choses sociales", but this
observation was not yet extended to religion as a whole[70]. In 1904 they
explained the sacred by *mana* and even considered the two nearly identical[71].

In 1905, Hubert took a major step forward by stating that the sacred is
that which is separated, is a kind of milieu and time, and is an effective

67 For my sketch of the development of the notion I have greatly profited from
F.-A. Isambert, *Le sens du sacré* (Paris 1982) 215–245; Ph. Borgeaud, "Le couple
sacré/profane. Genèse et fortune d'un concept 'opératoire' en histoire des religions",
RevHistRel 211 (1994) 387–418; M. Massenzio, "La relazione sacro/profano. Analisi e
verifica di una scelta metodologica", in: Bianchi 1994, 695–700. Note also R. Cour-
tas/F. A. Isambert, "La notion de sacré, bibliographie thématique", *ArchScSocRel* 44
(1977) 119–138.
68 Smith 1889, 140 (distinction), 446 (taboo).
69 Durkheim 1899. Although informative, the analysis by R. A. Jones, "La genèse
du système? The origins of Durkheim's Sociology of Religion", in: Calder 1991,
97–121, does not mention the opposition 'sacred vs. profane' and neglects the influence of Mauss and Hubert (see below).
70 "Essai sur la nature et la fonction du sacrifice", *AnnSoc* 2 (1897–1898 [1899])
29–138, quote at 136 (= Mauss 1968, 193–307, at 306).
71 M. Mauss/H. Hubert, "Esquisse d'une théorie générale de la magie", *AnnSoc* 7
(1902–03 [1904]) 1–146, here 119f. (= M. M., *Sociologie et anthropologie,* Paris 1950,
3–141, at 112); cf. Mauss/Hubert 1909, XIX f. (= Mauss 1968, 19).

power[72]. And in 1906 Hubert and Mauss seemed fully convinced that they now had found the key to religion by their notion of le sacré. The freshness of the term clearly appears from its elaboration in the introduction to a 1906 volume in which they had collected some of their most innovative writings on sacrifice, magic and time. Although fully recognizing their debt to Robertson Smith, they now observed that the sacred has an application well beyond just taboo and the idea of purity. On the contrary, le sacré is also connected with love, repulsion, fear, feelings, in other words "le phénomène central parmi tous les phénomènes religieux"[73]. Using the elaboration of his pupils[74], Durkheim made the opposition 'sacred vs. profane' the heart of his sociological analysis of religion in his classic study Les formes élementaires de la vie religieuse (1912).

In Germany the term 'the sacred' received its great popularity as the title of Rudolf Otto's (1869–1937) book Das Heilige (1917), which was one of the great bestsellers of pre-War Germany[75]. Where did Otto find the inspiration for his title? A recent study of Otto's work suggests a possible dependence on the Swedish archbishop, historian of religion, and 1930 Nobel Peace Prize winner Nathan Söderblom (1866–1931) but adds that it is unsupported by any evidence[76]. However, the author has not noticed that Otto's unpublished correspondence shows that he had already visited Söderblom in Paris in 1900. Otto had just reissued Schleiermacher's influential Reden über die Religion (1799), to which Söderblom subsequently devoted his 1899 trial lecture in order to qualify for an Uppsala chair. The two scholars, then, had much in common and remained in contact in the fol-

---

72 See Hubert's introduction to P. D. Chantepie de la Saussaye, Manuel d'histoire des religions, trad. sur la seconde éd. allemande [Lehrbuch der Religionsgeschichte, Freiburg i. B./Leipzig ²1987] sous la dir. de H. Hubert et I. Lévy (Paris 1904), and cf. the review of Hubert's introduction published by Mauss in AnnSoc 8 (1903–04 [1905] 223 f. (= Mauss 1968, 46), and see also Mauss/Hubert 1909, XVI f. (= Mauss 1968, 17).

73 Mauss/Hubert 1909, XIV–XVII, esp. XVII (= Mauss 1968, 15–17, esp. 17).

74 Strenski (above n. 48) rightly stresses that the importance of Mauss and Hubert for the development of Durkheim's thought is often underestimated.

75 See more recently H. Biezais, "Die heilige Entheiligung des Heiligen", in: H. P. Duerr (ed.), Alcheringa oder die beginnende Zeit (Frankfurt/Paris 1983) 165–190; P. C. Almond, Rudolf Otto. An Introduction to His Philosophical Theology (Chapel Hill/London 1984); G. Löhr, "Rudolf Otto und das Heilige", ZRelGeistesG 45 (1993) 113–135.

76 Ph. Almond, "Rudolf Otto. The Context of his Thought", Scottish J. of Theology 36 (1983) 347–362, esp. 357.

lowing decades[77]. It was Söderblom who contributed the lemma 'Holiness' to the above-mentioned *Encyclopaedia of Religion and Ethics,* in which he wrote: "Holiness [for Söderblom 'the revelation of divine power"] is the great word in religion; it is even more essential than the notion of God. Real religion may exist without a definite conception of divinity, but there is no real religion without a distinction between holy and profane". Söderblom certainly knew the work of Durkheim and his school, since he directly refers to Mauss and Hubert, and his stress on ‚holiness‘ will derive from their work[78]. In 1914 Durkheim stated that "a division of things into the sacred and the profane is the foundation of all religions", a terse formulation which had not yet occurred in his work and which may, in turn, derive from Söderblom[79].

Given Otto's acquaintance with Söderblom, it seems likely that the latter had inspired him to his stress on holiness, although we cannot totally exclude the possibility that Otto had been inspired by the German philosopher Wilhelm Windelband (1848–1915). Windelband was the first German to use the term 'das Heilige' as the title of a *Skizze zur Religionsphilosophie,* which he published as a separate booklet under the same title in 1916 – only one year before Otto, who nowhere mentions him in his book[80]. However this may be, unlike Durkheim Otto defined the 'sacred' in a psychological way as a "mysterium tremendum fascinans et augustum". In contemporary Germany, his approach suited the great interest in religion, which was widely felt to give meaning to a life increasingly threatened by the 'disenchantment of the world'. Religion, according to the late German historian Thomas Nipperdey (1927–1992), was directed against

---

77 E. Benz (ed.), *Rudolf Ottos Bedeutung für die Religionswissenschaft und die Theologie heute* (Leiden 1971) 12; E. Sharpe, *Nathan Söderblom and the Study of Religion* (Chapel Hill/London 1990) 76–83.

78 The opposition 'sacred vs. profane' returns in N. Söderblom, *Das Werden des Gottesglaubens* (Leipzig 1916) 179 f.: "Das Hauptmerkmal der institutionellen Religion ist die Unterscheidung des Heiligen vom Profanen."

79 E. Durkheim, "Le Dualisme de la nature humaine et ses conditions sociales", *Scientia* 15 (1914) 206–221, translated as "The Dualism of Human Nature and its Social Conditions", in: K. H. Wolff (ed.), *Emile Durkheim, 1858–1917* (Columbus 1960) 325–340, esp. 335.

80 Windelband first published this study in his *Präludien* (Tübingen, 1902²: still one volume); it was reprinted with additions in *Präludien* 2 (1907³), and I have consulted *Präludien* 2 (1911⁴) 272–309 ("Das Heilige"); W. Windelband, *Das Heilige* (Tübingen 1916).

"den positivistischen Determinismus, die Entseelung der Welt, die Auflösung aller Bindungen, und sie ist Wendung zu einem absolutem, zu Urwerten." The general public still wanted religion or, perhaps better, religiosity, but no longer traditional Christianity. It is therefore not surprising that in the age of William James (1842–1910) and Sigmund Freud (1856–1939) 'Gefühl' and a more psychological approach started to play such an important role, as is also witnessed by Otto's work[81].

Anthropology and sociology have not been kind to Durkheim's views of the sacred. The English anthropologists Jack Goody and E. E. Evans-Pritchard (1902–1973) wiped the floor with him, and also Steven Lukes, in the standard biography of Durkheim, has little good to say about the dichotomy[82]. The objections range from anthropological observations, namely that among the Aborigines the sacred and the profane are interdependent rather than exclusive, to the more conceptual argument, namely that in Durkheim the profane is only a residual category. I would like to make two additions to these arguments.

First, Mauss must have felt that his use of the term 'the sacred' was not really supported by the philological facts and he was honest enough to say that it was difficult to find in Sanskrit and Greek a word corresponding to the Latin *sacer*. And yet, he asked: "Les Grecs et les Hindoux n'ont-ils pas eu une conscience très juste et très forte du sacré?"[83] Such a rhetorical question does not, of course, amount to proof and, moreover, completely omits the question whether 'the profane' has a universal existence. Naturally, we cannot investigate every single case, but the well-researched vocabulary of the sacred in Greek and Latin is a good test case for its universal existence.

When the Indo-Europeans invaded Greece at the beginning of the second millenium BC, they carried along in their vocabulary two words, which we translate by 'holy' or 'sacred', namely ἁγνός and ἱερός[84]. ἁγνός is

81 T. Nipperdey, *Religion im Umbruch. Deutschland 1870–1918* (Munich 1988) 148.

82 Goody 1961; E. E. Evans-Pritchard, *Theories of Primitive Religion* (Oxford 1965) 64 f.; Lukes 1973, 26 f.

83 Mauss/Hubert 1909, XI (= Mauss 1968, 21).

84 For the Greek vocabulary of the sacred, see Parker 1983, 147–151; A. Dihle, "Beobachtungen zur Entstehung sakralsprachlicher Besonderheiten", in: *Vivarium. Festschrift Theodor Klauser zum 90. Geburtstag,* JbAC Erg.-Bd. 11 (1984) 107–114, at 107–111; id., "Heilig", *RAC* 14 (1988) 1–63, here 1–16; A. Motte, "L'expression du sacré dans la religion grecque", in: J. Ries (ed.), *L'expression du sacré dans les grandes religions* 3 (Louvain-la-Neuve 1986) 109–256.

an adjective used to indicate the reverence due to divinities, the inviolable sanctity of places, such as sanctuaries, and activities, such as a dance in divine service. At the same time, it also indicates the purity of the worshipper who thus expresses his reverence for the gods or their domain[85]. It is perhaps this combination of sanctity and purity which led to the introduction of a new word, ἅγιος, which is first attested by Simonides (fr. 519. 9), and which was used especially regarding temples, rites and mysteries to indicate their high status and their ancient, venerable origin[86].

On the other hand, ἱερός, was the word used for everything to do with gods and sanctuaries. A priest is a ἱερεύς, a sacrifice a ἱερόν, and to sacrifice is denoted by ἱερεῦσθαι: in short, in Burkert's striking formulation, ἱερός is 'as it were the shadow cast by divinity'. ἱερός always refers to the world of the gods but also approaches our notion of 'taboo', in Greek expressed as well by the verbs ἁγίζω, ἐναγίζω, and καθαγίζω[87]. Of these three words, it was only ἁγνός which was used in Greek onomastics, such as in the names Hagnias, Hagnotheos or Hagnodoros. Apparently, the notion of purity enabled parents to chose such a name for their children.

In Rome, the central, pre-Latin word for 'holy' is *sacer*, which is an extremely fertile word recurring in all kinds of Roman religious terms, such as *sacerdos, sacramentum* and *sacrificare*. The most important word in this respect is *sancire*, which means 'to render sacred'. Its participle *sanctus* acquired the meaning 'sanctified' and developed towards 'holy' with the concomitant meaning 'pure', just like ἁγνός. Yet *sanctus* always keeps the meaning of being sanctified by humans: one speaks of a *mons sacer* but a *lex sancta*. The unqualified meaning 'holy' is relatively late and in the third century AD the great legal specialist Ulpian can still write: *sancta quae neque sacra neque profana sunt sed sanctione quadam confirmata (Dig. 1. 8. 9)*[88].

The pre-eminence of ἱερός and *sacer* in the pagan vocabulary of the sacred also appears from their absence in the Jewish and Christian vocabu-

---

85 Burkert 1977 a, 17 (ἁγνός); Parker *loc. cit.*

86 J. Nuchelmans, "A propos de *hagios* avant l'époque hellénistique", in: A. Bastiaensen et al. (eds.), *Fructus centesimus. Mélanges G. J. M. Bartelink* (Steenbrugge/Dordrecht 1989) 239–258.

87 Parker 1983, 51 f. 328–331 (verbs); Burkert 1977 a, 269; J. L. García Ramón, "Griechisch *hieros* und seine Varianten, vedisch *isirá*", in: R. Beekes/A. Lubotsky/ J. Weitenberg (eds.), *Rekonstruktion und relative Chronologie. Akten der VIII. Fachtagung der Indogerm. Gesellsch., Leiden, 31. Aug.–4. Sept. 1987*, Innsbrucker Beitr. z. Sprachwiss. 65 (Innsbruck 1992) 183–205.

88 H. Fugier, *Recherches sur l'expression du sacré dans la langue latine* (Strasbourg 1963).

lary. When the Jews started to translate the Old Testament they purposely chose ἅγιος and avoided ἱερός, which was evidently considered to be too much a terminus technicus of Greek religion. It will be for the same reason that Tertullian, the first Christian author of whom we have a large corpus of Latin texts, rejected *sacer* in favour of *sanctus,* just as Jerome did in the Vulgate[89].

What about the antonyms of these words? ἀνιερός, like its modern equivalents 'onheilig', 'unheilig' and 'unholy', does not mean 'secular' but rather 'evil', whereas ὅσιος, the normal opposite of ἱερός, does not mean 'profane' or 'taken out of the religious domain' but 'non-holy behaviour', which nevertheless remains sanctioned by the gods[90]. The opposite of *sacer* is sometimes *publicus* but normally *profanus,* which originally, as our compatriot Wagenvoort (1886–1976) has persuasively suggested, meant *pro fano,* 'away from the holy space'. In any case, it is certainly not pre-Latin, just as ἀνιερός is Greek and not Indo-European[91]. It is clear from this short survey that the Greeks and Romans did not have a single term for our 'sacred' nor did they have a proper term for our 'profane'. Like many other peoples, they had split up 'the sacred' into a number of words and had not developed a term for 'the profane'[92].

Secondly, where do we first find the term 'the sacred'? Certainly not in England, where in their Durkheimian meaning the terms 'the sacred' and 'the holy' are still absent from the most recent edition of the *Oxford English Dictionary.* In Germany, *das Heilige* does not yet appear in the volume with the letter 'H' of Grimm's authoritative *Deutsches Wörterbuch* of 1877, but was used first by Windelband in 1902[93]. Given that the term *le sacré* became

---

89 H. Delehaye, *Sanctus. Essai sur le culte des saints dans l'antiquité* (Brussels 1927) 36; R. Braun, "*Sacré* et *profane* chez Tertullien", in: H. Zehnacker (ed.), *Hommages à R. Schilling* (Paris 1983) 42–52. For 'the sacred' in the Middle Ages see J.-C. Schmitt, "La noción de lo sagrado y su aplicación a la historia del cristianismo medieval", *Temas Medievales* (Buenos Aires) 3 (1993) 71–81.

90 Parker 1983, 330; W. R. Connor, " 'Sacred' and 'Secular'. *Hiera kai hosia* and the Classical Athenian Concept of the State", *Ancient Society* 19 (1988) 161–188.

91 E. Benveniste, " 'Profanus' et 'profanare' ", in: *Hommages à Georges Dumézil,* Coll. Latomus 45 (Brussels 1960) 46–53, who overlooked Wagenvoort, "Profanus, profanare", *Mnemosyne* 4, 2 (1949) 319–332 (= id. 1980, 25–38); Schilling 1979, 54–70; P. Welchering, "Profan", *ArchBegriffsgesch* 28 (1984) 63–99; *id.,* "Profan, das Profane, Profanität", *HistWbPhilos* 7 (1989) 1442–1446.

92 For the diversity of the vocabulary of the sacred see C. Colpe, "heilig (sprach-lich)", *HrwG* 3 (1993) 74–80.

93 Above p. 27 and n. 80. See also N. Wokart, "Heilig, Heiligkeit", *HistWbPhilos* 8 (1974) 632–713.

popular in turn-of-the-century France, we may suspect that it was coined by the French. Yet, curiously, the leading dictionary of nineteenth and twentieth century French mentions only the use of the noun by the philosopher and novelist Albert Camus (1913–1960). In fact, it already occurs, perhaps for the very first time, in 1890, in one of the last works of the famous French philosopher, historian and theologian Ernest Renan (1823–1892)[94]. France was the first country in Europe where the state had so fiercely attacked the Church and even tried to institute a cult of Reason. It was only here that one could observe a proper separation of the sacred and the profane, and, not surprisingly, only here that the dichotomy really took off.

Of course, the late origin of the notion of 'the sacred' is in itself no argument against using it: as we have argued, terminology need not be restricted to the actors' vocabulary. Yet the relation with an experience, such as is still visible in Burkert's use of the notion in his formulation "Grunderlebnis des Heiligen", is so clearly influenced by early twentieth-century Germany that we may at least wonder whether a certain reticence in using the term is not preferable.

IV

Conclusion

It is time to draw some conclusions. First, the terms 'religion', 'ritual' and the opposition 'sacred vs. profane' originated or became redefined around 1900. This development coincided with and can partially be explained by the contemporary rise of the history and sociology of religion as a separate academic discipline, which started to construct its subject. Secondly, the global village we live in nowadays was not always the scholars' home. We have to be aware of the fact that scholarly terms developed differently in different countries. Thirdly, the fact that we can locate the moment of the birth of the terms discussed with a fair amount of accuracy suggests that contemporary users should remain conscious of their 'invention'. The terms are not faithful reflections of reality but scholarly constructs of which the definitions remain up for negotiation and adaptation. Fourthly and finally, a terminological 'genealogy' of religious key terms is not the same as the

---

94 *Trésor de la langue française. Dictionnaire de la langue du XIXe et du XXe siècle* (1789–1960) 14 (Paris 1990) s. v. 'sacré'; E. Renan, *L'Avenir de la science* (Paris 1890) 9: "Parmi les choses intellectuelles . . . on distingua du sacré et du profane."

study of religion, but the awareness of their ideological origin may lead us to ask new questions in the never-ending quest for insight into the religious lives of our fellow humans – the quest in which Burkert has been a trustworthy guide for such a long period and will remain so, I am sure, also into the next century[95].

95 I am most grateful to Annemiek Boonstra and Janneke Wayer for assisting me in my terminological investigations, Detlev Pätzold for information, Goffe Jensma for his comments and 'graphical' help, and Richard Whitaker for correcting my English.

ALBERT HENRICHS

Dromena und Legomena

Zum rituellen Selbstverständnis der Griechen

Das antike Griechenland war polytheistisch, kultbeflissen und opferfreudig. Es war nicht nur "voll von Göttern", um mit Thales zu reden, sondern auch voll von Riten, Kulten und Festen. Die Griechen, allen voran die Athener, waren sich der zentralen Rolle, die der Götterkult in ihren Poleis spielte, in hohem Maße bewußt. Wo immer wir Umschau halten, ob in der Literatur oder Kunst, in der Tragödie oder Komödie, bei den Historiographen oder Rednern, auf Monumenten oder in Inschriften, überall stoßen wir auf Spuren ihrer Frömmigkeit und Kultpraxis. Angesichts dieser überwältigenden Fülle von Texten und Bildern, die sich mit griechischer Religion im weitesten Sinne befassen, ist es um so erstaunlicher, daß seit Homer und Herodot sowohl Dichter als auch Prosaschriftsteller zwar ständig von den rituellen Praktiken ihres Volkes reden und sie oft im Detail beschreiben, es aber nur in Ausnahmefällen für angebracht halten, ihr Ritualverhalten sich selbst und anderen verständlich zu machen[1].

Im Vergleich zu dem schier unerschöpflichen Reichtum an Dromena, der die griechische Religion auszeichnet, ist ein akuter Mangel an Legomena, an Begleittexten zum Ritus, zu konstatieren[2]. Das gilt einmal für ausgesprochene Ritualtexte, an denen andere antike Kulturen so reich waren. Erinnert sei an Mesopotamien und Ägypten, an den anatolischen Raum,

---

1 Burkert 1990b, 16: "Solche Kunst, durch Beschreibung von Ritualen Anschaulichkeit und Stimmung zu erzeugen, hat ihr Vorbild schon bei Homer, wie denn überhaupt unsere Kenntnis griechischer Rituale in überraschend hohem Maß auf der Kunst, der Wort- wie der Bildkunst beruht."

2 Zum Begriffspaar 'legomena' und 'dromena' (z. B. Plut. *Is.* 68, 378a, Paus. 2, 37, 2 u. ö.; bereits impliziert im Derveni-Papyrus col. XX), das sich vor allem Jane Harrison zu eigen gemacht hat, vgl. Burkert 1972b, 43; 1979, 36 m. 159 Anm. 14; D. Obbink, "Cosmology as Initiation vs. the Critique of Orphic Mysteries", in: Laks/Most 1997, 39–54, hier 46; Tsantsanoglou 1997, 119f. 125f.

aber auch an Indien und Rom. In jedem dieser Kulturkreise gab es eine
ausgedehnte Sakralliteratur, in der sowohl die Dromena als auch die Legomena bis ins kleinste rituelle Detail hinein festgelegt und festgehalten
waren. In Griechenland dagegen blieben die Legomena ein Stiefkind. Dabei
denke ich nicht nur an Legomena im landläufigen Sinn, also an ritual-
sprachliche Formeln, ausgesprochene Sakraltexte und erklärende Mythen,
die als Verständnishilfen bestimmten Riten zugeordnet sind. Ich möchte den
Begriff des Redens, das sich auf ein rituelles Handeln bezieht, weiter fassen
und darunter auch sekundäre, explizitere Formen der Stellungnahme zum
Ritus verstehen, wie wir sie etwa bei Herodot, den Kultschriftstellern, Pausanias und Plutarch finden. Ich möchte sogar noch einen Schritt weiter
gehen und vorschlagen, religionswissenschaftliche Deutungen antiker Riten
miteinzubeziehen und entsprechend als moderne Legomena zu verstehen.
So gehören zum Beispiel Jane Harrisons *Prolegomena* als ein moderner
Erklärungsversuch von rituellem Verhalten durchaus in diesen Zusammenhang[3]. Die Dromena waren bereits in der Antike relativ konstant, aber die
Legomena waren ständig im Fluß, und sind es noch immer.

Von Ausnahmen abgesehen – und eben um die Ausnahmen geht es uns –
praktizierten die Griechen ihre Riten, ohne sich über ihr rituelles Tun
reflektierend bzw. kommentierend auszulassen. Offenbar erübrigte sich in
ihren Augen ein Kommentar. Ausschlaggebend dafür war der Traditions-
zwang, der allen Kulthandlungen zugrunde lag. Am Kopais-See wurden
übergroße Aale unter peinlicher Einhaltung des Rituals – Bekränzung der
Fische, Gebet, Bewerfen mit Gerstenkörnern – den Göttern geopfert[4]. Als
sich ein Fremder über "den seltsamen Brauch" (τὸ τοῦ ἔθους παράδοξον)
wunderte, erklärte ihm ein Böotier, nur soviel könne er mit Sicherheit
sagen, daß man die Gebräuche der Vorfahren (τὰ προγονικὰ νόμιμα) bewahren müsse und sich bei Außenstehenden nicht dafür zu entschuldigen habe.
Die für den Götterkult konstitutiven Riten galten als Brauchtümer, die nach
altväterlichem Usus, κατὰ τὰ πάτρια, verrichtet wurden[5].

---

3 Harrison 1908; dazu R. Schlesier, "Prolegomena to Jane Harrison's Interpretation
of Ancient Greek Religion", in: Calder 1991, 185–226; dt. in: Kippenberg/Luchesi
1991, 193–235.

4 Athen. 297d = Agatharchides *FGrHist* 86 F 5. Vgl. Stengel 1910, 201f.; 1920,
123; Burkert 1972b, 4; J.-L. Durand, "Du rituel comme instrumental", in: Detienne/
Vernant 1979, 167–181, hier 178f.

5 Nilsson, *GGR* I³ 732 zu Isocr. 7,29f.; K. Kerényi, *Die antike Religion. Ein Entwurf von Grundlinien* (Düsseldorf/Köln ³1952) 79 (1. Aufl. als *Die antike Religion. Eine
Grundlegung* Leipzig bzw. Amsterdam 1940, 1942²); ders., *Antike Religion* (= Werke in

Die klassische Formulierung dieses Grundsatzes findet sich in den *Bakchen* des Euripides, wo sie bezeichnenderweise dem Seher Teiresias – einem Experten für rituelle Handlungen – in den Mund gelegt ist (Ba. 200-203 = Textanhang Nr. 1):

> "Wir klügeln nicht an den Göttern herum. Die von den Vätern überkommenen Traditionen, an denen wir seit urdenklichen Zeiten festhalten, kein Logos wird sie je umstoßen, auch dann nicht, wenn er der Weisheit letzter Schluß ist."[6]

Mit diesen Worten distanziert sich Teiresias unmißverständlich von der sophistischen Tendenz, die traditionellen Götter und Kulte in Frage zu stellen. Das hält ihn jedoch keineswegs davon ab, seinerseits radikale Kritik am Mythos zu üben, allerdings nicht am Mythos schlechthin, sondern an der Schenkelgeburt des Dionysos, die er durch ingeniöse Umdeutung weginterpretiert und durch einen Konkurrenzmythos ersetzt[7].

Die Göttermythen waren, wie alle Legomena, nicht denselben Restriktionen unterworfen wie der Kult. Die Vielfalt der antiken Interpretationsmodelle zeigt, daß die Griechen beim Umgang mit dem Mythos mehr Spielraum hatten. Entsprechend identifiziert sich auch der euripideische Teiresias stärker mit dem Götterkult als mit dem Mythos. Seinem Grundsatz getreu – rüttele nicht an den Göttern – akzeptiert er den neuen Gott Dionysos, preist ihn als Erfinder des Weins und schließt sich dessen Kult an, ohne zu seinem eigenen Ritualverhalten Stellung zu nehmen,

---

Einzelausgaben 2) (Stuttgart 1995) 57f. (= Werke in Einzelausgaben 7, München / Wien 1971); W. Fahr, *ΘΕΟΥΣ ΝΟΜΙΖΕΙΝ. Zum Problem der Anfänge des Atheismus bei den Griechen*, Spudasmata 26 (Hildesheim 1969). κατὰ τὰ πάτρια z. B. Aristoph. *Ach.* 1000; *LSS* u. *LSCG* Index B s. v.

6 Der Text ist zwar im einzelnen problematisch, aber die Aussage, um die es uns geht, ist eindeutig. J. Diggle, in: Euripidis *Fabulae* ed. J. D., Bd. 3, OCT (Oxford 1994) athetiert *Bacch.* 199–203; in seinen *Euripidea* (Oxford 1994) sucht man vergeblich nach einer Begründung. Vgl. zuletzt Seaford 1996b, 169f., der die Verse nicht nur umschreiben, sondern auch umstellen möchte.

7 Eur. *Bacch.* 286ff. Zur Teiresiasrede ausführlich, wenn auch höchst spekulativ B. Gallistl, *Teiresias in den Bakchen des Euripides* (Diss. Zürich 1979, gedr. Würzburg 1979), der mit einer "doppelten Bedeutungsebene" rechnet und Teiresias als Symbolfigur und Vermittler tiefer Mysteriengeheimnisse verstehen möchte. Den Gegenpol dazu bildet z. B. Segal 1982, 292ff., der in Teiresias eine satirische Verkörperung von "rationalizing sophistry" sieht – "Teiresias severely misconceives the nature of Dionysos" (295). Wenn sich an der Ambivalenz dieses Teiresias noch immer die Geister scheiden, so entspricht das ganz der Intention des Euripides.

obwohl er mit seiner βακχεία bei Pentheus Anstoß erregt. Noch ausdrück-
licher schweigt sich der als Mystagoge seines eigenen Kults auftretende
Dionysos in seiner ersten Konfrontation mit Pentheus über die geheimen
dionysischen Weihen aus[8]. Hier spielt Euripides auf die Arkandisziplin der
Mysterienkulte an, die es den Eingeweihten nicht erlaubte, die Mysteriengeheimnisse Außenstehenden zu enthüllen. Ähnlich weigern sich Herodot
und Pausanias wiederholt, über die Dromena und Hieroi Logoi der ihnen
bekannten Mysterien Auskunft zu geben[9]. Das Sichausschweigen über die
Mysterien geht zwar über die normale Tendenz, rituelles Verhalten nicht zu
kommentieren, weit hinaus, liegt aber auf derselben Linie.

Daß ich mit der Tragödie beginne, hat seinen guten Grund. In keinem
anderen Bereich der Poliskultur wird rituelles Verhalten so radikal verbali-
siert, hinterfragt und damit direkt wie auch vor allem indirekt kommentiert. Wie die tragischen Dichter den Zeichencharakter und die Aussage-
kraft der Riten konstruktiv ausschöpfen, hat E. Krummen am Beispiel zweier Stücke paradigmatisch vor Augen geführt[10]. Aber auch hier, im freien
Schalten mit allem Rituellen, ist die Tragödie die große Ausnahme. Selbst
die Komödie bewegt sich vergleichsweise in engeren rituellen Bahnen,
zumal rituell signifikante Bereiche wie Tod, Totenklage und Hikesie (Bitt-
gang) weitgehend ausgeschaltet bleiben[11].

Die Verhaltenheit, ja das Mißtrauen der Griechen gegenüber jeder Art
von rituellem Kommentar steht in einem paradoxen Mißverhältnis zu ihrer
sonstigen Mitteilsamkeit und zu der Offenheit, mit der sie über die beiden
anderen zentralen Bereiche ihrer Religion sprechen, nämlich die Mythen
und die Götter. Bekanntlich besitzt die griechische Sprache mehrere Ausdrücke, um die Gesamtheit der Götter zu bezeichnen – z. B. οἱ θεοί, τὸ θεῖον,
πάντες θεοί. Auch das Wort θεολογία, "das Reden von den Göttern", ist eine
griechische Schöpfung, die beweist, wie sehr sich die Griechen ihrer Göt-
tervorstellungen und ihrer Fähigkeit, darüber gültige Aussagen zu machen,

8 *Bacch.* 469ff. Vgl. Burkert 1977a, 432–440; 1990a, 14ff. 62f.; Seaford 1996b,
39–44.

9 Hdt. 2, 51, 4; 62,2 u. ö.; Paus. 2, 13, 4; 4, 33, 5; 5, 15, 11; 8, 15, 4; 37, 9. Vgl.
Burkert 1990a, 59ff.; I. M. Linforth, "Herodotos' Avowal of Silence in his Account of
Egypt", Univ. Calif. Publ. in Class. Philol. 7,9 (1924) 269–292 (wieder in: ders., *Studies in Herodotos and Plato*, ed. with an Introd. by L. Taran, New York/London 1987,
21–44); Elsner 1992, bes. 22–25; Riedweg 1993, 50–54.

10 E. Krummen, i. d. Bd. S. 296–325. Vgl. Burkert 1966a; Easterling 1988; Henrichs i. Vorb. Die Gegenposition bei H.Lloyd-Jones, i. d. Bd. S. 271–295.

11 Bowie 1993.

bewußt waren[12]. Dagegen wundern sich die Religionshistoriker immer
wieder mit Recht darüber, daß im Griechischen Begriffe wie Religion und
Ritus völlig fehlen. Es gibt zu denken, daß wir uns vornehmlich lateini-
scher Termini bedienen, wenn wir über das reden, was die Griechen mit τὰ
νομιζόμενα, θρησκεία oder τὰ τῶν θεῶν umschreiben. Hinter dem lateinischen
Vokabular verbirgt sich ein neuzeitliches Verständnis von rituellem Verhalten, das in seiner Abstraktionsfähigkeit weit über den antiken Ritusbegriff
hinausgeht[13].

Wir werden uns jedoch hüten, aus dem Fehlen eines konzeptionellen
Vokabulars für die Gesamtheit der Kultakte den voreiligen Schluß zu ziehen, daß es den Griechen an rituellem Selbstverständnis mangelte. Allerdings müssen wir uns fragen, warum sie außerhalb der Ausnahmebereiche
von Tragödie und Philosophie ihr Licht so oft unter den Scheffel stellen. In
der modernen Forschung ist diese Zurückhaltung seltsamerweise kein Dis-
kussionsthema; soweit ich sehe, ist sie kommentarlos hingenommen worden. Das liegt vor allem daran, daß wir uns in unserem modernen Ritualverständnis so weit von den antiken Denkansätzen entfernt haben, daß es
für die gegenwärtige Diskussion weitgehend belanglos ist, was sich die
Griechen bei ihren Ritualen gedacht haben. Auch hier steht die Tragödie
wiederum als Ausnahme für sich. Denn die Burkertsche Opfertheorie, so
wie sie im *Homo Necans* entwickelt ist, ist von der Tragödie entscheidend
beeinflußt, ja ohne sie nur schwer vorstellbar[14]. Auf die Problematik, die sich
aus der Diskrepanz zwischen antikem und modernem Ritualverständnis
ergibt, werde ich am Schluß im Zusammenhang mit der Opferthematik
zurückkommen.

Angesichts der Kluft, welche die antiken Legomena von den modernen
trennt, ist es um so angebrachter, sowohl nach der Leistung als auch nach
den Grenzen des rituellen Selbstverständnisses der Griechen zu fragen. Zu
einer auch nur einigermaßen erschöpfenden Antwort reicht hier weder der
Raum noch mein Einblick in das weit zerstreute Material, zumal Vorarbei-
ten fehlen. Was ich vorlegen möchte, sind also keine endgültigen Ergebnisse. Es ist ein erster Versuch, die Aussagen der Griechen zum Ritus als Produkte ihres rituellen Selbstverständnisses ernst zu nehmen und die sich in
ihnen manifestierenden Fragestellungen und Tendenzen mit Hilfe einer
kleinen Auswahl von relevanten Texten fester in den Griff zu bekommen.

---

12 Burkert 1977a, 453.
13 J. Bremmer i. d. Bd. S. 9–32.
14 Vgl. u. S. 61 m. Anm. 100f.

I
Formen des rituellen Selbstverständnisses

Es hat in der Antike nicht an gelegentlichen Versuchen gefehlt, im konkreten Fall bestimmte Formen von rituellem Verhalten zu erklären. Aus moderner Sicht kranken diese Erklärungsversuche so gut wie ausnahmslos daran, daß sie im Ansatz verfehlt sind. Dazu sei ein besonders charakteristisches Beispiel aus den Städtebeschreibungen eines gewissen Herakleides angeführt, der in hellenistischer Zeit – wohl im 3. Jh. v. Chr. – Griechenland bereiste. In einem seiner Reisebilder beschreibt der Perieget eine rituelle Oreibasie der Magneten am Pelion in Thessalien, dessen Kenntnis wir ihm allein zu verdanken haben (Herakleides II 8 Pfister = Anhang Nr. 2):

> "Auf dem höchsten Gipfel [des Pelion] befindet sich die sogenannte Cheiron-Höhle und ein Heiligtum des Zeus Akraios. Zu ihm steigen zur Zeit des Sirius-Aufgangs, zur Zeit der glühendsten Hitze, die angesehensten und in der Blüte ihrer Jahre stehenden Bürger empor. Sie werden in Gegenwart des Priesters ausgewählt und sind mit neuen, dreischürigen (τρίποκα[15]) Schaffellen umgürtet. So groß pflegt die Kälte auf dem Berg zu sein."

Diese Bergbesteigung fand offenbar alljährlich in der zweiten Julihälfte statt[16]. Die Teilnehmer waren keine Ausflügler, die lediglich die grandiose Aussicht aus luftiger Höhe genießen wollten[17]. Ihr Ziel war die Cheiron-Höhle und der Bergtempel des Zeus Akraios, dessen Fundamente sich erhalten haben[18]. Es handelt sich also um eine Art von Wallfahrt bzw. Pro-

---

15 Offenbar stammten die Felle von Schafen mit besonders dichtem Vlies, das dreimal hintereinander geschoren werden konnte ("with triple wool", *LSJ* s.v.).

16 Vgl. West 1978, 262 zum Siriusstern (*Op.* 417): "Its heliacal rising (19 July for Hesiod) marked the season of most intense heat and severe fevers, and these were ascribed to the star's being in the sky all day with the sun."

17 Stählin 1924, 42 zum Pelion: "Der Gipfel ist eine weithin ragende Warte; vom Athos im N bis zum Dirphys in Euboia reicht der Fernblick." Antike Bergbesteigungen um der Fernsicht willen: D. Fehling, *Ethologische Überlegungen auf dem Gebiet der Altertumskunde. Phallische Demonstration, Fernsicht, Steinigung*, Zetemata 61 (München 1974) 53–58. Dionysische *oreibasiai*: Graf 1985, 294f.

18 Inschriften aus der Region bezeugen Zeus Akraios (*LSCG* 84,2; 85,7f.; Burkert 1972b, 130). Das von den Hss. des Herakleides-Fragments überlieferte 'Aktaios' wurde bereits 1831 von F. G. Osann zu 'Akraios' geändert, ist aber seitdem wiederholt verteidigt worden, zuletzt von Pfister (Textanh. Nr. 2) 209f. Doch fällt die mythologische Verbindung des Aktaios mit der Cheiron-Höhle (Apollod. 3,4,4 [3,31 Wagner]) gegenüber dem bezeugten Kulttitel nicht ins Gewicht.

zession, die einen heiligen Ort zum Zielpunkt hatte. Wie jedes Ritual hatte auch die Oreibasie der Magneten ihre rituelle Logik, auch wenn sie für uns nicht mehr transparent ist.

Der Text ist wiederholt auf seine rituelle Substanz hin untersucht worden, so etwa von Nilsson, Burkert und zuletzt Richard Buxton, der die Zeitbedingtheit und Theorieabhängigkeit der modernen Deutungen einer eleganten Kritik unterzieht[19]. Alle Interpreten sind sich darin einig, daß die sommerliche Gluthitze mit der angeblichen Kälte auf dem 1600 Meter hohen Berg nur schwer zu vereinbaren ist und daß die von Herakleides offerierte Erklärung lediglich ein 'educated guess' ist, der den Ritus rationalisiert[20]. Selbst wenn man davon ausginge, daß die Bergbesteigung bei Nacht stattfand oder daß es in der Höhle besonders kalt war, wäre damit für unser Verständnis der Vorgänge wenig gewonnen[21]. Denn die Auswahl der Teilnehmer nach bestimmten Kriterien und unter Beteiligung des Zeuspriesters beweist, daß die Schafsfelle keine normalen Kleidungsstücke waren und daß der Schutz vor Kälte nicht das eigentliche Anliegen der Beteiligten gewesen sein kann. Die modernen Deutungen reichen vom Wetterzauber über die Ausnahmesituation bis zur rituellen Austauschbarkeit von Opfernden und Opfertier: "Der Opferer identifiziert sich geradezu hautnah mit dem Opfer, sucht die eigene Tat gleichsam ungeschehen zu machen, und doch bleibt er ein Wolf im Schafspelz."[22] So gesehen, würde das Ritual paradoxerweise einer Unschuldskomödie post festum gleichkommen und damit sich selbst ad absurdum führen. Ob antike Riten wirklich so selbstbezogen, ja dekonstruktionistisch sein konnten?

Im Falle des Herakleides ist es der Autor als Tourist, der uns aus seiner begrenzten Außenperspektive heraus eine Erklärung für eine rituelle Handlung gibt, an der er nicht persönlich teilgenommen hat. Das führt dazu, daß

---

19 Buxton 1992, hier 10f.

20 So bereits J. G. Frazer, *Pausanias's Description of Greece* 1 (London 1898) xlvii: "But it is more probable that the sheepskins had some religious significance."

21 Stählin 1924, 42 beschreibt den heiligen Bezirk auf dem Gipfel des Pelion als eine "auf den Busen von Pagasai hin geneigte baumlose Fläche, auf der ein auffallend mildes Klima herrscht". Aber die Zeugnisse, die er anführt, sind keineswegs eindeutig.

22 Burkert 1972b, 129f. 148f. Initiation von Jungmännern: Bremmer 1978, 18. Ausnahmesituation: Buxton 1992. Wetterzauber: Nilsson 1906, 5f. u. *GGR* I³ 111f., 396 ("um Kühlung zu erflehen" bzw. "zu bewirken"); Gruppe 1906, I 116f. 474 Anm. 9 ("Regenzauber"); Stählin 1924, 42 Anm. 6 ("um Regen zu erbitten"); Pfister (Textanh. Nr. 2) 211 ("kühle Winde"). Zum strukturell ähnlichen keischen Ritus der 'Besänftigung' des Sirius im Bergkult des Zeus Ikm(a)ios vgl. Pfister ebd. 210f.; Burkert 1972b, 125ff.

sein Bericht die rituellen Vorgänge nur unzureichend beschreibt und seine
Erklärung für das Tragen von Schafsfellen deren rituelle Funktion verkennt.
Ein Pausanias hätte vermutlich an Ort und Stelle genauer recherchiert und
sich ein adäquateres Bild gemacht[23]. Aber das Dilemma, vor das uns Herakleides stellt, ist für unsere Kenntnis – bzw. Unkenntnis – antiker Rituale
symptomatisch. So gut wie nie sind es nämlich die Akteure selbst, die zu
ihren eigenen Dromena kommentierend Stellung nehmen[24]. Das macht die
Arbeit der modernen Interpreten nicht leichter. Denn im Gegensatz zu
außenperspektivischen Nachrichten über antike Riten haben Äußerungen
zum Ritus, die aus den Reihen der Praktizierenden selbst stammen, den
großen Vorteil, daß sie auf intimer Kenntnis der rituellen Vorgänge beruhen. Aber selbst die Innenperspektive reicht nur so weit wie der Horizont
ihrer Träger und weist über sich selbst hinaus. Letztlich ist es die Aufgabe
des Religionshistorikers, die fragmentierten antiken Rituale in einen Funk-
tions- bzw. Sinnzusammenhang zu stellen, der unseren heutigen Denkkate-
gorien entspricht. Dafür sind Burkerts Arbeiten das beste Beispiel[25].

Zum Glück sind nicht alle antiken Versuche, Riten durch Deutung transparent zu machen, so banal wie der des Herakleides. Schon früh kristalli-
sierten sich bevorzugte Weisen des Ritenverständnisses heraus, die während
der gesamten Antike in Gebrauch waren. Eine Typologie der antiken Wei-

---

23 Herakleides' Bericht über die rituelle Bergbesteigung liest sich keineswegs "wie
eine Stelle bei Pausanias" (so Frazer [o. Anm. 20]); Pausanias hätte den rituellen Anlaß
wohl kaum verkannt. Pausanias' Umgang mit kultischen und rituellen Gegebenheiten
würde eine eigene Untersuchung erfordern. Die neueren Behandlungen klammern dieses Thema weitgehend aus (C. Habicht, *Pausanias' Guide to Ancient Greece*, Sather Class.
Lect. 50, Berkeley usw. 1985; P. Veyne, *Les Grecs ont-ils cru à leurs mythes?*, Paris 1983,
105–112) oder verlieren sich in einer bloßen Bestandsaufnahme (J. Heer, *La personna-
lité de Pausanias*, Coll. d'études anciennes, Antiquité grecque, Bd. 65, Paris 1979,
127–314 zum Thema "Pausanias et la religion grecque"). Einen ganz eigenen Zugang
zu Pausanias sucht Elsner 1992. Elsner versteht den Periegeten als "Pilger", der auf der
Suche nach einer panhellenischen "religiösen Identität" ist und dabei eine Innenperspektive eigener Art konstruiert. Dieser Ansatz eröffnet gerade für das kultische
Selbstverständnis der Griechen neue Perspektiven, trotz der Kritik von S. Swain, *Hel-
lenism and Empire. Language, Classicism, and Power in the Greek World AD 50–250*
(Oxford 1996) 342.

24 Zum Problem der für uns kaum noch nachvollziehbaren Innenperspektive bei
der Beurteilung antiker Rituale vgl. Henrichs 1994a, bes. 36ff. 45ff. 51ff.

25 Burkert 1981, 100: "Der Innenaspekt hat seine Lücken; das System ist mehr als
das Bewußtsein: *faciunt quod cur faciant ignorant* [Sen. fr. 43 Haase], gerade im Bereich
der Opferrituale."

sen, Riten intellektuell zu fassen, müßte zumindest drei Grundkategorien
enthalten, die jeweils ihre eigene Prägung und Funktion hatten: die Aitiologie, die Ursprungsfragen beantworten will; die symbolische Deutung, die
den Sinn ritueller Handlungen zu enthüllen sucht; und schließlich als negative Form der Auseinandersetzung die Kritik am Ritus, die im Extremfall
die ausdrückliche Ablehnung eines bestimmten Ritualverhaltens einschließt.
Die Geistesverwandtschaft mit fundamentalen Weisen des Umgangs mit
dem Mythos ist evident. Ich erinnere an die allegorische Mythendeutung,
die Mythenkritik und den aitiologischen Mythos. So lohnend es wäre, der
langen Geschichte dieser drei antiken Deutungsschemata im einzelnen
nachzugehen, wir müssen es uns hier versagen. Auf drei frühe Beispiele sei
jedoch kurz eingegangen, weil sie exemplarische Bedeutung haben.

Die aitiologische Ritenerklärung schafft mythische Ursprungserzählun-
gen, um die Riten der Gegenwart aus der als normativ verstandenen Vergangenheit herzuleiten. Der Kapitaltext ist und bleibt Hesiods Mythos vom
Trug des Prometheus (Theog. 535–541. 553–557 = Anhang Nr. 3):

> "Als sich Götter und Menschen in Mekone auseinandersetzten, da
> zerteilte (Prometheus) eifrigen Mutes einen großen Ochsen und trug
> ihn auf, indem er Zeus' Sinn täuschte. Für ihn legte er nämlich das
> Fleisch und die fettreichen Innereien in der Haut hin, sie mit dem
> Ochsenmagen verhüllend. Für die Menschen dagegen die weißen
> Knochen (ὀστέα λευκά) des Ochsen, die er mit hinterlistiger Kunst
> wohl ordnete und mit glänzendem Fett verhüllte.(…) Mit beiden
> Händen ergriff Zeus das weiße Fett. Unmut umgab sein Herz und
> Zorn ergriff ihn in seinem Innern, als er die weißen Knochen (ὀστέα
> λευκά) sah und die trügerische List, die sich dahinter verbarg. Seitdem
> verbrennen die irdischen Geschlechter der Menschen auf rauchenden
> Altären weiße Knochen (ὀστέα λευκά) für die Unsterblichen."

Hesiod hat die antiken Selbstzweifel am olympischen Opfer mit seiner
Reduzierung des Götterteils auf die dreimal erwähnten ὀστέα λευκά auf eine
so griffige und grundsätzliche Formel gebracht, daß keine moderne Opfertheorie an seiner Aitiologie vorbeigehen kann: "Sobald bei den Griechen
die Reflexion zu Worte kam, geriet der fromme Anspruch dieser 'heiligen
Handlung' ins Zwielicht. Solch ein Opfer erfolgt 'für' einen Gott, doch dieser erhält ja offenbar so gut wie nichts: das gute Fleisch dient voll dem festlichen Genuß der 'Teilhabenden'."[26]

---

26 Burkert 1977a, 103.

Im Unterschied zu den homerischen Opferszenen beginnt Hesiod mit dem Verteilen des Fleisches statt mit dem Töten des Opfertiers, das stillschweigend vorausgesetzt wird. Auf dieser Akzentverschiebung basiert die Vernantsche Opfertheorie, bei der es ums Essen geht, im Gegensatz zum Burkertschen Entwurf, in dessen Zentrum das Töten steht[27]. Beide Modelle gehen davon aus, daß die "weißen Knochen" Hesiods identisch sind mit den in Fett gehüllten Schenkelknochen, die in den homerischen Opferszenen verbrannt werden. Der Hesiodtext läßt jedoch offen, welche Knochen Zeus zugeteilt werden. Ebensowenig geht aus den typischen Opferszenen im homerischen Epos hervor, ob es sich bei den "Schenkelstücken" (μῆρα, μηρία), die man aus den Opfertieren "herausschneidet" (ἐκτέμνειν), um bloße Knochen oder um Knochen mit Fleischresten handelt[28]. Nach Hesiod tauchen die ὀστᾶ des Opfertiers als Götterteil erst wieder in der Komödie auf, die sich über die Ungenießbarkeit der Opfergaben und über die Magerkeit der angeblich nur aus Haut, Knochen und Eingeweiden bestehenden Opfertiere lustig macht. An einer Stelle ist sogar von "fleischlosen Knochen" (ὀστᾶ ἄσαρκα) die Rede[29]. Verharmlosen die Komiker den hesiodischen Anstoß und machen daraus lediglich einen billigen Witz oder gewähren sie uns ernsthaften Einblick in die attische Opferpraxis und Opfermentalität?[30] In den Opferszenen der attischen Vasenbilder, die ihre eigene Sprache sprechen, ist lediglich der Schwanz mit dem Kreuzbein (ὀσφύς) abgebildet, der sich im Opferfeuer krümmt; die Schenkelknochen fehlen ganz[31].

---

27 Vernant 1979; 1981; Burkert 1987. Vgl. Peirce 1993, 221–225 sowie den aufschlußreichen Dialog zwischen Burkert und Vernant in *Le sacrifice* 22ff. 129f.

28 Bloße Knochen: J. H. Voss, *Mythologische Briefe* 2, Stuttgart [2]1827, 354–377 ("Knochenopfer"); Meuli 1946, 215–217 (= 1975, 939–941) ; van Straten 1995, 123. Knochen mit Fleischresten: Stengel 1920, 113f.; Jebb ad Soph. *Ant.* 1011 ("with so much flesh as the sacrificer chose to leave upon them"). Vgl. Burkert 1972b, 13f.; 1977a, 102–104.

29 Com. adesp. fr. 142,3 Kassel-Austin ὀστῶν ἀσάρκων neben Galle in einer Aufzählung von Götterteilen; vgl. Men. *Sam.* 401 ὀστᾶ καλά neben Blut, Galle und Milz, *Dysk.* 452 v. l. ὀστᾶ τ' ἄβρωτα neben Steißbein und Galle. Aber auch die homerische Terminologie kommt vor (μηροί, μηρία, μηρῶ): Aristoph. *Pax* 1021. 1039. 1088; *Av.* 193; *Thesm.* 693; Pherecr. fr. 28,3 Kassel-Austin; Eubulos fr. 94,4; 127,2 Kassel-Austin.

30 Vgl. G. S. Kirk und W. Burkert in *Le sacrifice* 61f. 81f.

31 F. T. W. van Straten, "The God's Portion in Greek Sacrificial Representations: Is the Tail Doing Nicely?", in R. Hägg/N. Marinatos/G. C. Nordquist (Hgg.), *Early Greek Cult Practice. Proc. of the 5th Intern. Symp. at the Swedish Institute at Athens, 26–29 June, 1986*, Skrifter utg. av Svenska Institutet i Athen, 4°, Bd. 38 (Stockholm/Göteborg 1988) 51–68, umgearbeitet in van Straten 1995, 118–130; J.-L. Durand, "Bêtes grecques. Propositions pour une topologie du corps à manger", in: Detienne/Vernant 1979, 133–165.

Die unmittelbarsten Quellen zur rituellen Praxis der Griechen sind die zahlreichen attischen und außerattischen Kultinschriften. In ihnen wird genau geregelt, wer auf die eßbaren Teile und auf das Fell der Opfertiere Anspruch hat. Im Mittelpunkt dieser Regelungen stehen die Vorrechte der am Opfer beteiligten Menschen; die Götterteile einschließlich der Knochen werden normalerweise nicht erwähnt[32]. Um so bemerkenswerter ist ein neues Sakralgesetz aus Selinunt (um 450 v. Chr.), in dem es heißt, daß "eine Keule (κωλέα) sowie die Erstlingsgaben vom Opfertisch (τἀπὸ τᾶς τραπέζας ἀπάργματα) und die Knochen (ὀστέα) ganz verbrannt werden sollen"[33]. Allerdings handelt es sich hierbei nicht um ein normales Opfer, sondern um einen außergewöhnlichen, 'chthonischen' Opferritus für Zeus Meilichios und die Tritopatreis. Diese Ahnengeister werden in der Inschrift als Empfänger von speziellen Libationen ausgewiesen – ungemischter Wein für die "unreinen" (μιαροί) Tritopatreis, ein "Honiggemisch (μελίκρατα) in neuen Bechern" für die "reinen" (καθαροί) Tritopatreis[34]. Die Tritopatreis genossen demnach einen kultischen Sonderstatus; dasselbe gilt für Zeus Meilichios[35]. Dem Ausnahmecharakter der Libationen entspricht der außergewöhnliche Opferritus, bei dem außer den üblichen "Knochen" nicht nur vegetarische Opfergaben verbrannt wurden, sondern auch eines der beiden fleischigen Schenkelstücke, die gewöhnlich zu den Ehrenportionen (γέρη) der Priester gehörten[36]. Trotz seiner Präzision läßt dieser Opfertext manche Fragen

---

32 LSAM, LSS, LSCG passim; F. Puttkammer, *Quo modo Graeci victimarum carnes distribuerint* (Diss. Königsberg 1912) (zu den Knochen 26f.); Meuli 1946, 217ff. (= 1975, 941ff.). In zwei fragmentarisch erhaltenen Kultgesetzen ist vom Verbrennen der Schenkelknochen (*LSAM* 42 B 2: Milet, um 500 v. Chr.) bzw. von einem Stück Fleisch "ohne den Schenkelknochen" (*LSCG* 89,9, vgl. 6: Phanagoria, 2. Jh. n. Chr.) die Rede. In beiden Texten, die auch sonst eine Sonderstellung einnehmen, wird der homerische Terminus (μηρός) verwendet.

33 Lex Sacra Selinunt. A 18f. (Jameson et al. 1993, 14; Komm. ebd. 38f. 64) καὶ κωλέαν καὶ τἀπὸ τᾶς τραπέζας ἀπάργματα καὶ τὀστέα κα[τα]κᾶαι. Primitialopfer: Burkert 1977a, 115–119. Opfertische: Meuli 1946, 194f. 218f. (= 1975, 917f. 942); S. Dow/D. H. Gill, "The Greek Cult Table", *AJA* 69 (1965) 103–114; D. Gill, "Trapezomata. A Neglected Aspect of Greek Sacrifice", *HThR* 67 (1974) 117–137; Burkert 1992a, 175f.; Jameson et al. 1993, 64. 67f.

34 Lex Sacra Selinunt. A 10f. 13–15 (Jameson et al. 1993, 14; Komm. ebd. 35. 70ff. 107ff.)

35 R. Parker, "Meilichios", *OCD*³ 952; F. Graf, "Zeus", ebd. 1637; vgl. M. Jameson, "tritopatores, tritopatreis", ebd. 1553f.

36 κωλῆ als Priesterteil: *LSAM, LSCG* Index B s. v.; *IG* I³ 250 A 35 = *LSS* 18 A 35; *LSS* 52 B 3, vgl. Rosivach 1994, 88 Anm. 63; Götterteil: Aristoph. *Plut.* 1128; Meuli 1946, 219 (= 1975, 942f.); als ἱερώσυνα, d. h. Götter- oder Priesterteil: Amei-

offen. So wüßte man gern genauer, welche Knochen ins Feuer gelangten[37].

Diese Inschrift liefert einen weiteren, epigraphischen Beweis dafür, daß
sich das Verhältnis von Verspeisen und Verbrennen des Opfertiers in der
tatsächlichen Opferpraxis nicht auf einen einfachen Nenner bringen läßt[38].
Die Debatte um das antike Tieropfer orientiert sich weitgehend an paradigmatischen Opfermodellen, die zueinander in einem dialektischen Span-
nungsverhältnis stehen. Die Spannungsmomente ergeben sich einerseits aus
der komplexen Struktur der Opferriten (z. B. Vernichtung neben Verwendung des Opfertiers, Götterteil gegenüber Verteilung des Opfertiers an die
Opfernden, Opferrichtung nach oben bzw. unten, Nebeneinander von
Opfer und Libation) und aus den divergierenden Perspektiven und Aussa-
geweisen der antiken Quellen (Homer versus Hesiod, Tragödie gegenüber
Komödie, Autoren neben Inschriften, Opfertexte im Vergleich zu Opferbildern), andererseits aus den durch die Quellenlage bedingten Diskrepanzen
im gegenwärtigen Opferverständnis (Burkert gegenüber Vernant, Sarah
Peirce im Gegensatz zu Burkert und Vernant). Diese antiken und modernen Konkurrenzmodelle mitsamt den ihnen eigenen Aussparungen,
Inkonsequenzen und Widersprüchen sind Teilaspekte einer weitreichenden
hermeneutischen Problematik, die Henk Versnel unter dem Titel "Inconsistencies in Greek and Roman Religion" behandelt hat[39]. Auch im Bereich
der Opferthematik erweist sich die Inkonzinnität, ja Polarität als Struktur-
prinzip, das bereits in den Opferriten und der Opferaitiologie und damit
im rituellen Selbstverständnis der Griechen angelegt ist.

psias fr. 7, 2 Kassel-Austin. Indizien für Ausnahmeriten (z. B. Weinlosigkeit, Nachtzeit,
keine Bekränzung, völliges Verbrennen der Opfergaben [Holokaust] bzw. Sonderbe-
handlung des Opferfleisches) bei Graf 1985, 27 f. Zu den "Vernichtungsopfern" vgl.
Burkert 1977a, 110–112; 1981, 113–115; 1996, 146 f.

37 Wurde der Schenkelknochen beim Verbrennen in der Keule belassen? Gehörten beide Schenkelknochen zu den ὀστέα, die verbrannt wurden? Dazu Jameson et al.
1993, 64: "The specification here that the bones are to be burnt suggests that all the
victim's bones are to be put in the fire, just as none of the flesh is to be carried away
(A20) but, presumably, is to be consumed on the spot." Aber die Vorschrift "kein Mit-
nehmen [des Opferfleisches]" (οὐ φορά) besagt nichts für die Behandlung der Knochen.

38 Burkert 1977a, 112. 306 ff.; W. J. Slater, "Pelops at Olympia", GRBS 30 (1989)
485–501.

39 Versnel 1990; 1993a. Auch die von Versnel analysierten "inconsistencies" haben
jeweils zwei Gesichter, ein antikes und ein modernes.

Im Gegensatz zur Aitiologie, die mythische Ursprünge für rituelle Praktiken konstruiert, sucht die symbolische bzw. allegorische Ritendeutung nach einem tieferen Sinn und findet ihn entweder im rituellen Gesamtkompex oder in signifikanten Details. Ein relativ frühes Beispiel findet sich im Derveni-Papyrus. Mit diesem Text stehen wir an der Wende vom 5. zum 4. Jh. v. Chr. und bewegen uns in esoterischen Kreisen, in denen die allegorische Deutung großgeschrieben wurde. Hier werden mythische Erzählungen in orphischen Versen naturphilosophisch ausgelegt[40]. In dem einleitenden, theologischen Teil ist jedoch von Riten die Rede, und zwar von Opfern und Libationen, die von Magiern (μάγοι) und Mysten (μύσται) auf analoge Weise verrichtet wurden (Col. VI 5−8 = Anhang Nr. 4):

"Über die heiligen Teile (ἱερά) gießen sie (ἐπισπένδουσιν) Wasser und Milch, mit denen sie auch die Gußrituale (χοαί) vollziehen. Sie verbrennen unzählige Opferkuchen, die mit zahlreichen Buckeln verziert sind, weil die Seelen ebenfalls unzählig sind. Eingeweihte (μύσται) bringen den Eumeniden Voropfer in derselben Weise [d. h. nach demselben Opferritus] dar wie die Magier. Denn die Eumeniden sind Seelen (ψυχαί)."[41]

Zwei Arten von Libationen werden unterschieden, σπονδαί und χοαί, die verschiedenen Opferritualen zuzuordnen sind[42]. Bei den σπονδαί wurde die Libationsflüssigkeit aus einer Kanne oder Schale in kleineren Mengen über dem Altarfeuer ausgegossen, in dem die 'heiligen Teile' (ἱερά) − entweder Fleisch und Innereien vom Opfertier oder unblutige Opfergaben, z. B. Opferkuchen − verbrannten. Dagegen wurde bei den χοαί der Inhalt eines größeren Gefäßes durch Kippen vollständig in die Erde ausgeleert[43]. Während die σπονδαί die Regel waren, galten die χοαί als eine "Sonderform der Libation", die vor allem beim Totenopfer und im Kult der chthoni-

---

40 Vgl. Laks/Most 1997; W. Burkert, "Orpheus und die Vorsokratiker. Bemerkungen zum Derveni-Papyrus und zur pythagoreischen Zahlenlehre", *A & A* 14 (1968) 93−114; ders., "La genèse des choses et des mots. Le papyrus de Derveni entre Anaxagore et Cratyle", *Les études philosophiques* 25 (1970) 443−455.

41 Der Text ist wiedergegeben nach Tsantsanoglou 1997, 95. Vgl. West 1997, 82−87.

42 Zu dieser Unterscheidung vgl. Casabona 1966, 231−268. 279−297; Burkert 1977a, 121−125; Bremmer 1996b, 267f.

43 Burkert 1985b, 8−14.

schen Götter gebräuchlich war[44]. Die Toten, so heißt es bei Lukian, "nähren sich von unseren Weihgüssen (χοαί) und den auf ihren Gräbern dargebrachten Totenopfern"[45].

Das Begießen der Opfergaben mit Wasser und Milch deutet darauf hin, daß es sich bei den von den "Magiern" praktizierten Riten um weinlose Opfer (νηφάλια ἱερά) handelt, die ebenso wie die weinlosen χοαί Ausnahmecharakter hatten[46]. Falls die mit Wasser und Milch begossenen Opfergaben mit den Opferkuchen identisch waren, geht es hier nicht um Tieropfer, sondern um unblutige Opfer. In denselben rituellen Zusammenhang gehört das "Voropfer" an die Eumeniden, das im Papyrus mit dem Opfer der Magier parallelisiert wird. So wurden den Eumeniden in Athen weinlose Opferkuchen (πόπανα) und Gußopfer (χοαί) dargebracht, die aus Wasser, Honig und Milch bestanden[47].

Libationen, die denen des Derveni-Papyrus im Prinzip entsprechen, waren bisher nur für die kleinasiatischen Magier hellenistischer Zeit bezeugt, nicht aber für griechische Mysten[48]. Es muß auch weiterhin offenbleiben, welche "Magier" und "Mysten" im Derveni-Papyrus gemeint sind. Wahrscheinlich haben wir es bei den μάγοι mit genuinen bzw. hellenisierten Vertretern der zoroastrischen Religion zu tun; bei dem "Voropfer" der Mysten an die Eumeniden wird man am ehesten an die Eleusinischen Mysterien oder an außerattische Mysterienkulte denken, die chthonischen,

44 F. Graf, "Milch, Honig und Wein. Zum Verständnis der Libation im griechischen Ritual", in: *Perennitas. Studi in onore di Angelo Brelich* (Rom 1980) 209–221, bes. 217f.; Jameson et al. 1993, 70–73.

45 Luc. *Luct.* 9.

46 Zum Sonderstatus weinloser Libationen grundlegend Graf 1985, 26–29.

47 Vgl. A. Henrichs, "The 'Sobriety' of Oedipus: Sophocles *OC* 100 Misunderstood", *HSCP* 87 (1983) 87–100; ders. 1984, 259f. Die mir damals zur Verfügung stehende Abschrift des Derveni-Papyrus war allerdings unzulänglich; von den Magiern war darin noch keine Rede.

48 Strab. 15,3,14 berichtet von Tieropfern pontischer Magier, bei denen sie Zaubersprüche rezitierten (vgl. P. Derv. col. VI 2) und Libationen auf den Boden gossen, die aus Öl, Milch und Honig bestanden. Appian. *Mithr.* 66 vergleicht das Brandopfer des Mithridates mit dem Opferritus der persischen Könige. Dabei wurde auf einem hohen Berg (vgl. Hdt. 1, 131, 2; Strab. 15, 3, 13) ein Scheiterhaufen errichtet, auf dem Milch, Honig, Wein, Öl und Weihrauch geopfert wurden. Vgl. G. Widengren, *Die Religionen Irans*, Die Religionen der Menschheit 14 (Stuttgart usw. 1965) 174–184, der in diesem Zusammenhang auch an die zentrale Rolle von Wasser und Honig in den Mithrasmysterien erinnert.

den Eumeniden nahestehenden Gottheiten geweiht waren[49]. Das würde
bedeuten, daß das Ritualverhalten griechischer Mysten mit nichtgriechischen Riten verglichen wird.

Die Relevanz dieses Textes für das rituelle Selbstverständnis der Griechen
liegt nicht nur in der expliziten Parallelisierung der Opferriten zweier eso-
terischer Religionsgemeinschaften, sondern in der symbolischen Deutung
dieser Riten. Die große Zahl und auffällige Form der Opferkuchen (πόπανα
πολυόμφαλα) wird auf die sprichwörtliche Vielzahl der Totenseelen gedeutet[50]. Weil die Toten "unzählig" sind, werden ihnen "unzählige" Opferkuchen mit "zahlreichen" buckelartigen Verzierungen (ὀμφαλοί) geopfert. Hier
wird also vorausgesetzt, daß die Opfergabe in einem Analogieverhältnis zur
Beschaffenheit des Opferempfängers steht. Eine typologisch vergleichbare
Deutung eines nichtgriechischen Ritus findet sich bereits bei Herodot. Der
'Vater der Ethnologie' berichtet, daß die Massageten die Sonne als einzigen
Gott verehren und ihr Pferde opfern. Dieses Pferdeopfer deutet Herodot
symbolisch: "Der Sinn des Opfers ist der, daß sie dem schnellsten Gott das
schnellste aller sterblichen Wesen zuteilen."[51]

Den extremen Gegensatz zur aitiologischen und symbolischen Ritendeutung bildet die Mythenkritik. Kritik am Mythos und Kritik an den Göttern war während der gesamten Antike viel verbreiteter als Kritik an den
Riten. Das hängt sicher damit zusammen, daß sich die Mythen gar nicht
und sich die Götter nur beschränkt wehren konnten. Wer dagegen den Kult
kritisierte, der rüttelte an den Grundfesten der griechischen Polis und stem-
pelte sich automatisch zum Systemkritiker, ja Außenseiter. Kritische Stimmen lassen sich seit Heraklit vor allem aus den Reihen der Philosophen
vernehmen. In einem seiner auf den Kult bezüglichen Fragmente verurteilt
Heraklit in scharfen Worten zwei der fundamentalsten Riten der grie-

---

49 West 1997 vergleicht die Magier des Derveni-Papyrus mit den "polymath priests
of Babylonia and Assyria" (89) und identifiziert die Mysten als Eingeweihte "of an Orphic-
Bacchic cult society" (84). Graf 1996, 26f. und Tsantsanoglou 1997, 115–117 rechnen
ebenfalls mit einem möglichen Bezug auf dionysische Mysterien. Kultische Verbindungen
zwischen Dionysos und den Eumeniden sind zwar vorstellbar, aber nicht belegt.

50 Dazu Henrichs 1994b, 54f.; 1984, 260f. Zu den Opferkuchen generell
E. Kearns, "Cakes in Greek Sacrifice Regulations", in Hägg 1994, 65–70; dies.,
"Cakes", OCD³ 272. Tsantsanoglou 1997, 114 verweist auf die Verwendung von
Opferkuchen im iranischen Seelenkult.

51 Hdt. 1,216 νόος (K. W. Krüger: νόμο(υ)ς die Hss.; vgl. 4, 131, 2) δὲ οὗτος τῆς
θυσίης· τῶν θεῶν τῶι ταχίστωι πάντων τῶν θνητῶν τὸ τάχιστον δατέονται. Vgl. Paus.
3, 14, 9.

chischen Religion, nämlich den Götterkult und die Reinigung von Blutschuld (Fr. 5 D.-K. = Anhang Nr. 5):

> "Sie reinigen sich, indem sie sich mit neuem Blut beflecken, wie
> wenn jemand, der in Schmutz getreten ist, sich mit Schmutz abwa-
> schen wollte. Für wahnsinnig würde man ihn halten, wenn man
> ihn bei einem solchen Tun beobachtete. Auch zu diesen Götterbil-
> dern hier beten sie, wie wenn sich jemand mit Gotteshäusern
> unterhielte, ohne zu ahnen, wie Götter und Heroen beschaffen
> sind."[52]

Heraklits Ablehnung der Blutrituale berührt sich engstens mit der Kritik an
den blutigen Opfern, die wir bei Pythagoras, Empedokles und Theophrast
finden[53]. Allerdings blieb der Anstoß am Tieropfer auf Randgruppen
beschränkt und konnte sich nicht durchsetzen; dafür war das Opferritual zu
fest etabliert. Auf stärkere Resonanz stieß die Kritik am Menschenopfer, die
sich durch die gesamte Antike hindurch verfolgen läßt[54].

Den aitiologischen, symbolischen und kritischen Formen der Ritenin-
terpretation ist gemeinsam, daß sie bestimmten Riten einen von außen her-
angetragenen Sinn geben wollen bzw. sie als Unsinn zu erweisen suchen.
Damit sprechen sie letztlich den Riten die Fähigkeit ab, sich selbst ver-
ständlich zu machen. Aufschlußreicher sind zweifellos solche Texte und
Autoren, die den Riten ihren Eigenwert belassen und sie ernst nehmen.
Auf diese Weise kommt die den Riten inhärente Dynamik voll zur Gel-
tung, zum Beispiel die Tendenz zur Gemeinschaftsbildung und sozialen
Integrierung, die Markierung von Freude und Trauer, die Freisetzung von
Tanz und Ekstase, die Abgrenzung der sakralen von der profanen Sphäre
und schließlich die jeweilige Bestimmung des Umgangs mit den Göttern.
Hier nähert sich das antike Ritualverständnis dann auch am ehesten den
modernen Deutungskategorien. Denn in der gegenwärtigen Forschung
geht es nicht mehr um einen wie auch immer verstandenen tieferen Sinn
der Riten, sondern um ihre Signalfunktion. Die Erschließung der "Zeichenfunktion" von Riten samt ihrer "Einordnung in einen umfassenden

---

52 Reinigung: vgl. Burkert 1977a, 137. 153. 457; Parker 1983, 371f., vgl. 230f.;
W. Nestle, *Vom Mythos zum Logos. Die Selbstentfaltung des griechischen Denkens von Homer
bis auf die Sophistik und Sokrates*, Stuttgart 1942², 98ff. Götterbilder: R. Kassel, "Dialoge mit Statuen", ZPE 51 (1983) 1–12, bes. 2.

53 Vgl. u. Anm. 103.

54 D. D. Hughes, *Human Sacrifice in Ancient Greece* (London/New York 1991);
Bonnechère 1994.

Funktionszusammenhang" ist ein Grundpostulat Walter Burkerts, das er in seinen Arbeiten immer wieder zu erfüllen sucht[55]. Auf ihre Weise haben das auch einige antike Autoren geleistet, denen wir uns jetzt zuwenden wollen.

II
Attische Feste

Wir beginnen im Athen der klassischen Zeit. Aus der Fülle der Zeugnisse sei eines herausgegriffen, das Eingangslied der Aristophanischen Wolken, in dem der Stolz der Athener auf ihre religiösen Einrichtungen eindrucksvoll zum Ausdruck kommt[56]. Der Chor der Wolkengöttinnen preist im Rahmen seiner Selbstvorstellung das "heilige Athen", wie es Pindar nennt[57], als ein blühendes Zentrum religiösen Lebens, dessen Vielfalt sich in den eleusinischen Mysterien, der Zahl der Tempel, der Häufigkeit der Opfer und den alljährlich stattfindenden dionysischen Agonen manifestiert (*Nub.* 298–313 = Anhang Nr. 6):

Regenbringende Jungfrauen,
laßt uns zum gesegneten Land der Pallas gehen,
um des Kekrops männerreiche Flur zu besuchen, die vielgeliebte.
Dort herrscht Ehrfurcht vor den geheimen Riten,
dort öffnet sich das Haus während der heiligen Weihen,
um die Mysten aufzunehmen.
Geschenke erwarten dort die Himmlischen,
hochragende Tempel und Kultbilder,
feierliche Prozessionen zu Ehren der Seligen,
reichbekränzte Opfer für die Götter und Festlichkeiten
zu jeglicher Jahreszeit.
Mit dem Frühling kommt dann dionysische Festesfreude,
wenn die wohlklingenden Chöre miteinander wetteifern
zum tiefen Ton der Flötenmusik.

Durch den Mund des Chores spricht der Komödiendichter als Repräsentant der Polis und wendet sich an die versammelten Athener, um sie in ihrem religiösen Selbstbewußtsein zu bestärken. Das damit verbundene

---

55 Zitat nach Burkert 1977a, 255.

56 B. Zimmermann, *Untersuchungen zur Form und dramatischen Technik der Aristophanischen Komödien*. 1: *Parodos und Amoibaion*, Beitr. z. Klass. Phil. 154, Königstein 1985[2], 65–69; M. C. Marianetti, *Religion and Politics in Aristophanes' Clouds*, Altertumswiss. Texte u. Stud. 24, Hildesheim usw. 1992, 80ff.

57 Pindar fr. 75,4 Snell-Maehler; Soph. *Aias* 1221f.; vgl. Eur. *Med.* 825f.

Eigenlob wird durch den komischen Verfremdungseffekt abgeschwächt, der diesem Spezimen der *laudes Athenarum* seine besondere Note gibt. Denn es sind schließlich stadtfremde, ja exotische Gottheiten, die sich hier im Anflug auf Athen befinden und sich von ihrer hohen Warte aus im Lob der Stadt ergehen. Mit ihrer Epiphanie erfüllen sie ein Gebet des Sokrates und liebäugeln gleichzeitig mit den handfesten kultischen Attraktionen, die Athen den Göttern zu bieten hat.

Unter den Zuschauern saßen zwischen den Athenern auch Fremde und Verbündete, die sich mit der vom Wolkenchor verkörperten Außensicht unschwer identifizieren konnten. Denn sie brauchten sich nur umzuschauen und ihren Blick auf die Akropolis zu richten, um das Bild, das der Chor von der Religion Athens zeichnete, voll und ganz bestätigt zu finden. Allerdings handelt es sich bei diesem Tanzlied um mehr als "ein schönes Lied auf die Kulte Athens"[58]. Mit deutlichem Hinweis auf die Städtischen Dionysien steckt Aristophanes den kultischen Rahmen ab, in dem die dramatischen Aufführungen stattfanden. Er läßt den Chor nicht nur auf das dionysische Fest Bezug nehmen, sondern noch spezifischer auf die chorischen Agone (χορῶν ἐρεθίσματα) und damit auf sein eigenes Tanzen[59]. Damit trägt er dem Hang aller Chorlyrik Rechnung, sich auf ihre eigene Aufführungssituation zu besinnen und den Chortanz zum Gegenstand ihrer Tanzlieder zu machen[60].

Aus diesem Chorlied spricht ein starkes religiöses Selbstbewußtsein, das sich in konventionellen Bahnen bewegt und vor allem an dem Festcharakter und den rituellen Voraussetzungen der Gattung Komödie orientiert ist. Man wird Aristophanes gern darin zustimmen, daß das kultische Engagement der Athener alljährlich an den Großen Dionysien seinen Höhepunkt erreichte. Mehr als elfhundert athenische Vollbürger waren an den Aufführungen der dithyrambischen und dramatischen Chöre aktiv als Chortänzer beteiligt; an die zehntausend schauten zu. Was mag sich das Gros der Athener bei dieser massiven Selbstdarstellung der Polisreligion gedacht haben?

Eine wenn auch nicht erschöpfende Antwort, die, ihrem Kontext nach zu urteilen, vermutlich für das Allgemeinbewußtsein der Athener repräsentativ ist, gibt uns ein Zeitgenosse des Aristophanes. In der Leichenrede, die

---

58 Nilsson, *GGR* I^3 781.

59 K. J. Dover, in: Aristophanes, *Clouds*, ed. with Intr. and Comm. by K. D. (Oxford 1968) 141 f.; P. V. Sfyroeras, *The Feast of Poetry: Sacrifice, Foundation, and Performance in Aristophanic Comedy*, Diss. Princeton 1992, 162 ("their self-referential description").

60 Henrichs 1996.

Thukydides seinem Perikles in den Mund legt, ist von den zahlreichen Festen die Rede, die das attische Jahr füllten (2, 38, 1 = Anhang Nr. 7):

> "In der Tat, wir bieten dem Geist vielfältige Erholungen von den Mühen in Form von Wettspielen (ἀγῶνες) und Opfern (θυσίαι), die wir das ganze Jahr hindurch veranstalten; aber auch in Form von glänzenden privaten Einrichtungen, deren täglicher Genuß die Trübsal verscheucht."

Man hat Thukydides vorgehalten, daß er hier ein zu oberflächliches Bild gezeichnet habe: "Warum hat Perikles die Bedeutung der Wettspiele und Opfer auf ihre äußerliche belustigende Seite beschränkt und nicht auch auf ihren tiefen religiösen Sinn hingewiesen?"[61] Zur Ehrenrettung des Thukydides hat man aus der angeblichen Not – mangelnder religiöser Tiefgang – eine Tugend gemacht und argumentiert, daß "das Bild vom attischen Menschen im Epitaphios betont frei von jeder religiösen Bindung" sei bzw. daß der thukydideische Perikles wie Platon in den *Gesetzen* den Akzent auf den "social rather than religious value of these celebrations" lege[62].

Aber lassen sich für das klassische Athen Fest und Unterhaltung, Polisreligion und individuelle Freiheit, religiöse Sinngebung und äußere kultische Form so säuberlich trennen, wie es sowohl der Thukydides gemachte Vorwurf als auch die Versuche, ihn zu entkräften, voraussetzen? Beide Seiten in der Debatte gehen m. E. von einem modernen Religions- und Opferbegriff aus und verkennen den Erwartungshorizont der Athener, für die Festtagsstimmung, Fleischverteilung und Opferschmaus zum Inbegriff von ritueller Gemeinschaftsbildung, ja von Religion überhaupt gehörten[63]. Wenn Thukydides von "Agonen und Opfern" redet, bezieht er sich weder ausschließlich auf die dramatischen Agone der Dionysien – auch an die Panathenäen wird er gedacht haben – noch auf die dramatischen Aufführungen als solche, sondern auf die Vielzahl der Opferfeiern, die den ritu-

---

61 J. Th. Kakridis, *Der thukydideische Epitaphios. Ein stilistischer Kommentar*, Zetemata 26 (München 1961) 36.

62 H. Flashar, *Der Epitaphios des Perikles: seine Funktion im Geschichtswerk des Thukydides*, Sitz.-Ber. Heidelberger Akad. d. Wiss., Phil.-Hist. Kl. 1969, 1, 20f.; J. F. Rusten, in: Thucydides, *The Peloponnesian War. Book II* ed. by J. F. R. (Cambridge 1989) 148 (mit Verweis auf Plat. *Leg.* 653d).

63 Parker 1996, 127: "Religious life, requiring as it did smart choruses and fat sacrificial victims, must always have been a favoured arena for the exercise of ambitious beneficence." Vgl. Schmitt-Pantel 1992; Casabona 1966, 131–134; Peirce 1993, bes. 234–247; Rosivach 1994, bes. 65–67.

ellen Rahmen für die zahlreichen gymnischen und musischen Agone
Athens bildeten[64]. Mit seiner Assoziierung von Fest, Tieropfer und Unbe-
schwertheit steht Thukydides der Komödie näher als der Tragödie[65]. In der
bewußten Unterscheidung von Arbeit und Spiel wie auch in der Betonung
des inneren Zusammenhangs zwischen religiöser Feier und Abstand vom
Alltag, ja geistiger Entspannung manifestieren sich zentrale Aspekte des rituellen Selbstbewußtseins der Griechen, die dann erst wieder in hellenistischer Zeit zur Sprache kommen[66].

Aristophanes und Thukydides zeichnen ein positives Bild attischer Feste.
Aber es gab auch ausgesprochen kritische Stimmen. Am Festkalender der
attischen Demokratie stößt sich der oligarchische Verfasser der anonymen
Verfassung von Athen (Textanhang Nr. 8), der moniert, daß die Athener dop-
pelt so viele Feste feierten wie die übrigen Griechen – er würde sie am
liebsten gesetzlich auf einen Bruchteil reduzieren –, daß die hohe Zahl der
Festtage eine Konzession an die Demokratie sei, deren Bürger auf diese
Weise häufig in den Genuß freier Opferschmäuse kämen, und daß die
Gerichte wegen der vielen Festtage der großen Zahl der Prozesse nicht
gewachsen seien[67]. In diesem politischen Pamphlet wird das athenische
Opferwesen parteiisch aufs Korn genommen, wobei das in bescheideneren
Verhältnissen lebende Gros der Griechen – "die anderen" (οἱ ἄλλοι) – als
Maßstab dient, an dem die Athener gemessen werden. Die Kritik aus den
eigenen Reihen richtet sich jedoch keineswegs gegen die Opferriten als
solche, sondern gegen ihre Häufigkeit und gegen die extreme Freude der
Athener am Fest. Kritische Akzente anderer Art setzt dagegen Theophrast
in seiner Charakterskizze des δεισιδαίμων, dessen Tagesablauf von Tabuvor-

---

64 Auch für Platon gehören Opfer, Chöre und Agone essentiell zum Fest und zur
Polisreligion (z. B. *Symp.* 197d; *Leg.* 799a. 829b. 835e). Attische Agone: T. Klee, *Zur
Geschichte der gymnischen Agone an griechischen Festen* (Leipzig/Berlin 1918); A. Pickard-
Cambridge, *The Dramatic Festivals of Athens* (Oxford ²1968, with Suppl. and Correc-
tions ebd. 1988); H. Kotsidu, *Die musischen Agone der Panathenäen in archaischer und klas-
sischer Zeit. Eine historisch-archäologische Untersuchung*, Quellen u. Forsch. z. ant. Welt 8,
(Frankfurt a. M. 1991); J. Neils (Hrsg.), *Goddess and Polis. The Panathenaic Festival in
Ancient Athens*, Princeton 1992.

65 Vgl. Henrichs 1990, bes. 270f.

66 Vgl. u. III, S. 55f. u. Textanh. Nr. 10.

67 [Xen.] *Ath. Pol.* 2,9; 3,2. 8. Zur Opferfreudigkeit der attischen Demokratie vgl.
zuletzt Schmitt Pantel 1992, 117–252, bes. 128f. 231f. sowie Parker 1996, 128f., der
dieselben Stellen heranzieht.

schriften bestimmt wird[68]. Hier geht es nicht mehr um öffentlichen Kult wie in den bisher diskutierten Texten, sondern um individuelles Ritualverhalten, das exzessive Formen annimmt und Anstoß erregt.

Die in attischen Quellen häufig vorgenommene Unterscheidung von "öffentlichen" und "privaten" Kulthandlungen darf nicht darüber hinwegtäuschen, daß die Grenzen fließend waren und die Polis als alleinige religiöse Autoritätsinstanz die Ausübung aller rituellen Handlungen einschließlich der Phylen-, Demen-, Phratrien- und Hauskulte überwachte und die für das Gemeinwesen akzeptablen Formen der Götterverehrung festlegte[69]. Platon ordnet in den *Gesetzen* die Polisreligion in sein großes theoretisches Konzept ein und weist ihr einen zentralen Platz in seinem theokratischen Staatsgebilde zu[70]. In seiner Verabsolutierung des Staatskultes geht er so weit, daß er private Heiligtümer verbietet und ihre Gründung in einem eigens dafür bestimmten Kultgesetz (νόμος) unter Strafe stellt (910b8ff. = Anhang Nr. 9):

"Niemand darf in Privathäusern den Göttern geweihte Heiligtümer (θεῶν ἱερά) haben. Wenn aber offenkundig wird, daß jemand andere Heiligtümer hat und andere Riten feiert (ὀργιάζειν) als die öffentlichen, so soll derjenige, der es bemerkt, ihn bei den Gesetzeswächtern anzeigen. Wenn aber der Besitzer, ob Mann oder Frau, keinen großen Religionsfrevel begangen hat, sollen diese ihm lediglich zur Auflage machen, seine privaten Heiligtümer den öffentlichen Tempeln zu übergeben. Falls sie ihn nicht dazu überreden können, sollen sie ihn so lange mit Strafen belegen, bis die Übergabe stattgefunden hat. Sollte sich aber herausstellen, daß jemand, der entweder in Privathäusern Heiligtümer errichtet oder in öffentlichen Tempeln den betreffenden Göttern Opfer dargebracht hat, einen Religionsfrevel begangen hat, wie ihn nicht Kinder, sondern ruchlose Männer begehen, so soll er mit dem Tode bestraft werden, weil er in unreinem Zustand geopfert hat."[71]

---

68 Theophr. *Char.* 16. Vgl. P. Steinmetz, in: Theophrastus, *Charaktere*, hrsg. u. erkl. v. P. St., Bd. 2, Das Wort der Antike 7 (München 1962) 179–207; R. G. Ussher, in: *The Characters of Theophrastus*, ed. with Intr., Comm. and Ind. by R.G.U. (Bristol ²1993) 135–157.

69 C. Sourvinou-Inwood, "What is Polis Religion?", in: O. Murray/S. Price (Hgg.), *The Greek City from Homer to Alexander* (Oxford 1990) 295–322; dies. 1988, bes. 270ff.; Parker 1996, 5–7.

70 Burkert 1977a, 489–494.

71 Dieser endgültigen Fassung geht ein vorläufiger Gesetzesentwurf voraus (909d6ff.). Zu Platons Verbot von Privatkulten vgl. O. Reverdin, *La religion de la cité platonicienne*, École Française d'Athènes, Travaux et mémoires 6 (Paris 1945)

In der Privilegierung des Poliskults und in der sakralen Sprachgebung berührt
sich dieses Gesetz mit der attischen Asebiegesetzgebung sowie mit außerattischen Kultgesetzen, die auf Stein erhalten sind[72]. Aber hier enden auch die
Übereinstimmungen. Denn als radikaler Versuch, private Kulte im Staatskult
aufgehen zu lassen und neue Götter zu institutionalisieren, stehen diese Vorschriften im Bereich der griechischen Religion isoliert da und gehören zu den
extremsten Manifestationen des rituellen Selbstverständnisses der Griechen[73].

Im Gesamtkonzept wie auch in den Einzelvorschriften entspricht Platons
Verbot von Privatkulten dem *senatus consultum de bacchanalibus*, mit dem der
römische Senat im Jahre 186 v. Chr. die geheimen Dionysosfeiern privater
Mysterienvereine in Rom, Campanien und Unteritalien unter staatliche
Aufsicht zu stellen suchte[74]. Die Bakchanalien wurden in Rom und Italien
grundsätzlich abgeschafft. Davon ausgenommen waren kleine Gruppen von
nicht mehr als zwei Männern und drei Frauen, die mit Sondergenehmigung
des Senats aus Gewissensgründen bakchische Feiern abhalten durften[75]. Die
Zugehörigkeit eines römischen Bürgers, Latiners oder Bundesgenossen zu
derartigen bakchischen Konventikeln bedurfte der Zustimmung des Senats.
Jedwede Art von Geheimhaltung, Verschwörung und Cliquenwesen war
strengstens verboten; auf Zuwiderhandlungen stand die Todesstrafe. Die privaten dionysischen Kultstätten wurden aufgelöst, "ausgenommen wenn sich
dort etwas Heiliges befindet" (*exstrad quam sei quid ibei sacri est*) – womit
laut Livius altehrwürdige Altäre und geweihte Kultbilder gemeint waren[76].

228–231; R. Morrow, *Plato's Cretan City. A Historical Interpretation of the 'Laws'* (Princeton 1960) 492f.; T. J. Saunders, *Plato's Penal Code* (Oxford 1991) 313–315; Bremmer 1996a, 107.

72 Vgl. Burkert 1977a, 385.

73 Vgl. Parker 1996, 6. 216; Sourvinou-Inwood 1988, 265f. Zur Einführung von
'neuen Göttern' im Athen des 5. und 4. Jhs. v. Chr. samt der Gegenreaktion vgl. Versnel 1990, 102–131.

74 *CIL* I² 581, vgl. Liv. 39,8–19. Dazu zuletzt W. Heilmann, "Coniuratio impia.
Die Unterdrückung der Bakchanalien als Beispiel für römische Religionspolitik und
Religiosität", *AU* 28,2 (1985) 22–41; J.-M. Pailler, *Bacchanalia. La répression de 186 av.
J.-C. à Rome et en Italie. Vestiges, images, tradition*, BÉFAR 270 (Rom 1988); Burkert
1990a, Register s. v. 'Bacchanalia'; Versnel 1990, 160f. (Bibliogr.).

75 s.c. de bacchanalibus 4 *sei ques esent, quei sibei deicerent necesus ese Bacanal habere*,
paraphrasiert bei Livius 39,18,8 *si quis tale sacrum sollemne et necessarium duceret*. Vgl. Burkert 1996, 7.

76 s.c. de bacchanalibus 28, paraphrasiert bei Livius 39,18,7 *extra quam si qua ibi
vetusta ara aut signum consecratum esset*. Vgl. A. Bruhl, *Liber Pater. Origine et expansion du
culte dionysiaque à Rome et dans le monde romain*, BÉFAR 175 (Paris 1953) 104.

Trotz aller Härte des Vorgehens ließ der römische Senat der privaten Religionsausübung einen wenn auch eng bemessenen Spielraum; darin erweist er sich toleranter als Platons Gesetzgeber.

III
Rituelle Ekstase

Ähnlich restriktiv sind Platons Vorschriften zum kultischen Singen und Tanzen, das er auf ein vom Gesetzgeber festgelegtes Maß beschränken möchte[77]. Ein weitaus positiveres Bild von der Rolle der Musik und der Emotionen im Kult zeichnet ein Kapitaltext, der sich als Vorspann zu Strabons Exkurs über die Kureten erhalten hat, aber höchstwahrscheinlich aus Poseidonios stammt[78]. Karl Reinhardt hat den Text auf seine kulturgeschichtliche und religionsphilosophische Substanz befragt und ihn als "eine Art Einleitung über den psychologischen und religiösen Ursprung der ekstatischen Feste" verstanden[79]. Aber nicht um Ursprungsfragen im herkömmlichen Sinn geht es hier, sondern um eine Phänomenologie ritueller Verhaltensweisen (Strabon 10,3,9 = Anhang Nr. 10):

"Griechen und Barbaren stimmen darin überein, daß sie rituelle Handlungen (ἱεροποιίαι) in festlicher Entspannung begehen, und zwar mit oder ohne Gottbegeisterung (ἐνθουσιασμός), unter Musikbegleitung oder ohne Musik, auf mystisch-geheime Weise oder in aller Öffentlichkeit. Das ist so in der Natur angelegt. Denn die Entspannung zieht den Geist (νοῦς) von den menschlichen Beschäftigungen ab und lenkt ihn gebührenderweise zum Göttlichen hin[80].

---

77 Plat. *Leg.* 652a1–674c7; 798d7–804b4.

78 Textanh. Nr. 10; Poseidonios zugeschrieben u. a. von K. Reinhardt (folg. Anm.); dems., "Poseidonios von Apameia", RE 22 A (1953) 814; Wilamowitz-Moellendorff 1932, 415f.; F. Jacoby ad 244 F 88–153, *FGrHist* II D 756f. sowie ad 468 F 2, *FGrHist* IIIb (Text) 364f.; Theiler (Textanh. Nr. 10) II 287–289.

79 K. Reinhardt, "Poseidonios über Urspung und Entartung. Interpretation zweier kulturgeschichtlicher Fragmente", in: ders., *Vermächtnis der Antike* (Göttingen 1966²) 402–460, hier 425–439, bes. 430f. 434ff. (zuerst monogr. als Bd. 6 der Reihe 'Orient und Antike', Heidelberg 1928, 34–51, bes. 41. 45ff.)

80 Mit François Lasserre (Strabon: *Géographie, Tome 7: Livre X*, Coll. Budé, Paris 1971) und Theiler (Textanh. Nr. 10) folge ich dem Text, den Wolfgang Aly aus dem vatikanischen Strabon-Palimpsest eruiert hat (*De Strabonis codice rescripto, cuius reliquiae in codicibus Vaticanis Vat.Gr. 2306 et 2061 A servatae sunt*, Studi e Testi 188, Vatikanstadt 1956, 41. 190). Der Text der späteren Hss., den Reinhardt ohne Kenntnis des

In der Gottbegeisterung steckt ein Anflug von Göttlichkeit – darin berührt sie sich mit dem mantischen Bereich. Die mystische Verhüllung der Riten trägt zur Erhabenheit des Göttlichen bei, indem sie dessen Natur nachahmt, die sich unserer Wahrnehmung entzieht. Die Musik schließlich, die es mit Tanz, Rhythmus und Melodie zu tun hat, verbindet uns durch die Freude an der Schönheit ihrer Kunst mit dem Göttlichen. Das hat folgenden Grund. Es ist nämlich zu Recht behauptet worden, daß die Menschen den Göttern dann am ehesten gleichkommen, wenn sie Gutes tun (εὐεργετεῖν). Mit noch größerem Recht könnte man sagen: wenn sie innerlich glücklich sind (ὅταν εὐδαιμονῶσι, wörtlich: wenn ein guter Daimon über ihnen waltet). Dazu gehört aber die Freude, das Fest, die Philosophie und der Umgang mit der Musik."

Diese Festesfreude bzw. festliche Gelöstheit vom Alltag liegt nach Meinung des Autors allen rituellen Handlungen zugrunde[81]. Die hier entwickelten Gedanken über den Stellenwert von Enthusiasmos, Musik und Esoterik als Grundformen religiöser Erfahrung gehören zum Gehaltvollsten, was zu diesem Thema aus der Antike auf uns gekommen ist. Was diesen Text auszeichnet, ist vor allem der hohe Grad an Abstraktion und geistiger Durchdringung. "Im Enthusiasmos steckt ein Anflug von Göttlichkeit" – darin liegt eine tiefe Wahrheit, aber es bleibt bei der Begriffsbestimmung. Konkrete Riten werden nicht genannt, und schon gar nicht die Akteure im Ritual. Wie haben wir uns die Wirklichkeit vorzustellen?[82]

Auf die Gefahr hin, von griechischen Höhen in barbarische Tiefen hinabzusteigen, möchte ich neben Poseidonios einen Text stellen, der eine extreme Form ekstatischer Riten aus ganz konkreter, ja geradezu klinischer Perspektive vorführt, nämlich aus der Sicht des Arztes Aretaios. Er stammte

Palimpsests gegen alle Konjekturen verteidigte, lautet in seiner Übersetzung (vorige Anm.): "Denn die Ausgelassenheit lenkt den Sinn von den menschlichen Beschäftigungen ab, um dafür den *Sinn* im wahren Wortverstand zum Göttlichen zu wenden" (ἥ τε γὰρ ἄνεσις τὸν νοῦν ἀπάγει ἀπὸ τῶν ἀνθρωπικῶν ἀσχολημάτων, τὸν δὲ ὄντως νοῦν τρέπει πρὸς τὸ θεῖον).

81 Vgl. Thuk. 2,38,1 (Textanh. Nr. 7) u. Anm. 67; Plat. *Leg.* 653d 1–5; Sen. *Tranqu.* 17, 5, 7.

82 Dazu B. Gladigow, "Ekstase und Enthusiasmos. Zur Anthropologie und Soziologie ekstatischer Phänomene", in: H. Cancik (Hrsg.), *Rausch, Ekstase, Mystik: Grenzformen religiöser Erfahrung* (Düsseldorf 1978), 23–40; Burkert 1977a, 178–180; E. R. Dodds, *The Greeks and the Irrational*, Sather Class. Lect. 25 (Berkeley/Los Angeles 1951) 64–101.

aus Kappadokien und lebte vermutlich im 1. Jh. n. Chr.[83] In einer seiner medizinischen Schriften grenzt er die rituelle Ekstase von manischen Zuständen ab, die in den Bereich der Medizin fallen. Als Beispiel dient ihm der Kult der Magna Mater mit seinen Betteleunuchen, die vor allem in Kleinasien ein vertrauter Anblick waren. Aretaios beschreibt, wie sich diese sogenannten Galloi in Ekstase versetzten und sich schwere Schnittwunden beibrachten. Die genauen Angaben über ihre diversen Ekstase-Techniken sowie über ihre innere und äußere Verfassung sprechen dafür, daß sein Bericht auf Autopsie beruht (3, 6, 11 Hude = Anhang Nr. 11):

"Gewisse Leute zerschneiden sich die Gliedmaßen in dem frommen Glauben, daß sie damit ihren Göttern einen Dienst erweisen, die das angeblich so fordern. Ihre Manie (μανία) besteht lediglich in dieser Wahnvorstellung; sonst sind sie völlig normal. Sie lassen sich stimulieren durch Flötenmusik und ausgelassene Stimmung, durch Rausch oder durch die Zuschauer, die sie antreiben. Diese Art des Wahnsinns beruht auf göttlicher Einwirkung (ἔνθεος). Wenn sie schließlich vom Wahnsinn ablassen, sind sie guten Mutes und frei von Sorgen, denn sie sind der Gottheit geweiht. Doch sind sie blaß, ausgemergelt und für längere Zeit geschwächt durch die Beschwerden, die ihnen ihre Wunden bereiten."

Von dem Blut, das dabei fließt, spricht Aretaios mit keinem Wort. Im römischen Attiskult hieß der 24. März, an dem das Blut der Galloi floß, "Tag des Blutes" (*dies sanguinis*). Die extremste Form der rituellen Selbstverstümmelung, die Kastration, war ein blutiges Opfer, das eine Sonderstellung unter den Opferriten einnimmt, die im Mittelpunkt von Walter Burkerts Werk stehen[85].

83 F. Kudlien, *Untersuchungen zu Aretaios von Kappadokien*, Akad. d. Wiss. u. d. Lit. Mainz, Abh. d. Geistes- u. sozialwiss. Kl. 1963, 11 (Mainz 1964), bes. 7–24 zur Datierung.

84 G. M. Sanders, "Gallos", *RAC* 8 (1972) 984–1034; Burkert 1979, 104f. 110f. Zu Aretaios' Bericht über die Galloi zuletzt Burkert 1990, 95; Henrichs 1994a, 34–36; P. Borgeaud, *La Mère des dieux. De Cybèle à la Vierge Marie* (Paris 1996) 70f.

85 Kastration als Ersatzopfer: Burkert 1996, 47–51.

IV
Tieropfer und Schuldgefühl

Diesen Opferriten, die das rituelle Zentrum der antiken Religonen bilden, wollen wir uns jetzt zuwenden. Ein Zeugnis aus der Spätantike möge der Einstimmung dienen. Es stammt von dem neuplatonischen Theologen Sallustios, einem Zeitgenossen und Freund des Kaisers Julian (*De dis et de mundo* 16 = Anhang Nr. 12):

> "Es ist angebracht, meine ich, ein paar kurze Bemerkungen zu den Opfern anzuschließen. Weil wir alles von den Göttern haben, ist es nur recht und billig, ihnen als Gebenden von dem, was sie uns geben, ein Erstlingsopfer darzubringen: von dem materiellen Reichtum bringen wir ein Voropfer in Form von Weihgeschenken dar, von unseren Körpern in Form von Haaropfern, und vom Leben in Form von blutigen Opfern (θυσίαι)."

Im folgenden gibt Sallustios im Anschluß an Iamblichos eine symbolische Deutung des Blutopfers, das die Menschen an die Götter bindet. Denn – so theosophiert er – sowohl Götter und Menschen haben an derselben Lebenssubstanz teil, die im Blutopfer geopfert wird und eine Mittlerfunktion (μεσότης) zwischen der menschlichen und der göttlichen Seinssphäre ausübt[86]. Konventionell ist das von Sallustios benutzte Klassifikationssystem der Opferriten, konventionell auch der rituelle Nexus von Opfer, Gottheit und Gebet. Ungewöhnlich ist dagegen, daß im Zusammenhang mit den Tieropfern (θυσίαι) das Opfertier als Lebewesen und als rituelle Lebensquelle zumindest für die Menschen mit keinem Wort genannt wird. Das Tier als solches war für Sallustios uninteressant, nur das in ihm verkörperte Lebensprinzip zählte – *vitam pro vita*[87].

Um Tod und Leben als die beiden polaren Bezugspunkte jedes blutigen Opfers geht es auch bei Walter Burkert: "Unmittelbar trifft der Schock des Todesschreckens, präsent im verrinnenden, warmen Blut; und dies nicht etwa als peinliches Beiwerk, sondern in jener Mitte, auf die aller Augen gerichtet sind. Und doch wandelt sich die Todesbegegnung im folgenden Schmaus in lebensbejahendes Behagen."[88] Der Tod des Opfertiers löst star-

---

86 Vgl. A. D. Nock, *Sallustios Concerning the Gods and the Universe* (Cambridge 1926) lxxxiii–lxxxv; F. W. Cremer, *Die chaldäischen Orakel und Jamblich de mysteriis*, Beitr. z. Klass. Phil. 26 (Meisenheim 1969) 123–130.

87 Dazu Burkert 1996, 53–55. 136. 229 Anm. 121; unten Anm. 113.

88 Burkert 1977a, 104.

ke Affekte im opfernden und tötenden Menschen aus. Das ist eine Zentralthese des *Homo Necans*. Aber wie steht es mit dem Opfertier? Was empfindet es angesichts *seiner* Todesbegegnung?[89] Hören wir dazu noch einmal Burkert: "Gerne erzählen Legenden, wie Tiere von sich aus zum Opfer sich anboten. (…) Das Tier wird mit Wasser besprengt; 'schüttle dich', ruft Trygaios bei Aristophanes[90]. Man redet sich ein, die Bewegung des Tieres bedeute ein 'freiwilliges Nicken', ein Ja zur Opferhandlung. Der Stier wird noch einmal getränkt – so beugt er sein Haupt. Das Tier ist damit ins Zentrum der Aufmerksamkeit gerückt."[91]

Die Aggression weckte Schuldgefühle. Um ihr Gewissen zu beruhigen, inszenierten die Griechen beim Opfer eine 'Unschuldskomödie', bis das Tier ungewollt seine Zustimmung gab[92]. So versteht wenigstens Burkert im Anschluß an Karl Meuli die Mentalität der Opfernden. Das freiwillige Opfertier repräsentiert aber allenfalls den rituellen Idealfall, wie ihn vornehmlich ein bestimmter Typus von Vasenbildern und die Opferparodien der Komödie konstruieren[93]. Die Wirklichkeit sah dagegen weniger erbaulich aus. Die Opfertiere waren nämlich oft widerspenstig und unterwarfen sich nicht ohne Sträuben dem Opferzeremoniell. Wie zahlreiche Vasenbilder und Weihreliefs zeigen, wurden sie an einem Strick geführt, der an ihren Hörnern, ihrem Hals oder einem ihrer Beine befestigt war. Am Altar angelangt, wurden sie damit an einen in den Boden eingelassenen Metallring angebunden, um sie besser unter Kontrolle zu halten und am Davonlaufen zu hindern[94].

Vor 90 Jahren wurde im Tempel der Syrischen Götter in Rom eine marmorne Befestigungsplatte für einen solchen Haltestrick gefunden. An der

---

89 Das ist eine Frage, die sich die Betreiber modernster, 'tierschonender' Schlachthöfe stellen. Vgl. K.-H. Farni, "Hier graust es keiner Sau", *Zeit-Magazin* Nr. 47 (15. Nov. 1996) 30–39, bes. 34, wo der Betriebsleiter eines solchen Schlachthofs zitiert wird: "Hier bei uns ist alles gedämpft, keine grellen Lichter und alles dunkelgrün gefliest. Schweine mögen grün, es beruhigt sie."

90 Farni (vorige Anm.) 34: "Die Berieselung kühlt. Ist für alles gesorgt, optimale Verhältnisse fürs Schwein."

91 Burkert 1972b, 10f.; vgl. Aristoph. *Pax* 960.

92 Meuli 1946, 227ff. 266–268 (= 1975, 951ff. 995f.); Burkert 1966a, 107–109. 118f.; 1972b, 20–31; 1977a, 104. 350; 1992a, 171. 183ff.

93 Peirce 1993, 248. 250; van Straten 1995, 32f. 45f.; Himmelmann 1997, 18–20. 24. 39f. 44–46.

94 Van Straten 1995, 20–22. 25f. 30. 100-102. 109 m. Abb. 4. 10. 12–14. 17. 19. 39. 54. 56; Peirce 1993, 255f. Laut Himmelmann 1997, 46 diente der Ring dazu, das obligatorische Kopfnicken des Opfertiers zu erzwingen.

Funktion dieser Platte und dem Sinn der dazugehörigen Weihinschrift ist
viel herumgerätselt worden. Erst kürzlich hat John Scheid die evident richtige Lösung gefunden. Das aus zwei Pentametern bestehende Distichon lautet: "Auf daß die mächtige Fessel den Göttern ein Opfer(tier) darbiete, die
der δειπνοκρίτης Gaionas geweiht hat."[95] Der Strick wird hier mit einer
homerischen Wendung als "mächtige Fessel" (δεσμὸς κρατερός) bezeichnet,
mit dessen Hilfe den Göttern das Opfertier zugeführt bzw. das Opfer (θῦμα)
dargebracht werden soll.

Die Weihung stammt von einem gewissen M. Antonius Gaionas, der uns
aus mehreren Inschriften bekannt ist, aber wohl kein Grieche war. Er gibt
seinen Titel als δειπνοκρίτης an, das man lateinisch mit *arbiter cenarum* wiedergeben könnte[96]. Darin liegt wohl, daß er mit der Aufsicht über die rituellen Mahlzeiten im Kult der Syrischen Götter betraut war. In anderen
Inschriften bezeichnet sich Gaionas als *cistiber*, d. h. als Inhaber einer Magi-
stratur der mittleren Beamtenlaufbahn. Nur hier, im konkreten sakralen
Kontext, gebraucht er seinen Kulttitel und demonstriert damit sein ausge-
prägtes rituelles Selbstbewußtsein. Aber auch in dem unmittelbaren
Nebeneinander von Opfertier und Opfermahl, von θῦμα und δεῖπνον, manifestiert sich ein Quentchen von rituellem Selbstverständnis. Denn wie so
häufig in der antiken Welt stehen auch hier Tieropfer und Essen in einem
prinzipiellen Zusammenhang, der unserem Kultfunktionär wohlvertraut
war: "Es geht beim Tieropfer um ein rituelles Töten zum Zweck der
Gewinnung einer Fleischmahlzeit."[97] So gesehen enthüllt sich diese
unscheinbare Inschrift als ein beredtes Zeugnis für die antike Opfermentalität.

Der Strick des Gaionas, der das Opfertier an seine Opferstätte und damit
an die menschliche Ordnung bindet, wirft die heikle Frage auf, ob umgekehrt die Opferer eine emotionale Bindung an ihre Opfertiere empfanden
und an deren Schicksal Anteil nahmen. Damit kehren wir zum Komplex
der Unschuldskomödie zurück, der in den Opfertheorien von Karl Meuli
und Walter Burkert eine zentrale Stelle einnimmt[98]. Dahinter steht die

---

95 *IGUR* 109 (Rom, 2. Jh. n. Chr.) δεσμὸς ὅπως κρατερὸς θῦμα θεοῖς παρέχοι, |
ὃν δὴ Γαιῶνας δειπνοκρίτης ἔθετο. Dazu Scheid 1995 (mit Lit.), der folgendermaßen
übersetzt (312): "Attache puissante, que Gaionas [le δειπνοκρίτης] a fixée afin qu'elle
procure une victime aux dieux." Vgl. *LSCG* 151 A 31 (Kos, 4. Jh. v. Chr.): κηνεῖ δὲ
ἐκδήσαντες τὸμ βοῦν κα[τ]άρχονται θαλλῶι καὶ δάφναι.
96 Scheid 1995, 303 gibt *deipnokrítes* mit "ordonnateur de banquet rituel" wieder.
97 Burkert 1990b, 19.
98 Vgl. o. Anm. 92.

Annahme, daß die Griechen ebenso wie die Jäger der zentraleuropäischen und arktischen Jagdkulturen bei der Tötung von Opfertieren unter Schuldgefühlen litten, die sich in den Opferriten niederschlugen: "Das Töten des Tieres seinerseits ist ein ambivalentes Handeln, Schuldgefühlen ausgesetzt."[99] Im Gegensatz zu Burkert spricht Meuli allerdings in seinen "Griechischen Opferbräuchen" weniger von der Schuld als von "Unschuldskomödie" bzw. "Unschuldskünstlern". Entsprechend zieht Meuli häufig Komödientexte heran, während Burkerts Opfertheorie stark der Tragödie verpflichtet ist, wo das Tieropfer immer wieder als rituelle Folie für Menschenopfer bzw. Mord fungiert[100]. Burkert überträgt denn auch die dramatisch geladene, an Ausnahmesituationen orientierte Emotionalität der Tragödie auf den Alltag des Tieropfers: "Dies besagt nicht, daß man jedes Opfer als 'tragisch' erlebte, aber doch, daß hier eine Chance des Erlebens, des Mit-Erlebens bestand, der 'Ergriffenheit' durch tiefe und starke Gefühle."[101]

War dem wirklich so? Hatte das Gros der Griechen – von religiösen Randgruppen abgesehen – beim Tieropfer ein schlechtes Gewissen, das nicht nur auf Mitleid mit dem Tier, sondern auf einer Art von "Tötungsscheu" beruhte? Die Frage läßt sich pauschal wohl kaum schlüssig beantworten, wenn es auch von vornherein unwahrscheinlich ist, daß in einer vom Krieg bestimmten Kultur, in der ständig Menschenblut floß, ein verblutendes Tier ernsthaften Anstoß erregt hätte. Selbst Jan Bremmer scheint mir die Griechen insgesamt noch zu stark zu belasten, wenn er die Burkertsche These von der Opferschuld folgendermaßen abschwächt: "Die Tötung zum Zwecke des Opfers erzeugte also zwar nicht Furcht und Angst, aber doch sicherlich ein Gefühl von Unruhe."[102] Zum Beweis führt er außer den Buphonien noch die Orphiker, die Pythagoreer und Empedo-

---

99 Burkert 1990b, 19.

100 Vgl. Burkert 1966a; Henrichs i. Vorb.

101 Burkert 1992a, 185.

102 Bremmer 1996a, 50 ("a feeling of unease" im Original), der in demselben Zusammenhang von der "Existenz gemischter Gefühle bei der Opfer-Tötung" spricht. Bremmer beschreitet damit einen Mittelweg zwischen der Opfertheorie von Meuli/ Burkert und dem konträren Modell von Jean-Pierre Vernant (o. Anm. 27). Ähnlich F. Graf, "Zeus", OCD^3 1637 (Verbrennungsopfer für Zeus Meilichios): "This meant no common meal to release the tension of the sacrifice."

kles an[103]. Aber damit sind lediglich marginale Strömungen erfaßt; es sind
die Ausnahmen, welche die Regel bestätigen[104].

Die Vasenbilder mit Opferszenen sprechen eine deutlichere Sprache, weisen aber in eine andere Richtung. Wie die jüngsten Analysen der Ikonographie des Opfers gezeigt haben, wird in der Bildkunst der Augenblick der
Tötung des Opfertiers meist ganz ausgespart[105]. Darin könnte man auf den
ersten Blick eine Bestätigung dafür sehen, daß die Griechen in der Tat den
Tötungsakt als solchen aus ihrem Bewußtsein verdrängen wollten. Dagegen
sprechen jedoch die wenigen Szenen, in denen sich der Opferer anschickt,
dem Opfertier mit dem Beil oder Messer den tödlichen Schlag bzw. Stich
zu versetzen[106]. Noch expliziter sind drei attische Vasenbilder, auf denen das
Abstechen des Opfertiers in aller Deutlichkeit dargestellt ist. In diesen Fällen handelt es sich bezeichnenderweise nicht um das Normalopfer, sondern
um rituelle Ausnahmesituationen. Zwei der drei Vasen zeigen Krieger beim
Tieropfer vor der Schlacht (σφάγια)[107]. Auf der dritten Vase übt sich ein hal-

---

103 Zu den vegetarischen Randgruppen, die an Metempsychose in Tierkörper
glaubten und Tieropfer ablehnten, vgl. z. B. Burkert 1972b, 14f.; D. Obbink, "The
Origin of Greek Sacrifice: Theophrastus on Religion and Cultural History", in:
R. Sharples (Hrsg.), *Theophrastean Studies. On Natural Science, Physics, Metaphysics, Ethics,
Religion, and Rhetoric* (New Brunswick 1988) 272–295, bes. 281f. Zum Ausnahmesta-
tus der Buphonien (u. S. 66 m. Anm. 119) s. Bremmer 1996b, 276f.

104 Schließlich weist Bremmer 1996a, 49f. im Anschluß an Burkert 1972b, 9f. auf
eine Eigenart der griechischen Sakralsprache hin: "Die Griechen bedienten sich des
Euphemismus 'Tun' für Opfern." Dieser Wortgebrauch (ἔρδειν/ῥέζειν) ist jedoch
nicht repräsentativ, sondern ein Relikt aus alten Zeiten, das auf den jonischen Dialekt
bzw. die Dichtersprache beschränkt ist und indoeuropäische Wurzeln hat (Casabona
1966, 39ff. 301ff.; K. Dover, *The Evolution of Greek Prose Style*, Oxford 1997, 93).
Explizitere Opfertermini wie σφάζειν und θύειν setzten sich durch.

105 Van Straten 1995, 186–188; Peirce 1993, 220. 234. 251–258; Himmelmann
1997, 18. 50–54; Vernant 1981, 7ff. Vernant geht allerdings ebenso wie J. Jouanna
(1992, 421. 433 = ders. 1993, 85. 92) von der irrigen Annahme aus, daß in den Opferszenen die eigentliche Tötung des Opfertiers nicht ein einziges Mal dargestellt wird
(vgl. dagegen Anm. 107f.)

106 Van Straten 1995, 103–113 m. Abb. 109–111. 113–114; Himmelmann 1997,
18 Anm. 14; Peirce 1993, 256–258, die zeigt, daß das angebliche Verstecken des
Opfermessers im Opferkorb als Teil der Unschuldskomödie weder in den eigentlichen
Opfertexten noch in den Opferbildern eine Stütze findet.

107 Kylix Cleveland 26.242: van Straten 1995, 106 = 219 Katalog I, V 144 m. Abb.
112. Kelchkrater Malibu, Getty Museum 86.AE.213: ebd. 106 = 220 Katalog I, V146;
Peirce 1993, 252–254. Vgl. M. H. Jameson, "Sacrifice before Battle", in: V. D. Hanson (Hrsg.), *Hoplites. The Classical Greek Battle Experience* (London/New York 1991)
197–227.

bes Dutzend Männer im "Hochheben des Stiers" (αἴρειν bzw. αἴρεσθαι τὸν βοῦν), einer Sonderform des Opfers, die in Athen und anderswo als rituelle Kraftprobe bis weit in die hellenistische Zeit praktiziert wurde[108]. Der ikonographische Befund legt den Schluß nahe, daß die Athener der klassischen Zeit auf Darstellungen des Tötungsaktes weitgehend verzichteten, weil sie ihm keine besondere Bedeutung beimaßen. Folkert van Straten konstatiert denn auch konsequent ein "common lack of interest in the killing itself"[109]. Die seltenen Ausnahmen beweisen, daß bei den vom Normalopfer abweichenden Opferritualen auch die Tötung als solche ins Zentrum des Opferverständnisses treten und damit zum ikonographischen Blickfang werden konnte.

V
Widder und Kaninchen

Gab es für die Griechen gegenüber dem Opfertier eine Tabuschwelle? Wieweit können wir deren rituelles Selbstverständnis nachvollziehen, ohne unsere eigenen Gefühle und Vorurteile einfließen zu lassen? Walter Burkert hat diese Frage im *Homo Necans* auf seine Weise beantwortet. Kein anderes Buch hat das gegenwärtige Verständnis von griechischer Religion und griechischer Opfermentalität so essentiell und nachhaltig beeinflußt. Wie immer man sich zu dem Krisenbewußtsein und dem menschheitsgeschichtlichen Panorama stellen mag, das diesem Werk seine einzigartige Dynamik gibt, eins ist sicher: *Homo Necans* hat Epoche gemacht. Seit einem Vierteljahrhundert hat uns dieser kühne Entwurf zum Nachdenken angeregt und eine heilsame Unruhe gestiftet. Die Resonanz dieses Buchs ist evident, seine Wirkungsgeschichte geht weiter. Weniger durchsichtig ist, wie es überhaupt

---

108 Schwarzfigurige Bauchamphora in Viterbo, ca. 550 v. Chr.: G. Barbieri/J.-L. Durand, "Con il bue a spalla", *Boll. d'Arte* 29 (1985) 1–16, mit Abb.; van Straten 1995, 111 = 219 Katalog I, V 141 m. Abb. 115; Peirce 1993, 220 Anm. 2. 234f. 254. 257 m. Abb. 1; Himmelmann 1997, 18. 22–26 m. Abb. 13. Die Liste der bei van Straten 1995, 109–113 herangezogenen literarischen und inschriftlichen Zeugnisse zu diesem Ritus läßt sich erweitern: Aristocles ap. Aelian. *Nat. anim.* 11,4 = *FGrHist* 436 F 2 = D. L. Page, *Further Greek Epigrams* (Cambridge 1981) 30f. = *Suppl. Hell.* 206, wo in Zeile 4 zu lesen ist: ταῦρον ὃν οὐκ αἴρουσ' ἀνέρες οὐδὲ δέκα, "einen Stier, den nicht einmal zehn Männer hochheben" (die genannten Editoren drucken entweder οὐχ αἴρουσ' oder konjizieren; die meisten Älian-Editionen des 18. u. 19. Jhs. drucken den richtigen Text, verstehen ihn aber falsch); Paus. 2,19,5; Petr. *Sat.* 25,6.
109 van Straten 1995, 188.

zum *Homo Necans* gekommen ist. Hier mag denn eine Geschichte etwas
Aufhellung bringen, in der es weniger um die Griechen selbst geht als um
Walter Burkerts früheste Auseinandersetzung mit dem Phänomen des *homo
necans*, dem Lebewesen also, welches das Töten zu seinem Handwerk
gemacht hat. Diese Geschichte darf um ihrer selbst willen erzählt werden,
aber sie gehört auch in den Rahmen unseres Themas. Denn die antiken
Aussagen zum griechischen Ritualwesen lassen sich nicht von den auf sie
bezüglichen modernen Theorien trennen.

Es gibt nicht viele Geschichten über Walter Burkert, doch die besten
stammen von ihm selbst. In einem Interview, das er 1988 in Los Angeles
gab, deutete er an, daß er in seiner Kindheit stark unter dem Eindruck des
Krieges und der Kriegsjahre stand[110]. In diesem signifikanten Zusammenhang läßt er einfließen, daß er als Kind eine besondere Affinität zu Tieren
hatte. Allerdings habe er es als beunruhigend empfunden, daß Tiere einander auffressen, "that animals eat each other." An dieser Stelle ging dem
Interviewer ein Licht auf, und er fragte, als sei es die natürlichste Frage der
Welt: "Did you have animals?"[111] So unschuldig sie auch klingen mag, die
Frage hatte es in sich, eben weil sie an keinen Geringeren als Burkert
gerichtet war. Denn die biologische Verhaltensforschung und das Verhältnis
von Mensch und Tier nehmen bekanntlich in seinem Werk eine Schlüssel-
stellung ein und bestimmen nicht nur seine Opfertheorie, sondern auch
seine entwicklungsgeschichtlichen Vorstellungen von menschlichem Ritualverhalten überhaupt. Die Frage ist auch deshalb bedeutsam, weil sie auf ihre
Weise ebenfalls eine Ursprungsfrage ist und nach Burkerts eigener Entwicklung fragt.

Burkerts Antwort ist frappierend. Als er in jungen Jahren zum ersten Mal
die Odyssee las, so erinnert er sich, habe er sich nicht damit abfinden können, daß in der Geschichte vom Kyklopen am Ende die gute Widder zum
Opfertier gemacht wird[112]. Er hatte doch dem Odysseus das Leben gerettet. Wie konnte er dann geopfert werden? Daran schließt sich folgende
Reflexion an: "Well, that is one of these problems that lead directly to *Homo
Necans*." Aufschlußreich scheint mir, daß hier die Genese dieses Buchs

---

110 Burkert 1988a. Vgl. auch dens. 1988b.
111 Burkert 1988a, 43.
112 Od. 9,550ff. Vgl. Burkert 1979, 33: "Ever since I was a child I have been angry
with Odysseus for his sacrificing the good ram to whom he owes his life. But if the
tale is seen within the general structure of the 'quest', the object to be gained is precisely the flocks themselves, edible animals, and the solemn meal is the logical conclusion: the sacrifice."

in der Kindheit angesiedelt wird, als ob das große Gedankengebäude gewissermaßen als eine verspätete, aber um so erschöpfendere Antwort des reifen Gelehrten auf die naive Frage des Kindes zu verstehen sei. Mußte der Widder nicht ebendeswegen sterben, *weil* er Odysseus das Leben gerettet hatte? Lag darin nicht eine ausgleichende Gerechtigkeit, nach dem Prinzip Leben um Leben, Blut um Blut?[113]

In der Tat ist die Vorstellung vom Ersatzopfer und von der rituellen Austauschbarkeit von Tier und Mensch ein Zentralthema des *Homo Necans*[114]. Auch der Widder des Odysseus kehrt hier wieder, und zwar in einem Unterkapitel "Ausblick auf Odysseus", das bezeichnenderweise mit dem polaren Ausdruck "Todesgrauen und Lebensgewißheit" endet[115]. Von dem Widder heißt es dort: "Da ist zunächst die entscheidende Rolle, die einem Widder zufällt, einem Opfertier. Angekrallt ans Vließ des Widders und unter ihm verborgen, entrinnt Odysseus dem Ort des Grauens. Daß er seinen Retter dann alsbald dem Zeus opfert, muß den Tierfreund verletzen; doch Phrixos hatte es nicht anders gemacht." Wie wir spätestens seit dem Interview wissen, verbirgt sich hinter dem "Tierfreund" letztlich das Kind im Manne, aber die frühe Entrüstung über die unfaire Behandlung des guten Widders hat im *Homo Necans* der Erkenntnis Platz gemacht, daß sich hinter der Erzählung von der Rettung des Odysseus und dem scheinbar paradoxen Widderopfer ein ritueller Sinnzusammenhang abzeichnet, der weit über die Griechen hinausweist.

Aber mit dieser Kindheitserinnerung war die Frage "Did you have animals?" noch nicht beantwortet. Das geschieht erst in einem zweiten, nicht weniger aufschlußreichen Anlauf. Was ihn als Kind beunruhigt hat, erklärt Burkert, war nicht nur der Opfertod von Odysseus' Widder, sondern noch mehr das Schicksal seiner Kaninchen, das engstens mit den Lebensgewohnheiten der Spezies *homo necans* verknüpft war. Während des Kriegs und in den Nachkriegsjahren waren die Hauskaninchen die einzige

---

113 Zu Substitutionsformeln wie *animam pro anima, sanguinem pro sanguine* und *vitam pro vita* Burkert 1981, 121 f.; 1996, 53–55; A. Henrichs, *Die Phoinikika des Lollianos. Fragmente eines neuen griechischen Romans*, Papyrol. Texte u. Abh. 14 (Bonn 1972) 15.

114 Vgl. Burkert 1987, 163: "It is the intriguing equivalence of animal and man, as expressed in mythology in the metaphors of tragedy, but also in rituals of substitution, that casts the shadow of human sacrifice over all those holy altars in front of the temples." Auf derselben Prämisse beruhte bereits Jane Harrisons Konstrukt der 'primitiven' Mentalität (1908, 114): "In a primitive state of civilization the line between human and animal 'sacrifice' is not sharply drawn."

115 Burkert 1972b, 148–152; das folgende Zitat ebd. 148.

Fleischquelle für die Familie. Aber die Eltern brachten es nicht übers Herz, die Lieblingstiere des jungen Walter zu schlachten. Not macht erfinderisch, und so wurde eine Rettungsstrategie ersonnen, bei der Unschuldskomödie und Tauschhandel Hand in Hand gingen: "We exchanged the rabbits I loved most for other rabbits, and these could then be slaughtered and eaten."[116] Auf diese Weise wurde der Hunger gestillt, ohne das Gewissen mit allzu großen Schuldgefühlen zu belasten.

Die Geschichte von den Kaninchen illustriert die wohl allen Menschen innewohnende Tendenz, vertraute Tiere gerade dann zu vermenschlichen, wenn deren Leben auf dem Spiel steht. Dahinter steht das existentielle Bewußtsein der eigenen Verwundbarkeit und Gefährdung. Meuli hat dieses Verhalten vor allem für die frühen Jägerkulturen nachgewiesen – "heilig ist dem Jäger wie dem Hirten jedes Tier, heilig ist ihnen das Leben"[117]. Die Geschichte zeigt aber auch deutlich die Grenzen der Tierliebe auf, die gewöhnlich dann endet, wenn sie mit den Ansprüchen menschlichen Überlebens in Konflikt gerät. Der Hunger ist letztlich stärker als die Liebe zum Tier[118].

Den Griechen ging es nicht anders, wie das Buphonienritual samt dem ihm zugeordneten aitiologischen Mythos auf besonders drastische Weise verdeutlicht. Beim Ritual der "Ochsentötung" (βουφόνια) wurde ein Pflugochse auf der Akropolis mit Futter zum Altartisch gelockt und geopfert. Das Fleisch wurde gegessen, das Fell mit Heu ausgestopft und der rituell wiedererstandene Ochse vor einen Pflug gespannt. Der "Ochsenschläger" (βουτύπος) ergriff die Flucht, dem Opfermesser wurde der Prozeß gemacht und es wurde ins Meer versenkt[119]. Die Ambivalenz dieses singulären

---

116 Burkert 1988a, 44.

117 Meuli 1946, 275 (= 1975, 1005); dazu Burkert 1992a, 171, der einen Zusammenhang mit Albert Schweitzers Begriff der "Ehrfurcht vor dem Leben" (in: *Kultur und Ethik*. Kulturphilosophie 2, München 1923, 237–277; Neuausg. ebd. 1972, 328–368) vermutet.

118 Farni (o. Anm. 89) 36 zitiert einen Schlachter, unter dessen Aufsicht täglich 3000 Schweine abgestochen und ausgenommen werden: "Das Schwein, das einzelne Lebewesen, das darfst du hier natürlich nicht sehen, sonst könntest du hier nicht mehr arbeiten." Der Journalist kommentiert (38): "Der moderne Mensch möchte nicht mehr Raubtier sein und töten, was er so liebt. Deshalb ist das, was für den Magen gedacht ist, nur Material. Rechtlich ist ein Mastschwein ohnehin eine Sache. Und so wird es behandelt."

119 Theophr. *Piet.* fr. 16–18 Pötscher ap. Porph. *Abst.* 2, 10, 2; 2, 29–30; Paus. 1, 24, 4; 28, 10; Aelian. *Var. hist.* 8, 3. Vgl. z. B. Meuli 1946, 264. 275–277 (= 1975, 992. 1004–1006); Burkert 1972b, 154–161; 1977a, 350f.; J.-L. Durand, *Sacrifice et labour en Grèce ancienne. Essai d'anthropologie religieuse*, Images à l'appui 1 (Paris/Rom 1986) 43ff. 71ff.; Henrichs 1992, 153–157; Bremmer 1996a, 48f.; 1996b, 276f.

Rituals, bei dem zwar ein Pflugochse geopfert, aber die Ochsentötung dann als ein Verbrechen angesehen und geahndet wurde, hat zu einer verwirrenden Polarisation in den antiken Quellen und der modernen Forschung geführt. In Athen war die Opferung von Pflugochsen (βόες ἀροτῆρες) verboten, sagen die einen; sie war erlaubt, erklären die anderen[120]. Tatsache ist, daß auch Zugochsen (βόες ὑπὸ ἁμάξης) geopfert werden konnten, wenn keine anderen Opfertiere zur Verfügung standen[121]. Lediglich die Sakralisierung durch den Opferritus scheidet nämlich das Opfertier vom Haustier. Entsprechend werden es die Griechen einschließlich der Athener mit ihren Pflugochsen gehalten haben: in der Regel wurden sie verschont, aber ausnahmsweise durften sie doch geopfert werden. Das scheinbare Paradox der Buphonien entbehrt nicht der inneren Logik. Es erklärt nämlich, warum etwas, was eigentlich Anstoß erregen sollte, letztlich doch statthaft ist. Bezeichnenderweise wird das Buphonienopfer erst zum Problem, nachdem der Ochse bereits geopfert ist. Die aitiologische Problematisierung des Stieropfers im Buphonienritual entspricht strukturell der Erklärung des Tieropfers bei Hesiod, das erst dann für Zeus zum Ärgernis wird, als er in göttlicher Voraussicht der Dinge seine Portion gewählt hat und die durch die göttliche Wahl sanktionierte Opferordnung nicht mehr rückgängig zu machen ist.

Arthur Darby Nock, ein großer Kenner antiker Rituale, hat einmal gesagt, daß die Modernität der Griechen uns nicht blind machen darf gegenüber der Kluft, welche unsere Art, die Dinge zu sehen und zu verstehen, von der griechischen Sehweise trennt. In demselben Artikel heißt es dann fünf Seiten weiter: "Much of what can be said about the religion of any one nation or culture can be said about many others; for religion is largely determined by the human situation, and in considerable measure this is a constant. Greek religion, however, has a definite idiosyncrasy, and this

---

120 Verboten: Aelian. *Var. hist.* 5,14 (Athen), Ovid. *Met.* 15,120ff. (Pythagoras); M. H. Jameson, "Sacrifice and Animal Husbandry in Classical Greece", in: C. R. Whittaker (Hrsg.), *Pastoral Economics in Classical Antiquity*, Proc. Cambr. Philol. Soc. Suppl. 14 (1988) 87–119, bes. 87f. 96f.; Bremmer 1996b, 276. Erlaubt: Arat. 132 (Athen); Luc. *Sacr.* 12; Henrichs 1992, 156f.; Rosivach 1994, 161–163. Das Rindertabu der Urzeit später gebrochen: Arat. 132; Verg. *Georg.* 2, 537. Vgl. Burkert 1979, 55f.; R. Parker, "Sacrifice, Greek", *OCD*³ 1344 ("the former approach [Burkert] stresses that rituals such as the Bouphonia raise the issue of sacrificial guilt, the latter [Vernant] that they resolve it").

121 Xen. *Anab.* 6,4,22. 25; dazu H. Popp, *Die Einwirkung von Vorzeichen, Opfern und Festen auf die Kriegführung der Griechen im 5. und 4. Jahrhundert v. Chr.* (Diss. Erlangen 1957) 65–68.

becomes clearer when we turn to the contrast of republican Rome and of the Near East."[122] In diesen beiden Aussagen, die einander ergänzen, manifestiert sich ein Dilemma, dem sich niemand entziehen kann, der sich mit der Kultur der Griechen und ihrer Religion befaßt. Wie Herakles am Scheideweg fühlen wir uns hin- und hergerissen zwischen zwei diametral entgegengesetzten Weisen der Annäherung an die Griechen: einerseits dem ständigen Bewußtsein der unüberbrückbaren Distanz, die uns ein für allemal den Griechen entfremdet, und andererseits der schlagartigen Erkenntnis einer vermeintlichen Nähe zu ihnen, die häufig auf dem generellen Substrat einer wie auch immer definierten 'condition humaine' beruht.

Erschwerend kommt hinzu, daß wir paradoxerweise die Griechen in ihrer jeweiligen Eigenart erst dann voll und ganz verstehen, wenn unsere Distanz zu ihnen am größten ist und sie uns am fremdesten sind. Insbesondere in ihrem Ritualverhalten, um von ihrem rituellen Selbstverständnis ganz zu schweigen, folgten sie eigenen Impulsen, die uns oft rätselhaft bleiben oder uns nichts mehr zu sagen haben. Umgekehrt darf gerade Burkerts Werk als monumentale Demonstration der These gelten, daß wir die Griechen um so besser begreifen, je mehr wir uns von Aspekten leiten lassen, die sie mit anderen Kulturen gemeinsam haben und die sich als Komponenten einer bis auf die Ursprünge der Menschheit, ja bis auf das Tierverhalten zurückgreifenden Anthropologie verstehen lassen. Müssen wir uns angesichts dieses Spannungsverhältnisses von kulturimmanenten und kulturvergleichenden Interpretationsmodellen nicht fragen, wen wir letzten Endes verstehen wollen und um was es uns geht – um die Griechen in ihrer unverwechselbaren, uns oft fremden Einmaligkeit oder um Konstanten des Menschseins, d. h. um die Griechen in uns? Oder geht es vielleicht um all das, und um mehr? Keiner hat dieses Dilemma so tief empfunden wie Walter Burkert in seinem jüngsten Buch, in dessen Mittelpunkt das Tier im Menschen als Zentralfigur einer biologisch verstandenen Morphologie religiösen Verhaltens steht.[123]

---

122 A. D. Nock, "Religious Attitudes of the Ancient Greeks", in: ders., *Essays on Religion and the Ancient World,* hrsg. v. Z. Stewart, Bd. 2 (Oxford 1972) 534–550, hier 546 (zuerst: *Proc. Am. Philos. Soc.* 85, 1942, 472–482).

123 Burkert 1996. Für Hinweise danke ich nicht nur den Teilnehmern am Symposium, sondern auch Anton Bierl (Leipzig), Georg Petzl (Köln) und Fred Porta (Cambridge, Ma.).

Textanhang

1. Eur. *Bacch.* 200–203 (del. Diggle)

οὐδ᾽ ἐνσοφιζόμεσθα τοῖσι δαίμοσιν.
πατρίους παραδοχάς, ἅς θ᾽ ὁμήλικας χρόνωι
κεκτήμεθ᾽, οὐδεὶς αὐτὰ καταβαλεῖ λόγος,
οὐδ᾽ εἰ δι᾽ ἄκρων τὸ σοφὸν ηὕρηται φρενῶν.

2. Heraclides Creticus (vel Criticus) [Herakleides der Perieget], Περὶ τῶν ἐν τῇ Ἑλλάδι πόλεων fr. II 8 Pfister (F. Pfister, *Die Reisebilder des Herakleides. Einl., Text, Übers. u. Komm. m.einer Übersicht über die Geschichte der griechischen Volkskunde*, Sitz.-Ber. Österr. Akad. d. Wiss., Phil.-hist. Kl., Bd. 227,2, Wien 1951, 88. 208ff.) = [Dicaearch.] *FHG* II 262 F 60 (vgl. II 232) = *Geogr. Graeci min.* Ι 107 ἐπ᾽ ἄκρας δὲ τῆς τοῦ ὄρους κορυφῆς σπήλαιόν ἐστι τὸ καλούμενον Χειρώνιον καὶ Διὸς ᾽Ακραίου (M. Fuhr u. F. G. Osann : ἀκταίου Hss.) ἱερόν, ἐφ᾽ ὃ κατὰ κυνὸς ἀνατολὴν κατὰ τὸ ἀκμαιότατον καῦμα ἀναβαίνουσιν τῶν πολιτῶν οἱ ἐπιφανέστατοι καὶ ταῖς ἡλικίαις ἀκμάζοντες, ἐπιλεχθέντες ἐπὶ τοῦ ἱερέως, ἐνεζωσμένοι κώιδια τρίποκα καινά· τοιοῦτον συμβαίνει ἐπὶ τοῦ ὄρους τὸ ψῦχος εἶναι.

3. Hes. *Theog.* 535–541. 553–557

καὶ γὰρ ὅτ᾽ ἐκρίνοντο θεοὶ θνητοί τ᾽ ἄνθρωποι
Μηκώνηι, τότ᾽ ἔπειτα μέγαν βοῦν πρόφρονι θυμῶι
δασσάμενος προύθηκε, Διὸς νόον ἐξαπαφίσκων.
τῶι μὲν γὰρ σάρκας τε καὶ ἔγκατα πίονα δημῶι
ἐν ῥινῶι κατέθηκε, καλύψας γαστρὶ βοείηι,
τοῖς δ᾽ αὖτ᾽ ὀστέα λευκὰ βοὸς δολίηι ἐπὶ τέχνηι
εὐθετίσας κατέθηκε, καλύψας ἀργέτι δημῶι.

★   ★   ★

χερσὶ δ᾽ ὅ γ᾽ ἀμφοτέρηισιν ἀνείλετο λευκὸν ἄλειφαρ,
χώσατο δὲ φρένας ἀμφί, χόλος δέ μιν ἵκετο θυμόν,
ὡς ἴδεν ὀστέα λευκὰ βοὸς δολίηι ἐπὶ τέχνηι.
ἐκ τοῦ δ᾽ ἀθανάτοισιν ἐπὶ χθονὶ φῦλ᾽ ἀνθρώπων
καίουσ᾽ ὀστέα λευκὰ θυηέντων ἐπὶ βωμῶν.

4. P. Derveni col. VI 5–10 τοῖ<ς> δὲ ἱεροῖ[ς] ἐπισπένδουσιν ὕ[δω]ρ καὶ γάλα, ἐξ ὧνπερ καὶ τὰς χοὰς ποιοῦσι. ἀνάριθμα [κα]ὶ πολυόμφαλα τὰ πόπανα θύουσιν, ὅτι καὶ αἱ ψυχα[ὶ ἀν]άριθμοί εἰσι. μύσται Εὐμενίσι προθύουσι κ[ατὰ τὰ] αὐτὰ μάγοις· Εὐμενίδες γὰρ ψυχαί εἰσιν.

5. Heraclit. DK 22 B 5 = fr. 86 Marcovich (= Theosophia Tubing. 68 = Orig. *C. Cels.* 1,5 et 7,62) καθαίρονται δ᾽ ἄλλωι αἵματι μιαινόμενοι οἷον εἴ τις

εἰς πηλὸν ἐμβὰς πηλῶι ἀπονίζοιτο. μαίνεσθαι δ' ἂν δοκοίη, εἴ τις αὐτὸν ἀνθρώπων ἐπιφράσαιτο οὕτω ποιέοντα. καὶ τοῖς ἀγάλμασι δὲ τουτέοισιν εὔχονται, ὁκοῖον εἴ τις δόμοισι λεσχηνεύοιτο, οὔ τι γινώσκων θεοὺς οὐδ' ἥρωας οἵτινές εἰσι.

6. Aristoph. *Nub.* 298–313

παρθένοι ὀμβροφόροι,
ἔλθωμεν λιπαρὰν χθόνα Παλλάδος, εὔανδρον γᾶν
Κέκροπος ὀψόμεναι πολυήρατον·
οὗ σέβας ἀρρήτων ἱερῶν, ἵνα
μυστοδόκος δόμος
ἐν τελεταῖς ἁγίαις ἀναδείκνυται,
οὐρανίοις τε θεοῖς δωρήματα,
ναοί θ' ὑψερεφεῖς καὶ ἀγάλματα,
καὶ πρόσοδοι μακάρων ἱερώταται
εὐστέφανοί τε θεῶν θυσίαι θαλίαι τε
παντοδαπαῖσιν ὥραις,
ἦρί τ' ἐπερχομένωι Βρομία χάρις
εὐκελάδων τε χορῶν ἐρεθίσματα
καὶ μοῦσα βαρύβρομος αὐλῶν.

7. Thuc. 2,38,1 καὶ μὴν καὶ τῶν πόνων πλείστας ἀναπαύλας τῆι γνώμηι ἐπορισάμεθα, ἀγῶσι μέν γε καὶ θυσίαις διετησίοις νομίζοντες, ἰδίαις δὲ κατασκευαῖς εὐπρεπέσιν, ὧν καθ' ἡμέραν ἡ τέρψις τὸ λυπηρὸν ἐκπλήσσει.

8. [Xen.] *Ath. Pol.* 2,9 θυσίας δὲ καὶ ἱερὰ καὶ ἑορτὰς καὶ τεμένη, γνοὺς ὁ δῆμος ὅτι οὐχ οἷόν τέ ἐστιν ἑκάστωι τῶν πενήτων θύειν καὶ εὐωχεῖσθαι καὶ ἵστασθαι ἱερὰ καὶ πόλιν οἰκεῖν καλὴν καὶ μεγάλην, ἐξηῦρεν ὅτωι τρόπωι ἔσται ταῦτα. θύουσιν οὖν δημοσίαι μὲν ἡ πόλις ἱερεῖα πολλά· ἔστι δὲ ὁ δῆμος ὁ εὐωχούμενος καὶ διαλαγχάνων τὰ ἱερεῖα. 3,2 οὕστινας πρῶτον μὲν δεῖ ἑορτάσαι ἑορτὰς ὅσας οὐδεμία τῶν Ἑλληνίδων πόλεων … ἔπειτα δὲ δίκας καὶ γραφὰς καὶ εὐθύνας ἐκδικάζειν ὅσας οὐδ' οἱ σύμπαντες ἄνθρωποι ἐκδικάζουσι. 3,8 πρὸς δὲ τούτοις οἴεσθαι χρὴ καὶ ἑορτὰς ἄγειν χρῆναι Ἀθηναίους ἐν αἷς οὐχ οἷόν τε δικάζειν· καὶ ἄγουσι μὲν ἑορτὰς διπλασίους ἢ οἱ ἄλλοι· ἀλλ' ἐγὼ μὲν τίθημι ἴσας τῆι ὀλιγίστας ἀγούσηι πόλει.

9. Plat. *Leg.* 910b8ff. κείσθω γὰρ νόμος οὗτος· μὴ κεκτῆσθαι θεῶν ἐν ἰδίαις οἰκίαις ἱερά, τὸν δὲ φανέντα κεκτημένον ἕτερα καὶ ὀργιάζοντα πλὴν τὰ δημόσια, ἐὰν μὲν ἄδικον μηδὲν τῶν μεγάλων καὶ ἀνοσίων εἰργασμένος ἀνὴρ ἦι καὶ γυνὴ κεκτῆταί τις, ὁ μὲν αἰσθανόμενος καὶ εἰσαγγελλέτω τοῖς νομοφύλαξιν, οἱ δὲ προσταττόντων εἰς τὰ δημόσια ἀποφέρειν ἱερὰ τὰ ἴδια, μὴ πείθοντες δὲ ζημιούντων ἕως ἂν ἀπενεχθῆι. ἐὰν δέ τις ἀσεβήσας μὴ παιδίων ἀλλ' ἀνδρῶν ἀσέβημα ἀνοσίων γένηται φανερός, εἴτε ἐν ἰδίοις ἱδρυσάμενος εἴτ' ἐν δημοσίοις θύσας ἱερὰ θεοῖς οἷστισινοῦν, ὡς οὐ καθαρὸς ὢν θύων θανάτωι ζημιούσθω.

10. Strabo 10,3,9 (467 f. C) = Posid. fr. 370 Theiler (W. Theiler, *Poseidonios: Die Fragmente*, Texte u. Komm. 10, Berlin / New York 1982, II 288) = *FGrHist* 468 F 2 κοινὸν δὴ τοῦτο καὶ τῶν Ἑλλήνων καὶ τῶν βαρβάρων ἐστὶ τὸ τὰς ἱεροποιίας μετὰ ἀνέσεως ἑορταστικῆς ποιεῖσθαι, τὰς μὲν σὺν ἐνθουσιασμῶι τὰς δὲ χωρίς, καὶ τὰς μὲν μετὰ μουσικῆς τὰς δὲ μή, καὶ τὰς μὲν μυστικῶς τὰς δὲ ἐμφανῶς· καὶ τοῦθ᾽ ἡ φύσις οὕτως ὑπαγορεύει. ἥ τε γὰρ ἄνεσις ἀπάγουσα τὸν νοῦν ἀπὸ τῶν ἀνθρωπικῶν ἀσχολημάτων αὐτὸν δεόντως τρέπει πρὸς τὸ θεῖον· ὅ τε ἐνθουσιασμὸς ἐπίπνευσίν τινα θείαν ἔχειν δοκεῖ καὶ τῶι μαντικῶι γένει πλησιάζειν· ἥ τε κρύψις ἡ μυστικὴ τῶν ἱερῶν σεμνοποιεῖ τὸ θεῖον, μιμουμένη τὴν φύσιν αὐτοῦ φεύγουσαν ἡμῶν τὴν αἴσθησιν· ἥ τε μουσικὴ περί τε ὄρχησιν οὖσα καὶ ῥυθμὸν καὶ μέλος ἡδονῆι τε ἅμα καὶ καλλιτεχνίαι πρὸς τὸ θεῖον ἡμᾶς συνάπτει κατὰ τοιαύτην αἰτίαν. εὖ μὲν γὰρ εἴρηται καὶ τοῦτο, τοὺς ἀνθρώπους τότε μάλιστα μιμεῖσθαι τοὺς θεοὺς ὅταν εὐεργετῶσιν· ἄμεινον δ᾽ ἂν λέγοι τις, ὅταν εὐδαιμονῶσι· τοιοῦτον δὲ τὸ χαίρειν καὶ τὸ ἑορτάζειν καὶ τὸ φιλοσοφεῖν καὶ μουσικῆς ἅπτεσθαι.

11. Aretaeus 3,6,11 (ed. C. Hude, *CMG* II², Berlin 1958, 43 f.) τέμνονταί τινες τὰ μέλεα, θεοῖς ἰδίοις ὡς ἀπαιτοῦσι χαριζόμενοι εὐσεβεῖ φαντασίηι. καὶ ἔστι τῆς ὑπολήψιος ἡ μανίη μοῦνον, τὰ δ᾽ ἄλλα σωφρονέουσι. ἐγείρονται δὲ αὐλῶι καὶ θυμηδίηι ἢ μέθηι ἢ τῶν παρεόντων προτροπῆι. ἔνθεος ἥδε ἡ μανίη. κἢν ἀπομανῶσι, εὔθυμοι, ἀκηδέες, ὡς τελεσθέντες τῶι θεῶι· ἄχροοι δὲ καὶ ἰσχνοὶ καὶ ἐς μακρὸν ἀσθενέες πόνοισι τῶν τρωμάτων.

12. Sallust. *De dis et de mundo* 16 ἄξιον δέ, οἶμαι, περὶ θυσιῶν βραχέα προσθεῖναι. πρῶτον μὲν ἐπειδὴ πάντα παρὰ θεῶν ἔχομεν, δίκαιον δὲ τοῖς διδοῦσι τῶν διδομένων ἀπάρχεσθαι· χρημάτων μὲν δι᾽ ἀναθημάτων, σωμάτων δὲ διὰ κόμης, ζωῆς δὲ διὰ θυσιῶν ἀπαρχόμεθα. ἔπειτα αἱ μὲν χωρὶς θυσιῶν εὐχαὶ λόγοι μόνον εἰσίν, αἱ δὲ μετὰ θυσιῶν ἔμψυχοι λόγοι, τοῦ μὲν λόγου τὴν ζωὴν δυναμοῦντος, τῆς δὲ ζωῆς τὸν λόγον ψυχούσης. ἔτι παντὸς πράγματος εὐδαιμονία ἡ οἰκεία τελειότης ἐστίν, οἰκεία δὲ τελειότης ἑκάστωι ἡ πρὸς τὴν ἑαυτοῦ αἰτίαν συναφή· καὶ διὰ τοῦτο ἡμεῖς εὐχόμεθα συναφθῆναι θεοῖς. ἐπεὶ τοίνυν ζωὴ μὲν πρώτη ἡ τῶν θεῶν ἐστι, ζωὴ δέ τις καὶ ἡ ἀνθρωπίνη, βούλεται δὲ αὕτη συναφθῆναι ἐκείνηι, μεσότητος δεῖται· οὐδὲν γὰρ τῶν πλεῖστον διεστώτων ἀμέσως συνάπτεται. ἡ δὲ μεσότης ὁμοία εἶναι τοῖς συναπτομένοις ὀφείλει· ζωῆς οὖν μεσότητα ζωὴν ἐχρῆν εἶναι. καὶ διὰ τοῦτο ζῶια θύουσιν ἄνθρωποι, οἵ τε νῦν εὐδαίμονες καὶ πάντες οἱ πάλαι· καὶ ταῦτα οὐχ ἁπλῶς ἀλλ᾽ ἑκάστωι θεῶι τὰ πρέποντα, μετὰ πολλῆς τῆς ἄλλης θρησκείας. καὶ περὶ μὲν τούτων ἱκανά.

PETER BLOME

Das Schreckliche im Bild

Die griechische Mythologie ist, wie jeder weiß, reich an schrecklichen Handlungen. Götter, Heroen und Menschen – sie alle sind unaufhörlich verstrickt in Kämpfe, Morde und Intrigen aller Art. Die Geschichte des Atridenhauses z. B. liest sich von der Zerstückelung des Pelops bis zum Muttermord des Orest als eine nicht enden wollende Abfolge, von Mord, Totschlag und Kannibalismus, nachzulesen von Homer bis Seneca. Wir fragen, wie sich solche düsteren Züge der griechischen Mythen in der Kunst, also im Bild, niederschlagen. Wir wollen dabei die Mythen nicht neu interpretieren, sondern fragen, ob und wie die bildende Kunst das ungeheure Gewaltpotential verarbeitet, welche Mythen sie dabei favorisiert oder übergeht, mit welchen Stilmitteln sie das Furchtbare sichtbar macht, welcher Moment, welche Phase, welche Aktion einer mythischen Sequenz sie zur Darstellung bringt, und wir fragen auch, ob es allenfalls bewußt eingebrachte darstellerische Elemente gibt, um dem Schrecklichen im Bild etwas von seinem Schrecken zu nehmen.

Zunächst gilt es festzustellen, daß die zahllosen Bilder, in denen Waffen eingesetzt werden und in denen Blut fließt, in denen im Kampf verwundet und gestorben wird, hier nicht interessieren. Ob die Griechen gegen die Trojaner kämpfen, die Götter gegen die Giganten oder die Sieben gegen Theben – unsere Wahrnehmung wird nicht allzusehr strapaziert, schließlich sind es in der Regel erwachsene Männer, die gegeneinander antreten und sich nach den Gesetzen des ritterlichen Kampfes messen – das Schreckliche fügt sich einer gesellschaftlich anerkannten Norm.

Dasselbe trifft zu für die Bilder, in denen bewährte Helden, allen voran Herakles und Theseus, aber auch Perseus, Meleager und viele andere die Welt von Übeltätern und Monstern befreien. Wenn Herakles den Geryoneus brutal zusammenschlägt, Theseus den Prokrustes in seinem Bett zerhackt bzw. streckt und Odysseus den Polyphem blendet, kann das drastisch dargestellt sein, schrecklich ist es nicht, denn unsere Sympathie ist auf der Seite der Helden; den Bösewichten geschieht es recht, sie sind an ihrem schlimmen Tod selber schuld. Was an diesen Bildern interessiert, ist die Virtus der Heroen im Dienste der zivilisatorischen Norm.

Vollkommen anders wirkt auf den Betrachter das Schreckliche im Bild, wenn seine Anteilnahme nicht dem heldenhaften Täter, sondern dem beklagenswerten Opfer gilt. Dies ist immer dann der Fall, wenn die Opfer a priori keine Chance haben, wenn die physische Übermacht der Täter jede Gegenwehr illusorisch macht, wenn es sich also um Kinder, Frauen und Greise handelt, an denen Gewalt geübt wird. Die Täter sind zum Teil dieselben Heroen, denen in anderen Zusammenhängen unsere Bewunderung gehört, denken wir nur an Achill. Vergreifen sie sich – aus welchen Motiven auch immer – an Kindern, Greisen oder Frauen, schlägt unsere Sympathie in Abscheu um, und wir empfinden die Tat als schrecklich. Es ist dabei nicht die Wehrlosigkeit der Opfer allein, die betroffen macht. Auch Agamemnon wird in Mykene, von Netzen hilflos umgarnt, meuchlings abgeschlachtet, und die Kunst zeigt das in hervorragenden Bildern[1]. Aber Agamemnon hat selbst Schuld auf sich geladen, hat sein Schicksal herausgefordert, so daß die Grausamkeit seines Endes nicht übermäßig berührt. Zum Zustand der Wehrlosigkeit muß also das Lebensalter hinzukommen oder auch das Geschlecht, vor allem eine gewisse Unschuld bzw. Schuldlosigkeit der Opfer, um das Schreckliche eines Vorganges wirklich schrecklich zu machen.

Der Tod des Astyanax

Aus der Frühzeit der griechischen Kunst besitzen wir ein Werk, das diese These in eindrücklicher Weise illustriert, nämlich eine um 660 entstandene Reliefamphora aus Mykonos[2]. Auf acht metopenartig gerahmten Reliefbildern werden Knaben ermordet, auf sechs andern Frauen getötet oder weggeführt. Man kann diese Szenen nicht individuell benennen, aber daß es sich um den Untergang Trojas handelt, macht die Wiedergabe des berühmten hölzernen Pferdes auf dem Hals dieser Amphora deutlich. Beim Knaben, der vor den Augen seiner entsetzten Mutter vom Eroberer am Fußgelenk gepackt und am Boden zerschmettert wird, dachte man an Astyanax, weil dieser auf späteren, gesicherten Darstellungen auf diese Weise zu Tode kommt[3]. Das Schema besitzt möglicherweise sogar eine erste Ausprägung

---

1 *LIMC* 1 (1981) 271 Nr. 89, Taf. 201 = Schefold 1989, 298–303 m. Abb. 257; *LIMC* ebd. Nr. 91, Taf. 202.

2 M. Ervin, "A Relief Pithos from Mykonos", *ArchDelt* 18 (1963) 37–75 m. Taf. 17–28 = Schefold 1993, 146–151 m. Abb. 150–152.

3 Skeptisch gegenüber der Deutung der Szene auf dem Pithos aus Mykonos auf Astyanax z. B. O. Touchefeu, *LIMC* 2 (1984) 934 zu Nr. 27 (dazu Taf. 686), vgl. den Kommentar ebd. 935f. Für unzweideutige spätere Darstellungen vgl. u. Anm. 6–8.

in geometrischer Zeit: Auf einer vieldiskutierten Scherbe der Zeit um 750 v. Chr. wird jedenfalls ein Knabe von einem Mann an der Wade ergriffen und hochgehoben, eine klagende weibliche Figur steht daneben[4]. Deutet man das Geschehen zu Recht auf die Iliupersis, wäre eines der frühesten Sagenbilder der griechischen Kunst faßbar.

Die Tötung der Kinder erfolgt auf der kykladischen Reliefamphora auf neutralem Grund ohne präzise Ortsangabe. Das ist auch der Fall auf der nächstjüngeren Darstellung auf Schildbändern aus Olympia der Zeit um 580 v. Chr. Der vollgerüstete griechische Hoplit hat einen nackten Knaben am flehenden rechten Arm ergriffen und wird ihn mit dem Schwert töten (Fig. 1)[5]. Es ist nicht ganz sicher, aber immerhin wahrscheinlich, daß der Betrachter hier an die Ermordung des Astyanax durch Neoptolemos denken soll – jedenfalls ist der Kontrast zwischen dem zarten, hilflosen Knaben und dem weit ausschreitenden Krieger künstlerisch gut getroffen.

Fig. 1 Schildband, Olympia B 847, Astyanax = LIMC 2 Astyanax I 34

10f. Umstritten ist die Zuweisung des Motivs auf den älteren Bildern *LIMC* 2 (1984) 934 Nr. 28, Taf. 686 = Schefold 1993, 333 Abb. 379 (um 560 v. Chr.) und *LIMC* ebd. Nr. 29, Taf. 686 (530–515 v. Chr.; auch auf Troilos gedeutet); unsicher auch ebd. Nrn. 31; 32 (= *LIMC* 1, 1981, 88 Nr. 367, Taf. 94).

4 Ebd. 933f. Nr. 26, Taf. 685 = Schefold 1993, 147 Abb. 149a/b.
5 *LIMC* ebd. 935 Nr. 34a.

Gegen die Mitte des 6. Jhs. konkretisiert sich dann der Ort des Astyanax-
mordes. Auf einer attisch-schwarzfigurigen Lekythos in Syrakus bedroht ein
Krieger, nennen wir ihn Neoptolemos, den Knaben wie auf dem Schildband mit dem Schwert, nur daß er ihn Kopf nach unten an den Beinen
hochhält[6]. Entscheidend ist aber, daß die Szene hier und von nun an ziem-
lich durchgängig durch den sterbenden oder schon toten Priamos erweitert
wird, der – und das ist ebenfalls entscheidend – über einem Altar zusam-
mengebrochen ist. Damit ist der Ort des Doppelmordes eindeutig als sakral
charakterisiert; die Präsenz des greisen Königs sichert zudem auch die Deutung des Knaben auf Astyanax.

In der attischen Vasenmalerei wird dieses Bildschema in der Folge nur
geringfügig abgewandelt – die wichtigste Neuerung gegenüber der Lekythos ist, daß auf den meisten folgenden Bildern Neoptolemos den Astyanax
wie ein Wurfgeschoß durch die Luft schleudert, so zum Beispiel auf einer
Pyxis in Berlin oder auf verschiedenen Amphoren[7]. Dieser Zug steigert
natürlich das Grauenhafte der Tat, soll man doch den Eindruck gewinnen,
als erschlage Neoptolemos den greisen König mit seinem eigenen Enkel –
ein geballteres Maß an Hybris ist kaum denkbar.

Die rotfigurig attischen Maler des späten 6. und frühen 5. Jhs. führen das
bekannte Schema fort, steigern aber häufig noch die Intensität des Schrecklichen. Berühmt ist die Iliupersis-Schale des Brygosmalers um 490 in Paris[8].
Im Mittelpunkt steht der Altar, der nun im Gegensatz zu den Stufenaltären
der archaischen Bilder volutenförmige Altarwangen aufweist und der vor
allem blutverschmiert ist, wohlverstanden nicht vom Blut der Opfer des
Neoptolemos – sie leben noch –, sondern vom Blut der Opfertiere[9]. Damit
wird die Verbindung des Menschenschlachtens mit dem normalen, rituellen
Tieropfer noch stärker betont als auf den archaischen Darstellungen. Zur
Opfermetaphorik gehört weiter der riesige Bronzedreifuß hinter dem Altar,
der sakrale Kochkessel par excellence.

Auf dem Altar nun sitzt in noch wohlgeordneten Gewändern der bitt-
flehende Priamos, während Neoptolemos gegen ihn vorstürmt, mit der
Rechten Astyanax am Fußgelenk ergreifend und zum gräßlichen Wurf aus-
holend. Symbol seiner wilden Aggression ist der sprungbereite Löwe auf

---

6 Ebd. 931 Nr. 7, Taf. 682 = Schefold 1993, 334 Abb. 380.
7 *LIMC* ebd. 932 Nrn. 10–13, Taf. 683.
8 Ebd. Nr. 18, Taf. 684 = Schefold 1989, 286–288 m. Abb. 250f. = P. E. Arias/
M. Hirmer, *Tausend Jahre griechische Vasenkunst* (München 1960) Taf. 139.
9 Burkert 1972b, 12 m. Anm. 20.

dem Schild. Zur Szene gehört weiter die Wegführung der Polyxena. Karl Schefold hat das Besondere dieses Bildes so beschrieben[10]: „Aber nicht das Äußere des Geschehens ist das Geheimnis des Bildes, sondern wie es sich in der Seele der Polyxena spiegelt, die links weggeführt wird, um von Neoptolemos seinem Vater Achill geopfert zu werden. Mit der Würde der Fürstin läßt sie was in ihr vorgeht nur in einer unwillkürlichen Gebärde bemerken: die Hand, die die Schleppe des Chitons hält, ist nicht wie sonst in Hüfthöhe, sondern bis zur Brust heraufgezogen: so krampft sich ihr das Herz zusammen beim Anblick, der auch uns erschüttert." Halten wir fest, daß auf diesem Schalenbild alle drei Kategorien von hilflosen Opfern zusammen dargestellt sind: die Frau, der Greis und das Kind.

Aus derselben Dekade zwischen 500 und 490 v. Chr. ist vor wenigen Jahren ein Meisterwerk des Malers Onesimos im Getty Museum bekannt geworden, eine trotz ihres fragmentierten Zustandes atemberaubende Iliupersis, verteilt auf zwei Register im Schaleninnern (Abb. 1)[11]. Wir betrachten den zentralen Tondo, in dem die Morde am Altar in einzigartiger Weise verdichtet sind. Priamos sitzt wie beim Brygosmaler als edler Greis auf dem Altar, der dem Zeus Herkeios heilig ist. Seine über dem Schild des Angreifers sichtbaren Hände drücken verkrampftes Entsetzen und ängstliches Bittflehen aus – natürlich vergebens. Schmallippig und ohne jedes Mitleid wird Neoptolemos den Alten mit dem feingliedrigen Körper seines Enkels erschlagen, den er am Fußgelenk gepackt hat. Zwischen Neoptolemos und Priamos steht Polyxena, die sich verzweifelt die langen Locken rauft. Der Greis, die Frau, das Kind: Geballter kann man die drei Opferkategorien nicht miteinander kombinieren, wobei gerade die gedrängte Nähe die typenspezifischen Merkmale scharf hervortreten läßt: den kahlköpfigen, weißbärtigen Alten, das schwarzgelockte anmutige Mädchen, den zarten Knaben. Und wie wenn die schreckliche Tat am Altar des Zeus noch eines symbolhaften Zeichens bedürfte, liegt vor dem Altar ein Opferschwert, die Machaira mit verbreitertem Blatt.

Ein drittes großartiges Bild vom Untergang Trojas verdanken wir dem Kleophradesmaler auf der Hydria in Neapel um 480 v. Chr[12]. In sich zusammengesunken, birgt der alte König sein blutendes Haupt in den Händen.

---

10 Schefold 1989, 287.

11 *LIMC* 8 (1997) 652 Nr. 7, Taf. 400 = 7 (1994) 962 Nr. 104, Taf. 680 (= 4, 1988, 544 Nr. 277, Taf. 341) = D. Williams, "Onesimos and the Getty Iliupersis", *Greek Vases in the Getty Museum* 5 (1991) 41–64.

12 *LIMC* 2 (1984) 932 Nr. 19, Taf. 684 = Schefold 1989, 284–286 m. Abb. 249 a–c.

Auf seinem Schoß liegt, ebenfalls blutüberströmt, der erschlagene Astyanax, leblos wie eine schöne Puppe. Das Opfer ist vollzogen, die rituelle Befleckung des Altars mit tierischem Blut und die hybride Befleckung des Altars durch das Blut von Knabe und Greis – hier vermengen sich Opferritual und Mord, sakrale Tötung und Verletzung der Norm. Von allem unberührt, holt Neoptolemos, wieder vom Rücken gesehen, zum finalen Schlag gegen Priamos aus, derweil ein gefallener Trojaner am Boden liegt, mit den Haaren die Basis des Altars berührend. Wie bewußt der Kleophrademsmaler auf das rituelle Tieropfer anspielt, macht wiederum die Waffe deutlich, die Neoptolemos führt: Es ist kein gewöhnliches Schwert, wie es der fallende Grieche hinter Neoptolemos oder Aiax führen, es ist auch hier die Machaira, das Opferschwert.

In der Szene daneben geschieht ein weiterer Frevel: Aiax reißt die schöne Kassandra vom Palladion weg, die Lanze der Athena kann gegen das Schwert des Frevlers nichts ausrichten. Am Boden sitzende Klagefrauen raufen sich die Haare, und noch die Palme neben dem Altar scheint sich vor Entsetzen umzubiegen. Wiederum sind wie beim Brygosmaler, hier aber in anderer Zusammensetzung, die drei Kategorien im Bild vereint, an denen das Schreckliche unübertroffen anschaulich wird.

Bemerkenswert an der Kombination von Priamos und Astyanax als Opfer des Neoptolemos am Altar ist, daß es sich allem Anschein nach um eine Erfindung der bildenden Kunst handelt[13]. Denn nach den uns erhaltenen literarischen Quellen und Notizen wird Astyanax von einem der Eroberer von der Stadtmauer Trojas heruntergeworfen, wie es Andromache (*Ilias* 24, 732ff.) voraussieht: „Du aber, Kind! wirst entweder mir selber dorthin folgen, wo du schmachvolle Werke verrichten mußt, dich mühend für einen unmilden Herren, oder einer der Achaier ergreift dich am Arm und wirft dich vom Turm zu traurigem Verderben, zürnend, weil ihm wohl Hektor einen Bruder getötet."[14] In der Folge ist dann das Ende des Astyanax konsequent mit Wendungen wie ἀπὸ πύργου, *e muris, de turribus* umschrieben. Die bildende Kunst hat diese Version nicht aufgegriffen, wohl kaum aus kompositorischem Unvermögen, wie vermutet wurde. Der Schöpfer des Bildschemas mit dem Doppelmord an Astyanax und Priamos erkannte viel-

13 Vgl. O. Touchefeu, *LIMC* ebd. 929f. 936f.; vgl. auch dies., "Lecture des images mythologiques. Un exemple d'images sans texte: la mort d'Astyanax", in: F. Lissarague/F. Thelamon (Hgg.), *Image et céramique grecque. Actes du Colloque de Rouen, 25–26 novembre 1982*, Publ. de l'Univ. de Rouen 96 (Rouen 1983) 21–27, bes. 22ff.
14 Übertragung von W. Schadewaldt (Frankfurt a. M. 1975 u. ö.).

mehr, daß die Verknüpfung des Untergangs von König und letztem Sproß des Herrscherhauses den Effekt des Grauens verdoppelt, ja durch das gelegentliche Hinzufügen von Polyxena oder Kassandra sogar verdreifacht. Die Lokalisierung des Doppelmordes am und über dem Altar bedeutet eine weitere Steigerung. Ob diese Sakralisierung der Verbrechen noch mehr bedeutet als die Steigerung von Effekt und Affekt, wollen wir später fragen. Zunächst gilt es darzustellen, ob andere mythische Episoden, die den gewaltsamen Tod von Kindern, Greisen und Frauen zum Gegenstand haben, in eine vergleichbare Umgebung gestellt sind.

Der Tod des Troilos

Der Vater des Neoptolemos, Achill, hat ebenfalls einen Knabenmord begangen und durch diesen Frevel seinen späteren Untergang verschuldet. Die Troilos-Episode wird in der bildenden Kunst im wesentlichen in drei Etappen geschildert. Achill lauert Troilos − und häufig gleichzeitig auch seiner Schwester Polyxena − an der Quelle bzw. hinter dem Brunnenhaus auf, er verfolgt den zu Pferd fliehenden Troilos und tötet schließlich den Knaben im Heiligtum des Apollon Thymbraios in der Ebene vor Troja. Der Ort des Mordes, eben das Thymbraion, ist literarisch überliefert[15]. Daß der finale Akt so gut wie immer dort stattfindet, geht freilich aus der narrativen Sequenz der Bilder nicht zwingend hervor. Man würde meinen, daß Achill den Prinzen in dem Moment umbringt, in dem er ihn auf der Flucht einholt, manchmal an den Haaren vom Pferd reißt und ihn mit dem gezogenen Schwert bedroht − warum ihn nicht da gleich erstechen? Gerade das wird aber mit wenigen Ausnahmen nicht dargestellt[16]. Auf den Fluchtbildern wird nicht nur die Tötung nicht gezeigt, es fehlen in aller Regel auch Angaben oder Versatzstücke des heiligen Bezirks. Das ist auch der Fall auf dem erzählfreudigsten aller archaischen Gefäße, auf dem Klitiaskrater in Florenz,

---

15 Wohl bereits in den *Kyprien*, Apollod. Epit. 3,32 (= *Cypr.* frg. °41 Bernabé) mit Frazer ad loc. für die wichtigsten weiteren Belege (vgl. auch im Exzerpt des Proklos, *Cypr.* F 1,82 Davies = Argum. l. 63 Bernabé); Zuweisung an die *Kyprien*: M. Mayer, "Troilos", *ML* 5 (1916−24) 1217. 1220; C. Robert, *Die griechische Heldensage* 3,2 (Berlin 1923) 1122−1125 m. Anm.; E. Bethe, *Homer − Dichtung und Sage* 2 (Leipzig 1929²) 200ff.; Lesky 1939, 603−605. Dann auch im *Troilos* des Sophokles nach Σ *Il.* 24,257a (5,567 Erbse; vgl. *TrGF* 4,453). Vgl. auch A. Kossatz-Deissmann, *LIMC* 1 (1981) 72−74.

16 Vgl. *LIMC* ebd. 80−87 Nrn. 282−358.

wo Achill den Troilos vom Brunnenhaus links durch die Ebene verfolgt, die rechts durch die Stadtmauer Trojas begrenzt wird, vor der Priamos sitzt[17].

Es ist natürlich völlig müßig zu fragen, wie Achill mit dem vom Pferd gerissenen Troilos in den heiligen Bezirk des Apoll kommt, aber es ist legitim festzustellen, daß die Tötung eben nicht irgendwo auf der Flucht im Gelände, sondern ausschließlich am Altar stattfindet. Das ist schon der Fall auf den frühesten erhaltenen Tötungsszenen auf Bronzereliefs in Olympia aus dem späten 7. bzw. frühen 6. Jh. Auf einem Dreifußbein sieht man Troilos auf den Stufen eines Altares, Achill ist im Begriff, ihm das Haupt abzutrennen[18]; auf einem Schildbandrelief klammert er sich verzweifelt an ein Lorbeerbäumchen[19]. Besonders eindrücklich ist das Schildbandrelief, auf dem Achill den nackten Troilos über den Altar hebt, um ihn mit dem Schwert zu durchbohren (Fig. 2)[20]. Daß es sich nicht um Astyanax handeln kann, macht der auf dem Altar stehende Hahn deutlich, der unmißverständlich auf die erotisch motivierte Beziehung des Helden zum Knaben hinweist. Es ist bemerkenswert, wie hier auf kleinstem Feld Figuren und Zeichen verdichtet sind: der behelmte Aggressor, das nackte Opfer, der Altar und der Hahn.

Die im zweiten Viertel des 6. Jhs. einsetzenden attischen Vasenbilder steigern das Grauenhafte des Troilosmordes durch die Einführung einer neuen Bildvariante: Achill schleudert nämlich den vom Leib getrennten Kopf des Knaben gegen trojanische Krieger, die bisweilen als Hektor und Aeneas identifiziert worden sind. Der Altar fehlt dabei nie, sei es, daß er wie auf einer Basler Bandschale als bedeutungsvolles Zeichen zwischen den Parteien steht[21], sei es, daß er wie auf einer tyrrhenischen Amphora in München die Form des Omphalos annimmt, durchaus mit der Beischrift Bomos[22]. Darüber schwebt, von den Lanzenspitzen Achills und Hektors beinah geritzt, das langhaarige Haupt des Zerstückelten. Auch auf einer Hydria in

---

17 *LIMC* ebd. 81f. Nr. 292, Taf. 87 = Schefold 1993, 304f. m. Abb. 332f. = Simon/Hirmer 1981, 74f. m. Taf. 57.

18 *LIMC* ebd. 89 Nr. 375.

19 Ebd. Nr. 376, Taf. 95 = Schefold 1993, 303f. Abb. 329.

20 *LIMC* ebd. 90 Nr. 377 = Schefold 1993, Abb. 330; vgl. ebd. Abb. 331.

21 *LIMC* ebd. 87 Nr. 359a = K. Schefold, *Götter- und Heldensagen der Griechen in der spätarchaischen Kunst* (München 1978) 204 Abb. 278 = B. Müller-Huber, in: Verf. (Hrsg.), *Orient und frühes Griechenland. Kunstwerke der Sammlung H. und T. Bosshard* (Basel 1990) 74f. Nr. 116.

22 *LIMC* ebd. Nr. 364, Taf. 94; vgl. Burkert 1972b, 144.

Fig. 2 Schildband, Olympia B 987/B 1803/B 1912,
Troilos = LIMC 1 Achilleus 377

Fig. 3 Schale des Onesimos, Perugia 89, Troilos = LIMC 1 Achilleus 370

London aus dem späten 6. Jh. trägt der Mord schreckliche Züge (Abb. 2)[23]: Achill stürmt pietätlos auf den aus Quadern errichteten Altar, auf dem der erschlagene Körper des Troilos baumelt. Das schön gelockte Haupt aber schleudert Achill den beiden angreifenden Trojanern entgegen – ein Bild vernichtender Grausamkeit, zu der die schnaubenden und scharrenden Pferde des edlen Viergespanns den Hintergrund bilden. In der rotfigurigen Malerei wird das Thema seltener, doch gibt eine Schale des Malers Onesimos in Perugia eine bedeutsame Sequenz (Fig. 3)[24]. Auf einer der Außenseiten zerrt Achill den Troilos zum Altar – eines der ganz seltenen Bilder, bei denen das Einholen auf der Flucht und der Ort der Hinrichtung miteinander kombiniert sind. Im Innenbild wird dann die Tötung vollzogen.

Die Darstellungen vom Tod des Troilos bestätigen den bei Astyanax angetroffenen Befund, daß nämlich die Ermordung der wehrlosen Opfer beim bzw. auf dem Altar stattfindet. Im Fall des Astyanax ist die Wahl des sakralen Mittelpunktes eines heiligen Bezirks höchst wahrscheinlich eine Schöpfung der Bildkunst, im Fall von Troilos ist das Apollo-Heiligtum Teil auch der literarischen Überlieferung. Wie bewußt die bildlichen Darstellungen auf den Altar als Ort des schlimmen Frevels fixiert sind, beweist, wie ausgeführt, bei Troilos das Faktum, daß der junge Prinz so gut wie nie schon auf der Flucht getötet wird. Zur fast ausschließlichen Wahl des Altars kommt eine zweite Anspielung an das (mythische) Opfer: Die Verstümmelung des Troilos läßt die Vorstellung der rituellen Zergliederung, des *sparagmos* assoziieren. Soweit ich sehe, liegt auch hier eine eigenständige Variante der bildenden Kunst vor, ist doch zwar das Hinschlachten im Heiligtum literarisch überliefert, nicht jedoch ausdrücklich das Abschlagen des Hauptes[25]. Wie

---

23 *LIMC* ebd. Nr. 363, Taf. 93.

24 Ebd. 88 Nr. 370 = Pfuhl, *MuZ* III Abb. 399 = Schefold 1989, 164f. Abb. 145.

25 Vgl. Lesky 1939, 603f. Aus den literarischen Quellen ist das Motiv nicht zu gewinnen; Lesky erwägt immerhin, daß es in den *Kyprien* gestanden haben könnte und vergleicht *Il.* 13,202–205 (der lokrische Aias schlägt dem toten Imbrios den Kopf ab und schleudert ihn Hektor vor die Füße; dazu R. Janko, *The Iliad. A Commentary 4: Books 13–16*, Cambridge usw. 1992 ad loc.); vgl. noch 11,145–147 (mit B. Hainsworth, *The Iliad. A Commentary 3: Books 9–12*, Cambridge usw. 1993 ad loc.); 11,259–261; 14,492–505; 16,337–341 und diverse diesbezügliche Androhungen in der *Ilias*, wozu C. Segal, *The Theme of the Mutilation of the Corpse in the Iliad*, Mnemosyne Suppl. 17 (Leiden 1971) passim, bes. 18ff. A. Severyns, *Homère 3: L'Artiste* (Brüssel 1948) 109–115 bietet eine Zusammenstellung dieser Szenen in der *Ilias*. Zu beachten ist aber immerhin mit Lesky ebd. 607 das Sophokles-Fragment 623 *TrGF* (mit Verweis in der Sache auf Rohde 1898, 322–326 und Nilsson, *GGR* I[3] 99f. m. Anm. 2), wo expressis verbis vom *maschalismos* des Troilos die Rede ist.

auch immer: Durch die Opfermetaphorik, in diesem Fall Altar und *sparagmos*, gewinnen die Bilder vom Tod des Troilos eine ungeheure Intensität; das Schreckliche im Bild wird – so scheint es jedenfalls auf den ersten Blick – durch den sakralen Bild- und Gedankenraum gesteigert.

Die Opferung der Polyxena

Von Polyxena war schon im Zusammenhang mit der Tötung von Priamos und Astyanax die Rede, namentlich auf der Iliupersis-Schale des Brygosmalers, wo sie erschüttert mit ansehen mußte, wie Neoptolemos ihren Vater und Neffen umbringt. Neoptolemos wird nach der Mehrzahl der Quellen auch ihr Schlächter sein, und zwar am Grab seines Vaters Achill. Auf einigen Darstellungen wird sie von Neoptolemos und anderen Griechen zum *tymbos*, zum Grabhügel Achills geführt oder gezogen[26]. Die Schlachtung selbst wird in fast schon brutaler Direktheit auf der um 570–60 entstandenen tyrrhenischen Amphora in London gezeigt[27]. Polyxena wird von drei Griechen (Amphilochos, Antiphates, lokrischer Aiax) wie ein Brett getragen, so daß der ebenfalls inschriftlich gesicherte Neoptolemos ihr die Kehle durchbohren kann – eine eigentliche Schächtung, bei der reichlich Blut fließt, und zwar über einen brennenden Altar, der über oder hinter einem Grabhügel aufragt. Das über den Altar ins Grab strömende Blut dient der Blutsättigung des Achill. Gezeigt ist also eine αἱμακουρία, wie sie noch in klassischer Zeit – freilich mit Tierblut – geübter Ritus war, etwa anläßlich des Totenopfers für die Gefallenen von Plataiai, und sich somit in die Praxis des Heroenkultes einschreibt[28]. Wir halten fest, daß die rituelle Praxis des blutigen Tieropfers in seltener Drastik auf ein mythologisches Menschenopfer übertragen ist – das Schreckliche im Bild gewinnt seine Aussage durch die ungehemmt benutzte ikonographische Chiffre eines der heiligsten Akte griechischer Religion[29].

   Das für die Opferung der Polyxena verwendete Schema ist vielleicht schon hundert Jahre früher für denselben Vorgang verwendet worden, denn

---

   26 *LIMC* 7 (1994) 433 Nrn. 21–23, Taf. 347; ebd. Nr. 24 = 1 (1981) 438 Nr. 12, Taf. 337 = Moret 1975, Taf. 25,2.

   27 *LIMC* 7 (1994) 433 Nr. 26, Taf. 347 = 1064 Nr. 34, Taf. 755 = 1 (1981) 715 Nr. 3, Taf. 570 = Schefold 1993, 334 m. Abb. 381.

   28 Hauptquelle Plut. *Aristid.* 21; vgl. Burkert 1972b, 68f. Zur αἱμακουρία für Pelops in Olympia (Pind. *Ol.* 1,90–93) ebd. 111f. Vgl. Verf., "Das Opfer des Phersu. Ein etruskischer Sündenbock", *RömMitt* 93 (1986) 97–108, bes. 99f.

   29 Zum Realitätscharakter Moret 1975, 197 m. Anm. 5.

auf einem stark fragmentierten frühattischen Krater der Zeit um 660 v. Chr.
wird ein weibliches Wesen in derselben horizontalen Lage nach links getragen – zwei Träger sind noch erhalten, vom Mädchen nur die nach oben
gerichteten Füße und der untere Teil des Chitons (Fig. 4)[30]. Natürlich kann
hier auch eine andere Heroine, am ehesten Iphigenie, gemeint sein – doch
das ist nicht von Bedeutung[31]. Wichtig ist das Alter des Opferschemas.
Zweihundert Jahre später entstanden ist eine schwarzfigurige kampanische
Amphora in London (470–450 v. Chr.), auf der in künstlerisch nicht gerade herausragender, aber dennoch wiederum höchst einprägsamer Weise
eine Frau von einem einzigen Krieger über einen großen Altar gehalten
wird[32]. Der Schlächter ergreift sie am Haupt oder am Haar, bereit, mit dem
Opfermesser die dargebotene Kehle zu durchstechen. Auf beiden Seiten
spielt ein Aulet; so kommt hier mit dem Flötenspiel noch ein weiteres Ele-

Fig. 4 Fragmente eines frühattischen Kraters, Sammlung I. C. Love New York,
Mädchenopfer = LIMC 5 Iphigenie 2

30 *LIMC* 5 (1990) 709 Nr. 2 = Schefold 1993, 135f. Abb. 133a = I. Love, "Break-
through. A Speculation on the Beginnings of Western Art, near Athens, ca. 650 B.C.",
Connoisseur August 1986, 31–35. Das Fragment ist seit 1996 im Antikenmuseum Basel
ausgestellt.
31 *LIMC* loc.cit. mit Literatur und Diskussion.
32 *LIMC* 7 (1994) 434 Nr. 37 = 5 (1990) 934 Nr. 22 = Moret 1975, 197. 214 m.
Taf. 25,1.

ment des rituellen Tieropfers hinzu. Wiederum ist es für unseren Zusammenhang belanglos, ob Polyxena oder Iphigenie gemeint ist – entscheidend ist abermals die paradoxe Spannung von normgerechter sakraler Opferpraxis und deren Perversion.

Die Opferung der Iphigenie

Sucht man sicher auf die Opferung der Iphigenie deutende Darstellungen, so wird man feststellen, daß die griechische Kunst in ihrem Fall nicht die Tat selbst, sondern die vorausgehende Situation thematisiert. So zeigt eine schlecht erhaltene attische Oinochoe der Zeit um 430–20, wie Iphigenie von einem Krieger mit sanfter Gewalt zum Altar gedrängt wird, auf dem zwei Holzscheite liegen[33]. Der Schlächter steht mit gezogenem Dolch daneben, aber rechts erscheint hilfebringend Artemis mit einer Hirschkuh *en miniature* auf dem Arm. Eher freiwillig schreitet Iphigenie (inschriftlich bezeichnet) auf einer weißgrundigen Lekythos in Palermo, um 470 v. Chr. gemalt, zum Altar, gerahmt von zwei Kriegern, deren vorderer, Teukros benannt, das gezückte Schwert über den Altar hält[34].

Die subtilste Wiedergabe des Augenblicks vor der Opferung finden wir auf einem apulischen Volutenkrater in London aus dem zweiten Viertel des vierten Jhs.[35]. Hinter einem weißgetünchten und blutverschmierten Altar steht gebieterisch wohl Agamemnon selbst mit Zepter und Opfermesser. Iphigenie ist anmutig und gesenkten Hauptes herangetreten und beginnt sich in die Hirschkuh zu verwandeln – das Opfermesser wird nicht mehr das Mädchen, sondern die Hindin treffen, die sich, für Agamemnon beinah unbemerkt, als Silhouette von Iphigenie löst. Das unerhörte Menschenopfer und das rituell legitimierte blutige Tieropfer scheinen hier miteinander zu verschmelzen. Zur Atmosphäre des Heiligen tragen Apoll und Artemis bei, ferner der Jüngling mit der Schale für das unblutige Voropfer, schließlich die beiden Bukranien.

Medeas Kindermord

Bisher sind in allen Fällen wehrlose Königssöhne und Königstöchter kräftigen Kriegern zum Opfer gefallen. Die Rollen können jedoch auch anders verteilt sein, wie das Beispiel der Medea zeigt, wo eine Frau zur Täterin

---

33 *LIMC* 5 (1990) 708f. Nr. 1, Taf. 466.
34 Ebd. 709f. Nr. 3, Taf. 466.
35 Ebd. 712f. Nr. 11, Taf. 467 = 1 (1981) 263 Nr. 30, Taf. 194.

wird. Gemeint ist natürlich der Kindesmord in Korinth, der auf den einschlägigen Darstellungen wiederum als grausames Opfer am Altar vollzogen
wird. Es handelt sich auffälligerweise ausschließlich um unteritalische Vasen
des 4. Jhs. v. Chr. Auf dem um 330 anzusetzenden apulischen Volutenkrater
in München ergreift Medea im wallenden Theaterkostüm der Barbarin einen
ihrer Söhne am Haar, um ihn zu erstechen[36]. Der zierliche Knabe steht wie
tänzelnd auf einem Altar, beide Arme flehend ausgebreitet. Der zweite Sohn
wird von einem Lanzenträger beiseite geführt. Der Mord am Altar ist Teil
einer vielfigurigen Komposition mit dem Tod der Kreusa als zentralem
Blickfang und Medea auf dem Schlangenwagen in der Mittelachse darunter.

Schrecklicher noch wütet Medea auf einer kampanischen Strickhenkelamphora gleicher Stilstufe in Paris (Abb. 3)[37]. Über dem weißgetünchten
Altar liegt der schlaffe, weil bereits leblose Körper des einen Sohnes; es
berührt, wie seine zarten Arme und sein schwarzgelocktes Köpfchen kraft-
los vom Altar herunterhängen – ein menschliches Opfertier. Der zweite
Sohn sucht nach rechts zu entkommen, aber Medeas Dolch ist zu nah an
seinem Haupt, als daß er noch entfliehen könnte. Zum Barbarenkostüm mit
phrygischer Mütze kommt eine weitere Besonderheit, welche die Täterin
als Opfernde charakterisiert, nämlich die Schürzung des Gewandes, das vor
dem Oberkörper geschlungene und verknotete Tuch. Diese Tracht scheint
für Opferschlächterinnen typisch zu sein – ein Detail, das bisher nur archäologisch faßbar ist[38]. Dieselbe Tracht trägt Medea schließlich auch auf einer
kampanischen Strickhenkelamphora wiederum des dritten Jahrhundertvier-
tels[39]. Ein Altar ist hier nicht zu sehen, aber der Pfeiler mit dem Götterbild
(Apoll) und die Säulenhalle wohl eines Tempels bezeichnen den sakralen
Ort des Mordes zur Genüge.

---

36 *LIMC* 6 (1992) 391 Nr. 29, Taf. 197 = 123f. Nr. 17, Taf. 54 = Moret 1975,
Taf. 93,3; nach einer Medea-Tragödie des 4. Jhs. (Dreifüße als Siegespreise im dionysischen Agon an den oberen Bildrändern): B. Gauly et al. (Hgg.), *Musa tragica. Die griechische Tragödie von Thespis bis Ezechiel*, Studienh. z. Altertumswiss. 16 (Göttingen 1991)
246-248 m. Abb. 2 nach T. B. L. Webster, *Monuments Illustrating Tragedy and Satyr
Play*, BICS Suppl. 20 (London 1967²) 74f. ('TV 9'); A. D. Trendall/T. B. L. Webster,
Illustrations of Greek Drama (London 1971) 110f. m. Abb. III 5,4; Simon 1954, 212–214
m. Taf. 7,5.

37 *LIMC* ebd. 391 Nr. 30, Taf. 198 = Moret 1975, Taf. 92,2.

38 Vgl. Simon 1954, 207f. Sehr häufig findet man den Opferschurz bei den Peliaden: *LIMC* 7 (1994) 271f. Nr. 5, Taf. 210; Nrn. 7. 12, Taf. 212f.; 276 Nrn. 19. 21, Taf.
216; 1 (1981) 532 Nr. 2, Taf. 398. Für diese Hinweise danke ich Gratia Berger-Doer.

39 *LIMC* 6 (1992) 391 Nr. 31, Taf. 198 = Moret 1975, Taf. 93,2 = Simon 1954,
216 m. Taf. 8,8.

Die triumphale Abfahrt von Korinth nach begangenem Kindesmord zeigt ein bedeutender lukanischer Kelchkrater der Zeit um 400 v. Chr[40]. In einem Strahlennimbus erhebt sich der Schlangenwagen in die Lüfte, derweil unten auf der Erde die hingeschlachteten Knaben leblos auf dem Altar liegen, von der weißhaarigen Amme betrauert. Der Kontrast von Triumph und Tod könnte größer nicht sein; daß aber die kühle Kindsmörderin mit den Abgründen ihres Tuns wird leben müssen – dafür stehen die beiden geflügelten Dämoninnen mit ihren häßlichen Zügen beidseits des Strahlenkranzes.

Kannibalenmahle

Zum Makabersten, was die griechische Mythologie ihrem antiken wie modernen Publikum zumutet, gehören die Erzählungen von der Zerstückelung, dem Kochen und Verzehren kleiner Kinder. Ob Tantalos seinen Sohn Pelops den Göttern vorsetzt, ob Lykaon die Eingeweide eines geschlachteten Knaben unter das Opferfleisch schnetzelt, ob Atreus den ahnungslosen Thyest dessen eigene Kinder verzehren läßt oder ob Tereus Teile seines Sohnes Itys verspeist – das Grauen solcher Kannibalenmahle ist in der griechischen und römischen Literatur teilweise bis an die Grenzen des Erträglichen ausgemalt, denken wir nur an Senecas Thyesttragödie.

Walter Burkert hat im *Homo necans* magistral gezeigt, daß diese schaurigen Mythen Opferritualen nachgebildet sind. Das nimmt ihnen zwar nichts von ihrem Grauen, macht aber überhaupt erst verständlich, warum solche Geschichten erzählt wurden. Sie kreisen, wie die Einzelheiten des blutigen Tieropfers selbst, um das zentrale Problem des Tötens als Voraussetzung des Lebens und Überlebens des Menschen. Und wie bei vielen Tieropferritualen auf das Töten ein Akt der Restitution folgt, so erzählen einige Mythen von der glücklichen Wiederherstellung der zerstückelten Knaben – am bekanntesten ist die Restitution des Pelops.

Die bildende Kunst macht um diese Kannibalenfeste einen großen Bogen. Von der Zerstückelung des Pelops durch Tantalos, vom Verbrechen des Lykaon und vom Mahl des Thyest besitzen wir keine einzige sichere Darstellung. Offenbar ist hier eine Hemmschwelle vorhanden, über welche die Kunst nicht tritt. Als – wenn auch bescheidene – Ausnahme kann das Mahl des Tereus gelten. Bekanntlich hatte der thrakische König Tereus die Schwester seiner Gattin Prokne, Philomele, verführt und ihr anschließend

---

40 *LIMC* ebd. Nr. 36, Taf. 199.

die Zunge herausgeschnitten. Aus Rache ermorden die beiden Schwestern den kleinen Itys, setzen ihn Tereus zum Mahl vor und zeigen ihm schließlich das abgetrennte Haupt. Auf einem bedeutenden Stangenkrater der Jahre um 470 v. Chr. in Rom sehen wir Tereus vom Speisesofa auffahren und das Schwert ergreifen[41]. Eben hat er erfahren, von wessen Fleisch er gekostet hat, und wird die beiden nach links fliehenden Frauen, Prokne und Philomele, verfolgen. Daß wir richtig deuten, beweist das abgetrennte, zarte Kinderbeinchen, das über den Rand des Korbes baumelt, der unter der *kline* des Symposiasten steht. Diskreter kann man eine kannibalische Mahlzeit bildlich nicht wiedergeben.

Weniger zurückhaltend waren die Maler freilich bei der Darstellung der Ermordung des armen Itys. Auf einer fragmentierten rotfigurigen Schale in München (um 500 v. Chr.) ersticht Prokne den auf einer Kline liegenden Sohn[42]. Sie reißt ihn an den Haaren hoch und bohrt im das Schwert in den Hals – wie bei Polyxena denken wir an den Akt des Schächtens beim rituellen Tieropfer. Die Grausamkeit der verletzten Frauen Prokne und Philomele schildert der Maler Onesimos in großartiger Weise auf einem Schalenfragment der Sammlung Cahn in Basel, entstanden um 500–490 (Abb. 4)[43]. Itys zappelt hilflos in der Luft, an den Schultern von Philomele gehalten. In kaltblütiger Konzentration sticht Prokne zu, aus der Kehle spritzt das Blut über den zarten Leib des Knaben. Die in ihrem durchsichtigen Chiton wie ein Bogen gespannte Prokne opfert in beherrschter Leidenschaft das junge Leben ihres eigenen Kindes.

Man würde vielleicht erwarten, daß wenigstens der am Ende doch noch glückliche Ausgang zumindest der Pelops-Schlachtung von der Kunst aufgegriffen worden sei, also die Restitution im Opferkessel. Die bildlichen Zeugnisse, die dafür in Anspruch genommen wurden, sind indessen in ihrer Deutung überaus kontrovers. Das beste Beispiel ist die fragmentierte Metope Nr. 32 des Heiligtums Foce del Sele bei Paestum[44]. In einem großen Dreifußkessel befindet sich eine menschliche Gestalt mit linkem erhobenem Arm. Dieses Metopenbild hat folgende Deutungen erfahren: Medea bzw. die Peliaden kochen den alten Pelias, um ihn zu verjüngen; Tantalos kocht Pelops im Opferkessel; Pelops wird im Kessel von den Göttern regeneriert;

41 *LIMC* 7 (1994) 527 Nr. 6.
42 Ebd. Nr. 2, Taf. 418.
43 Ebd. Nr. 3, Taf. 419.
44 P. Zancani Montuoro/U. Zanotti-Bianco, *Heraion alla Foce del Sele* 2: *Il primo thesauros* (Rom 1954) 350–354 m. Taf. 50,1; vgl. Taf. 53,2.

Jason wird von Medea verjüngt; König Minos wird von den Töchtern des
Kokalos verbrüht; und schließlich: Agamemnon wird von Klytaimnestra im
Kessel alias Bad umgebracht[45]. Eine vertiefte Auseinandersetzung mit diesen
sechs Vorschlägen kann hier nicht geführt werden, nur soviel: Die Größe
der Figur im Kessel spricht eher für einen ausgewachsenen Mann denn für
einen Knaben, und die flehend oder im Schreck erhobenen Arme sprechen
eher für eine Schlachtung als für eine Restitution.

Ähnlich umstritten wie die Sele-Metope ist die Darstellung auf einem
Tonfries etwa gleicher Zeitstufe aus Sizilien im Antikenmuseum Basel[46]. Aus
einem Dreifußkessel ragt der Oberkörper eines Mannes mit wiederum
erhobenen Armen. Er blickt nach links zu einer Frau, die sein rechtes
Handgelenk ergreift und in ihrer Rechten eine Oinochoe trägt. Ganz rechts
steht eher teilnahmslos eine Mantelfigur. Margot Schmidt deutete die Szene
als Verjüngung des Jason durch Medea, denkt aber heute eher an die Restitution des Pelops. Freilich hat sie alternativ auch den Mythos von der Ver-
brühung des Minos durch die Töchter des sizilischen Königs Kokalos in
Erinnerung gerufen – ein Vorschlag, der sehr bedenkenswert bleibt.

Eindeutiger ist die Aussage auf zwei nahezu identischen schwarzfiguri-
gen Lekythen des Haimon-Malers[47]. Aus einem Dreifußkessel springt flink
und behend ein Knabe im sogenannten Knielaufschema nach rechts. Seine
Gestik hat nichts Ängstliches, vielmehr scheint er die würdig um den Kessel sitzenden Frauen zu grüßen. Eher als an Jason möchte man hier tatsächlich an Pelops denken, bei dessen Restitution weibliche Gottheiten als Hei-
lerinnen entscheidend mitwirkten.

Der Dreifußkessel ist auch das wichtigste Requisit in der Erzählung der
Verjüngung des greisen Pelias bzw. der dieser Schlachtung vorausgehenden
Widderprobe. Es ist aufschlußreich, daß die vergleichsweise harmlose Widderprobe von der Kunst recht häufig thematisiert wurde, wobei der ver-
jüngte Widder im Opferkessel abgebildet ist[48]. Dagegen sind weder die

---

45 Deutungsvorschläge bei M. Schmidt, "Zur Deutung der 'Dreifuss-Metope' Nr.
32 von Foce del Sele", in: U. Hoeckmann/A. Krug (Hgg.), *Festschrift für Frank Brommer* (Mainz 1977) 265–275. Die uferlose Diskussion bei van Keuren 1989, 110–123
m. Taf. 32; vgl. *LIMC* 7 (1994) 842 Nr. 19 m. Lit.

46 Schmidt (vorige Anm.) m. Taf. 71,2; 72; van Keuren 1989, 110–123.

47 *LIMC* ebd. 275 Nr. 16a = 5 (1990) 634 Nr. 59, Taf. 432; 7 (1994) 275 Nr.
16b = H. Meyer, *Medea und die Peliaden. Eine attische Novelle und ihre Entstehung. Ein
Versuch zur Sagenforschung auf archäologischer Grundlage*, Archaeologica 14 (Rom 1980)
66f. Nr. II Va 2. 3; 77f. m. Taf. 16,2; 17,1 = van Keuren 1989, 113f. m. Taf. 33.

48 *LIMC* 1 (1981) 532 Nr. 2, Taf. 398.

Tötung und Zerstückelung noch auch das Kochen des Pelias dargestellt (sieht man von den oben genannten, sehr unsicheren Bildern ab); wir begegnen offenbar auch beim Greis derselben Hemmschwelle wie bei den Knaben Pelops und Itys. Was die Bildkunst dagegen willig aufgreift, ist das Heranführen des gebrechlichen Pelias, sein Zögern und die bald betretene Unentschlossenheit, bald herrische Aufforderung der Peliaden zu dem durch Medea angeregten Vatermord. Eine der bedeutenden Fassungen sehen wir auf einer Schale im Antikenmuseum Basel aus der Zeit um 450 v. Chr[49]. Alkandra, eine der Peliaden, steht hoch aufgerichtet mit gezücktem Schwert vor dem in sich zusammengesunkenen Pelias, der sein kahles Haupt ahnungsvoll in der Hand vergräbt. Der Dreifußkessel ist links angeschnitten sichtbar. „Über alles Motivische" – sagt Karl Schefold – „hinaus entsteht ein ergreifendes Gegenüber von wissendem Alter und ahnungslos schöner Jugend, die ihre tragische Bedingtheit noch nicht kennt."[50]

Der Tod des Pentheus

Unsere Vorstellung von Pentheus wird wesentlich durch die *Bakchen* des Euripides bestimmt. Sein schrecklicher Tod als Opfer der thebanischen Mänaden ist nach der Logik der Tragödie zwar selbst verschuldet, aber anders als viele tragische Helden ist er nicht in eine lange Kette von unsäglichen Verbrechen verstrickt; sein Widerstand gegen Dionysos ist als moralische Position durchaus verständlich. So beurteilen wir sein brutales Ende wohl eher aus der Perspektive des Opfers als des Täters, das heißt: Wie bei den bisher besprochenen Kategorien von Kindern, Frauen und Greisen empfinden wir das Schreckliche nicht als gerechte Strafe, sondern als Verhängnis eines Chancenlosen.

Die bildende Kunst hat das Ende des Pentheus erstaunlich häufig und – denkt man an das Fehlen von Bildern der Zerstückelung von Kindern für die Kannibalenmahlzeiten – erstaunlich direkt dargestellt. Vergleichsweise harmlos sind dabei noch die Bildfassungen, in denen Pentheus von den Thebanerinnen an Armen, Beinen und Haaren ergriffen und hin und her gerissen wird, so auf einem rotfigurigen Pyxisdeckel der Zeit um 440–30 v. Chr[51]. Wie oft in der klassischen Kunst, wird der Augenblick unmittel-

---

49 K. Schefold, "Die Basler Peliadenschale", *AntK* 21 (1978) 100–106 m. Taf. 29f.
50 Schefold 1989, 38.
51 *LIMC* 7 (1994) 310 Nr. 24, Taf. 254.

bar vor dem Höhepunkt der Tat gestaltet: Wir wissen, daß Pentheus im
nächsten Moment in Stücke gerissen wird, sehen ihn aber noch körperlich
unversehrt. Schauplatz des Mordes ist bekanntlich das Kithairongebirge;
davon ist freilich auf den attischen Vasen nichts zu sehen, werden doch in
diesem Medium Naturangaben sehr weitgehend ausgeblendet. Es fehlen
indessen auch sakrale Versatzstücke wie Altäre, Dreifüße, Säulen, Bukranien
usw. Und doch sollen wir explizit an ein Opfer denken: Die beiden
Bakchen zeigen eindeutig die Gewandschürzung der Opferschlächterinnen[52]. Einmal mehr wird deutlich, mit wie feinen darstellerischen Mitteln
der Betrachter auf die Botschaft des Bildes, eben auf den Opfercharakter
der Zerstückelung, hingewiesen wird.

Die Kunst geht im Fall des Pentheus aber noch entschieden über die
Darstellung des zusammensinkenden Opfers hinaus, ja bereits die älteste
uns erhaltene Pentheus-Wiedergabe auf dem fragmentierten Psykter
des Malers Euphronios in Boston um 520−10 enthüllt das schreckliche
Ende gut 100 Jahre vor den *Bakchen* des Euripides und auch eine Gene-
ration vor dem verlorenen Pentheus des Aischylos (nach 484)[53]. Der
inschriftlich benannte Pentheus ist bereits in Stücke gerissen: Aus seinem
Rumpf strömt Blut, sein Haupt ist entseelt nach vorn gefallen, sein geschlossenes Auge von langen Wimpern beschattet. Die Mänade links
von ihm heißt hier Galene und nicht Agaue. Andere Fragmente zeigen
rasende Thebanerinnen mit weiteren Körperteilen. Das Thema wird auf
einer wenig jüngeren Hydria in Berlin variiert[54]: Drei Mänaden tragen
Rumpf und Extremitäten des Pentheus, jene links außen den bärtigen
Kopf.

Noch in seinem trümmerhaften Zustand bedeutend ist ein Stamnos des
Berliner Malers in Oxford aus dem Jahrzehnt 490−80 (Abb. 5)[55]. Sechs
Bakchen tanzen in ekstatischer Bewegung um den Gefäßkörper. Außer
ihren Thyrsen schwingen sie die zerstückelten Körperteile des Pentheus,
unter anderem seinen hier unbärtigen Kopf und − besonders eindrücklich
− seine Eingeweide. Gerade diese Einzelheit läßt jeden antiken Betrachter
an die *splanchna* der Opfertiere denken − die Anspielung an das blutige
Tieropfer ist mit Händen zu greifen.

---

52 Vgl. o. 85 m. Anm. 39.
53 *LIMC* ebd. 312 Nr. 39, Taf. 257 = *LIMC* 4 (1988) 153 Nr. 1, Taf. 75.
54 *LIMC* 7 (1994) 312 Nr. 40, Taf. 257.
55 Ebd. Nr. 42, Taf. 258 = E. D. Reeder (Hrsg.), *Pandora. Frauen im Klassischen
Griechenland* (Mainz 1995 u. Baltimore/Basel 1996) 389f. Nr. 126.

Einzigartig ist auch die Schale des Duris in der Sammlung Borowski aus der Zeit um 480 (Abb. 6)[56]. Ähnlich wie Euphronios zeigt auch Duris den Oberkörper des Pentheus zwischen zwei mit Leopardenfellen behangenen Mänaden, die dabei sind, ihm das Haupt wegzureißen. Aus seinem klaffenden Rumpf hängen die Gedärme. Die ältere Frau mit dem Gewand des Zerstückelten hat man als Agaue gedeutet. Das Entsetzliche der Tat hat sogar den Satyrn ergriffen, der links niederkniet und die Arme erhoben hat. Dionysos selbst freilich läßt der *sparagmos* des Pentheus ungerührt, er wendet sich gelassen einem den Doppelaulos blasenden Satyrn zu, dieweil um ihn herum die Thebanerinnen Schenkel und Füße des Unglücklichen tragen. Als Detail bemerke man die Knochensplitter, die jeweils an den Bruchstellen der Glieder aus der Muskulatur hervortreten.

Nach diesen herausragenden Monumenten fällt es schwer, weitere Zerstückelungsszenen anzufügen. Nur noch ein Bild sei herausgegriffen, und zwar auf einem frühfaliskischen Kelchkrater (ehemals Lugano) aus der Zeit um 400 v. Chr[57]. Der dionysische Thiasos ist in vollem Gange; unter die Mänaden in Theaterkostümen hat sich ein von hinten gesehener Titane gemischt. Das interessanteste Detail finden wir über einem der Henkel: Eine Mänade ist im Begriff, einen abgetrennten Fuß zum Mund zu führen – wohl eine Anspielung auf die rituelle Omophagie.

Zusammenfassung

Weitaus die meisten der besprochenen Bildzeugnisse zieren griechische Vasen. Innerhalb dieser Gattung sind es, wie nicht anders zu erwarten, die attischen, auf denen zwischen rund 550 und 450 v. Chr. die meisten Schreckensbilder zu finden sind. Diese Quellenlage ließe sich auch für viele andere mythologische Themen aufzeigen. Hervorzuheben ist gleichzeitig, daß es sich bei den Bildträgern in aller Regel um Symposionsgeschirr handelt, daneben auch um Toilettengeräte und Grabvasen. Abnehmer der keramischen Produkte waren also Angehörige der oberen Schichten, die sich das zum Teil von den besten Künstlern bemalte Symposionsgeschirr leisten konnten. Die Bilder waren Teil der Unterhaltung bei den Gastmählern, ergänzten rhapsodische Vorträge und gaben sicher Anlaß, die Sattelfestigkeit

---

56 *LIMC* ebd. Nr. 43, Taf. 259 = N. Leipen/R. Guy, *Glimpses of Excellence. A Selection of Greek Vases and Bronzes from the Elie Borowski Collection* (Toronto 1984) 16 Nr. 12. 48.

57 *LIMC* ebd. 314 Nr. 66, Taf. 263.

der Symposiasten in mythologischen Dingen zu dokumentieren. Das ist alles bekannt, mag aber doch gesagt sein, weil die Ästhetik des Symposions auf Themenwahl und vor allem Themengestaltung nicht ohne Einfluß gewesen sein dürfte.

Gemeint ist damit zum einen das Vorhandensein einer gewissen Hemmschwelle, wie wir sie namentlich bei den literarisch so zahlreich belegten, künstlerisch aber so gut wie gar nicht thematisierten Kannibalenmahlzeiten konstatieren konnten. Bilder von zerstückelten, gekochten und als Mahl servierten kleinen Kindern hätten wohl das an einem Symposion erträgliche Maß gesprengt. Beim Verzehr der Fleischlappen, wie sie auf vielen Symposionsbildern vor den Klinen bereit liegen, wollte vermutlich niemand gern an das Schulterstück eines Pelops erinnert werden.

Hand in Hand mit der Ästhetik des Symposions geht die Ästhetik der Keramik, die zum Trinkgelage gehört. Ob schwarze Figuren auf rotem Grund oder rote Figuren auf schwarzem Grund: Eher als von Malerei sollten wir von Zeichnungen reden, von scharf konturierten, präzisen, zur Hauptsache einfarbigen Zeichnungen auf sehr neutralem Grund. Betrachten wir noch einmal die Schale des Duris mit dem Tod des Pentheus: Immerhin wird da einer in Stücke gerissen, und aus dem klaffenden Rumpf hängen die Eingeweide. Aber alles ist sehr sauber, fast klinisch herauspräpariert, auch die zerstückelten Glieder mit den spitzen Knöchelchen. Die Mänaden sind adrett und *comme il faut* bekleidet, die vielen parallelen Falten der plissierten Chitone und Mäntel fallen optisch fast stärker ins Gewicht als Pentheus selbst. Es herrscht trotz dionysischer Ekstase eine eigentümliche Kühle des Stils. Dazu trägt, wie schon angedeutet, auch das Fehlen eines bewegten Hintergrundes bei, vor allem landschaftlicher Elemente. So zerreißen die schönlinigen Frauen den ebenso silhouettenhaften Pentheus in einem unwirklichen, abstrakten Raum, besser gesagt, in keinem Raum, sondern vor dem schwarzen Vorhang des völlig neutralen Vasengrundes. Natur ist nur in Form der eleganten Voluten- und Palmettengeschlinge präsent, gleichsam sublimiert, jedenfalls ins Ornamentale abgewandelt.

Mit anderen Worten: Wie das Symposion selbst strengen Regeln unterliegt, gehorcht auch die dazugehörige Keramik strengen stilistischen Normen. Absicht bzw. Folge dieser schönlinig-kühlen Bildregie ist nun zweifellos eine gewisse Dämpfung des Schrecklichen insofern, als noch die brutalste Zerstückelung in die Konventionen einer künstlerischen *kalokagathia* eingebunden ist. Häßliches ist aus den Bildern verbannt: Aggressoren wie Opfer, ob alt oder jung, männlich oder weiblich, sind alle schöne Menschen, auch in ihrem Untergang oder im zerstückelten Zustand der spätarchaischen bzw. klassischen idealen Schönheit verpflichtet. Nicht, daß uns all diese Verbrechen unberührt ließen, gewiß nicht, aber der Stil hilft, das Entsetzliche im Bild erträglich zu machen. Die Kunst legt so eine gewisse Distanz zwischen Geschehen und Betrachter, indem sie den Mythos glaubhaft als wenn nicht unwirkliches, so doch leicht entrücktes Geschehen darstellt.

Und nun ist entscheidend – um eine weitere Schlußfolgerung zu ziehen –, daß in nahezu allen Kategorien und Themenkreisen eine Sakralisierung des Grauenhaften stattfindet. Es war immer und immer wieder hervorzuheben, daß die Kinder, Frauen und Greise in einem von sakralen Elementen durchsetzten Ambiente getötet werden. Stärkstes Zeichen ist dabei der Altar, vor allem der vom Tieropfer blutverschmierte, Zentrum der heiligen Handlung wie des Heiligtums, Fokus des griechischen Rituals. Aber der Altar ist bei weitem nicht das einzige sakrale Zeichen in den von uns besprochenen Bildern. Andere Versatzstücke waren in wechselnden Kombinationen zu beobachten, so Dreifußkessel, Pfeiler mit Götterbildern, Tänien und Bukranien, Opfermesser oder das Opfergewand bei Frauen. Das Opferambiente beschränkt sich indessen nicht nur auf Gerät, Tracht und Altar: Das Töten durch den Stich in die Kehle ruft das Schächten der Opfertiere in Erinnerung (Polyxena, Itys), das Zerstückeln des Troilos oder des Pentheus den Ritus des *sparagmos*, die Innereien des Pentheus die *splanchna* beim Speiseopfer.

Wichtig ist beim ganzen vor allem auch die Tatsache, daß die Opfermetaphorik keineswegs nur dort anzutreffen ist, wo sie sowieso dazugehört, wie in den Bildern der tatsächlich vollzogenen (Polyxena) und der versuchten Menschenopfer (Iphigenie) – sakralisiert sind auch und besonders jene Morde, die von ihrer mythologischen Substanz her nicht unbedingt an einem Altar stattfinden müßten. Markantestes Beispiel hierfür ist Astyanax, der seinen literarischen Tod als Sturz von der Stadtmauer erfährt, seinen bildlichen aber, wie gezeigt, ausschließlich am Altar. Auch Troilos wird durchwegs am Altar geopfert – bei den vielen Bildern der Verfolgung wären auch andere Schauplätze denkbar gewesen. Medea hätte ihre Söhne nicht zwingend am Altar töten müssen, und die geschürzte Tracht der Opferschlächterinnen gehört nicht von vornherein zum Erscheinungsbild der rasenden Thebanerinnen im Kithairongebirge, kurz: Die auf das Opfer anspielenden und seiner Ikonographie entlehnten Elemente sind keine gedankenlose Staffage, sondern bewußt inszenierte bildliche Metaphern, die das traurige Geschehen absichtlich als Opferritual kennzeichnen sollen.

Warum? Man kann und darf in der Wahl des Heiligtums als Ort der Verbrechen zunächst eine Steigerung des Entsetzlichen sehen – auch ich habe

diesen Gedanken da und dort anklingen lassen. Wenn, um nur ein Beispiel
unter vielen noch einmal zu zitieren, Priamos und Astyanax auf der Hydria
des Kleophradesmalers blutüberströmt am blutbesudelten Altar dahinge-
schlachtet werden, dann wird das Unerhörte der Tat, die Hybris des Frevlers in spektakulärer Weise manifest: Die Heiligkeit des Ortes, wo sonst
fromme Priester gottgefällige Tieropfer darbringen, wird eklatant gestört,
entweiht, ja pervertiert.

Und doch, so möchte ich die These wagen, erschöpft sich die Sakralisierung der Verbrechen nicht in der effektvollen Steigerung der Hybris, im
Schaudern des Betrachters vor so viel Brutalität der Täter, die vor den heiligsten Zeichen der griechischen Religion nicht zurückschrecken. Könnte
es nicht vielmehr auch umgekehrt denkbar sein, daß der ständige Bezug auf
das Opferritual dem Betrachter eine Verständnishilfe anbietet? Das Töten
am Altar, vor der vertrauten Kulisse des rituellen Tieropfers, gewinnt
dadurch selbst eine rituelle Dimension und damit ein Stück Normalität.
Daß am Altar Blut fließt, die Altäre blutbeschmiert sein müssen – das ist
für den Griechen fast tägliche Realität, vertraute Umgebung, notwendige
Verrichtung. Der sakrale Hintergrund der Verbrechen an Kindern, Frauen
und Greisen nähme in dieser Perspektive dem Unerhörten eher etwas an
Schärfe, indem das Töten in den gewohnten Bahnen des Opferrituals
abläuft.

Walter Burkert hat in seinem Aufsatz über griechische Tragödie und
Opferritual[58] schlüssig gezeigt, daß die Sprache der Tragiker von der Opfermetaphorik geprägt ist. „Doch durchdringt das Wesen des Opfers", sagt er,
„auch noch die reife Tragödie."[59] Ob in der *Medea* des Euripides oder im
Agamemnon des Aischylos und wo überall sonst: Die entsetzlichen Verbrechen sind mit dem Vokabular des Tieropfers beschrieben. Genauso verfährt
offenbar die Kunst, wenn die entsetzlichen Verbrechen zwar nicht mit dem
Vokabular, aber mit den ikonographischen Chiffren des Tieropfers dargestellt werden. Um eine einfache Abhängigkeit der Bilder von den Texten
kann es sich dabei nicht handeln, beginnt die Opfermetaphorik in der
Kunst doch lange vor der Tragödie, nämlich etwa in der zweiten Hälfte des
7. Jhs. Und die Kunst nimmt sich überdies die Freiheit, auch solche Morde,
die literarisch nicht ans Heiligtum gebunden sind, an den Altar zu verlegen.
Mit anderen Worten: Dichter wie Künstler, aber vor allem eben auch die
zuhörenden bzw. betrachtenden Konsumenten können offenbar gar nicht

58 Burkert 1966a = 1990c.
59 Ebd. 116 = 27.

anders, als sich das Schreckliche sakralisiert und ritualisiert zu denken. Sie lenken es damit in eine vertraute, weil fast stereotyp genormte Bahn und schieben so zwischen sich und das Geschehen wie einen Filter das Opferritual.

Die Druckvorlagen für die Abbildungen 1–6 (= Photos der entsprechenden Museen oder Sammlungen) hat freundlicherweise die LIMC-Redaktion Basel zur Verfügung gestellt. Die Strichzeichnungen wurden direkt aus dem LIMC reproduziert.

Für Hinweise zum philologischen Hintergrund danke ich Christian Oesterheld, Basel/Zürich.

II

Riten in der Geschichte

ROBIN HÄGG

Ritual in Mycenaean Greece

This festive occasion, an international symposium on Greek rituals in honour of Walter Burkert, gives me a most welcome opportunity to review the evidence, of all categories, for what we know (or rather think we know) about religious ritual in Mycenaean Greece, *ca* 1550–1100 B.C.[1] The three kinds of evidence at our disposal are (1) the archaeological, by which I mean all the kinds of material remains that have come to light through controlled archaeological excavation (in German 'Bodenfunde'), i.e. not only buildings and other fixed structures, such as altars, platforms and benches, but also movable objects from cultic contexts, such as instruments of sacrifice, animal bones, vessels for libation, figures, figurines and votive offerings; (2) the iconographical, i.e. two- and three-dimensional images from a whole range of objects, including religious symbols, depicted in art and also existing *in corpore;* and (3) the epigraphical, i.e. the Linear B texts. These kinds of evidence are very different in their ability to yield information; they have also until now been used unevenly, by which I mean that too much reliance may have been accorded to the iconographical material[2], whereas the

---

1 The most comprehensive studies of Mycenaean religion and ritual are Nilsson 1950 (who, however, makes no clear distinction between Minoan and Mycenaean religion), Vermeule 1974 and Mylonas 1977; see now Albers 1994, esp. 127–150. – The present paper is one of a series of preliminary studies, in which I have treated various aspects of Mycenaean religion. See esp. "Mykenische Kultstätten im archäologischen Material", *OpAthen* 8 (1968) 39–60; Hägg 1981; "Mycenaean Religion. The Helladic and the Minoan Components", in: A. Morpurgo Davies/Y. Duhoux (eds), *Linear B. A 1984 Survey. Proc. of the Mycenaean Colloquium of the VIIIth Congr. of the Intern. Fed. of the Societies of Class. Studies (Dublin, 27 August–1st Sept. 1984)*, Bibl. des Cahiers de l'Inst. de Linguistique de Louvain 26 (Louvain-la-Neuve 1985) 203–225; Hägg 1990; Hägg 1995; "The Religion of the Mycenaeans", in: *Atti e Memorie del Secondo Congresso Internazionale di Micenologia, Incunabula Graeca* 98 (Rome 1996) 599–612. – I wish to thank Mr Neil Tomkinson for correcting my English text, Prof. Ingo Pini for supplying the drawing of fig. 2 (*CMS* V 608) from the CMS Archive, Marburg and Dr. E. B. French for permission to reproduce figs. 3 and 5.

2 Nilsson 1950, 7: "A picture book without text".

purely archaeological evidence has not yet been utilised to its full potential[3]. I hope that by combining all three categories of source material we will be able to proceed further towards a reconstruction and a better understanding of Mycenaean ritual behaviour.

Let us look at the various cult practices that we think were part of Mycenaean ritual[4]. Animal sacrifice, communal feasting, libations and offerings form a first group for which sufficient evidence can be expected to be available. A second group, which is less likely to have left substantial traces, except in the iconographical sources, consists of processions, dancing, prayer and perhaps purification.

It seems to be generally agreed nowadays that the Mycenaeans practised some kind of *animal sacrifice,* although the views differ as regards the form of this sacrifice and its relative importance in Mycenaean religion[5]. Among the archaeological material that may be regarded as attesting to animal sacrifice are the quantities of animal bones found in layers of ash, presumably forming an ash altar, in the early Mycenaean shrine under the later sanctuary of Apollo Maleatas, situated above the Asklepieion of Epidauros[6]. Here, the bones were mostly of bulls and goats[7]. Of a later period, LH III B, are the animal remains found in the area of the round altar in the Cult Centre of Mycenae[8]. Animal bones are also reported from other cult sites,

3 One of the few attempts is Vermeule 1974, 27–59 ("Der mykenische Kult nach den archäologischen Zeugnissen"). Cf. R. Hägg, "Cult Practice and Archaeology. Some Examples from Early Greece", in: *Giornati Pisane. Atti del IX Congresso della F. I. E. C., 24–30 Agosto 1989,* vol. 1, SIFC 3 : 10 : 1 (Florence 1992) 79–95.

4 For the rituals of Greek religion, cf. Burkert 1977 a, 99–142 (= 1985 a, 54–84). Without implying the existence of a strict continuity or correspondence between Bronze Age religion and that of Greece in the historical period, it may be useful to look for evidence for similar kinds of ritual of common types also in Mycenaean Greece; at the same time, it is necessary to keep an eye open for traces of other kinds of ritual behaviour that may not have any direct equivalents in later times.

5 Vermeule 1974, 31, 49, 67 f.; Mylonas 1977, 46, 105 with fig. 29. The only comprehensive treatment of the topic is Sakellarakis 1970, but even here the stress is on the Cretan evidence.

6 Lambrinoudakis 1981, with refs.; *id.,* "Staatskult und Geschichte der Stadt Epidauros", *Archaiognosia* 1 (1980) 39–63, esp. 43 f.; *id.,* "Ἱερὸ Ἀπόλλωνος Μαλεάτα Ἐπιδαύρου", *Praktika* 143 (1988) 21–29, esp. 21 f. Cf. O. Dickinson, *The Aegean Bronze Age* (Cambridge 1994) 282 f., 286.

7 Lambrinoudakis 1981, 59.

8 Animal bones (mostly unburnt) were among the finds in a pit some 4 m west of the round altar; they may have been deposited here after some ritual performed at the altar, but this is not certain. See G. E. Mylonas, "Ἀνασκαφὴ Μυκηνῶν", *Praktika* 1973, 99–107, at 102 f., and the recent discussion by Albers 1994, 18 f. with further refs. in nn. 131 and esp. 133.

among them the Lower Citadel of Tiryns (of LH III C date), where the bones are, however, interpreted as remains of sacred meals consumed outside the small cult buildings[9]. This latter interpretation shows the ambiguity of animal bones: although one need not doubt their testimony to the occurrence of sacrifice, it is quite possible that the majority of the bones found on a cult site come rather from the sacred banquet than from the sacrifice proper[10]. It is particularly important to keep this in mind when bones that are burnt or scorched by fire are taken as evidence of *burnt animal sacrifice* of the type known from Classical Greece. There is definitely no indication that the Mycenaean animal sacrifice was of the Greek type – the animals were only slaughtered and afterwards consumed. If any parts were saved as "the god's portion", there is no evidence that these parts were burnt. The ash layers in the Maleatas shrine, interpreted by the excavator as a 'Brandopferaltar'[11], are thus rather to be seen as connected with the preparation of sacrificial meals and possibly, following a suggestion by Bergquist[12], with the subsequent cleaning of the sacred area. Only when the evidence from the Maleatas shrine has been fully published will we be able to make a final judgement on the ritual practised there in the 16th century.

The comparatively few structures that have been interpreted as built altars are not of types that could have served for burnt animal sacrifice. Especially important is the observation that traces of fire on the upper surfaces of such structures are rare or, when they occur, insignificant. An example of this category of construction, although unique in its shape, is the so-called bolster-shaped altar in Room Gamma (also called the Tsountas' House Shrine) at Mycenae (Fig. 1)[13]. In the same building, but probably belonging to a different phase, is a huge stone slab designated as a slaughtering table[14]; this interpretation is dubious – in any case no traces of burning have been reported from either structure[15].

---

9 K. Kilian et al., "Ausgrabungen in Tiryns 1978–1979", *ArchAnz* 1981, 149–256, at 150.

10 Note the important warning of Bergquist 1988.

11 Above n. 6.

12 Bergquist 1988, 30.

13 A. J. B. Wace, "Mycenae 1950", *JHS* 71 (1951) 254–157, at 254f.; Mylonas 1972, 24f. with pls. 4–7; 1977, 19–21 with fig. 10 (plan) and pls. 2–4; French 1981 a, 44f. with figs. 5f.; Albers 1994, 24 with full refs. in nn. 145, 165 and pls. 10 a, 11 b.

14 See refs. in the prec. n. Wace and French think that the stone belongs to the second phase of use, i.e. it is not contemporary with the bolster-shaped altar, while Mylonas assigns it to the earlier phase.

15 According to Wace *(loc. cit.)*, the stone may have served as a column base, with which Albers 1994, 24 agrees.

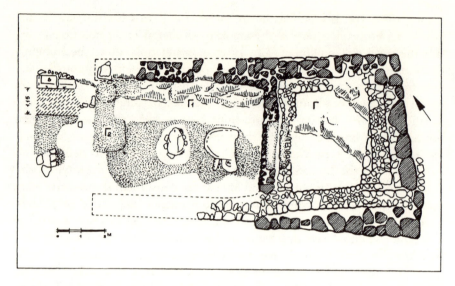

Fig. 1. Cult Centre of Mycenae, plan of Room Gamma. After Albers 1994, pl. 10 a.

As for possible sacrificial instruments, there are only very few specimens. A rather solid, bronze, double axe of Minoan type (and manufacture?) from the Maleatas shrine[16] could have been used as a slaughtering tool, in contrast to most other double axes, which are made of bronze sheet and thus clearly intended only for display[17]. A group of mace-heads of stone, some of which were found in cultic contexts in the Aegean world, could similarly have been used in connection with animal sacrifice to stun the victims[18].

16 J. Papadimitriou, "Ἀνασκαφὴ ἐν τῷ Ἀσκληπιείῳ καὶ τῷ ἱερῷ τοῦ Ἀπόλλωνος Μαλεάτα ἐν Ἐπιδαύρῳ", *Praktika* 1948, 90–111, at 102 fig. 6; Lambrinoudakis 1981, 64 fig. 10.

17 Specimens of this type likewise from the Maleatas sanctuary: V. Lambrinoudakis, "Ἱερὸν Μαλεάτου Ἀπόλλωνος εἰς Ἐπίδαυρον", *Praktika* 1974, 93–101, at 100, and 1975, 162–175, at pl. 149 c; *id.* 1981, 65 fig. 12. Cf. H.-G. Buchholz, *Zur Herkunft der kretischen Doppelaxt. Geschichte und auswärtige Beziehungen eines minoischen Kultsymbols* (Munich 1959).

18 M. Platonos-Manti, "Τελετουργικὲς σφύρες καὶ ῥόπαλα στὸ μινωικὸ κόσμο", *ArchEph* 120 (1981) 74–83 (although most specimens catalogued there come from the Minoan sphere, the type existed on the Greek mainland as well; fig. 6 was found on the acropolis of Nauplia).

As to iconography, there are no clearly Mycenaean depictions of scenes of animal sacrifice; there are a few examples on Minoan seals[19] that happen to have been found on the mainland, but they should not automatically be thought to depict Mycenaean ritual[20]. While the iconographical sources in this case are uncharacteristically silent, the Linear B tablets from Pylos, especially the Un series, give clear support to the existence of animal sacrifice[21]. Bulls and cows, sheep and pigs are listed as to be given to (i.e. sacrificed to) Poseidon, Peleia and other divinities. In addition to the animals, various other commodities and objects are also listed as offerings; I shall return to them in a while.

What is true for the animal bones is also true for the lists of animals in the tablets — we cannot tell to what extent the animals listed were intended for sacrifice or for the banquet. By this, I do not mean to deny that all animals listed were most probably slaughtered in a ritual way, i.e. sacrificed, but rather to suggest that the number of animals may have been proportional to the importance of the festival and thus to the number of people expected to take part in it. A fairly recent find from Thebes can illuminate this point. A group of 56 clay nodules with seal impressions and Linear B signs corresponds to 53 animals of different species and sexes. As pointed out in an important article by Piteros, Olivier and Melena in 1990[22], both the total number and the specified numbers of the various animals are almost exactly paralleled by the corresponding numbers in the list of offerings on the Pylos tablet Un 138. The conclusion is that this is a standardized list of offerings for a major Mycenaean festival, basically the same at Thebes and Pylos. The authors estimate that a thousand persons may have been well fed by the quantities of meat and drink listed[23].

---

19 Marinatos 1986, figs. 1, 3; Sakellarakis 1970, fig. 8. 6–8 (reported from Mycenae, Nauplia and Pylos respectively).

20 *Pace* Mylonas 1977, 4 f.

21 M. Ventris/J. Chadwick, *Documents in Mycenaean Greek* (Cambridge 1973²) 128, 286–289, 458–465; M. Gérard-Rousseau, "Les sacrifices à Pylos", *StMicenEgAnat* 13 (1971) 139–146; Vermeule 1974, 67 f.; S. Hiller/O. Panagl, *Die frühgriechischen Texte aus mykenischer Zeit. Zur Erforschung der Linear B-Tafeln,* Erträge d. Forschung 49 (Darmstadt 1976) 309.

22 C. Piteros et al., "Les inscriptions en linéaire B des nodules de Thèbes (1982). La fouille, les documents, les possibilités d'interprétation", *BCH* 114 (1990) 103–184; cf., however, V. Aravantinos, "The Mycenaean Inscribed Sealings from Thebes. Problems of Content and Function", in: T. G. Palaima, *Aegean Seals, Sealings and Administration. Proc. of the NEH-Dickson Conference of the Program in Aegean Scripts and Prehistory of the Dept. of Classics, Univ. of Texas at Austin, January 11–13, 1989,* Aegaeum 5 (Liège 1990) 149–167, with refs. to previous articles.

23 Piteros et al. (prec. n.) 179 with n. 332.

One ritual, which in other religions is often seen to be closely associated with the animal sacrifice, is the *libation*[24]. The archaeological evidence for libations in the Mycenaean world is comparatively rich[25], whereas the iconographical sources are scarce and the Linear B texts are never explicit, in contrast to Near Eastern depictions of libations, in which the fluid is seen[26], and Hittite ritual texts that specify the libations performed[27]. Among the examples of immovable installations intended to receive and/or channel the liquid from libations are the following. The previously mentioned, bolster-shaped "altar" at Mycenae has a curious, hollow extension that is likely to have had something to do with libations[28]; there was also a runnel leading from the "altar" to a sunken receptacle (not visible on the plan, Fig. 1). In the porch of the megaron in the palace of Mycenae, there was an alabaster slab with a shallow, oval depression; next to it were found a rounded, low altar and a square platform (for a "sentry"?)[29]. In the LH III C shrine in house G at Asine, an intentionally broken jug had been wedged between a bench and the wall in such a position that it could have channelled libations into the floor or earth[30]. Similar arrangements are known from Berbati[31]. Finally, there is the well-known libation channel next to the throne in the megaron at Pylos[32], to which it is very difficult to give any other interpretation.

As for the movable equipment used for libations, there are two kinds: those that serve to pour the liquid and those that are intended to receive

24 Burkert 1977a, 122f. (= 1985a, 71).

25 Hägg 1990.

26 See e.g. H. Frankfort, *The Art and Architecture of the Ancient Orient,* Pelican History of Art (New Haven/London 1996[5]) figs. 93. 272 (= Harmondsworth etc. 1954[1], pls. 45b. 133b).

27 V. Haas, *Hethitische Berggötter und hurritische Steindämonen. Riten, Kulte und Mythen. Eine Einführung in die altkleinasiatischen religiösen Vorstellungen,* Kulturgeschichte d. ant. Welt 10 (Mayence 1982) *passim.*

28 See refs. above n. 13; Hägg 1990, 178.

29 I. Papadimitriou, "'Ανασκαφαὶ ἐν Μυκήναις", *Praktika* 1955, 217–232, at 230f. with fig. 7, pls. 77–79; Hägg 1990, 180 with fig. 4; K. Kilian, "Der Hauptpalast von Mykenai", *AthMitt* 103 (1987) 99–113.

30 Hägg 1990, 180f. with figs. 5f. and bibliography.

31 A. W. Persson/Å. Åkerström, "Zwei mykenische Hausaltäre in Berbati", *Bull. Soc. Roy. Lettr. Lund* 1937–38, 59–63; Nilsson 1950, 114–116 with fig. 33; Å. Åkerström, "Cultic Installations in Mycenaean Rooms and Tombs", in: French/Wardle 1988, 201–206, esp. 201 with fig. 1 and pl. 8.

32 Blegen/Rawson 1966, 85–87, esp. 88 with fig. 70; Hägg 1990, 178 with fig. 3.

it. A fortunate find next to the great hearth of the Pylos megaron illustrates both kinds[33]. A tripod "offering table" has received the liquid poured from miniature kylikes, all left *in situ*. Such miniature kylikes occur in quantities within the Pylos palace[34], but also outside the Main Building, for instance in Room 93 in the North-eastern Building, which is thought to be a shrine[35]. I think these miniatures can be securely classified as libation vessels, but (as I have suggested elsewhere[36]) the full-sized kylikes are probably to be seen as *both* drinking *and* libation vessels. A more specialized shape used for libations is the rhyton[37], a vase type introduced from Crete and produced and used on the mainland for centuries, especially in the conical shape. The tripod offering table likewise has a Minoan origin[38] and the very combination of rhyton and offering table is a Minoan invention taken over by the Mycenaeans[39]. On the other hand, the Minoan offering jug does not seem to occur *in corpore* on the mainland, although it is depicted together with a conical rhyton on the Tiryns Ring[40]. A valuable illustration of the Mycenaean equipment for libations is given by a seal from Naxos (Fig. 2)[41], on which we see an offering table (whether it has three or four feet, we cannot tell), a jar, a jug and a conical rhyton. The worshipper (to the right on the original) is a male figure with a staff or spear, facing a palm-tree.

A characteristic trait in Mycenaean cult buildings is the frequent occurrence of benches and platforms. The benches are either placed along one or several walls, as in the Room with the Fresco[42] in the Cult Centre at Mycenae, or – and this is more common – by the inner, short wall oppo-

---

33 Blegen/Rawson 1966, 89, 91 with figs. 65, 68, 271. 11, 272. 5; Hägg 1990, 183 with fig. 9.

34 Blegen/Rawson 1966, 434 (Index s. v. 'Pottery, Shape 26'), figs. 359f.

35 *ibid.* 305.

36 Hägg 1990, 183.

37 R. B. Koehl, "The functions of Aegean Bronze Age Rhyta", in: Hägg/Marinatos 1981, 179–187, esp. fig. 1.

38 P. Metaxa Muhly, *Minoan Libation Tables,* Diss. Bryn Mawr Coll. 1981.

39 Marinatos 1986, 25–32, 49; N. Polychronakou-Sgouritsa, "Μυκηναϊκές τριποδικές τράπεζες προσφορῶν", *ArchEph* 121 (1982) ᾿Αρχ. Χρονικά 20–33.

40 *CMS* I 179.

41 *CMS* V 608; C. Kardara, *Νάξος 1· ᾿Απλώματα Νάξου. Κινητὰ εὑρήματα τάφων Α καὶ Β,* Βιβλ. τῆς ἐν ᾿Αθήναις ᾿Αρχ. ῾Εταιρείας 88 (Athens 1977) 6 with pl. 6.

42 Taylour 1969 with fig. 1; 1970 with fig. 1; French 1981a, 45–47; Albers 1994, 37–47 with full bibl. in n. 237.

Fig. 2. Seal from Naxos
(CMS V, 608).
Courtesy I. Pini.

site the entrance, as in the "Temple"[43] of the Cult Centre (Fig. 3) and in
the small LH III C cult buildings in the Lower Citadel (Unterburg) of
Tiryns (Fig. 4)[44]. Since nobody seriously maintains that these so-called benches are meant for sitting, they are clearly a kind of ledges, on which objects could be placed. The same function must be ascribed to the platforms
(i.e. raised areas not connected with a wall), except in the few cases which
may have been hearths. The objects placed on benches and platforms may
theoretically have ranged from first-fruit offerings, votive gifts and cult paraphernalia to cult idols or cult images. Thus, some of the objects in the Linear B lists of deliveries to Mycenaean sanctuaries may have been deposited,
at least temporarily, on benches and platforms, some of which should therefore perhaps be termed "deposition altars" for bloodless offerings. Only
rarely has it been possible to deduce from the find circumstances which
objects had originally been placed on benches[45], and in no case do we know
what had been placed on a free-standing platform.

43 W. D. Taylour/J. Papadimitriou, "Mycenae Excavations, 1959", *ArchDelt* 16
(1960) Χρονικά 89–91, at 90; French 1981a, 44f. with fig. 3; Albers 1994, 26f. with
full bibl. in n. 170.
44 Albers 1994, 104–115 with refs.
45 *Ibid.* 136f., 144.

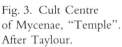

Fig. 3. Cult Centre
of Mycenae, "Temple".
After Taylour.

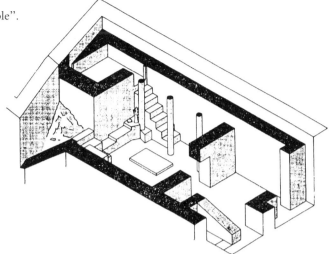

In spite of the scarcity of evidence, some different categories of benches or platforms can be discerned. A very peculiar, and unique, example is the high bench by the east wall of the Room with the Fresco in the Cult Centre of Mycenae[46]. Firstly, its upper surface had a sort of ledge at its western

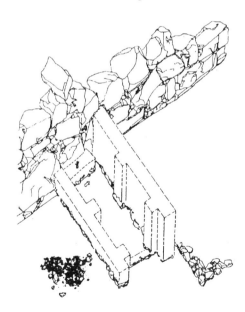

Fig. 4. Tiryns,
cult building 110a in the
Lower Citadel.
After Albers 1994, pl. 45c.

46 See refs. above n. 42; Marinatos 1988.

end, roughly shaped into three coalescing discs[47]. These contained ashes and are thought to have functioned as miniature hearths, which would make the structure into an altar. Secondly, well-preserved, fresco painting was found still *in situ* above the altar, to the left of it and on one of its sides[48]. The main fresco depicted two female figures, i.e. goddesses, in such a way that they appear to be standing on top of the altar, receiving the offerings placed on it (of whatever kind they were, whether incense or something else)[49].

The second category is so far also represented by only one example. In the so-called Temple (House with the Idols; Fig. 3)[50] in the Cult Centre at Mycenae, a terracotta figure and an offering table were found *in situ* on a bench or ledge on the short wall opposite the entrance[51]. The figure is not, however, turned towards the entrance but is seen in profile by a person entering. It is one of some twenty-one, large, monochrome figures found in the building, the majority of which had been stored in the inner parts, the Room with the Idols and the Alcove. These figures have been studied for publication by A. Moore[52], who has divided them into three types after the different arm gestures (Fig. 5). He concludes that figures of the first type had necklaces or strings of beads laid across their hands or hung from them and those of the two other types were holding axe-hammers. I quote Moore's concluding remarks: "The evidence of the figures themselves indicates that they functioned as representations of cult celebrants rather than as representations of deities. Their role was to perform certain of the activities of the cult in perpetuity. This perpetuity is graphically illustrated by the figure *in situ;* embedded in the plaster covering of the bench, a permanent fixture of the room, and making a continual offering."[53] Moore's persuasive interpretation gives us an important insight into Mycenaean ritual.

---

47 Visible on the plan in Taylour 1969, fig. 1, reproduced by Albers 1994, pl. 12 a.

48 Marinatos 1988.

49 P. Rehak, "Tradition and Innovation in the Fresco from Room 31 in the 'Cult Center' at Mycenae", in: R. Laffineur/J. L. Crowley (eds.), *EIKON. Aegean Bronze Age Iconography: Shaping a Methodology. Proc. of the 4th International Aegean Conference/4ᵉ Rencontre égéenne internationale, Univ. of Tasmania, Hobart, Australia, 6–9 April 1992*, Aegaeum 8 (Liège 1992) 39–62.

50 Taylour 1969; 1970; French 1981a, 44f.; Albers 1994, 31–36 with full bibl. in n. 1.

51 Moore 1988.

52 See prec. n.

53 Moore 1988, 228.

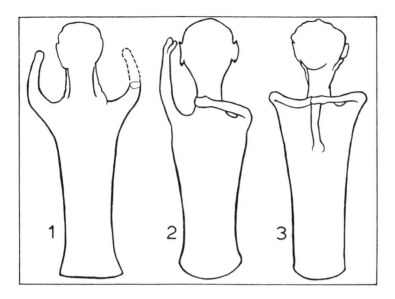

Fig. 5. Mycenae, terracotta figures from the "Temple". After Moore.

It should be noted that the grotesque "dollies" from Mycenae, of the LH III B period, are still unique and differ greatly in appearance from the usual Mycenaean figures[54], whose function may thus have been a completely different one.

Let us now look at a third category of benches in the LH III C cult buildings in the Lower Citadel of Tiryns (Fig. 4). This is a series of three successive, free-standing, rectangular buildings with the entrance on the short side and a bench along the short wall opposite the entrance[55]. After each successive destruction, at least some of the objects that had fallen from the bench were left on the floor. Thus, we know that pottery, small-size figurines and larger, decorated, female figures with upraised arms had been placed on the benches in all three periods[56]. According to the excavator, the late Klaus Kilian, the cult, including a banquet, had largely taken place in the court around the buildings, where a low altar existed[57]. He suggests that

54 French 1981 b.

55 Excavation reports by K. Kilian, *ArchAnz* 1981–1988; see also Kilian 1981; full bibl. in Albers 1994, 209–212 nn. 575–626.

56 *Ibid.* 136f.

57 *Ibid.* 108, 131, 134.

the larger figures had been carried in procession before they were placed on the bench[58].

In contrast to the III B Mycenae "dollies", the Tiryns figures cannot be reconstructed as carrying objects. Considering their posture with upraised arms, their placing on an interior bench and the general arrangement of the cult buildings, these III C figures are rather images of the deity than cult celebrants and may cautiously be termed cult idols[59]. This is also the most likely interpretation of the largest figure from the Mycenaean sanctuary at Phylakopi in Melos, as suggested by the excavator, Colin Renfrew[60].

Some of the objects found in cultic deposits are likely to have been votive offerings, such as the bronze swords from the Maleatas shrine[61]. Swords of this type can hardly be seen as instruments of sacrifice, but rather as valuable gifts to a deity. The gold cups mentioned in the Linear B tablet PY Tn 316 as offerings to deities are also most likely of this category, valuable gifts, although one might perhaps see them as paraphernalia that could be used in the cult[62].

Let us look at the find assemblage from House G at Asine again, the one with the broken jug for libations. A number of objects were found associated with the bench in the north-eastern corner[63]. There were numerous pots, some of which contained food offerings (a few small bones were found in one of them), while others must have had a different function, since they were found piled one inside another. There is a stone axe of Neolithic type (a symbol or an instrument of sacrifice?); also a number of small, female figurines and the head of a larger, terracotta figure, the Lord of Asine, maybe a female cult idol (or belonging to a sphinx)[64].

The small-size figurines are ubiquitous in Mycenaean shrines, tombs and settlements and are one of the most characteristic elements of Mycenaean cult[65]. There are open-air cult places without architectural remains where

58 *Ibid.* 136.

59 *Ibid.*

60 C. Renfrew, *The Archaeology of Cult. The Sanctuary at Phylakopi,* BSA Suppl. 18 (London 1985) 373.

61 Lambrinoudakis 1981, 65 fig. 13.

62 Vermeule 1974, 67.

63 Above n. 30.

64 See now A. L. D'Agata, "The 'Lord' of Asine Reconsidered", in: *Asine 3: Supplementary Studies on the Swedish Excavations 1922–1930* Fasc. I (Stockholm 1996) 39–46.

65 E. B. French, "The Development of Mycenaean Terracotta Figurines", *BSA 66* (1971) 101–187; French 1981 b.

only figurines were found, like the roadside shrine at Hagia Triada on the mountain path between Mycenae and Corinth[66]. The small-size figurines are typical of the simpler cult places, belonging to what I have tentatively called the popular religion, and are very rare in more elaborate shrines, where large-size figures, especially hollow ones, rhyta and luxury objects are the characteristic paraphernalia[67].

A special use of the female *phi* and *psi* figurines and the animal figurines were observed by Kilian in his excavations in the Lower Citadel of Tiryns[68]. By his careful mapping of the find spots of all such objects, it became clear that the figurines had been deposited at doors and hearths in the buildings. Thus, we can reconstruct the ritual deposition of figurines at special places and conclude that *one* function of figurines was protective or apotropaic.

So far, I have discussed only the rituals that were likely to have left traces in the archaeological material. Of those other rituals for which no substantial evidence could be expected, the procession is the only one whose existence seems certain. From the palace at Thebes comes a fresco depicting a procession of women carrying offerings[69]. Iconographically, this is a Minoan motif, but I do not think we should be too sceptical about the local occurrence of such scenes. Another procession of persons leading a huge bull comes from the anteroom of the megaron of Pylos[70]. On the Acropolis of Mycenae, G. E. Mylonas identified a processional road between the Palace on top of the hill and the Cult Centre at the western end[71]. There is a small find from a house at Tiryns that gives support to the idea of festive processions. This object is a terracotta model of a litter[72], in which

66 A. Frickenhaus, in: G. Karo, "Archäologische Funde im Jahre 1912. Griechenland", *ArchAnz* 1913, 95–121, at 116; Kilian 1990, esp. 185–190.

67 Hägg 1981; cf. Kilian 1990, 196.

68 Kilian 1981, 56; *id.*, "Mycenaeans Up to Date. Trends and Changes in Recent Research", in: French/Wardle 1988, 115–152, esp. 148 with fig. 16.

69 H. Reusch, *Die zeichnerische Rekonstruktion des Frauenfrieses im böotischen Theben*, Abh. Dt. Akad. d. Wiss. Berlin, Kl. f. Sprachen, Literatur u. Kunst 1955 : 1 (Berlin 1956).

70 M. L. Lang, *The Palace of Nestor at Pylos in Western Messenia* (ed. by C. W. Blegen and M. Rawson) 2: *The Frescoes* (Princeton 1969) 38–40, 192f. with pl. 119.

71 Cf. the coloured reconstruction in Mylonas 1983, 138f. fig. 107. Cf. Albers 1994, 15 with pls. 5, 7.

72 K. Demakopoulou, "Πήλινο ὁμοίωμα φορείου τῆς μυκηναϊκῆς ἐποχῆς ἀπὸ τὴν Τίρυνθα", in: *Φίλια ἔπη εἰς Γεώργιον Ἐ. Μυλωνᾶν διὰ τὰ 60 ἔτη τοῦ ἀνασκαφικοῦ του ἔργου* 3, Βιβλ. τῆς ἐν Ἀθήναις Ἀρχαιολογικῆς Ἑταιρείας 103 (Athens 1989) 25–33.

high officials, priest or priestesses, would have been carried on the occasion of religious festivals. Palanquins were in use in Minoan Crete in religious contexts; there is a fresco fragment and a model that was found together with altar models, etc.[73] It is likely that terracotta figures and figurines were carried in the processions. Two fresco fragments show hands carrying figurines[74], something that has been connected with the Linear B term *te-o-po-ri-ja,* carrying of gods[75]. It should be mentioned again that terracotta figures with hollow bodies may have been carried on sticks and paraded on festive occasions[76].

In theory, sacred dances could also have left some indirect traces, as in Minoan Crete, where (1) some circular stone platforms at Knossos have been interpreted as dancing floors[77], and (2) terracotta models depict men and women dancing on a circular base[78]. But such finds have not (yet) been made on the Greek mainland. Of prayer, purification, etc., there is nothing to say.

I have mostly spoken here of ritual in Mycenaean Greece as if this was something static and uniform through five centuries of history. However, I am convinced that there must have been both a temporal and a regional variation, as suggested by Colin Renfrew fifteen years ago[79]. To some extent, we can see such variations, but much research needs to be done in order

---

73 Terracotta model from the Loomweight Basement area: A. E. Evans, *The Palace of Minos. A Comparative Account of the Successive Stages of the Early Cretan Civilization as Illustrated by the Discoveries at Knossos* 1 (London 1921) fig. 166 G. Palanquin fresco: *ibid.* 2 (London 1928) 771 fig. 502; cf. now Marinatos 1993, 69–71 with figs. 59, 60 (new reconstruction).

74 Fragment from the South-Western Quarter at Mycenae: I. Kritseli-Providi, Τοιχογραφίες τοῦ Θρησκευτικοῦ Κέντρου τῶν Μυκηνῶν (Athens 1982) pl. 6a–b; Mylonas 1972, pl. 14. Fragment from Tiryns: C. Boulotis, "Zur Deutung des Freskofragmentes Nr. 103 aus der Tirynther Frauenprozession", *ArchKorrBl* 9 (1979) 59–67.

75 S. Hiller, "Te-o-po-ri-ja", in: *Aux origines de l'hellénisme. La Crète et la Grèce. Hommage à Henri van Effenterre,* Publ. de la Sorbonne, Hist. anc. et médiev. 15 (Paris 1984) 139–150.

76 This was first suggested by G. E. Mylonas, "Ἀνασκαφὴ Μυκηνῶν", *Praktika* 1975, 153–161, at 157f., on the basis of observations of the interior of the head of such a hollow figure; a kind of confirmation came later and was reported in Mylonas 1983, 210. Cf. Albers 1994, 21 with n. 143.

77 P. M. Warren, "Circular Platforms at Minoan Knossos", *BSA* 79 (1984) 307–323.

78 Marinatos 1993, 22 fig. 23 with n. 50.

79 C. Renfrew, "Questions of Minoan and Mycenaean Cult", in: Hägg/Marinatos 1981, 27–33.

to clarify these questions. Another important reason for the non–uniformity of Mycenaean ritual is the probability of various levels of cult, ranging from the official level via various intermediate levels to what I have termed the popular level[80]. What may be basically the same religion has been expressed in different ways at different levels, although it cannot be excluded that there was some variation even in the beliefs between these levels.

To summarize, disregarding the variations, which are probably only of minor importance, the main rituals of the Mycenaeans are the fireless animal sacrifice, combined with libations, bloodless offerings and communal feasting.

80 Hägg 1981; Hägg 1995.

NANNO MARINATOS

Goddess and Monster

An Investigation of Artemis

I

Introduction

The iconographical language of Artemis, one of the most controversial and
enigmatic goddesses of Greek religion, is an excuse for exploring models of
sexuality and anti-sexuality of the Archaic period in this paper. The inspiration from W. Burkert's work has shaped my thinking in more than one
way, not the least of which is his recent work on the biological tracks of
religion.

I shall start by questioning the prevailing assumption that Artemis retains
many characteristics of the Aegean Nature Goddess[1]. Subsequently I shall
compare some of her features with Greek and Near Eastern monsters, in
order to conclude that the Greeks created a deity of peculiar harshness and
anti-sexuality of the early period. My focus will be iconography, not literature, since I would not presume to say anything more enlightening in this
field than W. Burkert or Sir Hugh Lloyd-Jones and, more recently, K. Clinton and F. Graf, on all of whose work I have drawn extensively[2].

The iconography of the Aegean goddess of nature, the supposed prede-
cessor of Artemis, will be examined first. The survey will be far from exhaustive but, I hope, representative of the different ways in which a female deity
was perceived through the medium of art.

---

1 So E. Simon, *Die Götter der Griechen* (Munich 1969) 151. 160; M. Robbins-Dex-
ter, *Whence the Goddess* (New York 1990) 162; Kahil 1984, 738, although she rightly
differentiates between different iconographical schemes of the *potnia,* huntress etc. See
also A. C. Christou, *Potnia Theron. Eine Untersuchung über Ursprung, Erscheinungsformen
und Wandlungen der Gestalt einer Gottheit* (Thessaloniki 1968) 63–67; discussion in Kahil
1984, 739.

2 Burkert 1985 a, 149 ff.; Lloyd-Jones 1983 b; Clinton 1988; F. Graf, "Artemis", *NP*
2, 53–58.

II

The Aegean Goddess of Nature

The Aegean goddess is in harmony with animals. She is shown feeding them (Abb. 7) or caressing them. When she is flanked by animals, be it lions or griffins (Abb. 8), the creatures are submissive out of their own volition and are not subdued by force[3]. In some instances the Goddess holds a tethered griffin on the leash but he does not seem unwilling; he rather acts as a pet (Abb. 9)[4]. There are times when the Aegean goddess rides animals or has them yoked to her chariot so they can transport her to far away places (Abb. 10)[5]. Again there is no evidence of compulsion.

Are there any cases where the animals are forced into submission? There are indeed some exceptional instances in which creatures are held by force, but this applies only to birds, never to mammals. We have some few scenes, once more from seals, where a female figure holds water-birds by the neck (Abb. 11). The iconographical scheme is clearly Near Eastern and it is not especially popular on Crete itself. Interesting also is the figure of a female figure who controls a huge female mammal, most likely a dog (Abb. 12). Here, the animal is submissive but out of its own will. It turns its head towards the female as though to express its dependency.

I would now like to discuss very briefly another iconographical formula which is quite wide-spread in the art of Aegean seals. It involves a female figure carrying a seemingly dead animal (goat or sheep) on her shoulders, or holding it by its horns[6]. This scheme has been interpreted as denoting sacrifice, perhaps a priestess carrying the dead animal in order to consecrate it[7]. There are scenes, however, in which the animal is not carried but stands on his hind legs alive in front of the female (priestess?) (Abb. 13 A).

---

3 Noteworthy is a seal from the Metaxas collection Crete, CMS IV 295. It shows a goddess with raised arms (possibly wearing a horn crown) flanked by two lions at the edge of the seal. They are in semi-contorted positions but are not held by force. Thus, the power of the deity is felt by the animals but is not imposed on them.

4 See CMS V Suppl. I B no. 429; I. Kritseli-Providi, Τὸ θρησκευτικὸν κέντρον τῶν Μυκηνῶν (Athens 1982) pl. B a.

5 For example see the goddesses on the sarcophagus from Hagia Triada: S. Marinatos/M. Hirmer, Kreta und das Mykenische Hellas (Munich 1959) pl. XXX. For a full discussion of the nurturing aspect of the Aegean Goddesses and her relationship to animals see Marinatos 1993, 146–166 (with illustrations).

6 J. Sakellarakis, ArchEph 1972, 255–275; CMS I Suppl. 180. An animal is held by the horns by a woman on a seal impression from Pylos: CMS I Suppl. I 180.

7 Marinatos 1986, 34–35.

There is also a variation where the animal is not sheep or goat but a lion (Abb. 13 B) or a boar (Abb. 14). I therefore think that this scheme is not confined to sacrifical animals alone, but expresses, once more, the potency of the divinity, be it a goddess or her representative, vis-à-vis the animal world.

In short, the iconography of Aegean goddesses reflects a harmonious relationship to nature. There is tenderness or affection between goddesses and animals, who act as pets rather than slaves; even when they are submissive they do so out of their own volition as though they were overwhelmed by the presence of the goddess. The Aegean goddess is hardly a huntress[8]!

The male Aegean gods (or heroes), on the other hand, (Abb. 15) subjugate animals. They are hunters who regard the wild beasts as adversaries and hold them in submissive postures. There is therefore a clear-cut difference between the two genders in respect to their relationship to animals; dominance by force is a characteristically male feature.

III

Artemis

The iconography of Artemis is so strikingly different in the early Archaic period[9] that it seems to me that a completely different perception dictated the schemata which will be discussed below. If the Greek goddess is a mistress of animals in the dominant, even violent sense, she is not a goddess of nature, she is a controller of it. The etymology of the name itself may mean the 'cutter/butcher'[10].

I do not mean to be simplistic. It should be stressed that both the iconography and the cult have many variations dictated by the function of the cults which are bound to the needs of local communities. Every sanctuary

8 There is one seal in Berlin which depicts a goddess with a bow and arrow: *CMS* XI 26. This seal, which comes from a private collection, looks to me non-genuine on stylistic grounds. In particular, the oversized breasts, the head-dress and the posture have something non-Aegean about them. I thank Prof. Erika Simon who drew attention to this piece in the discussion following my paper.

9 Artemis appears in late classical art as a provider, nature goddess. See Kahil 1984, 713 f. no. 1189, pl. 542. The reason lies in the differentiation of her cultic functions.

10 Clinton 1988, 9 with n. 23.

had its own version of Artemis[11]. At Brauron she is a protectress of young girls and we have statuettes or votive reliefs from many of her sanctuaries, as at Brauron and Corfu, where she nurtures young animals[12]. It has even been suggested that she is a *kourotrophos,* a claim which is perhaps unsubstantiated[13].

Superficially, this softer Artemis, a protectress of animals, is close to the Aegean goddess. However, the reliefs and figurines which show Artemis tending animals stress the protective aspect of the goddess *in the context of her sanctuary.* I see them as expressions of local cult not as part of the panhellenic and more abstract iconographical conception of her *persona.* Moreover, we should not forget that it is to the interest of the hunter to protect the young animals so as to ensure a steady supply of game. At any rate, I shall not be concerned with the various diversifications of the cult here, but only with those panhellenic iconographical features of Artemis which appear early and persist throughout the Archaic period. Those aspects are primarily two: the *potnia* and the huntress.

11 Take the sanctuary of Artemis Ortheia at Sparta, for example, where the variety of votives, ranging from naked figurines and sacred marriage images to warrior figurines, suggests that Artemis must have been a warrior and a fertility deity at the same time. Surely she also presided over initiation. It is difficult, however, to agree with J. Carter, "The Masks of Ortheia", *AJA* 91 (1987) 355–383, that Artemis Ortheia had a consort.

12 There are statuettes of Artemis both from her Corfu and Brauron sanctuaries where she holds little animals at her breasts. See for example Kahil 1984, 743 no. 574; E. D. Reeder (ed.), *Pandora. Exhibition catalogue,* Walters Art Gallery in Zusammenarbeit mit dem Antikenmuseum und der Sammlung Ludwig Basel (Baltimore, Maryland 1996) 311 no. 92; 312 no. 93.

13 Clinton 1988 has argued that she is propitiated by young girls because she has the power to destroy them, not because she is their nurse. He also points out that *pace* T. Hadzisteliou Price, *Kourotrophos. Cults and representations of the Greek nursing deities,* Studies of the Dutch Archeological and Historical Society 8 (Leiden 1978) 121, and L. Kahil, "La déesse Artemis. Mythologie et iconographie", in: *Greece and Italy in the Classical World. Acta of the XI International Congress of Classical Archaeology, London 3–9 September 1978* (London 1979) 73–87, Artemis at Brauron is not really a *kourotrophos.* No statues attesting to this function were found at Brauron (Clinton 1988, 8) and the statuettes holding children most likely represent women votaries. See also U. Sinn, "The Sacred Herd of Artemis at Lousoi", in: R. Hägg (ed.), *The Iconography of Greek Cult in the Archaic and Classical Periods,* Kernos Suppl. 1 (Athens/Liège 1992) 177–187, figs. 5. 7. For illustrations of such figurines of the 6th century see P. Themelis, *Brauron. Führer durch das Heiligtum* (Athens ca. 1982) opposite p. 84 and U. Sinn, *art. cit.* – It must also be admitted that the 'maiden' Artemis, whose iconography has been attested since the 6th century and who is echoed also in the literature of this period (*Hom. H. Cer.* 424; *Od.* 6. 102–109), is far from being violent. Her role as an initiation deity is evident here.

In characteristic images of the early Archaic period, Artemis holds the animals by their tails, or by their throats as though she were threatening to throt-
tle them (Abb. 16). Most common are lions and stags, but birds are common
variants. In the 'huntress scheme', she is armed with her deadly bow (Abb. 17,
18, 22, 23) and her presence as controller of the animal world is made manifest through killing[14]. It is interesting that felines are her frequent victims as
on a Corinthian aryballos of the 7th century (Abb. 18). On a 7th century
oenochoe from Phrygia (Abb. 19), she attacks a lion whose companion is a
griffin. The latter is not attacked but the formidable nature of the hunted
beasts is thus indicated. Most interesting is a scene from a Lemnian stand of
the Orientalizing period, where Artemis is harpooning a leopard while dang-
ling by the tail the young of the unfortunate mother (Abb. 20). This is an
especially important piece because it shows that far from being a mother goddess type, Artemis is an *anti-mother*. What a contrast to Egyptian, Minoan and
Near Eastern images, where the fertility goddess is associated with the suckling calf motif. Two examples of suckling ungulates were found together with
the snake goddesses from Knossos, and cows with their calfs appear frequently
on seals (Abb. 21)[15]. As mentioned above, the motif of the suckling calf is well
attested in the Near East and Egypt as a sign of motherhood[16].

That Artemis was not conceived as a benevolent goddess in the early
Archaic period is clear. Moreover we have seen that she is an anti-mother
unlike the Aegean nature goddess. Some additional characteristics which
seem important to me are features that connect her with warrior or predatorial aggression. She is accompanied by felines, already in the art of the
Orientalizing period. The scheme persists in the later archaic period as well,
as on a Tyrrhenian amphora, where Artemis is accompanied by a roaring
lion following her brother Apollo (Abb. 22). This formula reminds us of
Egyptian representations of the 18th and 19th Dynasties, where the Pha-
raoh is accompanied by a lion during aggressive actions[17]. In both cases the
lion signifies aggressive power.

14 Discussion of the huntress in Kahil 1984, 740ff.

15 Cf. also A. Evans, *The Palace of Minos at Knossos* 1 (London 1921) fig. 366.

16 Discussion of the iconographic and literary motif as an indication of motherhood
in Near Eastern and Egyptian sources in O. Keel, *Das Böcklein in der Milch seiner Mutter
und Verwandtes,* Orbis Biblicus et Orientalis 33 (Göttingen/Freiburg, Schweiz 1980).

17 For the lion as a companion to the victorious ruler see O. Keel, *The Symbolism
of the Biblical World* (New York 1978) 86 fig. 103; N. Marinatos, "Some Reflections
on the Rhetoric of Aegean and Egyptian Art", in: P. J. Holliday (ed.), *Narrative and
Event in Ancient Art,* Cambridge 1993, 74–87, here 76f.

Artemis' attire as well is adorned by feline skins. We have several instances from both the archaic and classical periods (Abb. 23)[18]. Most interesting is a representation on a vase by Lydos, dating back to the middle of the 6th century, where Artemis is clad with a lion skin, her head being inside that of the royal beast[19]. This image from the archaic period is important in so far as Artemis is stripped of all femininity and looks exactly like the super male hero Heracles. In the *Iliad* it is Agamemnon who dresses in a lion skin, a sign of his regal character but also of his warrior status. Other heroes dress in panther or wolf skins (*Il.* 10. 23, 331). We can pursue this warrior and aggressive aspect of Artemis in her association with Athena. On the François vase the two goddesses ride together in a chariot, Athena being the charioteer, Artemis the passenger, the latter dressed in a garment adorned by animals and holding her deadly bow in her hand (Abb. 24). It should also be noted that at the Orthia sanctuary in Sparta there are bronze figurines which depict Artemis with an *aegis*. Her resemblance to Athena is indeed striking and, were it not for the bow and the context of an Artemis sanctuary, the excavator Dawkins would have identified the figurines as representations of Athena. A possible contamination of the iconography is also attested at the Artemis temple at Lousoi[20]. The iconographical features that Athena and Artemis have in common go beyond the scope of this paper. Suffice it to say that the warrior and hunting aspects are perceived as being related in Greek imagery and that certain features of male aggressiveness find expression in the imagery of female figures.

In the Homeric epics Artemis is primarily mentioned in her capacity as a woman-killer (*Il.* 6. 205, 428; 19. 59; 24. 606) although she is a helpless maiden in front of Hera, a passage which is no doubt dictated by the desire to make Hera look grand. I think this is because, being an Argive deity, she is one of the protagonists of the poem[21]. Hera, though, is the first to admit that Artemis is a 'lioness to women' (*Il.* 21. 483). Since her primary aspects are a mistress of animals and a killer, the picture that Homer sketches does not really contradict the iconographical evidence, but it does soften Artemis' persona to the extent that only maidens are perceived to

18 See also Kahil 1984, 651 no. 360; pl. 475–477 nos. 358–392; pl. 537 no. 1141 etc.

19 J. Boardman, *Athenian Black Figure Vases* (New York 1964) fig. 64. 1.

20 R. M. Dawkins et al., *The Sanctuary of Artemis Orthia at Sparta,* JHS Suppl. 5 (1930) 274, pl. 196. See also now V. Mitsopoulos-Leon, "Athena oder Artemis? Vom Tempel der Artemis von Lousoi", in: *Mouseion. Festschrift O. Alexandri* (forthc.).

21 Burkert 1985 a, 149–152.

be vulnerable. Aeschylus, on the other hand, retains the picture of Artemis that we witness in the iconography, and Clinton has argued that her bloodthirstiness requires no rational motivation: "Artemis acts according to her nature ..."[22].

But what exactly is this nature? My thesis is that her nature is one of anti-sexuality and that this has consequences. Unlike the Near Eastern goddesses Ishtar and Annat, Artemis is stripped of those features that unmistakeably indicate sexuality. She is never depicted naked, in contrast to her Near Eastern allegedly equivalent deities, who could combine sexuality with warrior aspects without any danger of contradiction[23]. Moreover, Artemis is a virgin. Could it be that the images of Artemis are constructed in order to give the message of anti-femininity?

IV

Medusa

I would like to explore this further by an investigation of the iconography of the most prominent female monster in archaic art: Medusa or Gorgo. Gorgo's iconography underwent some experiments. In 7th century art she is sometimes snake-like with scaly torso, sometimes a female centaur[24], sometimes a sea-monster[25]. By the 6th century the iconography became fixed: a human body with a tunic in 'Knielauf' position and the head of the male monster Humbaba[26]. The iconographical variations of Gorgo will not be discussed here. I shall only concentrate on the anti-feminine and killer features which are of interest to us in connection with Artemis.

Both the goddess and the monster are *potniae* (Abb. 25). In fact the name 'Medusa' (the ruling one) may refer to her role as mistress of animals. Like the *potnia* Artemis, Medusa holds birds by their necks (Abb. 25), and it has even been suggested that her original *persona* was that of a mistress of ani-

---

22 Clinton 1988, 24.

23 Winter 1983, 468–470; S. Böhm, *Die Nackte Göttin* (Mainz 1990) 131, pl. 22.

24 Th. Carpenter, *Art and Myth in Classical Greece* (London 1991) 104 fig. 150.

25 Detailed discussion of the various components and prototypes in Krauskopf 1988, 316.

26 C. Hopkins, "Assyrian Elements in the Perseus-Gorgon Story", *AJA* 38 (1934) 341–358; Krauskopf 1988, 316ff.; W. Burkert, "Oriental and Greek Mythology: the Meeting of Parallels", in: J. Bremmer (ed.), *Interpretations of Greek Mythology* (London/Sidney 1987) 10–40, here 27.

mals[27]. Panthers and lions may be her accompanying animals, heraldically arranged, occasionally also sphinxes[28]. She often holds a horse, her son Pegasus (Fig. 26)[29]. The mythical associations suggest that the horse is her son, whom se begot with Poseidon. However, since the horse is an animal that is primarily associated with warriors, or with the aggressive god Poseidon, the image reveals the message which the myth may conceal: Medusa's nature is that of a *potnia*[30] who protects and breeds horses, the horse being the animal of the warrior. Artemis too is depicted with horses. At her sanctuary at Sparta she is flanked by whole horses or protomes[31]; she will occasionally also hold a horse in a submissive posture[32]. It has already been mentioned above that Artemis appears as a warrior goddess wearing a *gorgoneion* at Sparta. Her affinity with Medusa is thus further intensified.

Unlike Artemis, Medusa has no deadly bow and arrow; she has, however, dangerous predatorial features and her posture indicates that she is a pursuer. It is not insignificant that Perseus is frequently shown as pursued by Medusa's sisters one of whom is called 'Euryale', she who jumps far. Iconographically the Gorgo is Medusa's double. Wings or winged feet are indications of speed[33]. On a bronze emblem from a shield from Olympia, Gorgo is shown with leonine claws and the tail of a fish: a sea-monster with a Humbaba head, wings and a helmet[34]. She thus combines the characteristics of a nature deity, a warrior and a predator. This is hardly surprising since she decorates a warrior's shield. Still, it is a fact that none of Medusa's features are typically female and one wonders why the monster is of that gender at all. On the contrary, she has a male bearded face, that of Humbaba. So far, the iconographical investigation of Medusa has revealed that aggressive as well as 'male' features have been combined to make up her visual *persona*. It would seem that she is indeed different from Artemis, and yet both share anti-feminine features.

27 E. Touloupa, "Une Gorgone en bronze de l'Acropole", *BCH* 93 (1969) 862–884; Krauskopf 1988, 320.

28 For the types of animals with which Gorgo is associated see Krauskopf 1988, 321.

29 Cf. also Krauskopf 1988, pl. 182 no. 283.

30 Krauskopf 1988, 321 speaks of the "Beziehung der G. zur Herrin der Tiere".

31 N. Yalouris, "Athena als Herrin der Pferde", *MusHelv* 7 (1950) 19–101, at 93; Kahil 1984, 739.

32 Kahil 1984, 742 no. 538; pl. 455 no. 36.

33 On the Corfu temple pediment she has both winged feet and wings.

34 Discussion of the meaning of Gorgo as sea-monster in E. Vermeule, *Aspects of Death* (Berkeley 1979) 196.

There is a variation of the Medusa iconography, the so called 'Baubo type' (Abb. 27, 28). The scheme involves spread legs in an attitude of ostensible sexual display and is mostly attested on Near Eastern seals[35]. Noteworthy is the example of a bronze from Etruria where Medusa is flanked by two lions as a mistress of animals (Abb. 27). She is depicted with spread legs and sagging breasts. Another Medusa in the shape of a vase from Tarent (Abb. 28) has the same posture of sexual display although the flanking animals are missing. Both pieces come from the margins of the Greek world in Italy. Still, they reveal how unlimited potency in the form of sexual display can be the mark of the monster. The posture is clearly derived from Oriental types: there are Near Eastern seals where a strange creature, with a characteristically open mouth like Gorgo, is clearly shown as a mistress of animals: felines, horses, snakes and goats (Abb. 29)[36]. The first three types of animals correspond to those of Gorgo's entourage. The Near Eastern creature with spread legs is not only a mistress of animals, but a source of sexual potency: the origins of life. Yet, supersexuality, the unlimited potential for reproduction in a female, can be threatening rather than attractive. Gorgo's supersexuality is as threatening as her predatorial features[37]. Neither the face nor the sagging breasts of the Medusa are elements that are designed to be alluring.

V

Lamia and Lamastu

A comparison with modern Greek folklore is instructive. There is, in the folk tradition of modern Greece, a female child-eating monster called Lamia, who conforms to the formula of anti-sexuality. She is large, raw and uncultured and above all has sagging breasts. Nor does she have potential for domesticity, because she does not know how to make bread; instead she uses her enormous breasts to clean bread-ovens[38].

Near Eastern artists employed similar features to create the anti-feminine image of Lamastu. This monster (Abb. 30) shares an important feature with Artemis and Gorgo: she is primarily a killer and specifically a killer

---

35 Discussion in Winter 1983, 343–346, figs. 332–346.

36 See also Winter 1983, 470–476 (goddess for sexual initiation).

37 On the meaning of this posture see Winter 1983, who discusses the Near Eastern versions.

38 B. Schmidt, *Das Volksleben der Neugriechen* (Leipzig 1871) 134. I thank Prof. M. L. West for the reference.

of pregnant women and infants. As O. Keel has shown, the iconography of Lamastu is visually that of an 'anti-fertility' goddess[39]. Like Near Eastern goddesses, Lamastu stands on an animal, holds snakes and has exposed breasts which are shown frontally. Furthermore, she gives the impression of a nurturer since she suckles two animals, a dog and pig. However, in the image of Lamastu, the beneficient features of the goddess are deliberately reversed. Lamastu's head is that of a killer lion with a suggestive open mouth. (Incidentally we should remember that Artemis is called a lioness to women in Homer's *Illiad*[40].) Lamastu's unattractive sagging breasts are a parody of fertility, whereas the animals that she suckles are considered dirty. As for the horse or mule on which she stands, opinions differ as to what its meaning is. Does it carry her away[41] or does it signify that she is 'asocial as a mule'? I am impressed by the fact that some Near Eastern warrior goddesses also stand on a horse, and we have noticed the horse in the company of both Gorgo and Artemis. The horse is thus a constituent element in the image of the aggressive female.

VI

Conclusions: Greek and Oriental Models of Female Divinities

To summarize the above results: Artemis shares with Gorgo and Lamastu several features. She is a female controller of animals, a pursuer and a killer, and is visually associated with animals that denote aggression, such as horses and felines. In addition, the goddess shares with Medusa the scheme *potnia* and sometimes wears the *gorgoneion* herself. Artemis is a virgin whereas the two monsters discussed above are anti-sexual.

Some reflections about the interpretation of this phenomenon: The virginity of Artemis is the key to understanding her nature. Untamed by men and, most importantly, without experience of motherhood, the 'femaleness' of the deity becomes dangerously powerful. Absence of motherhood may be a determining factor in shaping the killer's personality. Was the *persona* of Artemis shaped under the influence of Near Eastern deities? To a certain extent yes. There are Near Eastern goddesses who are virgins, warriorlike and bloodthirsty. The Ugaritic texts give a particularly gruesome pic-

---

39 Keel 1992, 228; see also Burkert 1992, 72–87.
40 Above p. 119.
41 Burkert 1992 b, 83.

ture of Anat who kills her rival god Mot, cuts him up with a knife, and finally burns him[42]. It is interesting that as deities of war, both Ishtar and Anat are childless although they do have partners.

Iconographically, Oriental goddesses may combine both aggressive and erotic aspects, but also the juxtaposition of a naked, erotic deity with a warrior goddess is quite frequent; thus the personality is literally split into two forms[43]. Equally for the Greeks, these two aspects are separated into distinct figures.

Note that, in the Near East, we have the combination of warrior aspect, absence of motherhood and sexuality. Thus the first two features, warrior type and absence of motherhood, go together, but *they do not necessarily contradict sexuality*. Athena and Artemis too are aggressive and virgins. There is a major difference, however, since the Greek goddesses are distinguished by the absoluteness of their virginity. Their Oriental counterparts are, in truth, not real virgins, even if they be called such; virginity is rather an excuse for the renewal of sexual potential (as in the case of Greek Hera).

The inevitable conclusion is that the Greeks, far from inheriting a prehistoric Aegean goddess whom they turned into Artemis, indeed shaped their virgin goddess under Near Eastern influence. Yet, this shaping took its own peculiar form, since the erotic and the aggressive aspect were thought to be incompatible. A goddess could be combined with the monster only if she was not receptive to sexual advances; hence the absoluteness of virginity. There is a clear logic: the untamed woman, the woman who is not prone to sexual advances, is dangerous.

If we compare Artemis to other mythological figures, such as Circe or Thetis, the issue will become clearer. I have chosen the latter two because they have a common trait, namely that they are dangerous to men until they are subjugated. Whereas Circe transforms her lovers into animals, a motif that we also meet in the *Gilgamesh* epic in connection with Ishtar, the Greek sorceress becomes a benevolent hostess and ideal mistress once

42 *ANET* 140; A. S. Kapelrud, *The Violent Goddess in the Ras Shamra Texts* (Oslo 1969) 48–82; Winter 1983, 231–234.

43 Winter 1983, 470 speaks of the ambivalent character of the goddess, who is aggressive or a warrior and erotically attractive at the same time. See also ibid. 462 and figs. 193, 506–510. The same author also states: "Die verschiedenen Aspekte in der Ikonographie auf ein und derselben Darstellung [können] nebeneinander stehen": *ibid.* 468–470, here 468; D. Collon, *First Impressions. Cylinder Seals in the Ancient Near East* (London 1987) 167–170.

she is tamed by Odysseus[44]. Thetis too is unwilling to be tamed by a man. In the iconographical schemata of the Archaic period, she transforms herself into various dangerous animals of which the lion (or some other feline) and the snake are the most prominent (Abb. 31)[45]. In the end, however, she is subjugated by Peleus and becomes a wife and mother. The focus of the iconography becomes the wedding, an institution which is well embedded in the *polis* ideology.

Why is the untamed female dangerous? Biologically speaking, a woman is stronger than a man. If her power is not tapped into socially acceptable channels, such as domesticity and motherhood, she is perceived as a force too formidable to be dealt with. Artemis, on the one hand, and the monster females Medusa and Lamastu, on the other, represent the threatening side of womanhood for different reasons: Artemis because she is a virgin, the monsters because they are unfeminine, indeed anti-feminine. Neither is socially integrated through marriage. Artemis shares some of the iconographical attributes of the monsters although she does not look like them.

Thus Greek Artemis diverges from both pre-Greek and Oriental prototypes. It is as though for the Greeks sexuality were associated with the potential for domesticity and motherhood, whereas a-sexuality could easily turn into anti-sexuality, harshness and lack of compassion. Artemis, the mistress of sacrifices and virgin, knows justice but no mercy. Again and again we read in Homer that she metes out punishment to disloyal or adulterous women[46]. In her Orthia sanctuary in Sparta masks of terrifying monsters were found[47] while young men were flogged at the altar. The cruelty of this goddess may not always be graspable by men who live and act within the frame of the institutions of the *polis*. Her harshness may be of the type which is peculiar to nature itself and, as W. Burkert has put it: "In point of fact, Artemis is and remains a Mistress of sacrifices"[48].

44 N. Marinatos, "Battle and Harmony. The Women in the *Odyssey*", in: B. Berggren/N. Marinatos (eds.), *Greece and Gender* (Bergen 1995) 17–28; *ead.*, "Circe and Liminality. Ritual Background and Narrative Technique in Homer's *Odyssey*", in: O. Andersen/M. Dickie (eds.), *Homer's World* (Bergen 1995) 133–140.

45 R. Vollkommer, "Peleus", *LIMC* 7 (1994) 251–269 nos. 75–82.

46 She kills Ariadne because she was unfaithful to Dionysus, *Od.* 11. 321–324.

47 Krauskopf 1988, 316 no. 7; Carter (above n. 11).

48 Burkert 1985a, 152.

ERIKA SIMON

Archäologisches zu Spende und Gebet in Griechenland und Rom

"Es gibt kaum ein Ritual ohne Gebet, aber auch kein wichtiges Gebet ohne Ritual", schreibt Walter Burkert in seinem Standardwerk[1]. Griechische Gebetsriten sind uns in großer Vielfalt überliefert. So läßt Pindar (Ol. 6, 58) den Stammvater des einen Priestergeschlechts in Olympia, Iamos, zum Beten an Poseidon und Apollon in den Fluß Alpheios steigen. Solche besonderen Riten werden wir hier nicht betrachten, auch nicht Gebete in Ausnahmesituationen wie das des schwimmenden Odysseus (Hom. Od. 5, 444ff.). Er gerät aus dem Meer in das Mündungsgebiet des Phäakenflusses, den er nicht mit Namen kennt. Er fleht ihn als ἄναξ an und wird sofort erhört, obwohl er nicht laut betet, sondern in seinem Innern[2]. Wir wollen hier vielmehr das ganz normale antike Gebet betrachten, das laut und deutlich gesprochen werden mußte, denn es kam alles darauf an, daß die Gottheit den betenden Menschen hörte. Nur das Hören konnte zum Erhören führen. Die mit dem üblichen Gebet verbundenen antiken Riten, um die es hier geht, erfüllten wie das deutliche Sprechen die Funktion, die Aufmerksamkeit angefehter Gottheiten auf die Flehenden zu lenken. Zu einem Gebet dieser Art gehörte der Ritus der Spende, der hier weiter als üblich gefaßt wird. Das deutsche Wort "Spende" hängt etymologisch nicht mit griechisch σπονδή (Trankopfer, lat. *libatio*) zusammen, so ähnlich das klingt, sondern kommt vom lat. *expendere*. Wir sind daher frei, nicht nur das Ausgießen einer Flüssigkeit, sondern auch das Streuen und Anzünden von Weihrauch beim Gebet als Spende zu bezeichnen. Diese beiden rituellen Handlungen sind zudem geeignet, sich gegenseitig zu beleuchten.

---

1 Burkert 1977, 126.

2 Zur archäologischen Interpretation der Stelle: C. Weiss, *Griechische Flußgottheiten in vorhellenistischer Zeit: Ikonographie und Bedeutung,* Beitr. z. Arch. 17 (Würzburg 1984) 14.

Wein und Weihrauch wurden beim Gebet jeweils autark oder kombiniert verwendet. Für das letztere sei nur an die römische Opferformel *ture et vino* erinnert. Eine gemeinsame Darbringung von Wein und Weihrauch in klassischer Zeit läßt sich etwa aus dem Ostfries des Parthenon erschließen. In diesem langen Reliefband sind mehr Hinweise auf Riten enthalten als in den ausschnitthaften Szenen auf Votivreliefs oder in der Keramik. Hinter der Kanephoros des Parthenon-Ostfrieses, die soeben den Opferkorb abgegeben hat, folgen Mädchen, die Oinochoen und Phialen für die Weinspende mitführen[3]. Unter ihnen schreitet eine Frau, die einen hohen, schmalen Weihrauchständer, ein Thymiaterion, senkrecht vor sich herträgt (Abb. 32). Dieses gehört hier zum Opfer an Athena. Auf einem nicht viel späteren, etwa um 430 v. Chr. entstandenen attischen Volutenkrater (Abb. 33) ist ein Gerät ähnlicher Form zur Spende an Apollon bestimmt, der selbst weiter rechts in seinem Tempel sitzt[4]. Eine Kanephoros, den Korb noch auf dem Kopf, schreitet nicht weit von dem Thymiaterion.

Die beiden bis heute zitierten grundlegenden Arbeiten zur Wein- und zur Weihrauchspende stammen von demselben Berliner Gelehrten, Hans von Fritze. Seine Dissertation über die flüssige Spende erschien vor über einem Jahrhundert[5], und schon im Jahr darauf veröffentlichte er seine Schrift über die Weihrauchspende. Auf sie war er beim Sammeln der Quellen für seine Dissertation gestoßen. Der Autor bringt trotz seiner nur Griechisches nennenden Titel auch Römisches. Eine Trennlinie zwischen den beiden Gebetsritualen zu ziehen, ist auch im folgenden nicht beabsichtigt[6]. Es geht ja nicht um griechische und lateinische Gebetstexte, sondern um die sie begleitenden Riten in der antiken Bildkunst. Jene waren in Griechenland und Rom recht ähnlich.

Bereits Hans von Fritze hat auf orientalische Spendeszenen als Vorgänger der griechischen hingewiesen, soweit Darstellungen aus jenem Bereich zu seiner Zeit schon bekannt waren. Sie ließen sich heute beträchtlich ver-

---

3 Ostseite Platten VII/VIII (urspr. eine einzige Platte): F. Brommer, *Der Parthenonfries. Katalog und Untersuchung* (Mainz 1977) Taf. 186. 188; E. Berger/M. Gisler-Huwiler, *Der Parthenon in Basel. Dokumentation zum Fries,* Studien der Skulpturhalle Basel 3 (Mainz 1996) 166–168 m. Taf. 138f. (die Thymiaterionträgerin ebd. Nr. 57).

4 Ferrara, Mus. Naz. Archeol. di Spina 44894 (T. 57 C VP): *LIMC* 2 (1984) Taf. 208 ('Apollon' Nr. 303). Beazley, *ARV*² 1143 no. 1; 1684; *Paralip.* 455; *Add.* 334; Kleophon-Maler; vgl. auch Matheson 1995, 139–141 m. Taf. 123 A–C; 406 (*Catalogue:* 'KL 1').

5 von Fritze 1893; 1894.

6 Das "und" im Titel dieses Beitrags ist einfach aufzählend gemeint.

mehren. Die flüssige Spende und der Weihrauch beim Gebet begegnen uns im Alten Orient schon in der Bronzezeit. Auf einem Rollsiegel aus dem letzten Viertel des 2. Jahrtausends v. Chr. aus Assur streut ein Priester Weihrauch auf ein Thymiaterion[7]. Obwohl sieben bis acht Jahrhunderte früher als die soeben betrachteten klassischen Weihrauchständer, hat es eine ähnliche Form wie jene. Das Ritual findet zu Ehren einer Gottheit statt, die als Stern oder Sonne über dem Thymiaterion erscheint. Ähnlich war das übliche Opfer für viele griechische und römische Gottheiten eine Weihrauchspende, sicher in orientalischer Tradition[8].

Auf einem Alabasterrelief im Britischen Museum aus der Zeit des Assurbanipal, dem mittleren 7. Jh. v. Chr., gießt der König nach einer erfolgreichen Jagd – vier Löwen liegen am Boden hingestreckt – eine Trankspende aus einem henkellosen Becher; der Spendestrahl erscheint in der Form eines Flechtbandes[9]. Weiter links steht ein hohes Thymiaterion, und zwei Kultmusiker spielen ihre Instrumente. Die Musik wurde in Griechenland im allgemeinen nicht für Trank- und Weihrauchspenden, wohl aber in das Ritual des Tieropfers übernommen, das sich an die Spende anschließen konnte. Wie die anderen Teile des Rituals hatte das Musizieren die Funktion, die Gottheit aufmerksam zu machen. – Späthethitische Basaltreliefs aus Malatya – aus dem späten 2. oder frühen 1. Jahrtausend – zeigen einen König beim Ausgießen einer Trankspende aus einer Kanne[10]. Die linke Hand ist zum Gebet an die Götter erhoben, die als Empfänger der Spende im gleichen Bild erscheinen. Die hethitische Bezeichnung für ein solches Trankopfer, *ispant,* stammt nach Mitteilung meines Würzburger Kollegen Günter Neumann aus der gleichen indogermanischen Wurzel wie griech. σπονδή.

Während der assyrische König, wie wir sahen, aus einem henkellosen Becher spendet, benutzt der späthethitische König eine Kanne. Die Spendekanne hatte bei den Hethitern eine lange, über die Großreichszeit in die Prähistorie zurückreichende Tradition: Anatolien ist die Urheimat kunstvoller Schnabelkannen[11], deren Form bei Etruskern, Griechen und Kelten weiterlebte. Die reiche, zum Teil hybride Ausgestaltung keltischer, von Etru-

---

7 Berlin, Staatl. Museen VA 5362: *ANEP* Nr. 627.

8 W. W. Müller, 'Weihrauch', *RE* Suppl. 15 (1978) 700–777, bes. 752–761.

9 London, Brit. Mus. 124886: *ANEP* Nr. 626.

10 Ankara, Museum der anatolischen Zivilisationen 12253: *ANEP* Nr. 611.

11 Vgl. etwa die tönerne Schnabelkanne aus Kültepe (18. Jh. v. Chr.) in Ankara: E. Akurgal, *Die Kunst der Hethiter,* Aufn. v. M. Hirmer (München 1961) Farbtaf. XI.

rien angeregter Schnabelkannen[12] legt die Deutung als Kultgerät nahe. Sie können in keltischen Fürstengräbern mit anderen Bronzegefäßen vergesellschaftet sein; in manchen Fällen aber ist es eine einzige Schnabelkanne, die alle übrigen Beigaben ersetzt, wie mir der Keltenforscher Otto-Herman Frey/Marburg mitteilt. Um so mehr ist bei dieser Gefäßform an ein Kultgerät zu denken.

In Griechenland und Rom ist zur Spende im allgemeinen die fuß- und henkellose Omphalos-Schale, die Phiale (lat. *patera*), in Gebrauch gewesen[13]. Sie hat einen 'Nabel' im Zentrum, in den beim Ausgießen die Finger griffen. Daneben hatte auch die Kanne ihre Funktion: Die Flüssigkeit mußte ja zuerst in die Phiale kommen, aus der man das Trankopfer spendete. Dazu trat bei privaten und mehr noch bei öffentlichen Zeremonien ein Ministrant auf, der aus einer Oinochoe (lat. *guttus*) den Wein in die Phiale goß[14]. Man spendete ja nicht nur, sondern man trank auch selbst von dem eingefüllten Wein. Die Ministranten, zumal im Umkreis des Symposion, aber auch sonst, waren zugleich die Mundschenke.

Neben der Oinochoe konnte es im Gebetsritus eine zweite Kanne geben, nämlich die für das Handwaschwasser (Abb. 34 links), und ein zweites schalenartiges Gefäß, nämlich das zum Auffangen des über die Hände vor der Trankspende gegossenen Wassers (Abb. 34 rechts). Die *lustratio* des Händewaschens gehörte, wie noch heute in der katholischen Messe, zum Ritual. Man mußte mit lustrierten, d. h. kultisch reinen Händen beten. Hans Ulrich Nuber hat aufgezeigt, daß jene beiden rituellen Wassergefäße in Grabfunden der römischen Zeit ein Set bilden können[15]. Vor kurzem wies Ingrid Krauskopf ähnliche Sets in spätklassischen Gräbern Unteritaliens nach (Abb. 34)[16], weshalb die Hypothese von der Übernahme aus West-

---

12 Grundlegend: P. Jacobsthal/A. Langsdorff, *Die Bronzeschnabelkannen. Ein Beitrag zur Geschichte des vorrömischen Imports nördlich der Alpen* (Berlin 1929). In den Keltenausstellungen der letzten Zeit ist man solchen Schnabelkannen (6.–4. Jh. v. Chr.) immer wieder begegnet, vgl. H. Dannheimer/R. Gebhard (Hgg.), *Das keltische Jahrtausend,* Ausstellungskataloge der Prähist. Staatsslg. München 23 (Mainz 1993) 322f.; dort sogar eine hölzerne Kanne mit Bronzebeschlägen (Nr. 406).

13 Luschey 1938; 1940.

14 R. v. Schaewen, *Römische Opfergeräte. Ihre Verwendung im Kultus und in der Kunst* (Diss. Berlin 1940) *passim.* Zu römischen *ministri* mit Kannen: Fless 1995, 15–19.

15 "Kanne und Griffschale. Ihr Gebrauch im täglichen Leben und die Beigabe in Gräbern der römischen Kaiserzeit", *Ber. d. Röm.-Germ. Komm. d. DAI* 53 (1972) 1–232 m. 31 Taf. u. 1 Beil.; Fless 1995.

16 Krauskopf 1995.

griechenland nach Rom naheliegt. In der Forschung läßt sich die Wasserkanne des erwähnten Gefäßpaares von den Oinochoen nicht immer unterscheiden, da typologische Studien weitgehend fehlen. Dagegen sind die zum
Auffangen des Waschwassers benutzten Becken wegen ihres angearbeiteten
Griffes (Abb. 34 rechts) problemlos zu erkennen, denn Phialen haben diesen nicht. Der Griff war aus rituellen Gründen nötig, weil der Ministrant
mit dem benutzten und dadurch 'befleckten' Waschwasser nicht unmittelbar
in Berührung kommen sollte. Beliebt war die Gestaltung der Handhabe als
menschliche Figur, so auch in dem hier (Abb. 34) angeführten Beispiel.

Wie ich annehmen möchte, kam die Anregung, ein solches Set vor dem
Gebet zu verwenden, aus den homerischen Epen. So sind in Ilias und Odyssee zwei Gefäße für das Händewaschen, auch beim Mahl, mehrmals
erwähnt, so in *Od.* 1, 136ff.[16a]:

> Und eine Dienerin brachte in schöner, goldener Kanne
> Handwaschwasser und netzte damit über silbernem Becken
> Ihnen die Hände.

Wir lernen hier aus dem Zusammenhang, daß die rituellen Handwaschge-
fäße aus dem 'profanen' Bereich stammten. Freilich standen nicht überall,
wie in der homerischen Gesellschaft, Kannen und Becken aus Edelmetall
zur Verfügung. Die unteritalischen Grabbeigaben (Abb. 34) gehören zum
Teil zur Gattung der *ceramica dorata,* d. h. es sind Tongefäße, die durch einen
gelben Überzug 'golden' wirken sollten[17]. Im griechischen Mutterland, etwa
auf schwarz- oder rotfigurigen Vasen mit Opferszenen, ist jenes homerische
Set unbekannt. Beim Opfer an Apollon auf Vasen der Parthenonzeit[18]
taucht der Priester seine Hände in ein kleines, doppelt gehenkeltes Wasser-
becken (χερνίβιον), das ein Ministrant hält. Die Waschwasserkanne fehlt.

16a Die Passagen aus Homer in der Übers. v. R. Hampe (Homer: *Ilias.* Neue
Übers., Nachw. u. Reg. v. R. H., Stuttgart 1979; Homer: *Odyssee.* Neue Übers.,
Nachw. u. Reg. v. R. H., ebd. 1979, 1995²).

17 Krauskopf 1995, 517 mit reichen Nachweisen. Auch das hier Abb. 34 (vgl.
Krauskopf 1995, 514f. Abb. 41–46) gezeigte Set gehört zu dieser 'vergoldeten' Keramik.

18 H. Froning, *Dithyrambos und Vasenmalerei in Athen,* Beitr. z. Archäol. 2 (Würzburg 1971) 59 m. Anm. 331 u. Taf. 16; Matheson 1995, 145. 147 Taf. 131. 412 (*Catalogue:* KL 30) = *ARV²* 1149 Nr. 9. 1588; *Paralip.* 457; *Add.* 335 = L. D. Caskey/J. D.
Beazley, *Attic Vase Paintings in the Museum of Fine Arts, Boston* 3 (Boston 1963) 76–78
m. Taf. 101 u. *suppl. pl.* 25, 1: Boston, Mus. of Fine Arts 95. 25. Matheson 1995,
142–144. 146 Taf. 130. 411 (*Catalogue:* KL 29): Agrigent, Mus. Archeol. Regionale
AG 4688.

Homer beschreibt eine Trankspende besonders eingehend im 16. Gesang der Ilias (225 ff.). Es sind die Vorkehrungen des Achill zu einem Gebet an Zeus um des Patroklos willen. Er öffnet eine Truhe, in der zwischen Gewändern und Decken ein kunstvolles δέπας liegt, ein Gefäß aus Metall, wahrscheinlich aus Gold. Homer betont, daß Achill diesen Becher nur zum Gebet an Zeus verwendete. Ausführlich schildert er die Reinigung (228 ff.):

> Den nahm er da aus der Truhe und putzte zuerst ihn mit Schwefel
> Rein und spülte dann drüber mit schönen Güssen von Wasser,
> Wusch sich selber die Hände und schöpfte vom funkelnden Weine;
> Trat in die Mitte des Hofs und spendete Wein beim Gebete,
> Blickend zum Himmel hinauf – es entging dem Donnerer Zeus
> nicht.

Nach der rituellen Reinigung des δέπας und der Hände blickt Achill also unter freiem Himmel zu Zeus auf, betet zu ihm und spendet gleichzeitig Wein aus dem für Zeus allein bestimmten Gefäß, dessen Form sich nicht näher bestimmen läßt – sicher war es noch nicht die Phiale[19]. Achill handelt allein, ministrantischer Beistand ist nicht erwähnt. Das ist sonst im Epos unüblich und unterstreicht die Einsamkeit des Heros. Was Homer außerdem nicht beschreibt, ist die Bekränzung des Hauptes. Sie war, wie zahlreiche Abbildungen zeigen, später bei Spende und Gebet allgemein verbreitet. Aus der Literatur sei nur der Beginn der platonischen *Politeia* (328 c) erwähnt: Sokrates trifft im Piräus den alten Kephalos bekränzt an, "da er im Hof geopfert hatte". Wie aus anderen Spendeszenen im Epos und den antiken Kommentaren zu erschließen ist, kennt Homer die Bekränzung beim Gebet noch nicht. Im unmittelbaren Anschluß an die homerische Zeit läßt sie sich dann archäologisch nachweisen[20].

Zu Zeus beten nicht nur die Achäer, sondern ebenso die Trojaner. Vor dem Aufbruch zur Lösung Hektors befolgt König Priamos ähnlich wie Achill das Ritual eines Gebetes an Zeus (*Ilias* 24, 290 ff.). Eine Dienerin bringt Handwaschbecken und Kanne und gießt ihm daraus Wasser über dem Becken auf die Hände. Dann nimmt Priamos den Becher, den Hekabe ihm reicht, tritt "in die Mitte des Hofs" wie Achill und blickt wie dieser zum Himmel, vergießt Wein und betet zu Zeus um ein günstiges Zei-

---

19 Diese kam, wie Luschey 1938 und ders. 1940 darlegt, zuerst in der orientalisierenden Phase aus dem Osten nach Griechenland.

20 M. Blech, *Studien zum Kranz bei den Griechen,* RGVV 38 (Berlin/New York 1982) 390 f.

chen. Der Gott reagiert sofort, während er im Falle des betenden Achill nur die Hälfte erhört: Er schenkt dem Patroklos den erflehten Ruhm, läßt ihn aber nicht lebend zurückkehren.

Neben der Weinspende kennt die *Ilias* auch das Weihrauchopfer[21]. In der Not der Belagerung rät Hektor seiner Mutter, der Athena einen Peplos als Weihgeschenk zu bringen, und zwar zusammen mit Weihrauch (6, 269 ff.). Hekabe befolgt die Anweisung des Sohnes, aber ihr Gebet wird von der Göttin nicht erhört (*Ilias* 6, 311) – ein furchtbares Gegenbeispiel zu den vielen erhörten oder wenigstens halb erhörten Gebeten im Epos. Uns interessiert hier der Weihrauch. Homer verwendet dafür noch nicht die später übliche, aus dem Orient übernommene Bezeichnung λιβανωτός, sondern ϑύος, das als *tus* ins Lateinische kam. Auch wenn die Griechen der homerischen Zeit nach von Fritze noch nicht den arabischen Weihrauch benutzten, können wir ihn im Troja Homers, einer orientalischen Residenz, voraussetzen. Wir haben eingangs ein bronzezeitliches Rollsiegel aus Assur mit Weihrauchspende gesehen[22]. In einem auf Papyrus erhaltenen Gedicht aus dem zweiten Buch der Sappho wird Troja anläßlich der Hochzeit des Hektor mit Andromache als Stadt voller Wohlgerüche beschrieben; λίβανος, der arabische Weihrauchbaum, ist in diesem Zusammenhang für unser Wissen zuerst im Griechischen erwähnt (frg. 44, 30 Page).

Mit dem Sapphogedicht kann die Scherbe einer klazomenischen Hydria in Zusammenhang gebracht werden (Abb. 35)[23]: Zu einem thronenden Herrscherpaar kommt ein Bote, dem ein Zweigespann folgt. Ich halte es für das Gespann vor einem Hochzeitswagen, denn der Bote hat außer seinem Kerykeion ein ungewöhnliches Attribut, ein Thymiaterion. Er bringt es, damit das königliche Paar zu Aphrodite bete und dabei Weihrauch spende, den die Göttin liebte und vor allem bei Hochzeiten erhielt. Da Sappho

---

21 von Fritze 1893; 1894. – Botanisches zum Weihrauch: Martinetz et al. 1989, 73–87. Zu den antiken Weihrauchstraßen vgl. W. Seipel (Hrsg.), *Weihrauch und Seide. Alte Kulturen an der Seidenstrasse. Eine Ausstellung des Kunsthist. Mus. Wien (21. 1.– 14. 4. 1996) in Zusammenarbeit m. d. Staatl. Eremitage in St. Petersburg* (Mailand/Wien 1996).

22 Vgl. o. Anm. 7.

23 Athen, NM: Pfuhl, *MuZ* III Taf. 33, 146; 147 kommt von der Schulter derselben Hydria; es zeigt die Schleifung des Leichnams Hektors durch Achill. Eine gründliche neue Behandlung der Fragmente bringt A. Tempesta, *Le raffigurazioni mitologiche sulla ceramica greco-orientale arcaica,* Riv. d' Arch. Suppl. 19 (Rom 1998). – Das Thymiaterion in der Hand des Boten ist weiß gemalt, soll also aus Silber gedacht werden (vgl. u. Anm. 29).

in dem zitierten Gedicht den Boten und die Wohlgerüche ausführlich schildert, dürfte das klazomenische Fragment auf Hektors Hochzeit zu deuten sein.

Ein berühmtes Beispiel für das Weihrauchopfer an Aphrodite anläßlich einer Vermählung findet sich auf der einen Nebenseite des Thrones Ludovisi[24]. Der gleichen frühklassischen Epoche gehört die Stele Giustiniani im Berliner Pergamonmuseum an[25]. Das auf ihr abgebildete Mädchen hat eine Pyxis geöffnet – der Stülpdeckel liegt vor seinen Füßen – und entnimmt dem Gefäß etwas Kleines, Leichtes, das es zwischen Daumen und Zeigefinger hält. Die Deutung auf ein Stückchen Weihrauchharz scheint mir auch im Hinblick auf die verwandte Gebärde der Braut des Thrones Ludovisi der beste Vorschlag zu sein. Auf der Berliner Grabstele fehlt das Thymiaterion, da das Mädchen bei der Vorbereitung der eigenen Hochzeit, die es nicht erlebte, dargestellt ist. Wenn man unvermählt Verstorbenen einen Totenkranz in der Form einer Brautkrone mit ins Grab legte, so entsprang diese Sitte einer verwandten Denkart. Von der Stele Giustiniani aus versteht man ferner, weshalb attisch schwarz- und rotfigurige Pyxiden oft Hochzeitsbilder zeigen[26].

Auch im Hellenismus konnten Weihrauchkörner in Pyxiden aufbewahrt werden[27]. So enthält der sogenannte Schatz von Tarent eine Pyxis und ein Thymiaterion, beide aus Silber, als "funktionale Einheit"[28]. Der tarentinische Fund lehrt uns eine zweite Art des Räucherns kennen. Neben dem hohen Ständer, der in orientalischer und griechischer Ausführung überliefert ist und der bis in die spätere Antike verwendet wurde, handelt es sich hier um ein niedriges, gefäßförmiges Thymiaterion. Sein konvex gewölbter Deckel hat viele feine Löcher, durch die der wohlriechende Rauch hindurchziehen konnte. Diese Form begegnet uns von der Spätklassik bis in römische Zeit. Erwähnt sei nur die Kulissenmalerei, die in dem New Yor-

---

24 E. Simon, *Die Geburt der Aphrodite* (Berlin 1959) 21–24 m. Abb. 3.

25 K. Blümel, *Die klassisch griechischen Skulpturen der Staatlichen Museen zu Berlin,* Abh. Deutsche Akad. d. Wiss., Kl. f. Sprachen, Literatur u. Kunst, Jg. 1966, 2 (Berlin-Ost 1966) 12–14 Nr. 2 Taf. 2.

26 Eine der schönsten ist die Pyxis des Frauenbadmalers in Würzburg, Martin-von-Wagner-Museum L 541: *ARV*² 1133, 196; *CVA* Würzburg 2 (*CVA* Deutschland 46), Taf. 34 f.

27 Z. Kotitsa, *Hellenistische Tonpyxiden. Untersuchung zweier hellenistischer Typen einer Keramikform* (Mainz 1996) 184. 187.

28 M. Pfrommer, *Studien zu alexandrinischer und großgriechischer Toreutik frühhellenistischer Zeit,* Archäol. Forsch. 16 (Berlin 1987) 25.

ker *cubiculum* aus Boscoreale kopiert ist[29]. Vor einem Rundtempel im Hintergrund – wahrscheinlich einem Heiligtum der Aphrodite – steht ein weiß gemalter, also silbern zu denkender Räucheraltar. Die Harzkörner selbst wurden im römischen Kult nicht in einer runden Pyxis, sondern in einem viereckigen Kästchen *(acerra)* aufbewahrt[30].

Wein- und Weihrauchspenden wurden oft einfach unter freiem Himmel dargebracht, wie es Achilleus oder Priamos an den betrachteten Stellen der *Ilias* tun. In nachhomerischer Zeit begann in Griechenland an vielen Orten die Errichtung von Tempeln mit Götterbildern, während Homer nur ein einziges Kultbild erwähnt, nämlich die sitzende Athena von Ilion, die das Gebet der mit Weihrauch zu ihr betenden Trojanerinnen nicht annimmt. Als im archaischen Griechenland immer mehr Kultbilder aufgestellt wurden, fanden Spende und Gebet sicher oft vor jenen Statuen statt. Nun können Kultstatuen verschiedener Gottheiten ab der spätarchaischen Zeit eine Phiale halten. Manche älteren Kultbilder wurden nachträglich mit diesem Attribut versehen, so das Xoanon der Athena Polias auf der Athener Akropolis, dessen goldene Phiale in den Schatzverzeichnissen erwähnt ist. Spätschwarzfigurige Maler stellen die göttliche Herrin der Akropolis in ihrem Heiligtum sitzend mit einer Phiale in der Rechten dar[31]. Da dieses Gefäß in der Hand von Kultbildern eine ausgesprochen komplexe Erklärung verlangt, konzentrieren wir uns zunächst auf das leichter interpretierbare Thymiaterion (lat. *turibulum*).

Seit der Spätklassik ist ein Ständer für Räucherwerk besonders, aber bei weitem nicht ausschließlich, zwei göttlichen Bereichen zugeordnet: dem der Aphrodite und dem der eleusinischen Demeter. Auf einem Silberstater von Paphos auf Zypern, der Stadt der Aphrodite, steht diese als Kultbild auf der einen Seite[32], ihre Attribute sind Zweig und Phiale – dazu später. Vor der Statue steht ein Thymiaterion zum Zeichen, daß es sich um eine Kultstatue handelt, der Weihrauchspenden dargebracht werden. Eine Lekythos im Louvre zeigt einen Räucherständer neben der stehenden Kore, die mit der thronenden Demeter gruppiert ist[33]. Auf der *Regina Vasorum* in St. Peters-

---

29 M. Bieber, *The History of the Greek and Roman Theater* (Princeton 1961[2]) 124 Abb. 471.

30 Zur *acerra* Fless 1995, 17–19.

31 So auf einer verschollenen Hydria des Nikoxenos-Malers: *ABV* 393, 20; Pfuhl, *MuZ* III Taf. 80, 297.

32 Lacroix 1949, Taf. 26, 1.

33 Paris, Louvre CA 2190: H. Metzger, *Recherches sur l'imagerie athénienne,* Publ. de la Bibl. S. Reinach 2 (Paris 1965) 36f. Nr. 16 m. Taf. 15.

burg erscheint ein niedriges Thymiaterion zwischen den beiden Göttinnen; es ist hier ein Mysteriengerät, das zwei sich kreuzende Mystenstäbe (βάκχοι) umgeben[34]. Noch in Pompeji, auf einem Wandbild 4. Stils der Casa del Naviglio, steht ein *turibulum* am Thron der Ceres, die so als Kultempfängerin bezeichnet ist[35].

Auch vor männlichen Kultbildern kann ein Ständer für Weihrauch erscheinen, so etwa vor Poseidon, dem namengebenden Gott von Poseidonia-Paestum auf spätklassischen Münzen (Abb. 36)[36]. – Auf einem attischen Kelchkrater des späten 5. Jhs. v. Chr. in Schloß Fasanerie bei Fulda steht ein Thymiaterion vor dem Thronenden links unten, der Zeus genannt werden kann (Abb. 37)[37]. Ob er als Kultbild oder als 'lebendig' anwesender Gott gemeint ist, tut hier nichts zur Sache. Auf jeden Fall wird zu ihm gebetet, denn vor ihm steht eine Frau, die beide Hände in einem uralten Gebetsgestus erhebt, der in der späteren Klassik wieder auftauchte und bis in die christliche Zeit tradiert wurde[38]. Der Weihrauch unterstützt die Bitte der Frau an den Gott, dazu ist durch den danebenstehenden Volutenkrater auch die Weinspende impliziert. Eine zweite Frau lehnt mit der Spendekanne an der Kline des Poseidon rechts. Diese beiden weiblichen Figuren sind, obwohl erwachsen, viel kleiner als der thronende Zeus und der lagernde Poseidon. Das Größenverhältnis zwischen Gottheiten und Adoranten auf Weihreliefs ist hier in die Vasenmalerei übernommen[39].

Nach alledem weisen Thymiaterien neben griechischen wie römischen Götterbildern darauf hin, daß die dargestellten Kultempfänger Räucherwerk lieben und gewillt sind, auf die Bitten Weihrauch spendender Menschen einzugehen. Da nun viele Spenden *ture et vino* erfolgten, wäre weiter zu fra-

---

34 Metzger (vorige Anm.) 40f. Nr. 36 m. Taf. 21.

35 E. Simon, *Die Götter der Römer* (München 1990) 47 Abb. 53.

36 C. M. Kraay, *Greek Coins,* photogr. by M. Hirmer (London 1966) Taf. 78 Nr. 222.

37 *ARV²* 1346, 1: Kekrops-Maler; Simon/Hirmer 1981² Taf. 226. Der dort vertretenen Deutung der beiden Kultdienerinnen auf die Arrephoren folge ich nicht länger. Es handelt sich nicht um Kinder, wie es die Arrephoren waren, sondern um erwachsene Frauen; vgl. *LIMC* 8 (1997) s. v. 'Trapezo et Kosmo' 51f. Diese beiden Ministrantinnen der Athena-Priesterin auf der Akropolis dürften hier wie auch im Zentrum des Parthenon-Ostfrieses gemeint sein.

38 Die beste Replik der *mulier admirans et adorans* des Euphranor (Plin. *Nat. hist.* 34, 78), die den Gestus der erhobenen Hände zeigte, ist der Basalttorso im Konservatorenpalast; dazu R. Kabus-Jahn, *Studien zu Frauenfiguren des 4. Jahrhunderts vor Christus* (Darmstadt 1963) 69f.

39 Zu dem Schluß, der hieraus für die Deutung zu ziehen ist, vgl. o. Anm. 37.

gen, ob Kultbilder auch zu erkennen geben, daß sie Trankspenden gnädig
annehmen. Mein Vorschlag ist, daß diese Bereitschaft durch die Phiale ausgedrückt sein könnte[40]. Sie ist in der Rechten von Kultstatuen von der spätarchaischen Zeit an bis zum Ende der Antike so häufig, daß man sie als
"attribut banal" bezeichnet hat[41]. Männliche und weibliche, stehende und
sitzende Gottheiten, Olympier und Personifikationen können eine Phiale
halten, so daß sie zum eigentlichen Kennzeichen antiker Kultbilder geworden ist. Da die Statuen selbst in den meisten Fällen verloren oder so frag-
mentiert sind, daß das Attribut fehlt, müssen auch deren Nachklänge in
anderen Kunstgattungen herangezogen werden.

Auf einem fragmentierten frühapulischen Kelchkrater aus dem späteren
5. Jh. v. Chr. steht das Kultbild des Apollon in Gestalt eines Kuros mit
Bogen und Phiale in seinem dorischen Tempel, vor dem der 'lebendige'
Apollon sitzt[42]. Es sei hier betont, daß Tempelstatuen wie dieser Kuros mit
Phiale nicht zu den "Opfernden Göttern" meiner Dissertation gehören[43].
Dort besprach ich Szenen, in denen lebendig handelnde Götter unter sich
zur Spende verbunden sind. Sie sind in der Hauptsache auf attischen Vasen
der ersten Hälfte des 5. Jhs. v. Chr. zu finden, und der am häufigsten eine
Spende darbringende Gott ist der delphische Apollon. Seine Ministrantin
ist Artemis, und oft ist Leto dabei wie auf der bekannten Amphora in
Würzburg[44], auf der sein Heiligtum durch Altar und Säule angedeutet ist.
Die Spende der Trias gilt, woran ich festhalten möchte, chthonischen
Gottheiten, die Sühne für vergossenes Blut forderten. Apollon mußte sich
nach der Tötung des pythischen Drachen von Blutschuld reinigen, was er
hier tut und so die Wirksamkeit der von Delphi propagierten rituellen
Entsühnung durch sich selbst darstellt. Mit Vorliebe ist auf solchen Bildern
das konzentrierte Verweilen des Gottes vor dem eigentlichen Ausgießen der Spende geschildert. Er begeht sie im Rahmen eines delphischen
Festes.

---

40 Es ist kein neuer Vorschlag, sondern ich vertrete ihn, in Nachfolge meines Lehrers Reinhard Herbig, schon in meiner Dissertation, *Opfernde Götter* (Berlin 1953) 7.

41 Lacroix 1949.

42 A. D. Trendall, *Early South Italian Vase-Painting,* Forsch. z. ant. Keramik, Reihe
1: Bilder griechischer Vasen, Bd. 12 (Mainz 1974; überarb. Ndr. der dt. Ausg. v. 1938)
53 Nr. 170 m. Taf. 32: Maler der Dionysos-Geburt. Dem 'lebendigen' Apollon ist der
Name beigeschrieben.

43 Vgl. o. Anm. 40.

44 Martin-von-Wagner-Museum der Universität L 503: *CVA* Würzburg 2 (*CVA*
Deutschland 46) 2 Taf. 14f.

Die Gestalt dieses priesterlichen Apollon hat die Frühklassik überlebt. Auf augusteischen Reliefs aus Ton und Marmor, deren häufiges Vorkommen für die Beliebtheit der Szene spricht, schreitet Apollon in einem Tempelbezirk zusammen mit Mutter und Schwester auf Nike zu[45]. Alle sind archaistisch stilisiert, wozu auch die preziöse Gebärde gehört, mit der Nike dem Gott die Phiale zur Spende füllt. Die Komposition stammt aus der Zeit, als sich die Römer fragten, wie sie die Blutschuld der Bürgerkriege loswerden könnten. Horaz hat in der frühen Ode 1, 2 dieser bangen Frage Ausdruck verliehen und den *augur Apollo* als Entsühner herbeigerufen. Der Sehergott von Delphi war für diese Rolle deshalb besonders geeignet, weil er sich selbst von Blutschuld gereinigt hatte. Wie auf dem vorher betrachteten Vasenbild bleiben die Gottheiten, hier durch Nike vermehrt, ganz unter sich, sind nicht auf Adoranten bezogen. Es handelt sich nicht um Votive, sondern um architektonisch verwendete Schmuckreliefs. Diese verlangen von sich aus eine andere Methode der Interpretation. Blicken wir dazu noch einmal auf die sichere Kultstatue des Apollon auf der frühitaliotischen Scherbe! Ist die Phiale in der Rechten des Kuros wirklich nicht anders zu deuten als bei den soeben betrachteten Darstellungen des libierenden Gottes? Ist sie hier nicht – ähnlich wie in vielen Bildern das Thymiaterion (Abb. 36, 37) – ein Zeichen des Spendenempfangs? Nikolaus Himmelmann weist diese Deutung zurück. Er läßt eine Differenzierung zwischen den verschiedenen Formen der Darstellung von Gottheiten mit Phiale nicht gelten. "Das eine kann nicht das Gegenteil des anderen sein, sondern beides zeigt dasselbe an, die Göttlichkeit des Gottes ... Spendende Götter sind erscheinende Götter in der Selbstdarstellung ihrer eigenen Heiligkeit"[46].

Der Verfasser hat seinen Versuch, die von Göttern gehaltene Phiale auf eine umfassende Formel zu bringen, soeben wiederholt[47]. Nun weiß man von der Philologie her, daß ein Wort in verschiedenem Zusammenhang sehr Verschiedenes bedeuten kann. Es kommt immer wieder auf das Verstehen des Kontexts an, in dem das Wort auftritt. Entsprechendes gilt für die Phiale in der Hand von Göttern. Das Netz, das Himmelmann über diese wirft, ist zu weitmaschig; vieles fällt undefiniert hindurch. Wir haben gesehen, daß der Weihrauchständer bei Kultbildern die Bereitschaft der Götter ausdrückt,

45 E. Simon, *Augustus. Kunst und Leben in Rom um die Zeitenwende* (München 1986) 120 Abb. 158.

46 N. Himmelmann-Wildschütz, *Zur Eigenart des klassischen Götterbildes* (München 1959) 31.

47 Himmelmann 1996, 54–61.

auf Gebete der Menschen zu hören. Entsprechend lassen sich Phialen in den Händen von Kultbildern auffassen. Die beiden heiligen Geräte können in diesem Kontext als Symbole göttlicher Gnade bezeichnet werden. Sie signalisierten den Adoranten die Zuneigung der im Kultbild dargestellten Gottheit. Das war natürlich Wunschdenken. Aber solches begegnet uns in den meisten Religionen, und zwar, wie wir gleich sehen werden, nicht nur auf dem Niveau des Volksglaubens, sondern auf höchster künstlerischer Ebene.

In archaischer Zeit, als die Phiale in der Rechten von Kultbildern noch nicht bekannt war, gingen ihr andere 'Huldsymbole' voraus. So hielt das alte delische Kultbild des Apollon auf der Rechten die drei Chariten. Wir kennen die Statue von Nachbildungen auf Gemmen[48] sowie durch das berühmte Frage- und Antwortspiel in den *Aitia* des Kallimachos (*fr.* 114 Pfeiffer). Die Chariten verkörperten die gnädige Zuneigung des Gottes, während der Bogen in seiner Linken als Werkzeug der Strafe verstanden wurde. An Tempelstatuen der Klassik ist die Phiale zum Teil durch andere Symbole ersetzt, die obige Deutung bestätigen. So gab Phidias seinen beiden berühmten chryselephantinen Hauptwerken keine Phiale, wohl aber ein ihr entsprechendes Zeichen auf die Rechte, eine Nike. Zum olympischen Zeus wurde um Sieg gebetet, im Krieg oder in sportlichen Kämpfen. Die phidiasische Statue verlieh durch die Siegesgöttin auf ihrer Rechten den Betenden schon im voraus Erfolg. Dazu paßt die antike Überlieferung, Phidias habe sich für das Haupt seines Zeus von der homerischen Beschreibung anregen lassen, wie der Gott Thetis Gewährung zunickt (*Ilias* 1,528ff.):

> Sprachs und nickte gewährend mit schwarzen Brauen Kronion.
> Und die ambrosischen Haare des Herrschers wallten nach vorne
> Von dem unsterblichen Haupt; es bebte der große Olympos.

Schließlich sei ein berühmtes klassisches Kultbild mit Phiale erwähnt, die Nemesis des Phidiasschülers Agorakritos in Rhamnus[49]. Von dieser Marmorstatue sind originale Fragmente erhalten, mit deren Hilfe Georgios Despinis deren Typus in unserem Vorrat römischer Kopien sicher bestim-

---

48 G. Lippold, *Gemmen und Kameen des Altertums und der Neuzeit* (Stuttgart o. J. [1922]) Taf. 7, 8. Zu Kalimachos: St. Jackson, ZPE 110, 1996, 43–48.

49 P. Karanastassi, "Nemesis (in Griechenland und den östlichen Mittelmeergebieten)", *LIMC* 6 (1992) 733–762, h. 738 Nr. 1, m. Lit. ebd. 736; Taf. 431; G. Despinis, Συμβολὴ στὴ μελέτη τοῦ ἔργου τοῦ ᾿Αγορακρίτου (Athen 1971) 1–103.

men konnte. Für das reiche Beiwerk, das aus vergoldetem Metall oder aus reinem Gold zu denken ist, haben wir außerdem die Beschreibung des Pausanias (1, 33, 3–7). Agorakritos gab der Göttin eine Phiale in die Rechte, auf der nach Pausanias Äthiopen abgebildet waren. Seit den fünfziger Jahren dieses Jahrhunderts haben wir eine Vorstellung von diesem Attribut der Nemesis. Damals wurde der Goldschatz von Panagjuriste in Bulgarien veröffentlicht, in dem sich eine Phiale mit Reihen von kreisförmig angeordneten Negerköpfen befindet[50]. Dieses Werk aus der Zeit Alexanders des Großen gilt in der Forschung seither zu Recht als Nachbildung der rhamnusischen Phiale. Der Dekor aus Negerköpfen paßt aus den folgenden Gründen zu dem, was wir bereits über die Schale bei Kultbildern gehört haben: Die Äthiopen galten als vorbildliche Verehrer der olympischen Götter, die im ersten Gesang der *Ilias* (423 ff.) eine ganze Reihe von Tagen bei ihnen zum Opferfest verweilen – der Olymp steht so lange leer. Im ersten Gesang der Odyssee (22 ff.) ergötzt sich Poseidon allein bei ihnen. Da in der mythischen Phantasie der Griechen der Weihrauch aus dem Äthiopenland kam, hing die Beliebtheit jener schwarzen Menschen bei den Olympiern sicher mit den Wohlgerüchen ihrer Heimat zusammen. Jedenfalls waren die Äthiopen Götterlieblinge und konnten als solche das Wunschdenken, das sich im Ausstatten der Kultbilder mit Phialen ausdrückte, auf der Schale der Nemesis weiter verstärken. Speziell bei dieser strengen Göttin, die gerechte Vergeltung übte, dürften die Äthiopen an ihre Huld appelliert haben.

Die späthellenistische Bronzestatuette eines Äthiopen im Cleveland Museum of Art (Abb. 38, 39)[51] scheint mir in diesen Kontext zu gehören, obwohl man sie bisher anders interpretiert. Man hält sie für die Karikatur eines banausischen schwarzen Bettlers. Die rechte Hand mit dem Schälchen ist modern ergänzt. Das ursprüngliche Attribut dürfte eine Phiale oder ein Räuchergerät gewesen sein. Die Tracht erinnert an die des Opferpersonals in hellenistischen und römischen Reliefs. Sie ist schon deshalb nicht die eines βάναυσος, da die Phrygermütze dieses Äthiopen in der Bildkunst von

50 B. Svoboda/D. Concev, *Neue Denkmäler antiker Toreutik,* Monumenta archaeologica. Acta praehist., protohist. et hist. Inst. archaeol. Acad. scient. Bohemaslovenicae 4 (Prag 1956) 143–146 m. Taf. 10 f.; E. Simon, "Der Goldschatz von Panagjuriste – eine Schöpfung der Alexanderzeit", AntK 3 (1960) 3–26, h. 7 f. m. Taf. 3, 1–3; L. Lacoix, *Études d'archéologie numismatique,* Publ. de la bibl. S. Reinach 3 (Paris 1974) 45 f. m. Taf. 5, 10.

51 Cleveland Museum of Art 63, 507 (Purchase, Leonard C. Hanna, Jr. Bequest) Höhe 18,7 cm. Handbook of the Cleveland Museum of Art (1991) 12.

vornehmen Orientalen getragen wird. Schließlich gehört der zum Himmel
emporgewandte Blick in der Antike nicht zur Bettlerphyisognomie, sondern
zu der des Beters, wie wir sie von den eingangs zitierten Iliasstellen kennen. Es handelt sich also um einen betenden Äthiopen, der mit einer Wein-
oder Weihrauchspende vor eine Gottheit tritt. Die Statuette könnte ein
Votiv gewesen sein, das die Bitte eines Weihenden um Erhörung unter-
stützte. Nachfolger solcher vorbildlichen äthiopischen Beter waren die drei
Könige aus dem Morgenland, die dem neugeborenen Christus Gold,
Weihrauch und Myrrhe bringen. Auch Myrrhe meint Räucherwerk, denn
der Myrrhenstrauch, ebenfalls ein Gewächs Arabiens[52], liefert ähnlich wohl-
riechendes Harz wie der Weihrauchbaum.

Für unsere Problematik müßte schließlich die große Gattung der Weihreliefs herangezogen und mit verwandten Denkmälern verglichen werden. Das
ist noch nicht möglich, da eine moderne Aufarbeitung fehlt. Deshalb sei nur
auf zwei repräsentative Stücke verwiesen. Auf einem Weihrelief für die Göttin
Bendis in London werden acht junge Athleten von zwei bärtigen Männern der
thrakischen Göttin vorgeführt[53]. Der Mann an der Spitze der Gruppe und
einer der Athleten tragen Fackeln, die an das bei Platon zu Beginn der Politeia (328 a) erwähnte abendliche Pferderennen im Piräus am Bendisfest denken lassen. Einige erheben die Rechte zum Gebet, aber keiner hält eine Phiale. Diese findet sich nur in der Rechten der Göttin, und zwar nicht auf der
flachen Hand, sondern in schräger Haltung wie auf dem folgenden Weihrelief
in Athen[54]. Es stammt aus Bithynien und läßt sich aufgrund der Inschrift in das
Jahr 119 v. Chr. datieren. In einem heiligen Bezirk mit Baum und Altar halten
der stehende Kitharöde Apollon und die neben ihm thronende Kybele die
Phiale in ähnlicher Weise wie Bendis schräg in der Rechten. In beiden Fällen
dürfte es sich um das Phänomen der verlebendigten Kultstatue handeln, das auf
Weihreliefs sehr oft anzutreffen ist. Während die Statue das Gefäß horizontal
auf der Hand hält, reagiert ihre Verlebendigung auf das Herankommen der
Adoranten – hier der betenden Priesterin Stratonike mit den Ministranten.

52 Botanisches zur Myrrhe: Martinetz et al. 1989, 89–100; zur Verwendung von
Weihrauch und Myrrhe ebd. 101–123.

53 Brit. Mus. 2155: *LIMC* 3 (1986) 96 s. v. 'Bendis' Nr. 3, Taf. 73.

54 Nat.-Mus. 1485: E. Pfuhl/H. Möbius, *Die ostgriechischen Grabreliefs* 2 (Mainz
1979) Taf. 332, 3; *LIMC* 2 (1984) s. v. 'Apollon' Nr. 964, Taf. 267; *LIMC* 8 (1997)
763 s. v. 'Kybele' Nr. 126. Die Beschreibung s. v. 'Apollon' loc. cit. "gießt eine Libation über einen Altar" trifft hier so wenig wie auf den Ptolemäerkannen (folg. Anm.)
zu: Apollon und Kybele sind vielmehr verlebendigte Kultbilder, die durch die vorge-
streckten Phialen ihre Bereitschaft, das Opfer anzunehmen, ausdrücken.

Ein ähnliches Phänomen findet sich in einer ganz anderen Gattung, auf den 'Ptolemäerkannen', deren Edition im Gegensatz zu den Votivreliefs geschlossen vorliegt. So lassen sich besser fundierte Aussagen machen. Auf diesen Kannen steht die alexandrinische Königin als Göttin mit schräg vorgestreckter Phiale an einem Altar. Da diese Fayencekannen ursprünglich bunt bemalt waren, müßte der Strahl der Spende – gelb oder purpurn – auszumachen sein. Das ist jedoch bei keinem der rund zweihundert Exemplare oder Fragmente der Fall, obwohl viele Farben erhalten sind[55]. Also war keine Darstellung einer Libation intendiert. Die vergöttlichte Ptolemäerin streckt die Phiale vielmehr zum Zeichen aus, daß sie sich an ihrem Fest auf die an sie gerichteten Gebete konzentriert. Die Göttin Tyche, der sie durch das Füllhorn angeglichen ist – eigentlich eine *vox media* –, wird durch die vorgestreckte Phiale zu der auf das Gute festgelegten Tyche ἀγαθή wie die Königin auf Inschriften der 'Ptolemäerkannen' mehrfach genannt ist.

Schließlich eine Darstellung, die es nötig macht, weitere Differenzierungen zu bedenken. Wie wir sahen, halten auf Weihreliefs nicht Adoranten, wohl aber Götter häufig die Phiale. Auf Vasenbildern mit einem Gegenüber von Göttern und Menschen, also mit ähnlicher Thematik wie auf Votiven, kann das anders ein. So steht auf einem attischen Glockenkrater der Parthenonzeit[56] ein bärtiger Priester am Altar mit waagerecht gehaltener Phiale. Er verweilt konzentriert vor dem Ausgießen der Spende, wie es oben für den spendenden Apollon auf frühklassischen Vasen erwähnt wurde[57]. Rechts steht der Gott, dem die Feier gilt, der aber für die Opfernden unsichtbar ist, sonst würde ihm der Ministrant nicht den Rücken zukehren. Apollon streckt mit der Rechten eine Kylix vor, kein Kultbildattribut, sondern eine Trinkschale, die er an dem einen Henkel hält. Er ist also sicher nicht als Statue, sondern unsichtbar anwesend gedacht. Die For-

55 In der sorgfältigen Beschreibung von D. B. Thompson, *Ptolemaic Oinochoai and Portraits in Faience. Aspects of the Ruler-Cult* (Oxford 1973), ist der Spendestrahl nirgends angegeben. Das wurde von mir bereits in der Rez. GGA 227 (1975f.) 206–216 angemerkt und die obige Deutung daraus entwickelt.

56 Port Sunlight, Lady Lever Art Gall. 5036: *ARV*[2] 1182, 2: Petworth Gruppe; *LIMC* 2 (1984) s. v. 'Apollon' Nr. 952, Taf. 266.

57 So etwa auf der Amphora in Würzburg (o. Anm. 44). Der Einwand von Himmelmann 1996, 56, der Gott auf dieser Vase (ebd. Abb. 23) könne nicht der Pythontöter sein, da er nicht als Knabe mit Bogen auftrete, verfängt nicht. Es handelt sich bei der Darstellung des opfernden Apollon nicht um eine mythische Szene, sondern um ein delphisches Fest.

mel Himmelmanns, spendende Götter seien Götter in der Epiphanie, greift hier keinesfalls. Wie haben antike Betrachter eine solche Szene verstanden?

Ich denke, sie haben hier keine σπονδή gesehen, sondern den Plural davon, σπονδαί, da Priester *und* Gott libieren. Der Plural σπονδαί hatte zugleich die Bedeutung 'Vertrag, Bündnis'. Apollon und der Betende schließen also einen 'Vertrag', beide verpflichten sich zu etwas, das sie durch die Trankspende bekräftigen. Es ist die Formel *do ut des,* die nach beiden Seiten hin offen hinter solchen Bildern steht. Wie weit man diese Vertragsdeutung auch auf Weihreliefs übernehmen kann, wäre zu untersuchen. Auf jeden Fall zeichnet sich schon vorläufig ab, daß die Formel, die Phiale zeige nichts anderes als "die Göttlichkeit des Gottes" nicht befriedigt. Vielmehr kann nicht nur auf diesem Gebiet, sondern in der Forschung überhaupt nur durch Differenzierung neue Erkenntnis hinzugewonnen werden.

Abbildungslegenden und Nachweise

Abb. 32. Basel, Skulpturhalle. Gipsabguß nach einem Teil der Pariser Platte (VII) vom Ostfries des Parthenon, mit Anschluß der Fortsetzung der ursprünglichen Platte (genannt 'Platte VIII'), der sich im Britischen Museum befindet. Das sehr zerstörte Thymiaterion ist darauf in Umrissen zu erkennen. Vgl. hier Anm. 3. – Photo Skulpturhalle Basel.

Abb. 33. Ferrara, Mus. Naz. Aus Spina. Volutenkrater des Kleophon-Malers. Hauptfries: Opferprozession für Apollon mit Kanephoros und Thymiaterion. Vgl. hier Anm. 4. – Hirmer Photoarchiv Nr. 581. 1403.

Abb. 34. Würzburg, Martin-von-Wagner-Museum der Universität H 5787. 5789. Set aus Wasserkanne und Griffphiale aus Ton, mit gelbem Überzug, aus Unteritalien. Vgl. hier Anm. 17. – Photo Karl Öhrlein.

Abb. 35. Athen, Nat. Mus. 5610. Fragment einer klazomenischen Hydria. Bote mit Kerykeion und Thymiaterion vor Königspaar (wohl Priamos und Hekabe bei der Hochzeit des Hektor mit Andromache). Vgl. hier Anm. 23. – Aufnahme des DAI Athen Neg. Nr. NM 1957.

Abb. 36. Stater von Poseidonia, um 350 v. Chr. Poseidonstatue und Thymiaterion. Vgl. hier Anm. 36. – Hirmer Photoarchiv.

Abb. 37. Schloß Fasanerie (Adolphseck) bei Fulda 77. Kelchkrater des Kekrops-Malers. Vgl. Anm. 37. – Museumsaufnahme.

Abb. 38, 39. Cleveland/Ohio, The Cleveland Museum of Art. Bronzestatuette eines Äthiopen. Vgl. Anm. 51. – Museumsaufnahmen.

GERHARD BAUDY

Ackerbau und Initiation

Der Kult der Artemis Triklaria und des Dionysos Aisymnetes in Patrai

Ein im Jahre 1939 erschienenes Buch hat die Interpretation griechischer Mythen in neue Bahnen gelenkt: Henri Jeanmaires *Couroi et Courètes*. In Nachfolge Jeanmaires verzichtet man heute weitgehend auf naturmythologische Paradigmen, richtet sein Augenmerk nicht mehr – wie früher – auf Zäsuren im Vegetations- oder Ackerbauzyklus, sondern auf Einschnitte im Menschenleben, insbesondere auf den Übergang von der Jugend zum Erwachsenenalter[1]. In diesem Fall deutet man die Mythen vor dem Hintergrund antiker Initiationsriten[2]. Diese müssen freilich meist erst rekonstruiert werden, und das wiederum ist in der Regel nur unter Verwendung jener mythischen Nachrichten selbst möglich. Meist gehen die heutigen Altertumskundler davon aus, daß es solche Riten im historischen Griechenland nur noch in Restbeständen gab. Der Mythos konservierte demnach eine historische Erinnerung an eine weitgehend verschwundene Institution – eine nicht unproblematische Annahme, denn es ist ja sehr die Frage, ob das kulturelle Gedächtnis, das unter den Bedingungen einer *oral tradition* bekanntlich nur zwei Generationen zurückreicht, soziale Erfahrun-

---

1 Zur Einordnung Jeanmaires in die Geschichte der altertumswissenschaftlichen Religionstheorie vgl. Verf., "Antike Religion in anthropologischer Deutung. Wandlungen des altertumskundlichen Kult- und Mythosverständnisses im 20. Jahrhundert", in: E.-R. Schwinge (Hrsg.), *Die Wissenschaften vom Altertum am Ende des 2. Jahrtausends n. Chr.* (Stuttgart/Leipzig 1995) 229–258, dort 250f. Dieser und der folgende Beitrag entstanden im Rahmen des von der Deutschen Forschungsgemeinschaft geförderten Konstanzer Forschungsprojekts "Literatur und Anthropologie", Teilprojekt "Anthropologie des Mythos".

2 In andern Mythen wiederum erkennt man Spiegelungen kalendarischer Übergangsriten (Neujahrsbrauchtum). Einen guten Forschungsbericht zu beiden Paradigmen bietet Versnel 1993b.

gen längerfristig speichert[3]. Daß die altertumskundliche Initiationstheorie gleichwohl unter solch fragwürdiger Prämisse entwickelt wurde, erklärt eine gewisse Zurückhaltung der Forscher im Umgang mit dem Mythos: Weil man in ihm eine Art Fossil sieht, nimmt man ihn als Informationsträger nicht recht ernst, traut ihm nicht zu, über die soziale Realität historischer Epochen aufzuklären.

Das gilt vor allem für die wirtschaftlichen Bezüge der antiken Religion: So gut wie alles, was mit Landwirtschaft zu tun hat, ist seit Jeanmaire aus der altertumskundlichen Initiationstheorie verbannt. Obwohl doch die überwältigende Mehrheit der antiken Mittelmeerbevölkerung aus Kleinbauern bestand[4], tut die religionshistorische Forschung so, als wäre das Sozialisationsziel eines griechischen Jugendlichen lediglich die Aufnahme in den Kriegerbund der Erwachsenen und das Erlangen der Heiratserlaubnis gewesen[5]. Zu solch verkürzender Sicht gesellt sich die Neigung, die mythisch-rituellen Systeme möglichst abstrakt zu beschreiben, meist in

---

3 Nach J. Vansina, *Oral Tradition as History* (Madison/London 1985) 23, bestehen die detaillierten Überlieferungen über die jenseits des "floating gap" liegende Urzeit aus "traditions of origin", d. h. Gründungsmythen. Für solche aber braucht man keinen historischen Kern zu postulieren, auch wenn sie durch ihre Anbindung an bestimmte soziale Institutionen über eine längere Reihe von Generationen hin tradiert werden. Um dem Selbstverständnis der jeweiligen Kulturteilnehmer besser gerecht zu werden, schlagen Aleida und Jan Assmann, "Schrift, Tradition und Kultur", in: W. Raible (Hrsg.), *Zwischen Festtag und Alltag. Zehn Beiträge zum Thema 'Mündlichkeit und Schriftlichkeit'*, ScriptOralia 6 (Tübingen 1988) 25–49, hier 29f., vor, zwischen dem "kommunikativen Gedächtnis", das 80–100 Jahre zurückreiche, und dem "kulturellen Gedächtnis", das auf ferne Fixpunkte der Vergangenheit zentriert sei, zu unterscheiden.

4 Darauf macht zuletzt V. D. Hanson, *The Other Greeks. The Family Farm and the Agrarian Roots of Western Civilization* (New York 1995) aufmerksam. Er kritisiert, daß die Forschung den bäuerlichen Charakter der griechischen Gesellschaft vernachlässigt habe: "Many successful American Ph.D. candidates in Classics can still review the difficult odes of Pindar or the dry poetry even of a Callimachus. Few know when olives, vines, or grain were harvested – the critical events in the lives of the people who created Greek culture und civilization" (7).

5 Bezeichnend für diese Position ist ein oft zitierter Satz von J.-P. Vernant: "Le mariage est à la fille ce que la guerre est au garçon" ("La guerre des cités", in: ders., *Mythe et société en Grèce ancienne*, Paris 1974, 31–56, h. 38; zuerst als "Introduction" in: ders., Hrsg., *Problèmes de la guerre en Grèce ancienne*, Civilisations et sociétés 11, Paris/Den Haag 1968, 1985², 9–30, h. 15); vgl. auch dens., "Le mariage en Grèce archaïque", *ParPass* 28, 1973, 51–74 (wieder als "Le mariage" in: *Mythe et société en Grèce ancienne* 57–81).

enger Anlehnung an die analytischen Kategorien Arnold van Genneps und Victor Turners[6].

Demgegenüber erscheint es heute geboten, die religionssoziologische Mythostheorie um die aus ihr verdrängten landwirtschaftlichen Aspekte zu ergänzen. Im folgenden sei das versucht am Beispiel eines von Pausanias geschilderten Kults aus Achaia. Es handelt sich um ein gemeinsames Fest der Artemis Triklaria und des Dionysos Aisymnetes. Gefeiert wurde es in der Stadt Patrai am korinthischen Golf[7]. Der Initiationscharakter des Festes wurde erstmals von M. Massenzio im Jahre 1968 erkannt. Seitdem sind sich die Altertumskundler, die den Kult in der Folgezeit untersucht haben, darüber einig, daß wir es mit einem Ritual des sozialen Statuswechsels zu tun haben. Abweichungen gibt es nur in Details der Rekonstruktion und Deutung[8].

Im folgenden soll versucht werden, in Fortführung der bisherigen Forschung die Sequenz der rituellen Handlungen einerseits aus dem Bauplan des Referenzmythos und andererseits durch den Vergleich mit analogen Kulten möglichst umfassend zu rekonstruieren. Das leitende Erkenntnisinteresse des vorliegenden Beitrags richtet sich darauf, den Termin und die sozioökonomische Funktion des betreffenden Festes präziser zu bestimmen. Doch rufen wir uns zunächst den aitiologischen Mythos und die von ihm gedeckten Riten in Erinnerung.

Literarisch überliefert sind folgende Daten: Pausanias nimmt das Grabmal eines Heros namens Eurypylos, das er auf der Akropolis von Patrai zwischen dem Tempel und dem Altar der Artemis Laphria entdeckt hat, zum Anlaß für eine mythische Erzählung. Sie führt zurück in die Zeit des troianischen Krieges, als die Stadt Patrai noch nicht gegründet war. Die drei Vorläufersiedlungen, aus denen Patrai später entstehen sollte, Aroe, Antheia und Mesatis, sollen damals noch von Ioniern bevölkert gewesen sein. Die drei Ortschaften hatten ein gemeinsames kultisches Zentrum: das Temenos und den Altar der Artemis Triklaria. Hier feierten die Einwohner jährlich ein Volksfest[9]. Das Heiligtum der Artemis Triklaria, das zur Zeit des Pausa-

---

6 Van Gennep 1909, 93–163; V. Turner, "Betwixt and Between: The Liminal Period in Rites de Passage", in: ders., *The Forest of Symbols. Aspects of Ndemba Ritual* (Ithaca, N.Y. 1967) 93–111; *The Ritual Process, Structure and Anti-Structure* (New York 1969) 94ff.

7 Paus. 7, 19, 1–20, 2.

8 Massenzio 1968; Brelich 1969, 366–377; Vernant 1982–83, 443–458 (= 1990, 185–207); Calame 1977, 245; Furley 1981, 116ff.; Graf 1985, 84ff.; Dowden 1989, 169–174; Redfield 1990, 115–134; Bonnechère 1994, 55–62.

9 Paus. 7, 19, 1.

nias kein Kultbild mehr besaß, lag außerhalb der späteren Stadt Patrai an einem Fluß namens Meilichos[10].

Zu diesem Heiligtum gehörte eine jungfräuliche Priesterin. Sie schied aus dem Tempeldienst aus, sobald sie heiraten sollte[11]. Hierzu erzählt Pausanias folgendes mythisches Aition: In eine gewisse Komaitho, das schönste Mädchen des Landes, welches das Priesterinnenamt innehatte, verliebte sich ein Jüngling namens Melanippos, auch er der schönste unter seinen Altersgenossen. Er hielt um ihre Hand an. Doch die Eltern beider Jugendlicher waren gegen die Heirat. Darauf empfing Komaitho ihren Liebhaber im Tempel. Der verbotene Beischlaf provozierte prompt die Rache der Göttin Artemis: Das Land ließ kein Getreide mehr wachsen, Seuchen rafften die Bewohner dahin. Wie immer in solchen Fällen, wurde ein Orakel eingeholt. Die Pythia von Delphi wies die Schuld an dem Unglück dem Melanippos und der Komaitho zu. Zur Strafe sollten beide der Artemis als blutiges Opfer dargebracht werden. Und diese Sühnemaßnahme sei fortan jährlich zu wiederholen. Die Bewohner des Landes folgten dem Befehl: Jedes Jahr wählten sie das schönste Mädchen und den schönsten Jüngling aus und opferten beide auf dem Altar der Göttin[12].

Es war aber noch ein weiteres Orakel ergangen: Wenn ein fremder König einen fremden Gott ins Land brächte, würden die Einwohner von ihrer religiösen Verpflichtung, der Göttin Artemis Menschenopfer darzubringen, wieder befreit werden[13]. Wie es dazu kam, erzählt Pausanias folgendermaßen: Der fremde König war der thessalische Troiakämpfer Eurypylos, ein Sohn des Euaimon. Dieser Eurypylos hatte nach dem Fall Troias aus der Kriegsbeute eine Truhe (λάρναξ) erhalten, in der ein Bildnis (ἄγαλμα) des Gottes Dionysos lag. Es sollte einst dem Heros Dardanos von Zeus geschenkt worden sein[14]. Dazu, wie Eurypylos in den Besitz der Larnax gelangte, gab es noch andere mythische Versionen: Der einen zufolge hatte Aineias jene Larnax auf seiner Flucht aus Troia zurückgelassen; nach einer andern warf Kassandra sie absichtlich weg, damit sie demjenigen Griechen, der sie fände, Unglück brächte[15]; nach einer dritten Version war es nicht der

10 Ebd. 22, 11.
11 Ebd. 19, 1.
12 Ebd. 2–5.
13 Ebd. 6.
14 Ebd.
15 Ebd.7.

Euaimonsohn Eurypylos, sondern ein älterer Namensvetter, der zusammen
mit Herakles einen früheren Kriegszug gegen Troia unternommen und von
ihm die Larnax als Beuteanteil erhalten hatte[16].

Als Eurypylos die Truhe öffnet und das Bildnis des Dionysos sieht, wird
er wahnsinnig. Desorientiert verfehlt er darauf mit seinem Schiff den Heim-
weg, verirrt sich nach Delphi, holt ein Orakel ein und erhält die Auskunft,
wenn er Leuten begegne, die ein fremdartiges Menschenopfer darbrächten,
solle er die Larnax abstellen und sich selbst dort ansiedeln. Der Wind ver-
schlägt ihn darauf nach Aroe, der Vorläuferortschaft von Patrai. Als er an Land
steigt, werden gerade wieder einmal ein Jüngling und ein Mädchen zum
Altar der Artemis Triklaria geführt. Sowohl Eurypylos als auch die Bewohner des Landes, die den fremden König mit der Larnax sehen, erinnern sich
sogleich der an sie ergangenen Orakelsprüche. So wurde Eurypylos von seinem Wahnsinn, die Verehrer der Artemis Triklaria aber von ihrer Verpflichtung zum Menschenopfer befreit. Seitdem – schreibt Pausanias – sei der
Fluß, der wegen dieser Opfer bisher Ameilichos (der "Unbarmherzige")
geheißen habe, Meilichos (der "Barmherzige") genannt worden[17].

Dionysos, der fremde Gott in der Larnax, – so erfahren wir weiter – trug
den Beinamen Aisymnetes, sein Kult lag in den Händen der angesehensten
Bürger. Neun Männer und neun Frauen wurden vom Volk für diese Auf-
sichtsfunktion ausgewählt. Über die Einzelheiten des Kults teilt Pausanias leider nur wenig mit: In einer der Nächte während des anscheinend mehrtägi-
gen Festes trägt der Priester die Larnax aus dem innerstädtischen Tempel des
Gottes[18] nach draußen. Entweder mit ihm zusammen oder irgendwann nach
ihm ziehen auch die einheimischen Jugendlichen, begleitet von jenen ausge-
wählten Männern und Frauen, in einer Prozession aus der Stadt. Sie sind mit
Getreideähren bekränzt. Mit solchen Kränzen sollen auch jene Jugendlichen
geschmückt gewesen sein, die man einst der Artemis als Opfer zuführte. Jetzt
aber, schreibt Pausanias, deponieren die Jugendlichen ihre Getreidekränze bei
der Göttin, dann nehmen sie ein Bad im Fluß Meilichos und setzen sich statt
der abgesetzten Getreidekränze solche aus Efeu auf. In dieser Aufmachung
gehen sie zum Tempel des Dionysos Aisymnetes in die Stadt zurück[19]. Am
selben Fest werden drei Kultbilder des Gottes, welche die Ortschaften Aroe,
Antheia und Mesatis repräsentieren, in sein Heiligtum gebracht[20].

---

16 Ebd. 9.
17 Ebd. 7–9. – Der frühere mythische Flußname Ameilichos ebd. 4.
18 Ebd. 21, 6.
19 Ebd. 20, 1–2.
20 Ebd. 21, 6.

Das Ritual war eine symbolische Reinszenierung des mythischen Synoikismos, dem Patrai angeblich seine Existenz verdankte[21]. Am Fest der Artemis und des Dionysos wiederholte sich demnach im Geiste die Gründung
der historischen Stadt. Daher trägt Dionysos, obwohl sein Erscheinen noto-
risch mit der Idee des Chaos, einer sich auflösenden städtischen Ordnung,
verbunden war, hier den Beinamen Aisymnetes, 'Ordnungsstifter'. Damit die
Stadt sich symbolisch neu konstituieren konnte, mußte eben vorher so getan
werden, als sei sie nicht mehr bzw. noch nicht vorhanden. Eben dies signalisierte der Einzug der Jugendlichen mit den Efeukränzen. Wer im Dionysoskult solche Kränze trug, der brachte damit zum Ausdruck, daß seine kulturelle Identität zerstört war, daß er sich im rituellen Lizenzzustand des
'Wahnsinns' befand[22], und wer mit dem Efeu in die Stadt einzog, der verwandelte den Kulturraum zeichenhaft in eine urzeitliche Wildnis zurück[23].
    Mit der Deutung als Stadtgründungsfest voll kompatibel ist die Initia-
tionstheorie: Die Jugendlichen, die mit Getreideähren bekränzt den außerstädtischen Tempel der Artemis Triklaria aufsuchten, werden ja explizit als

---

21 Aus dem gleichen Grund trug Artemis hier den Beinamen Triklaria: Nilsson
1906, 217. 294. Dagegen wendet sich ohne überzeugende Argumente Herbillon 1929,
51 ff. – Vgl. ferner Massenzio 1968, 123 ff.; Graf 1985, 85. 87; Lafond 1991, 418.
Methodisch unzulässig ist es, aus dem Mythos auf die reale Kult- bzw. Stadtgeschich-
te zurückzuschließen. Dies taten etwa Nilsson (loc. cit.) und in anderer Weise Hegyi
1968, 101 ff. Zur augusteischen Konstruktion dieses Kults vgl. zuletzt Chr. Auffarth,
"'Verräter – Übersetzer'? Pansanias, das römische Patrai und die Identität der Griechen
in der Achaea", in H. Cancik/J. Rüpke (Hrsg.), *Römische Reichsreligion und Provinzial-
religion* (Tübingen 1997) 219–238.
22 Wenn in Euripides' *Bakchen* der Seher Teiresias den Stadtgründer Kadmos auffordert, aus dem Haus zu kommen, Thyrsos und Rehfell zu nehmen und sich mit Efeu
zu bekränzen (v. 176 f.), so bilden diese dionysischen Requisiten äußere Zeichen der
Selbstpreisgabe. In Nonnos' *Dionysiaka* appelliert Pentheus entsprechend an Teiresias,
den Efeu wegzuwerfen und sich statt dessen mit Lorbeer, der Pflanze des Sehergottes
Apollon, zu bekränzen (45, 70 ff.). – Zur dionysischen Mania vgl. z.B. H. Waldmann,
Der Wahnsinn im griechischen Mythos (München 1962) 69 ff. – Der 'Wahnsinn', den
Dionysos verursacht, hat die entlastende Funktion einer Maske, die es vorübergehend
erlaubt, unterdrückte Bedürfnisse auszuleben. Vgl. die sozialpsychologische Erklärung
von R. Kraemer, "Ecstasy and possession. The attraction of women to the cult of
Dionysos", *HThR* 72 (1979) 55–80; ferner: B. Simon, *Mind and Madness in Ancient
Greece. The Classical Roots of Modern Psychiatry* (Ithaca/London 1978) 251 ff.
23 Zu Dionysos als Gott der 'rituellen Anarchie', des 'Fremden', der Rollenver-
kehrung und der Auflösung von Grenzen vgl. z. B. M. Detienne, *Dionysos à ciel ouvert*
(Paris 1986), bes. 21–43; R. J. Hoffman, "Ritual License and the Cult of Dionysus",
Athenaeum N.S. 67 (1989) 91–115; R. Seaford, "Dionysos as Destroyer of the Hou-
sehold: Homer, Tragedy, and the Polis", in: Carpenter/Faraone 1993, 115–146.

Nachfolger jener urzeitlichen Jugendlichen definiert, die angeblich vor der Gründung von Patrai auf dem Altar der Göttin ihr Leben ließen. Ihr Bad in dem Fluß, der nach dem Aufhören der Menschenopfer von Ameilichos in Meilichos umgetauft wurde, deutet man gewöhnlich als symbolische Ersatzform des Opfertodes[24]. Die jugendlichen Initianden entstiegen dem Wasser des Flusses gewissermaßen als Wiedergeborene.

Das Bad der Initianden im Fluß bildete jedenfalls die Klimax des Rituals; es bewirkte eine Veränderung der personalen Identität – hier mythisch umschrieben durch den einstigen Namenswechsel des Flusses Meilichos und rituell markiert mittels der Ersetzung der Getreide- durch die Efeukränze. Als symbolisches Selbstopfer schied es die Jugendzeit vom Leben des Erwachsenen. Bisher an sexueller Aktivität gehindert und für verbotene Liebe mit Strafe bedroht, erhielt der Novize nun die Legitimation zu Heirat und Kinderzeugung. Auch sonst erkannten die aitiologischen Mythen den Tauchbädern der griechischen Initiationskulte gern die Funktion zu, von quälender obsessiver Jugendliebe zu befreien. Ich nenne hier nur ein weiteres Beispiel aus der Nachbarschaft von Patrai: Pausanias referiert einen Mythos der achaiischen Stadt Argyra, den er selbst von den Patreern gehört hatte. Er handelt vom Schicksal eines Hirten namens Selemnos: Eine Meernymphe liebte ihn, solange er ein schöner Jüngling war. Als Selemnos jedoch etwas älter wurde, verließ ihn die Nymphe, worauf er vor Liebeskummer starb. Aphrodite aber verwandelte ihn in einen Fluß, der seinen Namen erhielt. Wer in diesem Fluß badete, der sollte von seiner unglücklichen Liebe geheilt werden. Das Wasser des Flusses habe nämlich bewirkt, daß man seine Liebe vergaß[25]. Hier erscheint die Idee eines durch rituelles Untertauchen im Fluß verursachten Initiationstodes auf die Figur des sich in den Fluß verwandelnden Hirtenjünglings Selemnos übertragen. Die Ritualfiktion, der Badende vergesse den Liebeskummer seiner Jugend, resultiert offensichtlich aus der Konzeption des symbolischen Todes. Wer aus dem Flußwasser herausgestiegen war, sollte sich ja als Neugeborener definieren und somit von seinem früheren Leben durch eine Schranke des Vergessens ein für allemal getrennt fühlen[26].

Vom Fluß Meilichos kehrten die neugeborenen Initianden, jetzt mit Efeu bekränzt, in die Stadt zurück. Die dionysische Ödlandpflanze war das kultische Zeichen dafür, daß sich die mythische Voraussetzung für die Ab-

---

24 Brelich 1969, 375f.; Redfield 1990, 120.

25 Paus. 7, 23, 1–3.

26 Eine Zusammenstellung der einschlägigen Parallelüberlieferungen bietet C. Gallini, "Katapontismos", *StudMatStRel* 34 (1963) 61–90.

schaffung des Menschenopfers: der Advent des Dionysos Aisymnetes, beim Tempel der Artemis Triklaria soeben wiederholt hatte. Der von den Jugend-lichen aufgesuchte Tempel der Hirten- und Jägergöttin Artemis repräsen-tierte innerhalb des städtischen Territoriums die präzivilisatorische Wild-nis[27]. Das ermöglichte eine Regression im stadtnahen Gebiet: ein vor-übergehendes Verlassen des kulturellen Milieus, wie es für Riten des sozia-len Statuswechsels charakteristisch ist[28]. Jedes Jahr, wenn die rituell mar-ginalisierten Initianden vom Tempel der Artemis Triklaria in die Stadt zurückkehrten, mußten sie diese im Geiste also erst noch (bzw. wieder) gründen. So wurden sie mit den mythischen Ahnen identisch, die einst Patrai erbaut hatten. Im mythisch-rituellen System des lokalen Festes war der lebensgeschichtliche Übergang ins Erwachsenenalter demnach mit dem Entstehen des Stadtstaates geistig synchronisiert[29].

Das etwa ist – mit einigen Abrundungen und Verkürzungen – die Quint-essenz der bisherigen Deutungen. Sie basieren auf einer methodischen Aus-nutzung der in Pausanias' Referat erkennbaren Bezüge zwischen Mythos und Ritus. Dabei fällt freilich auf, daß der Mythos mehr Elemente enthält, als sich an die berichteten rituellen Handlungen anschließen lassen. Ent-sprechend haben die bisherigen Interpreten zwar für das mythische Men-schenopfer[30], nicht aber für das vorausgesetzte sexuelle Sakrileg ein rituel-

27 Diesen zeitlichen Aspekt gilt es zu bedenken, auch wenn die Artemis-Heiligtü-mer de facto in den Grenzregionen zwischen Ödland und Kulturland lagen. Zur Kult-topographie Vernant 1985a, 17: Die der Göttin zugeordneten Berge, Wälder, unbe-stellten Felder und Sümpfe bildeten keine völlige Wildnis, sondern Übergangsbereiche.
28 U. a. diese räumliche Dimension des Ritus erinnerte Massenzio 1968, 120ff. an das Kategorienschema van Genneps und veranlaßte ihn dazu, das Fest dem Initiations-brauchtum zuzuordnen. Vgl. die generalisierende Aussage Vernants: "Depuis les mar-ges où elle règne, Artémis prenant en main la formation des jeunes, assure ainsi leur intégration dans la communauté civique" (1985a, 22). – In Patrai hatten Auszug und Rückkehr zugleich den vertikalen Aspekt einer Kathodos und Anodos; vgl. Brelich 1969, 375. Der kulturhistorische Regressionsgedanke wurde u.a. durch das Ablegen der Getreidekränze (also der Kulturpflanze) und das Aufsetzen von Efeukränzen (also der Wildpflanze) symbolisiert. Vgl. Redfield 1990, 125.
29 Vgl. Massenzio 1968, 132; ähnlich leitet Dowden 1989, 172 den mythischen Synoikismos aus dem Initiationsgeschehen ab.
30 Während die frühere Forschung aus dem Substitutionsmythos der Stadt Patrai auf einstige Menschenopfer zurückschloß (z. B. Herbillon 1929, 46f.; skeptisch hin-gegen Nilsson 1906, 296), erkennt man seit Massenzio 1968, 107ff. darin eine Ritual-fiktion. Vgl. z.B. D. D. Hughes, *Human Sacrifice in Ancient Greece* (London/New York 1991) 86ff.; Bonnechère 1994, 55ff. – Hinter den Forschungsstand zurück fällt D. R. West 1995, 61.

les Pendant gefunden. Bedeutet das nun, daß es keine Punkt-für-Punkt-Bezüge zwischen Mythos und Ritus gab, oder hängt der Überhang des Mythos mit Pausanias' verkürzter Darstellung des Kults zusammen, der ja wie alle Initiationsbräuche Elemente enthalten haben muß, die 'unsagbar' waren? Ich möchte im folgenden versuchen, diese überlieferungsbedingte Informationslücke zu schließen. Mein Ergänzungsvorschlag basiert im wesentlichen auf zwei Kultrequisiten, die bisher nicht genügend beachtet bzw. zur Rekonstruktion der zeremoniellen Handlungen nur unzureichend ausgewertet wurden. Diese Kultrequisiten haben, wie ich meine, dazu gedient, den sexuellen Frevel im Tempel symbolisch wiederholbar zu machen. Ich denke dabei erstens an die Getreidekränze und zweitens an den Gott in der Larnax.

Warum — so müssen wir uns als erstes fragen — empfing eine Göttin wie Artemis ausgerechnet agrarische Gaben? Als Göttin des unbestellten Landes, der Jäger und Hirten hatte sie doch mit cerealischer Nahrung schlechterdings nichts zu tun. Es war ein Mißverständnis der älteren Forschung, sie aufgrund der Getreidekränze, die sie in Patrai erhielt, für eine agrarische Göttin zu halten[31]. Eine solche Deutung löst zwar die Paradoxie auf, ruiniert aber die semantische Pointe, auf die es hier ankommt. Denn Artemis mit Getreide in Kontakt zu bringen, impliziert eine Mißachtung ihres Wesens. Wenn Jugendliche mit Ähren bekränzt den Tempel der jungfräulichen Göttin des unbebauten Landes betreten, so drücken sie damit aus, daß sie sich aus ihrer Sphäre gelöst haben bzw. gerade dabei sind, es zu tun. Das Wort, das die Samenkörner in den Ähren bezeichnete, Sperma, war bekanntlich eine gängige Metapher für den männlichen Samen. Meine These wäre also, daß die jugendlichen Kultteilnehmer den sexuellen Tabubruch im Tempel u. a. mit Hilfe des Getreidesamens, den sie der jungfräulichen Göttin übereigneten, zeichenhaft inszenierten[32].

31 So etwa L. R. Farnell, *The Cults of the Greek States* (Oxford 1896) 2, 455: Artemis sei hier "deity of agriculture and vegetation". Für Herbillon 1929, 49 ist Artemis Triklaria "aussi une personnification des forces productrices de la terre et une divinité agricole". Hegyi 1968, 100 vermutet in Artemis "eine Schutzgottheit der ackerbauenden Gemeinden". Dagegen Brelich 1969, 370. — Auch Lafond 1991, 411 bezeichnet Artemis als "déesse de la fertilité du sol". Auf analogen Mißverständnissen basieren Aussagen neuerer Forschungsarbeiten, welche aus der symbolischen Beziehung der Artemis zu verschiedenen Bäumen (z. B. Artemis Karyatis, Lygodesma) den Schluß ziehen, sie sei eine "Vegetationsgöttin" gewesen: so P. Lévêque/L. Séchan, *Les grandes divinités de la Grèce* (Paris 1990) 255ff.; D. R. West 1995, 60.

32 Ähnlich schon Dowden 1989, 170: Die Ähren weisen auf die künftige Fortpflanzung hin und zeigen "the value of the exit from Artemis' world". Doch welche Konsequenzen hat das für die Rekonstruktion des Ritus?

Die Getreidekränze repräsentierten die geschlechtsreif gewordenen Initianden selbst. In welcher Weise auch immer sie der Artemis geweiht wurden – der Akt der Übergabe muß einen sexuellen Frevel, einen Anschlag
auf die Idee der Jungfräulichkeit, ausgedrückt haben. Auch Jean-Pierre Vernant konstatiert ein symbolisches Band zwischen dem reifen Getreide und
den damit bekränzten Jugendlichen, welche die sexuelle Reproduktionsrei-
fe erreicht hatten. Das Deponieren der Kränze bei der Göttin deutet er als
Akt der Desakralisierung: der größere Rest des Erntegetreides werde
dadurch zum Konsum, die Jugendlichen selbst zur Heirat freigegeben[33]. Als
Ort der Kranzniederlegung kommt, wie Vernant meint, am ehesten der Altar
der Göttin in Betracht, auf dem Melanippos und Komaitho einst geopfert
worden sein sollten. Nicht erst das Bad im Fluß Meilichos, sondern schon
das Niederlegen der Getreidekränze auf den Altar wäre dann – so Vernants
einleuchtende These – als symbolische Ersatzform des früheren Menschenopfers zu verstehen[34]. Folgen wir aber dem Bauplan des Mythos, so müssen
wir darüber hinaus annehmen, daß die Jugendlichen mit den Getreidekränzen zuerst den Tempel der Göttin betraten, um darin das sexuelle Vergehen
der Komaitho und des Melanippos andeutungsweise zu wiederholen, und
erst dann die Kränze auf dem im Freien stehenden Altar deponierten.

Außerdem aber dürfte das sexuelle Vergehen mit Hilfe eines in der
Larnax des Dionysos liegenden Kultobjekts dargestellt worden sein. Denn
so erklärt sich am einfachsten, warum im Mythos die Ankunft des fremden
Gottes notwendig war, damit das vorstädtische Menschenopfer abgeschafft
werden konnte. Nach der Logik des Mythos hatten die Larnax und ihr
geheimer Inhalt dieses einstige Opfer – das freilich niemals anders als in der
ritualbegleitenden Phantasie der Kultteilnehmer existierte – durch einen
harmlosen Ritus deshalb ersetzbar gemacht, weil sie auch das sexuelle
Delikt im Artemistempel symbolisch auszuführen erlaubten[35].

Pausanias verschweigt uns, was genau mit der Larnax in Patrai geschah,
nachdem Eurypylos sie beim Tempel der Artemis Triklaria abgestellt hatte.
Wir erfahren nur, daß ein Priester sie nachts während des jährlichen Festes
aus dem innerstädtischen Dionysostempel ins Freie brachte. Aufgrund des
Referenzmythos ist jedoch zu postulieren, daß er sie nirgendwo anders

---

33 Vernant 1982–83, 445 ff. (= 1990, 189 ff.); ihm folgt Redfield 1990, 125 ff.

34 Vernant 1982–83, 448 (= 1990, 193 f.).

35 Die Schlüsselrolle, die der Larnax im Rahmen des Initiationsfestes zufiel, erklärt,
warum sie auf Münzen der Stadt Patrai in hellenistischer Zeit abgebildet wurde: *Num.
Comm. on Paus.* Taf. Q I–IV; J. G. Frazer, *Pausanias' Description of Greece* 4 (Lon-
don/New York 1898) 147; Massenzio 1968, 106.

hintrug als zum Tempel der Artemis Triklaria, dorthin also, wohin auch die mit Getreidekränzen geschmückten Jugendlichen gingen. Diese fanden die Larnax des Dionysos demnach beim Tempel der jungfräulichen Göttin vor[36]. Was haben sie damit angestellt? Haben sie wie einst Eurypylos den Gottessarg geöffnet und sind der Ritualidee nach 'wahnsinnig' geworden[37]? Wir müssen es notwendig postulieren, denn sonst wäre die Präsenz einer solchen Larnax im Initiationskult sinnlos. Eurypylos selbst soll durch das Niedersetzen der Larnax von seinem Wahnsinn befreit worden sein, der ihn beim Anblick des verborgenen Kultbildes befiel. Die Möglichkeit, 'wahnsinnig' zu werden, hatte sich durch das Verschenken der Larnax nun aber gewissermaßen auf die jugendlichen Kultteilnehmer der Stadt Patrai vererbt. Und gerade dadurch sollen die kommunalen Initiationsriten entstanden sein. Halten wir hier kurz ein und fragen uns, was für eine Rolle die Idee des Wahnsinns im antiken Kult spielte.

Was bedeutet es in der Sprache des Mythos, von 'Wahnsinn' befallen zu werden? 'Wahnsinn' meint in diesem Zusammenhang nichts anderes als eine rituell geforderte Phantasieleistung: die Fähigkeit zur veränderten Wahrnehmung von Wirklichkeit. Wer der Ritualfiktion nach 'wahnsinnig' wird, vermag etwa geheimen Kultobjekten einen Sinn zuzuerkennen, den sie von sich allein aus nicht haben. Insofern ließe sich geradezu sagen, daß eine *cista mystica* nur dann richtig funktionierte, wenn derjenige, der sie öffnete, in einen gesellschaftlich vorgeschriebenen 'Wahn' fiel. Was speziell die Larnax des Dionysos angeht, so ist nicht schwer zu erraten, was darin lag. Pausanias spricht einfach von einem ἄγαλμα, einem Kultbild. An eine einfache Miniaturstatue brauchen wir jedoch nicht zu denken, es muß sich vielmehr um etwas Tabuiertes, 'Unsagbares' gehandelt haben. Auf hellenistischen Inschriften von Delos wurde speziell der Phallos des Dionysos "Agalma" genannt[38]. In der Tat ist ein phallisches Gottesbildnis als Inhalt der mystischen Larnax plausibel: Abgesehen davon, daß der Phallos allerorten ein zentrales Kultrequisit des Dionysos war, gehörten künstliche Phallen – emblematisch von Schlangen symbolisiert – auch in andern Kulten zum tra-

---

36 Anders Dowden 1989, 170: Er meint, der Priester, der die Kiste trug, habe die Intervention des Eurypylos während der Prozession nachgespielt.

37 Vgl. Furley 1981, 141: Die Erwachsenen, welche die Jugendlichen zum Tempel begleiteten, hätten ihnen die *sacra* in der *cista mystica* gezeigt. Ein Öffnen der Larnax durch die Initianden postuliert auch Bonnechère 1994, 58.

38 Nilsson 1906, 280–282; Ph. Bruneau, *Recherches sur les cultes de Délos à l'époque hellénistique*, BÉFAR 218 (Paris 1970) 314–317.

ditionellen Inhalt der mystischen Kisten[39]. Das phallische Idol war anscheinend so geformt, daß das gleiche Kultobjekt auch als Darstellung des neugeborenen Dionysos gelten konnte: Im Mythos wurde der Gott nach seiner Geburt in die *cista mystica* gelegt und von den Frauen umtanzt[40]. Im
lakonischen Küstenort Brasiai landet der neugeborene Dionysos in einer
schwimmenden Larnax[41] – ein Kultaition, das schon Hermann Usener mit
dem in einer Larnax übers Meer kommenden Dionysos Aisymnetes von
Patrai parallelisiert hat[42]. Ein rituell manipulierbares Kultbild des Dionysos,
das 'Phallos' und 'neugeborenes Kind' zugleich bedeutete, kann im Initiationsbrauchtum nur eine einzige Funktion gehabt haben: Es diente einer
symbolischen Inszenierung von Zeugung und Geburt, um den kausalen
Zusammenhang zwischen beiden Akten sichtbar zu machen.

Eine bekannte Parallele bietet das von Walter Burkert analysierte athenische Erntefest-Ritual der Arrhephoria: Hier erhielten junge Mädchen von
der Athenapriesterin einen verschlossenen Korb. In ihm lag ein phallisches
Objekt, das zugleich ein Kind, nämlich den neugeborenen Erichthonios,

39 Schlange in mystischen Deckelkorb kriechend auf kleinasiatischen Cistophoren-
münzen aus hellenistischer Zeit: F. S. Kleiner/S. P. Noe, *The Early Cistophoric Coinage*,
Numismatic Studies 14, New York 1977; dazu W. Burkert, "Bacchic Teletai in the
Hellenistic Age", in: Carpenter/Faraone 1993, 259–275, bes. 265. – Daß die aus den
mystischen Körben kriechenden Schlangen des makedonischen Dionysoskults eine
phallische Bedeutung hatten, beweist das Gerücht, Alexander der Große sei von einer
solchen Schlange gezeugt worden (Plut. *Alex.* 2). Die Funktion einer *cista mystica* hatte
auch die Getreideschwinge, das Liknon. Vgl. H. Herter, "Phallos", *RE* 19. 2 (1938)
1681–1748, bes. 1707f.; Merkelbach 1988, 113 mit Abb. 3 (Freskenzyklus der Villa
dei Misteri), 18 (Mosaik von Cuicul) und 35 (Terracottarelief aus der Campagna); Burkert 1990, 80f. Nach Serv. *In Georg.* 1, 166 evozierte der Inhalt des Liknon den zerstückelten Dionysos bzw. Osiris. – Dionysos selbst wird als Schlange bezeichnet (Eur.
Bacch. 1019) bzw. verwandelt sich in eine solche (Nonn. 40, 45). Vgl. M. Bourlet,
"L'orgie dans la montagne", *Nouvelle revue d'ethnopsychiatrie* 1 (1983) 9–44, hier 15. In
den Mysterien des Sabazios, mit dem Dionysos in der literarischen Tradition – allerdings nicht in den epigraphischen Dokumenten – gleichgesetzt wurde (Zeugnisse bei
E. N. Lane, *Corpus Cultus Iovis Sabazii* 2, EPRO 100, Leiden 1985, 46–52), hantier-
ten die Initianden angeblich mit einer 'Schlange', die den Gott verkörperte, indem sie
sich diese durch den Schoß zogen (Clem. *Protr.* 16, 2). Tatsächlich handelte es sich
wohl um einen künstlichen Phallos.
40 Oppian. *Cyn.* 4, 245ff.: Tänze der Kadmostöchter um die Wiege des Dionysos,
v. 249 als Larnax bezeichnet; der 'unsagbare' Kasten wird dann auf den Rücken eines
Esels geladen (v. 255f.). Zum Dionysoskind im Liknon vgl. Merkelbach 1988, 91f.
41 In diesem Fall zusammen mit seiner toten Mutter Semele: Paus. 3, 24, 3f.
42 Usener 1899, 99ff.

darstellte. Im aitiologischen Mythos übergab die Göttin Athena diesen Korb den Töchtern des athenischen Urkönigs Kekrops. Als diese die Kiste verbotenerweise öffneten, schoß eine Schlange, das Symboltier des Phallos, daraus hervor und versetzte die Königstöchter in Wahnsinn, so daß sie sich die Akropolis hinabstürzten. In der sozialen Realität schieden die Mädchen, die die mystische Kiste geöffnet hatten, aus dem Dienst der Göttin Athena aus, indem sie mitsamt der Kiste den Burgberg hinabstiegen[43]. Eine rituell gesteuerte Sexualaufklärung junger Mädchen erfolgte also auch hier in Form eines sexuellen Tabubruchs, der wie in Patrai mit der Ritualfiktion 'Wahnsinn' kombiniert war. Ein solcher 'Wahnsinn' machte das in der mystischen Kiste verborgene Kultobjekt als gefährliches Tier[44], den harmlosen Abstieg von der Akropolis als Todessturz erlebbar[45].

Bedienen wir uns dieser Analogie[46], so liegt auf der Hand, welche Phantasieleistungen die jugendlichen Initianden in Patrai zu erbringen hatten: Wenn sie im Tempel der Artemis Triklaria die Larnax des Dionysos öffneten, so gelangten sie in den Besitz eines künstlichen Phallos, eines Komplements des mitgebrachten Getreidesamens, mit dem sich der urzeitliche Sexualfrevel symbolisch wiederholen ließ. Die Jugendlichen sollten sich vorstellen, in ihnen verkörperten sich die archetypischen Urbilder des Melanippos und der Komaitho. Mit dem anschließenden Deponieren der Getreidekränze auf dem Altar und dem Bad im Fluß Meilichos hatten sie dann die Idee eines Menschenopfers und einer Neugeburt zu assoziieren. Die Efeukränze, die sie hinterher aufsetzten, wiesen sie aus als von dionysischem 'Wahn' Befallene. Als solche waren sie in der Lage, in die mythische Vorzeit der Stadt geistig zurückzukehren. Der Efeu signalisierte ihre Bereitschaft, sich in den gesellschaftlich geforderten, zur Aufführung der Riten nötigen Bewußtseinszustand hineinzuversetzen.

Am Ende des Festes muß auch die Befreiung vom 'Wahnsinn' rituell markiert worden sein, vermutlich durch das Ablegen der Efeukränze beim Tempel des Dionysos Aisymnetes. In dessen Nähe stand nämlich die Statue der Soteria, der personifizierten Rettung. Eurypylos, hieß es, habe sie auf-

43 Auf der Basis von Paus. 1, 27, 3 rekonstruiert von Burkert 1966b; Ergänzendes zur Konzeption des 'Phalloskindes' bei Baudy 1992, 12f.

44 Ohne solch hinzutretende Phantasieleistung wäre der Inhalt der mystischen Kiste nur banal gewesen. "Für sich genommen", bemerkt W. Burkert, "war ein Phallos kaum geheimnisvoller als eine geschnittene Ähre; es ist nicht das Requisit, was Mysterien konstituiert" (1990a, 81).

45 Vgl. Burkert 1966b, 1f. 11–14 (= 1990d, 40f. 47).

46 Als solche registriert z. B. von Brelich 1969, 374.

gestellt, als er von seinem Wahnsinn befreit worden war[47]. Der aus der Fremde gekommene Heros, der den Gott des 'Wahnsinns' in die Stadt gebracht hatte und nach seiner Heilung in Patrai eingebürgert worden war, ist – wie der Gott Dionysos selbst – als mythische Präfiguration der jährlich vom Fluß Meilichos zum städtischen Dionysostempel ziehenden und dadurch die Stadtgründung wiederholenden Initianden deutbar[48].

Auf der Akropolis von Patrai stand die Statue des Eurypylos zwischen dem Tempel und dem Altar der Artemis Laphria[49]. Die Bürger von Patrai brachten demnach den in die Stadt gekommenen Heros auch mit dem hier verrichteten Kult in Verbindung. Möglicherweise gibt uns diese topographische Mitteilung des Pausanias einen weiteren Hinweis auf den Abschluß der lokalen Initiationsriten. Nach Pausanias wurde um den Akropolis-Altar herum jährlich ein riesiger Scheiterhaufen erbaut. Dort hinauf führte man am Fest der Laphrien alle Arten von Opfertieren, darunter auch Wildtiere wie Hirsche, Rehe, Wildschweine, Wolfs- und Bärenjunge, und verbrannte sie bei lebendigem Leib. Dazu warf man Obst in die Flammen. Die Tiere wurden in einer Prozession zum Altar geleitet; am Ende der Prozession fuhr eine Jungfrau, die amtierende Priesterin der Artemis Laphria, auf einem von Hirschen gezogenen Wagen[50]. Nach W. D. Furleys überzeugender These

---

47 Paus. 7, 21, 7.

48 Eurypylos als mythisches Pendant der Initianden: Massenzio 1968, 129. – Verfehlt erscheint es mir, Dionysos wegen seines Kulttitels Aisymnetes als einen Gott aufzufassen, der als solcher bereits den Sollzustand der städtischen Ordnung oder des Erwachsenenlebens (Calame 1977, 245) verkörperte. Seinen Kulttitel verdankte der Gott vielmehr dem Umstand, daß der 'Wahnsinn', den seine Parusie bewirkte, die geforderten Menschenopfer symbolisch zu vollziehen erlaubte: Er hieß Aisymnetes, weil die in seinem Kult verankerten Initiationsriten die Ordnung der Polis periodisch regenerierten. – Reflex eines weiteren, mit dionysischer μανία operierenden Initiationskults ist der argivische Mythos der Proitostöchter (Apollod. *Bibl.* 2, 2, 2; dazu mit weiteren Quellen und Forschungsliteratur: G. Casadio, *Storia del culto di Dioniso in Argolide*, Filologia e critica 71, Rom 1994, 51–122). Züge eines adoleszenten Initianden trägt der wahnsinnige Pentheus in Euripides' *Bakchen* (dazu J. Bremmer, "Dionysos transvesti", in: A. Moreau, Hrsg., *L'initiation. Actes du Colloque International de Montpellier, 11–14 avril 1991*, Bd. 1: *Les rites d'adolescence et les mystères*, Montpellier 1992, 189–198; vgl. ferner R. Seaford, "Dionysiac Drama and Dionysiac Mysteries", *CQ* 31, 1981, 252–275, hier 263 ff.; Bonnechère 1994, 202 ff.). Zu Dionysos als Archetypus des männlichen Initianden s. H. Jeanmaire, *Dionysos. Histoire du culte de Bacchus* (Paris 1951) 76 f.

49 Paus. 7, 19, 1; zur Topographie 7, 18, 8.

50 Ebd. 19,11–13.

waren alle Opfertiere von Jugendlichen begleitet, so daß zwischen den in
die Flammen geworfenen Tieren und den in ihrer Gestalt symbolisch sterbenden Initianden ein symbolisches Band konstituiert wurde[51]. Läßt dieses
auf der Akropolis vollzogene Opfer sich aber, wie Furley annimmt, einfach
mit dem im Kult der Artemis Triklaria inszenierten Menschenopfer gleich-
setzen[52]? Das scheitert an dessen eindeutiger Lokalisierung am Fluß Meilichos beim außerstädtischen Tempel der Artemis Triklaria. Falls Furley mit
seiner ansprechenden These, daß die Laphrien kein gesondertes Fest waren,
dennoch recht hat, so muß das Menschenopfer doppelt inszeniert worden
sein: Das aufwendige Holokaust-Opfer der Laphrien wäre dann am ehesten
als krönender Abschluß einer Ritualsequenz aufzufassen, deren Auf-
takt die Zeremonien im Kult der Artemis Triklaria und des Dionysos
Aisymnetes bildeten[53]. Das Scheiterhaufen-Ritual, das die jugendlichen
Initianden in Gestalt undomestizierter 'Wildtiere' symbolisch vernichtete,
wäre dann vorher am Altar der Artemis Triklaria andeutungsweise antizi-
piert worden[54].

Ich komme nun zur Frage des Festtermins. Sie ist nicht unwichtig, weil
wir – wie sich zeigen wird – über den Termin zusätzliche Deutungsmög-
lichkeiten gewinnen. Daß es sich um ein Fest der Getreideernte handelt,
wurde wegen der Getreidekränze, welche die jugendlichen Festteilnehmer

---

51 Furley 1981, 139f.

52 Ebd. 116ff.

53 Die einschlägige Forschung sowohl zum Kult der Artemis Triklaria als auch zu
den Laphria hat Furleys Kombination bisher zu ihrem Schaden ignoriert. Piccaluga
1982, 260ff. sieht in den Laphrien ein Fest, das die Entstehung der bäuerlichen Wirt-
schaftsform durch symbolische Vernichtung einer früheren Zivilisationsstufe inszenierte. Eine solche Deutung läßt sich in die Initiationstheorie einfügen, ja nur in deren
Rahmen rechtfertigen. Wenig Förderliches bietet der ins Indoeuropäische ausgreifen-
de Forschungsbeitrag von A. Petropoulou, "The Laphrian Holocaust and its Celtic Parallel. A Ritual with Indo-European Components", in: J. Dalfen/G. Petersmann/F. F.
Schwarz, *Religio Graeco-Romana. FS für W. Pötscher*, Grazer Beitr. Suppl. 5 (Graz-Horn
1993) 313–334.

54 Das Kultbild der Artemis Laphria stammte nach Paus. 7, 18, 9 aus Kalydon.
Augustus hatte es aus seiner Kriegsbeute der Stadt Patrai geschenkt. Der Import des
Kultbildes impliziert nicht notgedrungen eine einschneidende Kultreform: Die Holo-
kaustriten können schon vorher in den städtischen Artemiskult integriert gewesen sein.
Trotz der verschiedenen Beinamen wurden die auf der Akropolis verehrte Laphria und
die am Meilichos lokalisierte Triklaria, wie der die Kulte beider verklammernde Heros
Eurypylos beweist, als die gleiche Göttin empfunden. Vgl. Nilsson 1906, 217. 219;
Herbillon 1929, 57f.; Furley 1981, 129.

trugen, immer wieder erwogen[55], von Massenzio jedoch als unsicher bezeichnet[56]. Weil die Artemisfeste gern in den Frühling fielen, bevorzugen
verschiedene Interpreten, wenigstens was die (von ihnen freilich als separa-
tes Fest betrachteten) Laphrien angeht, ein Frühlingsdatum[57]. Zum Frühling
passen nun aber die der Artemis Laphria geopferten Baumfrüchte so wenig
wie die der Artemis Triklaria geweihten Getreidekränze. Folgen wir Furleys
These, daß die beiden Artemiskulte zu ein und demselben Festzusammen-
hang gehörten, so haben wir nach einem Einschnitt im landwirtschaftlichen
Kalender zu suchen, der sowohl für die Getreide- als auch für die Obsternte-
te signifikant war. Wann also wurde das Getreide eingebracht, und wann
erreichten die ersten Baumfrüchte die Erntereife? Im antiken Griechenland
war die Gerstenernte schon um die Sommersonnenwende abgeschlossen,
doch die Weizenernte und die nachfolgenden Arbeiten des Dreschens und
der Speicherung zogen sich noch eine Weile hin, so daß die θέρος ("Getreideernte") genannte Saison erst in der zweiten Julihälfte zu Ende ging, wenn
gleichzeitig die Obsternte, griech. ὀπώρα, begann. Diese Zäsur zwischen
θέρος und ὀπώρα markierte im griechischen Bauernkalender der Frühaufg-
gang des Hundssterns bzw. Sirius (in der Antike um den 20. Juli)[58]. Um
diese Zeit wurde der Abschluß der Getreideerntesaison gefeiert[59]. Im agrarischen Zyklus der Demeter trat nun eine Sommerpause ein. Es gab gute
Gründe, den Advent des Dionysos in eben dieser Fuge des landwirtschaftlichen Jahres zu inszenieren: In die Stadt einkehren konnte der Gott des
Weins und der Obstgärten natürlich nicht zu Beginn oder während der
Getreideerntesaison, wohl aber an deren Ende, wenn die ersten Eßtrauben

55 Brelich 1969, 370; Furley 1981, 126; Vernant 1982–83, 446. 448 (= 1990, 190,
193 f.); Redfield 1990, 127.

56 Massenzio 1968, 120 f.

57 Für die Laphria: Herbillon 1929, 65 f.; Piccaluga 1982, 257. Gegen ein Frühlingsdatum spricht u. a. der Umstand, daß der von Piccaluga benutzte Referenzmythos
des Meleagros das Aition eines kalydonischen Hochsommerfestes (beim Frühaufgang
des Orion: Manil. 5, 175 ff.) war. Vgl. Baudy 1986, 111 Anm. 15.

58 Den aufgehenden Sirius als Signalstern der Opora erwähnt schon ein Gleichnis
der *Ilias* (22, 27). Der Komiker Amphis brachte den "Hund", der die Opora liebt, auf
die Bühne (fr. 47 *PCG*). Vgl. Ceragioli 1992, 120.

59 Hes. *Op.* 582 ff.; vgl. dazu Ceragioli 1992, 20. Verglichen mit Parallelen aus dem
modernen Griechenland von J. C. B. Petropoulos, *Heat and Lust. Hesiod's Midsummer
Festival Scene Reconsidered*, Lanham, Md. 1993, *passim*. Im heutigen Griechenland markiert das Eliasfest (20. Juli) das Ende des Getreidedrusches (ebd. 28). Weitere Literatur
in Baudy 1986, 95 f. Anm. 30.

reif wurden[60] und die Obsternte anlief. An diesem kalendarischen Wendepunkt symbolisierte ein demonstratives Ablegen der Getreidekränze das Ende des Theros, das Aufsetzen von dionysischen Efeukränzen hingegen den Beginn der Opora[61].

Daß der Advent des Dionysos in der Kaiserzeit mit dem Frühaufgang des Sirius, des Hundssterns, assoziiert war, verrät uns die epische Tradition: In Statius' *Thebais* nähert sich Dionysos zu diesem Zeitpunkt seiner Heimatstadt Theben[62], und in Nonnos' *Dionysiaka* verfolgt Dionysos beim Siriusfrühaufgang die Nymphen Nikaia und Beroe; den gleichen Termin evoziert dieses Epos bei der Vergewaltigung der Nymphe Aure[63]. Eine solche Motivik mag Nonnos bzw. seine Quelle aus lokalen Hochsommerfesten herausgesponnen haben, in denen Initiandinnen vom Phallos des Gottes, den sie einer *cista mystica* entnahmen, symbolisch entjungfert wurden. Jedes Mädchen, das mittels eines angedeuteten Kopulationsaktes einen pränuptialen Hieros Gamos mit dem Gott Dionysos vollzog, wurde dadurch gewissermaßen zu einer Nymphe; denn Nymphe heißt ja bekanntlich nichts anderes als 'Braut'. Das für den Tempel der Artemis Triklaria erschlossene Initiationsritual ist somit als lokale Sonderform der im Mittelmeerraum zum Beginn der Hundstage gefeierten Hochsommerfeste zu betrachten. Zu diesem Termin paßt auch die Sterilität, die Artemis wegen des verbotenen Beischlafs über das Land verhängte, und die Seuchen, mit denen sie die Bevölkerung bestrafte. Denn wenn der Hundsstern aufging, pausierte das vegetabilische Wachstum, die ausgedörrten Felder lagen brach, Menschen und Haustiere waren von Seuchen bedroht, die man durch Opfer rituell

---

60 Im modernen Griechenland beginnt die Ernte der Eßtrauben am Eliasfest: A. Mommsen, *Griechische Jahreszeiten* (Schleswig 1873) 71. Das war in der Antike schwerlich anders: Zur Zeit des Siriusfrühaufgangs färbten sich die von Dionysos geschenkten Trauben (*Scut.* 399f.); es hieß, die Hitze des Hundssterns lasse die Trauben reifen: Clodius Tuscus ap. Ioannes Lydus De ostentis 65, p. 141 Wachsmuth² καῦμα ἐκ τοῦ κυνός· ἡ δὲ σταφυλὴ ἄρχεται περκάζειν. Dazu Ceragioli 1992, 133ff. – Zum Bezug des Weingottes zum Sirius als Stern der Opora vgl. ferner Kerényi 1976, 74ff.

61 Dem widerspricht es nicht, daß die großen Feste des Dionysos erst mit der eigentlichen Weinlese im Herbst einsetzten und dann hauptsächlich in den Winter und Frühling fielen. Denn ein die Weinlese antizipierendes Dionysosfest namens Protrygaia wurde schon im Sommer gefeiert: R. Kany, "Dionysos Protrygaios. Pagane und christliche Spuren eines antiken Weinfestes", JbAC 31 (1988) 5–23.

62 Stat. *Theb.* 4, 652ff. (bes. 691f.: *meaeque/aestifer Erigones spumat canis*).

63 Nonn. 16, 200ff. (Nikaia); 42, 89ff. (Beroe); 48, 258ff. (Aure). Die Dissertation von J. Winkler, *In Pursuit of Nymphs. Comedy and Sex in Nonnos' Tales of Dionysos* (Diss. Univ. of Texas, Austin 1974), bietet leider bloß werkimmanente Analysen.

abzuwehren versuchte[64]. Die antike Katastrophenformel Limos und Loimos, "Hunger" und "Seuche"[65], hatte eine besondere Affinität zum Sternbild des Hundes, wenn es im Hochsommer heliakisch aufging[66].

Eine solche Datierung des Festes ermöglicht eine neue Deutung der dionysischen Larnax. Der religionshistorische Vergleich erlaubt, dieser Truhe eine wirtschaftliche Funktion zuzuweisen. In der Forschung wurden wiederholt Parallelen gezogen zwischen der Larnax des Dionysos und bestimmten Gottessärgen bzw. mystischen Kisten, die in den Kulten des Osiris, Adonis oder der Athena eine Rolle spielten[67]. Es läßt sich evident machen, daß diese Behälter außer phallischen Objekten jeweils keimendes Getreide enthielten, das den verwandelten Leib des Gottes repräsentierte. Beim Siriusfrühaufgang wurden die Ritualsärge enthüllt und offen in die Sonne gestellt, so daß die Keimlinge rasch verwelkten. Das Verfahren war ein Vitalitätstest, dem man das geerntete Getreide jährlich *pars pro toto* unterzog, um Kriterien für die Selektion des besten Saatguts zu gewinnen[68]. Wenn ich recht sehe, wurde im athenischen Kult hierfür jener Deckelkorb verwendet, in dem der neugeborene Erichthonios in Gestalt eines phallischen Objekts lag. Diese *cista mystica* fungierte hier als staatskultisches Äquivalent der privaten "Adonisgärten"[69].

---

64 So etwa auf der Attika vorgelagerten Insel Keos (Heracl. Pont. fr. 141 Wehrli; aitiologischer Mythos: Apoll. Rhod. 2, 516ff. mit Σ ad 2, 498; Callim. fr. 75, 33ff. Pf.; Diod. 4, 82, 2; Hyg. *Astr.* 2, 4; Nonn. 5, 269 ff.) und in Ägypten (Ael. fr. 105 Hercher).

65 Die antike Topos-Tradition dokumentiert M. Delcourt, *Stérilités mystérieuses et naissances maléfiques dans l'Antiquité classique*, Liège 1938.

66 Nach Hyg. *Astr.* 2.4 vernichtete der Hundsstern einerseits die Feldfrüchte der Keer, andererseits die Bewohner der Insel durch Krankheiten. Sen. *Oed.* 38f. bringt Seuche und Mißwachs in Theben ausdrücklich mit dem Hundsstern in Verbindung. Beim Siriusfrühaufgang eingeholte Orakel gaben Auskunft u. a. über die Ernteerträge und Krankheiten des kommenden Jahres (Manil. 1, 401ff.).

67 Von Usener 1899, 80–114 zusammengestellt in dem Kapitel "Das Götterknäblein in der Truhe". Vergleich der Erichthonios-Kiste mit der Larnax des Dionysos: Brelich 1969, 374; Kroll 1963, 260 hat das Mythologem historisch aus dem ägyptischen Osiriskult hergeleitet. Graf 1985, 300 Anm. 34 bezeichnet das als zu leichtfertig und bezweifelt erstaunlicherweise die Relevanz einer solchen Diffusionstheorie.

68 Pallad. *Op.agr.* 7, 9 weist dieses Verfahren nach griechischen Quellen der ägyptischen Tradition zu. Die gleiche Datierung des Saatguttests auf den Frühaufgang des Sirius auch bei Ps.-Zoroaster in *Geop.* 2, 15. Hierzu und zu diversen antiken Kulteinbindungen vgl. Baudy 1986, 13ff.; 1992, 31ff.; 1995, 184ff.

69 Vgl. Baudy 1992, 31ff.

Ist es nun aber vorstellbar, daß der Kult des Dionysos Aisymnetes in Patrai wirklich die gleiche Festfunktion besaß wie anderswo die Kulte des Adonis, Osiris oder Erichthonios? Ist Dionysos denn nicht der Gott des Weins? War er also in einen agrarischen Kult auf die soeben unterstellte Weise überhaupt integrierbar? Hierzu wäre zu bemerken, daß Dionysos, den schon Herodot mit dem ägyptischen Getreidegott Osiris gleichgesetzt hatte[70], aufgrund dieser Identifikation seit hellenistischer Zeit auch als Urheber des Getreideanbaus angesehen wurde[71]. Diodor von Sizilien erwähnt alte griechische Theologoi, die Osiris sowohl Dionysos als auch Sirius nannten[72], was darauf hindeutet, daß der Sirius nicht nur im Osiris-, sondern auch im Dionysoskult eine einschlägige Signalfunktion besaß. Eine solche *interpretatio Graeca* läßt sich nicht ohne weiteres als willkürlicher Akt abtun, der das Wesen der verglichenen Gottheiten vergewaltigte. Sie mag auch auf einer richtigen Einsicht in die Affinität der beiderseitigen Kulte beruhen. Trotz ihrer synkretistischen Tendenz blieb die hellenistische Theologie sich der Differenzen zwischen Osiris und Dionysos ansonsten durchaus bewußt, unterschied sie doch mehrere Gottheiten namens Dionysos und erkannte nur dem tauromorphen kretischen Dionysos und dem gleichgestaltigen, aus Kleinasien stammenden Sabazios eine agrarische Funktion zu[73]. Da die peloponnesischen Kulte nun aber im Einflußbereich Kretas lagen und Kreta und Kleinasien wiederum schon früh Elemente ägyptischer und phönizischer Religion rezipiert hatten, wäre die Diffusion einer bestimmten Kultform vom Südosten des Mittelmeerraums nach Norden durchaus denkbar. Die als Larnax bezeichnete mystische Kiste des Dionysoskults kann daher, sowohl in Patrai als auch in der ostpeloponnesischen Küstenstadt Brasiai[74],

---

70 Hdt. 2, 42, 2; 144, 2. K. S. Kolta, *Die Gleichsetzung ägyptischer und griechischer Götter bei Herodot* (Diss. Tübingen 1968) 58 ff. Die spätere Tradition dieser Gleichsetzung dokumentiert G. Casadio, "Osiride in Grecia e Dioniso in Egitto", in: I. Gallo (Hrsg.), *Plutarco e la Religione*, Atti del VI Convegno plutarcheo (Ravello, 29–31 maggo 1995), Neapel 1996, 201–227.

71 Diod. 3,64,1–2; 73,5–6; 4, 2, 5; 4, 1–2; Tib. 1, 7, 29 ff.; Plut. *De Is.* 13, 356 AB. Umgekehrt wird Osiris zum Erfinder des Weinbaus: Diod. 1, 17, 1–2; 20, 4. Die Quellen wurden zusammengestellt von A. Henrichs, "Die beiden Gaben des Dionysos", ZPE 16 (1975) 139–144, hier 143.

72 Diod. 1, 11, 3. Vgl. Plut. *De Is.* 52, 372 D. Üblicher war die Gleichsetzung der Isis mit dem Sirius (Sothis). Vgl. A. Burton, *Diodorus Siculus, Book I. A. Commentary*, EPRO 29 (Leiden 1972) 64.

73 Diod. 3, 64, 1–2 (ohne regionale Zuschreibung; nach Firm. Mat. De err. prof. rel. 6, 1–5 gehört der tauromorphe Dionysos nach Kreta); 4, 4, 1–2 (D. Sabazios).

74 Paus. 3, 24, 3.

als ein griechisches Gegenstück der im Mythos übers Meer schwimmenden Gottessärge des Osiris oder Adonis angesehen werden[75]. Auch mit Adonis wurde Dionysos mitunter gleichgesetzt[76]. In eine agrarische Sphäre einbezogen war Dionysos schon im 5. Jh. v. Chr. in Attika[77]. Unter dem Namen
Iakchos verehrt, womit anscheinend ein in der *cista mystica* von Eleusis auf-
bewahrtes phallisches Objekt bezeichnet wurde, spielte er eine bestimmte
Rolle bei den Ackerbaumysterien[78].

Es spricht somit nichts dagegen, der Larnax des Dionysos – auf manchen
Münzbildern wird sie signifikant von Getreideähren umrahmt[79] – die pragmatische Funktion eines Versuchssaatbehälters zuzuerkennen. Welchen Sinn
aber hatte ein solcher Gottessarg im Rahmen eines Initiationskults? Die Antwort auf diese Frage fällt nach den bisherigen Ausführungen nicht schwer: Der
einerseits in Form keimenden Spermas und andererseits in Gestalt eines künstlichen Phallos aus der Truhe auferstehende Gott repräsentierte die männlichen
Initianden. Als ihr göttlicher Vertreter heiratete er symbolisch die zum Tempel
der Artemis Triklaria gekommenen Mädchen. Diesen gegenüber antizipierte
er jeweils den künftigen Bräutigam. Das keimende Sperma des Gottesleibs
demonstrierte die neu erlangte Zeugungsfähigkeit der anwesenden Jünglinge.
Sie bildeten ja fortan die potentiellen Heiratspartner der Initiandinnen[80].

Zu fragen bleibt, ob es bei der agrarischen Symbolik dieses Initiationskults nur um die Bebilderung sexueller Funktionen und nicht zunächst einmal um Agrarisches selbst ging. Ich meine das letztere: Wer seinen Erwach-
senenstatus aufgrund einer Teilnahme an einer ritualisierten Form der Saat-

---

75 Kroll 1963, 70 rechnet mit einem ägyptischen Einfluß auf den griechischen Kult
seit der zweiten Hälfte des 7. Jh.; er manifestiere sich in den Mythen von den schwimmenden Gottesbildern. In Wahrheit läßt sich ein *terminus post quem* für eine solche
Kultdiffusion nicht evident machen.

76 Plut. *Qu. conv.* 4, 5, 671 B.

77 Das Eindringen des orphisch vermittelten Dionysosmythos in Eleusis analysiert
F. Graf, *Eleusis und die orphische Dichtung Athens in vorhellenistischer Zeit*, RGVV 33 (Ber-
lin/New York 1974).

78 Clem. *Protr.* 21, 1 mit der Parallelstelle Arnob. *Adv. nat.* 5, 25. Vgl. Baudy 1992,
13. Die zu kurz greifende Deutung des Iakchos als eines personifizierten Kultrufs der
eleusinischen Mysten (erneuert von H. S. Versnel, ῎Ιακχος. Some Remarks Suggested
by an Unpublished Lekythos in the Villa Giulia", Talanta 4, 1972, 23–38), hat schon
Kerényi 1976, 77 abgelehnt. Er führt den Namen auf eine ägyptische Bezeichnung des
Sirius zurück (mit Hinweis u. a. auf die mythische Figur des Iachim, der den Sirius-
kult stiftet, bei Aelian. fr. 105 Hercher).

79 *Num. Comm. on Paus.* 75.

80 Vgl. Baudy 1992, 13f. 38f. 45.

gutprüfung erwarb, dem wurde ja automatisch eine Einweisung in einen wichtigen landwirtschaftlichen Steuerungsmechanismus zuteil. Der Kult, der den Initianden dazu veranlaßte, sich mit dem vergotteten Getreide zu identifizieren, vermittelte ihm hierbei ein notwendiges Minimum an agrarischer Kompetenz. Sinn macht so etwas natürlich nur unter der Voraussetzung, daß die Initianden später einer bäuerlichen Arbeit nachgehen und zu diesem Zweck eine besondere Verantwortung für die Getreidepflanze entwickeln sollten[81].

In der Tat lesen wir bei Pausanias, daß die Bevölkerung von Patrai aus Ackerbürgern bestand. Augustus hatte die Bauern der Umgebung in der damals entvölkerten Stadt konzentriert[82]. Daß diese stadtresidenten Landwirte ein elementares Interesse daran hatten, ihre Kinder auf die bäuerliche Wirtschaft zu programmieren, und daß den lokalen Initiationsriten hierbei eine wichtige Prägungsfunktion zufiel, sollte niemanden überraschen. Auch die Getreidekränze, welche die adoleszenten Initianden zum Tempel der Artemis Triklaria brachten, sind vor diesem Hintergrund zu deuten: Sie markierten nicht bloß das Ende der Getreideerntesaison, sondern waren offenbar auch das Zeichen dafür, daß ihre Träger sich aktiv am Einbringen der Feldfrüchte beteiligt und somit das Recht auf deren Mitbesitz erworben hatten. Sich mit Getreideähren zu bekränzen, blieb bis in das moderne Brauchtum hinein ein Privileg der Erntehelfer[83]. In Patrai war die Prozession mit solchen Kränzen ein demonstrativer Heischezug von Jugendlichen, die dadurch ihren Anspruch auf eigenes Saatgut und eigenes Ackerland anmeldeten.

Wer erstmals an der Ernte teilgenommen hatte und hinterher in den Kreis der erwachsenen Ackerbürger aufgenommen worden war, der mußte in der kommenden Pflugsaison, also nach der Sommerpause, natürlich noch

---

81 Die von Vernant 1982–83, 448 (= 1990, 193f.) und Redfield 1990, 127 betonte Analogie zwischen den Jugendlichen, aus denen sich die Gesellschaft, und dem Saatgut, aus dem sich die Feldfrucht regenerieren sollte, gewinnt erst unter dieser Prämisse einen konkreten Sinn. Das gleiche gilt für Massenzios abstrakte Aussage, die Ähren wären ins Erneuerungsfest der Stadt Patrai deshalb einbezogen worden, weil das Getreide die Existenzbedingung einer Gesellschaft des agrarischen Typus darstellte (1968, 131).

82 Paus. 7, 18, 6–7.

83 Der griechische Prototyp der Erntehelfer(innen) war die mit Getreide bekränzte Göttin Demeter selbst (Cornut. Theol. Graec. Comp. 28), die die Menschen durch ihr Beispiel das Getreide zu ernten gelehrt hatte (Diod. 5, 68, 1). Entsprechend Isis in Ägypten, vgl. Tert. *De Cor. 7: prima Isis repertas spicas capite circumtulit.* – Reiches Material zum analogen Erntebrauchtum in Nordeuropa vor Einführung des Mähdreschers: I. Weber-Kellermann, *Erntebrauch in der ländlichen Arbeitswelt des 19. Jahrhunderts auf Grund der Mannhardtbefragung in Deutschland von 1865* (Marburg 1965).

in die Feldbestellung selbst eingewiesen werden. Daß auch hier rituelle Hilfestellungen nicht fehlten, darauf deutet ein von Pausanias referierter Urzeitmythos hin. Er führt uns in eine noch frühere Zeit zurück, als es auch die drei Vorläufergemeinden der Stadt Patrai noch nicht gab. Denn er beschreibt deren sukzessive Entstehung.

Der erste König des Landes, heißt es, sei der autochthone Hirte Eumelos, der "Schafreiche", gewesen. Dieser Eumelos empfing von dem attischen Heros Triptolemos das Saatgetreide und gründete darauf die Ortschaft Aroe, den "Pflugort"[84]. Dies war die Polis, aus der später durch Erweiterung der Stadtmauern Patrai entstehen sollte[85]. Die zweite Ortschaft, Antheia, verdankte dem Mythos nach ihre Entstehung ebenfalls dem urzeitlichen Übergang zur Feldwirtschaft: Der Sohn des Eumelos, Antheias (der "Blütenjüngling"), spannte eigenmächtig die Schlangen vor den Wagen des Triptolemos, während dieser schlief; denn er wollte selbst Getreide säen. Doch vermochte er den Wagen nicht zu steuern; von ihm herabstürzend verunglückte er tödlich. Ihm zu Ehren gründeten Eumelos und Triptolemos darauf die nach dem Jüngling benannte Ortschaft Antheia[86].

Der Tod des Antheias läßt sich als mythischer Reflex eines zum Beginn der herbstlichen Feldsaat inszenierten Initiationstodes betrachten. Er korrespondiert dem Tod des Melanippos, der später zur Gründung der Stadt Patrai führen sollte. Das tödliche Ende verursacht im einen Fall das vorzeitige und inkompetente Besäen des unkultivierten Landes, im andern Fall eine vorzeitige sexuelle 'Saat' im Tempel der Ödlandgöttin Artemis.

Als dritte Ortschaft zwischen Aroe und Antheia entstand schließlich Mesatis, die "Mittelgemeinde". Vermutlich war ihre mythische Gründung mit der Einführung des Weinbaus assoziiert. Denn in ihr soll der Weingott Dionysos aufgewachsen und hier auch von den Titanen zerrissen worden sein[87]. Dies war bekanntlich der erste Akt eines anthropogonischen Mythos: Aus der Asche des zerstückelten Dionysos entstanden die Menschen. Wir dürfen aus solch thematischer Verquickung von Tod und Geburt wiederum auf Initiationsriten schließen, in diesem Fall im Kontext eines dionysischen Winzerfestes.

---

84 Paus. 7, 18, 2. Nach *Et. Mag.* 147, 35 ff. pflügte und säte Triptolemos im Auftrag der Demeter zuerst in Aroe.

85 Paus. 7, 18, 5.

86 Ebd. 3.

87 Ebd. 4. Wie Redfield 1990, 125 hierzu bemerkt, war die Ankunft des Dionysos Aisymnetes demnach eine Art Heimkehr.

Was aber hatte der Dionysoskult von Patrai mit Troia zu tun? Warum definierte der Mythos die Larnax des Dionysos Aisymnetes als troianische Kriegsbeute und stellte deswegen einen thessalischen Heros namens Eurypylos, der sie nach Patrai gebracht haben sollte, als verirrten Heimkehrer aus dem troianischen Krieg dar? Zunächst ist zu bemerken, daß es den Bürgern von Patrai offensichtlich darauf ankam, ihrer Stadt und deren Initiationsbrauchtum die Weihe hohen Alters zu geben. Da der troianische Krieg im Bewußtsein der Griechen eine Epochenschwelle war, welche die Welt der Halbgötter von der Welt der heutigen Menschheit trennte[88], lag es nahe, den Untergang Troias zur unmittelbaren Voraussetzung für die Gründung historischer Städte, so denn auch für die Entstehung von Patrai, zu machen. Es kommt aber noch etwas anderes hinzu: Der troianische Krieg fungierte im historischen Griechenland als Aition eines Waffentanzes, der Pyrrhiche. Der thessalische Heros Achill bzw. sein Sohn Pyrrhos-Neoptolemos sollten den Tanz im Kampf um Troia erfunden haben[89]. Jugendliche tanzten die Pyrrhiche an bestimmten Festen, um den Erwachsenen ihre erlangte Wehrfähigkeit zu demonstrieren. Da der in Thessalien beheimatete Troiaheimkehrer Eurypylos nun aber die mythische Präfiguration der vom Tempel der Artemis Triklaria aus in die Stadt zurückkehrenden Jünglinge war, gewinnen wir über seine Figur einen Hinweis auf das, was jene Jugendlichen vor ihrer Initiation getan hatten: Anscheinend lag ihre Ephebenzeit, ihre militärische Ausbildung, gerade hinter ihnen. Zu dieser Phase des Militärdienstes gehörte – so müssen wir schließen – u. a. auch der Tanz der Pyrrhiche, anläßlich dessen die Epheben sich ins mythische Zeitalter der Troiakämpfer imaginär zurückversetzten[90]. Die 'Rückkehr' aus dem 'troianischen Krieg' wiederholte sich dann jedesmal, wenn die Novizen aus dem militärischen Grenzdienst ausschieden und das kultivierte Land betraten, um

88 Hes. *Op.* 155ff. ordnet die Generationen der um das siebentorige Theben und um Troia kämpfenden Heroen dem vierten Geschlecht zu, das zum 'eisernen' Gegenwartsgeschlecht überleitet.

89 Nach Aristot. fr. 519 Rose tanzte zuerst Achill die Pyrrhiche, und zwar um den Scheiterhaufen des Patroklos. Achills Sohn Pyrrhos, der eponyme Heros der Pyrrhiche, soll mit seiner Tanzkunst Troia erobert und dem Erdboden gleich gemacht haben (Luc. *Salt.* 9). Die Pyrrhiche als Vorübung für den Krieg: Athen. 14, 630d–631a. – Zur Initiationsbedeutung der Pyrrhiche und ihren verschiedenen aitiologischen Mythen vgl. St. H. Lonsdale, *Dance and Ritual Play in Greek Religion* (Baltimore/London 1993) 137ff.

90 Der troianische Krieg insgesamt stellt m. E. ein aus Initiationsriten herausgesponnenes Phantasiegebilde dar. Initiationselemente in der epischen Überlieferung analysiert Bremmer 1978.

sich hier erstmals an der Getreideernte zu beteiligen. In Rücksichtnahme
darauf machte der Mythos den ehemaligen Troiakämpfer Eurypylos zum
Urheber der kommunalen Initiationsriten. Die Wahl fiel auf einen thessalischen Heros wohl nur deshalb, weil thessalische Troiakämpfer als Erfinder
der Pyrrhiche galten. Bei Statius tanzt der junge Achill während eines
Dionysosfestes auf Skyros im Reigen, bevor er zum Krieg nach Troia auf-
bricht[91]. Er gleicht dabei dem gegen die Inder zu Felde ziehenden Dionysos[92].

Aus der mythischen Lokaltradition läßt sich noch eine weitere religionssoziologische Information gewinnen: Warum schrieben die Bürger von
Patrai der Urbevölkerung des Landes unter dem autochthonen König
Eumelos ein Nomadenleben zu? Wir sollten uns davor hüten, den Übergang von einer vorbäuerlichen Hirtenwirtschaft zum residenten Bauern-
und Stadtbürgertum als mythische Erinnerung an einen realen Geschichts-
verlauf zu verstehen. Ich schlage vor, darin vielmehr eine idealtypische
Projektion der statistisch erwartbaren individuellen Lebensläufe zu sehen:
Normalerweise geht die Hirtenarbeit Jugendlicher in traditionellen agrarischen Gesellschaften der Feldbestellung lebensgeschichtlich voraus[93]. Das
gilt sicherlich nicht nur für die illiterate griechische Frühzeit. Neuere Forschungen zum Thema Mündlichkeit und Schriftlichkeit haben uns über den
Grad, in dem Griechen und Römer alphabetisiert waren, gründlich desil-
lusioniert. Die Mehrheit der mediterranen Bevölkerung bestand bis in die
Moderne hinein aus Kleinbauern, welche produktive Arbeit weder an Sklaven delegieren noch es sich leisten konnten, ihre Söhne zur Schule zu
schicken[94]. Denn deren Mitarbeit war ihnen unentbehrlich. In der klein-
bäuerlichen Gemischtwirtschaft hatten sie insbesondere das Vieh zu hüten.
Und das taten sie in der Regel, bis sie das wehrfähige Alter erreichten. Insofern trennte ein dazwischengeschobener Militärdienst die Hirtenarbeit der
unverheirateten Jugendlichen von der Feldarbeit der verheirateten Erwachsenen. Übergangsriten, welche jeweils den Wechsel von einer sozialen Funktion zur andern organisierten, gab es sowohl vor dem Beginn als auch nach
dem Ende der Ephebie. In manchen Teilen Griechenlands scheint eine zum

---

91 Stat. *Achil.* 603 ff.

92 Ebd. 615 ff.

93 Von Dikaiarch in seiner "Lebensgeschichte Griechenlands" auf die Vorgeschichte projiziert (fr. 48 u. 49 Wehrli). Vgl. Baudy 1995, 190 f.; 1992, 40 f.

94 Vgl. etwa W. V. Harris, *Ancient Literacy* (Cambridge, Ma./London 1989);
L. Canfora, "Lire à Athènes et à Rome", *AnnESC* 44 (1989) 925–937.

Abschluß der Hirtenzeit erfolgende Großwildjagd zum Militärdienst der Epheben übergeleitet zu haben[95]. Was die abschließende Aufnahme in die Bürgerschaft angeht, so kann uns das Beispiel des achaiischen Kults der Artemis Triklaria und des Dionysos Aisymnetes lehren, daß am Ende des Sozialisationsprozesses keineswegs die Eingliederung der Jugendlichen in den sogenannten ‚Männerbund' der wehrfähigen Bürger stand. Das Telos des Lebens war vielmehr sexuell und ökonomisch definiert: Mit Hilfe ihrer agrarischen Symbolik vermittelten die Initiationsriten den Novizen eine doppelte Lizenz – einerseits zur Kinderzeugung und andererseits zur Feldsaat.

95 Vgl. Baudy 1986, 50–73; 1992, 40f.

JOHN SCHEID

Nouveau rite et nouvelle piété

Réflexions sur le *ritus Graecus*

Dans un recueil dédié à M. W. Burkert et aux rites, la religion romaine a sa place, même si le thème général de l'ouvrage est pour l'essentiel consacré à l'étude du rite grec. Non seulement parce que W. Burkert compte parmi les historiens de la religion romaine, mais aussi parce que cette religion est considérée au moins depuis le XIXe siècle comme une religion dominée par ritualisme que seule la *pietas* juive égalerait[1]. Or la présence aussi massive du rite et du culte dans une religion est, on le sait, traditionnellement considérée comme un signe de décadence et de décomposition. Le seul aspect positif que l'opinion commune reconnaissait à ce culte purement formel et "vide" était l'attachement entêté et difficilement compréhensible que les Romains vouèrent à leur religion, jusqu'en plein IVe siècle. Quant aux rites, beaucoup d'historiens les prenaient uniquement en compte pour étudier les comportements juridiques romains, la langue archaïque ou bien, depuis l'introduction de l'ethnologie, pour enquêter sur la religiosité primitive. On supposait en effet que les rites des Romains avaient conservé

---

1 Th. Mommsen, *Römische Geschichte* 1,3 (1888[8]) 867: "Der Katalog der Verpflichtungen und Vorrechte des Jupiterpriesters zum Beispiel könnte füglich im Talmud stehen (. . .) In dieser Übertreibung der Gewissenhaftigkeit liegt an sich schon ihre Erstarrung; und die Reaction dagegen, die Gleichgültigkeit und der Unglaube ließen auch nicht auf sich warten"; L. Preller, *Römische Mythologie* 1 (Berlin 1881[3]) 126–128, qui 127 n. 2 s'appuie, afin de justifier pareille comparaison, sur Tert. *Praescr. haer.* 40, où le ritualisme romain est conçu comme une imitation diabolique de la Loi reçue par Moyse: "*Ceterum si Numae Popilii superstitiones reuoluamus, si sacerdotalia officia et insignia et priuilegia, si sacrificantium ministeria et instrumenta et uasa, <si> ipsorum sacrificiorum ac piaculorum et uotorum curiositates consideremus, nonne manifeste diabolus morositatem illam Iudaicae legis imitatus est?*": le lien relève donc déjà de la polémique chrétienne de l'Antiquité et n'est pas une invention des modernes. Voir également J. Réville, *La religion à Rome sous les Sévères* (Paris 1886) 144; F. Cumont, *Les religions orientales dans le paganisme romain* (Paris 1929[4], réimpr. 1963 [1906[1], 1909[2]]) 25.

intacts certains traits de la relation primitive de l'homme à Dieu et à la nature. En dépit de l'utilité que le ritualisme romain à travers ses aspects institutionnels a pu avoir pour l'étude de l'antiquité, les historiens se heurtaient toujours à la question du sens qu'il fallait donner à ce ritualisme et cherchaient une voie pour le comprendre.

Le contraste entre la piété ferme des Romains et leur ritualisme incompréhensible aux chercheurs du XIXe siècle donna lieu à diverses réinterprétations des conduites religieuses romaines. De nombreuses études furent consacrées presque exclusivement à la philosophie religieuse. Dans cette perspective allégorisante, rites, fêtes et temples étaient compris comme un moyen d'atteindre une pensée plus profonde. Une autre direction de recherches concernait le culte lui-même et tentait de combler son prétendu vide par un contenu acceptable. On accorda ainsi une attention privilégiée aux cultes dits orientaux et aux mystères considérés comme des religions spirituelles[2]. Toutes ces tendances de l'histoire de la religion romaine sont bien connues et il est inutile de s'y attarder. Je voudrais examiner plutôt une variante de cette volonté de rendre à la religion romaine une certaine respectabilité qui se manifeste à travers la recherche, à l'intérieur du ritualisme même, des traces d'une évolution de la piété traditionnelle.

Il serait fastidieux de faire un inventaire de ce type d'entreprise, et je me restreindrai aux exemples présentés naguère dans un article de Mme J. Champeaux. Réagissant contre l'opinion commune selon laquelle ce n'est qu'à partir de l'Empire et dans les religions orientales que se forme "une religion personnelle digne de ce nom, capable de prendre en charge les droits et les besoins de l'individu, ses aspirations affectives, ses exigences éthiques"[3], J. Champeaux se demande s'il n'y a pas eu avant l'Empire, à côté de la forme collective de la religion, une piété "moins codifiée et plus humaine, moins étroitement ritualiste que la religion archaïque"[4], bref une forme plus libre, spontanée et intériorisée du sentiment religieux. La question est une réponse. Avec J. Gagé et A. Grenier, J. Champeaux identifie les indices d'une nouvelle piété dans le *ritus Graecus,* et plus précisément dans trois exemples qui sont fournis par le lectisterne de 399, par la religiosité de Scipion l'Africain et par le théâtre de Plaute.

---

2 W. Burkert a consacré une mise au point importante à ce malentendu dans *Les cultes à mystères dans l'antiquité* (Paris 1992) 15 (= 1990a, 10f.).

3 Champeaux 1989, 263.

4 Art. cit. 264.

Je ne veux pas revenir sur l'arrière-plan historiographique et philosophique de cette affirmation, mais plutôt montrer à l'aide de ces trois exemples
qu'elle n'est pas recevable et qu'elle est révélatrice d'une certaine difficulté
à appréhender la religion ritualiste des Romains. Avant de commenter les
trois exemples, je voudrais m'arrêter brièvement sur la notion de "rite grec",
qui est elle-même à l'origine d'un certain nombre de contre-sens.

I

La catégorie du *ritus Graecus* intéresse depuis longtemps les historiens.
L'idéalisme allemand et ceux qu'il inspira, souvent à leur insu, considéraient
le rite grec comme une réaction historique nécessaire contre la religion formelle vide et ennuyeuse des Romains. Th. Mommsen et W. W. Fowler le
désignèrent même comme un mal qui transforma complètement la religion
traditionnelle. Mais qu'il fût considéré comme un mal ou un événement
historique inéluctable, le *ritus Graecus* était considéré comme le produit
d'une influence étrangère, strictement séparée du culte romain.

On prend aujourd'hui une certaine distance par rapport à cette manière
de voir, mais au fond la théorie "hégélienne" du rite grec continue d'agir
implicitement, notamment parce qu'on n'a jamais tenté de définir avec précision le sens de la catégorie du *ritus Graecus* et de dresser l'inventaire de
toutes les pratiques cultuelles qu'il embrassait[5].

Nous appliquons aujourd'hui le terme de rite à un service religieux ou
à une célébration collective, et nous l'assimilons à leur contenu. Dans les
religions d'Europe les rites, en tant qu'actes traditionnels et extérieurs, sont
généralement opposés et subordonnés au lien spirituel et intérieur que le
fidèle entretient avec la divinité. Indépendamment du fait qu'il s'agit d'une
construction idéologique moderne[6], cette conception repose sur une interprétation erronée du *ritus Graecus*. D'abord le terme *ritus* possédait un sens
différent pour les Romains. Il ne définissait pas le service religieux avec son
contenu, ses gestes et ses prières, mais la coutume, la règle fondamentale

---

5 Voir J. Scheid, "Graeco Ritu: a typically Roman way of honouring the gods" à
paraître dans les *HSCPh* 1996, pour une étude plus approfondie.

6 Voir le dossier réuni par F. Schmidt, "Des inepties tolérables. La raison des rites
de John Spencer (1685) à W. Robertson Smith (1889)", dans: *ArchScSocRel* 85 (1994)
121–136, dans le cadre d'une recherche collective sur "Oubli et remémoration des
rites. Histoire d'une répugnance" (pp. 5–152), et dans ce volume la contribution de
J. Bremmer, 9–32.

régissant un culte donné. *Ritus* ne signifie pas la même chose que *sacrum,* *caerimoniae* ou *religiones,* mais est équivalent à *mos,* τρόπος, ἔθος, νόμος. D'ailleurs, les Romains ne parlent jamais de *ritus Graecus* comme d'un corpus de célébrations, mais se contentent de préciser que certains actes religieux sont célébrés *Graeco* ou *Romano ritu.* Dans l'acception religieuse du terme, celui-ci décrit uniquement la manière de célébrer un sacrifice ou une fête, jamais son contenu et son état d'esprit. *Graeca sacra,* une expression qui s'approche davantage de notre concept moderne de rite et désigne l'ensemble du culte en question, est attesté, mais on l'appliquait uniquement au *sacrum anniuersarium Cereris* célébré par les matrones.

Il est, par conséquent, impossible de considérer la "coutume grecque" comme le contenu d'une nouvelle religiosité. Car cette nouvelle manière de célébrer sacrifices et fêtes ne peut être ni dissociée du ritualisme romain ni simplement rattachée au processus de l'hellénisation, d'autant plus que la religion des cités grecques elle-même ne connaissait pas nécessairement cette notion. D'ailleurs, le *"Graecus ritus"* ne concernait pas tous les cultes et dieux d'origine grecque. Les Romains appliquaient cette catégorie à Hercule, Saturne et Apollon, au *sacrum anniuersarium Cereris,* aux *Ludi saeculares* ou à des sacrifices, mais non aux *sacra* des Castores, d'Esculape, de la Magna mater, de Bacchus, de Bona dea, d'Hécate etc. Une étude précise montre qu'en fait la catégorie est une construction intellectuelle sélective. Par ailleurs, les cultes qui tombent dans la catégorie, comme celui d'Hercule, n'ont aucune relation avec les indices de la prétendue nouvelle religiosité, notamment le lectisterne. Plus étonnant encore est le fait que certains dieux indéniablement italiques et romains, comme Saturne, sont rangés sous les cultes célébrés *Graeco ritu:* en fait, seule une partie du culte, les *Saturnalia,* sont en cause. Dans le culte de Cérès seuls les rites de matrones portent le qualificatif grec. Il est également exagéré de s'appuyer sur un passage de Varron[7] pour décider que tous les cultes célébrés par les décem- ou quindécemvirs sont faits selon le mode grec. La lecture de Tite Live prouve que ceci n'est pas le cas et que seuls certains des sacrifices et fêtes qui leur furent confiés correspondent à cette catégorie. D'ailleurs les Jeux séculaires, le seul service célébré *Graeco ritu* par les quindécemvirs qui soit connu avec précision, révèlent la complexité de la notion, car le culte s'adresse aussi bien à des divinités grecques qu'à la triade capitoline, et comprend un mélange hautement complexe d'actes religieux "grecs" et romains, quelles que soient les divinités honorées. Par ailleurs rien n'y renvoie à une spi-

---

7 Varr. *Ling. Lat.* 7, 88.

ritualité supérieure. Tout porte la marque d'un solide ritualisme. Le *modus Graecus* des Jeux séculaires apparaît comme une légère variation des coutumes romaines, par exemple dans le costume rituel, mais non comme une forme entièrement nouvelle de culte. C'étaient essentiellement des traditions romaines comportant quelques gestes et des attitudes désignées comme grecques. Rien ne définit mieux le caractère du sacrifice *Graeco ritu* que la tradition d'après laquelle l'institution de l'élément typique du culte *Romano ritu,* le fait d'officier la tête voilée, remonte au Troyen Énée (!): d'après le mythe son mode sacrificiel se distinguait apparemment de celui des Grecs par ce seul élément.

La catégorie du rite grec apparaît comme une construction intellectuelle des deux derniers siècles de la République, dans le contexte du débat romain sur la cité ouverte, sur l'impérialisme et sur l'entrée de Rome dans l'histoire mondiale. Elle n'a aucun rapport évident avec la recherche d'une relation approfondie avec les dieux, et il faut donc l'utiliser avec prudence pour la rattacher à l'hellénisation de Rome. En quoi et comment le rite grec a-t-il marqué les trois exemples décrits par J. Champeaux?

II

Commençons par le lectisterne de 399 av. n. è.[8]

Pendant la longue guerre avec Véies, une *pestilentia* sévère éprouva Rome. Le sénat fit interroger les Livres sibyllins qui recommandèrent la célébration du lectisterne. Pour J. Gagé et la plupart des historiens, le lectisterne appartient au "rite grec" et se trouve placé sous le signe de l'apollinisme[9]. Le prétendu "esprit des lectisternes" aurait commandé le passage "de formes religieuses encore très primitives, fondées sur l'échange de prestations alimentaires, à une piété plus évoluée, plus 'spirituelle', où les comportements individuels et les valeurs morales commencent à se faire jour"[10]. Les citoyens auraient ainsi découvert la valeur morale de la bienfaisance et de la bonté, lointains précurseurs de la charité. Trois comportements sont censés exprimer les valeurs morales nouvelles: l'ouverture des maisons à tous, l'accueil à table des citoyens comme des étrangers, des gens connus

---

8 Liv. 5, 13, 4−8; Dion. Hal. 12, 9. Pour les détails, la description et le résumé de la bibliographie je renvoie à la description soignée de J. Champeaux.

9 Gagé 1955, 168−179. Voir aussi J. Cèbe, "Considérations sur le lectisterne", dans: *Hommages à J. Granarolo, Ann. Fac. de Lettr. Nice* 50 (1985) 205−221.

10 Champeaux 1989, 268.

comme des inconnus, enfin la bienveillance à l'égard de ses ennemis, l'arrêt des procès et la libération temporaire des prisonniers.

Or les sources n'autorisent pas cette interprétation. D'abord ni Tite Live ni Denys d'Halicarnasse n'évoquent dans leurs descriptions le *ritus Graecus*. Ils décrivent les rites en question sans évoquer cette catégorie. Et l'origine sibylline de la célébration ne suffit pas pour établir d'emblée que les lectisternes étaient célébrés *Graeco ritu*. Les Livres ne prescrivaient pas systématiquement des services religieux *Graeco ritu*[11]. Sous la République les livres Sibyllins étaient placés sous l'autorité de Jupiter et conservés dans le temple capitolin. Les *aitia* sur leur acquisition, qui semblent dater du IIe siècle av. n. è., ne mentionnent jamais Apollon. Ce n'est qu'au milieu du Ier – et au plus tôt au cours du dernier tiers du IIe siècle – av. n. è. que les Livres furent mis en relation avec lui et transférés dans son nouveau temple[12]. Le fait qu'Apollon, sa mère et sa soeur furent honorés au lectisterne de 399 ne suffit pas non plus pour qualifier de "grecque" le reste de la célébration, car trois autres divinités depuis toujours ou depuis longtemps installées à Rome

---

11 Voir K. Latte, C. r. de Gagé 1955, *Gnomon* 30 (1958) 120–125, notamment 121, et J. Scheid, "Les Livres Sibyllins et les archives des quindécemvirs", sous presse dans C. Moatti (éd.), *À la recherche de la mémoire perdue. 2,* Rome. Citons également le témoignage, certes discutable, de l'*Histoire Auguste* qui range le lectisterne dans la catégorie du *ritus Romanus* (SHA, *M. Ant.Phil.* 13, 1–2). Je remercie S. Estienne pour cette référence.

12 Un indice parallèle de la date tardive de la mise en relation des livres Sibyllins et d'Apollon est offert par les témoignages littéraires et numismatiques sur les *X(V)uiri sacris faciundis.* Les sources littéraires établissent le rapport avec Apollon au milieu du Ier siècle (Cic. *Harusp.* 18; *Div.* 1, 115; 2, 113; Tib. 2, 5, 15 sq.). Plutarque (*Cat. min.* 4) ainsi qu'une inscription du IVe siècle de n. è. (Moretti, *IGUR* n° 126) les désignent de prêtres d'Apollon. Quant au passage de Tite Live (10, 8, 2) qui les présente comme *antistites Apollinaris sacri caerimoniarumque aliarum,* il ne prouve pas qu'ils étaient seulement prêtres d'Apollon. Le symbole apollinien du trépied (cf. Serv. *Ad Aen.* 3, 332) figurant sur plusieurs monnaies d'époque républicaine livre davantage d'éléments de datation. Si l'on peut accepter sans trop d'hésitation le trépied comme preuve de l'appartenance aux XV virs de L. Manlius Torquatus (M. H. Crawford, *Roman Republican Coinage,* Cambridge 1974, n° 411, 1 a/b avec pl. 50: 65 av. n. è.; cf. Wissowa 1912, 500 avec n. 6; Fr. Münzer, "Manlius 80", RE 14, 1928, 1203–1207), il n'en va pas de même pour M. Opimius. Un des deniers émis par ce monétaire pourrait signaler son appartenance – ou celle de son père – au collège décemviral (Crawford, *op. cit.* n° 254 suivant B. Borghesi, "Osservazioni numismatiche. Decade VII" [1822], dans: id. (*Oeuvres* I, Paris 1862, 357–359). Mais en dépit du parallélisme offert par une monnaie de L. Postumius Albinus (Crawford, *op. cit.* n° 252), attribuée au même collège monétaire à cause de cette ressemblance, l'interprétation n'est pas certaine. En tout cas, si ce symbole se référait effectivement à la prêtrise de l'un des Opimii, ce serait la première attestation, en 131 av. n. è., du lien entre les Xvirs et Apollon. Nous serions encore loin de l'année 399.

(Mercure, Neptune, Hercule) y étaient également associées. C'est oublier aussi qu'Apollon est le défenseur qualifié contre les épidémies et qu'il est souvent invoqué pour cette raison.

Il ne fait cependant aucun doute que la prescription de l'oracle Sibyllin s'est inspiré des théoxénies grecques (et pas seulement delphiques), mais cela non plus n'établit pas le caractère "grec" du rite[13]. Car il ne s'agit pas de la simple reprise d'un rite grec. Sans même insister sur le fait que les théoxénies grecques sont bien éloignées du concept moderne de la "plus haute piété"[14], il faut signaler que le processus de l'hellénisation de Rome n'est pas aussi simple. Les recherches sur l'acculturation ont montré que l'introduction d'une coutume étrangère dans une société donnée s'insère généralement dans un contexte indigène pour donner naissance à une structure nouvelle qui n'a de sens que dans ce contexte[15]. Tel fut aussi le cas en 399. D'une part, on l'a déjà signalé, Rome et le Latium connaissaient depuis toujours des rites semblables au lectisterne, à Tusculum dans le culte des Cioscures, à Rome dans le cadre des rites entourant l'accouchée[16]. Le lectisterne n'est pas non plus le seul et le premier rite célébré *publice* et *priuatim*. Cela se produisait chaque année lors des Parentalia et des Quirinalia, ou bien lors des supplications. L'association des divinités du lectisterne elle aussi paraît bien plus romaine que grecque. Enfin l'interprétation du sacrifice comme un repas, qui domine le rite de la théoxénie, est non seulement bien connue dans la Rome du IVe siècle, mais encore placée au coeur des pratiques sacrificelles romaines. L'importance de ce paradigme est attestée, par exemple, par le terme *daps* et par le témoignage le plus ancien du sacrifice-repas, le sacrifice annuel des Féries latines. Les rites du lectisterne correspondaient donc largement à des traditions romaines. Qu'en est-il, en

13 La catégorie du *Graecus ritus,* rappelons–le, a été créée deux siècles plus tard.

14 Pour les théoxénies, voir en dernier lieu M. H. Jameson, "Theoxenia", dans: Hägg 1994, 35–57.

15 R. Thurnwald, "The psychology of acculturation", dans: *American Anthropologist* 34 (1932) 557–569; R. Bastide, *Initiation aux recherches sur l'interpénétration des civilisations* (Paris 1948); id., *Les religions africaines au Brésil. Vers une sociologie des interpénétrations de civilisations* (Paris 1960); M. J. Herskovits, *Les bases de l'anthropologie culturelle* (Paris 1967); J. Slofstra, "An anthropological approach to the study of romanization processes", dans: R. Brandt/J. S. (éds.), *Roman and Native in the Low Countries* (Oxford 1983) 71–105. Pour l'hellénisation de Rome, voir notamment P. Veyne, "L'hellénisation de Rome et la problématique des acculturations", dans: *Diogène* 106 (1979) 3–29.

16 G. Wissowa, *Religion und Kultus der Römer,* Handb. d. klass. Altertumswiss. 5, 4 (Munich 1912²) 423 n. 1 (où Wissowa souligne que la tradition romaine se contente de dresser un lit, mais n'utilise pas de mannequins); Gagé 1955, 174 sq.

revanche, de la nouvelle ambiance religieuse qui se serait manifestée en 399 et après? Dans quelle mesure l'adoption du lectisterne introduisit-elle une mutation religieuse, un détournement du culte formaliste "archaïque" vers une intériorisation morale de la religion?

Pour répondre à cette question, il convient d'examiner de près la fête. Notons pour commencer que les sources anciennes ne mentionnent jamais cette nouveauté religieuse. Elles décrivent uniquement et avant tout un rite. Celui-ci exprime très clairement la volonté de restaurer la paix et la concorde avec les dieux. Les divinités liées d'une manière ou d'une autre à la *pestilentia* de tous les *animalia* – Apollon et les siens pour les hommes, Hercule et Mercure pour le bétail, Neptune pour tous? – sont reçus et régalés le plus solennellement et généreusement possible. Les "voyageurs" divins sont invités et reçus à titre public et privé. S'y ajoute que les citoyens jouent rituellement, en public et en privé, l'hospitalité et la paix bienveillante. Comme lors des jours néfastes et des *feriae*, les procès s'arrêtent, et même les prisonniers sont libérés, ce qu'on peut rapprocher de la libération des prisonniers enchaînés qui entrent dans la maison du flamine de Jupiter. En privé on parle *benigne et comiter* avec ses ennemis personnels, et la table de chaque famille est ouverte aux autres citoyens et aux étrangers. Avec M. Nouilhan[17], je ne puis comprendre ces comportements que comme la représentation rituelle de la ξενία et de la concorde désirée, et non comme un signe d'intériorisation de la religion. On ne doit pas oublier qu'en pays grec les théoxénies sont représentées comme l'ἐπιδημία, l'avent des dieux[18]. Le rite énonce la réconciliation avec des divinités apparemment devenues ennemies de manière aussi réaliste que le lectisterne proprement dit mettait en scène leur *daps*. Sans doute la participation des *aduenae*, des παρεπιδημοῦντες, joue-t-elle un rôle elle aussi. On ne peut s'empêcher de penser aux *mutitationes* annuelles des familles aristocratiques de Rome qui commémoraient et mettaient en scène l'accueil de la Magna Mater en 204, ou plus généralement les banquets du Nouvel An, dont Libanios a laissé, plusieurs siècles après Tite Live, une interprétation très proche de celle du lectisterne

---

17 M. Nouilhan, "Les lectisternes républicains", dans: A. F. Laurens (éd.), *Entre hommes et dieux. Le convive, le héros, le prophète,* Lire les polythéismes 2, Centre de Recherches d'Histoire Ancienne vol. 86, Ann. Litt. de l'Univ. de Besançon 391 (Paris 1989) 27–40, notamment 28.

18 On notera que le terme ἐπιδημία désigne aussi un type d'avent moins heureux, celui de la *pestilentia* précisément. La théoxénie mettait peut-être en scène une visite bénéfique des devinités, par opposition à "l'épidémie" séjournant parmi les humains.

de 399[19]. Pourtant les chrétiens n'y voyaient pas la préfiguration de la charité, au contraire[20].

Il apparaît donc que les différents segments du lectisterne constituaient avant tout un rite, un seul rite qui énonçait, comme plusieurs autres, la réconciliation des Romains et de leurs dieux après une brouille momentanée. Il ne reste rien du prétendu esprit révolutionnaire du lectisterne et de l'apollinisme, dont J. Gagé voulait trouver les origines, grâce au roi Numa, à Tarente et auprès de Pythagore[21]. Le lectisterne est un rite, un élargissement du sacrifice-banquet traditionnel et non pas une intériorisation de celui-ci. Ce nouveau rite comporte bien entendu des traits grecs, c'est-à-dire provenant d'un rite grec relativement répandu. Mais il s'agit avant tout d'une construction romaine que j'interpréterais plutôt comme une méditation rituelle, une glose solennelle du sacrifice que comme la découverte d'une nouvelle forme de piété. Le lectisterne ne fut jamais autre chose qu'un rite splendide. Les récits des lectisternes successifs sont d'ailleurs nettement plus sobres, de sorte qu'il faut conclure que la description du lectisterne de 399 doit être considérée comme l'*aition* de ce rite.

III

L'exemple du séjour matinal de Scipion l'Ancien dans la *cella* du temple capitolin[22] ne pose pas moins de problèmes. Dans son étude de l'arrière-plan rituel et philosophique de la coutume de s'asseoir auprès des dieux, P. Veyne[23] a montré que cet usage, qui se répandit depuis le début de l'Empire, était déjà connu à l'époque hellénistique. On sait aussi que les pseudépigraphes pythagoréens vantaient la visite fréquente des temples et la contemplation des statues cultuelles. On pourrait donc être tenté de suivre J. Champeaux et de comprendre la *religiosa mora* de l'Africain comme l'indice d'une intériorisation de la piété, et supposer que Scipion a combiné, à la manière grecque, la religion et la philosophie[24].

---

19 Liban. *Or.* 9, 11–14. Voir, dans ce volume, la contribution de F. Graf (199–216).

20 Voir J. Scheid, "Les réjouissances des kalendes de janvier et leur critique augustinienne", à paraître dans: G. Madec *et al.* (éds.), *Augustin prédicateur.*

21 Gagé 1955, 169–177. 308–347.

22 Liu. 26, 19, 5–8; Val. Max. 1, 2, 2; Gell. 6, 1, 6; App., *Hisp.* 23, 89 Dio Cass. 16, fr. 57, 39 Boissevain; Anonym. *De uir. ill.* 49, 1–3.

23 Veyne 1989.

24 K. Latte, *Römische Religionsgeschichte* (Munich 1960) 266, parle lui aussi de *Andacht,* mais hésite à considérer ce comportement comme de l'*echte Frömmigkeit.*

Il est presque impossible de décrire ce que les Romains pouvaient ressentir pendant la célébration d'un culte ou lors de la visite d'un sanctuaire. L'absence de sources explicites incite d'ailleurs à ne pas poser ce genre de question. L'examen précis des sources qui décrivent la curieuse initiative de Scipion n'est pas plus révélateur.

Les sources qui rapportent l'anecdote ne contiennent, en effet, aucune allusion à la philosophie ou à une nouvelle forme de piété. Le seul commentaire se trouve dans l'explication donnée par Tite Live[25] d'une autre anecdote qui est étroitement liée à celle qui nous intéresse. Tite Live n'évoque pas l'élévation de l'âme, mais la *superstitio animi*. On pourrait, certes, recevoir ce terme sous le calame de Tite Live comme une critique de cette conduite religieuse nouvelle. Mais j'ai quelque difficulté à admettre que les philosophes antiques aient pu passer sous silence cette anecdote célèbre, si elle était ou pouvait être reliée à une intention philosophique, à une spiritualité nourrie de l'enseignement des sages.

C'est en fait une fois de plus la tradition qui fournit la réponse à notre interrogation. En lisant de près les textes, nous apprenons, en effet, que l'anecdote est généralement associée à celle du serpent découvert dans le lit de la mère de Scipion. Dans l'esprit des anciens, les deux histoires sont manifestement liées et signifient que l'Africain désirait ainsi proclamer son origine divine. Dans l'*Epitome* de Valère Maxime, les deux anecdotes sont rangées, de manière significative, dans le chapitre *De simulata religione*.

L'interprétation de notre anecdote s'appuyait sur la pénétration d'un *priuatus* dans la *cella* du dieu. Normalement seul le personnel cultuel et le célébrant avaient ce droit. Ceux qui y entraient en dehors du culte et de l'entretien, possédaient forcément une relation étroite avec les dieux: c'était par exemple le cas pour les statues des autres divinités et, depuis le début de notre ère, pour celles des *divi*. Dans notre anecdote il ne s'agit pas d'un séjour permanent dans l'espace réservé à Jupiter, mais d'une présence relativement courte, du même type que celle des célébrants. En outre Scipion fait ce séjour seul et tôt le matin; apparemment il n'est pas question d'acte cultuel. Comment faut-il alors comprendre sa *mora*? Comme un nouveau type d'acte cultuel ou comme un comportement traditionnel?

Le droit de pénétrer dans une *cella* est une question compliquée que je ne suis pas certain de comprendre. Une fois éliminés les témoignages qui peuvent être expliqués à partir de l'ambiguïté des termes employés – quand *templum* signifie, par exemple, espace inauguré ou enceinte cultuelle plutôt

25 Liv. 26, 19, 4 sq. Suit le récit sur la conception de Scipion.

que *aedes* –, il subsiste un certain nombre de passages qui mentionnent l'entrée et le séjour de mortels dans une *cella*. Ce sont notamment les séances du sénat qui ont pu se dérouler dans certains temples qui posent ce genre de problème[26], indépendamment de la difficulté matérielle de faire tenir plusieurs centaines d'individus dans un local parfois exigu. Je me demande si l'on ne sépare pas trop fermement du culte quotidien l'occupation de locaux sacrés. Au cours du culte et en vue de ce culte, l'accès à la *cella* ou à un bois sacré était toujours possible. Les témoignages explicites datent tous d'une époque plus tardive que l'anecdote de Scipion[27], mais il n'existe aucune raison de douter qu'au cours d'un sacrifice, la statue cultuelle était couronnée et parfumée[28]. Ce rite est attesté dans les sacrifices publics, mais qu'en est-il des particuliers qui célébraient des sacrifices privés dans les sanctuaires publics? Il n'y a aucune raison de supposer qu'ils n'avaient pas le droit de pénétrer dans la *cella* à des fins rituelles. De l'époque impériale proviennent des témoignages d'hommes et de femmes qui s'asseoient auprès des dieux pour leur confier plus intimement leurs demandes. Et dans un certain nombre de cas, il faut conclure avec P. Veyne, qu'ils avaient accès à une *cella* ou à un *lucus*. Or les témoignages relativement précis, qui ne sont pas de simples évocations de la valeur philosophique ou morale de cette attitude, montrent que la pénétration et le séjour dans une *cella* ou un *lucus* étaient toujours liées à un sacrifice, fût-il l'offrande d'un fruit[29]. Ce même comportement est d'ailleurs attesté dans les sacrifices publics, pendant lesquels les célébrants demeurent assis pendant l'offrande de la part sacrificielle réservée à la divinité[30].

Le problème se pose donc dans d'autres termes. Lorsqu'il est question de personnes qui sont assises dans une *cella* ou d'un groupe qui y tient une réunion, il faut supposer que c'est en fait dans le cadre d'un acte cultuel.

---

26 Pour les temples qui accueillent à l'occasion le sénat, cf. M. Bonnefond-Coudry, *Le sénat de la République romaine de la guerre d'Hannibal à Auguste,* BÉFAR 273 (Rome 1989) 25–197; R. Talbert, *The Senate of Imperial Rome* (Princeton 1984) 116–120.

27 Voir Veyne 1989; Scheid 1990, 610; H. Broise/J. Scheid, "Étude d'un cas: le *lucus deae Diae* à Rome", dans: *Les bois sacrés. Actes du Coll. Intern. organisé par le Centre Jean Bérard et l'École Pratique des Hautes Études (V[e] section), Naples, 23–25 Novembre 1989,* Collection du Centre Jean Bérard 10 (Naples 1993) 145–157.

28 Comme dea Dia et Mater Larum au cours du sacrifice à dea Dia, cf. Scheid 1990, 623–630.

29 *IG* II² 3190, 11 sq.; Prop. 2, 28, 45 (avec l'interprétation de Veyne 1989, 179); Apul. *Flor.* 1, 11; voir aussi, pour d'autres types d'offrandes, O. de Cazanove, "Suspension d'ex-voto dans les bois sacrés", dans: *Les bois sacrés* (n. 28) 111–126.

30 Scheid 1990, 528 sq. 563. 598 sq.

J'ai déjà évoqué les sacrifices privés. Du sénat on sait qu'il tenait sa première session au Nouvel an au temple de Jupiter dans le cadre du service votif régulier, et que dans la curie aussi, au moins depuis Auguste, les sénateurs sacrifiaient en entrant[31]. Le sacrifice initial pourrait permettre d'expliquer la possibilité pour le sénat et pour d'autres groupes de citoyens de se réunir dans un espace sacré sous le regard d'un dieu.

Dans le cas de Scipion il n'existe aucun indice de la célébration d'un sacrifice. On ne peut pas non plus éliminer cette question en supposant que les sources ont passé sous silence ce sacrifice. Une supplication serait possible également, mais les sources n'en donnent pas non plus d'indice, en outre il s'agit d'un rite très particulier. Or si nous examinons de plus près les textes, nous obtenons une réponse à notre question. Nous apprenons, en effet, que Scipion ne se rendait pas régulièrement au Capitole, pour ainsi dire dans le cadre d'un service religieux régulier. Tite Live, que Valère Maxime et Dion Cassius citent littéralement, écrit: *nullo die prius ullam publicam priuatamque rem egit, quam in Capitolium iret*[32] etc. Scipion n'agit de cette manière que s'il devait accomplir un acte quelconque au cours de la journée. A. Gellius donne l'indice décisif quand il écrit que Scipion se conduisait ainsi *quasi consultans de re publica cum Ioue*[33], et montre que les Anciens comprenaient la *religiosa mora* de l'Africain comme une sorte de consultation divinatoire. Scipion consultait Jupiter avant toute action et décision, publique et privée, ainsi que le faisait chaque Romain respectueux des dieux et de la tradition. Ce n'est d'ailleurs pas cette consultation qui surprit les Romains et donna lieu à une interprétation partisane, mais la manière dont il faisait cette consultation.

La consultation privée des dieux dans leurs temples est attestée au moins par un témoignage. Cicéron et Valère Maxime rapportent une anecdote célèbre sur l'épouse de Metellus, Caecilia, qui s'assit avec sa nièce dans un sacellum *ominis capiendi causa*[34]. Les deux auteurs ne mentionnent pas qu'il s'agissait d'une pratique exceptionnelle et soulignent la longue durée de ce séjour; toute l'anecdote est même construite autour de la durée. Tite Live et A. Gellius notent eux aussi que Scipion séjournait longtemps dans de temple de Jupiter. D'autre, part Gellius écrit que Scipion se rendait au Capitole *noctis extremo,* et d'après Valère Maxime, Caecilia Flacci s'assit dans le

---

31 Suet. *Aug.* 35, 3. Cf. Talbert, *op. cit.* (n. 27) 224 sq.
32 Liu. 26, 19, 5.
33 Gell. 6, 1, 6.
34 Cic. *De diu.* 1, 104; Val. Max. 1, 5, 4.

sacellum *nocte*[35]. Les deux consultations se déroulent donc au même moment que la prise des auspices, *post mediam noctem,* ou *tertia uigilia noctis*[36], peu avant le lever du jour. Autrement dit, la consultation des dieux, sur un *auguraculum* ou dans un temple[37], à des fins privées ou publiques, avant l'aube, paraît être relativement courante. Le comportement de Scipion était exceptionnel en ce qu'il était fréquent et que sa consultation se déroulait au temple capitolin. Les commentateurs anciens interprétèrent la fréquence, le choix sans doute exclusif et de toute façon spectaculaire du temple de Jupiter comme une prétention à l'ascendance divine, tout comme l'histoire qu'on racontait sur la mère du grand homme.

Ainsi donc, les sources ne nous apprennent rien sur une nouvelle forme de piété, sur une méditation dégagée du carcan formel, mais elles décrivent uniquement un rite. Un rite qui semble avoir été courant, mais dont l'exécution fut spectaculaire.

IV

Nous serons brefs sur le troisième exemple repris à A. Grenier[38], et où l'on est censé découvrir un autre indice de la nouvelle piété romaine. Le prologue du *Rudens* de Plaute doit exposer le contraste entre le "langage passéiste de l'ancienne religion, pour qui le sacrifice valait, en vertu du système *do ut des,* indépendamment de toute disposition intérieure", et une nouvelle piété qui se définit par l'intention et par le respect des valeurs morales[39]. Le signe de cette évolution était donné, d'après A. Grenier, par le nouveau rôle de Jupiter comme "juge et protecteur de la vertu".

Cette interprétation ne mérite pas un long débat. On a écrit depuis longtemps l'histoire du thème des dieux ou des astres allant de ville en ville constater les vertus et les méfaits des humains. Déjà attesté chez Homère et

---

35 Val. Max. 1, 5, 4; on se rappelle que le roi Numa également consultait Égérie de nuit.

36 Fest. p. 474 L s. v. *silentio surgere (post mediam <noctem>);* Liv. 10, 40, 2 *(tertia uigilia noctis).*

37 N'oublions d'ailleurs pas que la plupart des temples étaient inaugurés.

38 A. Grenier, *Le génie romain dans la religion, la pensée et l'art* [1925] (Paris 1969) 181. G. Dumézil avait exprimé son désaccord avec cette affirmation, notamment à propos de l'évolution de la fonction de Jupiter (*Religion romaine archaïque,* Paris 1987[2], 490 n. 1).

39 Champeaux 1989, 270 sq.

chez Hésiode[40], le thème n'était certes pas une nouveauté quand Diphile ou Plaute l'utilisèrent. Passons sur le prétendu contraste entre la nouvelle piété intérieure et "l'archaïque" piété sacrificielle, dans la mesure où cette dernière s'est maintenue jusqu'au IVe siècle de notre ère, et arrêtons-nous brièvement sur le passage du prologue où A. Grenier veut trouver l'expression de ce contraste et qui a été, à mon avis, mal interprété.

Arcture oppose les *boni* et les *scelesti* – Homère disait: les ἐναίσιμοι et les ἀθέμιστοι[41]. La *pietas* et la *fides* permettent de distinguer les bons des mauvais[42]. Les *scelesti* sont les parjures (*qui hic litem apisci postulant periurio* etc.), les autres les *pii*. Or Plaute ne proclame pas qu'il existait une différence entre la *pietas* de jadis, exclusivement fondée sur la correction formelle du culte, et la nouvelle piété définie par le respect des valeurs morales. En se référant au contenu du *Rudens,* il décrit l'opposition entre le *pius* et le *periurus*. Le parjure viole les deux vertus traditionnelles majeures de la vie sociale, la *pietas* et la *fides;* agissant ainsi, il rompt également avec Jupiter, qu'il avait invoqué comme témoin lors de son serment. Or si le parjure est fait *sciens dolo malo,* son auteur devient *impius,* ce qui signifie d'après le droit sacré romain qu'il est désormais *inexpiabilis*[43]. C'est précisément ce que dit Arcture. Quand il proclame qu'il ne sert à rien au parjure de supplier Jupiter avec des offrandes, il n'oppose pas une morale dépassée à une attitude nouvelle; tous les spectateurs comprenaient qu'il énonçait simplement l'inexpiabilité du parjure, qui sera tôt ou tard puni par le dieu. D'après cette même morale, le *pius,* quant à lui, *facilius ... a dis supplicans ... inueniet ueniam sibi.* Telle est la morale du *Rudens,* une morale plutôt traditionnelle, qui demeura valable jusque sous l'Empire.

V

Une fois vérifiés, les textes cités ne donnent aucun témoignage de l'avènement d'une nouvelle piété qui prendrait des distances par rapport au ritualisme prétendu archaïque. Les trois exemples examinés décrivent des rites,

40 E. Fraenkel, "The stars in the prologue of the Rudens" [1942], dans: id., *Kleine Beiträge zur klassischen Philologie* (Rome 1964) II 37–44; R. B. Lloyd, "Two prologues. Menander and Plautus", dans: *AJPh* 84 (1963) 146–161; Hom. *Od.* 17, 485 sq.; Hes. *Op.* 121. 249 sq.

41 Plaut. *Rud.* 9–29; Hom. *Od.* 17, 363.

42 Pour l'étendue et la nature de la notion de *pietas* voir H. Fugier, *Recherches sur l'expression du sacré dans la langue latine* (Paris 1963), 371–416; J. Hellegouarc'h, *Le vocabulaire latin des relations et des partis politiques* (Paris 1963) 276–279.

43 Cic. *Leg.* 2, 9, 22.

uniquement des rites, et une représentation traditionnelle des relations avec les dieux. Dans le prologue du *Rudens,* Plaute commente la conception traditionnelle de l'*impietas.* La *religiosa mora* de l'Africain au Capitole livre un intéressant exemple de divination privée, mais aussi une nouveauté: le témoignage des premiers pas vers l'élévation, non de l'âme, mais des grands *imperatores* au-dessus de leurs concitoyens. Enfin, le lectisterne de 399 énonce de manière spectaculaire, sous forme de drame collectif, la bonne relation retrouvée des Romains avec les dieux censés les protéger. Aucun de ces trois cas n'appartient aux services célébrés *Graeco ritu,* mais deux d'entre eux, sinon tous les trois, posent le problème de l'hellénisation de Rome. Dans un cas il s'agit de la version latine d'une comédie grecque, dans l'autre de l'influence des légendes royales hellénistiques, dans le troisième, enfin, de la transposition du rituel grec des théoxénies. Dans aucun de ces exemples, cependant, il ne peut être question d'une reprise pure et simple d'institutions et de représentations grecques, ni d'une modification des relations traditionnelles des Romains avec leurs dieux. C'est encore une fois la difficulté que nous avons aujourd'hui à penser un système religieux fondé sur le rite qui incite à prendre pour un premier indice de la "conversion" des Romains – pourquoi d'ailleurs se convertiraient-ils? – des documents qui décrivent en fait leurs vie et représentations religieuses traditionnelles.

PHILIPPE BORGEAUD

Taurobolion

Ce n'est qu'à partir du 2ᵉ siècle que se trouvent mis en place, à la fois les éléments constitutifs d'un nouveau rituel, "la semaine sainte d'Attis" (15–27 mars), et les grands axes de la polémique adressée par les chrétiens à ce même rituel[1]. On assiste par ailleurs à l'émergence, vers la fin du même siècle, de deux phénomènes en soi étrangers l'un à l'autre, et indépendants de l'ensemble rituel de mars, mais si étroitement liés à la constitution d'une nouvelle attitude vis-à-vis de la *Mater Magna Idaea Deum* et de son culte qu'il paraît nécessaire de s'y attarder un instant, quitte à traverser avec précipitation des territoires abondamment, et patiemment, explorés depuis longtemps. Il s'agit de reconsidérer le rapport entre deux dossiers relativement obscurs, qui ont fait l'objet d'analyses souvent contradictoires. Le premier dossier est celui du taurobole. Le second dossier (souvent tenu à l'écart du premier) ne prend sens, telle sera l'hypothèse encouragée par une note de Walter Burkert[2], qu'en fonction du taurobole: il concerne l'émergence d'un mythe relatif à un rituel d'initiation, dans le cadre de mystères indépendants de la liturgie de mars, mais relevant, au même titre que cette liturgie, du domaine de la Mère des dieux idéenne, à la fois exotique et ancestrale.

Le mot *taurobole*[3], tout comme le mot *criobole* qui l'accompagne fréquemment à l'intérieur du même contexte rituel, désigne au départ un type

---

1 Voir Ph. Borgeaud, *La Mère des dieux. De Cybèle à la Vierge Marie* (Paris 1996). Les pages ici offertes à Walter Burkert correspondent à un chapitre de ce livre (156–168) dont le savant zurichois a suivi et encouragé le parcours dès son origine.

2 Burkert 1979, 202 n. 17 qualifie le récit transmis par Clément d'Alexandrie de "mythe étiologique", concernant le taurobole.

3 Sur le taurobole, deux études essentielles sont parues presqu'en même temps, il y a plus de 25 ans: Rutter 1968; Duthoy 1969. Aux pp. 78–80, Duthoy donne un tableau récapitulatif très utile de l'ensemble des inscriptions et de leur contenu, par ordre chronologique; son catalogue (5–53), auquel je renvoie, est classé de manière géographique, ce qui en rend l'usage parfois déroutant. Un peu moins riche que celui de Duthoy, le catalogue de Rutter (243–249) est tout aussi malcommode; son analyse, par contre, est généralement très claire.

particulier de sacrifice, dont les premières attestations proviennent d'Asie Mineure et plus particulièrement de la région de Pergame et d'Ilion. La signification première de ces mots est claire: ils désignent, de par leur formation, un acte assimilant le sacrifice à une chasse, réelle ou feinte[4]. Et tel est bien le sens, imposé par le contexte, dans les quatre plus anciennes occurrences. Ce sont des mentions épigraphiques, soit d'un taurobole soit d'un criobole[5], qui ne concernent pas le culte de la Mère des dieux. Dans la plus ancienne inscription, qui provient de Pergame et qui remonte à 135 av. J.-C., il est simplement fait état d'une compétition ludique (τὰ κριοβόλια) pratiquée sous forme de chasse par les éphèbes qui sacrifient l'animal (un bélier) à l'issue de ce qui constitue un spectacle autant qu'une cérémonie religieuse. Il s'agit d'un rite incluant des épreuves proches de la tauromachie et des taurocathapsies bien attestées dans l'Asie Mineure, où elles finissent par s'introduire dans les jeux du cirque accomplis par des gladiateurs[6]. A Ilion (1er siècle av. J.-C.), les "taurobolies" (τὰ ταυροβόλια) sont accomplies lors des Panathénées, en l'honneur d'Athéna[7]; à Pinara, en Asie Mineure encore, à la même époque, des "taurobolies" prennent place à côté de chasses, de banquets et de distributions d'argent effectués grâce à la générosité d'un mécène dont l'inscription énumère les largesses[8]. Il faut se diriger vers l'Italie, et attendre le 2e siècle de notre ère pour voir le mot *taurobolium,* au singulier, désigner un tout autre type de sacrifice. La première occurrence, dans nos sources, de ce nouveau rite le situe sur un territoire voisin de celui de la Mère phrygienne. Cette apparition a lieu à Pouzzoles, Puteoli, sur une inscription votive mentionnant un "*taurobolium* de Venus Céleste" (équivalent d'Aphrodite Ourania, vraisemblablement la Déesse syrienne) accompli le 7 octobre 134 par le prêtre Titus Claudius Felix, à la demande d'Herennia Fortunata, sur ordre de la déesse[9]. A partir de 160[10] et

4 Cf. ἐλαφηβόλος, qui signifie, dès Homère, "chasseur de biche"; cf. aussi λαγοβόλον, instrument destiné à la chasse aux lièvres.

5 Duthoy 1969, no. 2 (Pergame, env. 135 av. J.-C.), no. 1 (Ilion, 1er s. av.), no. 4 (Pinara en Asie Mineure, 1er s. av.), no. 3 (Pergame, env. 105 apr.).

6 *OGIS* 764, 25; Dittenberger *ad loc.:* ". . . ludum vel certamen epheborum quo aries captus et domitus ad aram adduceretur ibique mactaretur, simillimum illum quidem ei exercitationi quae ταυροκαθκψίων nomine significaretur".

7 Cf. L. Robert 1940, 315 n. 3.

8 Duthoy 1969, no. 4.

9 Duthoy 1969, no. 50.

10 Date de la première attestation d'un taurobole accompli dans le cadre du culte de la Mère des dieux, à Lyon: *CIL* XIII 1751 = Duthoy 1969, no. 126.

jusqu'à la fin du 4ᵉ siècle, toutes les attestations de tauroboles ou de crioboles relèvent du culte de la Mater Magna et d'Attis[11]. C'est sous le règne d'Antonin le Pieux que l'on peut donc fixer, sinon le début, du moins l'organisation définitive de ce nouveau rite qui se diffuse à partir de l'Italie et surtout de Rome et d'Ostie, vers la Gaule, l'Espagne et la Germanie, ainsi que vers l'Afrique du Nord et l'Europe orientale (Dalmatie, et enfin Athènes). Accompli par des particuliers, cautionné par l'archigalle[12], le taurobole s'effectue pour le salut de l'empereur[13]. Dans les formules épigraphiques désignant le rite, Rutter et Duthoy, chacun a sa manière, ont cru pouvoir déceler une évolution: tout en demeurant lié au salut de l'empereur, le taurobole aurait été de plus en plus assimilé à une initiation personnelle, équivalent à une résurrection mystique. Rutter[14] suggère que dans sa forme finale le taurobole (assimilé au baptême) devient un instrument de lutte antichrétienne inventé par les païens. L'individu ayant effectué le rite se désigne fréquemment, au 4ᵉ siècle, comme *tauroboliatus*[15]. L'expression *in aeternum renatus* apparaît elle aussi sur un autel taurobolique de la même époque à Rome[16]. Les historiens qui se sont penchés sur le taurobole ont parfois voulu distinguer ce qui relèverait d'un culte privé (le côté initiatique) et ce qui ressortirait d'une pratique officielle (adressée au salut de l'empereur). Une telle distinction n'est cependant pas judicieuse, dans la mesure où nous savons 1) que le taurobole demeure jusqu'au bout un rituel relativement aristocratique accompli pour le salut de l'empereur ou de la cité; 2) qu'il n'est pas inscrit comme une fête du calendrier; 3) qu'il est accompli, à des dates variables et à leurs frais[17], par des individus (aristocrates ou grands

---

11 Cela concerne 128 des 133 inscriptions répertoriées par Duthoy. Les quatres témoignages littéraires traditionnellement évoqués s'échelonnent entre 350 et 400: Firm. Mat. *Err. prof. rel.* 27, 8; Anon. *Carm. c. pag.* 57 sq. (*Poet. Lat. Min.* 3 [Bährens], p. 289 sq.), cf. *infra* n. 60; Hist. Aug. *Heliog.* 7, 1, avec le comm. de R. Turcan, "Les dieux de l'Orient dans l'Histoire Auguste", *JSav* 1993, 21–32; Prud. *Perist.* 10, 1006–1050.

12 On doit comprendre: à la suite d'un ordre, d'une injonction divine (rêve ou autre) transmise ou interprétée par l'archigalle, dont c'est le rôle prophétique.

13 P. Lambrechts, "Les fêtes phrygiennes de Cybèle et d'Attis", *Bull. de l'Inst. hist. belge de Rome* 27 (1952) 141–170 (cf. 157–158); Duthoy (68) répertorie 32 inscriptions tauroboliques mentionnant explicitement la formule *pro salute imperatoris*.

14 Rutter 1968, 243.

15 Douze exemples épigraphiques chez Duthoy (58), les deux plus anciens que l'on puisse dater remontant à 370.

16 Duthoy 1969, no. 23, cf. *infra* n. 36.

17 Cf. les expressions *hostis suis, de suo, ex stipe conlata, sua pecunia, suo sumptu, sumptibus suis, suo impendio*: Duthoy 1969, 67.

bourgeois[18]) qui agissent sur injonction divine[19] et cela dès les plus anciens documents. Il paraît vain, dans ces conditions, de vouloir rechercher une évolution qui conduirait le taurobole, tardivement, en direction d'un rite initiatique. Rite initiatique et privé dès le départ (non public), cela ne l'empêche pas d'être aussi un rite à prétention politique. C'est ainsi qu'il figure, en bonne place, dans la liste des initiations pratiquées dans l'entourage très aristocratique de Prétextat et de ses amis, à la fin du 4ᵉ siècle. Prétextat lui-même (mort en 384), préfet de la ville de Rome et chef de file de l'opposition sénatoriale au Christianisme, fut taurobolié (littéralement: initié aux mystères taurins de Dindyme et d'Attis), tout comme son épouse[20]. Entre 370 et 390, une série de dédicaces épigraphiques provenant du Phrygianum (le sanctuaire de la Mater Magna dans la région du Vatican[21]) donne les noms de 23 personnages (19 hommes et 4 femmes): pontifes, prêtres de Vesta, augures, quindécemvirs, septemvirs, prêtres de Mithra, de Sol, d'Hécate, de Liber et d'Isis. Quinze d'entre eux se présentent comme ayant été taurobolés. Herbert Bloch, qui analyse cet ensemble de monuments groupés comme l'expression d'une propagande religieuse affichée au grand jour[22], rappelle que l'influence de ce milieu se laisse aussi observer à Ostie. On peut constater qu'elle se fait sentir jusqu'en Grèce. Prétextat lui-même fut proconsul d'Archaïe entre 362 et 364, et il a sans doute profité

18 Cf. Thomas 1984, 1524 (qui lui aussi veut voir une évolution, allant du bourgeois vers l'aristocrate).

19 *Ex vaticinatione archigalli* (Duthoy 1969, nos. 71, 73, 127); *ex imperio matris deum* (nos. 96, 98, 126; cf. 50); *ex iussu matris deum* (nos. 54, 74, 94, 132).

20 Cf. leur fameux, et réciproque, éloge posthume gravé sur le monument funéraire déposé au Musée du Capitole: *CIL* VI 1779 = *ILS* 1259. Sur le milieu évoluant autour de Prétextat, voir Bloch 1963; cf. T. D. Barnes, "Religion and Society in the Age of Theodosius", in: H. A. Meynell (éd.), *Grace, Politics and Desire: Essays on Augustine* (Calgary 1990) 157–175.

21 Cf. R. Biering/H. v. Hesberg, "Zur Bau- und Kultgeschichte von St. Andreas apud S. Petrum. Vom Phrygianum zum Kenotaph Theodosius d. Gr.?", *RQA* 82 (1987) 145–182: le temple circulaire de la Mère (le Phrygianum), élevé à l'époque des Sévères, fut détruit à la suite de l'édit de Théodose (promulgué le 24 février 391). Il fut remplacé par la rotonde de Saint Andreas, contemporaine de la rotonde de Sainte Pétronille. Pour les vicissitudes antérieures de ce culte, durant le 4ᵉ siècle, cf. Margherita Guarducci, "L'interruzione dei Culti nel Phrygianum del Vaticano durante il IV Secolo", in: U. Bianchi/M. J. Vermaseren (éds.), *La Soteriologia dei Culti Orientali*, EPRO 92 (Leyde 1982) 109–122.

22 Bloch 1963, 203.

de cette occasion, tout comme son épouse[23], pour se faire initier aux mystères de Iacchos et de Coré à Eleusis, de Dionysos à Lerne, d'Hécate à Egine.
Peut-être a-t-il aussi recontré Attis et la Mère, sur le sol grec. Une quinzai-
ne d'années plus tard, sous le mandat d'un autre proconsul vraisemblablement lié au même milieu, Phosphorius[24], un certain Archéleos se fait initier, en Argolide aux mystères de Dionysos de Lerne[25] et en Attique (à
Phlya) à ceux d'Attis et de Rhéa (par taurobole)[26]. Les appétits mystiques,
dans ce cercle, sont étroitement solidaires de visées politiques. Qu'il suffise
de rappeler l'appartenance sociale des protagonistes (préfets, vicaires, pro-
consuls, etc. . . .), et leur commune aversion envers le christianisme sur le
point de triompher.

Il reste à deviner ce que pouvait bien être, dans ce contexte et très con-
crètement, un sacrifice taurobolique ou criobolique. Tentons l'exercice en
faisant d'abord abstraction de la seule description que nous aurions de ce
rite, celle que Prudence rédige vers 400: vision rétrospective s'il en est puis-
qu'elle est donnée par un chrétien, au moment précisément où le rituel

23 *ILS* 1260: Pauline fut consacrée *apud Eleusinam deo Iaccho Cereri et Corae, apud
Laernam deo Libero et Cereri et Corae, apud Aeginam deabus* (pour la triple Hécate et Eleusis, cf. les formules parallèles dans *ILS* 1259, 28–29).

24 Cf. A. H. M. Jones et al., *The Prosopography of the Later Roman Empire* t. 1 (Cambridge 1971) 700 s. v. "Phosphorius 2"; v. l'article ancien de Th. Reinach, "Un nouveau proconsul d'Achaïe", *BCH* 24 (1900) 325. Je remercie Marcel Piérart, qui a bien
voulu attirer mon attention (et me guider) sur le réseau qui unit, via Archeleos, les
mystères de Lerne à ceux de Phlya en Attique (cf. M. P., "Le grand-père de Symma-
que, la femme de Prétextat et les prêtres d'Argos", *Nomen Latinum Mél. André Schneider*) (Neuchâtel 1997) 149–157. Le même réseau comprend aussi, il fallait s'y attendre,
Eleusis: Cléadas, qui consacre une statue de son père Erotios, hiérophante à Eleusis (*IG*
II² 3674), se trouve lui-même initié aux mystères de Lerne (*Anth. Pal.* 9, 688). Cf.
G. Casadio, *Storia del culto di Dioniso in Argolide* (Rome 1994) 318–319. Sur Phlya:
I. Loucas, Ἡ Ῥέα-Κυβέλη καὶ οἱ γονιμικῆς λατρείης τῆς Φλύας (Athènes 1988); id., "Le
daphnéphoreion de Phlya, la daphnéphorie béotienne et l'oracle de Delphes", *Kernos* 3
(1990) 211–218; cf. G. Casadio, "Antropologia gnostica e antropologia orfica nella noti-
zia di Ippolito sui Sethiani", in: F. Vattioni (éd.), *Sangue e antropologia nella teologia*
(Rome 1989) 1329–1344. Dans le prolongement de ce type de fréquentation systéma-
tique des différents rituels initiatiques encore existant, on rencontrera bientôt, après la
victoire définitive du christianisme, les derniers païens du monde grec, à savoir les néo-
platoniciens: cf. P. Chuvin, *Chronique des derniers païens* (Paris 1990), et M. Tardieu, *Les
paysages reliques. Routes et haltes syriennes d'Isidore à Simplicius* (Louvain/Paris 1990).

25 *IG* IV 666 = Kaibel, *Epigr.* no. 821.

26 Duthoy 1969, no. 5 (cf. aussi no. 6); cf. Vermaseren, *CCCA* II no. 389 (cf. aussi
no. 390).

semble avoir cessé à jamais d'exister. C'est vers d'autres sources que nous dirigerons d'abord notre regard. Nous disposons en effet, avant Prudence, d'autres indications. Nous savons par exemple, par des mentions épigraphiques antérieures à 250, que la victime du sacrifice était châtrée dans le cadre du rituel. Après avoir été retranchées, ses *vires* sacralisées *(consecratae)* étaient manipulées, puis transférées à partir du lieu du rituel (le Vatican, à Rome[27]) jusqu'au lieu de leur sépulture (après incinération[28]). Un récipient nommé *cernus* (grec κέϱνος), plusieurs fois mentionné, joue un rôle central dans ce rite. Duthoy[29] ne veut voir aucun lien entre ce récipient (dont on sait qu'il apparaît dans d'autres contextes mystériques[30]) et les *vires*. Il est vrai que les deux éléments ne figurent jamais ensemble dans les inscriptions. Mais les inscriptions n'avaient pas pour fonction de décrire le rite. L'allusion suffisait, pour situer l'occasion de la dédicace. Relevons l'expression *cernophora matris deum* (désignant un rôle sacerdotal au moins occasionnel, celui de "porteuse de κέϱνος"), qui apparaît dans deux inscriptions[31]. On peut ajouter que chez Nicandre[32], κεϱνοφόϱος (au féminin) désigne une prêtresse de Rhéa (la Mère des dieux). Duthoy, à juste titre, rappelle que l'usage du κέϱνος dans le culte de la Mère est attesté par Alexandre l'Étolien[33]; et surtout, dans un contexte explicitement mystérique et centré sur la même déesse, par Clément d'Alexandrie. Duthoy, tout comme Rutter, refuse de tirer une quelconque conclusion de ces indices pourtant convergents. Les verbes qui désignent l'action rituelle font toutefois chez lui l'objet d'un inventaire très utile[34]. Retenons qu'à côté de *facere* et de *celebrare,* "accomplir (le taurobole)", on rencontre *movere* impliquant certains mouvements ou déplacements, et surtout la série *suscipere, accipere, percipere, tradere.* Trois

---

27 Et pas seulement à Rome, mais vraisemblablement aussi, désigné comme tel ("Vatican"), de manière emblématique, à Lyon et à Kastel: Duthoy 1969, 73.

28 Duthoy 1969, 74 *(considere).*

29 Duthoy 1969, 74–76.

30 Cf. les pages classiques de Harrison 1908, 158–161; et l'étude récente de G. Bakalakis, "Les *kernoi* éleusiniens", *Kernos* 4 (1991) 105–117. Des *cernophori* en relation à la Mère des dieux: *CIL* II 179 (108 apr. J.-C.) et X 1803, références données par Rutter 1968, 238 n. 43.

31 Duthoy 1969, 75.

32 *Alexiph.* 217 avec Σ.

33 Qui mentionne un κέϱνας, vraisemblablement un porteur de κέϱνος lui aussi, parmi les prêtres de la déesse (*Anth. Pal.* 7, 709): la référence à Alexandre l'Étolien nous fait remonter au début du 3ᵉ s. av. J.-C., très près de Timothée l'Eumolpide, source d'Arnobe.

34 Duthoy 1969, 77-86.

manières de recevoir, et une de transmettre. Ce qui est transmis et reçu apparaît être le *taurobole* lui-même; il s'agit de la transmission et de la réception du rite conçu comme un mystère; même si parfois le κέϱνος, élément central[35], peut servir à désigner l'ensemble du rite: on reçoit le κέϱνος au même titre que le taurobole. On perçoit à travers ce vocabulaire la nature initiatique d'un rite qui a pour effet de "taurobolier" le dédicant, c'est-à-dire, d'une manière ou d'une autre, de le transformer[36]. Le caractère mystérique devient tout à fait explicite dans les inscriptions du 4e siècle: les termes τελετή (initiation) et μυστίπολος (guide des initiés)[37], la dédicace en grec (à Rome) du "symbole des purs mystères"[38], la mention (en Attique) de "mots de passe secrets"[39], cela ne laisse aucun doute. Il n'est pas besoin d'imaginer à ce niveau-là une évolution radicale entre le 2e et le 4e siècles: le témoignage de Clément d'Alexandrie est formel, qui écrit au début du 3e siècle, très peu de temps après la cristallisation du rituel sous Antonin le Pieux. C'est à l'occasion d'un fameux développement sur les mystères, au livre II du *Protreptique,* que Clément transmet les informations qui nous intéressent ici. Le passage est chapeauté par une allusion à Dionysos que célèbrent les ὄϱγια (rites) des bacchants; selon l'auteur chrétien, ces derniers dans leurs cris (évohés, εὐάν) appellent Ève, origine de l'erreur. A ces initiés du serpent font suite, chez Clément, Déo et Coré, à savoir les deux déesses d'Eleusis patronnes des μυστήϱια (mystères). Dans ce petit préambule, Clément interroge l'"étymologie" des mots ὄϱγια et μυστήϱια. ὄϱγια (rite) dériverait bien sûr d'ὀϱγή (colère), renvoyant au récit d'une colère de Déo contre Zeus; μυστήϱια (cérémonie des mystères) ne peut selon lui provenir que de μύσος (souillure), renvoyant à une faute commise contre Dionysos[40].

35 *Perfectis sacris cernorum* (Duthoy 1969, no. 60: 3e s.); *cerno et criobolio accepti* (no. 68: 3e s.); cf. no. 21 (4e s.).

36 Pas pour toujours cependant, puisque l'on peut (ou doit?) répéter le rite, vraisemblablement après une période de 20 ans. Une seule inscription semble dire que l'action du rite est définitive: *in aeternum renatus,* Duthoy 1969, no. 23.

37 Duthoy 1969, no. 22, à Rome en 370.

38 σύνβολον εὐαγέων τελετῶν ἀνέθηϰε: no. 31 (datant de 377).

39 τελετῆς συνθήματα ϰϱυπτὰ χαϱάξας ταυϱοβόλου: no. 5, à Phlya près d'Athènes (où sont localisés les mystères mentionnés *supra* p. 187 avec n. 24), avant 387 (= Vermaseren, *CCCA* II no. 389). Ces "mots de passe secrets de la τελετή taurobolique", le pieux Archelaos en fait graver (χαϱάξας) l'équivalent figuratif sur les montants de l'autel qu'il dédie: il s'agit de symboles bien connus: torches, tympanon, *pedum,* phiale.

40 Clément (se référant à Apollodore d'Athènes) mentionne une autre possibilité, qui ne sera pas développée: τὰ μυστήϱια pourrait dériver du nom du héros attique Μυοῦς, qui fut tué lors d'une chasse.

Clément ne dit d'abord ni de quelle colère exactement, ni de quelle faute il peut s'agir. Cette imprécision préliminaire lui permet d'occulter le mythe classique et de lui substituer une version que l'on est tenté de qualifier d'orphique. La tristesse et aussi la colère de Déméter privée de sa fille Perséphone (dans le mythe classique éleusinien) cèdent en effet la place, dans la suite de son développement, à la colère d'une divinité qu'il nomme Déo, dont il fait une victime sexuelle de la violence de Zeus. Le mythe éleusinien (en référence auquel s'élabore cette version rapportée par Clément), n'est pas oublié, mais il se voit profondément modifié: Déo représente à la fois Déméter (mère de Perséphone) et Rhéa (Mère des dieux). Une modification du même ordre intervient avec Dionysos: la souillure qui pourrait se comprendre comme celle de Penthée ou d'un autre adversaire classique du ménadisme, devient celle des Titans orphiques, assassins de l'enfant Dionysos. Clément se réfère à un corpus mythologique extérieur à la tradition homérique et euripidéenne, qui réunit tout en les transformant radicalement la geste de Déméter à la passion de Dionysos. Les grandes articulations de cet ensemble de récits, qu'Arnobe transmet lui aussi sous une forme plus précise et plus développée, dans une version expressément qualifiée de phrygienne[41], sont les suivantes: Zeus s'unit à Déo en prenant la forme d'un taureau; Déo (à la fois Rhéa et Déméter, mère et épouse de Zeus) enragée par la colère se transforme en une redoutable Brimo; pour l'adoucir, Zeus feint de s'être châtré et jette dans les plis du vêtement (ou dans le giron: κόλπος) de Déo les testicules qu'il a arrachés à un bélier. C'est en relation à cela, précise Clément, que les initiés (il ne faut pas entendre les initiés aux mystères d'Eleusis mais bien, en suivant la version donnée par Firmicus Maternus, les initiés aux mystères phrygiens) prononcent les symboles (τὰ σύμβολα[42]) suivants: "J'ai mangé dans le tambourin; j'ai bu à la cymbale; j'ai porté le κέρνος; je me suis glissé sous le voile"[43]. Le récit

---

41 Cf. F. Mora, *Arnobio e i culti di mistero. Analisi storico-religiosa del V libro dell' 'Adversus Nationes',* Storia delle religioni 10 (Rome 1994), en part. 163–171. Mora suppose l'indépendance d'Arnobe vis-à-vis de Clément: plutôt que d'une amplification, il conviendrait de reconnaître l'usage de sources communes.

42 σύμβολα est synonyme de συνθήματα ("mots de passe"): cf. l'usage de συνθήματα dans l'inscription taurobolique de Phlya, *supra* n. 39.

43 Clém. *Protr.* 2, 15, 3; Firmicus Maternus (*De err.* 18, 1) donne la variante suivante: "J'ai mangé de ce qui est dans le tambourin, j'ai bu de ce qui est dans la cymbale et j'ai appris à fond les mystères de la religion, ce qui en grec se dit ἐκ τυμπάνου βέβρωκα, ἐκ κυμβάλου πέπωκα, γέγονα μύστης Ἄττεως (j'ai mangé en prenant dans le tympanon, j'ai bu à la cymbale, je suis devenu myste d'Attis)' ". Il se peut que l'ex-

reprend avec la naissance de Phéréphatta (fruit de l'union de Zeus et de Déo-Brimo); Zeus s'unit à Phéréphatta (sa fille) sous la forme cette fois d'un serpent, et l'enfant qui résulte de ce nouvel inceste a l'apparence d'un taureau. Ce dernier trait semble annoncer Dionysos et le récit orphique de son démembrement, qui feront effectivement l'objet d'un développement dans le prolongement du rapport de Clément[44]. Le nom de la divinité dont la colère est au départ de tout ce drame est Déo. Clément précise qu'elle se confond à la fois avec Déméter et avec Rhéa (la Mère des dieux); cela remonte, au-delà de la source immédiate de Clément et d'Arnobe, à une vieille réflexion grecque sur les équivalences divines déjà attestée, dans un contexte d'allégorie philosophique, dans le papyrus de Derveni. La colère de Déo et son apaisement, à la faveur d'une ruse (simulation de castration) à laquelle sont référés les mystères qualifiés de phrygiens par Arnobe, se situe par ailleurs dans le prolongement du retournement d'attitude de la Mère des dieux, qui elle aussi oublie sa colère, dans un choeur fameux de l'*Hélène* d'Euripide[45]; il s'agissait alors d'une déesse proche elle aussi de Déméter, mais empruntant son territoire et ses attributs à Rhéa. Ce que nous rencontrons chez Clément en référence à des "mystères phrygiens" renvoie à cet héritage, de manière indirecte: c'est un récit influencé par une pensée proche de l'orphisme, et qui a pour intention de rattacher la Mater Magna, déesse des galles, à des sources grecques anciennes et prestigieuses, filtrées à travers une philosophie des mystères. Que des spéculations de ce type, liées à l'introduction de formes nouvelles d'initiations, aient pu jouir d'un certain succès à l'époque de Clément, nous en avons une autre indication dans les récits que Pausanias, peu auparavant, nous donne sur la Déméter Érinye d'Arcadie[46]: comparable à celle de Brimo, sa colère est suscitée par un viol qu'elle a subi sous forme de cavale: le coupable cette fois est un frère de Zeus, Poséidon chevalin; la déesse met au monde une fille infer-

---

pression "j'ai mangé dans le tambourin" renvoie à une pratique de collecte, ou de mendicité rituelle (cf., à propos des ἀγυρταί, le fragment de Babrius 137, 14, 1, 1, conservé par Natale Conti), où l'on voit les galles collecter de la nourriture dans leurs tambourins). Arnobe (*Adv. nat.* 5, 26) transmet une formule très différente, qu'il rapporte à Eleusis: "J'ai jeûné et j'ai bu le κυκεών; j'ai pris dans la corbeille et j'ai déposé dans le κάλαθος [une sorte de panier]; j'ai repris et transporté dans la petite corbeille."

44 Rapport confirmé par Arnobe, sur ce point aussi. Cf. en outre Firm. Mat. *Err. prof. rel.* 6.

45 Eur. Hél. 1302–1368.

46 Paus. 8, 42, 1 et 8, 25, 4–5.

nale, une Despoina, une "Mademoiselle" au nom que l'on doit taire, mais qui nous paraît constituer un indéniable parallèle à la Phéréphatta de Clément.

Les précisions sur le rite phrygien mis en relation avec le mythe rapporté par Clément sont malheureusement très maigres. Elles se limitent à la citation d'une formule évoquant deux instruments musicaux du culte de la Mère des dieux (le tympanon et les cymbales), ainsi qu'au nom d'un récipient cultuel, le κέρνος. Il est fait mention d'un repas rituel, à l'occasion duquel l'ensemble de ces objets servait de récipients, pour boire et pour manger[47]. Il est enfin question d'un passage, une sorte de plongée sous un voile. Nous ne sommes pas en mesure de tirer de ces éléments une quelconque conclusion sur les procédures exactes du rite, même si nous sommes tentés de soupçonner que ce rite fut compris, par les auteurs chrétiens qui en rapportent la formule, comme une *imitatio diabolica* du repas communiel. Par contre, nous sommes bel et bien forcés de reconnaître que trois des éléments mentionnés en tant que symboles renvoyant à une initiation (le tympanon, les cymbales, ainsi que le κέρνος) apparaissent explicitement dans le contexte du taurobole, un rite adressé lui aussi à une divinité parfois appelée Déo, et qui fait son apparition peu de temps avant Clément d'Alexandrie, dans un milieu tout à fait susceptible de se laisser séduire par l'attrait des mystères hellénistiques[48]. Pure coïncidence? Je ne le pense pas, d'autant moins qu'une des rares informations précises dont on dispose sur le contenu rituel du taurobole, c'est qu'on y manipule avec grand soin, et qu'on y traite rituellement, jusqu'à leur faire des funérailles, les testicules

---

47 Il pourrait s'agir d'un aliment à base de lait, analogue à celui qui met fin au jeûne de la semaine sainte d'Attis, selon Sallust. 4.

48 L'idée que des rites de type initiatique ont été introduits à Rome, dans le cadre du culte de la Mater Magna, après la "réforme" d'Antonin le Pieux a été soutenue, avec des arguments différents, par M. van Doren, "L'évolution des mystères phrygiens à Rome", *AntClass* 22 (1953) 79–88. Du côté oriental (grec), des mystères centrés autour de la Mère des dieux sont attestés à date plus ancienne: cf. Néanthe de Cyzique, *FGrHist* 84 F 37; et aussi le témoignage papyrologique fourni par l'un des deux hymnes provenant de l'Egypte ptolémaïque publiés par V. Bartoletti, "Inni a Cibele", in: *Dai Papiri della Società Italiana. Omaggio all'XI Congresso Internazionale di Papirologia (Milano 2–8 Settembre 1965)* (Ist. Papirologico "G. Vitelli", Univ. di Firenze 1965), 10 et 13 l. 15: l'officiant qui s'apprête à célébrer le rite d'Agdistis, Mère des dieux "phrygienne et crétoise", écarte les non-initiés avec une formule (ἐπιτίθει πύλας) déjà connue de Platon (*Symp.* 218 b). D'autres traces chez M. Van Doren, *op. cit.*, et chez G. Sfameni Gasparro, *Soteriologia e aspetti mistici nel culto di Cibele e Attis* (Palerme 1979), 45–52.

d'un bélier ou d'un taureau. Or c'est bien de la manipulation, par Zeus, de ces mêmes organes, qu'il est question dans le mythe qui chez Clément introduit la formule des mystères.

Dans son étude consacrée à l'influence des rites phrygiens sur la genèse du courant montaniste, parue en 1929, Wilhelm Schepelern tirait déjà, de cet ensemble de données, la conclusion qui s'impose[49]. Dans le récit rapporté par Clément, Zeus, désireux de se faire pardonner sa violence sexuelle, jette dans le sein de Déo les testicules d'un bélier, comme s'il s'était châtré lui-même. Rapportant cette proposition aux formules rencontrées sur les monuments tauroboliques ou crioboliques faisant état de l'ablation, de la manipulation et de l'enterrement des *vires* de l'animal, le savant danois constatait que le mythe de Déo révèle la fonction essentielle du taurobole, à savoir d'être un rite de substitution, permettant à des citoyens romains de se faire initier aux rites phrygiens de la Mère, tout en évitant la castration. Les historiens ont généralement retenu, de cette démonstration, la conclusion finale. Ils ont toutefois oublié d'en retenir les prémices, en l'espèce le recours au témoignage de Clément. Reprise par Rutter et Duthoy, ainsi que par Lambrechts et Vermaseren (sans référence à l'argumentation de Schepelern), la thèse de la substitution ne reçoit toutefois pas l'approbation de G. Thomas[50], qui ne comprend pas comment un rite où la castration humaine serait remplacée par l'offrande des testicules d'un taureau pourrait intéresser des femmes, dont nous savons qu'elles ont parfois organisé des tauroboles. Mais précisément: en déplaçant la castration en direction de l'animal sacrificiel, et en faisant référence à un mystère centré sur une divinité proche de Déméter, on dégage complètement cet aspect du culte "phrygien" de ce qui réservait son exercice aux galles, et l'on rend possible, pour des femmes aussi, de participer à un mystère (une τελετή) politiquement valorisée. Que le taurobole apparaisse, dans nos sources, à la même époque que le collège des cannophores et l'institution de l'archigallat, montre le souci d'intégrer la société romaine dans son ensemble (fût-ce sous le mode d'associations cultuelles ou d'initiatives privées) à un ensemble rituel jusqu'alors divisé, officiellement, en deux versants fortement contrastés, la part romaine, avec les *Megalesia,* et la part phrygienne, tout entière confinée dans l'enclos du Palatin, à l'exception de la fameuse procession des galles conduisant l'idole de la déesse au confluent de l'Almo et du

---

49 W. Schepelern, *Der Montanismus und die phrygischen Kulte. Eine religionsgeschichtliche Untersuchung* (Tübingen 1929) 116.
50 Thomas 1984, 1523.

Tibre, pour la baigner. Relevons que la pratique féminine du culte de la Mater Magna, une divinité matronale introduite sous le signe de Claudia Quinta, dont le clergé est dirigé par un prêtre *et une prêtresse* phrygiens, ne pouvait plus rester confinée aux manifestations de la piété individuelle dont se font l'écho de nombreux ex-votos découverts dans le sanctuaire romain de la déesse[51]. Tout en revêtant un aspect initiatique explicitement hellénisé, ce qui en fait (à l'instar des autres mystères grecs) un culte ouvert aux femmes aussi bien qu'aux hommes, le taurobole peut prétendre à un rôle politique et élitaire, et même s'intéresser de près au salut de l'Empereur.

On ne s'étonnera pas, cependant, de ce que certains historiens aient hésité à mettre les informations introduites par Clément en rapport trop étroit avec le taurobole. Si Clément, quand il parle des mystères de Déo, fait réellement allusion au taurobole, cela implique en effet que ce rite, en tout cas entre le 2e et le 3e siècle, n'a rien à voir ou très peu avec la description qu'est supposé en donner, vers 400, Prudence, "description" qu'il est d'usage de citer comme étant le seul document précis rendant compte du déroulement d'un taurobole. La scène est située sous l'empereur Galère. Le héros en est Romain, jeune chrétien confronté, en public, au préfet Asclépiade. Après une longue joute théologique (jusqu'au vers 445), à l'occasion de laquelle Romain se raille des dieux officiels, commence la non moins précise description des tortures. Le chrétien reste impassible et commente en terme de libération spirituelle le labour raffiné de sa chair. Pour prouver la vérité du monothéisme, il parvient même à convaincre Asclépiade d'interroger un enfant choisi dans la foule des spectateurs. Celui-ci proclame l'évidence et l'unicité du dieu père. On assiste au supplice du garçon en présence de sa mère, une chrétienne qui loin de se plaindre réprimande les faiblesses de son enfant, avant de recueillir dans son manteau, en chantant un cantique, la petite tête et le flot de sang (841–845). Après cet interlude, l'attention du poète se reporte sur Romain. Un déluge d'eau ayant éteint miraculeusement le bûcher qu'on lui destinait, on lui tranche la langue. Et c'est du sang qui jaillit de cette plaie que, nouveau miracle, une parole sort[52] qui va littéralement inonder le récit. Privé de langue,

---

51 Sans parler des innombrables témoignages épigraphiques attestant d'une piété féminine pour la Mère, dans l'ensemble du monde gréco-romain.

52 C'est effectivement le sang lui-même qui, dans la perspective de Prudence, écrit en lettres impérissables le texte du martyre: cf. les *sanguinis notae* de *Perist.* 1, 3 commentées par M. Roberts, *Poetry and the Cult of the Martyrs. The Liber Peristephanon of Prudentius* (Ann Arbor 1993) 12–13. 40–41.

Romain parle encore, pour distinguer son sang (le sang du martyr) du sang
répandu lors des sacrifices animaux auxquels Asclépiade, en vain, voulait
l'associer[53]. De cette bouche sanglante est émise la fameuse description, par-
faitement emblématique, du sacrifice où l'on a voulu reconnaître la taurobole: on creuse une fosse, le "grand prêtre" *(summus sacerdos)* y pénètre, revê-
tu de sa toge de soie portée selon la coutume rituelle grecque, et porteur
des insignes sacrificiels (couronne, bandelettes). Une plate-forme de bois,
fendue et perforée de multiples trous, est disposée au-dessus de sa tête. On
y amène un taureau décoré pour l'immolation, dont on ouvre le poitrail
avec un épieu consacré *(sacrato uenabulo[54])*. Le sang qui jaillit se déverse à
travers la plate-forme, sur le prêtre qui s'en imprègne le corps et les habits
avant de ressortir, comme lavé par ce liquide, pour être reçu par les prêtres
(flamines) et salué par la foule. Romain prolonge son discours sur les sacrifices païens en évoquant les hécatombes (qui répandent une telle quantité
de sang que les augures peuvent à peine s'y frayer un chemin à la nage),
puis les mutilations et l'autocastration des galles (destinée à apaiser, et abreu-
ver, la déesse), et enfin un étrange rite de marquage au feu[55]. En fait de
description, le sacrifice du taureau qui introduit cette énumération apparaît
plutôt comme un exercice de style, destiné à présenter l'ensemble des sacrifices païens (les sacrifices animaux aussi bien que l'autocastration des galles)
sous les espèces d'un baptême de sang monstrueux, contrastant avec un baptême de sang non moins complaisamment décrit, mais considéré comme
sacré et sanctifiant, celui des martyres. Prudence, qui la mentionne pourtant
à deux reprises, nous l'avons vu, dans le même poème[56], ne fait pas une

53 *Meus iste sanguis uerus est, non bubulus* (1007).

54 V. 1027. On a voulu rapprocher le nom de cet instrument (*uenabulum,* qui désigne à l'origine une arme de chasse), du mot "taurobole" désignant lui aussi, à l'origine,
une activité cynégétique; cf. Burkert 1979, 119.

55 Cf. F. J. Dölger, "Die religiöse Brandmarkung in den Kybele-Attis-Mysterien",
Antike u. Christentum 1 (1929) 66–72, repris dans id., *Antike u. Christentum. Kultur- und
religionsgeschichtliche Studien,* t. 1 (Münster 1974) 66–72.

56 Aux vv. 154–160, la *lavatio* fait l'objet d'une évocation assez précise, située entre
une allusion aux auspices et une mention des luperques; la Mère idéenne apparaît ici
solidaire de cultes aristocratiques parmi les plus conservateurs: son char *(carpentum)*
précédé de personnages de haut rang (des *togati)* mais qui marchent à pieds nus, se diri-
ge vers le bain de l'Almo, porteur de la pierre noire (qui a l'apparence du visage de la
déesse) enchâssée dans de l'argent *(lapis nigellus . . . muliebris oris clausus argento).* Cela
n'a aucun rapport avec la fosse du sang. Pas plus que l'allusion (aux vv. 196–200) à
Attis devenu galle, dont la castration fait un *spado* auquel s'adressent les lamentations
proférées dans les rituels de Cybèle; Attis ici intervient comme ce qui déshonore le

seule allusion, même détournée, à la Mère des dieux quand il prétend décrire le sacrifice du taureau. Et les prêtres qu'il fait alors intervenir ne sont
ni des galles ni des archigalles, mais bien des flamines et un grand pontife.
Il faut donc nous résigner à retirer ce témoignage plus que douteux du dossier du taurobole[57]. La *fossa sanguinis,* malgré quelques rêves d'archéolo-
gues[58], reste une affaire de pure littérature chrétienne. Il n'est pas question
de fosse chez Firmicus Maternus qu'on invoque parfois pour lier le
"témoignage" de Prudence aux inscriptions tauroboliques: "C'est pour le
salut des hommes que le sang vénérable de cet agneau est versé, car il faut
que le Fils de Dieu rachète ses saints par l'effusion de son précieux sang et
que les hommes libérés par le sang du Christ soient consacrés d'avance par
la majesté d'un sang immortel. Le sang répandu au pied des idoles ne vient
trouver personne, et pour que le sang du bétail n'aille pas tromper ou per-
dre les malheureux humains, (sachez que) ce sang pollue au lieu de rache-
ter et que par une série de catastrophes il fait sombrer l'homme dans la
mort. Malheureux ceux que rougit l'effusion d'un sang sacrilège! Ton taurobole ou ton criobole t'inondent des souillures sanglantes du maléfice"[59].
Dans le paragraphe qui suit, Firmicus Maternus exhorte ceux qui sont ainsi
souillés (les tauroboliés parmi d'autres) à se purifier aux eaux saintes du baptême. On a ici non pas la description de gestes réels accomplis lors d'un
taurobole (toute sanglante qu'ait effectivement pu être la castration d'un
bélier ou d'un taureau), mais bien une illustration de la lecture, en termes
baptismaux, qu'en font les chrétiens dès le 4e siècle. La fosse où descend le
prêtre est une invention chrétienne créée dans le prolongement de cette
lecture. Elle n'apparaît que deux fois en tout et pour tout dans nos sources: dans le texte de Prudence qu'on vient de parcourir, et dans un poème
anonyme dont Prudence s'inspire, le *Contra paganos* qui désigne (et se trouve être seul à le faire) cette fosse comme un élément du rituel tauroboli-

---

culte (le bois sacré) de Cybèle, au même titre que Hyacinthe pour Apollon ou Ganym-
ède pour Juppiter. Il s'agit chaque fois de crimes sexuels dont les dieux sont coupables,
et la liste progresse en direction d'Adonis, puis de Priape.

57 En 1969 déjà, avant la parution du livre de Duthoy (qui ne résoud pas ce problème) et sans avoir connaissance du travail de Rutter, L. Richard avait émis de sérieux
doutes sur la crédibilité du "témoignage" de Prudence, n'allant pourtant pas jusqu'à le
rejeter complètement: cf. ses "Remarques sur le sacrifice taurobolique", *Latomus* 28
(1969) 661–668.

58 Cf. le dossier (et l'hésitation critique) chez Thomas 1984, 1525.

59 Firm. Mat. *Err. prof. rel.* 27, 8, trad. par R. Turcan, CUF.

que[60]. L'auteur inconnu de ce pamphlet évoquant l'époque honnie de Prétextat inaugurait, plus de 10 ou 20 ans après la dernière performance d'un
vrai taurobole, la longue histoire d'une illusion. La fosse du sang, métaphore qui finit par être prise au sens littéral, se trouve ainsi entraînée à désigner le taurobole. Celui-ci était en effet devenu un des emblèmes majeurs
de la vieille pratique rituelle romaine, solidaire qu'il avait été de la résistance
aristocratique au christianisme. C'est ainsi que le taurobole reçut, dans une
mémoire chrétienne, la forme qu'on veut généralement lui prêter. D'autres
rites métrôaques, et en particulier celui de la *lavatio,* lui survivront longtemps. Cela se comprend dans la mesure où il ne s'agit pas, comme avec le
taurobole, d'initiatives privées réservées à une élite, et adressées à un Empereur qui désormais est chrétien, mais de la continuation d'une coutume
printanière et populaire, considérée comme indispensable au bien-être
collectif, dans la mesure où le respect de cette procession traditionnelle est
censé garantir la fertilité des champs, et l'abondance des cultures.

Une inscription de Pisidie postérieure au règne de Nerva[61] montre que
la pratique de chasses ritualisées dans le cadre d'un spectacle (au sens premier, anatolien, du mot taurobole) était encore vivante, dans la partie orientale de l'Empire, au tournant du 1er et du 2e siècle. C'est en Italie que

---

60 *Poet. Lat. Min.* 3 (Bährens) p. 286–292; cf. Hepding, *Attis, seine Mythen und sein
Kult,* RGVV 1 (Gießen 1903) 61; il s'agit d'un poème anonyme où l'on voit aussi évo-
quée la procession dans le chariot. Pour le taurobole, cf. vv. 57 sqq. Ch. Morel, *Rev.
arch.* 2 : 17 (1868) 451–459, suivi par Th. Mommsen, *Hermes* 4 (1870) 350–363 le date
de 394 et l'interprète comme un pamphlet adressé à Virius Nicomachus Flavianus,
l'homme qui, à la suite de Prétextat, incarne la réaction païenne contre le christianisme;
cf. P. de Labriolle, *La réaction païenne. Étude sur la polémique antichrétienne du Ier au VIe*
siècle (Paris 1948) 352–353. G. Manganaro, "La reazione pagana a Roma nel 408–409
e il poemetto anonimo 'contra paganos'", *Giorn. ital. di filologia* 13 (1960) 210–224,
arguant d'une référence à Claudien le date de 409 et le pense adressé au préfet urbain
Gabinius Barbarius Pompeianus, au moment du premier siège de Rome par Alaric;
Bloch 1963, 217, *add.* à la p. 200, estime que la référence à Claudien n'implique pas
une datation aussi tardive et maintient l'interprétation traditionnelle, tout comme A.
Chastagnol, "La restauration du temple d'Isis au *Portus Romae* sous le règne de Grati-
en", in: *Homm. à Marcel Renard* t. 2, Coll. Latomus 101 (Bruxelles 1969) 143–144. Prudence, quoi qu'il en soit, est tributaire du *Contra paganos,* auquel il emprunte encore
plusieurs autres motifs: cf. J. M. Poinsotte, "La présence de poèmes anti-païens anony-
mes dans l'œuvre de Prudence", *REtAug* 28 (1982) 35–58. Je remercie Pierre-Yves
Fux, qui vient d'achever une thèse sur le *Péristéphanon,* de m'avoir rendu attentif à ces
autres emprunts.
61 *SEG* 2, 727; cf. L. Robert 1940, 316–318.

s'élabore de toutes pièces, au 2e siècle, dans le contexte des cultes voisins d'Atargatis et de la Mère phrygienne, une version nouvelle, privée et mystérique, mais tout aussi sanglante et dissuasive, de ce vieux rituel collectif renvoyant à l'ambivalence de la honte et de l'exaltation, de l'humiliation et de la jubilation, qui relève de l'héritage des plus anciens chasseurs ("The Hunter's legacy"), comme l'a jadis brillamment et passionnément démontré Walter Burkert[62]. Au terme de ce processus de réinterprétation, de réévaluation, on se plaira à relever, à la suite du savant auquel s'adresse ce petit hommage, la présence dans la version la plus récente, et apparemment la plus éloignée des origines, d'un terme qui appartient bel et bien au vocabulaire de la chasse: l'épieux consacré (le *sacratum venabulum*) qui déchire le poitrail du taureau chez Prudence, marque la limite d'une approche exclusivement historique. Malgré l'oubli et les réinterprétations, malgré les jeux illusoires de la polémique anti-païenne, et quelle que puisse être chez Prudence la part du commentaire érudit sur le sens premier du mot *tauroboliatus* rencontré dans le *Contra Paganos,* il s'agit d'une étrange retrouvaille, dans le sang du martyre, avec une image ancrée dans la mémoire humaine la plus universelle.

62 Burkert 1979, 118–122.

FRITZ GRAF

Kalendae Ianuariae

Jahresend- und Neujahrsriten haben Religionswissenschaft und Volkskunde schon immer interessiert. Ihr Grundschema ist geläufig: sie konstruieren im linearen oder zirkulären Verlauf der Zeit einen Unterbruch, bringen also das Thema von Ende und Neuanfang ein; dominant unter den Mitteln dieser Konstruktion sind Inversionsriten einerseits, Riten des Neuanfangs andererseits; im gängigen van Gennepschen Dreischritt betonen sie dabei also Schritt zwei und drei, Marginalität *(marginalité)* und Eingliederung *(aggréga-tion)*. In der Dokumentation zur griechischen und römischen Religion sind solche Riten gut belegt und gerade durch Walter Burkert auch mehrfach analysiert worden. Wenn dieser Beitrag zum allgemeinen Thema Epoche und Kultur wechselt, aus den archaischen und klassischen Jahrhunderten der griechischen Poleis hinüber zur römischen Spätantike, geschieht dies nicht deswegen, weil die *Kalendae Ianuariae* nicht untersucht wären – es liegen im Gegenteil zahlreiche Arbeiten vor, nicht zuletzt Michel Meslins umfangreiche Monographie von 1970[1], und einem Detail, den *strenae,* hat Dorothea Baudy vor einigen Jahren einen Aufsatz gewidmet, der weit mehr als Meslin aus dem Gelehrt-Antiquarischen herausfindet[2]. Doch gerade wegen dieser Beschränkung von Meslins Zugriff bleiben Fragen offen, Fragen nach der Struktur – fügt sich das Fest der Kalenden in die eingangs angesprochene Struktur von Neujahrsriten ein, und wie wird diese Struktur inhaltlich ausformuliert? –, Fragen auch nach der Funktion dieses eigentlich stadtrömischen Festes in den spätantiken Städten des griechischen Ostens.

---

1 Bünger 1910; Nilsson 1916–19; Meslin 1970. – Die Rekonstruktion von Glea-son 1986, 108–113 folgt im wesentlichen Meslin.
2 D. Baudy 1987.

I

In der Stadt Rom wurden die Kalenden des Januar spätestens, seitdem an diesem Datum die neuen Consuln ihr Amt antraten, also der Tradition zufolge seit 153 v. Chr., doppelt rituell markiert, im Kult der Stadt und im rituellen Tun des einzelnen[3]. Früh am Morgen zogen die Consuln auf das Kapitol, opferten die von ihren Vorgängern am vergangenen 1. Januar gelobten weißen Stiere an Iupiter Optimus Maximus und gelobten ein weiteres Opfer, wenn der Gott den Staat ein weiteres Jahr schütze. Damit verbanden sie Vergangenheit, Gegenwart und Zukunft unter dem Schutz Iupiters und knüpften diesen Schutz zu einer ununterbrochenen Reihe, die erst beim Untergang des Staats abbrechen würde. Nie hören wir davon, daß diese Opfer unterlassen wurden, etwa weil der Staat gerade in einer Krise steckte (deren es in Roms Geschichte ja genug gab): So genau wollte man nicht prüfen, ob Iupiter die mit dem *votum* eingegangene Verpflichtung einhielt – oder besser: Entscheidend ist nicht die buchhalterische Aufrechnung von Leistung und Gegenleistung, sondern die Zeitkontinuität im Zeichen der politischen Existenz, die an dieser Haltestelle des Zeitflusses rituell geschaffen wird[4].

An die Riten auf dem Kapitol schloß sich eine erste Senatssitzung an, die durchaus auch ernsthafte Geschäfte behandeln konnte – wie denn überhaupt weder die Rechtsgeschäfte noch andere Unternehmungen an diesem Tag stillstanden, man freilich nur Glückbringendes anzufangen gehalten war, als Omen für die kommende Zeit: *omina principiis inesse solent,* wie Ovid dies formuliert[5]. Mit diesem Prinzip begründet Ovid auch die gegenseitigen Glückwünsche, die privaten Gebete und die Geschenke von Palmzweig, getrockneter Feige *(rugosa carica),* Honig und eines *aes*[6].

---

3 Zentrale Texte: Liv. *Per.* 47; Ov. *Fast.* 1, 63–254 (wichtig noch immer Bömer ad loc.).

4 Das heißt nicht, daß solches Aufrechnen nicht möglich war, vgl. J. Scheid, "'Hoc anno immolatum non est'. Les aléas de la voti sponsio", in: G. Bartolini et al. (Hgg.), *Atti del Convegno Internazionale 'Anathema. Regime delle offerte e vita dei santuari nel mediterraneo antico', Roma, 15–18 giugno 1989, Scienze dell'Antichità* 3–4 (1989–90) 773–784.

5 Ov. *Fast.* 1, 178.

6 Ibid. 1, 185–226. – Der Palmzweig ist als Siegeszeichen verständlich; Honig gehört zum Goldenen Zeitalter (Ov. *Met.* 1, 112 u. ö.), sein Erfinder war Saturn (Macr. *Sat.* 1, 7, 25); der Symbolismus der Feige ist weniger klar, weil gegensätzlich, vgl. Macr. *Sat.* 3, 20, 1–3; der Baum hat immerhin seine Merkwürdigkeiten, Plin. *Nat. hist.* 16, 95. – Wenig hilfreich Bömer ad *Fast.* 1, 185.

Ovids Beschreibung der Festlichkeiten konzentriert sich auf zwei Themen – Opfer und Rom; beide werden kosmisch dimensioniert. Das Gold
an den Tempeln reflektiert nicht bloß das Licht der Altarflammen, der Äther
leuchtet von ihnen (der doch an sich eigenes Licht besitzt), und er hallt
vom glückbringenden Ton des im Feuer platzenden, wohlduftenden Safran.
In weißen Togen aber strömt das Volk auf das Kapitol, glückbringend weiß
wie der Tag selber – und die weiße, römische Toga dominiert so, daß Iupiter beim Blick vom Olymp auf der ganzen Welt "nichts als Römisches" *(nil
nisi Romanum)* sieht – man wird dies nicht so lesen müssen, daß bereits das
gesamte Imperium das Fest in dieser Form feierte, sondern doch wohl eher
so, daß die Ausstrahlung des stadtrömischen Fests alles andere überstrahlte.
Es ist nicht einfach so, daß Ovid dieses erste Fest zu einer "Ekphrasis *de feri-
is*" benutzte[7]; vielmehr gibt er dem stadtrömischen, öffentlichen Fest eine
kosmische Dimension.

II

Was bei Ovid angelegt ist, hat sich vier Jahrhunderte später entfaltet zu dem
Hauptfest der römisch gedachten *oikumene* überhaupt, in einer Epoche, die
Ovids *nil nisi Romanum quod tueatur habet* als erfüllte Prophezeiung hätte
verstehen können. Dabei gilt es freilich, weit stärker als Ovid dies tut, zwischen der öffentlichen Feier in den Kaiserstädten (Konstantinopel und
Rom, gelegentlich auch Antiocheia oder Ravenna) einerseits und den Feiern außerhalb dieser Zentren, zudem zwischen den öffentlichen und den
privaten Feiern zu differenzieren.

Die staatlichen Feiern hat Meslin mustergültig dokumentiert[8]. Wie in
der Republik ist noch immer der Tag durch den Amtsantritt der neuen
Consuln dominiert (Meslin spricht von einer "fête sous le signe du consu-
lat"[9]): Nach den Glückwünschen, die ihnen ihre Standesgenossen zuhause
bei der morgendlichen *salutatio* bringen, werden sie vom Kaiser im Palast
empfangen und begrüßt; dann trägt man sie in der Sänfte zum Kapitol, wo
sie das traditionelle Opfer an Iupiter Optimus Maximus darbringen. Daran
schließt sich die erste Senatsrede an, ein Panegyricus auf den Kaiser, dann
die öffentliche Freilassung von Sklaven und die Eröffnung der üblichen
Spiele.

7 So Bömer ad 1, 75.
8 Meslin 1970, 51–70.
9 Ebd. 53.

Gegenüber Ovids Zeit hat sich freilich seit Konstantin ein entscheidender Punkt geändert: Die beiden Consuln sind nicht mehr die gewählten obersten Magistrate, es sind vom Kaiser persönlich und ehrenhalber ernannte Repräsentanten der Reichselite; über dem Consul, der die politische Elite der Städte – oft genug des stadtrömischen Adels – vertritt, steht jetzt als wirklicher Machtträger der Kaiser und sein Palast. An den Kalenden allerdings tritt der Kaiser in den Hintergrund – präsent dadurch, daß die Consuln erst den Palast besuchen (doch das ist kein öffentlicher Akt für die Stadt), präsent dann wieder in der Jungfernrede der Consuln, dem Panegyricus, in welcher dem Kaiser gedankt wird; symbolisch präsent ist das Kaisertum auch dadurch, daß auf die *trabea,* die der Consul trägt, die Porträts der Kaiser aufgestickt sind – früherer Kaiser, nicht des regierenden, Symbol mithin des Systems, nicht seines lebenden Repräsentanten, und so vergleichbar der kosmischen Bedeutung der anderen, astrologischen Symbole der *trabea*[10]. Bezeichnend für das Verhältnis von sichtbarem Consul und unsichtbarem Kaiser an den Kalenden sind zwei Einzelheiten. Ein Kalendermosaik[11] bildet zum Januar den Consul ab, der in der einen Hand das Kodizill mit seiner Ernennung hält: da ist der Kaiser als Ernennender symbolisch präsent. Vor allem aber: beim Besuch im Palast wirft sich der Consul, wie es das Zeremoniell verlangt, vor dem thronenden Kaiser auf den Boden, der Kaiser aber erhebt sich und hebt ihn auf – für die Dauer des Festes ist das hierarchische Gefälle zwar nicht aufgehoben (dafür ist es zu groß und zu zentral im System), aber vermindert. Von daher läßt sich die Präsenz der Consuln strukturell auch als Zeichen der Inversion lesen. Julian hat dies gesehen und, bezeichnend für ihn und seine gelegentlich übereifrige Art, mit der Tradition umzugehen, auch im Ritual ausgedrückt: Anders als seine Vorgänger hielt er sich nicht im Palast bedeckt, er schritt vielmehr der Sänfte der Consuln zu Fuß voran. Einer der Consuln, Claudius Mamertinus, hat dies in seinem Panegyricus politisch gelesen, als Manifest gegen den Hochmut der christlichen Vorgänger und als Zeichen, daß die alte, republikanische Freiheit *(vetus illa priscorum temporum libertas)* wiedergewonnen sei, worauf ein Verweis auf den ersten Brutus folgt[12]; andere freilich murrten über solche Affektiertheit[13]. Lydus bestätigt, daß Julian bloß

10 Zur *trabea* des Consuls A. Cameron in ihrem Kommentar zu Flavonius Cresconius Corippus, *In laudem Iustini Augusti minoris libri IV* (London 1976) 187f.

11 Meslin 1970, 54 m. Anm. 4 mit Verweis auf D. Levi, "The Allegories of the months in Classical Art", *The Art Bulletin* 23 (1941) 251–291, h. 253–255.

12 *Paneg.* 11, 30, 2f.

13 Amm. 22, 7, 1.

Bestehendes radikalisierte[14]. Die Kaiser empfingen an den Kalenden die Consuln mit einem Kuß zur Ehre der Freiheit – das ist auch ihm Erinnerung an Brutus' Vertreibung der Könige. Die Grundlage dieser politischen Manifestation ist die Feststruktur der Kalenden. Eine Anekdote, wieder um Julian, fügt sich dazu: Bei der Freilassung der Sklaven durch die Consuln am 1. 1. 362 war auch Julian anwesend und sprach vorschnell die Worte, die der Consul hätte sprechen müssen – worauf ihn seine Entourage erinnerte: *iurisdictionem eo die ad alterum pertinere*[15].

Oder anders: Die rituelle Ausgestaltung des Amtsantritts der Consuln seit dem 4. Jahrhundert ist ein Beispiel für die Resemantisierung republikanischer Riten im ganz anderen politischen System der späteren Kaiserzeit. Die Präsenz der beiden Consuln an diesem Tag präsentiert gerade nicht mehr den Staat in seiner an Iupiter ausgerichteten Ordnung, sie markiert vielmehr im rituellen Rückgriff auf ein früheres System den außerordentlichen Tagescharakter; es paßt, daß jetzt – wenigstens seit Theodosius' Edikt vom 7. 8. 389 – der Tag ganz arbeitsfrei ist[16]. Ist dies strukturell Inversion, so ist es inhaltlich eine kurze politische Illusion – der kurze Moment, wo die republikanische Freiheit geträumt werden darf, ein kurzes Luftholen vor der erneuten Unterordnung unter den Kaiser – und ein Luftholen außerdem, das durchaus unter den wachsamen Augen des Kaisers geschieht.

III

Komplexer die Feiern in den Städten des Reichs, für welche zum einen zwei Texte des Libanios, dann vor allem die reiche Dokumentation der christlichen Predigten vorliegt. Wenigstens die christlichen Texte sind freilich keine einfache Quelle: Im lateinischen Westen, woher ihre große Masse stammt, hat sich im 5. Jahrhundert, seit Augustins seit kurzem faßbarer Predigt zum 1. Januar 403, eine eigentliche Rhetorik gegen die Kalenden entwickelt[17]. Neben Augustins Predigt wurden insbesondere die beiden Kalendenpredigten des Caesarius, des Bischofs von Arles, zu Mustern, aus denen nicht bloß die moralisierenden Deutungen, sondern auch die Ritenbe-

---

14 Lyd. *Mens.* 4, 5 (p. 69, 18 Wünsch).

15 Amm. 22, 7, 2.

16 *Cod. Theodos.* 2, 8, 19.

17 Augustins Kalendenpredigt (Mainz Nr. 62): Dolbeau 1992. Damit erledigt sich die Zuschreibungsfrage von August. *Serm.* 197. 198. 198 A, welche Meslin 1970, 103. 113 Caesarius von Arles hatte geben wollen (s. folg. Anm.), vgl. Dolbeau ebd. 70 f.

schreibungen übernommen wurden[18]. Die Tradition dieser Predigten reicht im übrigen bis ins Mittelalter, wo die Pariser Theologische Fakultät in ihrem Erlaß vom 12. März 1445 für ihren Kampf gegen die Auswüchse des 'Fête des Fous' vom 28. Dezember ihre Argumente und Formulierungen übernommen hat[19]. Die christliche Rhetorik verstellt im Rückgriff auf literarische Vorbilder so gelegentlich den Zugang zum Faktischen, insbesondere dann, wenn – wie dies bereits Nilsson versucht hat – sozusagen eine Verbreitungskarte der einzelnen Riten aufgrund dieses Materials erstellt wird. Es besteht auch der Verdacht, daß gelegentlich erst die Predigten eines gelehrten Bischofs den *rustici* derartige Riten aufgedrängt haben. Von daher hält man sich besser an einen einzigen Ort und einen einzigen Autor, in diesem Fall Libanios und Antiocheia.

Freilich ist auch die pagane Rhetorik kein Garant für klare Fakten. Spät in seiner Karriere hielt Libanios seine kurze und nicht sehr gut überlieferte Rede an seine Studenten über das Fest[20]. Sie ist – in einer Zeit, in der Theodosios bereits die Opfer verboten hatte – recht eigentlich eine Apologie der paganen Riten: Für Libanios ist selbstverständlich, daß jedes Fest seine Götter hat, die *Kalendae* erst recht ihre große Gottheit, μέγας δαίμων, den Libanios freilich nicht namentlich nennt. Doch schließt er seine Rede mit einer Opferbeschreibung, die umso eindrücklicher ist, als sie um 400 nicht Gegenwart, sondern erinnerte Vergangenheit beschreiben muß: "Dieser Monatsanfang ließ viel Feuer, viel Blut, viel Opferdampf von jedem Ort zum Himmel aufsteigen, so daß auch die Götter am Fest ein prächtiges Mahl abhielten"[21] – wie für Ovid ist auch für Libanios in gemeinsamem paganen Empfinden das Fest der Anlaß, der Erde und Himmel im Opferfeuer verbindet. In Rom war es Iupiter, der dieses Opfer empfing, in Antiocheia hatte wenigstens am 1. Januar 363 die Stadtgöttin Tyche das Opfer des Consuls Julian erhalten[22].

Ansonsten fehlen hier Beschreibungen der Riten; der Redner stellt das Fest unter eine Reihe allgemeiner Themen – der Festesfreude, die sich in Gebefreudigkeit äußert, des Freiheitsgefühls, das auch Sklaven und sogar

---

18 Caes. Arelat. *Serm.* 192. 193.

19 *PL* 215; *Chartularium Universitatis Parisiensis* coll. H. Denifle, Bd. 1 (Paris 1889), Nr. 2595. – Zum Mittelalter vorläufig Schneider 1920–21.

20 Liban. *Or.* 9 (1, 391–398 Foerster).

21 Liban. *Or.* 9, 18 ἥδε ἡ νουμηνία πολὺ μὲν πῦρ, πολὺ μὲν αἷμα, πολλὴν δὲ ἐποίει κνίσσαν ἀπὸ παντὸς χωρίου πρὸς οὐρανὸν ἀνιοῦσαν, ὥστε καὶ τοῖς θεοῖς εἶναι λαμπρὰν ἐν τῆι ἑορτῆι τὴν δαῖτα.

22 Amm. 23, 1, 6.

Gefangene erfaßt, der festlichen Lebensbejahung, die selbst intensiv Trau-
ernde wieder zu Essen und Bad – und das heißt: zur Daseinsbejahung in
der urbanen Gemeinschaft – zurückführt, des festlichen Gemeinschaftsge-
fühls, das selbst Zerstrittene wieder zusammenbringt: Diese psychologischen
Effekte des Festes erinnern an Victor Turners Beschreibung der *communitas*
als Ergebnis und Ziel liminaler Rituale, wobei bei Libanios diese *communitas* nicht bloß im engen Sinn Haushalt und Stadt, sondern letztlich die
ganze Oikumene umfaßt[23].

Die Ritenbeschreibung hatte der Rhetor längst in einem außergewöhnlichen Text geliefert, der Musterekphrasis Περὶ Καλανδῶν, wo er das
Fest Tag für Tag durchspricht[24]. Denn im 4. Jahrhundert sind die *Kalendae*
zu einem fünftägigen Fest geworden; und wenigstens im griechischen
Osten hat der Festname seine eigentliche lateinische Bedeutung als
Bezeichnung des ersten Monatstages verloren. Daß es freilich ein Neujahrsfest war, ist Libanios durchaus präsent – auch wenn Antiocheia noch
durchaus seinen lokalen Kalender mit einem eigenen Neujahr besitzt.
Dabei ist auch hier, in der ausführlichen Beschreibung der Riten, der Eindruck, den das Fest auf den einzelnen Feiernden macht, zentral. Offiziel-
le Riten – das Opfer an Zeus am ersten Tag ebenso wie die Vota, nach
denen der 3. Januar noch in Byzanz heißt – sind nicht genannt: nicht, weil
sie in Antiocheia nicht stattfanden, sondern weil sie den Redner jetzt
nicht interessieren.

Das Fest beginnt bereits am Vorabend: Da werden in den Häusern reiche Tische gedeckt, die die ganze Nacht voll dastehen sollen – wer am Jah-
resanfang einen vollen Tisch hat, hat ihn das ganze Jahr über; der Brauch
ist im ganzen Reich bis ins Frühmittelalter belegt. Die Nacht selber ist vom
Schwärmen trunkener Gruppen dominiert: Man trinkt nicht nur, man fällt
auch bei jenen ein, die noch nicht feiern, und bringt sie mit Spottliedern
aus der Fassung. Am frühen Morgen dann schmückt man die Türen mit
"Lorbeerzweigen und anderen Zierpflanzen" (δάφνης τε κλάδοις καὶ ἄλλοις
εἴδεσι στεφάνων) – der Brauch ist zeitlich und örtlich weit belegt, bereits für
Tertullian in Karthago ist er bezeichnend für das Fest[25], und noch das
Bischofskonzil von Braga in Galizien im Jahre 610 verbietet, "an den Kalen-

---

23 Die Turnersche Kategorie der *communitas* (insbesondere Turner 1969) wurde
von Gleason 1986, 111 f. in diesen Kontext eingeführt; ihre Diskussion nimmt dann
freilich keine Rücksicht auf den zeitlichen Verlauf des Rituals.
24 Liban. *Progymn.* 12, descr. 5 (8, 472–479 Foerster).
25 Tert. *Idol.* 15, vgl. Nilsson 1916–19, 61 f.

den die Häuser mit Lorbeer oder grünen Zweigen zu schmücken"[26]. Der Brauch war alt in Rom, und besonders nahe liegt, wenn am Geburtstag der Stadt Rom, den *Parilia,* in aller Morgenfrühe Haus und Stall mit Lorbeerzweigen geschmückt wurden (zur Annahme, diese Zweige an den Kalenden seien eigentlich die *strenae,* besteht schon deswegen kein Anlaß, weil bei Johannes Lydus im Zusammenhang mit den *strenae* von Lorbeerblättern, nicht Lorbeerzweigen die Rede ist[27]). Formal ist dieses Hereinholen der grünen Natur in die Stadt als Inversion zu verstehen: derselbe Lydus erinnert daran, daß lange vor Aineias' Ankunft König Latinus den Lorbeer gefunden habe, verschiebt den Brauch also in die Zeit der *reges fabulosi* vor der etablierten Ordnung. Früh am selben Morgen noch gingen die Rennstallbesitzer (ἱπποτρόφοι) mit ihrem Anhang im Licht von Fackeln zum Tempel und beteten um Sieg an den kommenden Spielen, dann besuchte man das Rathaus und beschenkte die Beamten. Bereits auf dem Weg zum Tempel wurden Münzen unter die Menge gestreut: Solche *sparsiones* wurden in der Hauptstadt von den Consuln getätigt, die Provinznotabeln imitierten die hauptstädtischen Eliten; diejenigen Antiocheias hatten den kaiserlichen Ritus ja am 1. Januar 362 anläßlich von Julians hier gefeiertem Antritt seines vierten Consulats direkt erfahren können[28].

Der Rest des Tags ist bei Libanios durch Geschenke dominiert; Spiele wie in der Hauptstadt finden noch keine statt. Man sandte einander Geschenke zu, und zwar deutlich sichtbar – "viele von ihnen schicken Gaben durch Wandelhallen und Gassen", heißt es bei Libanios. Sein christlicher Zeitgenosse und Landsmann Johannes Chrysostomos, der wortgewaltige Feind des antiochenischen Wohllebens, unterstreicht seinerseits das festliche Aussehen der Stadt: die Agora schmückte sich wie eine "putzsüchtige und üppige Dame"[29] (man denkt an die Hure Babylon); insbesondere stellten die Handwerker im Wettkampf ihre besten Stücke zur Schau. Das geht (trotz seiner anders gerichteten Polemik) mit dem von Libanios vermittelten Eindruck zusammen, daß die Stadt ungeniert, ja geradezu agonistisch Üppigkeit und Reichtum im Übermaß zur Schau stellt: Dem reich gedeckten Tisch im Privathaus entspricht die ihren Reichtum vorführende

---

26 Unter den am Konzil von Braga (610 n. Chr.) diskutierten Themen waren auch die paganen Riten um die Kalenden, *PL* 130, 586 Nr. 74: *Non liceat agere diem Kalendarum et otiis vacare gentilibus, neque lauro aut viridate arborum cingere domos: omnis haec observatio paganissima est.*

27 Gegen D. Baudy 1987, vgl. Lyd. *Mens.* 4, 4 (p. 67, 18ff. Wünsch).

28 Amm. 23, 1, 1.

29 Ioh. Chrys. *Or. in Kalend.* (*PG* 47, 854): καθάπερ γυνὴ φιλόκοσμος καὶ πολυτελής.

Stadt, wo die Elite einerseits, die Mehrwert schaffenden Handwerker andererseits im Vordergrund stehen.

Libanios stellt dies alles unter das Thema des Gebens. Schon der reich
gedeckte Tisch des Vortags ist nicht einfach, wie in anderen Quellen bis hin
ins Spanien der Völkerwanderungszeit, mit eigenen Ressourcen angefüllt, vielmehr trägt man Geschenke durch die Stadt (also wiederum sichtbar) für diesen Tisch, und zwar in sozialer Reziprozität, wie Libanios hervorhebt: "Die
Vermögenden verehren sie sich gegenseitig, die Armen beschenken die Vermögenden und diese die Armen"[30]. Dann folgt am ersten Morgen die *sparsio,* dann
die Beschenkung der Beamten und etwa auch der Professoren, schließlich das,
was Libanios δώϱων πομπή nennt – auch hier in einer (freilich weniger strengen) Reziprozität: "Der eine sendet mehr zurück, der andere gar nichts; und
wer überhaupt großzügig gibt, erfreut den Geber mehr"[31]. Was gegeben wird,
bleibt offen: an sich ist der 1. Januar der Tag der *strenae,* nur sind diese längst
der Einfachheit von Feigen, Datteln und Honig entwachsen. Kaiserliche Erlas-
se hatten den Geschenkluxus von Seidenkleidern und Elfenbeindiptychen zu
beschränken, und im engeren Bereich der *strenae* redet Johannes Lydus wenigstens von Kuchen und goldenen Lorbeerblättern[32] (wobei man bei Lydus auch
immer auf der Hut sein muß, ob er nicht Angelesenes als zeitgenössischen
Ritus deklariert). Die für ihren Luxus berühmten Antiochener werden sich
jedenfalls nach dem Vorbild der Hauptstadt nicht haben lumpen lassen.

Doch ist die Üppigkeit des Tags mit seinen demonstrativen Geschenken
nicht einfach exemplarischer Ausdruck jenes Lebensgenusses und jener
ἀπόλαυσις, die für Antiocheia bezeichnend war – und welche die Freige-
bigkeit gerade der Oberschicht garantierte[33]. Das ist vielleicht auch ein
Aspekt – doch das Schenken war nicht bloß für Libanios und die antiochenischen Kalenden zentral; Asterios von Amasaeia, der Bischof von Pon-
tus, wettert dagegen[34], und die lateinischen Amtskollegen zeigen regelmäßig
mißbilligend auf die *strena*[35]. Es geht also um mehr, und um Rituelles.

30 Liban. *Descr.* 5, 5 τὰ μὲν παϱὰ τῶν δυνατῶν ἀλλήλους τιμώτων, τὰ δὲ τούτοις
παϱὰ τῶν ὑποδεεστέϱων, παϱὰ δὲ τούτων ἐκείνοις.

31 Ibid. 9f.: ἐν φϱοντίσιν ἔχουσιν τὴν τῶν δώϱων πομπὴν (. . .) ὧν ὁ μέν τις τὸ πλέον
ἀπέπεμψεν, ὁ δὲ οὐδέν· καὶ ὅ γε τὸ πᾶν πϱοέμενος μειζόνως εὔφϱανε τὸν δόντα.

32 Lyd. *Mens.* 4, 4 (p. 69, 4ff. Wünsch).

33 Vgl. André-Jean Festugière, *Antioche païenne et chritiènne* (Paris 1959), Kap. 1
passi., Peter Brown, *The Body and Society. Men, Women and Sexual Renunciation in Early
Christianity* (New York 1988) 314.

34 Asterius Amas., *Sermo adv. Kalendas* (*PG* 40, 217).

35 *Dant illi strenas, vos date eleemosynas* hält Augustin am 1. Januar 403 seinen Christen vor Augen, Dolbeau 1992, 91, Z. 32. 38 (z. T. schon im Exzerpt *Serm.* 198).

Die allgemeine Reziprozität des Schenkens über alle sozialen Grenzen hinweg läßt sich natürlich strukturell auch einfangen im Begriff der Liminalität: Das allseitige Beschenken wie die Verschleierung der Standesgrenzen widerspricht alltäglichem Benehmen. Die traditionellen Geschenke – Feige, Lorbeerblatt, Honig – ließen sich ebenfalls in ihrem Zeichengehalt so einbinden[36]. Nur ist damit relativ wenig gewonnen, wenn jenseits der Struktur nach der Bedeutung gesucht werden soll. Entscheidend ist die kommunikative Funktion des Geschenks: Geber und Empfänger treten zueinander in Verbindung, das Geschenk gibt dieser Verbindung Form: der Geber definiert sich selber im Geschenk und teilt dem Empfänger mit, wie er ihn wahrnimmt, deswegen der Schmerz, wenn das Geschenk nicht stimmt: man fühlt sich mißverstanden – man kann sich aber dann ja im Gegengeschenk rächen –, womit das Geschenk zu einem Rollenangebot wird, auf das man zu antworten hat. In diesem Sinn ist das allgemeine Schenken an den Kalenden eine großangelegte gegenseitige Aktion, soziale Rollen zu definieren: Das erklärt auch, weswegen das Ganze so für die gesamte Stadt sichtbar abläuft. Rollen lassen sich bloß neu definieren, wenn sie vorher in Frage gestellt worden sind, und dies leistet eben die Liminalität des Rituals.

Freilich weiß Libanios auch, daß dieses Rollenspiel in Wirklichkeit die existierenden Rollen bloß stärkt; nach der schönen Beschreibung des reziproken Schenkens über die Standesschranken hinweg fügt er hinzu: "Die einen verehren die großen Vermögen, die aber geben denen, die sie verehren, von ihrem Luxus"[37]. Es geht bloß um eine kurze Illusion eines "anything goes". Und wenigstens im horizontalen Geben in der Oberschicht steht die gegenseitige Rollenanerkennung im Vordergrund: Seidenkleider und Elfenbeindiptychen (erlesenes Schreibgerät mithin) sind Statussymbole.

Auch die *sparsio* enthält ein Rollenangebot, und zwar ganz drastisch: Wer mit offenen Händen Münzen verteilen kann, ist oben, wer sich am Straßenrand drängelt und gegenseitig halb tot trampelt, um Münzen zu erhaschen, ist unten. Dabei stehen ökonomische Erwägungen nicht im Vordergrund – die Bischöfe wettern entsprechend gegen solche Riten: Christen geben Almosen[38] –, sonst hätte man nicht besondere Sparsionsmünzen geprägt,

---

36 Vgl. o. Anm. 6.

37 Liban. *Descr.* 5, 5 τῶν μὲν θεραπευόντων τὴν ἰσχύν, τῶν δὲ τοῖς θεραπεύουσι τῆς ἑαυτῶν μεταδίδουσι τρυφῆς.

38 Dies ist Augustins Formel, o. Anm. 35.

die im wesentlichen, wie Andreas Alföldi gezeigt hat, Träger von Ober-schichtpropaganda gewesen sind[39]. Im Gegenteil: Propaganda ist ja eben auch Rollenangebot. Die Sparsion ist letztlich eine Affirmation der eigenen sozialen Rolle, oben wie unten. Was Peter Brown von den Riten um den Amtsantritt der Consuln schreibt, stimmt auf jeden Fall hier: "It was the ceremony of excellence in an age of ambition"[40].

Eine weitere Form des Gebens kommt wohl noch dazu. Libanios hat von den Spottliedern in der Vornacht (die er, wie üblich, zum Fest rech-net) gesprochen, die man denen singt, die arbeiten oder schlafen wollen; Asterios von Amaseia wettert etwa gleichzeitig weit präziser gegen die Gruppen von "Bettelpriestern und Theaterakrobaten", die "hartnäckiger als die Steuereintreiber" (da hört man bittere Erfahrung heraus) jedes Haus mit ihren Glückwünschen belästigen, und die Kinder, die von Haus zu Haus ziehen und mit Gold besteckte Äpfel zu Wucherpreisen verkaufen[41]. Nun ist Amaseia nicht Antiocheia, und eine Übertragung der Bräuche von der einen auf die andere Stadt ist durchaus problema-tisch; doch kann Libanios sich auch zurückgehalten haben, und das Heischen Maskierter ist auch für Gallien durch Caesarius von Arles gesi-chert[42].

Wer bettelt, steht überall am Rand der Gesellschaft. Kinder, Wanderprie-ster, Akrobaten sind grundsätzlich soziale Randgruppen, Maskierte haben sich im Ritus an diesen Rand gestellt. Strukturell kann man vom Eindrin-gen der Ränder in die Stadt reden – man denkt an die Κᾶϱες-Κῆϱες der Anthesterien, die Satyrn und Mänaden dionysischer Prozessionen, die sich

39 A. Alföldi, *A Festival of Isis in Rome under the Christian Emperors of the Fourth Century* (Budapest 1937); ders., *Laureae Aquincenses* 1, Diss. Pannonicae 2, 10 (ebd. 1938); vgl. dens., "Stadtrömische heidnische Amulett-Medaillen aus der Zeit um 400 n. Chr.", in: A. Stuiber/A. Hermann (Hgg.), *Mullus. Festschrift Theodor Klauser*, JbAC Erg.-Bd. 1 (Münster 1964) 1–9, bes. 1f.

40 P. Brown, *The Making of Late Antiquity* (Cambridge, Ma./London 1978) 50.

41 Asterius Amas., *Sermo adv. Kalendas* (PG 40, 217) δημόται μὲν ἀγύρται καὶ οἱ τῆς ὀρχήστρας θαυματοποιοὶ εἰς τάξεις καὶ συστήματα ἑαυτοὺς καταμερίσαντες ἑκάστην οἰκίαν διοχλοῦσι· καὶ δῆθεν μὲν εὐφημοῦσι καὶ ἐπικροτοῦσι, μένουσι δὲ πρὸς ταῖς πύλαις τῶν πρακτήρων ἐντονώτερον ("hartnäckiger als die Steuereintreiber"), μέχρις ἂν ἀποκναισθεὶς ὁ ἔνδον πολιορκούμενος προῆται τὸ ἀργύριον ὅπερ ἔχει καὶ ὃ οὐ κέκτηται. ἀμοιβαδὸν δὲ προσιόντες ταῖς θύραις ἀλλήλους διαδέχονται καὶ μέχρις δείλης ὀψίας ἄνεσις οὐκ ἔστιν τοῦ κακοῦ, ἀλλὰ φατρία φατρίαν καταλαμβάνει καὶ βοὴ βοὴν καὶ ζημία ζημίαν.

42 Caes. Arelat. *Serm.* 193 *cervulum sive anniculam aut alia quaelibet portenta ante domos vestras venire.*

dann in der stadtrömischen *pompa circensis* wiederfinden[43]. Nur ist das wieder zu formal. Das Geben, das stattfindet, ist noch einmal anders: die materiellen Gaben sind Reaktion auf eine Forderung, die sich diskret in die symbolische Gabe von Lied oder Glückwunsch kleidet, gelegentlich aber auch unverhüllter sich ausdrückt; selbst der Apfel der Kinder von Amaseia muß beträchtlich über dem Marktpreis erkauft werden (dem trägt die Besteckung mit Goldflitter wenigstens symbolisch Rechnung): Von Reziprozität ist also nicht die Rede. Aber auch von sozialem Ausgleich kann nur bedingt gesprochen werden, und sicher nicht in ökonomischem Sinn; dazu sind die Gaben zu gering. Wenn schon, erlaubt das Ritual die Kommunikation zwischen gesellschaftlicher Mitte und gesellschaftlichem Rand: Die am Rand, die draußen, nicht in festen Häusern sind, stellen sich denen in den Häusern in ihrer Eigenart vor, die gleichzeitig auch die andern akzeptiert: Man wünscht dem Haus Glück und Segen. Die handfeste Gabe bestätigt die gegenseitige Einschätzung. Wieder geht es um Rollenangebot und Rollenbestätigung – doch bei einem Gefälle, wo von Neuverteilung keine Rede sein kann, wo bloß schon gegenseitige Kommunikation ungewöhnlich ist. Daß am 2. Januar dann auch die Bettler an die Tafel der Wohlhabenden geladen werden, fügt sich ein.

Unter diesen Riten war Maskenbrauch das Ritual, das im Westen besonders eindringlich mit den Kalenden verbunden wird – *cervulos ac vetulas facere,* "Hirsch und alte Frau spielen", hat die gallischen und italischen Bischöfe konstant aus der Fassung gebracht[44]. Im Osten ist davon weniger zu fassen. Immerhin berichtet Johannes Lydus, daß noch zu seiner Zeit in Philadelphia (eben der Stadt in Lydien, wo er 490 geboren wurde) eine doppelgesichtige Maske des Ianus aufgetreten sei, die man Saturnus genannt habe[45]: da bricht, mitten ins längst christliche Philadelphia, der pagane Gott ein, resemantisiert zum Zeichen der Inversion in diesem Fest. Möglich, daß auch Masken und nicht Statuen gemeint sind, wenn sich Johannes Chrysostomos ärgert über "Dämonen, die im Umzug durch die Agora ziehen"[46], wie jedenfalls in Ravenna der Umzug von Saturn, Iupiter, Hercules, Diana

---

43 Dion. Hal. 7, 72, 10 f.
44 Die entsprechenden Stellen bei Bünger 1910 und Schneider 1920–21.
45 Lyd. *Mens.* 4, 2 (p. 65, 11 Wünsch).
46 Ioh. Chrys. *Or. in Kalendas* (*PG* 47, 854) δαίμονες πομπεύσαντες ἐπὶ τῆς ἀγοϱᾶς.

und Vulcanus mit geschwärzten Gesichtern belegt ist[47], und wie ein Synodalbeschluß von 692 "Tänze, Riten" und Maskentreiben "im Namen der bei den Heiden fälschlich so genannten Götter" verbietet[48]. Man hat dies mit der alten, stadtrömischen *pompa circensis* verbinden wollen[49]. Das ist aber allerhöchstens antiquarisch richtig; entscheidender ist, daß durch die Präsenz von Göttern die Liminalität des Festes markiert wird – daß das Fest im paganen Rahmen auf jene mythische Zeit unter Kronos anspielt, als die Götter auf Erden verkehrten, daß es im christlichen Rahmen auf eine radikal andere Vergangenheit und ihre überwundenen Götter zurückgreift.

IV

Soweit der erste Tag. Der 2. Januar ist – wie nach römischer Auffassung jeder gerade Zwischentag – kein Tag öffentlicher Riten, sondern einer, der sich auf das Haus beschränkt: Im Haus herrscht betont friedliche Stimmung, niemand wird getadelt, Herr und Sklave spielen zusammen Würfel, und zur üppigen Mahlzeit lädt man auch die Bettler ein. Das Würfelspiel braucht kaum Erklärung – es ist den athenischen Kronia wie den römischen Saturnalia gemeinsam: Beim Würfeln wird wiederum eine offene Situation geschaffen, in welcher der Zufall das oben und unten bestimmt – Rollen werden nicht bloß zur Diskussion, sondern recht eigentlich zur Disposition gestellt; "a dangerous game", wie Henk Versnel zu Recht sagt[50], aber eines, das zum Tag paßt. In der Wahrnehmung des indigenen Beobachters Libanios ist denn auch nicht von Gefahr die Rede, sondern von einem paradiesischen Glücksgefühl; auf der Gegenseite rechnet es Augustin zu den übrigen Ausschweifungen des Tages[51].

---

47 *Sermo de Pythonibus* (PL 65, 37): *Ecce Kalendae Ianuariae; et tota daemonum pompa procedit (. . .) figurant Saturnum, faciunt Iovem, formant Herculem, exponunt cum venationibus suis Dianam, circumducunt Vulcanum verbis anhelantem turpitudines suas.* Als Autor gilt jetzt Petrus Chrysologus, vgl. R. Arbesmann, "Die 'Cervuli' und 'Anniculae' in Caesarius of Arles", *Traditio* 35 (1979) 89–119, h. 112 Anm. 100.

48 Bünger 1910, 24f. m. Anm. 9 zitiert das Quinisextum (a. 692), *Sacrorum conciliorum nova et amplissima collectio* evulg. I. D. Mansi, Bd. 11 (Florenz 1765) 971, Canon 62: ἔτι μᾶλλον καὶ τὰς ὀνόματι τῶν παρ' Ἕλλησι ψευδῶς ὀνομασθέντων θεῶν ἢ ἐξ ἀνδρῶν ἢ γυναικῶν γενομένας ὀρχήσεις καὶ τελετὰς κατά τι ἔθος παλαιὸν καὶ ἀλλότριον τοῦ τῶν Χριστιανῶν βίου ἀποπεμπόμεθα ... ἀλλὰ μήτε προσωπεῖα κωμικὰ ἢ σατυρικὰ ἢ τραγικὰ ὑποδύεσθαι.

49 Nilsson 1916–19, 80f.

50 Versnel 1993 a, 126.

51 Dolbeau 1992, 97 Z. 192 *vides eos diffluere per varias nugas, per luxurias, per immoderatas ebrietates, per aleam et insanias multiformes.*

Der 3. Januar ist im ganzen Reich der Tag der *vota publica:* Augustus hatte sie 29 v. Chr. eingeführt[52], die Digesten legen fest: *post Kalendas Ianuarias die tertio pro salute principis vota suscipiuntur*[53]. Johannes Lydus, der die *vota* auch kennt, berichtet außerdem von Spott in Wort und Maske gegen die Herrschenden[54] – einer, der davon betroffen wurde, war Julian während seines Aufenthalts in Antiocheia im Jahre 363[55]. Auch die ausführliche Beschreibung bei Asterios, daß die Soldaten Wagen als Bühnen benutzen und eine Gegenherrschaft wählten – einen Oberkommandierenden mitsamt Leibwachen und als Frauen verkleideten Soldaten[56] – zöge man gerne hierher, auch wenn der Bischof kein präzises Datum gibt: Die Riten sind sich nahe, und Amaseia ist nicht allzu weit entfernt von Philadelphia (wenn denn Lydus Einheimisches berichtet). Strukturell macht es Sinn: Noch immer ist die Festperiode gekennzeichnet von Inversionen. Wenn jetzt die Rollenumkehrung nicht bloß, wie an den ersten beiden Tagen, zur Diskussion gestellt, sondern durchgespielt wird, geschieht dies doch nach den *vota,* der feierlichen und religiös verpflichtenden Anerkennung der herrschenden Ordnung (Lydus übersetzt *vota publica* mit δημόσιαι εὐχαί): Jetzt ist der Rollentausch entlarvt als das, was er ist, als bloßes Spiel, jetzt kann er auch ausgespielt werden. Wie weit man dabei ging, zeigt ein Ereignis aus Edessa: Hier hatten die Bürger an den Kalenden eine Statue des Kaisers Constantius umgestürzt und sie schmählich durchgeprügelt[57] – Constantius übersah es großzügig. Der humorlosere Julian war bereits über den verbalen Spott der Antiochener beleidigt und mußte von Libanios daran erinnert werden, daß "wir Gefahr liefen, als Abschaffer des Festes zu gelten, wenn wir das verböten, was der religiöse Brauch legitimiert"[58].

---

52 Dio Cass. 15, 19.

53 *Digest.* 50, 16, 233; auf den 3. Januar pendeln sich auch die Arval-Akten ein, *Acta Fratrum Arvalium quae supersunt* rest. et illustr. W. Henzen (Berlin 1874) 89f.

54 Lyd. *Mens.* 4, 10 (p. 74, 14–22 Wünsch): am 3. Januar βότα πούβλικα ὡσανεὶ δημόσιαι εὐχαί . . . καὶ ἀδεῶς τὸ πλῆθος ἀπέσκωπτεν εἰς τοὺς ἄρχοντας οὐ ῥήμασι, ἀλλὰ καὶ σχήμασιν ἐπὶ τὸ γελοιῶδες ἔχουσι.

55 Gleason 1986.

56 Asterius Amas., *Sermo adv. Kalendas* (PG 40, 217).

57 Liban. *Or.* 19, 48.

58 Ebd. 16, 35. – Ob Tradition wirklich legitimiert, war gerade in der Zeit natürlich heikel; man vergleiche etwa die Argumentation, mit der Valentinian die seinerzeit, vor Julians Reaktion, durch den fundamentalistischen Constantius verbotene Divination wieder rechtfertigt, *Cod. Theodos.* 9, 16, 9 (a. 371) *neque . . . aliquam praeterea concessam a maioribus religionem genus esse arbitror criminis,* oder die Reaktion Augustins auf den von Christen geäußerten Gedanken, daß die Riten der Kalenden so legitimiert würden, Dolbeau 1992, 123, Z. 1033 *hodierno die kalendarum Ianuarium, qui gaudent in luxuriis et vanitatibus saeculi non se vident torrentis impetu rapere: vocent, si possunt, anni prioris similem diem.*

Von all dem ist hier bei Libanios kein Wort zu lesen: Er konzentriert sich ganz auf das Hauptereignis des Tages, die Wagenrennen, und stellt sie unter das Stichwort der νίκης ἔρις; daß auch noch andere Spiele stattfinden konnten – Tierhetzen, Gladiatorenspiele, Pantomimen –, verschweigt er. Tatsächlich ist das Pferderennen das zentrale Ereignis (ein Monatsmosaik stellt den Consul dar, wie er mit seiner *mappa* das Rennen eröffnet[59]), und seine soziale Funktion ist bedeutsam und hat wieder, wie Libanios andeutet, mit sozialer Positionierung zu tun: Es siegte ja nicht ein einzelner Wagenlenker, es siegte vielmehr die gesamte Zirkuspartei, die ihn mittrug und die er in gewissem Sinn repräsentierte[60]. Wieder ist die Struktur der Stadt offen, und zwar nicht bloß horizontal, zwischen den Zirkusparteien, sondern auch vertikal, weil der Wagenlenker ja auch von vornehmen *patroni* getragen wurde. Und im Wagenlenker rückt jemand im Ritual ins Zentrum der Aufmerksamkeit, der als Mediator zwischen oben und unten und zugleich als einer, der dank seiner persönlichen Begabung, nicht dank seiner sozialen Stellung gesellschaftlich wirksam wird, insofern liminal ist, als er nicht fest eingebunden ist in die sozialen Hierarchien der spätantiken Gesellschaft[61].

Damit hört Libanios' Beschreibung praktisch auf: die beiden folgenden Tage sind bloßer Ausklang des Festes, Zurückfinden in die Normalzeit, die Libanios durch die Sehnsucht nach dem Fest kennzeichnet[62].

V

Der rituelle Parcours schreibt sich damit in die geläufige Struktur ein. Trennungsriten sind kaum präsent, man kann immerhin die Spottlieder in der ersten Nacht zu ihnen rechnen, mit welchen noch nicht Teilnehmende zur Teilnahme animiert werden. Eingliederungsriten sind auch kaum vorhanden: Man kann die Verweise auf die Zukunft – das Tischdecken, die *vota publica* – dazurechnen, doch stehen sie an seltsamen Stellen im Ablauf. Umso mehr ist das Fest ein von Liminalität gekennzeichnetes, das soziale Rollen drinnen und draußen zur Disposition stellt, vom Haushalt mit seiner Sklavenfreiheit bis zum Spott auf Kaiser und Generäle.

---

59 Meslin 1970, 54 (vgl. o. Anm. 11).

60 A. Cameron, *Circus Factions. Blues and Greens at Rome and Byzantium* (Oxford 1976) 157–183.

61 P. Brown, *Religion and Society in the Age of Saint Augustine* (London 1972) 128f.

62 Basler kennen das gut: Kaum ist die Fasnacht vorbei, zählt man die Tage bis zur nächsten.

Dabei muß man präzisieren. Im übersichtlichen und leicht zu kontrol-
lierenden Haus herrscht Rede- und Spielfreiheit der Sklaven, nicht mehr:
jene überbordende *licentia,* die den jüngeren Plinius vor den Saturnalia in
einen abgelegenen Teil seiner Villa fliehen ließ, ist wenigstens hier nicht
bezeugt, eher die etwas schüchterne *libertas Decembris* von Horazens
Davus[63]. Überbordend ist allein der Spott des 3. Januar, und der lag, wie
gezeigt, sozusagen im Windschatten der *vota publica* – so konnte er dann
auch soziale Unzufriedenheit kanalisieren: Wenn irgendwo, dann kann hier
von 'ritual of rebellion' und Ventilsitte gesprochen werden, die dann den Status quo umso eher sichern. Die Hauptmasse der Riten stellt hingegen eher
spielerisch soziale Rollen zur Diskussion und tut das im Medium des materiellen Überflusses – schafft für eine Weile die Illusion, als sei die Gesellschaft noch einmal neu verhandelbar, und zwar ohne daß jemand margina-
lisiert werde, ohne daß der Überfluß für alle aufhören werde: Libanios spielt
wenigstens einmal an die Topik des Goldenen Zeitalters an, die ja schon bei
den Kronia und Saturnalia im Hintergrund stand[64].

Doch soll man die Ähnlichkeit mit den Saturnalien nicht pressen; es ist
im wesentlichen eine strukturelle Ähnlichkeit, die auf der Funktionsver-
wandtschaft beruht. Die spätantiken *Kalendae* unterscheiden sich durch drei
Punkte – durch die Rolle, welche die Semantik des Gebens spielt, durch
die Bedeutung der Spiele, besonders der Pferderennen, schließlich durch
eine in stadtrömischen Riten nicht angesprochene Wendung nach außen.

Die Gabe materieller Güter als Medium der symbolischen Rollendis-
kussion fußt wohl letztlich darauf, daß in der Spätantike wie sonst kaum in
der Antike die soziale Rolle durch den materiellen Besitz bestimmt wird,
und zwar nicht von agrarischen Gütern, sondern von kulturell aufbereite-
ten: nicht Feigen und Honig, sondern Kuchen, vergoldete Lorbeerblätter,
Seidenkleider und Elfenbeindiptychen schenkt man. Hoch in dieser Gesellschaft steht, wer Vermögen hat und dieses Vermögen auch gesellschaftlich
und kulturell zu demonstrieren bereit ist. Darin kann auch ein dynamisches
Moment liegen: Hoch kommt, wer zu einem Vermögen kommt, mit dem
er diese Rolle spielen kann. Und mit eben dieser Dynamisierung hat die
Funktion der Pferderennen zu tun: Sie stellen ja nicht einfach eine Art von
Neuverteilung von Rollen dar (die übrigens dann anhält bis zum nächsten
Rennen), sie tun dies in unerhört harter Kompetitivität – einer Kompeti-
tivität, die eben auf das Fest beschränkt ist und die Johannes Chrysostomos

---

63 Plin. *Ep.* 2, 17, 24, vgl. Sen. *Ep.* 18, 1–4; Hor. *Serm.* 2, 7.
64 Liban. *Descr.* 5, 12.

auch bei den Handwerkern bemerkt hatte[65]. Wettbewerb aber kann die kollektive Ordnung bedrohen, besonders in Gesellschaften, die nicht durch lange und klar legitimierte Traditionen gesichert sind – durch seine Auslagerung in die Kalenden wird hier wiederum eine Sicherung eingebaut. Beides geht übrigens auf Kosten der von Libanios so gelobten *communitas*: Das Insistieren auf der festlichen Harmonie ist eben auch eine Folge von Libanios' Oberschichtperspektive.

Der dritte Punkt ist die Außenwirkung; Libanios, konzentriert auf die Stadt Antiocheia, spricht sie schon gar nicht an. Zum einen ist es ein banales Zurschaustellen des eigenen Reichtums: "Die ganze Stadt war ein Festsaal", bemerkt ein christlicher Besucher im fünften Jahrhundert[66]; das beeindruckt. Zum anderen ist es eine politische Demonstration. Antiocheia ist nicht in sich geschlossen, keine autonome Polis, sondern eine Reichsstadt; über ihr steht die Reichsordnung, steht der Hof und sein Apparat. Hier rituelle Einbindung zu gewährleisten, ist der Sinn der *vota*: In einer Zeit, in der die Beziehungen symbolisch zur Disposition gestellt werden, kann man Loyalität demonstrieren, ja muß man Loyalität demonstrieren, denn zu den *vota* gehört der Spott gegen die ἄρχοντες, der sich ja auch gegen die (symbolisch oder physisch) in der Stadt anwesenden Vertreter des Hofs richten kann. Daß hier Empfindlichkeiten vorhanden waren, zeigt Julians Reaktion; in anderen Fällen schickten die Kaiser gar Truppen. Dennoch wollten die Antiochener auch darauf nicht verzichten: Zur Neujahrsfeier gehört es auch, die Außenbeziehung der Stadt zu überdenken[67].

VI

Damit erweisen sich die *Kalendae Ianuariae* im späteren römischen Reich als ein Ritual, das nicht einfach Früheres fortschreibt, sondern verschiedene Traditionen neu gruppiert, um dem Anspruch einer neuen Gesellschaft und einer ganz anderen Epoche gerecht werden zu können. Eben deswegen waren sie derart erfolgreich und zogen den fortdauernden Zorn der christ-

---

65 Ioh. Chrys. *Or. in Kalendas* (*PG* 47, 854), vgl. o. S. 206 m. Anm. 29.

66 Isaak von Antiocheia, *Homilie auf die antiochenische Nachtfeier* (syrisch), zit. von Gleason 1986, 112.

67 Zur Außendimension von Ritual vgl. auch G. Baumann, "Ritual implicates 'others'. Rereading Durkheim in a plural society", in: D. de Coppet (Hrsg.), *Understanding Rituals* (London/New York 1992) 97–116.

lichen Bischöfe auf sich. Diese ihrerseits reagierten im übrigen nicht einfach damit, daß sie kritisierten und polemisierten: Sie versuchten, insbesondere mit dem Fastengebot des 1. Januar ebenfalls rituell zu reagieren[68]. Völlig ist ihnen dies, wie die nachantiken Riten zeigen, nicht gelungen.

---

68 Das Fasten wird bereits von Augustin betont, freilich als leichtes Opfer dargestellt, Dolbeau 1992, 95 Z. 127 *quid enim magnum est hoc tempore ieiunare, tam parvi die
sero prandere* – d. h. man fastet bloß am Tag, ißt nach Sonnenuntergang, und das ist
kurz nach der Wintersonnenwende leicht zu bewerkstelligen. Auf innerfamiliäre Dis-
kussionen zu diesem Gebot geht der Prediger kurz nachher ein, ebd. 95, Z. 166 ff.

HENK S. VERSNEL

καὶ εἴ τι λ[οιπὸν] τῶν μερ[ῶ]ν [ἔσ]ται τοῦ σώματος ὅλ[ο]υ[..
(. . . and any other part of the entire body there may be . . .)

An Essay on Anatomical Curses

I
Instrumental Curses

Selected parts of the body

A considerable number of *defixiones* and other curses of the Graeco-Roman world curse parts of the body (and mind) of an opponent. Usually the selection of the anatomical details is clearly prompted by functional motives: to curse and bind – that is: render powerless – the parts of the body that may help their owner to gain an advantage over the author of the curse. People curse the tongue and the soul of an adversary in a lawsuit[1], or the hands and feet of a rival athlete or gladiator, or various other combinations of these convenient physical tools. Indeed, hands, feet, tongue, soul (ψυχή) and mind (νοῦς) are the most current targets in both Greek and Latin *defixiones* throughout antiquity. In a variety of combinations they already abound in the oldest known *defixiones,* the sixth-century curses from Sicily and those of the fifth and fourth century from Attica[2].

---

1 For a detailed discussion of the targets and the "Sitz im Leben" of judicial curses see Moraux 1960, 41–56; Faraone 1989, 157 n. 23, and his earlier studies cited there.

2 The majority of the Attic defixiones collected in *DTA* do not allow precise dating, but in his preface Wünsch suggested the third century BC for most of them. However, Wilhelm 1904 convincingly argued for an earlier date – 4th cent. BC – for a majority of the curses. On linguistic grounds, W. Rabehl, *De sermone defixionum Atticarum* (Diss. Berlin 1906) 40, proved that practically all the Attic *defixiones* known in his time should be dated to the fourth century BC, which was then acknowledged by Wünsch in his review of Rabehl, *BPhW* 27 (1907) 1574–1579, at 1575f. Recently, C. Habicht, "Attische Fluchtafeln aus der Zeit Alexanders des Grossen", *ICS* 18 (1993)

Just a few examples: *SGD* 95 (Selinous, end of VI a)³ τὰν Ε[ὐ]κλέος γλῶσαν καὶ τὰν Ἀριστοφάνια(ο?)ς καὶ ... τὸν συνδίϙον τὸν [.]υ[.]λιος κα[ὶ τ]ὸν Ἀριστοφάνεος [τὰς γ]λό[σ]ας ("the tongue of Eukleês and the one of Aristophanes and ... the tongues of their advocates"); *SGD* 1 (Kerameikos V a)⁴ καταδῶ Χαρίαν ... καὶ ψυχὴν τὴν Χαρίου καὶ γλῶταν τὴν Χαρίου ... καταδῶ ψυχὴν τὴν Καλλίππο καὶ χεῖρας τὰς Καλλίππο ("I bind Charias ... and the soul of Charias and the tongue of Charias ... I bind the soul of Kallippos ... and the hands of Kallippos"); *DTA* 49 and 50 (both Halai, Attica, IV a)⁵ καταδῶ τὴγ γλῶτταν καὶ τὴν ψυχήν ("I bind the tongue and the soul"); *DTA* 51 (Attica, IV a) Δημη[τ]ρίου καταδῶ ψυχὴν καὶ νοῦ⟨ν⟩ θυμὸν Τελεσάρχου· κατ⟨α⟩δῶ ψυχὴν καὶ νῶν θυμόν ... ("I bind their soul, mind and spirit"); *DTA* 54 (Attica, IV a) ... τὴν γλῶταν καταδῶ χῖρα αὐτοῦ καταδῶ καὶ Βάτιον τὴν γ[λῶταν ... ("the tongue I do bind and his hand and Batios, his tongue – followed by a long list of people whose tongues are bound"). Incidentally, this may be the appropriate moment to note that, unlike mistakes in the accentuation, the orthographic oddities, as a rule, are *not* mine.

Their popularity continues unabated into late antiquity, as is exemplified by a hoard of judiciary curses *DT* 22–37 from Cyprus (III p)⁶. Produced by one and the same scribe, they are clearly copied from one model and thus marked by recurrent, practically identical formulas. For instance: παραλάβετε (or: κατακοιμίσατε) τοῦ Ἀρίστωνος τὴν γλῶσσαν (or: τὰς φωνὰς) τὸν θυμὸν τὸν πρὸς ἐμὲ ἔχι ... ("take over [elsewhere: lull to sleep] the tongue

---

113–118, again argued for a late fourth-century date for some of them on historical and prosopographical grounds. New evidence for fourth-century names in Willemsen 1990, 142–151. Wherever dating appeared impossible I have indicated this with a question mark. I have made full collections of the various categories of curses involving parts of the body, which I hope to publish in a more comprehensive publication.

3 *SEG* 26.1113; Gager 49. Cf. A. López Jimeno/J. M. Nieto Ibáñez, "Defixion aus Selinunt", *ZPE* 73 (1988) 119f., on the names of the cursed people. For a survey of the various terms for advocates etc. in forensic curses see D. R. Jordan, "A Greek *defixio* at Brussels", *Mnemosyne* 40 (1987) 162–166.

4 Gager 105 = W. Peek, *Inschriften, Ostraka, Fluchtafeln*, Kerameikos. Ergebnisse der Ausgrabungen 3 (Berlin 1941) 89–100 no. 3. More than twenty men and women are cursed for unknown reasons. Peek: "Das Ganze sieht eher nach Privathändeln als nach einem politischen Prozeß aus."

5 Gager 59; cf. Wilhelm 1904, 114f.

6 *DT* 22 = Gager 45 (see the bibliography there); *DT* 25 = Gager 46. Formerly attributed to Kourion (Cyprus), they were re-assigned to Amathous by Jordan; see P. Aupert/D. R. Jordan, "Magical Inscriptions on Talc Tablets from Amathous", *AJA* 85 (1981) 184. For a new discussion: Jordan 1994.

[elsewhere: the utterances] and the grudge that Ariston bears against me . . .")[7]. Naturally, outside the forensic sphere hands and feet (in a lavish mixture with other limbs) prevail in curses belonging to the world of sport in the widest sense of the word, as for instance in *DT* 247 (Carthage, II–III p): *manus obliga . . . obliga illi pede[s]* ("bind the hands, bind his feet").

Motives and purposes: a first glance

Frequently the underlying motive for cursing special parts of the body is clarified in a variety of formulaic phrases. For instance, the curses from Amathous just mentioned list wishes such as: ἀφέλεσθε αὐτοῦ τὴν δύναμιν κὲ τὴν ἀλκὴν κὲ ποιήσατε αὐτὸν ψυχρὸν κὲ ἄφωνον κὲ ἀπνεύμονα ("rob him of his power and courage and make him cold and voiceless and breathless"). Furthermore, these curses show a number of variations on the dominant theme of 'muzzling' the target in not always transparent formulas[8]. Finally, they also display more explicit wishes such as: εἵνα μὴ δύνητέ μοι μηδενὶ πράγματι ἐναντιωθῆνε ("in order that he cannot oppose me in any kind of action") – οὕτω κὲ ἀντίδικοι ἤτωσαν ἄλαλοι ἄφωνοι ἄγλωσσοι ("may my adversaries be speechless, dumb, voiceless"). However, when it comes to explicit wishes, erotic texts are matchless. *SGD* 152–156 (Egypt, III–IV p)[9]: . . . ὅπως μὴ

---

7 The term θυμός is applied in a different (more specifically forensic and emotional) meaning from the normal 'spirit', which is emphasized by κὲ τὴν ὀργήν (and his anger) further on in the text. Charms to appease the anger of other persons are frequent in Coptic and Jewish magical texts of late Antiquity and the early Middle Ages.

8 E.g. δὸς φμιὸν τῷ Θεοδώρῳ ("give silence to Theodorus") – τὴν παραθήκην ὑμῖν παρατίθομεν φμιωτικὴν τοῦ . . . ("we deposit with you this charge which brings silence") – οὗτοί μοι πάντοτε τελιώσουσιν κὲ φμιώσουσιν τοὺς ἀντιδίκους ἐμοῦ . . . ("these [demons] will forever render powerless and muzzle our adversaries"). The verb φμιόω occurs in several late (mostly forensic) curses, for instance *SGD* 164 (Nysa-Skythopolis = Beth-Shean, Palestine IV p) = H. C. Youtie/C. Bonner, "Two Curse Tablets from Beisan", *TAPhA* 68 (1937) 43–77, 128. The *kurioi angeloi* are invoked to bind the parts of three women: "Bind down the muscles, the members, the reflection (ἐνθύμησιν), and the intelligence (διάνοιαν) of . . . muzzle them (φίμωσον), make them blind (τύφλωσον) and dumb (κώφηνον), . . . make them speechless and blind." The technical term for this type of spell used in *PGM* VII 396ff.; XLVI 4 is φμιωτικόν. See Jordan 1994, esp. 143. The verb τελιώσουσιν, though rare, recurs in a related curse from Alexandria, *DT* 38 and should be understood with Gager as "these (demons) will always carry out my wishes", or rather "will fulfil the *mageia*".

9 *SGD* 152 = *Suppl. Mag.* I 47 = Gager 28; *SGD* 153 = *Suppl. Mag.* I 46; *SGD* 155 = *Suppl. Mag.* I 49 = Wortmann 1968 no. 1 (the one quoted in our text), *SGD* 156 = *Suppl. Mag.* I 50 = Wortmann 1968 no. 2. For a new reading of Wortmann

βινηθῇ, μὴ πυγισθῇ, μὴ [λαι]κάσῃ μήτε ἀφρο⟨δι⟩σιακὸν ἐπιτελέσῃ μεθ' ἑτέρου, μὴ ἄλλῳ ἀντρὶ συνέλθις εἰ μὴ Θεοδώρῳ ... [ἀλλὰ] μ[ὴ δ]υνηθήτω πώποτε Ματρώνα χωρὶς Θεοδώρου [μὴ καρτε]ρῖν, μὴ εὐσταθῖν, μηδὲ ὕπνου τυχεῖν νυκτός ("... so that [Matrona] shall not be had in a promiscuous way, not be had anally, not be had orally, not for her pleasure engage in sex with another, not go with another man than Theodoros ... and let Matrona not ever be able apart from Theodoros to have strength, to enjoy good health, and to get sleep by night and day"). Small wonder that exactly this type of text will demand our special attention later on.

We find these specific objectives in cursing, binding or chilling parts of the body throughout antiquity. SGD 99 (Demeter Malaphoros sanctuary at Gaggara, Selinous, early Va), belonging to a series of the earliest known *defixiones* from Sicily, has the phrase: Σελινόνντιος [κ]αὶ ha Σελινοντίο γλõσα ἀπεστραμέν' ἐπ' ἀτ⟨ε⟩λείαι ἐνγράφω τᾶι τένον. ("I 'register' Selinuntius [or the Seliuntian?] and the tongue of Selinuntius, so that it will be twisted and devoid of success")[10]. In a recently published *defixio* from Selinous (ca. 500 a)[11], the tongues of different persons are cursed "in order that they cannot be of any use of them" (τὰν γλõσαν καταγράφο, hος μεδὲν ... ὀφελέσει). DTA 96 (Piraeus, date?)[12], after a formula binding the tongue, the soul, the hands and the feet of an adversary, continues: καὶ ε[ἴ] τι μέλλει ὑπὲρ Φίλωνος φθέγγεσθαι ῥῆμα πονηρόν, ἡ γλῶσσ' αὐτοῦ μόλυβδος γένοιτο. καὶ κέντησον αὐτοῦ τὴν γλῶσσαν, τὰ χρήματα, ... ("and if he plans to utter a malicious word about Philon, may his tongue become lead. And stab his tongue, his business [?] ..."). And besides these explicit formulas we also find more inclusive

no. 1 see D. R. Jordan, "A Love Charm with Verses", ZPE 72 (1988) 245–259, tracing passages with iambic trimeters and dactylic hexameters. For corrections of Wortmann no. 2: *ibid.* 246 n. 3. All these love spells follow the prescriptions given in PGM IV 335–384, following the instructions to make wax dolls.

10 Various terms used here are common in the language of the *defixio,* though not always in the same application. ἀποστρέφω, for instance, is generally used for the twisting of hands and feet that are bound backwards (for instance in the case of voodoo dolls), but not of tongues. For the variant διαστρέφω see below n. 77. See for further discussion of this tablet the literature cited SGD 99 and at Gager 51, and add: R. Arena, "Una defixio di Selinunte", ZPE 65 (1986) 205f.; *id.,* "Osservazioni su due defixiones selinuntine", ZPE 66 (1986) 161–164; Bravo 1987, 197, 214.

11 P. Weiß, in: E. Simon (ed.), *Die Sammlung Kiseleff im Martin-von-Wagner-Museum der Universität Würzburg* 2: *Minoische und griechische Antiken* (Mayence 1989) 200–204 nos. 340f. = SEG 39. 1020f. I quote from no. 1020.

12 It belongs with DTA 97 = Gager 66, which has the same formulas and is obviously produced by the same hand.

expressions, e.g. *DTA* 98 (Patisia, IV–IIIa)[13]: ἀδυνάτους αὐτοὺς πόει καὶ ἀτελεῖς ("make them strengthless and unsuccessful").

Variants continue to be produced into late antiquity, for instance *SGD* 169, a curse from Klaudiopolis (Bithynia, III–IVp)[14]: κατα[δε]δεμένοι, μὴ ἀντιλέγοντες, μ[ὴ] λαλοῦντες, μὴ ἐνβλέποντες, ἀλλὰ ἄναυδοι, κωφοὶ ἔστωσαν, μηδὲν κατ᾽ αὐ[τοῦ] λέγοντες . . . ("may all these be spellbound, prevented from speaking against [me], from gossiping, from spying, but let them be speechless, dumb, saying nothing against Capetolinus . . ."). The detailed indications concerning charioteers and venators in *SGD* 139 (Carthage, II–IIIp) hold pride of place[15]. Charioteers and their horses are cursed so that they will μὴ ἰσχύειν, μὴ τρέχειν, μὴ πηδῆσαι, μὴ πιάσαι, μὴ τὰς καμπτῆρας περι[κυ]κλεῦσα[ι μήτε] νεικῆ[σαι . . . ("have no strength, not be able to run, to jump, to press, to circle round the turning points or to be victorious").

These curses tend to become formulaic, and components of the formulas easily cross the borders between the several functional curse types that have been distinguished in recent research. Moreover, in the perspective of this functionalistic application there is plenty of room for cumulative elaboration, since there is a choice of bodily parts, actions and functions that can be usefully and conveniently handicapped. Hence we find a generous variety of more elaborate formulas, involving both physical and socio-economic necessities, including jobs, workshops, profits, in short: means of livelihood. In this connection Richard Gordon[16] speaks of an 'attack-scheme': "shorthand references to human social being as expressed in physical reality."

Motive: functional restraint

What these curse texts have to tell us is in accordance with recent theories on the agonistic context of most *defixiones*.[17] More than three-quarters of the published Greek *defixiones* do not provide any hint of their specific pur-

---

13 Gager 83, belonging to the category of prayer for justice (see below).

14 Gager 47. Judiciary? Cf. J. M. R. Cormack, "A *Tabella Defixionis* in the Museum of the University of Reading, England", *HThR* 44 (1951) 25–34.

15 One of a series of four published by A. Audollent, in: *Cinquième congrès international d'archéologie, Alger 1930* (Algiers 1933) 120–131 = *SEG* 9.838.

16 In his forthcoming book *Spells of Wisdom*. I am very grateful to the author for his kind permission to read the manuscript.

17 See especially Faraone 1991 and Gager, who arranged his chapters according to the various agonistic classes. For earlier classifications (Audollent, *DT*, esp. lxxxix; E. G. Kagarow, *Griechische Fluchtafeln*, Eos Suppl. 4, Leopoli 1929, 50–55; Preisendanz,

poses, but the majority of the remainder concern social competition in largely four domains: 1) commerce and trade, 2) athletics, theatre and amphitheatre, 3) love and erotics, 4) lawsuits. Just as we can see athletes trying to bind the limbs of their rivals, so we also find shopkeepers or artisans cursing their competitors, including their skills, their business and their hands and minds. DTA 74 (Attica, date?): καταδδίδημι κὴ αὐτὰν καὶ αὐτὸν κὴ γλῶταν κὴ σῶμα κὴ ἐργασίαν κὴ ἐργαστήρια κὴ τέχναν ("I bind herself and himself and his tongue and body and job and workshop and craft"). Unfortunately, although the cursed parts of the body often directly pertain to the relevant activities, one cannot confidently deduce the purpose of the curse from the parts of the body mentioned[18].

However, all these formulas can be qualified as functional and instrumental in that they can be understood as instruments to bind – that is to restrain – competitors without the explicit, and perhaps even implicit, aim of physically hurting or tormenting them. Consequently, with the exception of the category of venatores and gladiators, whose business it is to kill or get killed, in this type of curse we rarely find the wish to *kill* a rival[19], but rather to restrain his activities in the daily struggle for the survival of the fittest. For this reason I shall henceforth refer to this type of curse, marked by deliberate and purposeful selections of appropriate parts of the body and necessities of life, as 'instrumental'.

"Fluchtafeln", *RAC* 8, 1972, 1–29, esp. 9–11) see Faraone 1991, 27 n. 45. Cf. also Graf 1994, 176–185, who pays special attention to a more comprehensive principle: the experience of crisis and uncertainty.

18 For instance, the reference to male and female genitals in *DTA* 77 cited below (p. 231) does not necessarily put the tablet in an erotic context, but may be an indication of a commercial competition. Faraone, for instance, suggests that the binding of the penis and the vagina here may be intended to cause infertility. Likewise, formulas typical of judiciary *defixiones* occur in different contexts as well. Most illustrative is a hoard of curse texts from the Athenian agora *SGD* 24–39 (mid III p), Jordan 1985. Written by two or three professional practitioners obviously using the same model, they display recurrent identical formulas. In the opening lines the demons are asked to "chill the opponents and their purposes", and the curses all end with the formula (with slight variations): ὡς ταῦτα τὰ ὀνόματα ψύχεται οὕτως ψυγήτω Ν. τὸ ὄνομα καὶ ἡ ψυχή, ἡ ὀργή, ἡ ἐπιπομπή, ἡ ἐπιστήμη. Ἔστω κωφός, ἄλαλος, ἄνους, ἀκέραιος ("As these names grow cold, so let N'.s name and his soul, impulse, charm, knowledge grow cold. Let him be deaf, dumb, mindless, harmless . . ."). Now, the same formulas are used both in curses against athletes and in a curse against lovers intended to spoil a love affair, except for a slight addition "let N. grow cold to N." This very common exchangeability of (elements of) formulas in different contexts often prevents the determination of the setting of a curse.

19 Faraone 1991, 26 n. 38.

II

Dissecting the body: Anatomical Curses

II 1
Anatomy and Justice

Listing limbs

There is another, less common, type of curse whose authors are *not* content with cursing the most apposite limbs. Instead, they present a complete list of *all* the conceivable constituents of the human anatomy, or at the least a fair number of additional limbs that are not directly relevant to the social context of the curse. Besides detailed enumerations, this drive to comprehensiveness may also find expression in more global and inclusive references to the total body. In order to give a first impression I cite a few of the most explicit ones.

First, two often cited Latin examples, which were written on either side of a lead tablet found at Nomentum, near Rome (I a–I p)[20]:

A) *Malcio Nicones oculos, manus, dicitos, bracias, uncis, capilo, caput, pedes, femus, venter, natis, umlicus, pectus, mamilas, collus, os, bucas, dentes, labias, me[nt]us, oclus, fronte, supercili, scaplas, umerum, nervias, ossu, merilas (?), venter, mentula, crus, quastu, lucru, valetudines, defico in as tabelas.* ("Malchio son/slave of Nikon: his eyes, hands, fingers, arms, nails, hair, head, feet, thigh, belly, buttocks, navel, chest, nipples, neck, mouth, cheeks, teeth, lips, chin, eyes, forehead, eyebrows, shoulder-blades, shoulders, sinews, guts, marrow [?], belly, cock, leg, trade, income, health, I do curse in this tablet").

B) *Rufa Pulica, manus, detes, oclos, bracia, venter, mamila, pectus, osu, merilas, venter, . . . crus (?) os, pedes, frontes, uncis, dicitos, venter, umlicus, cunus, ulvas (?), ilae, Rufas Pulica de[f]fico in as tabelas.* ("Rufa the public slave: her hands, teeth, eyes, arms, belly, breasts, chest, bones, marrow [?], belly, guts, mouth, . . . feet, forehead, nails, fingers, womb, navel, cunt, vulva [?], groins: Rufa the public slave I do curse in this tablet").

DT 42 (Megara, I–II p): . . .]μασθὸν [. . .πνεύ]μονας καρδίαν ἧπαρ [. . .] ἰσχία ῥάχιν κοιλίαν [. . .] αἰδοῖον μηροὺς πρωκτὸν [. . .κ]νήμας πτέρνα[ς. . .]υς ἄκρα

---

20 *DT* 135 = Gager 80. The tablet was dated II–III p by Audollent (Gager: "date unknown"), but it is undoubtedly older. H. Solin, "Analecta epigraphica", *Arctos* 22 (1988) 141–162, at 141–146: "Absurde Spätdatierung . . . die Defixionen aus Nomentum stammen aus viel älterer Zeit, aus der frühesten Kaiserzeit, würde ich sagen" (145). I have borrowed the translation (and that of the following ones) from Richard Gordon's *Spells of Wisdom*.

ποδῶν δακτύλους [. . .] καὶ εἴ τι λ[οιπὸν] τῶν μερ[ῶ]ν [ἔσ]ται τοῦ σώματος ὅλ[ο]υ[. . ("breast, lungs, heart, liver, . . . hips, lower back, intestines . . . sex, thighs, arsehole, . . . shins, heels . . . toes, fingers . . . and any other part of the entire body there may be . . ."). So here is where I found the title of my paper.

These baffling anatomical exercises are usually regarded as the final step in a process of gradual accumulation, from hands and feet to "all the 365 muscles of the body" as another curse[21] has it. The present paper aims to argue that, conversely, this is *not* a process of uncontrolled growth of the 'instrumental' curses discussed above. I hope to demonstrate that both the objectives and the atmosphere or "Sitz im Leben" – as far as we can trace them – are of a different nature. In a forthcoming book on magic, *Spells of Wisdom,* which in my view will be a revolution in the field, Richard Gordon analyses the rhetorical value of listing, including such figures as polysyndeton, pleonasm, and redundancy. These forms of expressive intensification, he argues, are intended to exert an irresistible rhetorical pressure upon the addressee. The lists should not be regarded as exponents of a typically *'magical'* strain toward completeness. While gladly endorsing this view, my own focus is on the question of what circumstances, i.e. what emotional or social contexts specifically tend to provoke the application of this "bitter language of insult, by means of which the attacker seeks to strip the opponent of his or her protective shame, shielded in normal social intercourse behind euphemism, discretion and avoidance". Obviously, these types of 'hard words' give expression to emotions such as hate, desire, etc. more explicitly than in normal communication[22].

---

21 P. Colon. inv. T 4, first published by Wortmann 1968, 108f. no. 12. Wortmann believed that the mention of 365 members was unparalleled, but Maltomini, who re-edited the text in *Suppl. Mag.* II 53, has adduced several other examples, both in Coptic (*PGM* IV 149f.) and in a Greek curse tablet from Attica (Ziebarth 1934, 1042–1045 no. 24, III p?) adding three exorcistic charms in late manuscripts suggesting a background in the cosmology of Basilides. D. R. Jordan, "Magica Graeca Parvula", *ZPE* 100 (1994) 321–335, at 321f.: "The 365 members", offers a further parallel, pursuing a suggestion by Ziebarth on a lead curse tablet in the Louvre (*DT* 15) directed against a dancer for the Blue Faction. There are phrases with obvious cosmic references including 36 decans, five planets etc. Jordan brilliantly reconstructs a phrase θλίψιν διὰ ἀναίρεσιν τῶν τξε μελῶν αὐτοῦ, ("affliction through destruction of his 365 members"). Without exception, these texts date from late antiquity.

22 I here cite Gordon, who refers to A. B. Weiner, "From Words to Objects to Magic. Hard Words and the Boundaries of Social Interaction", *Man* 18 (1983) 690–709, esp. 705. Elsewhere Gordon expresses his view as follows: "What is most striking about longer (and invariably later) lists of body parts is their resemblance to the

In order to distinguish them from the *instrumental* curses, referring to *defixiones* with *functionalistic selections* of body parts, I shall now introduce the term *anatomical curses* as a provisional label for the comprehensive curses with full – or at least extensive – lists of parts of the human body. As yet, these are no more than labels or working definitions, *my* definitions. Whether they – more or less consistently – correspond to an emotional or social reality behind the texts is a question that we hope to answer after the exposition of the relevant evidence. Naturally, we must be prepared to find an area where the two types tend to overlap. The distinction between full (anatomical) and selective (instrumental) lists is by their very nature rather slippery in the middle of the scale connecting the two extremes, and furthermore complicated by the scarcity of explicit motives and incentives. The two examples just quoted, for example, do not provide unequivocally reliable clues[23]. Regarding one of them, the curse from Megara, however, we shall be able to make a reasonable conjecture on the basis of circumstantial evidence and, generally, the situation will turn out to be less desperate here than in the case of the 'instrumental' *defixiones.*

In order to put us on the track, I quote a collage composed of five – partly mutilated – curses in the Johns Hopkins University, which are identical except for the names of the cursed people (Rome, I a)[24]. Again the body is depicted from head to foot, this time in five sub-schemes with precise bodily indications including the purport of each curse. I cite the part relevant to our issue.

camera's 'panning-shot'. Just as the panning-shot spares our attention for *that* thing *now,* so the remorseless enumeration of parts of the body enables the practitioner imaginatively to dismember the victim so that the curse moment, the period of the practitioner's projective fixation upon the victim, can be extended as long as possible."

23 Gager's argument concerning the curse from Nomentum, "the use of the term *quaestus* suggests that the occasion involved business competition of some sort", is not compelling, since, as we have seen, economic aspects can also be included in curses with different motives. Gordon points out that this list is constructed on the basis of a tripartite scheme: outer, inner and social. The curse drives from the exterior of the body to the physical and social essence.

24 Besnier 33 = W. S. Fox, "The Johns Hopkins *Tabellae Defixionum*", Suppl. to AJPh 33. 1 (1912) 16–19 no. 1 = *AnnEp* 1912, 140 = Gager 134, with bibliography. Add: *CIL* I^2 2520; A. Ernout, *Recueil de textes latins archaïques* (Paris 1957^4) no. 140.

Do tibi cap[ut]
Ploti Auon[iae. Pr]oserpina S[aluia],
do tibi fron[tem Plo]ti. Proserpina Saluia,
do [ti]b[i] su[percilia] Ploti. Proserpin[a]
Saluia, do [tibi palpebra]s Plo[ti],
Proserpina Sa[luia, do tibi pupillas]
Ploti. Proser[pina Saluia, do tibi nare]s,
labra, or[iculas, nasu]m, lin[g]uam,
dentes P[loti], ni dicere possit
Plotius quid [sibi dole]at: collum, umeros,
bracchia, d[i]git[os, ni po]ssit aliquit
se adiutare: [pe]c[tus, io]cinera, cor,
pulmones, n[i possit] senti(re) quit
sibi doleat: [intes]tina, uenter, um[b]licu[s],
latera, [n]i p[oss]it dormire: scapulas,
ni poss[it] s[a]nus dormire: uiscum
sacrum, nei possit urinam facere:
natis, anum, [fem]ina, genua,
[crura], tibias, pe[des, talos, plantas,
digito]s, ungis, ni po[ssit s]tare [sua
vi]rt[u]te.

"To you (Proserpina) I consign the head of Plotius slave of Avonia." The head is then dissected into its constituent parts: forehead, eyebrows, eyelids, pupils, nostrils, lips, ears, nose, tongue, teeth, and the list ends with a statement of its function: *ni dicere possit Plotius quid sibi doleat* ("that he cannot say what is hurting him"). Next follow the other four sections of the body with the respective purposes: *ni po]ssit aliquit se adiutare* ("that he cannot in any way help himself"); *n[i possit] senti(re) quit sibi doleat* ("that he cannot make sense of what is hurting him"); *ni poss[it] s[a]nus dormire* ("that he cannot sleep soundly"); *nei possit urinam facere* ("that he cannot urinate"); *ni po[ssit s]tare [sua vi]rt[u]te* ("that he is not able to stand by his own strength").

These expressions clearly indicate that the victim should not only be restrained in his actions – one may even wonder whether this is the primary motive at all – but first and foremost that he must suffer. This is put beyond doubt by further sections of the long text: *eripias salutem, c[orpus co]lorem, uires, uirtutes Ploti* ("snatch away the health, the body, the complexion, the strength, the physical faculties of Plotius") ... *tradas] illunc febri quartan[a]e, t[ertian]ae, cottidia[n]ae, quas [cum illo l]uct[ent, deluctent; illunc] eu[inc]ant, [vincant], usq[ue dum animam eius] eripia[nt* ("deliver him to the quartan, tertian, daily fevers, which must fight, defeat him, overcome him, until they have snatched away his life"). . . . *mal[e perdat, male exset, [mal]e disperd[at* ("may he perish horribly").

This appears to be a popular device. *DT* 190 (Latium, date?) consigns all the body parts of a woman, from head to foot, to the infernal gods *vobis commedo* (= *commendo,* "I consign to you"): . . . *memra colore ficura caput capilla umbra cerebru frute (frontem) supe . . . ia (supercilia) os nasu metu bucas la . . . rbu vitu colu iocur umeros cor fulmones itestinas vetre bracia dicitos manus ublicu visica femena cenua crura talos planta ticidos dii iferi.* At the end there is the explicit wish, phrased in a votive formula, to see her waste away: *Dii i<n>feri, si [illam?] vider[o] [t]abesce<n>te<m> vobis sa<n>ctu<m> il<l>ud lib<e>.ns . . .* ("Infernal gods, if I see her wasting away I shall gladly make a sacrifice . . .").

Obviously, we are here in a different atmosphere than that of the instrumental curses: the target must suffer, must be visited by severe afflictions, must perish.

Inflicting pain and affliction

This combination of cursing the complete body – either dissected into its anatomical details or *in toto* – on the one hand, and the wish to make a person suffer, on the other, will first demand our attention, while we reserve the question of motivation for the next section. The increasing emphasis on afflicting pain in later curses has, of course, not gone unnoticed[25] and is sometimes explained as just another exponent of the general hypertrophy of the rhetoric and practice of cruelty in later antiquity[26]. However

25 Most recently, Graf 1994, 145f., for instance, observes that, whereas in the earliest texts of the fourth century BC the author does not wish to harm but only to restrain, more recent texts become more threatening. From now on the aim is to *perdere,* "ruiner les adversaires, ils doivent aller chez Pluton *(adsint ad Plutonem);* c'est la mort des adversaires que l'on recherche".

26 On the issue of cruelty see for instance P. Garnsey, "Why Penalties become Harsher. The Roman Case, Late Republic to Fourth Century", *Natural Law Forum* 13 (1968) 141–162; F. Millar, "Condemnation to Hard Labour in the Roman Empire, from the Julio-Claudians to Constantine", *PBSR* 52 (1984) 124–147, esp. 127ff.; R. MacMullen, "Judicial Savagery in the Roman Empire", *Chiron* 16 (1986) 147–166; K. M. Coleman, "Fatal Charades. Roman Executions Staged as Mythical Enactments", *JRS* 80 (1990) 44–73. For the gladiatorial games in particular: R. Auguet, *Cruelty and Civilization. The Roman Games* (London 1972); C. A. Barton, *The Sorrows of the Ancient Romans. The Gladiator and the Monster* (Princeton 1993), esp. 47–81; P. Plass, *The Game of Death in Ancient Rome. Arena, Sport, and Political Suicide* (Madison 1995). For violence among circus factions and judicial torture see below.

influential this trend may have been, as an exclusive explanation it is insufficient in that it does not account for the specific patterns and features of the phenomena. Who would be satisfied with a similar generalizing interpretation of gladiatorial shows or of executions on stage? In the course of our inquiry we will be confronted with the following peculiarities: a) the *continuity* of the differences between types of curse texts themselves, b) the specific 'ecphrastic' enumerations of the parts of the body, c) the specific nature of the sufferings called down upon the targets, d) the combination with other typical features such as legal terminology, e) their earliest appearance already in late classical and early Hellenistic periods. Let us take a closer look at a few relevant examples.

Curious and in its phrasing unique is a curse from Lilybaeum (II a?)[27]: δέομαί σου κάτω Ἑρμῆ κάτωχε, Ἑρμῆ, σοῦ καὶ οἱ πολλοὶ παραιτηταὶ δὲ ἀνικόνοι Τελχῖνες. δῶρον τοῦτο πέμπω παιδ[ίσκην] ἱκνουμένην [Πϱ]ῖμα[ν] ἐρωτῶ. παιδίσκην καλὴν δοροῦμαι σοι [δῶϱον] καλόν, ὦτα νοετά, θώρακα καλή[ν], Πϱῖμα ῎Αλλια, ἔχοντα τρίχας καλάς, πρόσωπον καλόν, μέτωπον καλόν, ὄφρυς καλαί, ὀφθα[λ]μοὶ καλοί, δύο ὦπα λεῖα, δύο μυκτῆϱ[ες], στόμα[28], ὀδόντες, ὦτα λεῖα, τράχηλος, ὦμοι, ἀκρωτήρια. Κατορύσσω, σείω, εὐοῖ. μνῆμα εἶε τὸ ἐπαφϱόδειτον ῎Αλλια Πϱῖμα. ταύτης τὴν ἐπιστόλην γράφω. ("I implore you, Hermes of the Netherworld restrainer, you and the many intercessors [?], the imageless Telchines. I send you as a gift the fitting [proper, becoming?] girl Prima with a request. A handsome girl I give you as a beautiful gift: perceptive [?] ears, a lovely chest. Prima Allia with her lovely hair, her lovely face, her lovely forehead, her lovely eyebrows, her lovely eyes, her two soft eyelids, her two nostrils, her mouth, her teeth, her soft ears, her throat, her shoulders, her extremities . . .")[29]. On the reverse Kerberos is mentioned. Again Allia Prima is consigned to the gods of the Netherworld and her pretty

27 *SGD* 109 = E. Gàbrici, "Sicilia. Rinvenimenti nelle zone archeologiche di Panormo e di Lilibeo", *NotScavAnt* 7. 2 (1941) 261–302, at 296–299 = *Epigraphica* 5–6 (1943–44) 133 no. 1929, from a grave. Presenting a person as a gift to the gods of the Netherworld also occurs in *SGD* 54 (Athens, date?): πέμπω δῶϱον, and in the closely related *defixio DTA* 99.

28 Gàbrici reads σῶμα here, but no doubt Gordon is right in reading στόμα.

29 Gordon comments: "The force of a minute survey of a face is here to build an irresistible ironic force against the victim, the irony generated by the deepening contrast between the compliment in 'lovely' and the destructive purpose in listing Prima Allia's advantages. It is not the desire that nothing be omitted that generates this list, it is hatred of a sexual allurement which has deprived the client of a husband, lover or customer." It is exactly this element of hatred as a motive which interests me.

body parts are again enumerated ending up in καλὰ ἄπαντα (all those love-ly things): "I hand over to you, Hermes, Allia Prima, in order that you hand her over to the cruel (?) Mistress. I beseech you Hermes . . . in order that you scrape off Prima Allia . . . I give her to Mistress Persephone. I bury her in Hades." (ἵνα αὐτὴν [παραδό]σει τῇ κυρείᾳ ἀδευ[κεῖ]. Ἐρωτῶ, Ἑρμῆ . . . – ἵνα ἀποξέῃς [Πρ]ῖμαν Ἄλλιαν . . . δωρέω τῇ κυρείᾳ Περσε]φόνῃ. Κατορύσσω εἰς [Ἄιδην]). Though no reason is given, it is apparently a case of competition in a love affair, probably an action of a rejected lover.

A late curse from Rome (IV p)[30] gives a more conventional list of body parts that must be destroyed: κοῦρα⟨ι⟩, πολυόνυμαι κοῦραι, ἄραται κ[αὶ . . . καὶ] ἁρπάσαται τὴν ψυχήν, τὴν καρδίαν, τὰ σπλάμχνα, τοὺς μοιαλοὺς καὶ τὰ νεῦρα καὶ τὰς σάρκας τῆς Ακιλατει (= Εἰταλικᾶς?) . . . ("maidens with the many names, destroy and take away the soul, the heart, the innards, the marrow, and the sinews and the flesh of Italike [?]").

Cursing 'all the limbs' or the *whole* person or *total* body by inflicting ill-ness or death is a very common variant. DT 51 (Athens, not earlier than I–II p): ἐνβάλλετε πυρετοὺς χαλε[ποὺς εἰς] πάντα τὰ μέλη Γαμετῆς . . . κατακαίνε-τε, καταχθόνι[οί], ψυχὴν κὲ τὴν καρδίαν Γαμετῆς . . . ἐνβάλλετε πυρετοὺς χαλεπούς εἰς . . . ("Throw horrible fevers into all the limbs of Gamete . . . kill [burn?] gods of the Netherworld, her soul and heart").

A curse from Messina (II p)[31] makes itself rather explicit: a) Βαλερίαν Ἀρσινόην τὴν σκύζαιν (read: σκύζαν) σλώλληκες (read: σκώλληκες) τὴν ἁμαρ-τωλὸν Ἀρσινόην κ(αὶ) μελέαν. b) Βαλερίαν Ἀρσινόην τὴν ἁμαρτωλὸν νόσος, τὴν σκύζαν {αν} σῆψις. (a) "Valeria Arsinoe, the hot bitch, [may the] worms [eat her], the sinner, Arsinoe, the miserable." b) "Valeria Arsinoe, the sinner, [may] sickness [get her], the hot bitch, and putrefaction"). The words σκώληκες, νόσος and σῆψις will make devotees of Lactantius' *De mortuis persecutorum* immediately feel at home[32]. Although no specific occasion is mentioned, "at

---

30 SGD 131 = R. Wünsch, "Deisidaimoniaka", ARW 12 (1909) 1–45, at 41–45. The verb ἄραται occurs also in other curses: DT 1. 18 ἐκ τῶν ζώντων. Cf. Mt 24. 39; Joh 19. 15.

31 SGD 114 = Gager 116 = A. Vogliano, BPhW 45 (1925) 1937 = SEG 4. 47.

32 Obviously, the author must be sought in Jewish (less probably Christian) circles. Cf. Gager *ad loc.*: "The Greek word *hamartôlos* is used widely for 'sinner' in Jewish and Christian texts. Here it means something like 'wrongdoer'." I do not agree with him that the dungworm should be understood as another epithet of Valeria, for σλώληκες is a *plural* nominative and has the very same position in the formula as νόσος on side b. For σκώληκες in curses see: SEG 4. 47; Björck 1938, 60. Ultimately the worms have their roots in the Old Testament: Jes 66. 24 = Mk 9. 48. Hence Coptic curses crawl with this species of animals, for instance: Meyer/Smith nos. 92, 93, 100, 108.

the very last, the tablet indicates strong feelings of animosity towards Arsinoe" (Gager). Indeed, to rot away by consumption and to be consumed by
worms are not the most obvious woes that you would curse your competitive neighbour with (or are they?). The very same may be said concerning
a curious *defixio* from Rome (Poitiers, c. 200 p)[33], a Latin text but with
strong Greek influences. It curses a *mimus* named Sosio: *Sosio deliria, Sosio
pyra, Sosio cottidie doleto* . . . Equally straightforward is a *defixio* from Syria-
Palestine, near Hebron (III–V p)[34], invoking the Charakteres: κατα]κλῖνε ἐπὶ
κάκωσι⟨ν⟩ καὶ ἀε[ικίαν] (follows the name of the cursed person) . . . βάλεται
αὐτὸν ἐπὶ τὸ πυρέτιον· κατακλίνατ[ε] αὐτὸν ἐπὶ κάκωσι⟨ν⟩ καὶ θάν[ατον κ]αὶ
κεφαλαργίας ("lay him low with suffering and injury, cast him into a fever,
deliver him to distress, to death, to headache" [in this order]). And it requires no fewer than four (very mutilated) Latin *defixiones* from Bologna[35]
to curse one medical doctor *(medicus Porcellus)* with threats of death, a
variety of fevers and illness against his body and limbs: 1. (Voces magicae
in Greek) *Porcellus molo medicu Porcellu medicu molo medicu interficite om corpus
caput tente(?) oculu* . . . 2. *occidit(e)* . . . *omni menbra omnis vis* . . . 3. *Porcello
molo porce lo molo medico interficite eum occidite eni te profucate Porcellu et mall?
Silla usore ipsius anima cor atu. epar.* 5. *tertianas quartana Luris frigora morbu em
[P]orcellus molo medicus* . . . (The rest is incomprehensible).

There is a large number of curses which display explicit wishes that the
cursed persons must get ill, waste away or die, in a variety of formulas[36].
Surveying the complete evidence, we observe that the *defixiones* with an
explicit wish to hurt parts of the body or the whole body, or to inflict illness or death in general, largely belong to the post-classical period. In the
material presented so far the earliest 'anatomical curses' *sensu stricto* appear
in the first century BC, their prime being the second to fourth century AD.

---

33 For a bibliography and the history of its interpretation: Versnel 1985, esp. 247f.

34 *SGD* 163 = Gager 106 = B. Lifshitz, "Notes d'épigraphie grecque", *RevBibl* 77
(1970) 76–83, no. 20 at 81–83 (with photo, pl. 9). The text is reported with a mis-
leading omission in *SGD*.

35 Besnier 1920, nos. 1–5 = A. Olivieri, "Tavolette plumbee bolognesi di *defixiones*", *SIFC* 7 (1899) 193–198.

36 *DT* 93. 96–98 (mentioning *inimici*); 100 (probably amatory); 101 *(inimici);* 129,
140, 193 (?), 195, 229, 300; Besnier 1920, 12 (?), 39 *(si quis [i]inimicus inimic[a]
adve[r]sarius hostis . . .);* Solin 1968, nos. 1, 34; *SGD* 104, 114, 116–121, 136, 163; *SEG*
49. 858, 919; *AnnEp* 1988, 1146. Note that, in accordance with the subject matter of
the present section, this list includes only curses which *lack an explicit motivation or justification.* For lists of anatomical curses providing motives see next section.

This is in accordance with the geographical predominance of the Western parts of the empire, including Sicily and Italy, but even more Germania, Gallia, and as we shall see shortly, especially Britannia. All this is equally true for the curse types that we shall discuss below. Hence, it may be expedient at this point to establish that this type of anatomical curse, albeit not frequent, was not lacking in classical Greece either. Here are some clear samples, showing so many well-known ingredients that translation seems to be superfluous.

DTA 77 (Attica, IV–II a?)[37]: a) ... τὰς ψυχὰς καὶ τὰ ἔργα αὐτ[ῶν] καὶ αὐτοὺς ὅλους καὶ τᾶ τούτ[ων] ἅπαντα ... b) ... καὶ τὰς ψωλὰς *(membrum virile praeputio retracto)* αὐτῶν καὶ τοὺς κύσθους *(pudenda muliebra)* αὐτῶν ... καὶ τὰς ψυχὰς αὐτῶν [καὶ ἔρ]γα καὶ αὐτοὺ[ς] ὅλλου[ς] καὶ τὴν ψωλὴν καὶ τὸν κύσθον τὸν ἀνόσιον· ⟨Τλησία)[ς κατ]άρατος·. This is a variety of membra quite uncommon to the average instrumental curse from fourth century Attica. The final words betray the atmosphere of animosity, apparently lying in the domain of erotic competition. *DTA* 89 (Attica, IVa) displays an even stronger similarity with the anatomical curses of the Roman period: a) ... κάτοχε κάτεχε Φ⟨ρύ⟩νιχον κ[αὶ] τὰ ἀκρω[τήρ]ια αὐτοῦ το⟨ὺ⟩ς πόδας: τὰς χεῖρας ψυχὴν φύσιν (= αἰδοῖον, *pudenda*) π[υ]⟨γὴ⟩ν τὴν κεφα[λὴ]ν τὴν γαστ[έρ]α τὴν πιμελῆς ... τὰ ἀκρ[ω]⟨τήρ⟩ια τὴν ψυχὴν καὶ το⟨ὺς⟩ ⟨ὀ⟩φρῦς ... b) ... τάς [χ]εῖρας τὸν νοῦ: ψυχῆς τὴν κεφαλῆς τὴν ἐργασίαν τὴν καρδίας τὴν οὐσία[ν] τὴν γλ[ῶ]ταν.

In an aside, I also draw attention to a curse from Nemea (IVa?)[38], although we shall reserve a discussion of this curse type for a later section. It is a 'Trennungszauber' intended to separate a woman from her lover: "I turn away Euboula from Aineas, from his face (προσώπου), from his eyes (ὀφθαλμῶν), from his mouth (στόματος), from his nipples (τιθθίαν), from his soul (ψυχᾶς), from his belly (γάστρος), from his [penis] ([ψωλίον]: this reading seems to be appropriate and is confirmed by parallels), from his anus (πρωκτοῦ), from his entire body (ὅλου τοῦ σώματος). I turn away Euboula from Aineas."

---

37 Gager 24. The Latin translations *ad usum delphini* in these texts are Wünsch's. The numerous orthographic and grammatical oddities are not.

38 *SGD* 57 = Gager 25 = St. G. Miller, *Hesperia* 49 (1980) 196f. = *SEG* 30.353. Translation: Gager *loc. cit.* with some minor changes. Initially, both Jordan and Gager took Euboules to be a masculine name. Jordan now writes me that he reads Euboula as a feminine and also doubts its early dating. He also sent me the text of another unpublished related anatomical curse from Nemea. Note that, in accordance with the special purposes of 'Trennungszauber', the focus is here on the (erotic) separation, which does not necessarily or primarily require the destruction or harm of the competitor or his body parts. Not *all* anatomical curses need include the wish that the target must suffer. However, the majority does.

Together, the instances presented in this chapter unequivocally substantiate our initial suggestion that there is a strong and often explicit link between the wish that a person shall suffer, struck by an affliction or even by death, on the one hand, and the enumeration of body parts or the mention of the body as a whole, on the other. We have also seen that in a considerable number of these curses marked feelings of hatred find an expression either in 'hard words' or through more implicit allusions in the text. This brings us back to the question of motivation.

Motive: retribution

The curse from Megara *DT* 42 quoted above (p. 223) is, in Audollent's collection, preceded by another Megarian curse, according to Wünsch by the same hand. This *defixio* invokes Persephone, Hecate, Selene, Earth against some unnamed persons: ἀναθεμα[τί]ζομεν σῶμα πνεῦμα ψ[υ]χὴν [δι]άνοιαν φρόνησιν αἴσθησιν ζοὴν [καρδ]ίαν λόγοις Ἑκατικίοις ὁρκίσμ[ασι] τε ἁβραϊκοῖς . . . ("we anathematize them: body, spirit, soul, mind, thought, feeling, life, heart with Hekatean words, with Hebrew oaths"). There follows a long list of body parts: τρίχας κεφαλὴν ἐνκέφαλον [πρόσω]πον ἀκοὰς ὀφρ[ῦς] μυκτῆρας (nostrils) οι[. . .]προ σιαγόνας (jaws) ὀδόντα[ς] [. . .] ψυχὴν στοναχεῖν ὑγεία[ν] [. . .]τον αἷμα σάρκας κατακάει[ν στο]ναχεῖ ὃ πάσχοι καὶ . . . ("hair, head, brain, face, ears, eyebrows, nostrils . . . jaws, teeth, . . . so that their soul may sigh, their health may . . ., their blood [and] flesh may burn. And let him sigh with what he suffers . . ."). Moreover, side B has: [κατα]γρά[φ]ομεν [εἰς] κολάσε[ις . . .] καὶ [ποι]νὴν καὶ [τι]μ[ωρ]ί[αν] ("we enroll [curse] them for punishments, pain and retribution . . ."). Then the text ends with the term: Ἀνέθεμα[39]. This text – obviously from a Jewish milieu – is particularly instructive. First it expresses the explicit desire that the victim shall suffer in every part of his body, that his blood and flesh shall burn, and that he shall bewail his misery and pain. The reverse side, on the other hand, clarifies that the agony is intended as a punishment for some offence against the writer of the tablet.

This appears to be a popular scheme. In other curses the offence is sometimes spelled out. Again, the first curse from Megara is instructive. Like its local analogue, just cited, it has a text on the reverse side, which gives an

---

39 On ἀνάθεμα and related words: J. Behm, *ThWNT* 1 (1933) 354–357; K. Hofmann, "Anathema", *RAC* 1 (1950) 427–430. In Greek curses: Martinez 1995, 340f. C. A. Faraone, "Taking the 'Nestor's Cup Inscription' Seriously, *ClAnt* 15 (1996) 77–112, esp. 97ff., suggests that we should regard similar single words in magical texts as indications of a 'rubric' or 'label'.

account of the reason for the magical action. Although the text is mutilated, it seems to concern either the refusal to return a loan or the false charge of such a refusal. So, again, we have a combination of three interconnected aspects in one curse text: 1) the cursing of a comprehensive set of body parts, 2) the wish that in this way the target will suffer miserably, 3) a justification of the curse requiring a just punishment for an offence against the writer of the tablet.

A well-known and most interesting *defixio* from Delos (I a–I p)[40] provides further clarification: Side A: "Lords gods Sykonaioi, Lady goddess Syria Sykona, punish and give expression to your wondrous power and direct your anger at whoever took away my necklace, who stole it, those who had knowledge of it and those who were accomplices, whether man or woman." Side B: "Lords gods Sykonaioi (. . .), Lady goddess Syria (. . .) Sykona, punish and give expression to your wondrous power. I register (καταγράφω 'curse') whoever took away, who stole my necklace. I curse those who had knowledge of it, those who participated. I curse him, his brain (ἐνκέφαλον), his soul (ψυχήν), sinews (νεῦρα), . . . genitals (τ᾽ἀοιδέα), his private parts (τὰ ἀνανκῆα), the hands (τὰς χῖρε) . . . the feet (τοὺς πόδος), from the head (ἀπὸ κεφαλῆς) to the nails (μέχιρι ἄκραν ὀνύχον τ⟨ὸ⟩ν δακτ[ύλον])".

Besides the combination of a list of body parts from top to toe with a punishment for a specific offence, the most conspicuous feature is the fact that the verso has an unmistakable *defixio* formula, while on the recto we descry a kind of prayer formula. Now, a considerable number of such prayer-like invocations can be found among the tablets that are traditionally ranged under the name of *defixiones*. In Versnel 1991 a I have collected and discussed these texts and proposed to reclassify them as a category beyond the curses *stricto sensu*. They are rather prayers for legal help, whence I have labelled them judicial prayers or prayers for justice[41]. They invoke divine

---

40 *SGD* 58 = Gager 88 = Ph. Bruneau, *Recherches sur les cultes de Délos à l'époque hellénistique et à l'époque impériale*, BÉFAR 217 (Paris 1970) 649–653. The text bristles with writing errors. I am grateful to David Jordan for having communicated several new readings to me.

41 This identification has now been generally accepted and productively pursued. Tomlin's publication of the Bath curses (1988, esp. 59 n. 3) is based on this classification, and Gager devotes the fifth chapter of his book to these 'pleas for justice and revenge.' See especially: Jordan's review of Tomlin, *JRA* 3 (1990) 437–441, and *id.*, *op. cit.* below n. 59; G. W. Dickerson, Rev. of Faraone/Obbink 1991, *BMCR* 2 (1991) 212–214; A. Chaniotis, "'Tempeljustiz' im kaiserzeitlichen Kleinasien. Rechtliche Aspekte der Sühneinschriften Lydiens und Phrygiens", in: G. Thür/J. Vélissaropoulos (Hgg.), *Symposion 1995. Vorträge zur griechischen und hellenistischen Rechtsgeschichte (Korfu,*

help either to make a thief return a stolen object to its owner (or to help
redress a particular injury caused by another – often unknown – person)

1.–5. September 1995), Akten d. Ges. f. Griech. u. Hellenist. Rechtsgesch. 11
(Köln/Wien 1997) 353–384); Faraone 1991, 27 n. 45: "Versnel rightly reclassifies the
proclamations as 'judicial prayers', which have a social context different from that of
the *defixiones.*" I quote this assessment because some other scholars are more reticent.
Gager (rightly) advocates caution in drawing too strict distinctions between the *defixiones* proper and this specific category. Graf 1994, 183–185, though acknowledging
the differences between the other (agonistic) *defixiones* and the present (vindicatory)
type, explicitly argues for their basic unity *as defixiones* on account of 1) the common
material (lead, metal), 2) the shared places of deposition: sanctuaries and pits or wells,
3) the common reason for their application, being a crisis provoked by lack of information on future or past events, adding 4) the fact that the search for thieves can also
be executed through strictly magical means ('le sorcier'). Though I myself have paid
much attention to the similarities and transitional forms between various curse types
('borderline cases', see next note), in my view not one of these alleged 'common' features is really conclusive on the basic unity of all curse tablets. 1) and especially 3) are
simply *too* 'common', the first being equally typical of certain types of oracles, especially
those of Dodona (in fact, as Graf 1994, 155 acknowledges, lead most probably started
its career as the common material for epistolary communication in general), whereas
3) is typical of *all* oracles, *and* prayers of supplication *and* votive religion. Yet we do
not rate all these types of expression among *defixiones* or curses. As to 4), of course,
thieves can also be traced by magical devices (though the evidence is not abundant),
as they are – more frequently – by consulting an oracle (e.g. D. Evangelidis,
"Ηπειρωτικαὶ ἔρευναι 1: ʾΑνασκαφὴ τῆς Δωδώνης 1953", *Epeirotika Chronika* 1, 1935,
192–259, at 259 no. 32: ἔκλεψε Θωπίων τὸ ἀργύριον, *Bull. Ép.* 1939, 153; and other
texts from Dodona), but it is difficult to see the relevance of this argument, *if* it is
intended as an argument. As for 2): the two vast collections found in regular *sanctuaries*
(Knidos, Bath) – with one or two exceptions – do not provide any *defixio* in the usual
sense of the word, but only prayers for legal help with a choice of specific features that
I analysed. The same seems to be true for the Akrokorinth and for the few texts from
Uley that have been deciphered so far (see below n. 54). Pits/wells, on the other hand,
may be either considered as direct connections with demons of the underworld, comparable to graves (very appropriate for *defixiones*), or as sanctuaries of (indeed chthonic)
deities (best example: Minerva Sulis, Bath) (very appropriate for judicial prayers).
Which one of the two qualities dominated can be only established by the archaeological context (see for literature on the places of burial of *defixiones* Faraone 1989, 155
n. 19) or (above all) through the phrasing of the tablet texts. Of course hybrids occur.
I would point out that the subterranean realm is both the abode of the dead and the
place of supernatural justice and retaliation. However, if one wishes to cover the two
types (*and* the border cases) under one common denominator, the Latin term *defixio*
is *not* the most appropriate term, nor is English 'curse'. Greek ἀρά does cover both
aspects. Still, I am quite aware that current usage is not likely to change.

or, if this does not work, at least to take revenge and punish the culprit. One of the distinctive traits is the use of legal terminology and argument. Naturally, there are borderline cases, which share *some* of these features with characteristics of the *defixiones* in general[42]. However, apart from a variety of different specific characteristics, which are not of immediate interest to our present subject, all of them share the request to a god to make the offender sick and/or suffer, or at the least be harmed.

Significantly, but not surprisingly, this category abounds in anatomical curses. For instance, a *defixio* from the Athenian Agora (III p)[43], after some *voces magicae*, invokes Typhon: παραδίδωμί σοι Φιλοστράταν . . . ἵνα αὐτῆς καταψύξῃς πᾶν αὐτῆς τὸ πνεῦμα τὴν ζοὴν τὴν δύναμιν τὴν ἰσχὺν τὸ σῶμα τὰ μέλη τὰ νεῦρα τὰ ὀστὰ τὰς φλέβας τὰς ἀρτηρίας τὴν καρδίαν τοὺς ὄνυχας τὸ ἧπαρ τὸν πλεύμονα τὰ ἐντὸς πάντα ("I hand over to you Philostrata . . . in order that you may chill everything hers, her spirit, life, power, strength, body, limbs, sinews, bones, veins, arteries, heart, nails[44], liver, lungs, everything inside her"). The formula is repeated four times, the last times with the addition of hands and feet as targets. "Yes, Lord Typhon, ἐκδίκησον (avenge) . . . (no doubt the author of the text) whom NN bore . . . and βοήθησον (help him)". Although there is a complete summary of the parts, it is not asked that the person suffer, but that she be chilled – which is formulaic in later *defixiones* –, even to the effect of her disappearance (21/2: [κα]τάψυξον ἐπὶ ἀφανισμῷ), or paralysed (31: ἵνα παραλύθῃ) or in combination (47–51). The words 'avenge me' and 'help me,' however, clearly refer to the retaliation for the injury the writer has suffered.

42 Because there seems to be some misunderstanding on this particular point I here quote an explicit passage from Versnel 1991 a, 67f., which should clarify my position: "Although it is conceivable to try and divide the material into two polar opposites, *defixio* and prayer for justice, there is, as we have seen, a whole spectrum of approaches which lie between them. Absolute distinctions, though sometimes indispensable for systematic definitions, are more often than not blurred or even non-existent in reality. Consequently, I do not plead for the complete elimination of the samples of our 'border group' from the collections of the *defixiones,* provided that their specific peculiarities are duly recognized and appreciated. Just as elements usually associated with religious prayer tend to occur in the texts of the *defixiones,* so too we shall meet striking examples of curse terminology in the 'pure' juridical prayers."

43 *SGD* 22 = G. W. Elderkin, *Hesperia* 6 (1937) 384–389. The formula is very similar to that of *SGD* 23, except for the first clause which gives instructions to chill the bodily parts of the victim. See also *SGD* 21 below.

44 In a letter Chris Faraone rightly notes that "nails" is out of place in a list of internal organs that ends with τὰ ἐντὸς πάντα and points out that *LSJ* gives a rarer, later meaning for ὄνυξ: "part of the liver" (Ruf. *Onom.* 180; Σ Nic. *Ther.* 560).

DT 74 (Athens, probably II p)[45] is more informative. It opens with an enumeration of the gods and powers to whom the cursed person is consigned: "Aggeloi Katachthonioi, Hermes Katachthonios, Hekate Katachthonios, Plouton, Kore and Persephone and Moirai Katachthoniai and all the gods and Kerberos . . . the doorman and to φρίκη κ(αὶ) καθ' ἡμέ[ραν καθημερι]νῷ [πυρετῷ] (shivers, and daily fever)". The reason seems to be that this person has an object belonging to the author of the tablet in his possession and refuses to give it back: τοῦ κα⟨τα⟩σχόντος [κ(αὶ) οὐκ] ἀποδ[όντος . . . Next follows καταγράφω . . . [τρί]χας ἐνκέφαλον στό[μ]α ὀδόντας χίλη ὠμοὺς βραχίονα[ς στῆ]θος στόμαχον νῶτ[ον [ὑπο]γάστριον ἐφήβειο[ν] μηροὺς [. . . δα]κτύλ[ους π]οδῶν – ὄνυχ[ας] ("I enroll . . . the hair, brains, mouth, teeth, lips, shoulders, arms, breast, stomach, back, lower belly, pubes, thighs, . . . toes, nails"). Finally Paulus the stonecutter is included, apparently because he is an accomplice (συνγνῶ⟨ν⟩τα). The formulaic part of *DT* 75 (same place, same date, same hand as the preceding one) is practically identical. However, this time the target is a thief (τοῦ κλέπτ[ου . . .). On side B we can read the following body parts: ὄν]υχ[α]ς, μα[σθ]ού[ς, . . . στῆ]θος, πρω[κτ?]ά, ἔν[τερα] . . . [. .]αλον, ὑπο[γάστριον] ("nails, breast, anus, innards [?], lower belly").

Three texts from the Latin West are clearly related to the Greek ones. A recently published lead tablet from Spain[46], not rolled up, has two holes apparently indicating that it was fixed to a wall or altar. The text is very well conserved: *Dis imferis vos rogo utei recipiatis nomen Luxsia A(uli) Antesti filia caput cor co(n)s[i]lio(m) valetudinem vita(m) membra omnia accedat morbo cotidea et sei faciatis votum quod faccio solva(m) vostris meritis* ("To the gods of the Netherworld: I implore you that you register my complaint against Luxia, daughter of Aulus Antesius, let sickness visit her head, heart, intelligence,

45 I include here later readings by Ziebarth 1934, 1049, and S. Eitrem, Rev. of Ziebarth 1934, *Gnomon* 12 (1936) 557–559, at 558.

46 J. Corell, "Defixionis Tabella aus Carmona (Sevilla)", *ZPE* 95 (1993) 261–268. This is not only the oldest *defixio* from Spain, but it is also one of the oldest Latin *defixiones* in general: second half of the first century BC. The judicial nature of the prayer is revealed even more explicitly than elsewhere by the unique expression *nomen recipere,* which is the normal technical term for the acceptance of an accusation by the Roman magistrate. Furthermore, the votive terminology goes well together with (and is sometimes found in) the judicial prayer, but not with the *defixio* proper. So does the list of body parts that are being cursed including the fact that a sickness must haunt them. Note the summarizing term *membra omnia,* which also occurs in *DT* 134 B; Besnier 2 = A. Olivieri, "Tavolette plumbee bolognesi di defixiones", *SIFC* 7 (1899) 193–198, at 195. Three other recent finds, one of which is a judicial prayer: J. Corell, "Drei Defixionum Tabellae aus Sagunt (Valencia)", *ZPE* 101 (1994) 280–286.

health, life and all her members, every day. And if you fulfil the vow that I make, I will duly recompense you"). Comparably, a tablet found in a well in France (Montfo, Dép. de l'Hérault, 50–60 p)[47] has: *Quomodo hoc plumbu non paret et decadet sic decadat aetas, membra, vita, bos, grano, mer eoru qui mihi dolum malu fecerunt.* Finally, in a tablet from Nottingham[48] Iuppiter is addressed in order that he *exigat per mentem, per memoriam, per intus, per intestinum, per cor(dem, per) medullas, per venas per [. . .] si mascel si femina quivis involavit (dena)rios Cani Digni ut in corpore suo in brevi temp[or]e pariat . . .* ("in order that Iuppiter sues him [haunts him] in his mind, his memory, his inner parts, his intestine, his heart, his marrow, his veins, his . . . whether male or female, whoever has stolen the denarii of Canus Dignus. He must with his body [or: in person] settle the matter without delay . . .").

Besides listing long series of body parts, there are again different strategies, including that of the shortcut. Calling down on the culprit all sorts of afflictions or death is typical of these prayers for justice[49]. In addition to a number of incidental and isolated finds we have two large collections of judicial prayers, one from the sanctuary of Demeter and Kore in the Carian city of Knidos, the other from the sanctuary of the hot spring of Sulis Minerva at Bath, England. Since they are very formulaic, a summary of the main features relevant to our inquiry will suffice[50].

DT 1–13 (Knidos, II–I a?)[51]. A series of some dozen judicial prayers by which enemies of the authors (always female) are subjected to divine punishment (κόλασις, τιμωρία), torments (βάσανοι), and a specific type of

---

47 R. Marichal, "Une tablette d'exécration de l'oppidum de Montfo (Hérault)", *CRAI* 1981, 41–51 (with pls.); 48: "De même que ce plomb disparaît et tombe, qu'ainsi tombent la jeunesse, les membres, la vie, le bœuf, le grain, les biens de ceux qui m'ont fait tort . . ." (= *AnnEp* 1981, 621). M. Lejeune, "En marge de la défixion de Montfo", ebd. 51 f.

48 Gager 98 = E. G. Turner, *JRS* 53 (1963) 122 ff. This tablet is one of the numerous judicial prayers from England discussed below.

49 Apart from the collections mentioned in the text the following tablets unite the prayer for revenge or vindication with the wish that the target must suffer or die: *SGD* 21, 115; *AnnEp* 1982, 448 (much improved by H. Solin, "Analecta epigraphica", *Arctos* 15, 1981, 101–123, at 121 f.); ebd. 1988, 840; Solin 1968, nos. 6, 12. Of a different nature is *AnnEp* 1978, 455 (Cremona, I p: H. Solin, "Analecta epigraphica", *Arctos* 21, 1987, 119–138, at 130–133), where the author enrolls some named persons *apud eos inferos ut pereant et defigantur quo ego heres sim,* adding: *meo sumptu defigo illos quos pereant.* No retaliation here, but the wish to be sole heir.

50 For an extensive discussion and interpretation of both series see Versnel 1991 a.

51 Gager 89 cites *DT* 1, 4, 13 in translation.

affliction for which a fixed formula is used: "let the thief return the stolen object (or let the slanderer confess his guilt etc.) πεπρημένος". The latter term, though often misunderstood, can only mean "burnt", more especially "burnt by fever"[52], *inter alia* since fire and fever often freely intermingle in curse texts. Several curses are conditional in that the targets will be absolved from punishment as soon as they have paid for their crime (false accusation, theft, seduction of a husband, attempt to harm or kill the author). Here follows a relevant passage from *DT* 1: ἀναβαῖ ᾿Αντιγόνη πὰ Δάματρα πεπρημένα ἐξομολο⟨γο⟩ῦσ[α] καὶ μ[ὴ] γένοιτο εὐειλάτ[ου] τυχεῖν Δάματρο[ς] ἀλλὰ μεγάλας βασάνους βασανιζομένα ("may Antigone, burnt by fire [= fever], go up to Demeter and make confession, and may she not find Demeter merciful but instead suffer great torments"). A South Italian tablet, *DT* 212 (Bruttium, III a)[53], is closely related: "Kollyra dedicates to the attendants of the god the dark-coloured [cloak" which [NN took] and does not give back ... He is not to have rest for his soul until he pays the god (μὴ πρότερον δὲ τὰν ψυχὰν ἀνείη ἔστε ἀνθείη τᾶι θεῶ) a twelve-fold fine and a measure of incense according to the city's law ..."

Likewise, in the numerous tablets from Bath, published by Tomlin in an exemplary way[54], the culprit is consistently threatened with the wish that he shall pay for his sin *sanguine suo* ("with his blood") or *corpore suo* or *vita sua* ("with his body, with his life"). Variations occur, as for instance in a tablet from Bath[55]: *a[e]n[um me]um qui levavit [e]xconic[tu]s [e]st templo Sulis dono si mulier si baro si servus si liber si puer si puella et qui hoc fecerit sangu(in)em suum in ipsmu aenmu fundat* ("the person who lifted my bronze vessel is utterly accursed. I give him to the temple of Sulis, whether woman or man, whether slave or free, whether boy or girl, and let him who has done this spill his own blood into the vessel itself"). Or a more general expression in a tablet from Lydney Park (Gloucestershire, IV p)[56]: *Devo Nodenti Silvianus*

---

52 For this interpretation (as against the certainly mistaken "sold into temple slavery" as suggested by Newton and others) and its implications in the context of the Knidian curses see Versnel 1994. For fire and fever in curse texts below p. 249ff.

53 Gager 92; discussed in Versnel 1991a, 73f.

54 Tomlin's full publication of the Bath tablets numbers 130 items, while there are 30 more published texts from elsewhere in Britain (collected by Tomlin 1988, 60f.). Moreover, there are about 140 unpublished curse tablets from Uley, many of them still rolled or fragmentary and likely to remain illegible, but surely of the same type as the ones quoted above p. 237–239.

55 Tomlin 1988, 44 = Gager 95.

56 Gager 99 = Versnel 1991a, 84.

anilum perdedit demediam partem donavit Nodenti. Inter quibus nomen Seniciani nollis petmittas sanitatem donec perfera<t> usque templum Nodentis ("To God Nodens. Silvianus has lost a ring. He has given half of it [its value] to Nodens. Among those whose name is Senecianus, do not permit health until he brings it to the temple of Nodens").

New finds, some of them still unpublished, continue to substantiate the proposed classification. Apart from the large hoard from Uley, mostly still rolled and uninspected but surely of the same type as the Bath tablets, there is now a collection of some 16 tablets (many of them severely damaged) from the Sanctuary of Demeter and Kore on the Akrokorinth, all dating from the Roman period[57]. The few that provide sufficient information display clear characteristics of the judicial prayer, and, like the ones from Knidos, are all written by women (and aim at female targets). The most extensive one curses a list of parts of the body "from her head to the soles of her feet with lasting destruction" on account of "acts of insolence."

A fascinating tablet from Pella (Thessaly), found in a grave of the fourth century BC[58], provides a 'Trennungszauber' cursing any woman who might (want to) marry a man mentioned by name. Influence of the style of the judicial prayer in this *defixio* manifests itself when the dead agent and the demons are addressed in a very deferential tone and the cursed person must perish miserably.

Equally interesting, finally, is the only known Attic tablet found in a sanctuary, viz. that of the hero Palaimon Pankrates. Like so many other Attic curses of the fourth century BC, this tablet is directed against opponents in a lawsuit. David Jordan, whose publication is forthcoming[59], has established that it belongs to the category which I have labelled 'borderline cases.' On the one hand, it displays traces of the stereotyped instrumental curses with

---

57 See for instance R. S. Stroud, "Curses from Corinth", *AJA* 77 (1973) 228f.; *SGD* p. 166f.; N. Bookidis/R. S. Stroud, *Demeter and Persephone in Ancient Corinth*, American Excavations in Old Corinth. Corinth Notes 2 (Princeton 1987) 30f. with fig. 32. I am very grateful to Ron Stroud for granting me the opportunity to inspect these unpublished texts and to Nancy Bookidis for her information on the archaeological context.

58 The text will be published with a circumstantial commentary by E. Voutiras, whom I thank for having sent me a draft of his forthcoming paper. See for the time being L. Dubois, "Une tablette de malédiction de Pella. S'agit-il du premier texte macédonien?", *REG* 108 (1995) 190–197. Apart from the aspects mentioned above, the formula is another instance of the type discussed by Bravo 1987.

59 To appear in A. Kalyeropoulou (ed.), *Το ιερό του Παγκράτου*. I thank David Jordan for sending me a draft of his publication.

functional parts of the body, intending to put opponents out of action; on the other, it is a prayer for justice both on account of its religious context and its request: "become a punisher (τιμωρός) of those whom I have listed for you ... for they both do and say unjust things."[60]

Inferences and reflections

On the basis of the evidence produced so far, our first conclusion is that cursing the whole body, either in anatomical detail or in a comprehensive formula covering the whole, is characteristic of formulas concerning (at least allegedly) 'legitimate' and socially accepted revenge and retribution. In this respect they are closely similar to – and as a matter of fact often are – *public* curses. For instance, funerary imprecations, intended to be read by all passers-by, may either threaten the potential violator with horrible afflictions or call down severe penalties on those who have wronged the deceased and/or caused his death.

---

60 In addition, of the five decipherable new *defixiones* from the Kerameikos (V–IV a), published by Willemsen 1990, 142–151, one attacks Glykera, wife of Dion, in order that she τιμωρηθεῖ καὶ [ἀ]τε[λ]ὴς γάμου A ... – R. Wünsch, in: F. J. Bliss/R. A. S. Macalister (eds.), *Excavations in Palestine during the Years 1898–1900* (London 1902), 158–187, published 35 Greek curses written on limestone from Tell Sandahannah (West of Hebron) dating to the second century AD. Though most of them are too fragmentary to allow interpretation, some are very clear and of particular relevance, since they are, as Wünsch aptly noticed (184), "imprecations of persons who considered themselves undeservedly wronged, against their enemies, containing invocations of a god, with the intent to bring punishment on the head of the offending person". Wünsch also noticed the close relationship with the Knidian tablets. They contain words such as: βασα[νίσαι], [τιμω]ρίαν γείνεσθαι. This series has not been included in any of the great corpora and I am grateful to Richard Gordon for having drawn my attention to it. However, David Jordan refers me to R. Ganschinietz, "Sur deux tablettes de Tell Sandahannah", *BCH* 48 (1924) 516–521, who doubts their magical nature. Of course the Coptic-Christian curses also present many a good instance of judicial prayers. Meyer/Smith 1994, nos. 1, 27–29, 88–93, 104, 108 are prayers for vengeance, but more interesting is no. 66, labelled by the editor as a spell for protection during childbirth, but in my view definitely a malicious curse to induce abortion (as R. K. Ritner suggested): "It is not really I who shall ask you nor [other] (humans) but [... Sa]baoth [...] to her side [...] from the crown of (her) head down to (the) nails of her feet and bring forth under her polluted blood and dark water on (her) right side (over) to (her) left side. You must make it weigh on her like a millstone. ... When I cast it into the fire, you must fill the 12 bowls (?) with fire (and) cast them into her heart – her lungs, her heart, her liver, her spleen, [into all] the hundred twentyfive body parts ..."

Curses against violators are probably best represented by the series of largely identical curses set up here and there by Herodes Atticus and members of his circle; they are inspired by Jewish formulas[61]. Numerous and preeminently appalling for their cruelty are the funerary imprecations from Asia Minor[62]. "May he, an evil man, be evilly destroyed" is kind compared to another imprecation, in which the wrath of the gods and the Erinyes is called down, "and the culprit shall taste of the liver of his own child" (ἰδίου τέκνου ἥπατος γεύσεται)[63].

In the category of pleas for revenge, the funerary inscriptions addressed to Helios, some with depictions of raised hands[64], are the most familiar examples, one of the best known being the poignant inscription from Rheneia[65] invoking the Jewish (or Samaritan) god to avenge the innocent

61 One of its phrases: "May God strike the desecrator with trouble and fever and chills and itch and drought and insanity and blindness and mental fits," for instance, is derived from Deut 28, 22. 28. On these curses see L. Robert, "Malédictions funéraires grecques", *CRAI* 1978, 241–289 (= *id., Op. min. sel.* 5, Amsterdam 1989, 697–745); W. Ameling, *Herodes Atticus,* Subsidia Epigr. 11 (Hildesheim 1983) I 101f., 114ff.; II 23ff., 160ff. nos. 147–170. Cf. *id.,* "Eine neue Fluchinschrift des Herodes Atticus", *ZPE* 70 (1987) 159. Most of the inscriptions are meant to protect private property; Gager 86 gives an example.

62 J. H. M. Strubbe, **APAI ΕΠΙΤΥΜΒΙΟΙ**. *Imprecations against Deprecators of the Grave in the Greek Epitaphs of Asia Minor. A Catalogue,* Inschr. griech. Städte aus Kleinasien 52 (Bonn 1997). Cf. Strubbe 1991 and for the Jewish evidence *id.,* "Curses against Violation of the Grave in Jewish Epitaphs of Asia Minor", in: J. W. van Henten/P. W. van der Horst (eds.), *Studies in Early Jewish Epigraphy,* Arb. z. Gesch. d. ant. Judentums u. d. Urchristentums 21 (Leiden 1994) 70–128.

63 *I. Smyrna* (G. Petzl, Hrsg., *Die Inschriften von Smyrna,* Inschr. griech. Städte aus Kleinasien 24. 2, Bonn 1990) no. 898 = *SEG* 34. 1194, and *MAMA* III (= J. Keil/ A. Wilhelm, edd., *Denkmäler aus dem Rauhen Kilikien,* Manchester etc. 1931) no. 77 (cf. J. Zingerle, "Heiliges Recht", *JÖAI* 23, 1926, Beibl. 1–72, at 59) respectively, with thanks to Johan Strubbe.

64 The main collections and discussions are F. Cumont, "Il sole vindice dei delitti ed il simbolo delle mani alzate", *Mem. Pont. Acc.* Ser. III 1 (1923) 65–80; *id.,* "Nuovi epitafi col simbolo della preghiera al dio vindice", *Rend. Pont. Acc. Arch.* 5 (1926–27) 69–78; *id.,* "Deux monuments des cultes solaires", *Syria* 14 (1933) 381–395 at 392–395; Björck 1938, 24ff.; cf. also G. Sanders, *Bijdrage tot de studie der latijnse metrische grafschriften van het heidense Rome: De begrippen "licht" en "duisternis" en verwante themata,* Verh. Kon. Vlaamse Acad. Wet., Lett. en schone Kunsten van België, Kl. Letteren 37 (1960) 264–411; F. Bömer, *Untersuchungen über die Religion der Sklaven in Griechenland und Rom* 4: *Epilegomena,* Abh. Akad. d. Wiss. u. d. Lit. Mainz 1963: 10 (Wiesbaden 1963) 201–205. They are discussed in Versnel 1991a, 70ff. On the symbol of the raised hands see Strubbe 1991.

65 For a discussion and bibliography see Gager 87.

blood of a girl who is supposed to have been murdered by deceit or a spell (or poison): "may the same happen to those who murdered or cast a spell on (or: poisoned) her and also to their children". Coptic and Greek Christian funerary curses from Egypt display exactly the same formulas of revenge and physical punishment[66].

Comparable funerary texts can be found all over the Mediterranean world, though not everywhere in the same concentration. In the Latin-speaking world, funerary inscriptions like the one from Mactar[67], warning the potential desecrator of the tomb that *habebit deos iratos et vivus ardebit,* or curses of evil-doers like *clavom et restem sparteam ut sibi collum alliget, et picem candentem pectus malum commurat suum,* are more or less formulaic[68].

Many of these pleas for vengeance, both on lead tablets or papyri and in public inscriptions, derive their legal terms and expressions straight from the lawcourt[69]. However, there is a very important, additional feature. Not only are most of these pleas for justice – as opposed to (other) curse tablets – phrased in a different, i. e. deferential, tone vis-à-vis the gods, but they have also been found, as we saw, in places that are *not* typical of the *defixio* proper, namely in sanctuaries of generally chthonic gods, including deities associated with wells or (hot) springs. This is not only true for the large collections found at Knidos, Corinth, and Bath, but also for the majority of the rather idiosyncratic judicial prayers from Sicily, where the sanctuaries of Demeter Malaphoros at Gaggara (Selinous, V a?) and of the chthonic gods at Morgantina (I a) have pride of place; further for tablets from Spain, where Nymphs associated with springs and other goddesses are addressed in a most reverential jargon, as well as for quite a few scattered finds among the ones cited from Italy and Western Europe, and some unpublished ones from Greece[70]. Moreover, in some cases (Spain, Knidos, Akrokorinth) they were not hidden, but simply attached to or placed near the altar.

---

66 See for a collection and comprehensive treatment Björck 1938, 49–60: "Koptische Rachegebete. Der liturgische Einfluß. Die Anwünschung von Krankheiten".

67 *CIL* VIII 11825 = *ILS* 8181. On this curse type with *dei irati* see Versnel 1985.

68 *CIL* VI 20905 = *Carm. Lat. Epigr.* (Bücheler) 95. Cf. *CIL* VI 12649; VIII 11825. The formulaic nature of these curses is further borne out by their application in the parodic *Testamentum Porcelli,* as John Bodel reminds me. On a related funerary inscription, *CIL* VIII 2756, commemorating a girl killed through magical practice and adding an invocation to the gods as *vindices,* see J. Sünskes Thompson, "'Der Tod des Mädchens'. Zur Magie im römischen Reich", *Laverna* 5 (1994) 104–133, with thanks to Tony Birley for the reference.

69 Amply discussed in Versnel 1991a.

70 D. R. Jordan, in a forthcoming paper, mentions unpublished curses from Mytilene (four tablets, IV a) and Rhodes (one tablet, IV a?).

This is not meant to imply that no anatomical curses of judicial prayers have been found in graves. Whoever wants absolute consistency here should choose a different profession. As always, we are speaking in terms of family resemblance and polythetic classes, with overlapping and criss-crossing similarities[71]. Yet, our evidence confirms that wherever the cursing of comprehensive lists of parts of the body or of the body as a whole occurs, other fixed characteristics may be expected to emerge. These include legal terminology, gods as judges, entailing the concomitant deferential addresses and the inclusion of the action in a more or less official temple ritual, and finally, the desire to hurt the adversary with pain, ailment, death. In all these cases it is obvious that the plaintiffs feel fully entitled to their actions, legitimating them with references to the injuries they have suffered. Theft prevails among these injuries[72], which implies that the perpetrators are mostly unknown, a circumstance which lends an additional aspect of ordeal to the action of the divine judges[73].

Altogether, then, in this specific type of tablet text the target is *not* (or not principally) a competitor in the social sphere; he is first and foremost an accused, to be judged and persecuted by divine law. The concomitant emotional atmosphere may be voiced in abusive qualifications of the target such as τὸν δυσσεβῆν καὶ ἄνομον καὶ δύσμορον . . . ("the impious, lawless, ill-fated"). Regardless of their historical setting – after the first attestations in the Hellenistic period (Knidos) there is a boom in the imperial period – this basic distinction between competitive *defixiones* and curses intended to inflict suffering ist a constant[74].

71 Cf. also above n. 42. I have discussed these concepts in Versnel 1991 b.

72 Lists of curses (practically all belonging to the judicial prayers) prompted by theft: Solin 1977; Tomlin 1988, 60–63 counts about 70 curse texts from Britain (the hoard from Uley not included) and 20 from elsewhere prompted by theft. For an interesting discussion of a Punic curse against a thief (or rather against people who gloat over lost property) see S. Ribichini, "Un episodio di magia a Cartagine nel III secolo av. Cr"., in: Xella 1976, 147–156. There are also examples in Coptic and Jewish curses; for instance Meyer/Smith 1994 no. 112 betrays an interesting similarity to the curses from Britain. Cf. also *PGM* V 70, 175.

73 A *defixio* from Concordia (Aquilea Italy: Solin 1977 no. 1, with discussion) gives a perfect illustration of the writer's uncertainty: *Secundula aut qui sustulet* ("Secundula or whoever [else] is the thief"). Suggestions of names with the addition "or whoever else may have been involved or is an accessory", including such formulas as *si puer si puella, si vir si femina* etc. are formulaic. On the aspect of ordeal in prayers for justice see Versnel 1994.

74 I emphasize once more that, naturally, amalgamations and overlaps occur. Regrettably, lack of space precludes a discussion of the typical mixture of instrumental and emotional anatomical elements in curses from the domain of gladiators, vena-

Consequently, we might be tempted to look for the provenance of the torture of extended series of limbs in a secular judiciary context as well. As a matter of fact, some curse texts echo legal terminology. In some Sethianic curse tablets from Rome (*DT* 155–156)[75] it is asked that the victim be made cold in all his parts. Next we read: αὐτὸν ποιήσητε κατὰ κράβατον τιμωρίας τιμωισθῆνε κακῶ θανάτω. This is an unequivocal reference to the rack as an instrument of punishment on which the victim must suffer a painful death by torture. In other texts we have seen related terms such as βάσανος/ βασανίζω (judicial torture)[76]. Does secular judicial prosecution provide any clues concerning similar enumerations of body parts that are exposed to torture? The evidence turns out to be both sparse and marginal, in fact mainly restricted to martyrological sources, a genre in which 'hard words' naturally abound. 2 Macc 7. 1–42, for instance, gives a horrific account of the martyrdom of seven Jewish brothers at the hands of Antioch IV. The first of them, who dared to defy the king, had his tongue cut out (as punishment for his words) after which he was scalped, mutilated and

---

tors and jockeys, for instance the two long series *DT* 141–187, 234–245. In *DT* 239 and 240, for example, the horses must simply break their legs and lose their speed. The human opponents, however, must not only be bound in their hands and feet and perception but must really be hurt: μετὰ βλάβης τοῦ σώματος καὶ σκελῶν κατάγματος. *DT* 241: καταδήσητε πᾶν μέλος καὶ πᾶν νεῦρον Βικτωρικοῦ ὃν ἔτεκεν γῆ μήτηρ παντὸς ἐνψύχου . . . (for a detailed discussion of the closely related *DT* 242 see Wünsch 1900, 248–259). Here (as in modern soccer) competition *is* war: A. Cameron, *Circus Factions. Blues and Greens at Rome and Byzantium* (Oxford 1976). The emotional overtones of especially the *defixiones* that curse all the limbs of a person's body may also appear from the fact that exactly here *similia similibus* comparisons (for instance connected with the slaughter of a cock) are applied. Furthermore, it is not by chance that in the same series we find not the usual verb δέω to bind the parts of the body but βασάνισον αὐτῶν τὴν διάνοιαν and ἀπόκνισον αὐτῶν τὰ ὄμματα. In this specific domain of physical competition (and indeed, struggle for life in the literal sense) hate and competition coincide, effecting an amalgamation of the functionalistic and the emotional curse elements. See for instance a curse from North Africa against a venator: *DT* 247 *[occi]dite exterminate vulnerate Gallicu . . . manus obliga . . . obliga illi pede[s] m[e]m[br]a sensus medulla; obliga Gallicu.* Cf. also *DT* 250.

75 R. Wünsch, *Sethianische Verfluchungstafeln aus Rom* (Leipzig 1898).

76 Faraone 1993 extensively discusses references to torture by whipping, branding and the wheel in magical texts, with reference to the Iynx in Pind. *Pyth.* 4. Though interesting and important, they are practically restricted to erotic magic, for which see the next section, and not directly relevant to the issue of listing limbs. For another view on several points: S. Iles Johnston, "The Song of the *Iynx*. Magic and Rhetoric in *Pythian* 4", *TAPhA* 125 (1995) 177–206.

finally roasted in a cauldron. Here we have it all: bodily mutilation, in 7.7 referred to as "tearing limb from limb" (τιμωρηθῆναι τὸ σῶμα κατὰ μέλος), while similar expressions return in 4 Macc 9–12, esp. 9.14, where the same story is told in even more revolting detail: κατὰ πᾶν μέλος κλώμενος, 9.17 τέμνετέ μου τὰ μέλη καὶ πυροῦτε μου τὰς σάρκας καὶ στρεβλοῦτε τὰ ἄρθρα. . . . Compare, in a Christian context, Eusebius *Hist. Eccl.* 8.10.4: διετείνοντο πᾶν μέλος . . . διὰ παντὸς τοῦ σώματος . . . καὶ τῆς γαστρὸς καὶ κνημῶν καὶ παρειῶν . . .

However, more instances referring to normal penal practice in Greece and Rome are particularly difficult to find. Although we are well informed about the different procedures and instruments of ancient torture, such as whip, wheel, rack, and corporal punishment in general, *lists of body parts being tortured in a judiciary context are conspicuously lacking in our evidence*[77]. Classical Greece, for that matter, was extremely reticent in applying torture to persons of free status[78]. Texts attest that Athenians explicitly contrasted 'pre-cultural' practices of this kind to their own contemporary, civilized form of prosecution and punishment[79]. Though the Romans did

---

77 *Du châtiment dans la cité: supplices corporels et peine de mort dans le monde antique. Table ronde Rome 9–11 nov. 1982,* Coll. de l'École Franç. de Rome 79 (Rome 1984); J. Vergote, "Les principaux modes de supplice chez les Anciens et dans les textes chrétiens", *Bull. Inst. Hist. belge de Rome* 20 (1939) 141–163, discussing 1) l'écartèlement des membres *(eculeus),* 2) la lacération *(fidiculae* et *ungulae),* 3) la brûlure *(ignis, laminae),* 4) la flagellation; *id.,* "Folterwerkzeuge", *RAC* 8 (1969) 112–141. S. Beta, "Pisandro e la tortura. Il verbo ΔΙΑΣΤΡΕΦΕΙΝ in Eupoli Fr. 99 K.-A., *ZPE* 101 (1994) 25f., cites a comic adespoton: τῇ κλίμακι διαστρέφονται κατὰ μέλη στρεβλούμενοι.

78 Virginia J. Hunter, *Policing Athens. Social Control in the Attic Lawsuits, 420–320 BC* (Princeton 1994) 70–95: "Slaves in the Household", with app. (1) "Torture", (2) "Instances of Torture"; 154–184: "The Body of the Slave. Corporal Punishment in Athens". Exceptions *ibid.* 174ff. Even in the case of slaves, torture was not used primarily as punishment but as a device for extorting testimony: G. Thür, *Beweisführung vor den Schwurgerichtshöfen Athens. Die Proklesis zur Basanos,* Veröfftl. d. Komm. f. ant. Rechtsgesch. 1, Sb. Österr. Akad. d. Wiss., Phil.-Hist. Kl. 317 (Wien 1977) 17: "Keine der genannten Folterungen sollte die Verschärfung der Todesstrafe bezwecken". Exceptions in Hunter *op. cit.* 165ff. For whipping and beating as punishment see G. Glotz, "Les esclaves et la peine du fouet en droit grec", *CRAI* 1908, 571–587. For whip and wheel: Faraone 1993, 12ff. However, even an author who had the least reason for reticence, viz. Aristophanes, though staging a rich harvest of corporal punishments, does not go beyond beating, whipping, and occasionally chains, deprivation of food, branding and the mill (Hunter *op. cit.* 165ff.).

79 P. Dubois, *Torture and Truth* (New York/London 1991), in an interesting chapter (9–34, esp. 29) on *basanos* (touchstone), esp. in its metaphorical uses, discusses Aesch. *Eum.* 185–190.

tolerate a more cruel regime vis-à-vis slaves (and in later times also the *humiliores*)[80], even there I have not been able to find 'anatomical' descriptions comparable to those in our curse texts. Accordingly, explicit terminological references to torture etc. in *defixiones* seem to prevail in curses that betray Jewish, or more generally Near Eastern influence. Last but not least, whenever our curses are explicit on the *nature* of the suffering, the terminology generally refers to *ailment*, more especially to a variety of fevers, consumption, headaches and the like[81]. If these torments are represented as judicial punishments, as they patently often are, they obviously refer to *divine* justice, whose manner of castigation is just of this kind[82].

If we also bear in mind the period in which these characteristics become prevalent in 'curse texts', we may be encouraged to reflect on their origins. In Versnel 1991a, 93 I already suggested a non-Greek origin of the judicial prayer, namely in an area or areas where a strongly monarchical ideology influenced both the perception of and the forms of communication with the divine. In a letter David Jordan suggests to me that the same may be assumed for the head-to-toe listing, which as we have seen is practically restricted to the judicial prayer. The evidence presented above does indeed seem to point in this direction, although we have a few early anatomical curses (p. 231). However, tracing origins is one thing, the search for function, meaning and social or emotional context, especially in the period that witnessed the bloom of the anatomical curses all over the Mediterranean world (and beyond), is another. It is on these aspects that my inquiry focuses.

---

80 K. R. Bradley, *Slaves and Masters in the Roman Empire. A Study in Social Control* (New York 1987) 119–123. Flogging and beating being staple ingredients, slaves might also be exposed to dire atrocities, in accordance with the maxim *in servum omnia liceant* (Sen. *Clem.* 1. 18. 2): Caligula had cut off the hands of a thievish slave (Suet. *Cal.* 32. 2); Augustus had the legs of a slave broken for taking a bribe (Suet. *Aug.* 57. 1f.) In Puteoli, inscriptions tell us, there were public facilities *(crux, patibulum, verberatores)* to inflict savage punishments on slaves. Yet these penalties seem generally to be of a private nature. See also R. Saller, "Corporal Punishment, Authority, and Obedience in the Roman Household", in: B. Rawson (ed.), *Marriage, Divorce, and Children in Ancient Rome* (Canberra/Oxford 1991) 144–165, esp. 157–60; and the literature above n. 26.

81 Significantly, total recovery after an illness is often expressed with the same type of formula: ἀπὸ κεφαλῆς μέχρι ὀνύχων, and other examples in *Suppl. Mag* I p. 95.

82 This is even more obvious in Coptic curses. Cf. besides the ones mentioned from Meyer/Smith (above n. 60), also *ibid.* nos. 66, 96–98, 101, 106, 110, 111, 127. Note that in a ritual that bears some similarities to the curse, viz. the ἐπιπομπή, too, it is above all ailments and epidemics – besides natural disasters, like hail or storm – that are diverted to the enemies. For ἐπιπομπή in magic see *Suppl. Mag.* II p. 176.

II 2
The Anatomy of Love and Hate

Torturing the beloved

Feelings of being wronged and the concomitant craving for revenge are human emotions that particularly flourish in one special domain of communication. In *DT* 198 (Cumae, II–III p) the gods of the Netherworld are invoked: . . . ὑ]ποκατέχετε ὑμεῖς [αὐτὴν ταῖς ἐ]σχ[άτ]αις τειμωρίας . . . ὅτι πρώτη ἠθέτησ[ε τὴν πίστιν πρὸς Φ]ήλικα τὸν ἑαυτῆς ἄνδρα ("subject her to the ultimate penalties . . . because she was the first to break her loyalty [or love, or friendship] to her husband Felix"). It is quite some conjecture, I admit, but the context does not leave much room for serious doubt. No loss has a more stimulating effect on the adrenaline than having one's beloved snatched away by another. Here, we literally feel the flames of hate, and the texts are equally sulphurous. The disloyal wife or husband, the treacherous friend or faithless lover is widely accused of ἀδικία in literature[83]. However, in the domain of love magic, they are easily matched by, as well as closely related to, the far more numerous curses written by (or for) rejected lovers, designed to overcome the resistance of a recalcitrant girl, who is often suspected (but not necessarily explicitly accused) of being interested in another man. Being abandoned or being rejected: we shall see that these experiences give rise to identical expressions of hate and vindictiveness in our sources, the relevant curses being phrased in equally harsh and cruel language. And here we have found the second type of curse texts where 'anatomical curses' prevail.

If we come straight to the point this time, this is because the material is so familiar and has been so frequently discussed[84] that everybody will

---

83 See the discussions in Cameron 1939, esp. 12; Dover 1978, 177; and n. 126 below.

84 Unfortunately the two fullest treatments were inaccessible to me: D. F. Moke, *Eroticism in the Greek Magical Papyri* (Diss. Minneapolis 1975), provides full texts and commentaries of the papyrological material, but has never reached the libraries of the Low Countries. However, see the very full review by F. Maltomini in *Aegyptus* 59 (1979) 273–284. C. A. Faraone is preparing a monograph on the subject under the provisional title *Aphrodisiaka. Erotic Magic and the Dynamics of Gender in Ancient Greek Culture,* which will include several of his earlier studies. However, I did consult Petropoulos 1988, Winkler 1990, Martinez 1991, Gager pp. 78–115, and various studies by C. A. Faraone mentioned below.

immediately feel at home. Whoever fancies a beautiful girl or boy and wishes to influence her or his feelings, would be well advised to peruse a few
corpora of *defixiones* or magical papyri. Here is a helpful passage from one
of three spells written by a certain Theodoros, who lusts for a girl named
Matrona[85]. First he presents bits of her hair and nails (οὐσία) to a demon of
the dead and then he orders him: "Go to her and seize her sleep, her drink,
her food … Drag her by her hair, by her guts, by her soul, by her heart
(ἕλκε τὴν Ματρῶναν τῶν τριχῶν, τῶν σπλά⟨γ⟩χνων, τῆς ψυχῆς, τῆς καρδίας) until
she comes to Theodoros and make her inseparable from me until death,
night and day, for every hour of time. Now, now, quickly quickly, at once,
at once". This is probably not what the modern reader would call an affec-
tionate proposal[86], but it certainly is typical of the so-called *agogai* or *agogi-
ma,* love spells that are deposed to rouse feelings of love and erotic desire
in the victim. I consciously use the term 'victim,' for nowhere do we find
more grim and detailed bodily torments than in precisely this type of
spell[87].

Here is a small but representative selection[88]: *PGM* IV 1540 f. κατάκαυσον
τὸν ἐνκέφαλον, ἔκκαυσον καὶ ἔκστρεψον αὐτῆς τὰ σπλάγχνα, ἔκσταξον αὐτῆς τὸ
αἷμα ("burn the brain of her [NN, whom I love], inflame her and turn her
guts inside out, suck out her blood …"); *PGM* IV 2767 φλέξον ἀκοιμήτῳ
πυρὶ τὴν ψυχήν ("set her soul ablaze with unresting fire"); *PGM* XVI 3–6[89]
ποίησ[ον] φθείνειν καὶ κατατήκεσθαι [Σ]αραπίωνα ἐπὶ τῷ ἔρωτι Διοσκοροῦτος, ἣν
ἔτεκε Τικαωί. καὶ τὴν καρδίαν αὐτοῦ ἔκτηξον, καὶ τὸ αἷμα αὐτοῦ ἐ[κθή]λασόν μου
φιλίᾳ, ἔρωτι, ὀδύνῃ ("… cause Sarapion to pine and melt away for the
passion of Dioskourous, whom Tikau bore. Melt her heart and [suck out
her] blood because of love, passion and pain"); *PGMXIX* a 50–54 ναί, κύριε
δαῖμον, ἄξον, καῦσον, ὄλεσον, πύρωσον, σκότωσον [καὶ]ομένην, πυρουμένην,

85 *SGD* 156 = *Supp. Mag.* I 50 = Wortmann 1968 no. 2, after the model of *PGM*
IV 296 ff.

86 "A modern reader might well wonder whether this state of health would be
conducive to meaningful love and sex": D. Frankfurter, in: Meyer/Smith 148.

87 I am not the first to suggest that many, if not the majority, of the above-mentioned anatomical curses that withhold their specific purpose belong to this category.
Others already cited, including the early 'Trennungszauber' from Nemea (p. 231), most
explicitly do.

88 As collected by C. A. Faraone, "Aristophanes, Amphiaraus, Fr. 29 (Kassel-
Austin): Oracular Response or Erotic Incantation?", *CQ* 42 (1992) 320–327, esp. 325
n. 28, and *id*. 1993, 7 n. 19.

89 I use here the reading of D. R. Jordan, "A New Reading of a Papyrus Love
Charm in the Louvre", *ZPE* 74 (1988) 231–243.

κέντει ⟨βα⟩σανιζομένην τὴν ψυχὴν, τὴν καρδίαν τῆς Κάρωσα ("aye, lord daimon, attract, inflame, destroy, burn, cause her to swoon from love as she is being burnt, inflamed. Sting the tortured soul, the heart of Karosa") . . . μὴ ἐάσῃς αὐτὴν τὴν Κάρωσα . . . μὴ [ἰδίῳ] ἀνδρὶ μνημονεύειν, μὴ τέκνου, μὴ ποτοῦ, μὴ βρωτοῦ, ἀλλὰ ἔλ[θῃ τη]κομένη τῷ ἔρωτι καὶ τῇ φιλίᾳ καὶ συνουσίᾳ ("do not allow Karosa herself . . . to think of her [own] husband, her child, drink, food, but let her come melting for passion and love and intercourse"); Suppl. Mag. I 42. 37 f. καῦσον, ποίρωσον τὴν ψυχήν, τὴν καρδί[αν,] τὸ ἧπαρ, τὸ πνεῦμα, καομένη, πυρουμένη, βασανιζομένη Γοργονία . . . ("burn, set on fire the soul, the heart, the liver, the spirit of the burning, inflamed, tortured Gorgonia"); 45. 31: καύσατε αὐτῆς τὰ μέλη, τὸ ἧπαρ, τὸ γυνεκῖον σῶμα, ἕως ἔλθῃ πρὸς ἐμέ, . . . ("burn her limbs, liver, the private parts, until she comes to me"); DT 51 κατακαίνετε . . . ψυχὴν κὲ τὴν καρδίαν ("burn her soul and heart"); DT 271. 12–14 ἀγαγεῖν καὶ ζεῦξαι τὸν Οὐρβανόν . . . βασανιζόμενον ("drive and yoke Urbanus . . . tortured").

Destroy, burn, afflict, torture – this is the language of love, at least in the spells under discussion. There is a marked penchant for the imagery of fire and burning, no doubt due to the fact that this is also the privileged cliché for the effects of love-sickness in both love poetry and medical diagnostics. DT 227 uratur Sucesa aduratur amore et desiderio . . . and DT 230 uratur furens amore; amante aestuante amoris et desiderio, for instance, seem to mirror the words of Simaitha in Theocritus' second idyll: "may Delphis destroy his own flesh by the flame."[90] Furthermore, the victim must not be able to eat, drink, and above all sleep[91], all of them equally recurrent symptoms in medical works on love-sickness[92], in poetry and last but not least in the Greek

90 For burning, fire and fever in erotic magic see E. Kuhnert, "Feuerzauber", RhM 49 (1894) 37–54; E. Tavenner, "The Use of Fire in Greek and Roman Love Magic", in: Studies in Honor of F. W. Shipley, Washington Univ. Ser. in Lang. and Lit. 14 (St. Louis, Wash. 1942) 17–37; Faraone 1993; Versnel 1994. For fire etc. as symptoms of love-sickness see below n. 119. There is even a special type of erotic spells called "burnt-offering spells": Faraone 1993, 6 n. 18.

91 On these formulas of enforced abstinence see Martinez 1991, 57 ff.; id. 1995, 352 ff.

92 Ibid. 353: "Wasting away through sleeplessness and a lack of food and drink are all symptoms of love-sickness, a malady well-known to Hellenistic medicine and which acquired the status of a topos in the late Greek romantic tradition." In PGM XXXVI 356 ff. the symptoms of love are indeed strikingly consistent with medical descriptions: ποίησον αὐτὴν λεπτήν, χ[λωρ]άν, ἀσθενήν, ἄτοναν, ἀδύναμον, ἐκ π[αντ]ὸς [τοῦ σ]ώματος αὐτῆς ἐ[νεργήματος]. Sleepnessness has given its name to a subcategory of these love spells: agrypnetika.

novel[93]. Although, once more, functional aspects do play a part (as for instance in the stereotyped wish that the target will forget about or not be able to speak with parents and other relatives), the characteristic appeal to detailed and refined bodily dissection[94] cannot but recall the similar descriptions in the judicial or vindicatory prayer that we discussed in the first part of this paper. For instance *PGM* XIV 656ff.: "I am casting fury against you today (. . .) in order that every burning, every heat, every fire, in which you are today, you will make them in the heart, the lungs, the liver, the spleen, the womb, the large intestine, the small intestine, the ribs, the flesh, the

---

93 The literature is overwhelming. Here is a selection of the most recent studies on physiognomical and behavioural symptoms of love and love-sickness in antiquity: S. C. Frederichs, "A Poetic Experiment in the Garland of Sulpicia (Corpus Tibullianum 3. 10)", *Latomus* 35 (1976) 761–82; A. Giedke, *Die Liebeskrankheit in der Geschichte der Medizin* (Diss. Düsseldorf 1983); H. H. Biersterfeldt/D. Gutas, "The Malady of Love", *JAmOrientSoc* 104 (1984) 21–55; J. Ferrand, *A Treatise on Lovesickness,* transl. and ed. with a crit. introd. and notes by D. A. Beecher and M. Ciavolella (Syracuse, N. Y. 1990) (*De la maladie d'amour, ou mélancholie érotique. Discours curieux qui enseigne à cognoistre l'essence, les causes, les signes et les remèdes de ce mal fantastique,* Paris 1623); H. Maehler, "Symptome der Liebe im Roman und in der griechischen Anthologie", in: *Groningen Colloquia on the Novel* 3 (Groningen 1990) 1–12; Winkler 1990, 82–91; F. Létoublon, *Les lieux communs du roman. Stéréotypes grecs d'aventure et d'amour* (Leiden 1993), esp. 145–148: "La blessure et la maladie"; Martinez 1991, 60; J. G. Griffiths, "Love as a Disease", in: *id., Atlantis and Egypt with Other Essays* (Cardiff 1991) 60–67; P. Toohey, "Love, Love-sickness, and Melancholia", *ICS* 17 (1992) 265–286; Martinez 1995, 353ff.

94 I mention two unnoticed literary allusions. According to the Echo myth in Longus 3. 23, Pan, frustrated in his love for Echo, sent the shepherds and goatherds mad, and like dogs or wolves they tore her apart and scattered her limbs over the whole earth. Secondly, C. A. Faraone, "Deianira's Mistake and the Demise of Heracles. Erotic Magic in Sophocles' *Trachiniai*", *Helios* 21 (1994) 115–135, among other things convincingly argues that the disquieting figure of a weakened, effeminate Heracles at the end of the play is (partly) the effect of the *philtron*. Cf. Heracles' words: "A woman, a female in no way like a man, she alone without even a sword has brought me down" (1062f.); he is "moaning and weeping like a girl" (1071); "the strong man has been found a woman" (1075). But there is more: the elements of torture and anatomical detail in this scene help to evoke the imagery of the effects of erotic magic. In 1051ff. talking about the cloth with poison (which was intended as a philtron), Heracles says: "This woven net of the Furies, in which I perish: Glued to my sides, it has eaten my flesh to the inmost parts; it is ever with me, sucking the channels of my breath; already it has drained my life-blood, and my whole body is wasted". This literally anticipates the jargon of the *PGM*. Cf. especially a striking parallel in the Spell of Cyprian (cited below p. 251): "for her garments burn her body". All this becomes even more beautiful if K. Ormand, "More Wedding Imagery: *Trachiniae* 1053ff.", *Mnemosyne* 46 (1993) 224–226, is right (as I believe he is).

bones, in every limb, in the skin of NN, whom NN bore, until she goes to NN, whom NN bore, at every place where he is." And to underpin the anatomical elaboration (though not necessarily the specific torments) we have both the instructive manuals and the applications of "voodoo doll" magic[95]: little figurines of mainly women transfixed with 13 needles, one "for every opening" of the body[96].

Nor were early Christians averse to similar devices. One of the most complete and telling texts is the famous erotic spell of Cyprian[97], who tried to seduce a Christian virgin by employing magic, did not succeed, and so converted to Christianity. Here are a few relevant passages:

> "Everything has changed in my person. My heart was grown bitter. I have grown pale. My flesh shudders; the hairs of my head stand on end(?). I am all afire. I have lain down to rest, but could not sleep; I have risen, but found no relief. I have eaten and drunk in sighing and groaning. I have found no rest in soul or in spirit for being overwhelmed by desire. . . . the great minister of blazing flame, Gabriel, he with the great power of fire, in that he fills his fiery face with the fire that devours every other fire . . . He comes in the rush of his power at your command, O father of the aeons, to go to N. daughter of N. and reveal himself to her in great revelation, relentless(?), fascinating, filling her heart, her soul, her spirit, and her mind with burning desire and hot longing, with perturbation and disturbance, filling her from the toenails of her feet to the hair of her head with desire and longing and lust, as her mind is distracted, her senses go numb, and her ears are ringing. She must not eat or drink, slumber or sleep, for her garments burn her body, the sky lightning sets her afire and the earth beneath her feet is ablaze. The father must not have mercy upon her, the son must show her no pity; the holy spirit must give no sleep to her eyes . . . Yea, I adjure you Gabriel: Go to N. daughter of N. Hang her by the hair of her head and by the lashes of her eyes. Bring her to him, N. son of N. in longing and desire, and she remains in them for ever . . . Go to N. daughter of N., and put fire and longing and desire and disturbance and agitation into her heart for N. son of N."

95 C. A. Faraone, "Binding and Burying the Forces of Evil. The Defensive Use of 'Voodoo Dolls' in Ancient Greece", *ClAnt* 10 (1981) 165–205; Graf 1994, 158–171.

96 For the anatomically uninitiated: there *are* no thirteen openings in a (any) human body. So piercing in the texts means piercing, not sounding or penetrating.

97 Now most easily available in Meyer/Smith no. 73. Cf. H. M. Jackson, "A Contribution toward an Edition of the Confession of Cyprian of Antioch: The *secreta Cypriani*", *Muséon* 101 (1988) 33–41. Other spicy (Coptic) Christian curses: Meyer/Smith nos. 74 ("until she becomes like a dog crazy for its pups"), 75, 77 ("that she may be a mare going under [sex]crazed stallions"), 84; 'Trennungszauber': nos. 85 ("may his male organ be like the rag upon the manure pile"), 86, 87, 127 ("make his male organ become like an ant that is frozen in the winter").

Rambling through sadism

How must we explain this breathtaking sadistic[98] fashion of courtship? How to explain that a human being hates and even tortures the person he *desires?* The paradox embarrasses the modern reader and the debate has no end. The latest fashion is to take the sting out of the unimaginable by downplaying the violence and thus avoiding the scandal. The first move is to stress that "the explicit goal (of these love spells) is *not to harm* (my italics) the target but to constrain her". Thus Gager p. 81 f., partly endorsed by Graf 1994, 158 ff., who adds various different observations, all intended to show that the wish to harm the desired person is not really real. Now, as to the *ultimate* goal (i.e. literally dragging the target to the practitioner) there is no room for doubt[99]. The question remains why this goal should be attained through the application of such deeply aggressive and violent imagery. Why not restrict oneself to whispering words over a wine cup before giving it to someone to drink (*PGM* VII 285–289, 619–627, 643–651) or with those other innocent, even romantic 'lowtech' devices scattered in *PGM*? Gager proposes a number of considerations[100], thus voicing a widespread scholarly concern:

1) The violent language may have been taken over from another type of curse, especially the forensic curses, where its harming function was quite "appropriate". However, as we have seen, forensic (and other basically competitive) curses do *not* normally – and certainly not originally – display the wish to cause physical pain to the adversary, nor do they mention anatomical lists like the ones typical of love spells.

2) Transfixing the dolls with needles as well as the hard words accompanying this action or playing their part autonomously, are *not* meant to hurt, but are functional analogues to the therapeutic use of needles in Chinese acupuncture. Graf 1994, 163 ff., in a long digression on the figurines, in which he attacks late Frazerian believers in sympathetic magic, also empha-

---

98 On 'sadism' and sexual mastery in erotic magic: Petropoulos 1988, 216; 1993, 51 f.; Winkler 1990, 91, 94, esp. 96. On δαμάζω in the sense of "to tame, subdue, conquer" in the context of love in general: L. Rissman, *Love as War. Homeric Allusion in the Poetry of Sappho,* Beitr. z. Klass. Phil. 157 (Königstein 1983) 4 with n. 14; in magical papyri: D. G. Martinez, "T. Köln inv. 2.25 and Erotic δαμάζειν", *ZPE* 83 (1990) 235 f.

99 See *loci cit.* prec. n.

100 To serve the clarity of the discussion I have reversed the order of his third and fourth items.

sizes the fact that the figurine is not identical to the victim[101]. Instructions for the production of a figurine as contained in *PGM* IV 296ff. give an accurate description of the purpose: "I pierce such-and-such part of Miss NN in order that she have no one in mind but me, Mr NN." This is no doubt true, although in the spell that accompanies the ritual all that dragging by the hair, by the heart, by the soul, and the enforced abstinence that we have discussed before emerge[102]. Moreover, piercing a representation of a human body with needles is hardly the most appropriate course of action to *discourage* sadistic associations[103]. Why not *bind* the limbs, if that is indeed what is explicitly intended, or why not caress or hug them, instead of this sample of body-piercing?

Far more important, however, is that to emphasize the figurines in the discussion of the "real" meaning of erotic magic generally may in fact distort the issue, which is not only that of the "voodoo doll" practice – about whose purpose there is scarcely any scholarly difference of opinion nowadays –, but (also, and far more so) that of the numerous violent verbal expressions. If, on the one hand, the function and purpose of piercing figurines, as detailed in the texts, is accepted and validated without question, it is a question of method to do – at least in principle – the same concerning the instructions (papyri) and applied texts (lead tablets), either combined with a figurine or autonomous, where the practitioner very explicitly wishes that the victim suffer what he wants her to suffer, in order to reach his ultimate goal. But then another strategy is resorted to.

3) Following Wittgenstein, Gager suggests the option of understanding the function of love curses (and other magical acts) not primarily as attempts

---

101 The problem remains that even if the figurines are "not identical to the target" or "deeply symbolic", it simply cannot be denied that in the eyes of the practitioner they do represent the live targets, because this is most consistently and emphatically stipulated. See the ritual formulas given in the text. How problematic attempts to downplay this aspect may be appears from the following passage from Graf 1994, 163 with my italics: "*Il ne s'agit pas, en perçant les membres d'une figurine, de percer* et de blesser *les membres correspondants de la victime. Le but de la perforation de la figurine est clairement indiqué dans le texte. Chaque fois qu'il enfonce une aiguille, le sorcier doit dire: "Je perce tel membre de telle personne, afin qu'elle ne pense qu'à moi, le NN.*"

102 As Graf of course admits. He also has to argue away some unmistakable instances where causing pain or sickness is the explicit goal (and effect) of the ritual.

103 For that matter, why should the suggestion "the penetration of the female figurine by needles probably carries sexual meanings as well" (Gager p. 81) be permissible, while the proposition "the penetration of the female figurine by needles probably carries sadistic meaning" should be *anathema?*

to produce effects on the targets, but rather as an effort to "express the tur-
bulence of erotic passion and to regain control of oneself. (. . .) The goals
are largely realized in the very act of commissioning and depositing the
tablets". Without dismissing this type of "therapeutic" interpretation (related to the preceding one), I would note that substituting a functionalistic
for a substantivistic interpretation is not always the most helpful, and rarely
an exclusively decisive solution. More often than not, instead of neutrali-
zing each other, either one, seen in its own perspective, may retain its own
specific explanatory value[104]. As a matter of fact, the "therapeutic" solution
skirts, but still does not solve, the question of the aggressive, violent, even
sadistic language as explicitly directed at the target. The practitioner instructs
his divine, demonic or prematurely dead henchmen to burn, hurt, torture,
(sometimes) even kill *the target him – or herself.* Just so, Simaitha wishes that
Delphis will burn like the bay leaves which she throws into the flames. How
are we to imagine that persons remain completely unconscious of, or even
manage not to mean or intend what they are explicitly pronouncing in the
most unambiguous terms? Glossing over unequivocal and explicit words
pronounced by the practitioner himself – however symbolic or formulaic
(see below) they may have been – in favour of an exclusively valid, unconscious and hidden meaning is not an advisable strategy at this stage. In other
words, what *we* think they were doing, however interesting and even correct our interpretation may be, can never be a substitute for what *they*
thought they were doing, especially not when they expressly *said* what they
thought they were doing. This, I repeat, is neither to deny the additional
and autonomous value of proposed functionalist meanings nor to question
that the torture is a means to achieve a goal.

By way of refutation of the latter argument and an overall critique of
psychological interpretations of the curse as a spontaneous and emotional
release of violent feelings due to erotic frustrations, Graf finally presents
two interrelated arguments. One is that the execution of the ritual instructions as exhibited in the magical papyri just takes too much time to keep
alive the flame of emotion; the other is that the procedure of copying the
models of the magical textbooks or orally repeating the formulas dictated
by a professional magician does not leave much room for personal emotions either. These are important observations that require careful consideration, more, alas, than I can give here. I must restrict myself to a few
remarks.

---

104 I have argued for a polyparadigmatic approach in Versnel 1993a, 1–14.

Admittedly, magical devices are indeed almost by definition highly formulaic and stereotyped. This is equally true for agonistic (instrumental) curses, judicial prayers and erotic magic. Before discussing its inferences, however, I should strike a note of warning: we do in fact have a considerable number of curses on lead that are both sufficiently succinct to keep the emotion boiling during its processing *and* bear witness to sometimes very ingenious and always palpably emotional, personal creativity[105], manifest in colourful works of abuse or hate. The person who curses a lady's κύσθον ἀνόσιον (above p. 231) is – at least as far as our evidence goes – unique and original, but not nearly as brilliantly inventive as the one who wishes a thief spill his blood into the very vessel that he has stolen (above p. 238).

Yet this is not the core of the matter. Perhaps two of the most frequent words in the *PGM* are "write" and "recite," the idea being that the client himself either copied or recited the text, or did both. Scholars practically agree that generally, and at any rate originally, the burying of a *defixio,* too, was preceded or accompanied by a recitation of its text. So let us imagine a man writing or pronouncing precisely the texts that we have amply quoted: "burn, torture, drag (all) the limbs of . . .," while himself replacing the sections "Miss NN" and "me, Mr NN" by the real names of the beloved girl and himself. How must we fancy that he managed *not* (ever) to realize what he was actually saying or writing? Moreover, what is the essential difference between reciting a model text, on the one hand, and expressing a "spontaneous" curse of his own, on the other, if the two virtually coincide, as the written text gave a pretty accurate expression of his emotions? In that case, what is wrong with an extensive and time-consuming detailing of the curse in word and action? It is simply *good* to go over all the limbs of the person you desire or hate (or desire *and* hate) and enjoy the idea of what is being done to them[106]. As a matter of fact, we should not be content with establishing the formulaic nature of erotic magic, but go on and appreciate the highly formulaic nature of curses in general, including our own. Practically without exception they are prefabricated, (although we realize that only when we hear a strikingly novel creation, which we hasten to plagiarize). Nor does this lack of spontaneous originality at all affect the emotional functions. After all, where did the magicians find

---

105 Recently I have drawn attention to processes of poetical creativity in spells of late antiquity: "Die Poetik der Zaubersprüche", in: T. Schabert/R. Brague (edd.), *Die Macht des Wortes,* Eranos N. F. 4 (Munich 1996) 233–297.

106 See Gordon's very appropriate assessments of the sadistic impact of both words and actions, above nn. 22, 29.

their very expressive formulas? Did they come out of the blue? Or were they verbal crystallizations of affections, feelings and emotions that were available in their society, hence also familiar to their clients?[107]

Perhaps the most interesting question, however, is how to explain the variety of scholarly attempts to argue away the expressed aggressive and sadistic intentions *in erotic magical texts,* on the one hand, and the conspicuous absence of a comparable anxiety concerning *the judicial prayers,* which do share the same core characteristics of being both formulaic and sadistically violent? Why argue that in erotic magic the *real* meaning of the phrase "I wish that she burn" cannot possibly be that the target will burn, and on the other hand be silent about the veracity of the very same wishes in

---

107 Here I must insert some important observations suggested by David Jordan after the completion of the present paper. First he suggests that the anatomical lists and the "pangs of lust" connected with them – the majority of which are found in magical papyri which also include typically Jewish-Egyptian formulas – are "part of a basically eastern view of things." As we shall see in the next section, there are indeed indications of a Near Eastern flavour in the ecphrastic anatomical expressions in the domain of love. In view of the (few) earlier Greek curses of this anatomical type and other evidence from Greek literature, as well as some contemporaneous anatomical erotic *defixiones* (above p. 231 ff.) I would opt for a coalescence of Greek (and Roman) ideas and Near Eastern expression. Secondly, Jordan strongly recommends not to speak of "love charm" but rather of "sex charm", "erotic charm" or "lust charm." Rather than expressions of love, he regards these spells as instances of cold-blooded manipulation, even in those few cases in which the wish is stated that the victim shall, as a result of her inflamed lust, become the *symbios* of the defigens. Hence, in his view much of Jack Winkler's and his followers' theorizing is to be dismissed. Here we must await Jordan's full treatment, but for the moment I am not convinced that this view is completely (or solely) correct, although certain elements no doubt are. First, the correspondence with the descriptions of affections and experiences in Greek love poetry (see next section) are too obvious. Secondly, recurrent wishes of the type that the target "must be fond of me, love me" etc. (φιλοῦσάν με, ἐρῶσ[ά]ν μου *Suppl. Mag* I, 47. 27) accurately mirror earlier instances of Greek erotic *defixiones,* especially in 'Trennungszauber'. In these tablets, just as in the magical papyri, the defigens asks to "grow old together (with the beloved)" (συνκαταγηρᾶσαι) and the "affection and love" (τὰν φιλίαν, τὰν ἀγάπαν) for a rival lover are cursed. I cannot regard these expressions, being essential in amatory *defixiones,* as secondary to the indeed strongly physical wishes in the magical papyri, especially not in women's wishes that their targets "shall love me with an eternal affection" (φιλῇ με φίλτρον αἰώνιον *PGM* XV 22) or "let him continue loving me until he arrives in Hades" (διαμείνῃ ἐμὲ φιλῶν ἕως ὅταν εἰς ῞Αιδην ἀφίκηται *PGM* XVI *passim*). The problem, in my view, lies rather in our inability to accept that the wish for (lasting) affection can be phrased in such direct and 'hard' physical expressions. In other words, our problem is the equation of what *we* tend to disconnect or at least distinguish as eroticism, on the one hand, and love, on the other.

pleas for justice? The answer is *(sit venia verbo)* a psychological one. It is exemplarily worded in Gager's remark (his first item above) that in the judicial curses "the harming function was quite 'appropriate'," the implication being that in erotic curses it is not. "Indeed it is the presence of so much venomous and malicious feeling (. . .) that offers twentieth century readers such a jolt (. . .) The vanilla connotations of "love" for us include mutual delight and consent (. . .) not wishing discomfort (. . .) and pain on the body and the soul of one's beloved," thus Winkler 1990, 72, in his brilliantly innovating interpretation of the 'constraints of desire'[108]. In a pronounced sociopsychological argument he explains the magical action as a remedy aiming at a double effect. The various – *real!* – torments called down upon the victim are nothing else than the symptoms of the love-sickness experienced and abominated by the *male* performer himself. Through a dual form of transference the illness is removed from the performer and projected onto the target. The effect is a role reversal, the victim suffering the performer's former state of passion, and the performer regaining his own state of mind and superior control[109]. Here, the violent language retains its realistic quality: "The purpose expressed in the words is psychological – the lover aims to create in his victim a state of mental fixation on himself – but the imagery is physically violent, even sadistic" (Winkler 1990, 94). And he most instructively adds a test for the reader, citing two curses, both alarmingly bloodthirsty, and asking which of the two procedures is used for fostering love, and which for expressing hate.

This is in my view easily the most attractive suggestion so far, but this does not mean that it solves all the problems[110], nor that it excludes other

---

108 Gager' lists Winkler's theory as his third option.

109 On similar instances of role-reversal in amatory magic see also C. A. Faraone, "Clay Hardens and Wax Melts. Magical Role-Reversal in Vergil's Eighth Eclogue", *CPh* 84 (1989) 294–300.

110 One of its problems is that the 'sadistic' curses were avidly employed by women as well, as Winkler grudgingly admits, but tends to belittle (1990, 90). Nor should we underestimate the influence of the powerful anti-erotic strain of ancient Greek society, especially in heterosexual relations, with its undeniable misogynistic implications, which could be another incentive to the sadistic aspects of erotic curses. See A. Carson, "Putting Her in Her Place. Woman, Dirt and Desire", in: D. Halperin/F. Zeitlin/J. J. Winkler (eds.), *Before Sexuality. The Construction of Erotic Experience in the Ancient Greek World* (Princeton 1990) 135–169; P. Dubois, "Eros and the Woman", *Ramus* 21 (1992) 97–116. Generally, the motive of pre-eminently *male-dominated* social competition – "a kind of sneak attack waged in the normal warfare of Mediterranean social life" (Winkler 1990, 97) –, though certainly important, runs the risk of receiving an all too monolithic emphasis.

possibilities. In my opinion, any claim that any one explanation is unique-
ly and exclusively correct[111] is by its very nature suicidal. The aim of
the present paper is to add a few suggestions. I propose to start from
the observation – mentioned in passing earlier – that like the 'judical prayers' discussed before, many erotic curses display two interconnected features:
the enumeration of sometimes very extended lists of parts of the body,
and the wish that a named person should suffer a series of rather specific agonies. Let us try to trace the possible backgrounds of these two
aspects.

Odi et amo: lovely limbs and ailing lovers

One remarkable feature of love poetry is a marked tendency to sing the
praise of the beloved in an ecphrastic overview of all her or his body parts.
The *Song of Songs*[112] provides the most celebrated example, and it is a popular device in Near Eastern poetry, ancient and modern[113]. It has even been

---

111 Which Winkler did not do. Cf. *id*. 1990, 98: "These considerations (. . .) are
baby-steps on a methodological path that has not yet been widely followed in study-
ing classical and later Greek culture," and what follows.

112 "Ah you are fair my darling, ah you are fair. Your eyes are like doves . . . Your
hair is like a flock of goats . . . Your teeth are like a flock of ewes . . . Your lips are
like a crimson thread, your mouth is lovely, your brow behind your veil gleams like
a pomegranate . . . Your neck is like the Tower of David . . . your breasts are like two
fawns . . . Every part of you is fair, my darling, there is no blemish in you" etc. Cohen
(below n. 115) gives the literature.

113 A. S. Rodrigues Pereira, *Studies in Aramaic Poetry (c. 100 B.C.E.–c. 600 C.E.).
Selected Jewish, Christian and Samaritan Poems* (Diss. Leiden 1996) 11–26, discusses 'The
Ode to Sarai's Beauty', from the Genesis Apocr. XX 2–8 a, belonging to the Qumran texts. See also J. A. Fitzmyer, *The Genesis Apocryphon of Qumran Cave I. A Commentary* (Rome 1971²); J. C. Van der Kam, "The Poetry of 1 Q Ap Gen, XX, 2–8 a",
Rev. de Qumran 10 (1979–81) 57–66. (I thank my colleague L. van Rompay for references.) The Ode, dating perhaps from the second century BC, is a lyrical description of the physical and mental beauties of Sarai as put in the mouth of one of Phara-
o's princes, praising her face, hair, eyes, nose, the radiance of her countenance, breast,
all her whiteness, arms, hands, the whole look of her hands, palms of her hands, fingers, feet, legs, the completeness of her total beauty and insight. Fitzmeyer *op. cit.*
119f., calls it an example avant la lettre of the *wasf* in early Jewish poetry. *Wasf*, meaning 'description', is a technical term in Arabic poetics denoting a song that lists the
charms of prospective brides and bridegrooms. The Song of Songs, which clearly
belongs to this category, exhibits three inventories: two from top to bottom, one the
reverse.

suggested that this trope was introduced into Western poetry[114] through "probably the most famous of the (around 30) known epigrams of Philodemus", a Syrian from Gadara born c. 110 BC and better known from the fragments of his Epicurean works[115]. The poem gives a fairly complete anatomical inventory from toe to top[116].

---

114 The trope, of course, retained its popularity through the ages, as for instance in Rilke's *Lösch mir die Augen aus* in the second part of his *Stundenbuch,* in which he gives expression to his tormented love for Lou Salomé:

> Lösch mir die Augen aus: ich kann Dich sehn,
> wirf mir die Ohren zu: ich kann Dich hören,
> und ohne Füße kann ich zu Dir gehn,
> und ohne Mund noch kann ich Dich beschwören.
> Brich mir die Arme ab, ich fasse Dich
> mit meinem Herzen wie mit einer Hand,
> halt mir das Herz zu, und mein Hirn wird schlagen,
> und wirfst Du in mein Hirn den Brand,
> so werd ich Dich auf meinem Blute tragen.

I owe this reference (and others on things anatomical) to my colleague H. F. J. Horstmanshoff. According to R. Wolf, *Rainer Maria Rilke en Lou Andreas Salomé. Een vriendschap in brieven 1903–1910* (Amsterdam 1976) 22, these metaphors refer to a sexual unification, which can only be effected if the author lets himself be deconstructed in all his fibres. Small wonder that his diaries from this period note that he sometimes *hates* (my italics) his beloved as something which is "too big" for him.

115 S. J. D. Cohen, "The Beauty of Flora and the Beauty of Sarai", *Helios* 8 (1981) 41–53. *Anth. Pal.* 5. 132 = A. S. F. Gow/D. L. Page, *The Greek Anthology: The Garland of Philip and Some Contemporary Epigrams* (Cambridge 1968) I 356–359 with comm. II 381 f. Philodemus went to Italy around 70 BC.; the last two lines then inspired Ov. *Her.* 15, 35 f. I borrow Cohen's translation and thank Chris Faraone for his reference to this very useful article.

116 Outside the sphere of eroticism, the first instance of this type of detailed description in Greek literature is that of Thersites in *Il.* 2. 216–219. As to the Greek contributions to these anatomical enumerations, it is especially ancient anthropology, medicine, and above all Aristotle's physiognomic theories of the interrelation of human physical and moral characteristic – distinguishing twenty-three parts of the body – that deeply influenced both the portrayal of historical persons in biography and historiography and the genre of ecphrasis as taught in rhetoric: [Aristot.] *Physiogn.* 44–66 (*Script. Physiogn.* ed. Foerster, I 52–72). Cf. R. Megow, "Antike Physiognomielehre", *Das Altertum* 9 (1963) 213–221; J. Fürst, "Die Personalbeschreibungen im Diktysberichte", *Philologus* N. F. 15 (1902) 374–440, 593–622, gives a full discussion.

> What a foot! What a leg! What thighs – I am
> really dying! What buttock! What pube! What sides!
> What shoulders! What breasts! What a slender neck!
> What hands! What darling eyes – I am mad!
> What calculated movement! What incomparable
> kisses! What darling sounds – slay me!
> And if she is Oscan and Flora and does not sing Sappho,
> Perseus loved Andromeda though she was Indian.

Hence, there is no reason for surprise if we encounter the very same device in love magic as well. As a matter of fact the similarities are striking, not only in the enumeration of body parts – one of two Anacreontea, cited by Cohen[117], lists hair, forehead, eyebrow, eye, cheek, lips, neck, chest, hands, thighs, belly, genitals, back, and feet – but also in the malicious tone of some poems: in his eighth Epode, Horace insults an old prostitute by abusively enumerating her teeth, face, buttocks, chest, breasts, stomach, thigh, and calf. Altogether then, it is quite possible that the anatomical component of erotic magic is partly borrowed from the erotic poetry of its culture. But it is equally conceivable that the specific nature of love-magic itself – in cooperation with the overtly sadistic aspects – independently fostered the same imagery.

In many cultures, most particularly in Graeco-Roman culture, as we have seen, (falling in) love is experienced and pictured as a form of sickness[118], with symptoms of mania, depression and especially fever/fire[119] dominating

---

117 *Anacreont.* 16f. West. Cf. Rufin. *Anth. Pal.* 5. 48, 76, 94; Hor. *Sat.* 1. 2. 90–93; Ov. *Am.* 1. 5. 19–22: *umeri, lacerti, papillae, pectus, venter, latus, femur. Singula quid referam? Nil non laudabile vidi.*

118 For literature see above n. 93. Especially Toohey focusses on the relationship of love-sickness and melancholic symptoms. He argues that, while the depressive expressions do not appear before early imperial literature (are in fact "a cliché of medieval and modern literary experience"), the dominant reaction of frustrated love in ancient literature was manic and frequently violent. His article is as informative as his argument is unconvincing. It seems to me that Toohey consistently tries to downplay depressive symptoms instead of noticing that in many, including early, descriptions the depressive and manic *go together,* as for instance in the two most famous instances: Sappho fr. 31 L.-P. and Theocritus' second *Idyll.* For a perfect evocation of the alternation of manic and depressive symptoms see Heliod. 3. 10; 4. 5. My own conclusion from the evidence is that the literary descriptions display the two sides of 'melancholia' in much the same way as do curses and spells (and medical symptomatology, ancient and modern).

119 Martinez 1991 *ad* P. Mich. 757. 11: "πυρουμένη: the verb is used of various fervent emotions, e.g. anger; pious devotion; and, as in our text, erotic arousal", comparing: Ἔρως, σὺ δ' εὐθέως με πύρωσον (*Anacreont.* 11. 14f. West); κρεῖττον γάρ ἐστι γαμῆσαι ἢ πυροῦσθαι (*NT* 1 Cor 7. 9); *PGM* XIX a 50; LXI 23; XIX a 50; XXXVI

the scene. The symptoms of love-sickness, sketched above are experienced as an unremitting torture bringing the patient to the verge of (self-)destruction[120]. More especially, of course, frustrated love and jealousy provoke melancholic symptoms. Hence, feelings of euphoric affection and of dysphoric distress freely alternate, and no literature has given richer and more poignant expression to this ambiguity than that of Greece and Rome. This

111, 128f., 195, 200; cf. F. Lang, "πυρόω", *ThWNT* 6 (1959) 948–950. On the locus classicus of eros as a consuming fire, Apoll. Rh. 3. 286–298, see M. Campbell, *Studies in the Third Book of Apollonius Rhodius' 'Argonautica'*, Altertumswiss. Texte u. Stud. 9 (Hildesheim etc. 1983) 27f. with nn. at 104. As E. Crawley, *The Mystic Rose. A study of primitive marriage and of primitive thought in its bearing on marriage* 1 (London 1927²) 237f. already remarked: "There is an universal connection, seen in all languages, between love and heat." Cf. A. S. Pease, *Virgil Aeneid IV* (Cambridge, Ma. 1935) 86f.: "Fire is perhaps the commonest of the metaphors associated with passion," providing a very full survey of the evidence *(accendo, ardeo, ardesco, caleo, flagro, flamma, ignis, incendo, tepeo, uro)*. More recently, J. Richardson, "The Function of Formal Imagery in Ovid's *Metamorphoses*", *CJ* 59 (1964) 161–169, esp. 169 n. 1, depicts the deplorable effects of the image of fire on the poetical quality: "The concept was at least a stereotyped if not dead metaphor." G. Huber-Rebenich, "Feuermetaphorik in Ovid's *Metamorphosen*", *RhM* 137 (1994) 127–140, discovers no fewer then seven different strategies applied by Ovid in order to *solve* the problem that the dead metaphor has lost its metaphorical function and degenerates into a synonym *'ignis = amor'*. In her poem about her illness Sulpicia shows a "calculated ambiguity between real fever and the heat of passion," according to M. S. Santirocco, "Sulpicia Reconsidered", *CJ* 74 (1979) 229–239, esp. 233.

120 There is only one remedy, as the ancient doctors were well aware: the beloved herself. Aretaeus 3. 5. 7 (p. 41. 6–11 Hude, *CMG* 2²): λόγος ὅτι τῶν τοιῶνδέ (viz. the bodily symptoms of μελαγχολία) τις ἀνηκέστως ἔχων, κούρης ἦρα τε καὶ τῶν ἰητρῶν οὐδὲν ὠφελούντων ὁ ἔρως μιν ἰήσατο ... ἐπεὶ δὲ τὸν ἔρωτα ξυνῆψε τῇ κούρῃ, παύεται τῆς κατηφείης ... καθίσταται γὰρ τὴν γνώμην ἔρωτι ἰητρῷ; Gal. *In Hippocr. Progn.* 1. 4 (XVIII : 2 p. 18 Kühn = p. 206 sq. Heeg, *CMG* 5 : 9 : 2) alludes to the story (told by Val. Max. 5. 7 ext. 1; Plut. *Demetr.* 38 etc.; other loci in Heeg's *app. test.*) of Antiochus the love-sick of Seleukos, where the remedy is attributed to the diagnosis of the doctor Erasistratos; Heliod. *Aeth.* 4. 7; Chariton 1. 1; Xenoph. *Eph.* 1. 5f. Martinez 1995, 355: "She will suffer as he suffers, until both experience the *remedium amoris* of sexual union". Simaitha in Theocritus' second *Idyll* can only be healed by the remedy of love making. "There is no cure for eros – except the beloved herself/himself" (Winkler 1990, 89). On the psycho-somatic symptoms of ἔρως and contemporary religious concepts to account for such phenomena, cf. still Galen. *loc. cit.* (p. 19 Kühn = p. 207 Heeg): love is an ἀνθρώπινον πάθος, he insists, εἰ μὴ ἄρα τις οὕτως πείθεται τοῖς μυθολογουμένοις, ὡς νομίζειν ὑπὸ δαίμονός τινος μικροῦ καὶ νεογενοῦς λαμπάδας ἔχοντος καιομένας εἰς τοῦτο ἄγεσθαι τὸ πάθος ἐνίους τῶν ἀνθρώπων.

brings us back to the question of how to explain the violent aggression against the 'beloved'.

Odi et amo. Ask Catullus why he loves and hates at the same time and he answers: *nescio, sed fieri sentio et excrucior.* This is perhaps the most perfect wording of the ambivalent feelings evoked by excruciating Eros the "Bittersweet." Variations abound: "bitter honey", "sweet wound", "sweet tears", "sweet fire"[121]. Aristophanes, *Ran.* 1425, tells us that the seductive young Alcibiades was able to inspire a feeling like lover's passion in the Greek *demos:* ποθεῖ μέν, ἐχθαίρει δέ, βούλεται δ' ἔχειν. ("for they love him and they hate him and they wish to hold him"). The theme is perfectly elaborated in Theocritus' second Idyll, which reveals a dynamic contrast of emotions, changing combinations of love and hate in which hatred gradually becomes dominant[122]. The negative feelings are not only inspired by the experience of being abandoned, not even of being rejected, but also by the fact that being in love irrevocably evokes the sense of these looming threats.

Curiously enough the very same combination of *odi et amo* ist beautifully exemplified in what is perhaps the earliest instance of a specific magical "help for rejected suitors", an Old Akkadian incantation of the late Sargonic period (c. 2200 BC)[123]. Here is the splendidly ambivalent passage as addressed by the magician or the practitioner to the absent girl: "I have seized your mouth, so far away, I have seized your dazzling eyes, I have seized your vulva, stinking from urine". As the commentators remark, the first two lines probably describe the girl, as she herself would prefer to be seen: beautiful and attractive, yet remote, unattainable and proud. The sudden change from flattery to abuse[124] is meant as a shock treatment: "Don't forget that there is more to you than just your pretty eye!" and, at the same time, as a reminder for her not to be overly choosy with her admirers. I would point out the similarity in tone with the curses cited above p. 228 and 231.

---

121 A. Carson, *Eros the Bittersweet. An Essay* (Princeton 1986) discusses the issues in her first chapter, from which I borrow some examples. She shows that the triangular scheme of x loving y, who loves z is fundamental in Greek notions of Eros ever since Sappho.

122 See N. P. Gross, *Amatory Persuasion in Antiquity. Studies in Theory and Practice* (Newark 1985), 124–178: 'The Amatory Dilemma', on the *odi et amo* theme.

123 J. and A. Westenholz, "Help for Rejected Suitors. The Old Akkadian Love Incantation MAD V 8", *Orientalia* 46 (1977) 198–219.

124 Similar unflattering remarks abound in the so-called 'divine love-lyrics' of the first millennium: W. G. Lambert, "The Problem of the Love Lyrics", in: H. Goedicke/J. J. M. Roberts (eds.), *Unity and Diversity. Essays in the History, Literature and Religion of the Ancient Near East,* (Baltimore/London 1975) 98–135

It is the ambivalent feeling of being the plaything of (excruciating feelings inspired by) another person, that, according to Winkler, the practitioner tried to project onto the source of his passion. I agree. But perhaps there is more to it. I think the violence and aggression can be explained in a slightly different manner. Let us consult Sappho. In her famous first poem the poetess tells how she invoked Aphrodite to help her to attract a girl whom she had fallen in love with:

> With a smile on your immortal face
> you asked me what had happened to me this time, why
> I was calling on you this time,
> and what most I wished to obtain,
> with heart distracted. "Whom this time am I to persuade?
> [. . .] to your love? Who,
> Sappho, wrongs you? (τίς σ' ἀδικήει;)
> For even if she flees, soon she will pursue,
> and if she does not accept gifts, yet she will give,
> and if she does not love, soon she will love
> even unwilling"

Several scholars[125] have scrutinized the poem for its many references to erotic magical texts. But what interests us here is that the poem denounces a person as doing an injustice to the writer. The target ἀδικήει, "wrongs", the author, *not* by breaking a pledge of loyalty, but by *not responding* to the overtures of the writer. A quick glance into ancient literature confirms that the refusal to requite love is as frequently experienced and qualified as 'injustice' as is disloyalty and abandonment[126]. From the perspective of the amorous person the two are hardly distinguishable. Consequently, unrequited love is characterized by Sappho herself (1.3) as ἀνία afflicted by another person, just as Simaitha constantly refers to her torments with terms based on this notion[127].

Now, this is revealing for an interpretation of the malicious tone in our spells, because we have now detected the practitioner in a position close to that of the writers of our judicial curses. Τίς σ' ἀδικήει; asks Aphrodite refer-

---

125 Cameron 1939; C. Segal, "Eros and Incantation. Sappho and Oral Poetry", *Arethusa* 7 (1974) 139–160, esp. 148–50; Winkler 1990, 166–176; Petropoulos 1993.

126 See the testimonia cited by Cameron 1939, 12; Petropoulos 1993, 44 n. 8; Dover 1978, 177; A. Pippin Burnett, *Three Archaic Poets: Archilochus, Alcaeus, Sappho* (London 1983) 254–256.

127 Theoc. 2.23, 34, 55, and variants: 64f., 95, 159f. On the implications of the term see Burnett (prec. n.) 252 n. 60.

ring to love. "Sorry for being forced to bring this action, ἀδίκημαι γάρ, Δέσποινα Δάματερ", says the author of a Knidian prayer for justice[128]. "Torture the thief until he returns my property; punish the one who has wronged me", ask the authors of judicial curses. Βασανίσατε αὐτῆς τὸ σῶμα νυκτὸς καὶ ἡμαίρας ("torture her body night and day until she comes to me") is the wish of the female author of a homoerotic *defixio* from Hermoupolis (IV p), while others ask: δὸς αὐτῇ ... κόλασιν ("give her punishment") or δὸς αὐτῇ τὰς τιμωρίας ("give her penalties")[129], and, as we have seen, an amazing alternative to the *agoge* is that the beloved but unwilling person dies. In both types of texts, judicial prayers and erotic magic, torture[130] and punishment unequivocally presuppose that the practitioners are wronged, aggrieved, deprived of something they feel entitled to[131]. In both types, the victims are forced by supernatural means to stir themselves, to adjourn from their hidings to a place where the writer wants them to go, either the sanctuary of the avenging deity or his own residence, in order there to deliver the object claimed by the writer: either the *corpus delicti,* or their own *corpus deliciosum.* In both categories (and only here) the 'legitimate' indignation has given rise to identical formulas such as anatomical lists and invoking torments upon the victim, both in the magical models and in their applications.

128 I have collected and discussed these 'clauses of excuse' (cf. *DT* 98 φίλη Γῆ, βοήθει μοι. ἀδικούμενος γάρ . . .) in Versnel 1991 a, 65–69. P. S. J. Levi, "The Prose Style of the Magical Papyri", in: *Proc. of the XIVth International Congress of Papyrologists (Oxford, 24–31 July 1974),* Graeco-Roman Mem. 61 (London 1975) 211–216, at 215 n. 21, had already noticed the similarity of the two expressions in love magic and the judicial curses.

129 *Suppl. Mag.* I 42. 37 f. (already cited p. 249 above; on which see also Petropoulos 1993, 52); *PGM* IV 2489 f.; *PGM* IV 3274, respectively. See Faraone 1993, 9 with n. 23.

130 I call to mind Faraone's conclusions concerning the secular legal background of torture in erotic magic (above p. 244 f.).

131 Of course, once more there are also differences: stealing, refusing to return a loan, poisoning etc. are offences not tolerated by society, hence to be entrusted to gods whose concern is justice and retaliation. Rejection or abandonment of a lover, on the other hand, is a personal 'affront', demonstrably assessed as an act of injustice by the lover, but not concerning society or the gods (with the occasional exception of Aphrodite). Accordingly, there is no 'legal' prayer for justice here, but a magical procedure enforcing demons or divine powers to do what the author wants them to do. However, even here, it may help to convince a god that the intended victim *deserves* to be punished, by means of the good Egyptian device of the *diabole: PGM* IV 2471–2492; cf. XXXVI 138–144. On *diabole:* S. Eitrem, "Die rituelle διαβολή", *SymbOsl* 2 (1925) 43–61. A new specimen in D. R. Jordan, "Inscribed Lead Tablets from the Games in the Sanctuary of Poseidon", *Hesperia* 63 (1994) 111–126, esp. 123 n. 22.

III

Conclusion

I have argued for a differentiation between two types of curses involving parts of the human body. Our first category comprises the curses that function as instruments of social competition. They aim at restraining a rival from actions that are expected to be harmful to the practitioner. In the majority of these curses emotional expressions do not prevail: generally the phrasing is businesslike, not to say clinical: those parts of the body are selected that are regarded as instruments of potential danger, and they are succinctly enumerated and disqualified. The focus is not on the *person* of the competitor but on his *actions* through his hands, feet, mouth or mind. The immediate purpose is to bind, not to hurt.

Our second category comprises the anatomical curses *sensu stricto*. Listing extended series of body parts or the complete anatomy in comprehensive formulas, they share a number of additional features as well, which together make them distinct from the category of instrumental curses. These features include:

1) a marked intensity and emotional involvement, apparent from various elements of the expression,
2) the focus is consistently on the cursed person as a person, to which *inter alia* the anatomical completeness bears witness,
3) as a rule these curses demonstrably do not belong to the domain of social competition, but to two different ones: justice and love,
4) the immediate aim is not to bind (= render inoperative), but to hurt: the victim must suffer through torture, pains, illness, very often fever or fire.

The latter point, being of special relevance, should be stressed: obviously, the longterm purpose of these anatomical curses is not to *restrain a person from taking action* but, conversely, either to *compel a person to take action,* or to *punish him/her for his/her refusal to do so.* Naturally, all *defixiones* or curse texts – I hope that by now the reader will share my uneasiness in applying these terms indiscriminately to *all* the categories we have discussed – are purpose-motivated: their ultimate concern is the self-interest of the practitioner. However, the explanatory value of truisms – and this *is* a truism – approaches zero. It is the variations, the qualifications, the contextual differences that (should) solicit our scholarly interest. Competitive or agonistic *defixiones* try to secure the personal advantage by putting a rival out of action. The *means* to achieve this (the immediate or short-term purpose of the curse) is the selective binding of the relevant body parts that function as instruments in the competition. Hence: *instrumental* curses. ‚Curses' of the other type try to realize the practitioner's advantage by forcing a person to perform an action desired by the author of the text. Here the anatomical parts are *not* viewed as instruments in a social competition, but as the materials of a carefully detailed "panning-shot" composition: the target as a person – simultaneously dissected *and* constructed – is consigned for torture either as an incentive to submit him/herself to the desires of the practitioner or to be punished[132]. Accordingly, in these 'anatomical' curses, both the vindicatory and the erotic ones, the ultimate *motive* as a *motif* seems to retreat and at the least to share its place of honour with the bitter language of torture and punishment.

The characteristics just listed are the outcome of a strictly phenomenological analysis. Part of the similarities in the formulas of judicial prayer and love magic may result from processes of convergence or even mutual influence. On the other hand, different contexts may effect similar images and expressions independently[133]. However, the nearly exclusive application of the *combined* features of anatomical listing and torture in these two different types of curse is best understood as an expression of closely related motivations, as I have explained in my argument. As such they are no doubt often prescribed in manuals or by ritual tradition: for example the magical papyri and the temple practices of for instance Knidos and Bath, respectively. People knew (or learned) what to write or recite. But the real point of interest is to have found that and explained why these two types of formula were as similar to one another as they were different from other curse types.

---

132 Of course, combinations may come in very handy. You can constrain a beloved girl to come to you *and/or* bind her in order to prevent her from having intercourse with another man. In other words, you can combine an *agoge* with 'Trennungszauber'. For instance: *Suppl. Mag* I 38 = V. Martin, "Une tablette magique de la Bibliothèque de Genève", *Genava* 6 (1928) 56–63.

133 In the judicial prayer a culprit is forced to redress his offence. Here the curse works as a kind of judicial torture, and the terminology and imagery (perhaps minus the torturing of a list of body parts) is identical to and no doubt largely derived from the domain of secular jurisdiction. This was once more established recently by Tomlin. The other type tries to persuade a person to render him- or herself like putty to the affections or erotic desire of the author of the tablet. The details of the suffering are here borrowed partly from current expressions of love as illness, which often comes very close to both torture and fire. Both types, however, are exclusively marked by anatomical enumerations.

To conclude, I (of course) wish to dedicate this essay to the scholar whose 65th birthday we celebrate with the present book and who perhaps more than any other has influenced my own work, to the degree that I once took the courage to defend him against himself, by stating that he should not too easily recant his earlier not too optimistic views of human nature[134]. Although, at present, the evolution and the cultural roots of humankind are in the limelight again, scholars seem less prone to accept the image of an aggressive, cannibalistic and murderous forebear. Yet, the sadistic and violently aggressive expressions in our magical material – sometimes even uniting such divergent emotions as love and hate in identical formulas – may give us some food for further reflection[135].

134 Versnel 1993a, 77 n. 159.

135 This paper would never have been completed but for the invaluable help of Alice van Harten, who was assigned to me as a research assistant by the Faculty of Arts of Leiden University. I wish to express my sincere gratitude to both. I am also indebted to Lily Knibbeler for her criticism and corrections of the first draft, and above all to Chris Faraone and David Jordan who showered me with corrections of flaws and misprints in the English and Greek, as well as numerous suggestions on questions of interpretation which prompted me to reconsider several parts of the paper. Finally, Peter Mason once more scrutinized the English text. All remaining mistakes, of course, are my own.

III

Ritual und Tragödie

HUGH LLOYD-JONES

Ritual and Tragedy

I

We are here today to honour Walter Burkert, and I hope that you will excuse me if I start with a personal reminiscence of my first meeting with that famous scholar. During the summer of 1959 the new papyrus of Menander's *Dyskolos* had just been published. The first edition was obviously inadequate, and the world of scholarship was swept by an epidemic of an illness which Eduard Fraenkel called Dyscolitis. Scholars everywhere were publishing emendations; most of these proved to be identical with the emendations of other scholars, so that Bruno Snell suggested a new siglum, which meant 'omnes praeter Martinum'. I had been commanded by Paul Maas to bring out an edition in the hope of checking this disease. Knowing this, Reinhold Merkelbach sent me a telegram inviting me to come to Germany to lecture on the *Dyskolos*. This happened during Merkelbach's brief but important time as professor at Erlangen, where he was not far from Karl Meuli and where Burkert had just become a Privatdozent. In order to finance my expedition, he arranged for me to lecture also at Cologne and Würzburg.

This was my first visit to a German-speaking country, and I had scarcely ever spoken German; it was almost as if I had suddenly found myself in a place where I had to speak ancient Greek. My education had owed much to the presence in Oxford of famous exiles from Germany, so that it was an exciting experience for me. I went first to Cologne, where I met Günther Jachmann, Andreas Rumpf, Josef Kroll and Albrecht Dihle. From Erlangen I went to the neighbouring Würzburg, where I met Friedrich Pfister and Rudolf Kassel. In Erlangen itself I met Alfred Heubeck and Walter Burkert. Merkelbach felt that Burkert's teachers in Erlangen had not insisted strongly enough on the importance of textual criticism, so he decided that the three of us should go through the *Dyskolos* together. On the first day, we got halfway through the play. Burkert explained that on the next day he could not come to the institute; he was about to become a father for the first time, and must remain at home. 'All right!', said Merkelbach, 'then we meet in your house!', and we did meet there and finished the play, poor Frau Burkert sustaining us with an agreeable dish of rhubarb.

A few years after that I managed to persuade Burkert to visit us in Oxford, where he delivered one of the most memorable lectures I have ever heard. This was 'Greek Tragedy and Sacrificial Ritual'[1]. I think that all of us realised that we were listening to a scholar who was launched upon a great career. The speaker demonstrated the impossibility of a theory that equated goats with satyrs, and showed that the most popular theory in antiquity was that which derived the word τραγωιδοί from the goat sacrificed to Dionysus. He went on to offer an earlier and briefer version of the theory of the origins of sacrifice, based on the work of Karl Meuli, which he was afterwards to work out in detail in *Homo Necans*[2]. Finally, he set out to show that the surviving tragedies bore certain traces of tragedy's original connection with sacrifice.

I am ashamed to say that at that time Burkert's lecture did not persuade me to abandon the theory, based on Aristotle[3], that tragedy originated from the performances of choruses of satyrs. I was of course familiar with the theories of tragic origins from ritual put forward by Sir William Ridgeway in *The Origin of Tragedy* (1910) and by Gilbert Murray in his appendix to Jane Harrison's *Themis* (1912), and with their crushing refutation by Sir Arthur Pickard-Cambridge in *Dithyramb, Tragedy and Comedy;* and the attempts to revive that kind of theory by T. B. L. Webster and J. P. Guépin[4] had not convinced me. But after the publication of the famours article

---

1 Burkert 1966a.

2 Burkert 1972b; later treatments of the topic that are specially relevant in Burkert 1981; *id., Anthropologie des religiösen Opfers,* Carl Friedrich von Siemens Stiftung, Themen 40 (Munich 1984); Burkert 1987.

3 See for example U. v. Wilamowitz-Moellendorff, *Euripides, Herakles.* Bd. 1: *Einleitung in die griechische Tragödie* (Berlin 1889; Darmstadt 1959⁴), 86f.; W. Kranz, *Stasimon, Untersuchung zu Form und Gehalt der griechischen Tragödie* (Berlin 1933) 1–33; M. Pohlenz, *Die griechische Tragödie* 1 (Göttingen ²1954) 9f.; K. Ziegler, "Tragoedia", *RE* 6 A (1949) 1899f.

4 In the "second edition" of Pickard-Cambridge brought out by Webster (Oxford 1962), 128f.; Guépin, *The Tragic Paradox: Myth and Ritual in Greek Tragedy* (Leyden 1968), on which see A. Lesky, *Gnomon* 44 (1972). For an account of the history of the problem, up to 1972, see Lesky 1972; the English translation of this book (1983) is disappointing. Lesky remarks with great truth: "Es handelt sich hier um einen jener Fälle, wo die schlichte Feststellung der Grenzen unserer Wissenschaft deren Geist besser entspricht als die selbstsichere Verkündung der eigenen Meinung" (23).

Burkert's view grew upon me, and for many years now I have thought it likelier that τραγωιδία took its name from the sacrifice of a goat to Dionysus.

Homo Necans was such a revolutionary book that it was not reviewed in the leading classical journals. I must confess that Walter Marg invited me to review the book for *Gnomon,* but I declined on the ground that I did not possess the necessary learning. This was true, but if I had known that no one else was going to do it, I would have sat down to acquire at least some of the knowledge that I would have needed. In that same year René Girard put forward a new theory of sacrifice[5], basing it on psychological foundations akin to those of the cathartic driving out of a scapegoat. But Burkert developed further Karl Meuli's theory[6] that derives the origin of animal sacrifice from the practices of primitive hunters, throwing light on the ritual by means of the data provided by modern biology, sociology and psychology. Like Girard he was influenced by the theory of aggression put forward by Konrad Lorenz[7], and also by Freud's *Totem and Taboo* (1913)[8].

Although conjectures about the very early period of human history must always be regarded cautiously, Meuli's theory of sacrificial origins[9] has very great attractions. A feature of it about which I feel some doubt is the notion that the primitive hunter was actuated by a noble and generous feeling of guilt at the killing of the animal. Perhaps I am too cynical, but my own experience of human nature suggests that it is likelier that he acted from fear of punishment by the spirits or gods to whom the animal might be thought to have belonged. By observing not only children and people at a primitive level of existence, but civilised human beings one can see how great can be the terror inspired in simple minds by the thought of ghosts or powerful spirits. Durkheim[10] made an immense contribution to the understanding of religion, and rightly insisted on its importance in strengthening the cohesion of the community. But he was insufficiently willing to allow for the importance of belief in the supernatural, and in that he has been followed by many of those whom he has influenced. Further, the

---

5 Girard 1972.

6 First put forward in Meuli 1946.

7 *Das sogenannte Böse. Zur Naturgeschichte der Aggression* (Wien 1963; ²1970).

8 This book had also influenced Jane Harrison; see H. Lloyd-Jones, "Jane Harrison, 1850–1928", in: E. Shils/C. Blacker (eds.), *Cambridge Women: Twelve Portraits* (Cambridge 1996) 29–72; see p. 50.

9 Meuli 1946; it is discussed by Henrichs 1992.

10 Above all in Durkheim 1912, but also in earlier works, notably Durkheim 1899.

feelings of palaeolithic hunters about sacrifice were certainly different from those of, say, sixth- and fifth-century Athenians. Jean-Pierre Vernant has done well to point out that in historic times the feelings of Greeks attending a sacrifice were not melancholy, but festive, as was natural in view of the distribution of meat which followed[11]. Burkert has stressed the importance of sacrifice in the great festivals that played so large a part in welding together the civic communities of the Greek cities; while not denying that, Vernant has emphasised its function in doing honour to the gods.

It seems likely that to begin with the sacrifice of a bull to Dionysus was followed by an *agon* between choruses that performed the dithyramb; and the sacrifice of a goat to the same god was followed by an *agon* between choruses that performed what was called tragedy. Hence perhaps the τραγικὸς τρόπος of Arion and the τραγικοὶ χοροί in Sicyon[12]. In the earliest days of τραγικοὶ χοροί, the sacrifice probably happened immediately before the performance. But in the Greater Dionysia all the sacrifices took place on the first day of the festival; the performances came later. The subjects which such choruses sang of came presumably from myth. Originally perhaps they came from Dionysiac myth, but since the material supplied by that is less than inexhaustible, it would not be surprising if other myths also soon came to be sung of. One of the four titles alleged by the Suda to be the names of tragedies of Thespis is *Pentheus*[13]. Tragedy and comedy, says Aristotle originated ἡ μὲν ἀπὸ τῶν ἐξαρχόντων τὸν διθύραμβον, ἡ δὲ ἀπὸ τῶν τὰ φαλλικά[14]. I believe that we must agree with Jürgen Leonhardt in his paper

11 See his *Leçon Inaugurale* in the 'Chaire d'étude comparée des religions antiques' at the Collège de France, 5 December, 1975 (Collège de France, Leçons Inaugurales 72, Paris 1976; also publ. as *Religion grecque, religions antiques*, Paris 1976, and again in his *Religions, histoire, raisons*, Paris 1979, 5–34), and Vernant 1981.

12 For Arion see Hdt. 1. 23, Suda s. v. Ἀρίων, and Johannes Diaconus ad Hermogenis *De methodi gravitate* 33 (p. 450f. Rabe, *Rhetores Graeci* 6) in Vaticanus gr. 2228, f. 492v (ed. by H. Rabe, "Aus Rhetoren-Handschriften 5: Des Diakonen und Logotheten Johannes Kommentar zu Hermogenes Περὶ μεθόδου δεινότητος", *RhMus* 63, 1908, 127–151, at 150); see A. W. Pickard-Cambridge, *Dithyramb, Tragedy and Comedy* (Oxford 1927¹) 131–135 and Lesky 1972, 38f. For τραγικοὶ χοροί in Sicyon, see Hdt. 5. 67, and cf. Suidas s. v. Θέσπις; see Pickard-Cambridge, *op. cit.*, 135–142 and Lesky 1972, 42f.

13 See H. Lloyd-Jones, "Problems of Early Tragedy", in: *id.* 1990a, 225–237, here 226f. (= in: *Estudios sobre la tragedia griega*, Cuad. de la Fund. Pastor 13, Madrid 1966, 11–33, at 11–13).

14 *Poet.* 1449a 10f.

on *Phalloslied und Dithyrambos*[15] that it is just as likely that ἡ μὲν means comedy and ἡ δὲ means tragedy as the reverse, and like him I am inclined to think that this chiastic order is the likelier. The dithyramb contained the praises of the gods, and is likely to have been serious from the start. But the chorus of the phallic performance may very well have worn masks; as Burkert put it, 'in the sacrifice of the goat village-custom still allowed an element of αὐτοσχεδιάζεσθαι' and again 'because it was not too serious, the mummers' play could evolve'[16]. It would be an easy step for them actually to enact mythic stories, wearing masks that were appropriate; finally the ὑποκριτής will have been added. At the start the performances were probably such as one might expect to follow a phallic procession; later they will have become more serious. ὀψὲ ἀπεσεμνύνθη, says Aristotle[17], and I do not see why this should not have happened.

Whether this is true or not, it is clear that tragedy was connected from the first with a ritual, the ritual of sacrifice. In a certain sense, tragedy was itself a ritual[18]. How far may this origin in ritual be thought to have influenced the actual content of tragedy? Burkert at the end of his article raised this question. "The essence of the sacrifice still pervades [the word he uses in the German version is "durchdringt"] tragedy", he wrote, "even in its maturity; in Aeschylus, Sophocles and Euripides, there still stands in the background, if not in the centre, the pattern of the sacrifice, the ritual slaying, θύειν"[19]. "Pervades" is a somewhat ambiguous word; does it mean that sacrifices and sacrificial metaphors occur frequently in tragedy, or does it mean that sacrifice somehow gives shape and character to all or most tragedies? Burkert went on to mention a number of tragedies "in which the whole plot is concerned with human sacrifice", and then added "What is more general and more important: any sort of killing in tragedy may be termed θύειν as early as Aeschylus, and the intoxication of killing is called βακχεύειν. In earlier choral lyric, these metaphors do not occur".

---

15 *Phalloslied und Dithyrambos. Aristoteles über den Ursprung des griechischen Dramas,* Abh. Heidelberger Akad. d. Wiss., Phil.-Hist. Kl., 1991 : 4. H. Patzer's lengthy attempt to refute Leonhardt (*Gnomon* 67, 1995, 289–310) does not persuade me.

16 Burkert 1966a, 115.

17 *Poet.* 1449a 20 – Lesky 1972, 31 cites the parallel of the Japanese *Noh*-plays.

18 See G. Nagy, "Transformations of Choral Lyric Traditions in the Context of Athenian State Theater", *Arion* 3 : 3 : 1 (1994–95) 41–55, here 44.

19 Burkert 1966, 116 (= 1990c, 27).

Since then Burkert himself[20] and other scholars have discussed the part played in tragedy by sacrifice and other rituals. For example, Richard Seaford in a stimulating book, *Reciprocity and Ritual*[21], and in several articles[22] has drawn attention to the part played not only by sacrifice, but by funeral and wedding rituals. What is a ritual? Jan Bremmer has reminded us that there is no ancient Greek equivalent for this term, and has warned us that scholars "by introducing a new classification based on only one aspect of a mass of heterogeneous phenomena, viz. its prescribed and repetitive character, could reduce both single rites, such as prayer, and extended rituals, like initiation, to one common denominator"[23]. Burkert himself has discussed the meaning of the term 'ritual' in detail and in many places, but in the article just cited, he offered a useful brief definition, saying that it "läßt sich am einfachsten als tradiertes Verhaltensmuster mit kommunikativer Funktion und entsprechender sozialer Relevanz definieren"[24]. Seaford defines ritual as "stereotypical, communicative action that relates its performer(s) in some way to superhuman power"[25]. The word 'action' is well chosen; Usener in the last year of his life said that ritual was "eine heilige Handlung"[26]. Burkert and Seaford both share Durkheim's view that ritual, as Seaford puts it, "is socially effective, because it leaves the group . . . with an enhanced image of its identity and solidarity"[27]. But both definitions use the word 'communicative', and that communication is not only communication with society, but communion with the gods.

20 Notably in Burkert 1985 b.

21 Seaford 1994; there is a useful review of it by C. P. Segal in *BMCR* 95. 10. 20. Cf. also Rehm 1994.

22 Seaford 1986b; "The Tragic Wedding", *JHS* 107 (1987) 106–130.

23 Bremmer 1994, 38 (= 1996a, 44); see also his contribution to this volume, pp. 9–32.

24 Burkert 1985b, 6. For a more detailed discussion of this concept see Burkert 1972b, 31f.; 1979, 35f.; 1981, 93f., and the opening pages of Burkert 1987. In the last article, he writes: "A tentative conclusion could be: rituals are communicative forms of behaviour combining innate elements with imprinting and learning; they are transmitted through the generations in the context of successful strategies of interaction. Religious rituals are highly integrated and complex forms that, with the character of absolute seriousness, shape and replicate societal groups and thus perpetuate themselves" (158). See now the index to Burkert 1996, 254 s. v. "ritual".

25 Seaford 1994a, ix.

26 Usener 1904.

27 Seaford 1994a, xii.

Another effect of Burkert's famous article has been to remind scholars
that the performances of tragedies were part of a festival of the Athenian
state, and that that festival was part of the cult of the god Dionysus; he himself had made this point in "Die antike Stadt als Festgemeinschaft"[28]. As
Albert Henrichs has put it in a learned and eloquent article, to which I shall
return, "in recent years, the concept of ritual continuity and of a tragic
chorus defined as a replica of its remote ritual ancestors has been chal-
lenged by a growing number of critics who prefer to situate tragedy and
its chorus more concretely in the contemporary framework of the *polis* religion and of actual Dionysus cult"[29]. Starting from here some have tried to
show that Dionysus is a great deal more important in the surviving tragedies than had been generally recognised before the last thirty years[30]; in certain cases this has led to considerable exaggeration[31]. Even before the publication of Burkert's article, scholars had begun to insist on the importance
of the social and institutional context in which tragedy was performed.
Jean-Pierre Vernant in 1972 pointed out that Louis Gernet in two courses
of lectures given at the École Pratique des Hautes Études in 1957–58 and

28 In: P. Hugger (ed.): *Stadt und Fest. Zu Geschichte und Gegenwart europäischer Fest-
kultur. Festschrift der Philos. Fakultät I der Universität Zürich zum 2000-Jahr-Jubiläum der
Stadt Zürich* (Unterägeri/Stuttgart 1987) 25–44. – Cf. also S. Goldhill, "The Great
Dionysia and Civic Ideology", *JHS* 107 (1987) 58–76 (= in: Winkler/Zeitlin 1990,
97–129). No less a scholar than Albert Henrichs has written that Goldhill "has emphasized the complex social 'context for performance' – the competing civic identities of
poet, performers, and audience; the conflict between the political values encoded in
the 'preplay ceremonials' and their problematization in the actual plays; and the polarity of Dionysus as reflected in the transgressive mood of the Dionysiac festivals, which
provided the cultic setting for dramatic contests in Athens" (Henrichs 1994–95, 57).

29 Henrichs 1994–95, 56f.

30 On this tendency see Henrichs 1994–95; 56f.; he gives a full bibliography (ibid.
with notes on 90–92).

31 For example, A. F. H. Bierl in what Henrichs 1994–95 has called "a cohesive
synthesis integrating the tragic Dionysus with the Dionysus of Attic cult and of theater" (57) (Bierl 1991) has been at pains to show that Dionysos plays a considerable part
in extant tragedies; but one could easily do the same for Athena or Apollo, not to mention Zeus. For some scholars, the fact that tragedy was part of a state festival supplies
an excuse for exalting collectivism at the expense of the idea of individual genius. The
volume *Nothing to do with Dionysos?* (Winkler/Zeitlin 1990) starts with an essay by
O. Longo called "The Theater of the Polis" (12–19), in which he argues that "the
current, prevailing understanding of ancient drama privileges the author in his individual autonomy, taking him as the principal agent of dramatic production and leaving
to one side the context of the work, minimizing the impact of social institutions as a

1958–59 which were not published[32] had set out to show that "the true material of tragedy was the social thought peculiar to the city-state, in particular the legal thought which was then in the process of being evolved"[33]. Others have stressed the importance of the political context; thus Christian Meier[34], apparently taking the statement of the Aristophanic Aeschylus (*Ran.* 1054f.) that just as children have a teacher to explain things to them, so do adults have a poet, to be literal truth, has set out to show that tragedy teaches a political lesson[35]. Josiah Ober and Barry Strauss remark with

whole on the genesis and destination of the drama" (12). According to this writer "the dramatic author can only be located at a moment of mediation, a nexus or transfer point between the patron or sponsor (the institution which organizes and controls the Dionysian contests) and the public (the community at which the theatrical communication is aimed)" (13). He concludes that "the concepts of artistic autonomy, of creative spontaneity, so dear to bourgeois esthetics, must be radically reframed, when speaking of Greek theater, by consideration of the complex institutional and social conditions within which the processes of literary production in fact took place" (15). In their introduction to this volume the editors "signal their differences from those studies of Attic drama that still tend to concentrate more narrowly on just one type of script, tragic or comic, or even on a single play" (3). "Such studies", they continue, "regularly ignore the multiple stylistic and generic interactions among types of plays, but even when these are noticed they more generally close out the entire social context in which the plays took place." One recalls the remark of J. Latacz, "Zu den pragmatischen Tendenzen der gegenwärtigen gräzistischen Lyrik-Interpretation", *WüJbb* 12 (1986) 35–56, here 54 (= in: *id., Erschließung der Antike. Kleine Schriften zur Literatur der Griechen und Römer,* Stuttgart/Leipzig 1994, 283–307, here 305), with regard to similar tendencies in the interpretation of Greek lyric poetry that "eine große Gefahr der neuen Tendenzen besteht darin, daß sie versucht sind, die Erhellung des Milieus eines Kunstwerks schon für die Erhellung dieses Werks selbst zu nehmen".

32 The summaries of these courses that appeared in the *Annuaire de l'École Pratique des Hautes Études,* VIe Section, 1957–58, 71f.; 1958–59, 74–76 are reprinted in Gernet 1983, 295–298 under the title "La tragédie grecque comme expression de la pensée sociale".

33 "Le moment historique de la tragédie en Grèce. Quelques conditions sociales et psychologiques", in: Vernant/Vidal-Naquet 1972, 13–17, at 14f. (= in: *Antiquitas graeco-romana ac tempora nostra,* Prague 1968, 246–250); cited from the English ed., *Tragedy and Myth in Ancient Greece* (New York 1988) 3.

34 *Die politische Kunst der griechischen Tragödie* (Munich 1988; english version, 1993).

35 J. Gregory, *Euripides and the Instruction of the Athenians* (Ann Arbor 1991) 185 writes: "It has been the premise of this study that Aristophanes' account of the goals of tragedy is a trustworthy guide for analysis; that the plays of Euripides, like those of his fellow-tragedians, were intended for civic instruction, and that the tragedians' most urgen task was to reconcile traditional aristocratic values with the democratic order".

much truth that rhetoric is important both in the public life of Athens and in tragedy[36]. But when they write that "the real difference between an orator and a tragedian is that one tries to persuade the audience to engage in a specific political action, the other to persuade the audience of a more general, more ideal, but no less political truth" (248), their belief that the tragedian, rather than the tragic character, tries to persuade the audience of some kind of truth, will not be shared by all[37]. Several scholars have argued that tragedy helped to cement civic unity by promoting a civic 'ideology'. Thus, although Marcel Detienne had contended that the cult of Dionysus was a 'protest movement' that was a threat to the polis and its religion[38], Seaford argued that it was "not a rejection of the polis but a means for the polis to achieve unity"[39]. 'Ideology', like 'political', is a slippery term[40], and

Hippolytus, according to this writer, "is portrayed as a young oligarch"; at the opposite end of the spectrum stands the nurse, whose "debased moral sense permits infinite accommodations and adjustments" (186).

36 "Drama, Rhetoric and Discourse", in: Winkler/Zeitlin 1990, 237–270.

37 Their article includes a section headed "The Attic Orators' Use of Poetry and History", in which they fail to remark on the extreme naivety of the way in which orators, even great orators, introduce quotations from tragedy in support of their contentions. They rightly point out that Athenian comedy is concerned with politics, but when they discuss the *Ekklesiazousai,* they seem to forget that that comedy is not always serious.

38 *Dionysos mis à mort* (Paris 1977).

39 Seaford 1994, 293.

40 Daniel Bell's famous book *The End of Ideology. On the Exhaustion of Political Ideas in the Fifties* (Glencoe, Ill. 1960[1]) gives a good notion of its commonest modern connotations. "Ideology is, for Bell, a secular religion", writes M. Waters, *Daniel Bell* (London/New York 1996) 79, "a set of ideas, infused with passion" that "seeks to transform the whole way of life" (*The End of Ideology* 400). Ideology performs the important function of converting ideas into social levers. It does so precisely by that infusion of passion, by its capacity to release human emotions and to channel their energies into political action, much as religion channels emotional energy into ritual and artistic expression". See also E. Shils, "Ideology", in: *id., The Constitution of Society* (Chicago etc. 1982) 202–223 (rev. from: D. L. Sills, ed., *International Encyclopedia of the Social Sciences* 7, New York 1968, 66–76). – Bell's mention of "the infusion of passion" reminds us of the dogmatic ideologies of the present century. Recent scholars writing about Athens do not, I suppose, hold that Athenian "ideology" was held with a quite similar "infusion of passion". N. T. Croally, *Euripidean Polemic. The 'Trojan Women' and the Function of Tragedy* (Cambridge etc. 1994) 259–266 devotes an appendix to an exploration of the meanings of the term; he concludes that Athenian ideology was "the authoritative self-definition of the Athenian citizen" (263), a definition which he goes on to elucidate in greater detail. See also J. Ober, "Civic Ideology and Counterhege-

some scholars, especially in America, have pursued this theme with not wholly fortunate results[41].

II

All I have space for in the present paper is briefly to consider what we have of tragedy, starting with Aeschylus, and to ask what part sacrifice or other rituals can be seen to play in them. Then we shall be able to ask how many tragedies there are in which ritual can be said to pervade the entire plot.

First, a few general and I hope uncontroversial remarks about tragedy. At the beginning of any tragedy, the characters are confronted with a problem. Even if the characters do not know, the audience knows that the ultimate decision with regard to the resolution of that problem rests with the gods. Speculation about what their attitude will be is therefore inevitable. An ideal instrument for such speculation is the Chorus, which is not a mouthpiece of the gods, but consists of members of a human community deeply concerned with the issue. Henrichs[42] has argued for the presence in tragedy of what he calls "choral self-referentiality – the self-description of the tragic chorus as performer of *khoreia*". "According to Goldhill", he writes, "dramatic 'self-reflexiveness' takes place when tragedy – or, for that matter, comedy – reflects on its own *raison d'être* as theater" (58). In the course of his article Henrichs quotes a number of passages in which tragic choruses allude to their own singing or dancing, or in which their song takes a form

monic Discourse. Thukydides on the Sicilian Debate", in: A. L. Boegehold/A. C. Scafuro (eds.), *Athenian Identity and Civic Ideology* (Baltimore/London 1994) 102–126, esp. 102f., and earlier writings there referred to. The danger of using the term is that in some contexts it may seem to be coloured by memories of the ideologies of our own time.

41 Some of these may be observed, if the reader can decipher the jargon in which they are set out, in B. Goff (ed.), *History, Tragedy, Theory. Dialogues on Athenian Drama* (Austin 1995). I owe to its editor my knowledge of the work of S. des Bouvrie, *Women in Greek Tragedy. An Anthropological Approach,* SymbOsl Suppl. 27 (Oslo 1990), who according to Dr. Goff "refutes the notion of the author's prized individuality as the guiding force behind the tragedy, but substitutes an anthropological account of culture which eventually erases the constitutive differences of tragic theater so that drama is largely indistinguishable from ritual" (24). N. S. Rabinowitz, *Anxiety Veiled. Euripides and the Traffic in Women* (Ithaca/London 1993) 22 finds that "Euripides bolsters the patriarchal system by disguising the objectification of women that is necessary for their exchange".

42 Henrichs 1994–95.

familiar from the worship of the gods, such as the paean or the dithyramb. But in only one of these can it be argued that the poet has broken the dramatic illusion; that is the end of the final strophe of the second stasimon of the *Oedipus Tyrannus,* to which I shall come presently. Early Greek religion is always aware that mortals are ignorant, but immortals have knowledge, so that speculation about the attitude of the gods is not easy, and often proves to be misguided. But the human characters constantly attempt to communicate with and if possible to conciliate the gods. This they can do through oracles, through prophecy and through sacrifice and other rituals, and the tragedians turn the solemnity of ritual and the language of religion to powerful poetical effect.

It is remarkable that both in the earliest and in the latest of the tragedies preserved entire, the *Persae* and the *Oedipus at Colonus,* a sacrifice is carried out, and the manner in which it must be executed is specified in exact detail. In the *Persae* the whole action of the wars of 480/79 is seen in terms of Greek religion. As at the beginning of the *Agamemnon,* the community, ruled in the king's absence by a queen[43], anxiously awaits the king's return from a campaign. The Messenger arrives, and brings the news of a disastrous defeat. The central action of the play is the calling up of the ghost of the dead king Darius, whose condemnation of his son's error in invading Greece and solemn warning that the gods forbid such actions in the future is of prime importance. The invocation is carried out not in terms of Persian but of Greek religious magic; the Queen explains (607–620) that it must be preceded by a libation, consisting of milk, honey, water from a 'virgin spring', wine, accompanied by garlands of flowers and leaves of the olive (607 f.). The ingredients of the sacrifice are described in the most poetic and religious language, but the account of the libation occupies only some twenty lines. As the necessary preliminary to the invocation of the dead king it has very real importance, but though it lends solemnity to that invocation, it cannot be said to make it the central episode of the play. The play concludes with a protracted Kommos, a scene of lamentation; solemn lamentations were of course a part of funeral rites[44]. The lamentation, like the libation, is important, but both must be seen in relation to the general scheme.

43 We know that the mother of Xerxes was called Atossa, but it is a mistake to refer to the queen who figures in this tragedy by her personal name, which does not figure in the text.

44 On ritual lamentations, see Alexiou 1974.

In the *Seven Against Thebes* Eteocles, who has been warned by the pro-
phet of the enemy's approach, orders his subjects to take up their positions
to defend the city. The Messenger tells him (42f.) how the Seven have
sacrificed a bull, letting its blood pour into a great black shield, and dip-
ping their hands in its blood have sworn by all the gods of war, by Ares,
Enyo and Phobos that they will sack Thebes or perish. The king (69f.) prays
to Zeus, Earth, and the Erinys that is identified with his father's curse that
the city, at least, may escape destruction. In the parodos the Chorus of ter-
ror-stricken women invoke each of the city's gods in a passionate litany.
Eteocles (271f.) responds to the demoralising panic of the women by pro-
mising to the gods of the city whom they have invoked the sacrifice of many
bulls and the dedication of rich spoils taken from the enemy. The women are
to pray to the gods not in extravagant abandon, but with moderation (279f.);
they are to follow his own prayer by uttering the ritual cry, ὀλολυγή (267f.),
which unlike their previous utterances is calculated to strengthen the morale
of the defenders. The women are only partially calmed by these assurances.
Later (712f.) they entreat Eteocles not to take the field against his brother,
warning him of the appalling pollution that will ensue if they kill each other,
as the women seem to guess that they will do (734f.). Eteocles firmly resists
their pleading; whether he is moved more by determination to save the city
or by hatred of his brother is debatable. Later in the play the brothers are
lamented for at length, but we hear no more of the pollution. This may be
due to the alterations which most scholars believe that the last part of this
play has suffered. Still, it does not appear that sacrifice or other rituals can be
said to be a central element in this play or in its trilogy. The plot turns on
the involvement of the fate of the city with that of the royal family. Since the
time of Laius the latter has laboured under a curse, which Apollo has been
working to fulfil; in the end the brothers perish, but the city survives.

In the *Supplices* the invocation of the gods, and particularly Zeus, by the
Chorus of Danaids seeking asylum in Argos is of prime importance. Such
solemn prayers may have been uttered by choruses from an early time. It is
followed by their formal supplication to the king of Argos. Supplication is
of course a ritual[45]. After their reception they sing a hymn of blessing upon
the community that has given them asylum; again, such hymns may have
been sung by choruses from early times[46]. But sacrifice plays no part,

---

45 See J. P. A. Gould, "Hiketeia", *JHS* 93 (1973) 74–103.

46 On the "Segenslied", see C. Auffarth, *Der drohende Untergang. "Schöpfung" in
Mythos und Ritual im Alten Orient und in Griechenland am Beispiel der Odyssee und des
Ezechielbuches,* RGVV 41 (Berlin/New York 1991) 524–558.

though it is possible that the killing of the Aegyptiads in the second play of the trilogy may like the killing of Agamemnon have been referred to in sacrificial language. Clearly the use of ritual elements in the trilogy was subordinate to the main theme; the gods may sympathise with the Danaids' aversion to their cousins, but they cannot approve their general hostility to the institution of marriage. One should keep in mind the suggestion of D. S. Robertson[47] that this trilogy, like the *Oresteia,* ended with an aetiology, that of the institution of the Thesmophoria, but without forgetting that as A. F. Garvie has remarked[48] "the rite of the Thesmophoria provides no evidence that Demeter Thesmophoros was thought of as the protectress of the marriage-right of women"; that title belonged properly to Hera.

It is surely remarkable that the Prometheus trilogy contained, so far as we can tell, no mention of the most famous story connected with Prometheus, that of his deception of Zeus at the time of the institution of animal sacrifice to the gods by men. But ritual plays no part in the extant Prometheus play, not surprisingly, since only one of the characters is human; and the same may well be true of the *Prometheus Solutus,* for the same reason. Perhaps it was mentioned in the satyr-play that accompanied the trilogy that contained the *Persae,* the *Prometheus Pyrkaeus.* There surely must have been a third play that followed the *Prometheus Vinctus* and the *Prometheus Solutus,* but about it we know nothing[49].

In the *Oresteia* sacrifice is of great importance, as Burkert emphasised[50]. First, on hearing that Troy has fallen Clytemnestra orders sacrifices at the

47 "The End of the Supplices Trilogy of Aeschylus", *CR* 38 (1924) 51–53.

48 *Aeschylus' 'Supplices'. Play and Trilogy* (Cambridge 1969) 227f. – R. P. Winnington-Ingram, *Studies in Aeschylus* (Cambridge etc. 1983) 71 n. 53 writes that Robertson's suggestion "is not without attraction", but adds: "I should myself have expected that, if the cult of Demeter was to play such a part, there would have been some preparation in *Supplices.* It may have been sufficient for the purposes of Aeschylus that marriage was to be under the joint protection of Zeus and Hera; cf. *Eum.* 213f." He goes on to suggest that fr. 383 *TrGF* Ἥρα τελεία, Ζηνὸς εὐναία δάμαρ might belong here. Zeitlin 1996, 164–171, who writes, "paradoxically the ritual of the Thesmophoria proposes a new paradigm that signifies the Danaids' transformation into bearers of children and hence of mortality, but as ritual it fixes their transformation forever and signifies that the story men have told about them is truly over" (169), does not take account of these remarks.

49 For a guess of my own, see Lloyd-Jones 1983a, 97f.

50 1966a, 119f. See the literature I cited in 1983b, 88 n. 9 (= Lloyd-Jones 1990b, 308), especially A. Lebeck, *The Oresteia. A Study in Language and Structure* (Cambridge, Ma./London 1971).

altars of all the city's gods, inspiring hope in the minds of the Chorus of
Argive elders (101 f.). Next, in the parodos they describe how at Aulis ten
years before Calchas expressed the fear that the appearance of the eagles
that "sacrificed" (136) the miserable hare might portend "another sacrifice,
one without song or feast, an architect of quarrels grown up with the family, with no fear of the husband". Pierre Vidal-Naquet[51] has drawn attention
to the frequency of hunting metaphors, significant in view of the importance of hunting in Meuli's theory of the origins of sacrifice. Next the sacrifice of Iphigeneia, right up to its culminating moment, is described with
unforgettable vividness. Whether human sacrifice existed among the early
Greeks, as it certainly did among the Carthaginians as late as the time of
Hannibal, is still a matter of controversy; but since Albert Henrichs'
rightly
cautious article of 1981[52], we seem to have discovered rather more indications that it did exist[53]. But in Sparta right down to the classical period,
sacrifice to Artemis was necessary before a war[54]. However, for the purpose of his trilogy Aeschylus could explain Iphigeneia's sacrifice as the conse-
quence of the winds sent by the goddess to delay the fleet. The anger of
Clytemnestra will punish Agamemnon not only for the sacrifice of his
daughter but for the crime of his father Atreus against his brother Thyestes;
another factor is the guilt incurred by the ruthless extirpation of the Tro-
jans and their temples. Clytemnestra, summoning Cassandra to enter the
palace, makes the sinister remark that the sheep are already ready for the
preliminary sacrifice to Hestia (1056 f.)[55]. Instead of the cooking of the
sacrificial meat, Cassandra scents murder (1309); she calls for an ὀλολυγή
after the θῦμα which is about to happen (1118); in her vision she sees Agamemnon as a bull, a common sacrificial victim. After the murder Clytemnestra boasts that she has sacrificed her husband to Ate and the Erinys

51 "Chasse et sacrifice dans l' 'Orestie' d'Eschyle", in: Vernant/Vidal-Naquet 1972,
133–158 (= *ParPass* 129, 1969, 401–425).

52 "Human Sacrifice in Greek Religion. Three Case Studies", in: *Le sacrifice*
195–235.

53 See D. Hughes, *Human Sacrifice in Ancient Greece* (London/New York 1991); also
E. A. M. E. O'Connor-Visser, *Aspects of Human Sacrifice in the Tragedies of Euripides*
(Amsterdam 1987), esp. 186–208, and J. Wilkins, "The State and the Individual. Euri-
pides' Plays of Voluntary Self-Sacrifice", in: A. Powell (ed.), *Euripides, Women and
Sexuality* (London/New York 1990), 177–194.

54 See Lloyd-Jones 1983 b, 100 (= 1990 b, 328 f.).

55 On this passage see H. Lloyd-Jones, "Three Notes on Aeschylus' *Agamemnon*",
RhMus 103 (1960) 76–80, here 78 f. (= 1990 a, 305–309, at 307 f.).

(1433); later she declares that the deed is not hers, but that of the ancient avenging spirit, who has avenged the crime of Atreus, "sacrificing a grown man after children" (1504). Her refusal to grant the dead man the proper funeral rites greatly accentuates the horror of the murder.

Soon after the beginning of the *Choephori* Orestes makes his offering of hair at his father's tomb. Then the Chorus makes a sacrifice that accompanies a solemn address to the spirit of the dead king. Frightened by a dream, whose content we learn only later, Clytemnestra has dispatched the Chorus of captive Trojan women to pour a libation at the tomb of the husband whom she has not only murdered but hitherto deprived of all funeral honours; with the chorus comes Electra. How, she asks, can she accompany this offering with the necessary prayer? Or how can she pour the libation in silence, as though she were casting out impurities, and depart without looking back? She asks the women for advice, and they reply that she should accompany the offering with a prayer that Agamemnon's murder may be avenged. Electra first prays to Hermes Chthonios to convey the words she is about to utter to the gods below the earth and to the earth herself, mother of all. Then she prays to her father's spirit that Orestes may return and take vengeance on the murderers, following her prayer by pouring the libation, and the Chorus seconds her prayer. In the next moment Electra notices the offering of hair which her brother has left on the tomb, and the discussion of the lock and the footprints is followed by the appearance of Orestes and the anagnorisis. After that Orestes joins with Electra and the Chorus in the great Kommos, which together with its prelude and the scene that echoes it in dialogue metre occupies almost 250 lines, nearly a quarter of the play. Now Agamemnon receives the ritual lamentation that hitherto has been denied him, and the earlier prayer to his spirit is supplemented by a solemn invocation, accompanied by passionate gestures of lament and supplication. At the end of the play, after the appearance of the Erinyes to Orestes, the Chorus declares that the guilt of the avenger can be purified by Apollo, designating him by his prophetic title.

In the *Eumenides* the Chorus of Erinyes who are pursuing Orestes are not appeased when Apollo has purified him with pig's blood; that ritual can prevent his pollution from being contagious, but it cannot wash away his guilt. In their binding song[56] they speak of him as of one already sacrificed (328, 341); but that is the sole occurrence of the sacrificial metaphor. At the

56 On which see C. A. Faraone, "Aeschylus' ὕμνος δέσμιος (Eum. 30 b) and Attic judicial curse tablets", *JHS* 105 (1985) 150–154, and *id.* 1991, 5.

end of the play, the Erinyes sing a hymn of blessings upon Athens that recalls
the hymn of blessings sung by the Danaids upon Argos, and the solemn procession to install the Eumenides in their new home is marked by the
ὀλολυγή. Here we find the earliest instance known to us of a tragedy ending
with the aetiology of the institution of a cult.

Looking back on the whole *Oresteia,* we can see that the sacrifice of
Iphigeneia is important in the plot, in that it is at least partly responsible
for the hatred Clytemnestra feels against her husband. By making both Cassandra and Clytemnestra herself speak of the killing of Agamemnon in
sacrificial language, the poet obtains a powerful effect; when Clytemnestra
does so, it is in aid of her claim that her action is a just revenge. In the
Choephori the sacrifice to the dead hero, to whom all funeral honours have
previously been denied, is an important preliminary to the great Kommos.
In the *Eumenides* the poet obtains a striking effect when the Erinyes speak
of Orestes as having been already sacrificed (328 = 341). In the final scene
of the play (916f.), Patricia Easterling[57] finds that "its ritual character is
strongly marked", and indeed the *Segenslied,* the demand for εὐφημία (1035)
and the final ὀλολυγή are suggestive of ritual; but as the same critic observes[58], "the ritual sequences enacted here are not literal representations of
anything in real life".

I do not think any of these features of the *Oresteia* quite justifies the statement that "the whole plot is concerned with sacrifice", or that "the essence
of sacrifice still pervades tragedy". However, once more ritual is made use
of where it serves a useful purpose in the creation of the proper atmosphere and in the development of the plot.

When we come to the lost plays of Aeschylus, we think first of the two
trilogies that dealt with Dionysiac themes. The *Lycurgeia* consisted of the
Edonoi, the *Bassarai,* the *Neaniskoi* and the satyric *Lycurgus*[59]. It seems clear
that the subject-matter was the punishment of the θεομάχος Lycurgus, followed by the story of how Orpheus first gave special honour to Dionysus,
but after his descent into Hades for some reason transferred his special devotion to Apollo, and of the resulting conflict. How far the play used or allud-
ed to ritual remains uncertain; the most considerable fragment is the won-
derful description of the music of the Dionysiac rout from the *Edonoi* (fr. 57
TrGF). Another trilogy may have contained the *Semele,* the *Xantriai,* the

---

57 Easterling 1988, 99.
58 *Ibid.* 100.
59 See M. L. West, *Studies in Aeschylus,* BzA 1 (Stuttgart/Leipzig 1990) 26–50.

Pentheus and the *Bacchae*[60]. This would have begun with the story of the god's birth, fr. 168 being part of the narration of Hera's fatal visit to Semele in the shape of an old woman and of the events that led to the death of Pentheus. Again we find the story of the punishment of a θεομάχος and the triumph of the god; the Dionysiac σπαραγμός may be considered as a kind of ritual, but it was very different from the sacrifices of cult. In the Ixion trilogy there seems to have been mention of the purification of Ixion from the guilt of murder, carried out with pig's blood by Zeus himself (fr. 327); how grateful would we be for a papyrus fragment of this work! In the fragment in the Cologne papyrus which almost certainly comes from the *Psychagogoi* (fr. 273a *TrGF*) the Chorus is instructing Odysseus how to cut the throat of a beast, doubtless a lamb, and pray to Earth and Hermes to send up the ghosts; the *Athamas* and the *Iphigeneia* must have dealt with sacrifices, but we do not know how they were treated.

And so we come to Sophocles. In two of his plays, sacrifice plays a most important part, as Burkert has shown[61]. Let us consider first the *Trachiniae,* which he believes, I think rightly, to be perhaps the earliest surviving complete play of this poet. Firstly, Seaford[62] has argued that the Chorus speaks of the forthcoming reunion of Heracles with his wife Deianeira in the language of wedding ritual, and that this is recalled when Deianeira takes leave of her marriage chamber. Secondly, Burkert starts by observing (15) that the sacrifice made by Heracles on Mount Kenaion to his father Zeus is a kind of *Leitmotiv.* From the moment of Lichas' first arrival emphasis is laid on the great sacrifice of a dozen bulls and other beasts to the number of a hundred with which Heracles is giving thanks for his victory to his divine father. Since it was customary for a sacrificer to wear a splendid robe, the gift from Deianeira which Lichas brings him seems particularly appropriate. Burkert has shown how the poet has used sacrificial language to show how as the poison is ignited by the warmth of the flames coming from the altar the sacrificer becomes part of the sacrifice. Like Mount Kenaion, Mount Oeta is a place where bulls are sacrificed to Zeus, and the sacrifice begun upon the one mountain is completed upon the other. Although Hyllus and the other survivors are left in ignorance, the audience will certainly have understood why Heracles, the moment he has realised that his life is coming

60 See St. Radt in *TrGF* 3, 116f. for the various theories about the constitution of the second Dionysiac trilogy.

61 Burkert 1985b.

62 Seaford 1986; 1994a, 390f.

to an end, orders Hyllus to place him on the pyre and then set fire to it. Zeus punishes Heracles for his injustice towards the house of Eurytus, but brings him to Olympus as a god; the human survivors see only the disaster, but the audience knows about the apotheosis and will recognise the obvious allusions to it[63]. Burkert has shown that the uncanny mixture of sadness with rejoicing that accompanies a sacrifice finds a perfect analogue in this presentation of the end of Heracles' life on earth. In his words[64]: "Eben durch Vernichtung werden die Götter beschworen, ihre Gnade erweist sich durch Tod und Töten hindurch". He holds that there is an indirect connection with the origin of tragedy in a sacrificial ritual; yet even if tragedy had no such origins, the poet might have made use of the institution of sacrifice to add a potent element to this plot.

In the latest play of Sophocles, the entry of Oedipus into the sacred precinct of the Eumenides causes consternation, and it is explained to him that he must atone for it by offering a sacrifice of purification (461 f.). The sacrificer must fill with water from a natural spring four mixing-bowls, mixing the water in the fourth with honey, and then cover their tops and handles with wool from the first shaving of a young sheep; then he must face eastwards and pour the libation. Afterwards he must place on the shrine olive branches to the number of three times nine, and in a low voice pray the Kindly Ones to receive the suppliant with kindly hearts; then he must depart without turning his back. If Oedipus should do all this, the choregus, the peasant of Colonus who is instructing him, would not be afraid to accompany him, but otherwise he would fear for his safety. Oedipus is old and blind, but he can appoint his daughter Ismene to offer sacrifice in his place; the action can be performed by anyone who is well disposed (εὔνους, 498 f.). Burkert in his masterly account of this sacrifice explains why the recital of details which might seem boring to an uninitiated person is in

---

63 I do not share the opinion of my late friend and colleague T. C. W. Stinton, "The Apotheosis of Heracles from the Pyre", in: *Papers on Greek Drama* 1–16 (= *id., Collected Papers on Greek Tragedy,* Oxford 1990, 493–507) that, as he puts it, "the notion that the process of deification was achieved through purification by fire of Heracles' mortal part was not likely to have been already current in the fifth century" (7 = 502), and see no need for the caution of P. Easterling, "The end of the 'Trachiniae'", *ICS* 6, 1 (1981) 56–75; see Lloyd-Jones 1983a, 126 f. At the end of the *Trachiniae* the audience knows that Heracles will become a god, just as at the end of the *Oed. Col.* the audience knows that when they have gone to Thebes the daughters of Oedipus will perish.

64 1985b, 17.

fact absolutely necessary, showing that the sacrifice, by means of which Oedipus secures his position with regard to the powerful and formidable goddesses, is of great importance in the action of the play. His acceptance by the goddesses is an essential preliminary to the miraculous descent into the underworld which ends his life on earth. No funeral ritual is necessary, and lamentation is actually forbidden. Burkert observes[65] that Sophocles must have reproduced a real ritual, but that he has grasped its meaning so firmly that it anticipates the tragic experience of the hero of the locality who is also the hero of the tragedy. This has only an indirect relation, he continues, to the ritual origins of tragedy, but it shows that the ritual is more than a local antiquarian curiosity; "es liefert dem tragischen Dichter Erlebnisqualität und Stil, ja Grundmuster von Vollzug überhaupt"[66]. One may add that the relation of Oedipus to the dread goddesses is a most important element in the plot. He loves and hates with passion, and in death he will resemble the goddesses in having great power either to benefit or to harm the living.

Burkert has pointed out that in the Tiresias scene which is the turning-point of the *Antigone* it is the desecration of the sacrifices by means of the carrion carried from the exposed corpse of Polynices by the birds to the altars, whose effect is described in detail and with horrifying realism, that points directly to Creon's guilt in having violated the divine laws that govern the disposal of the dead. Creon's action has interrupted the communication between god and man, thus bringing about catastrophe; but it can hardly be said that the notion of sacrifice pervades the entire play.

I remarked earlier that there is only one place in the surviving tragedies where it can be argued that the dramatic illusion is broken by the Chorus alluding to the status of its members as Athenian citizens taking part in a religious ceremony. This is the final strophe of the second stasimon of the *Oedipus Tyrannus,* when the apparent failure of the Delphic prophecy to come true and the apparent impunity of the killer of Laius have sadly perplexed the Theban elders. εἰ γὰρ αἱ τοιαίδε πράξεις τίμιαι, they exclaim (895f.), τί δεῖ με χορεύειν; When a tragic character alludes to the honours paid to the gods, it is not uncommon for him to use the noun χορός or the verb χορεύειν to convey the sense of 'to honour the gods with dances'. Thus after the fall of the tyrant Lycus the chorus of the *Heracles* exclaims (763f.):

---

65 *Ibid.* 14.
66 *Ibid.* 14.

χοροὶ χοροὶ
καὶ θαλίαι μέλουσι Θή –
βας ἱερὸν κατ᾽ ἄστυ.

The Chorus of the *Ajax*, when they think their master has recovered from his madness, cry out νῦν γὰρ ἐμοὶ μέλει χορεῦσαι (701), meaning not that they are going to act as a tragic chorus, but that they are going to honour the gods with dances as an act of thanksgiving. When the chorus of the *Oed. Rex* itself believes that Oedipus will be proved guiltless, they declare (1093) that Cithaeron, where the infant Oedipus was found, will be honoured by them with dances. Merops in Euripides' *Phaethon* (245–247 Diggle) sends a servant to instruct his wife to arrange for dances (θεοῖς χορεῦσαι) to celebrate Phaethon's wedding. As Jebb observes in his note on *Oed. Rex* 896, "the χορός was an element so essential and characteristic that, in a Greek mouth, the question of τί δεῖ με χορεύειν; would import, 'why maintain the solemn rites of public worship?'".

Like the *Antigone,* the *Ajax* supplies evidence for the immense importance attached to the proper performance of funeral ritual; this may well relate to the hero cult which Ajax certainly enjoyed[67]. In both the *Oedipus Tyrannus* (918f.) and the *Electra* (634f.) the poet makes use of the motif of a prayer accompanied by sacrifice that at first seems to have been accepted by the god, but presently turns out to have been rejected. Sophocles in the *Electra,* like Aeschylus in the *Oresteia,* powerfully exploits the denial of funeral rites to Agamemnon[68]. In the *Philoctetes* (8f.) Odysseus explains that one of the reasons for the hero's being marooned on Lemnos by the Greek army is that his cries of pain interfered with the εὐφημία, the ritual silence, which the proper performance of sacrifice required. But it must be admitted that in the complete plays other than the *Trachiniae* and the *Oedipus at Colonus* ritual plays a significant but not a central part.

The lost plays of Sophocles do not add much evidence. There must have been sacrifices in the *Athamas,* the *Iphigeneia* and the *Polyxena;* the *Andromeda* (fr. 126 *TrGF*), in one sense a tragedy of sacrifice, contained a mention of human sacrifices to Kronos by 'barbarians', probably Carthaginians, and the *Laocoon* (fr. 370) a mention of a sacrifice at an altar of Apollo

---

67 See E. Kearns, *The Heroes of Attica,* BICS Suppl. 57 (London 1989) 80–91, 141f.; Seaford 1994a, 129f. with n. 122. The importance in the play of the question of Ajax' burial is strongly emphasised by Easterling 1988, 91–99.

68 R. Seaford, "The Last Bath of Agamemnon", *CQ* 34 (1984) 247–254; *id.,* "The Destruction of Limits in Sophokles' *Elektra*", *CQ* 35 (1985) 315–323.

Agyieus. A fragment of the *Rhizotomoi* (fr. 534) describes the magical ritual observed by Medea in cutting a root.

Before discussing the part played by ritual in Euripides it is necessary to say a few words about the part played by religion in his work in general. Christopher Collard in his survey of modern literature about Euripides has written that "he is constantly tensed between subscription to the mythic externals like story and ambience, and desire to create setting and persons immediate to the Athenians' ready experience; he is so clearly uncomfortable with the traditional religious and moral values which tragic myth enshrined; so variable from play to play in dramatic conception and individual ideas; so obviously 'modern' in the intellectual experimentation of his poetic style"[69]. It is indeed obvious that Euripides is aware of the debates and discussions of sophists and philosophers, and during the last century he was widely regarded as the poet of what by means of a somewhat dangerous analogy was often termed 'the fifth-century enlightenment'. Wilamowitz, who revived Euripidean scholarship with such triumphant success, saw Euripides in the light of Ibsen; Gilbert Murray, influenced by Wilamowitz, but also by the irresponsible anachronisms of A. W. Verrall, saw him in the light of his friend Bernard Shaw. Wilhelm Nestle's book *Euripides, der Dichter der griechischen Aufklärung* (1901) was long considered to be a standard work. Even Karl Reinhardt in an article of 1957[70] seems to me to exaggerate the differences of outlook between Euripides and the older tragedians.

In my book *The Justice of Zeus* I wrote that "that conception of Euripides is now no longer popular"[71]. But this kind of attitude is still doing harm, especially in England and America; neo-Verrallian rubbish can still find publishers, and even respectable scholars often suffer from a kind of residuary Verrallianism[72]. I must say again, as I said before[73], that "like all true tragedians, Euripides wrote not to advocate reforms or to advance theories, but to present under its tragic aspect an incident from human life. He was a master of the rhetorical techniques which in his own time were developed

69 *Euripides,* Greece & Rome, New Surveys in the Classics 34 (Oxford 1981) 30.

70 "Die Sinneskrise bei Euripides", *Eranos-Jb.* 26 (1958) 279–313 (also in: *Die Neue Rundschau* 68, 1957, 515–646; repr. in: *id., Tradition und Geist. Gesammelte Essays zur Dichtung,* Göttingen 1960, 227–256).

71 Lloyd-Jones 1983a, 146.

72 See the history of Euripidean interpretation in A. N. Michelini's *Euripides and the Tragic Tradition* (Madison 1987) 3–51. The reader will notice how many of the works there mentioned depend upon the dubious presuppositions set out by Kovacs 1987, ix.

73 Above n. 71.

with such intensive application, but he does not use them to advocate from the stage a particular point of view; rather, he places at the service of each speaker in his debates the entire resources of his expert advocacy. General reflections that echo contemporary speculation are abundant in his works; but they coexist with others of a more traditional kind, and in virtually every instance can be shown to express a mood or an attitude closely related to a character, to a chorus, to a particular and perhaps momentary situation, which it is unsafe to assume to be the poet's own". Some modern scholars try to explain away the traditional elements by the use of what Eduard Fraenkel called "the magic wand of irony, by which the commentator converts the sense of a sentence into the exact opposite of what, to the ordinary man, it seems to say"[74]. In the view of Helene Foley, ritual "mediates in complex and often ironic ways between the divine and human realms, opens moments of communication between political reality and the mythic tradition presented in a connected cycle of choral songs, makes ritual a temporary model for action, and to some degree incorporates the benefits of poetry and the sacred into the profane world"[75]. By 'irony' she seems to mean something that can enable her to have her cake and eat it[76].

In all Euripides' plays, as in those of the other tragedians, the gods determine what will happen. This is often made manifest by the appearance at the end of the god from the machine, which occurs in nine of the surviving plays. Of course the procedure can be varied; in the *Alcestis* the god who will control the action, appears at the beginning; so do Poseidon and Athena in the *Troades*. In the *Medea* the place of the god from the machine is taken by the heroine, armed with power by her grandfather Helios; whatever the human audience may feel about the justice of what happens, divine power is vindicated, and humans have neither the longevity nor the intelligence to understand the workings of Zeus' justice. In the *Heracles* the hero in his anguish declares that Amphitryon and not Zeus is his father (1264 f.) and asks who can pray to such a deity as Hera. But we have seen Hera's agents and we know why she hates Heracles; modern attempts to remove religion from the play are wholly unconvincing[77]. The one play

---

74 *Aeschylus, Agamemnon 3* (Oxford 1950) 719. Cf. Lloyd-Jones 1983a, 146f.

75 *Ritual Irony. Poetry and Sacrifice in Euripides* (Ithaca/London 1985) 62.

76 Kovacs 1987, 122 remarks with great truth that "if a critic allows himself an indefinitely large number of ironies, he can prove nearly anything".

77 H. Yunis, *A new Creed. Fundamental Religious Beliefs in the Athenian Polis and Euripidean Drama*, Hypomnemata 91 (Göttingen 1988) grounds his belief in a "new creed" on a questionable interpretation of this play.

in which the gods seems to play no part is the *Hecuba;* yet even here a kind of substitute for a god from the machine is afforded by Polymestor's report of the prophecy of Dionysus (1265–1267)[78]. "The gods are remote", as Judith Mossman puts it[79], "but these necessities and coercions seem to be more than the products of human activity"; the Chorus tells Hecuba that a god (daimon) who is cruel to her has made her the unhappiest of mortals (721 f.).

Human sacrifice occurs in seven plays. In the *Heraclidae,* the *Phoenissae* and the *Erechtheus* a young person is sacrificed to save the country; it is a curious feature of the two former plays that the sacrifices of the daughter of Heracles and of Menoeceus are scarcely mentioned in the portions of the plays that follow. In the two Iphigeneia plays and in the *Phrixus* a sacrifice plays an important part, but in the *Iphigeneia in Tauris* and in the *Phrixus* the sacrifice is one that does not happen, and in all likelihood it did not happen in the *Iphigeneia in Aulis* either. In the *Hecuba* a young person is sacrificed at a tomb, yet that is not the main subject of the play; Judith Mossman[80] writes that "the Polyxena-action must be seen as subordinate to, but contributing to, the effect of the revenge plot". In the *Alcestis* funerary ritual is suggested[81] and in the *Medea*[82] sacrificial language is used, but it cannot be said that sacrifice is an important element in the plot. In the *Electra* there is much of the language of sacrifice, as Froma Zeitlin and Patricia

---

78 F. I. Zeitlin, "The Body's Revenge. Dionysos and Tragic Action in Euripides' *Hekabe*", in: *ead.* 1996, 172–216 (= "Euripides' *Hekabe* and the Somatics of Dionysiac Drama", *Ramus* 20, 1991, 53–94), argues that Hecuba takes "a specifically dionysiac revenge", making too much, it seems to me, of this passage and of 1076, where Polymestor refers to the killers of his children as Βάκχαις "Αιδα.

79 *Wild Justice. A Study of Euripides' Hecuba* (Oxford 1995) 206.

80 *Ibid.* 207.

81 See R. G. A. Buxton, "Euripides' *Alkestis:* Five aspects of an interpretation" in: *Papers on Greek Drama* 17–23. After discussing the suggestion that the prolonged silence of the restored Alcestis derives from some kind of ritual, Buxton rightly says that "in any case, we would be dealing, not with a simple 'reflection' of ritual, but with its adaptation to the needs of a given dramatic context" (22).

82 Seaford 1994a, 386f. thinks that "the piteous horrors of, say, Medea's 'sacrifice' (1054) of her children may have been thought to ensure the perpetuation of the animal sacrifice and lamentation for them in the collective (1381) cult, founded at the end of the drama. This animal sacrifice was envisaged as a substitute for the Corinthian girls and boys interned for a year in the sanctuary. And this suggests that the sacrifice of the children in the dramatized myth embodies what in the cult could only be a fiction, the killing of children in the rite of passage to adulthood". I doubt whether the Athenian audience would have been aware of this.

Easterling have pointed out[83]; Electra is summoned to a festival of Hera at which oxen will be sacrificed, Aegisthus is murdered while sacrificing to the Nymphs, and sacrificial language is used of the killing of Clytemnestra. But does this justify the statement that "these two aspects of the festival – cult sacrifice and ritual celebration – together compose the motif of ritual which pervades the play, unifies past and present, and determines the dramatic and imagistic structure of the play"?[84] At the end of the *Supplices* Athena prescribes a distinctive sacrifice and ritual (1194f.).

The *Bacchae* is the only tragedy on a Dionysiac theme that has survived entire. Like the two Aeschylean Dionysiac tetralogies, it tells of the punishment of a θεομάχος[85]. B. Seidensticker, referring at the start of his article to Burkert's work, has shown that the killing of Pentheus is described throughout in sacrificial terminology. "If we conceive sacrifice as ritual killing", he writes[86], "and accept Burkert's hypothesis about the primordial generic connection between sacrifice and tragedy, we can understand tragedy as the aesthetic ritual originating from the sacrificial ritual, accompanying or even imitating and gradually replacing sacrifice and its social functions". I have already written that Dionysiac myths may well have supplied the first subjects of the performances from which tragedy is descended; but tragedy came to take its subject-matter from a very wide range of myths. In this case Euripides was dramatising a Dionysiac theme, and very naturally used the notion that Pentheus is being sacrificed to the god to lend to the description of his killing an uncanny quality that is most effective. But this is only one tragedy among many, and in most tragedies sacrificial language plays a much lesser part. Also, we must remember that Dionysiac Maenadism and Dionysiac σπαραγμός belong to myth and not to cult[87].

Certain important rituals appear with regularity; supplication at an altar in *Supplices, Heraclidae, Andromache, Heracles,* wedding ritual in *Alcestis, Medea,*

---

83 F. Zeitlin, "The Argive Festival of Hera and Euripides' Electra", *TAPhA* 101 (1970) 645–669; Easterling 1988, 101–108.

84 Zeitlin (prev. n.) 651.

85 The point is well brought out by Versnel 1990, 96–205; cf. H. Diller, *Die Bakchen und ihre Stellung im Spätwerk des Euripides,* Abh. Akad. d. Wiss. u. d. Lit. Mainz, Geistes- u. sozialwiss. Kl. 1955, 5 (Mayence 1955) (= in: E. R. Schwinge, ed., *Euripides,* WdF 89, Darmstadt 1968, 469–492; repr. also in: H. D., *Kleine Schriften zur antiken Literatur,* Munich 1971, 369–387).

86 "Sacrificial Ritual in the Bacchae", in: Bowersock et al. 1979, 181–190, here 189.

87 "Nous ne devons pas oublier", writes Vernant 1985b, 238, "que nous avons affaire, non à un document religieux, mais à une oeuvre tragique obéissant aux règles, conventions et finalités propres à ce type de création littéraire". See D. Obbink, "Dionysus Poured Out. Ancient and Modern Theories of Sacrifice and Cultural For-

Troades, Helena, funeral ritual in *Alcestis, Supplices, Heracles, Troades, Helena,* a purification ceremony in *Iphigeneia in Tauris.* Aetiology of a cult near the end of a play is of course a common feature. But can it be said that in any of these plays the sacrificial ritual, or any other ritual, pervades the entire plot?

To sum up, sacrificial ritual, and other rituals, play an important part in tragedy, and in some tragedies they loom large; but I would prefer not to say that they pervaded tragedy. Very probably the earliest performances that were called 'tragic' dealt with Dionysiac myth; but since this subject-matter was limited they must soon have dealt with other mythic stories also. Once tragedy had "attained its proper nature", as Aristotle puts it[88], the task of the tragedians was to tell a story from myth. Since their religion was not one that had a ready answer for most ethical questions, they told that story in tragic terms. Since each story had its own distinctive shape, the form of the plays was not dictated by the early origins of the genre. But since communication between man and god was an important feature of Greek myth in general, sacrifice and other rituals were bound to occur frequently, and in some tragedies, such as the *Persae,* the *Agamemnon,* the *Trachiniae* and the *Oedipus at Colonus,* they have very considerable importance in the general scheme. By means of the description of rituals or the use of ritual language the poets were able to secure some of their most striking dramatic effects as they described contacts with another world. What does pervade tragedy is religion, and ritual is an important element in religion, and indeed in human life in general. But if with some dictionaries one defines 'pervades' by 'is present throughout', then I think it would be safer not to say that sacrifice, or any other ritual, pervades tragedy.

mation", in: Carpenter/Faraone 1993, 65–86. – Seaford 1981; 1994a, 281–301 has argued that the *Bacchae* contain many echoes of the language of the Dionysiac mysteries. But as Obbink, *art. cit.* 78, points out, "initiation into Dionysiac mysteries possibly did not take place in Attica, and anything like evidence for the mysteries of Dionysus at Thebes (on which rests much of the argument for Pentheus in the *Bacchae*) is nonexistent". "Work on initiation ritual has become something of a cottage industry in recent years", writes Obbink, *ibid.* 77, referring to Versnel 1993b, 48–74, for a survey of the methodological problem encountered in approaching myth in terms of initiation. "It is astonishing how often the word 'initiation' occurs in the literature these days, and how many myths are suspected of being vestigially connected with such rituals, on no better grounds than the presence of the separation motive", writes R. L. Fowler, "Greek Magic, Greek Religion", *ICS* 20 (1995), 1–22, here 15; he appends a note referring to Dowden 1989 and the same writer's *The Uses of Greek Mythology* (London/New York 1992) 102f.

88 *Poet.* 1449a 15.

EVELINE KRUMMEN

Ritual und Katastrophe

Rituelle Handlung und Bildersprache
bei Sophokles und Euripides

I

Ritual und Tragödie, rituelle und theatralische Handlung, die in enger Verbindung das Publikum an den Großen Dionysien zu einer umfassenden Erfahrung von illusionärem Spiel und kultisch-religiösem Kontext führen können, sind in jüngster Zeit wieder in den Vordergrund des Interesses gerückt. Doch geht es dabei nicht um die alte Frage nach dem religiösen Ursprung der Tragödie, wie sie in der ersten Jahrhunderthälfte vor allem die 'Cambridge ritualists' behandelt hatten[1]. Vielmehr ist es die rituelle Sprache der Tragödie selbst, wie sie in den einzelnen Stücken zum Ausdruck kommt, die nunmehr untersucht wird. Man ist sich einig, daß die in der Tragödie beschriebenen oder auch bloß angedeuteten rituellen Handlungen nicht etwa ornamentale Funktion haben oder in erster Linie sozialgeschichtlich zu verstehen sind – nämlich als Abbilder des athenischen, religiösen Alltags –, sondern einen wichtigen Bestandteil der Tiefenstruktur der Stücke bilden. Ausgehend von übergreifenden Theorien zu Ritualen und Opferritualen, die in der Tragödie immer wieder und oft in einer Sprache der

---

1 Gute Einführung und Übersicht bei Friedrich 1996, bes. 259–268 (zu Dionysos und Tragödie), 269–272 (zu Ritual und Drama), dazu die Antwort von Seaford 1996a, 284–294; vgl. Henrichs 1994–95, 56–60 mit Anm.; R. P. Winnington-Ingram, "The Origins of Tragedy", in: P. E. Easterling/B. Knox (Hgg.), *The Cambridge History of Classical Literature* 1: *Greek Literature* (Cambridge usw. 1985) 258–263; Pickard-Cambridge 1962, 60–131. "Cambridge Ritualists": G. Murray, "Excursus on the Ritual Forms Preserved in Greek Tragedy", in: J. E. Harrison, *Themis* (London 1927[2]) 341–363. Allgemein zu "myth and ritual": Versnel 1993, 1–48; vgl. noch: J. Platvoet/K. van der Toorn (Hgg.), *Pluralism and Identity. Studies in Ritual Behaviour* (Leiden usw. 1995) 3–21. 349–360. Moderne Ansätze: z. B. Seaford 1984, 10–33 (ausgehend vom Satyrspiel); Friedrich 1983; 1996; Guépin 1968; Burkert 1966a.

Opfermetaphorik eindringlich beschrieben werden[2], hat man diese Tiefen-struktur methodisch unter anthropologischen, strukturellen und funktiona-len Gesichtspunkten zu deuten versucht[3]. Ein anderer Interpretationszugang konzentrierte sich auf den Zusammenhang zwischen der rituellen und reli-giösen Sprache der Tragödie einerseits und dem religiösen und kultischen Kontext ihrer Aufführung am Fest des Dionysos Eleuthereus andererseits[4]. Dieser Zusammenhang wird nicht nur äußerlich, im Aufführungskontext des Dionysosfestes sichtbar[5], sondern prägt – wie jüngste Arbeiten deutlich gemacht haben – auch die Thematik und Metaphorik der einzelnen Stücke und Chorlieder[6].

2 Opfermetaphorik: bes. Foley 1985, 17–64; Burkert 1966a, 7f. mit Lit.; F. I. Zeit-lin, "The Motif of Corrupted Sacrifice in Aeschylus' *Oresteia*", *TAPhA* 96 (1965) 463–508.

3 Außer den in Anm. 1 genannten Werken etwa Seaford 1994, bes. 328–367. Aro-nen 1992: die attische Tragödie als kollektiver 'rite de passage' veranstaltet durch die männlichen Bürger der Polis. Den paradigmatischen Charakter der Tragödie für den (jungen) Polisbürger betont J. J. Winkler, "The Ephebes' Song. Tragoidia and Polis", in: Winkler/Zeitlin 1990, 20–62. Vgl. auch A. D. Napier, *Masks, Transformation, and Paradox* (Berkeley usw. 1986) 30–44; Burkert 1985b; Girard 1972, bes. 9–281. 373–462. – Ritual im modernen Drama: B.C. Alexander, *Victor Turner Revisited. Ritu-al as Social Change* (Atlanta 1991); R. Schechner/W. Appel (Hgg.), *By Means of Perfor-mance. Intercultural studies of theatre and ritual* (Cambridge 1990); R. Schechner, *Between Theatre and Anthropology* (Philadelphia 1985); ders., *Theater-Anthropologie. Spiel und Ritu-al im Kulturvergleich*, Rowohlts Enzykl. 439 (Reinbek b. Hamburg 1990). Psychoana-lyse: C. F. Alford, *The Psychoanalytic Theory of Greek Tragedy* (New Haven/London 1992).

4 Henrichs 1990; vgl. dens., "Namenlosigkeit und Euphemismus. Zur Ambivalenz der chthonischen Mächte im attischen Drama", in: H. Hofmann (Hrsg.), *Fragmenta dra-matica. Beiträge zur Interpretation der griechischen Tragikerfragmente und ihrer Wirkungsge-schichte* (Göttingen 1991) 161–201; Bierl 1991, 49–54 u. passim.

5 Zur Relation von Aufführungskontext (Große Dionysien) und Tragödie vgl. die Untersuchungen von Goldhill 1990 und die Kritik bei Friedrich 1996, 263ff.; S. des Bouvrie, "Creative Euphoria. Dionysos and the Theatre", *Kernos* 6 (1990) 79–112, bes. 110 m. Anm. 161.

6 Henrichs 1996; 1994–95, 56–60; Seaford 1994b; 1981; Bierl 1991; 1989, 43–57; Schlesier 1988; 1993. Außerdem die Arbeiten von C. Segal, bes. 1982, 7–26. 55–77. Ferner: F. I. Zeitlin, "Staging Dionysos between Thebes and Athens", in: Carpen-ter/Faraone 1993, 147–182; Vernant 1985b; Vicaire 1968. Eine gute Übersicht bei A. Henrichs, "Loss of Self, Suffering, Violence. The Modern View of Dionysos from Nietzsche to Girard", *HSCP* 88 (1984) 205–240; ders. 1982. Für die Komödie: Bowie 1993, 1–17.

Daß rituelle Handlungen in der Tragödie wichtig sind, seien sie nun in
Sprechpartien oder in Chorliedern erwähnt, seien sie angeordnet, durchgeführt oder erzählt, läßt sich schon nach einem kurzen Blick auf die Texte
feststellen. Darin wird auf eine Fülle von rituellen Handlungen angespielt,
und zwar keineswegs nur auf Opferrituale, sondern auch auf Libationsri-
tuale, Hochzeitsrituale, Reinigungsrituale, Rituale im Zusammenhang mit
Geburt, Tod, Eid, Hikesie, Abwehr von Gefahr - kurz: auf das gesamte Spek-
trum der religiös-rituellen Erfahrung des athenischen Polisbürgers[7].
Betrachtet man diesen Sachverhalt, mag es erstaunen, daß ein Punkt bei den
bisherigen Interpretationsrichtungen praktisch unberücksichtigt blieb: Es ist
die Frage nach der Verbindung der rituellen und dramatischen Handlung
einerseits sowie andererseits nach der Funktion, die die rituelle Handlung
im Gesamtzusammenhang des betreffenden Stückes hat. Eine gewisse Ausnahme bilden einzig die Arbeiten von W. Burkert zum 'Opferritual bei
Sophokles' 1985 sowie von P. E. Easterling zu 'Tragedy and Ritual' 1988/
1993, wo auch das hier ebenfalls interessierende Bestattungsritual im sophokleischen *Aias* untersucht wird, und von A. Henrichs 1993, der auch das
Supplikationsritual im *Aias* bespricht[8]. In diesen Arbeiten wird die kompo-
sitionelle Bedeutung der Ritualszenen (auch der bloß erzählten) betont,
denen eine zentrale Funktion im Verständnis der Stücke zukommt, sowie
die "dichterischen, bildhaften Beziehungen", die von diesen Szenen auf das
ganze Stück 'ausstrahlen'[9]. Während die Untersuchung von W. Burkert
jedoch eher den pragmatischen Aspekt der Rituale hervorhebt und auch
der anthropologische Hintergrund in die Deutung immer wieder mitein-
bezogen wird, geht P. E. Easterling einen Schritt weiter, insofern sie klar auf
den Theaterkontext hinweist und festhält, daß die Rituale nicht in jedem
Fall und vollständig die Situation des Alltags abbilden, sondern – weil die
Situation im Theater immer ausdrücklich fiktiv ist – auch das, was gezeigt
wird, in einem gewissen Sinne metaphorisch ist[10]. Alles, was dargestellt ist,
ist also einerseits wie die Wirklichkeit, ist ihr ähnlich, ist jedoch auch

---

7 Libationen: Jouanna 1992/1993. Hikesie: Burian 1972; ders., "Suppliant and
Saviour. Oedipus at Colonus", *Phoenix* 28 (1974) 408–429. Klage: Alexiou 1974. Eine
knappe Übersicht bei Easterling 1988, 88.

8 Vgl. außer den genannten Werken auch Easterling 1988, bes. 91–99; Burian
1972.

9 Burkert 1985b, 13: Libationsritual in Soph. *Oed. Col.* 464–499; Opferritual in
Soph. *Trach.*, bes. 749ff.; Empyromantie in Soph. *Ant.* 1005–1020.

10 Easterling 1988, bes. 89f., außerdem dies. 1990, bes. 84–87; 1991, bes. 49f.;
dies., "Women in Tragic Space", *BICS* 34 (1987) 15–26, bes. 17f.

wieder unähnlich, insofern nur vorgestellt oder suggeriert wird, daß das 'ist', was auf der Skene oder in der Orchestra 'ist'. Die Figuren sind nicht diese, sondern sie stellen diese dar und agieren 'wie diese'. Wichtig ist also die 'Zeichnung' der Figuren oder der (rituellen) Handlungen, und Ziel der Darstellung ist es, eine Figur oder Handlung so glaubhaft wie möglich zu zeichnen. Auf diese Weise gelingt es, die Zuschauer in jenen Bereich zwischen Wirklichkeit und Fiktion zu versetzen (zu 'transformieren'), der eine besondere Intensität des Erlebens, eine besondere Einsicht in die Wahrheit dessen, was dargestellt wird und in dieser Darstellung wiederum 'ist', verheißt.

Diese Vorüberlegungen sind deshalb wichtig, weil Rituale in der Tragödie zwar durchaus ihre pragmatische Verankerung haben, die als solche zum besseren Verständnis auch immer zu klären ist – die Rituale sind vom Zuschauer des 5. Jahrhunderts als 'diese' erkennbar und verstehbar und fester Bestandteil der Rezeptionsvorgabe –, doch sind sie andererseits auch von dieser Wirklichkeit ablösbar, insofern sie im Sinne des Dramas ausgestaltet werden können (wenn auch immer im vorgegebenen Rahmen ihrer kultisch-religiösen Verankerung) oder auch in ein Bild gefaßt werden können, in welchem gerade die Ambivalenz und die vieldeutige Zeichensetzung der rituellen Handlung ausgenützt wird. Auf diese Weise kann ein im Alltag klar definiertes Ritual sozusagen seine Definition, seine Grenzen verlieren, die Güsse der Reinigung werden zu Güssen, mit denen man den Toten wäscht, die Hochzeitsfackeln werden zu Begräbnisfackeln, derjenige, der opfert, wird zum Opfertier. Rituale in der Tragödie pendeln denn auch oft in beklemmender Weise zwischen Bildhaftigkeit und Wirklichkeit, was eine geradezu unerhörte Spannung in den betreffenden Passagen erwecken kann. Sie bündeln gleichsam die Energie des Stückes und markieren einen dramatischen Höhepunkt.

Diese Ablösbarkeit von der Wirklichkeit, diese Bildhaftigkeit, erklärt aber auch, weswegen Rituale in der Tragödie angekündigt, aber nicht durchgeführt zu werden brauchen, wie es oft geschieht und man auch bemängelt hat. Die rituellen Handlungen sind – so meine These – wie ein Bild, sozusagen als ein Zeichensystem zu verstehen. Sie sind Teil einer ausgearbeiteten religiösen und rituellen Bildersprache der Tragödie, die ihr eine Art sakrale Kraft verleiht. Für die Interpretation bedeutet dies, daß sie stets in der ihnen eigenen Aussage sowie im Gesamtzusammenhang des Stücks zu verstehen sind. Für dieses Stück gibt ihnen der Dichter genügend Wirklichkeit und etabliert sie oft gleichzeitig in einer Mehrdimensionalität der Bedeutung. Sie sind nicht daran zu bemessen, ob es zum Beispiel möglich ist, daß Ismene im Ödipus auf Kolonos das Gußritual für die Eumeniden noch ausführen kann, bevor sie verschleppt wird.

Es ist also festzuhalten, daß die einzelnen rituellen Handlungen oder
Inhalte zunächst einmal ihre klar definierte Funktion in ihrem unmittelbaren Kontext haben. Doch darüber hinaus sind sie zweitens oft auch Bestandteil einer ausgearbeiteten Bilderreihe, die sich durch einen Teil des Stückes
oder durch das ganze Stück hindurchzieht[11]. Eine Bilderreihe liegt dann vor,
wenn ein Bild oder eine bestimmte bildhafte Vorstellung in einem Stück
mehrfach verwendet wird, oft in der Weise, daß ein weiteres Bild gegenüber
dem (oder den) vorangehenden eine gewisse Erweiterung und Fortsetzung
des Bildgehalts bringt, so daß sich durch das Nacheinander der Bildinhalte
eine Art fortlaufende, gedankliche Entwicklung oder Handlung ergibt. Die
Bilder schließen sich auf diese Weise hinter dem vordergründigen Gesche-
hensablauf zu einem eigenen Bezugs- und Handlungsgefüge zusammen, das
in einer dramatischen Spannung zur aktuell erzählten oder sich abspielenden
Handlung steht. Die Bilder verstärken also dort, wo sie auftreten, nicht nur
den unmittelbaren Eindruck der Ereignisse, sondern haben darüberhinaus
eine interpretierende, häufig auch prophetische Funktion[12].

Dies jedoch bedeutet, daß uns eine wesentliche Dimension im Verständnis der Stücke entginge, wenn diese rituelle Bildersprache nicht im Detail
erfaßt und untersucht wird. Eine derartige Untersuchung ist heute viel
leichter möglich, hat doch die religionsgeschichtliche Forschung der vergangenen zwanzig Jahre gerade für die pragmatische Erklärung der Rituale das Material weitgehend bereitgestellt. Es soll hier also − sozusagen in
einem weiterführenden Schritt − dieses Material an den Text herangebracht
und für die Interpretation fruchtbar gemacht werden. Neben der pragmatischen Erläuterung ist jeweils die Frage der Kontextfunktion der rituellen
Handlung in der Tragödie zu stellen. Danach muß gefragt werden, inwiefern die rituelle Handlung und ihre Thematik Bestandteil einer Bilderreihe

---

11 Zu Bildreihen immer noch wichtig: M. Hardt, *Das Bild in der Dichtung. Studien
zu Funktionsweisen von Bildern und Bildreihen in der Literatur*, Freiburger Schr. z. roma-
nischen Philol. 9 (München 1966), bes. 7−18. Metapher: R. Zymner, "Ein fremdes
Wort. Zur Theorie der Metapher", *Poetica* 25 (1993) 3−33; M. Seel, "Am Beispiel der
Metapher. Zum Verhältnis von buchstäblicher und figürlicher Rede", in: *Intentionalität
und Verstehen*, Suhrkamp Tb. Wiss. 856 (Frankfurt a. M. 1990) 237−272; A. Haver-
kamp (Hrsg.), *Theorie der Metapher* (Darmstadt 1996²); G. Kurz, *Metapher, Allegorie, Symbol* (Göttingen 1982), bes. 7−26; ders., "Vieldeutigkeit. Überlegungen zu einem lite-
raturwissenschaftlichen Paradigma", in: L. Danneberg/F. Vollhardt (Hgg.), *Vom Umgang mit Literatur und Literaturgeschichte* (Stuttgart 1992) 315−333.

12 Das richtige Verständnis der Bilder und Bildfunktion hat auch Auswirkungen auf
die moderne Diskussion des Begriffs 'Metatheater', dazu u. S. 323 Anm. 63.

sind, und schließlich, inwiefern diese in den übergreifenden Zusammenhang des tragischen Geschehens eingeordnet werden können. Auf diese Weise wird sich – so viel sei vorausgenommen – ein grundsätzlicher Unterschied zwischen der Verwendung von ritueller Thematik und Bildersprache bei Sophokles und Euripides feststellen lassen: Bei Sophokles sind die jeweiligen Passagen konkreter unter Berücksichtigung eines religiösen, rituell-kultischen Kontextes gestaltet, während bei Euripides die einzelnen Handlungen und Bilder gleichsam abgelöster von der Wirklichkeit erscheinen, 'literarischer' geworden sind, wodurch sich auch neue Dramatisierungsmöglichkeiten ergeben. Dies gilt besonders auch für das Problem von rituellen Handlungsschemata, die ganzen Stücken gleichsam 'unterlegt' werden können.

Dieser Interpretationszugang wird hier in erster Linie an Sophokles' *Aias* exemplarisch dargestellt. Der *Aias* dient als Beispiel dafür, daß eine rituelle Handlung im Zentrum des Stückes stehen kann (646–718), die sowohl Bestandteil einer Bilder- oder Themenreihe ist als auch eine Mehrschichtigkeit in der Aussage und Bedeutung aufweist, die im Stück dann zur unmittelbaren Entfaltung kommt. Danach wird in knapper Form die Monodie der Kassandra in den *Troerinnen* des Euripides diskutiert (308–341), die beispielhaft für die gedrängteste Verwendung von ritueller, bis zu einem gewissen Grade 'literarisierter' Bildthematik ist. Ein knapper Hinweis auf die Verwendung ritueller Handlungsschemata bei Euripides, die im Zusammenhang mit 'Ritual und Tragödie' ebenfalls diskutiert werden müßten, sowie auf die rituellen Handlungen oder Handlungsanweisungen, die wiederum vorwiegend bei Euripides im Zusammenhang mit Kultaitien am Schluß der Dramen erscheinen, beschließt die Untersuchung.

II

Sophokles, Aias

Im Zentrum des sophokleischen *Aias* steht die berühmte 'Trugrede' des Helden (646–692), die das zweite Epeisodion ganz ausfüllt[13]. Nachdem Aias aus seinem Wahnsinn erwacht ist, der ihn das erbeutete Vieh hinschlachten

---

13 Die Literatur zur Trugrede ist uferlos, vgl. bes. Sicherl 1977; Knox 1961; O. Taplin, "Yielding to Forethought. Sophokles' *Ajax*", in: Bowersock et al. 1979, 122–129; Winnington-Ingram 1980, 46 m. Anm. 107, wo eine knappe Übersicht über die Diskussion gegeben wird. Neuere Arbeiten: P. T. Stevens, "Ajax in the Trugrede", *CQ* 36 (1986) 327–336; G. Crane, "Ajax, the Unexpected, and the Deception Speech", *CJ* 85 (1990) 89–101, bes. 89 Anm.1 (mit weiterer Lit.); J. A. S. Evans, "A Reading of Sophocles' Ajax", *QUCC* 38, 3 (1991) 69–85; Seaford 1994b, bes. 282–288.

ließ im Glauben, es sei das griechische Heer mit seinen Anführern Agamemnon, Menelaos und Odysseus, gibt es für ihn zunächst nur noch den
Tod. Er ist ehrlos geworden, das schlimmste, was dem Krieger mit dem
großen Schild passieren kann. Die Feinde lachen. Doch im letzten Moment
scheint er sich von den Bitten Tekmessas und seiner Gefährten, den Salaminioi, die den Chor bilden, erweichen zu lassen. Er steht auf der Bühne
mit dem Schwert in der Hand – überall ist Blut – und hält seine große
Rede, in der er sagt, daß sich alles wandelt, daß Chronos, die große und
unermeßliche Zeit, alles, was unsichtbar war, hervorbringt und alles, was
war, wieder in sich birgt (ἅπανθ᾽ ὁ μακρὸς κἀναρίθμητος χρόνος/φύει τ᾽ ἄδηλα
καὶ φανέντα κρύπτεται 646 f.). Auch für ihn, Aias, ist Wandel deshalb möglich.
Also wird er zur Reinigung gehen – zu den 'Güssen' – (πρός τε λουτρά) und
zu den Wiesen am Meeresgestade (καὶ παρακτίους λειμῶνας 654 f.), um dort
seine Befleckung wegzuspülen (ὡς ἂν λύμαθ᾽ ἁγνίσας ἐμά) und dem schweren
Zorn der Göttin zu entrinnen (μῆνιν βαρεῖαν ἐξαλύξωμαι θεᾶς 656).

Damit sind auf ritueller Ebene die entscheidenden Ausdrücke gefallen:
λουτρά, die 'Güsse', das 'Bad', und λύματα, das 'Schmutzwasser', die 'Befleckung'. Intendiert ist von Aias ganz offensichtlich, sich einem Reinigungsritual zu unterziehen (λουτρά), bei dem man die Befleckung 'abwäscht'
und das Schmutzwasser (λύματα) nachher entsorgt[14]. Dabei geht es um mehr
als darum, 'Händewaschen' zu signalisieren und den Helden von der Skene
wegzubringen, damit er im nächsten Auftritt seinen Selbstmord vorführen
kann. Es geht um einen grundlegenden Gedanken des Stücks, der in mehrfacher Weise in ihm eingebunden ist, wie die Interpretation aufzeigen kann.

Was die pragmatischen Elemente des Reinigungsrituals betrifft, so kennt
die kathartische Praxis der Griechen in erster Linie die Reinigung des Mörders von Blutschuld. Hierbei wird Blut durch Blut gereinigt, φόνῳ φόνον
(Soph. OT 100). Paradebeispiel im Mythos ist Orestes, der in Delphi von
der Blutschuld des Muttermordes gereinigt wird. Bei dieser Gelegenheit
wird ein Ferkel geschlachtet, das Blut fließt über Kopf und Hände des Mörders und wird danach abgewaschen (Aesch. *Eum.* 448–452)[15]. Vasenbilder

---

14 Zur Reinigung: Burkert 1992b, 55–73, bes. 57–62; ders. 1990a, 79–83. Parker 1983, bes. 209–234. 281–307. Vgl. Hipp. *Loc. Hom.* 28 (6, 322 Littré) καὶ
λουτροῖσι κάθαιρε.

15 Auf diese Weise wird die Befleckung 'herausgewaschen' (μίασμα ἔκπλυτον
Aesch.*Eum.* 281) und 'vertrieben' (καθαρμοῖς ἠλάθη χοιροκτόνοις 283). K. Sidwell,
"Purification and Pollution in Aeschylus' *Eumenides*", *CQ* 46 (1996) 69–72; H. Neit-
zel, "Zur Reinigung des Orest in Aischylos *Eumeniden, WüJbb* 17 (1991) 69–89; vgl.
Apoll. Rh. 4, 685–717 (Kirke reinigt Jason und Medea vom Mord an Apsyrtos, indem

zeigen den Vorgang anschaulich, aber auch eine weitere Form der Reinigung mit Wasser und Lorbeerzweig[16]. Wichtig ist jedoch, daß ganz ähnliche Reinigungspraktiken auch im Zusammenhang mit Krankheit vorkommen. Neben die Reinigung mit dem Blut eines Opfertiers oder mit Wasser tritt insbesondere auch der Vorgang des 'Abschabens' oder 'Abreibens' einer zuvor aufgetragenen Paste. Figuren können hergestellt, einige Tage bewirtet oder gepflegt und danach entsorgt oder verbrannt werden. Dahinter steckt die Vorstellung, daß die Krankheit durch den Ansturm von Dämonen verursacht sei, deren man sich auf irgendeine Weise, durch Vertreiben oder auch durch Besänftigung, entledigen muß. Soziales Vergehen und Krankheit, 'Krankheit und schwerste Leiden' stellen die Menschen außerhalb der Gemeinschaft; jedem dieser Geschehen liegt nach antiker Auffassung eine Verfehlung zugrunde, die den Zorn eines Gottes oder von Dämonen hervorgerufen hat; demzufolge begegnet man ihnen letztlich auch mit denselben Reinigungspraktiken[17]. So wird auch Orestes nicht nur von seiner Blutschuld gereinigt, sondern auch von seiner μανία, seinem Wahnsinn geheilt[18].

sie Blut von einem Ferkel über die Hände der Mörder fließen läßt) und vgl. Jameson et al. 1993, 63–67. 73–76 (Reinigungsritual und Ferkelopfer) sowie eine hellenistische Inschrift von Kos, wo zur Reinigung ein Ferkel getötet und herumgetragen werden muß, *LSCG* 156 A 14 f.

16 Vasenbilder: Apulischer Glockenkrater Louvre K 710, 390/80 v. Chr., LIMC 7 (1994) 74 Nr. 48, Taf. 54 = A. D. Trendall / A. Cambitoglou, *The Red-Figured Vases of Apulia* 1: *Early and Middle Apulian* (Oxford 1978) 97 Nr. 229 = G. Schneider-Hermann, "Das Geheimnis der Artemis in Etrurien" *AntK* 13 (1970) 52–70, h. 59. Taf. 30, 1: Apollon selbst hält das Ferkel direkt über den Kopf des Mörders; das Blut fließt über dessen Kopf, wird aber nachher auch wieder abgewaschen, vgl. R. R. Dyer, "The Evidence for Apolline Purification Rituals at Delphi and Athens", *JHS* 89 (1969) 38–56. Reinigung mit Wasser und Lorbeerzweig: Apulischer Glockenkrater St. Petersburg, Ermitage 298 (St. 1734; 370/60 v. Chr.), LIMC ebd. Nr. 51 = Trendall / Cambitoglou op. cit. 83 Nr. 127. Vgl. noch *LIMC* ebd. Nrn. 52–54.

17 Dieselbe Reinigung für Krankheit und Befleckung: Hippocr. *Morb. sacr.* 4 (6, 362 Littré) καθαίρουσι . . . τοὺς ἐχομένους τῇ νούσῳ . . . ὥσπερ μίασμά τι ἔχοντας ἢ ἀλάστορας. Vgl. auch Theophr. *Char.* 16, 14, wo der μαινόμενος und der Epileptiker auf dieselbe Stufe gestellt werden. Reinigung 'auf Grund eines alten Götterzorns' (Plat. *Phaedr.* 244 d 5–e; *Resp.* 365 a): Burkert 1977 a, 442–45; 1990 a, 25 ff. 29 f.

18 Vgl. die Proitostöchter, die ebenfalls mit dem Blut eines Opferferkels gereinigt werden, jedoch nicht von 'Blutschuld', sondern von ihrem 'Wahnsinn', Apollod. 2, 2, 2: Burkert 1972 b, 189–193. Mattes 1970, 22 f. Krankheit als Ansturm eines Daimon: *Od.* 5, 396 στυγερὸς δέ οἱ ἔχραε δαίμων. Zum 'Abschaben' vgl. Burkert 1992 b, 61 f; Meuli 1946, 205 = 1975, 928 Anm. 2 (zu den ἀπονίμματα); J. Pigeaud, *Folie et cures de la folie chez les médecins de l'Antiquité gréco-romaine*, Paris 1987.

Entscheidend ist, daß man erkennt, was die Krankheit verursacht hat und
diese Ursache beseitigt. Für das Erkennen der Ursache und die Form der
Therapie ist in der Regel der Seher zuständig. Seher, Heiler und Arzt sind
eine Person. Die Beseitigung erfolgt so, daß man das Schmutzwasser ins
Meer entsorgt (so schon in der *Ilias*: εἰς ἅλα λύματ᾽ ἔβαλλον 1, 313). Man
kann das Schmutzwasser auch in der Wüste ausgießen, in einem Topf an
einem Ort, an dem niemand darauftritt, vergraben, usw[19].

Blickt man von hier aus auf die 'Trugrede' des Aias, so läßt sich nicht nur
der sachliche Hintergrund zu den bereits genannten Elementen in den Versen
654–656 erschließen, sondern erkennen, daß auch das, was unmittelbar auf
diese Verse folgt, zum Reinigungsritual dazugehört: Aias will zu einem Ort
gehen, wohin noch kein Fuß trat (ἀστιβῆ κίχω 657), dort wird er das Schwert
verbergen, indem er die Erde aufgräbt, wo es niemand sieht, wo es die Nacht
und Hades tief in sich bewahren werden. Dies thematisiert das Muster, daß der
Gegenstand, der als Ursache des Leidens angesehen wird, das Schwert, an einem
unbetretbaren Ort, in den tiefsten Tiefen der Erde, im Tartarus, beseitigt werden
soll. Auch die Ausführungen zum Schwert, das in seiner Bedeutung erkannt
wird (661–665), sind somit gedanklich noch der Thematik der Reinigung
zugeordnet: "Seit ich denn mit eigner Hand dies entgegennahm von Hektor,
dem Erzfeind, als Geschenk, war mir keine Ehre mehr zuteil von den Argi-
vern" (661). Wie ein Seher erkennt Aias hier, 'wie alles zusammenhängt', erzählt
seine 'Krankheitsgeschichte' und nennt das, was er 'beseitigen' muß, um 'gerettet' und 'der Krankheit entronnen', 'heil' (σεσωμένον 692) zu sein: das Schwert[20].

Die Thematik der rituellen Reinigung ist jedoch im Stück keineswegs
isoliert, sondern gleichsam die konsequente Fortsetzung von Vorstellungen,
die von Anfang an vorhanden waren. Der Reihe nach betrachtet, ergibt sich
hier ein Beispiel für eine Bild- oder Motivreihe, wie eingangs ausgeführt.
Diese Vorstellungen erweitern gleichzeitig die Funktion des Reinigungsrituals, wie es in der Rede des Aias beschrieben ist. Dabei gilt es zu berück-
sichtigen, daß sich Reinigungsrituale sowohl auf sakrale und soziale Vergehen als auch auf die Reinigung von Krankheiten beziehen.

---

19 Hippocr. *Morb. sacr.* 4 (6, 362 Littré): νῦν δὲ τούτων μὲν ποιέουσιν οὐδέν,
καθαίρουσι δὲ καὶ τὰ μὲν τῶν καθαρμῶν γῇ κρύπτουσι, τὰ δὲ ἐς θάλασσαν ἐμβάλλουσι,
τὰ δ᾽ ἐς τὰ οὔρεα ἀποφέρουσιν ὅπῃ μηδεὶς ἅψεται μηδ᾽ ἐμβήσεται; vgl. Apoll. Rh. 4,
710; Paus. 2, 31, 8; Parker 1983, 229ff. Zur Einheit von Medizin und Mantik vgl. Plat.
Crat. 405a–b: ἡ κάθαρσις καὶ οἱ καθαρμοὶ καὶ κατὰ τὴν ἰατρικὴν καὶ κατὰ τὴν μαντικήν.

20 Vgl. auch die Anrede an das Schwert 817f.: δῶρον μὲν ἀνδρὸς Ἕκτορος ξένων
ἐμοὶ/μάλιστα μισηθέντος ..., dazu R. L. Kane, "Ajax and the Sword of Hector:
Sophocles, *Ajax* 815–822", *Hermes* 124 (1996) 17–28.

Von Anfang an ist nicht nur von der 'Bluttat' des Aias, vom versuchten Mord am griechischen Heer, sondern auch von Aias' νόσος und seiner μανία die Rede und auch gleich davon, wer sie geschickt hat: es war Athena in verhängnisvollem Zusammenwirken mit Aias' eigenem verstörten Antrieb[21]. Die entscheidenden Worte fallen schon in Vers 59f.: Athena sagt zu Odysseus: "Ich aber trieb (ὤτρυνον) den in seiner rasenden Krankheit ruhelosen Menschen (φοιτῶντ' ἄνδρα μανιάσιν νόσοις) weiter an und warf ihn ins Netz des Unglücks (ἕρκη κακά)". Die Verse besagen nicht nur, daß Aias krank ist und worin diese Krankheit besteht (in μανία), sondern fassen diese Krankheit auch in ein traditionelles Bild: Sie äußert sich als Getriebensein, als Gejagtsein, das in seiner Konsequenz im Bild des Netzes, in dem sich der Kranke schließlich fängt, weiterentwickelt wird. Die Krankheit ist der Ansturm eines Gottes, einer Göttin, in diesem Falle Athenas, griechisch 'ὤτρυνον', "ich trieb" (60). In diesem Bild ist bereits die ganze Tragik des Stückes ausgedrückt: Der große Aias, Jäger und 'head hunter', der in vermeintlicher Souveränität sein Leben und seine Rache plant, ist in Wirklichkeit selbst der Gejagte, den die Göttin geradewegs und in unerbittlicher Konsequenz ins Netz getrieben hat, das sein Tod ist (εἰσέβαλλον εἰς ἕρκη κακά)[22]. Hier in Vers 59f. ist im Grunde alles schon beschlossen, ist das Stück schon gleichsam zu einem Ende gekommen[23]. Der Rest handelt dann davon,

---

21 Th. A. Szlezák, "Mania und Aidos. Bemerkungen zur Ethik und Anthropologie des Euripides", *A & A* 32 (1986) 46–59 zum Problem der Verquickung von unglücklichem menschlichem Streben und göttlicher Kausalität, bes. 53ff. Götter als Urheber von Wahnsinn: Henrichs 1994a, 34ff.; R. Padel, *In and Out of the Mind. Greek Images of the Tragic Self* (Princeton 1992) 162–192; G. Rosen, *Madness in Society. Chapters in the Historical Sociology of Mental Illness* (Chicago / London 1968) 71–136 (religiöser Ursprung des Wahnsinns in der Antike im Unterschied zur Geisteskrankheit im modernen, medizinischen Sinn); P. Biggs, "The Disease Theme in Sophocles' *Ajax, Philoctetes*, and *Trachiniae*", *CPh* 61 (1966) 223–235; Mattes 1970, 36–49.

22 Aias selbst erkennt schließlich Athena als Ursache seines Wahnsinns (vgl. die Fortführung des Bildes des Netzes), 450–452: νῦν δ' ἡ Διὸς γοργῶπις ἀδάματος θεά / ἤδη ... / ἔσφηλεν ἐμβαλοῦσα λυσσώδη νόσον; später bestätigt von Kalchas (756f.) 'Getrieben werden': vgl. das rituelle Laufen der Mänaden, Eur. *Bacch.* 731–733. Raserei (μανία, μαίνομαι) und Kriegswut (μένος) gehören zusammen, so schon *Il.* 6, 100f.; Eur. *Bacch.* 302–305: M.-G. Lonnoy, "Arès et Dionysos dans la tragédie grecque", *REG* 98 (1985) 65–71.

23 Blickt man auf den *Ödipus auf Kolonos*, könnte man die Form, ein Stück damit zu eröffnen, daß alles schon zu Ende ist (Ödipus ist angelangt, setzt sich, wird nur noch aufstehen, um ein paar Schritte weiter in den Hain zum Ort des Todes zu gehen), geradezu als dramatische Technik des Sophokles bezeichnen.

wie es zu diesem Ende kommt, welche Konsequenzen dieses Ende für die Umgebung des Aias hat, und baut in dramatischer Spannung in der 'Trugrede' die Möglichkeit auf, daß 'Reinigung' möglich sei, daß es nicht zu diesem Ende kommt. Und doch wird man wieder auf dieses Ende, *in* dieses Ende zurückgeworfen, Aias bringt sich um, unerbittlich ist die Göttin — doch ist das Stück da zu Ende?

Das Thema der νόσος oder μανία des Aias kann im Text über viele Passagen hin weiter verfolgt werden, wobei auch die Bilder der Jagd dazuzunehmen sind (282 προσέπτατο, sc. ἀρχὴ τοῦ κακοῦ, eigentlich 'flog an' wie ein Vogel die Beute, 'kam über ihn'). Es mag hier jedoch genügen, nur noch auf die Verse 66 f. hinzuweisen, die für den Gesamtzusammenhang besonders wichtig sind: Athena kündet darin an, daß die νόσος sichtbar werden soll (δείξω δὲ καὶ σοὶ τήνδε περιφανῆ νόσον), damit das ganze Heer (durch Odysseus) davon erfährt. Zur psychischen Katastrophe kommt die soziale Katastrophe, die Aias in den Tod treiben muß. Die soziale Katastrophe zeigt sich auf der Bühne in ihrem vollen Ausmaß gerade auch nach dem Tod des Helden in den großen, über den Tod hinaus feindseligen Reden der Atriden.

Ein weiteres wichtiges Element, das in den Zusammenhang der νόσος-Thematik gehört, ist die Frage der Therapie, von der im Stück zweimal die Rede ist (obgleich das Tier im Netz ist, todesbestimmt): Aias befiehlt Tekmessa, Eurysakes ins Zelt zu bringen, nachdem er sich von ihm verabschiedet hat. Ein weiser Arzt wird nicht wehklagend Beschwörungen singen (θρηνεῖν ἐπῳδάς), wenn es einen raschen Schnitt braucht (581 f.). Im unmittelbar folgenden Lied, dem ersten Stasimon, spricht der Chor der Salaminioi davon, daß Aias δυσθεράπευτος (609) sei, ein Ausdruck, der ebenfalls dem medizinischen Bereich entnommen ist. Aias ist dem Chor 'ἔφεδρος', Gefährte; ἔφεδρος ist aber auch der, der während des Kampfes dabeisitzt und wartet, daß er mit dem Sieger weiterkämpft. Wenn die Salaminioi also alle ihre Mühen bezwungen hätten, dann wartete ihnen immer noch Aias, wie ein Daimon, damit er sie anfalle und niederringe. Aias ist seiner Krankheit gleichsam zugesellt, er ist 'ξύναυλος' der göttlichen Raserei (θείᾳ μανίᾳ 611). Die Einsamkeit, die die Krankheit gebracht hat, wird beschrieben. Aias ist nicht mehr erreichbar[24]. Dieses Chorlied — gleichzeitig ein vor-

---

24 Zu ἔφεδρος: Pind. *Nem.* 4, 96; Plut. *Sol.* 29, 1; *LSJ* s.v. II 4. Zur 'Entfremdung von der Wirklichkeit' und 'sozialen Marginalisierung' am Ende der (rituellen) mania: Henrichs 1994a, 54 ff.; zum Zusammenhang zwischen (dionysischem) Wahnsinn und Hybris ebd. 56–58.

zügliches Beispiel für die situative und dramatische Einbindung eines Chorliedes mit ritueller Liedstruktur – gerät nicht etwa zum Paian, wie man in
dieser Situation erwarten könnte, zur Bitte um Rettung und Heilung an
Apollon, sondern zunehmend zum Threnos, artikuliert in der Vorstellung
von der Klage der Mutter, wenn sie von ihrem kranken Sohn hört
(624–634)[25]. Über das Stichwort 'αἴλινον αἴλινον', die Vorstellung von der
Nachtigall (dem Paradigma für unablässiges Klagen, besonders um ein ver-
lorenes Kind), geht der Chor über zum ekstatischen Klagegesang, der sich
durch hohe, schrille Töne auszeichnet, durch das Schlagen der Brust
und Raufen der Haare. Die Antistrophe (635–645) beginnt mit dem zu-
sammenfassenden Gedanken: Besser ist für ihn, den sinnlos Kranken, wenn
er geborgen im Hades ist . . . Aias ist ganz außerhalb seiner selbst (ἐκτὸς
ὁμιλεῖ 640). Es gibt mit anderen Worten keine Rückkehr zu sich selbst,
keine Heilung. Musikalisch und thematisch ist also die Szene vorbereitet,
die dann 815–865 folgt: Aias pflanzt sein Schwert vor sich auf und tötet
sich.

Doch das Lied bildet, wie man in der Folge erkennt, eine Art Kontra-
punkt. Aias tritt auf (646) und sagt, daß sich alles ändert, nichts unmöglich
ist. Also wird er das Reinigungsritual vornehmen. Es ist – wie oben dargestellt – die richtige, 'vernünftige' Reaktion auf seine Situation, nicht nur,
daß er sich vom Blut (der Tiere) reinigt, sondern gleichzeitig bedeutet dies
auch – wie wir jetzt begreifen – Heilung von seiner 'Krankheit', seiner
'μανία'. Das hier vorgeschlagene Reinigungsritual setzt also die νόσος-Thematik des Stückes fort, indem es sie erweitert, sozusagen eine adäquate Antwort auf der rituellen Ebene gibt. Den Bildern vom todgeweihten Aias setzt
dieses Ritual das Bild der Reinigung, gleichzeitig – wenn die Reinigung
gelingt – der Heilung des Helden gegenüber. Es schafft hier, im Zentrum
des Stückes, eine große dramatische Spannung, die im folgenden ausgespielt
wird.

Darauf, daß andererseits das, was Aias hier sagt, doppeldeutig ist und es
sich nicht um eine konventionelle Reinigung handeln kann, hat man längst
hingewiesen[26]. Doppeldeutig ist allein schon der hier entscheidende Begriff
'λουτρά', insofern dieses Wort bei Sophokles sonst für das Waschen des Toten
verwendet wird (oder für die Güsse, die man dem Toten aufs Grab gießt)[27].

---

25 Zur Antithese von Paian und Threnos in der Tragödie: I. Rutherford, "Apollo
in Ivy. The Tragic Paean", *Arion* 3, 3, 1 (1994–95) 112–135, bes. 121–124 (122: 'Tod'
als 'Heiler' seit Aesch. fr. 255 *TrGF*).

26 Bes. Sicherl 1977; jüngst Seaford 1994b, 282ff.

27 Soph. *El.* 84; vgl. schon Knox 1961, 11.

Diese Verwendung findet sich im *Aias* selbst, wo auf Anordnung des Teukros der Dreifuß mit dem Wasser für die λουτρά des toten Aias aufgesetzt werden soll (τρίποδ' ἀμφίπυρον λουτρῶν ὁσίων θέσθ' ἐπίκαιρον 1405f.); ein weiteres Beispiel sind 'παρακτίους' sc. λειμῶνας – ἀκταί meint andernorts auch die Gestade des Todes (Soph. *Ant.* 812f.)[28]. Vor allem aber schaffen die Verse 658ff. eine Doppeldeutigkeit in der Konzeption der Durchführung des Rituals dadurch, daß weder gesagt wird, wo der krankheitsverursachende Gegenstand, das Schwert, denn eigentlich verborgen werden soll (normalerweise erfolgt dies in einem Behältnis, hier wird, wie wir wissen, der Körper des Aias Behältnis sein), noch, in welcher Weise die Erde aufgegraben wird (nämlich so, daß das Schwert darin mit der Klinge nach oben stecken soll), noch, in welcher Weise die Nacht und Hades es bergen sollen (nämlich im Grab des Aias zusammen mit ihm).

Doch dazu kommt neu noch eine dritte, für das Verständnis des Stückes nicht minder entscheidende Ebene. 'Doppeldeutig' sind die Begriffe noch in einem weiteren Sinn, worauf vor kurzem auch R. Seaford hingewiesen hat; doch kann hier nunmehr ein kohärenteres Bild gezeichnet werden[29]: Die Begrifflichkeit, in der das oben skizzierte Reinigungsritual gehalten ist, verweist nämlich auch auf die Bildthematik der eleusinischen Mysterien und der eleusinisch-orphischen Eschatologie[30]: Am deutlichsten ist der Begriff 'λειμῶνες'. Dabei handelt es sich grundsätzlich um einen dicht mit Gras und Blumen bewachsenen Ort, vor allem in Heiligtümern von Göttern und Heroen, dann aber auch um die besondere 'Wiese' in der Unterwelt, die 'Wiese der Eingeweihten' und der Ort, wo die Gerechten hin-

---

28 Vgl. auch ἁγνίσας (655): 'abwaschen', 'reinigen', mit Wasser: Eur. *Iph. Taur.* 1639, andererseits den Toten (bes. mit Feuer): Soph. *Ant.* 545; Eur. *Supp.* 1211; auch rituelles Reinigen: Eur. *Herc. fur.* 1324. Zur Verbindung mit λύματα: *Il.* 14, 171 λύματα πάντα κάθηρεν; Call. *Aet.* III fr. 75, 25 Pf. ἔκλυζεν ποταμῷ λύματα.

29 Seaford 1994b, 283f.; ders. 1986, 1–26.

30 Für das folgende vgl. besonders Burkert 1977a, 426–432 (zu Eleusis), 434–440 (bakchische Mysterien); 1992b, 27f.; Graf 1974, bes. 133ff.; West 1983, 15–29; außerdem die Arbeiten zu den orphischen Goldblättchen: Graf 1991; 1993; die Pelinna-Goldblättchen publiziert bei Tsantsanoglou/Parássoglou 1987. Eine Übersicht der wichtigsten Texteditionen bei Schlesier 1995, 389f. Anm. 2; vgl. auch die Appendix des Beitrags von C. Riedweg in diesem Band, 389–398. Zu Euripides' *Bakchen* und den Dionysos-Mysterien Seaford 1981. Vgl. auch die der Tragödie generell inhärente Tendenz, (destruktive) μανία und βακχεία zusammenzubringen, wodurch erstere rituell verankert werden kann, Henrichs 1994a, 52f.

kommen[31]. In der Kombination mit λουτρά und dem Attribut παρακτίους (sc. λειμῶνας) klingt aber auch das Bad des Mysten an, das dieser vor der Einweihung zur Reinigung im Meer nimmt. Auch die nicht näher spezifizierte Aussage vom 'Zorn' der 'Göttin', hier Athena, dem man entgehen muß, nämlich indem man für eine Grundverfehlung Sühne leistet, klingt an eschatologische Vorstellungen an. Diese Verfehlung kann auf eigenem Verschulden beruhen oder auf demjenigen von Vorfahren. In jedem Fall können die Konsequenzen Krankheit und Wahnsinn (μανία) im diesseitigen oder auch ewige Qualen im jenseitigen Leben sein. In beiden Fällen kann rituelle 'Reinigung' Abhilfe bringen. Von dieser Reinigungsthematik, auch von der 'lösenden' Kraft des Dionysos Bakchios ist in Texten aus dem eleusinischen und orphisch-dionysischen Umfeld mehrfach die Rede[32].

Dazu kommen noch weitere Passagen in der Rede des Aias, die vom Wechsel in den elementaren Erscheinungen der Natur handeln und in der hier gewählten Formulierung auf Inhalte der Mysterien hindeuten (671–76)[33]: Der Winter weicht und macht dem Sommer mit seinen schönen Früchten Platz (εὐκάρπῳ θέρει 671). Der dunkle Kreis der Nacht räumt seine Stelle dem hellen Tageslicht ein, daß es leuchte. Das Meer wird ruhig, der Schlaf weicht einem andern Zustand. Der Sommer mit seinen schönen Früchten läßt elysische Vorstellungen assoziieren, wo alles blüht und von

31 Aristoph. *Ran.* 449; Pind. fr. 129 Maehler; Plat. *Phaedr.* 246a–257d. Plut. fr. 178 Sandbach: ἐκ δὲ τούτου φῶς τι θαυμάσιον ἀπήντησεν (sc. ὁ μεμυημένος) καὶ τόποι καθαροὶ καὶ λειμῶνες ἐδέξαντο. *OF* 222 ἐν καλῷ λειμῶνι βαθύρροον ἀμφ' Ἀχέροντα (5. Jh. v. Chr.?). Goldblättchen: Thurioi A 4, 5f. Zuntz: δεξιὰν ὁδοιπόρ(ει)/λειμῶνάς τε ἱεροὺς καὶ ἄλσεα Φερσεφονείας; Pelinna 1, 7: Graf 1991, 92ff.; ders. 1974, 90f.

32 Pelinna 1, 2: εἰπεῖν Φερσεφόναι σ' ὅτι Βάκχιος αὐτὸς ἔλυσε, vgl. Graf 1991, 89; Plat. *Resp.* 2, 364c–e; *OF* 232 (= Olymp. *In Plat. Phaed.* 2, 11, p. 87, 13 Norv.): ὅτι ὁ Διόνυσος λύσεώς ἐστιν αἴτιος· διὸ καὶ Λυσεὺς ὁ θεός, καὶ ὁ Ὀρφεύς φησι ... λύσιν προγόνων ἀθεμίστων/μαιόμενοι· σὺ δὲ τοῖσιν ἔχων κράτος, οὕς κ' ἐθέλῃσθα,/λύσεις ἔκ τε πόνων χαλεπῶν καὶ ἀπείρονος οἴστρου; hier sind auch die Titanen gemeint. Zu Dionysos-Bakchios als 'lösender' Gottheit: Graf 1991, 89–91; 1993, bes. 251f.; Burkert 1990, 27–29. Auf den Goldblättchen der Gruppe A2 und A3 hat sich der Verstorbene selbst befreit: ποινὰν δ' ἀνταπέτεισ' ἔργων ἕνεκ' οὔτι δικαίων (4). Der Dionysoskult hatte reinigende Funktion: Soph. *Ant.* 1144 καθαρσίῳ ποδί; vgl. Eur. *Bacch.* 77; Plat. *Leg.* 7, 815c; Σ Pind. *Pyth.* 3, 139b τὸν Διόνυσον δὲ καθᾶραι τῆς μανίας δοκεῖ; Phot. s. v. Λύσιοι θεοί· οἱ καθάρσιοι; cf. id. s. v. Λύσιοι τελεταί· αἱ Διονύσου; Burkert 1992b, 27. 81. 88.

33 Bei Seaford 1994b, 283f. sind im Zusammenhang mit der Mysterienthematik zwei Erscheinungen genannt: Nacht zu Tag (673) und aufgewühlte zu ruhiger See (674f.), wobei auf Eur. *Bacch.* 902f. verwiesen wird.

selbst wächst. 'Licht' (673) ist ein dominierendes Bild im Zusammenhang
der Mysterien, wo das Anaktoron sich öffnet, aus dem helles Licht strahlt.
Das ruhige Meer, die εὐδία, klingt an die εὐδαιμονία an, sie erscheint oft bei
Pindar im Zusammenhang mit dem Zustand, den der Sieg bringt nach
Mühen und Kampf[34]. Auch der Schlaf, hier eine Metapher für Tod, ist
etwas, was bindet und doch löst, ist Durchgang in einen anderen Zustand.
Auf dem Goldblättchen von Pelinna findet sich eingangs die Formulierung:
'νῦν ἔθανες καὶ νῦν ἐγένου, τρισόλβιε, ἄματι τῶιδε'. Darüber ist jedoch nicht zu
vergessen, daß der negative Teil der Bilder immer auch für das Krankheits-
geschehen steht: Die Krankheit ist wie ein 'Sturm', wie 'Nacht', wie das
aufgewühlte Meer, ist Krise und schließlich Tod. Alle diese Bilder finden
sich im Zusammenhang mit der νόσος-Thematik des Stücks, alle aber werden sie positiv gewendet, deuten den anderen Zustand an, in den sie gleichsam überführen. Der ewige Wechsel aber ist ein Zustand bei den Menschen;
Aias wird diesem Kreis entfliehen. Er wird dorthin gehen, wohin er gehen
muß (ἐγὼ γὰρ εἶμ' ἐκεῖσ' ὅποι πορευτέον 690) – auch das Bild des Weges hat
seine eschatologische Einfärbung –, und schließlich wird er 'gerettet', 'entronnen', 'heil' sein (σεσωμένον 692)[35].

Dieser Hintergrund ist entscheidend für das Verständnis des Todes des
Aias, denn auf diese Weise führt die ganze Reinigungsthematik auf eine
andere Ebene. Das 'Reinigungsritual', das Aias hier vorschlägt, wird trans-
formiert, erhält seine Bedeutung aus einer eschatologischen Perspektive.
Aias' Krankheit und Verfehlung wird nicht bloß in einer medizinischen
Dimension gesehen, für die es – wenn auch von Platon verächtlich ver-
spottet – durchaus 'Reinigung' und 'Heilung' im Diesseits gäbe. Denn
gleichzeitig führt dieses Ritual, diese Form der Reinigung durch ihre ideel-
le Einbindung in eine andere Welt. 'Dem Kreis entflogen', dem ewigen
Wechsel, wo nichts Beständiges ist, entronnen, am Ziel angekommen ist der
'Gereinigte' erst im Tod, durch den er hindurchgeht. Dionysos Bakchios hat
'gelöst'. Es ist diese endgültige 'Lösung', die Aias anstrebt, wie in der Folge

---

34 Pind. *Ol.* 1, 97–99; 2, 53 ff. u. a. 'Licht': Aristoph. *Ran.* 155 φῶς κάλλιστον und
εὐδαιμονία, Riedweg 1987, 47–60; Seaford 1981, 257f. Vgl. Plut. fr. 178 Sandbach
ἐκ δὲ τούτου φῶς τι θαυμάσιον (vgl. o. Anm. 31).

35 Vgl. o. S. 307. Goldblättchen der Gruppe B (Zuntz B 1–8; vgl. A 1 und A 4;
B 9; 10 und Pelinna); Hipponion (B 10 Graf) 15f. ὁδὸν ἔρχεαι, ἥν τε καὶ ἄλλοι/μύσται
καὶ βάκχοι ἱερὰν στείχουσι; Seaford 1981, 258 ad Firm. Mat. *Err. prof. rel.* 2. Vgl. noch
τελεῖσθαι, Seaford 1994b, 284; 'Hafen der Freundschaft' (683): Anspielung auf "mystic
salvation", Seaford ebd. 283.

klar wird. Gleichzeitig ist durch diese Darstellung oder 'Einfärbung' in der sogenannten 'Trugrede', diese Form der 'Lösung' auch Hoffnung und Verheißung, eine Verheißung, die sich schließlich in der ehrenvollen Bestattung und im Dasein als Heros für alle Zeit, sei es im Grab am Kap Sigeion in Kleinasien oder auf Salamis, erfüllt. In diesem Sinn verweist also die 'Trugrede' in der Tat auf den Schluß des Stückes, aber auch auf die Zukunft, auf die Verehrung als Heros im Athen des 5. Jahrhunderts[36].

Doch auch das unmittelbar folgende Chorlied (693–718) – wiederum ein Beispiel für ein Chorlied mit kultisch-ritueller Grundstruktur – erweist sich als thematisch eng mit der Rede des Aias verbunden und ist neu zu akzentuieren. Man hat – ausgehend von περιχαρής – das Lied als überschwengliches Freudenlied des Chores, der Aias völlig mißverstehe, zur Betonung des 'Umsturzes' vor der Katastrophe verstanden und auf die ähnliche Funktion eines Chorliedes auf Dionysos in der *Antigone* hingewiesen, wo der Chor auf den Beschluß Kreons, Antigone aus ihrer Grabeskammer zu befreien, ebenfalls ein Freudenlied singt; doch Antigone wird tot aufgefunden[37]. Im *Aias* hat dieses Lied natürlich zunächst dramaturgisch die Funktion, Aias abtreten zu lassen, ihm Zeit zu geben, an den Meeresstrand zu gehen. Wichtiger in unserem Zusammenhang ist jedoch, daß dieses Lied seinerseits die bildhaften Beziehungen zum Gedanken der rituellen Reinigung, zur orphisch-bakchischen Einfärbung der vorangehenden Verse sowie zur Mysterienthematik aufnimmt. Zunächst einmal beginnt das Lied damit, daß Pan herbeigerufen wird, φάνηθι, der den Chor in Bewegung setzen und anführen soll. Es sind 'mysische' und 'knossische' Tänze, die vorgeführt werden sollen, in denen sich die Spannung lösen soll[38]. Es handelt sich also um dionysisch-ekstatische Tänze, vielleicht sogar auf der Grundlage einer

---

36 Vgl. u. Anm. 49.

37 Soph. *Ant.* 1146–1152. Die Ankunft des Gottes, dort des Dionysos, bedeutet 'Freude'. Wie Pan in Soph. *Aias*, so soll auch Dionysos, hier zusammen mit den Thyiaden, tanzen: ἰὼ πῦρ πνειόντων/χοράγ᾽ ἄστρων, νυχίων/φθεγμάτων ἐπίσκοπε ... προφάνηθ᾽ ..., die Thyiaden, αἵ σε μαινόμεναι πάννυχοι/χορεύουσι τὸν ταμίαν Ἴακχον. Zur Mysterienmetaphorik in diesem ekstatischen Lied Henrichs 1990, 266f.; Bierl 1991, 127–132; Seaford 1994a, 381f. Zu den 'joy-before-disaster odes': Henrichs 1994–95, 73–85; zu Aias 693–705 ebd., bes. 73–75; Bierl 1989, bes. 53f.

38 Μύσια in P.Oxy. 1615 und Suda s. v., die Codices verzeichnen Νύσια. Letzteres verweist auf eine Verbindung Pans mit Dionysos (vgl. vorh. Anm.), ersteres auf eine Verbindung Pans mit der Großen Mutter und Rhea Kybele; wegen der hiermit involvierten kathartischen Funktion (vgl. folg. Anm.) ist dieser Lesung der Vorzug zu geben. Vgl. Lehnus 1979, 3–55; Heikkilä 1991, 55–57; Kamerbeek 1963, 147f.

Pyrrhiche, wie man sie von den Kureten oder im Kult der Rhea-Kybele, mit der sich Pan zuweilen verbindet, kennt[39]. Der Chor 'schaudert' vor 'Begehr' (ἔρωτι); φρίσσω ist ambivalent, oft auch vor Furcht, wenn sich etwas in einem zusammenzieht, man zurückschreckt, wird aber auch von demjenigen gesagt, der in einen Mysterienkult eingeweiht wird, dasitzt mit verhülltem Kopf und die Riten über sich ergehen läßt, oder wird als Ausdruck im Zusammenhang mit dem Sehen des 'Heiligen' verwendet[40]. Daß es Pan ist, der herbeigerufen wird, kann mit der besonderen Situation der Salaminioi zusammenhängen: Pan wohnt auf einer Insel nahe bei Salamis, hat bei Marathon gegen die Perser geholfen[41]. Pan wird aber auch – spätestens in hellenistischer Zeit – mit Protogonos, der ganz am Anfang der orphischen Kosmogonien steht, gleichgesetzt[42]. Interessanter in unserem Zusammenhang ist, daß 'Pane' bei Platon in Verbindung mit ekstatischen Tänzen (βακχεία ὄρχησις) genannt sind, die in orphisch-dionysischem Kreis die Reinigung begleiten[43]. Apollon wird von Delos herbeigerufen, auch er Gott der

39 Pan als Paredros der Meter, der kathartische Funktion, insbesondere die Reinigung von Wahnsinn, zugeschrieben wird: Σ Pind. *Pyth.* 3, 137b (ad 3, 77–79) καθάρτριά ἐστι τῆς μανίας ἡ θεός. Pan als Gott des Tanzes: Pind. fr. 99. 135 Maehler; Aesch. *Pers.* 448f.; vgl. Lehnus 1979, 189–207. 'Fliegen' (ἀνεπτάμαν) ist Ausdruck der Freude (Aristoph. *Av.* 1373ff.), aber auch der Furcht, Soph. *Ant.* 1307. Zu den Tänzen: Heikkilä 1991, 54–60; 'Waffentänze': Vgl. Aias, der den Chor als ἄνδρες ἀσπιστῆρες (565) bezeichnet; Aias, als ihr Anführer, ist selbst σακεσφόρος (19. 576).

40 Vgl. Seaford 1994b, 283–86 mit Hinweis auf die Bedeutung von ἔφριξ' ἔρωτι (697) und des Wechsels vom Dunkel zum Licht, 706–710; ders. 1981, 254ff.; Riedweg 1987, 60–67. Zu φρίκη im Kontext der Mysterien Graf 1974, 132f.

41 Aesch. *Pers.* 447–449, wo auch die Verbindung zur Insel Salamis hergestellt wird: νῆσός τις ἐστὶ πρόσθε Σαλαμῖνος τόπων/βαιά, δύσορμος ναυσίν, ἣν ὁ φιλόχορος/ Πὰν ἐμβατεύει ποντίας ἀκτῆς ἔπι. Pan in Attika: Borgeaud 1979, 94f. 132–162, bes. 150f.

42 Zu Pan in eleusinischem Kontext: Pan und Dionysos auf einem Krater in Stanford (University Museum of Art 70, 12; 430 v. Chr.), publ. von A. E. und I. K. Raubitschek, "The Mission of Triptolemus", in: *Studies in Athenian Architecture, Sculpture and Topography pres. to Homer A. Thompson*, Hesperia Suppl. 20 (Princeton 1982) 109–117 mit Tf. 15b (wieder in: A.E.R.: *The School of Hellas. Essays on Greek History, Archaeology, and Literature*, ed. by D. Obbink und P. A. Van der Waerdt, New York/Oxford 1991, 229–238 m. Tf. 22). Zu Tanz und Aulosmusik bei der nächtlichen Feier in Eleusis Graf 1974, 53. 138. Panische und dionysische Besessenheit: ebd. 111–113; Lehnus 1979, 96f. 183f.

43 Es sollen folgende Tänze verboten werden: ὅση μὲν βακχεία τ' ἐστὶν καὶ τῶν ταύταις ἑπομένων, ἃς Νύμφας τε καὶ Πάνας καὶ Σειληνοὺς καὶ Σατύρους ἐπονομάζοντες, ὥς φασιν, μιμοῦνται κατῳνωμένους, περὶ καθαρμούς τε καὶ τελετάς τινας ἀποτελούντων, *Leg.* 815 c; cf. 854b; *Phaedr.* 244d–e. 265b; Suda s. v. βάκχαι: βάκχαι καὶ Σάτυροι καὶ Πᾶνες καὶ Σιληνοί· ὀπαδοὶ Διονύσου; Burkert 1990a, 21–34, bes. 25. Kathartische Wirkung des ekstatischen Tanzes: Vicaire 1968, 363f. m. Anm. 39.

Reinigung par excellence (702–705)[44]. Das Bild des schweren Kummers, der wie eine dunkle Binde über den Augen lag und nun 'gelöst' wird, so daß das Licht scheint vor den Schiffen, faßt ebenfalls Mysterienthematik in ein hoffnungsvolles Bild. 'Licht' im Griechischen bedeutet zudem Rettung; so kündet sich auch die rettende Gottheit im Kriegsgeschehen in einem plötzlich erstrahlenden Licht an. Aias hat Krankheit und Qual hinter sich gelassen (λαθίπονος), den neuen Status mit Opfern besiegelt[45].

Da ist also nicht einfach Freude und Ausgelassenheit. Da ist – die musikalisch-rhythmische Begleitung machte dies vielleicht noch deutlicher – diese kretisch-dionysische, 'panische' Form des ekstatischen Tanzes, der sich auf ein Diesseits, aber auch auf ein Jenseits bezieht. Das Lied ist gewissermaßen die adäquate Begleitung zum Reinigungsritual, drückt musikalisch dessen doppelten Aspekt aus. Lied und rituelle Handlung zielen gleichermaßen ins Diesseits und ins Jenseits. Diese 'Mehrschichtigkeit' des Liedes erlaubt es aber auch, dieses sehr bedeutsam und behutsam in den Handlungsverlauf einzugliedern: Die Freude und Erwartung des Chores wird sich zwar als 'falsch' erweisen. Doch das Lied der (ekstatischen) Freude ist in einem umfassenderen Sinn 'richtig', insofern es Aias in seinem Vorhaben ans sichere Ziel geleitet: Als Heros wird Aias seinen angemessenen Ort in der göttlich-menschlichen Gemeinschaft finden[46]. Während aber der Chor daran festzuhalten sucht, daß der Weg zurückführt, zur Reintegration ins Diesseits, führt er für Aias darüber hinaus. Das 'Leben' ist anderswo, oder in der Formulierung eines der Goldblättchen: βίος, θάνατος, βίος[47].

---

44 Pan zusammen mit Apollon verehrt: Aristoph. *Ran.* 230f.

45 πόνος/πόνοι in der Bedeutung 'Krankheit': Thuk. 2, 49; vgl. Soph. *Aias* 866. Zu 'Licht' in der Bedeutung 'Rettung', 'Heil' Graf 1985, 232ff. 'Licht', 'Sehen' im Kontext der eleusinischen Mysterien: Graf 1974, 81f. m. Anm. 12. Zum Umschlag von Leiden in Freude in der Mysterienerfahrung Seaford 1986, 25. 'Panisches' Lachen in Eleusis mit der Bedeutung 'Bruch der Trauer und Wiederkehr des Lebens': Borgeaud 1979, 220; Eur. *Ion* 491–506. Zum Motiv 'Tod und Mysterieneinweihung' Graf 1974, 131ff.; vgl. Plut. *Prof. in virt.* 10, 81d–e. Tod und Dionysosmysterien: S. G. Cole, "Life and Death. A New Epigram for Dionysos", *EpigrAnat* 4 (1984) 37–49; dies., "Voices from Beyond the Grave. Dionysus and the Dead", in: Carpenter/Faraone 1993, 276–295, bes. 276–279.

46 Es ist also höchstens vordergründig richtig, daß dieser Freudenausbruch "völlig fehl am Platze ist", und "in krassem Widerspruch zum Handlungsverlauf und Tenor der Tragödie steht", Henrichs 1996, 44f. Der 'dionysische' Charakter des Freudenliedes ist gerade in seiner Mehrdeutigkeit der Situation besonders angemessen.

47 J. G. Vinogradov, "Zur sachlichen und geschichtlichen Deutung der Orphiker-Plättchen von Olbia", in: Borgeaud 1991, 77–86 (mit früherer Literatur). Vgl. noch M. L. West, "The Orphics at Olbia", *ZPE* 45 (1982) 17–29; Henrichs 1994a, 48–51.

Von hier aus ist denn auch die sogenannte Trugrede (646–692) neu zu interpretieren, was hier nicht im einzelnen geleistet werden kann. Ob Aias wissentlich 'trügt', ob aus Mitleid, ob er 'ironisch' ist, ob der Chor ihn einfach mißversteht, wird bis heute diskutiert. Im Grunde ist die Linie von Anfang an festgelegt: Chronos, der über alles waltet, und die Vorstellung vom ewigen Wechsel machen den äußeren Rahmen deutlich. Der Wechsel ist ein diesseitiges Muster, Werden und Vergehen, eines ins andere, Leben und Sterben, dem Kreis entfliehen und leben zu etwas anderem hin. Sich diesem Wechsel einzufügen und ihm gleichzeitig zu entgehen, diese Möglichkeit bietet Aias das Reinigungsritual. Es ist – was es in Wirklichkeit nicht ist – in der Konsequenz, in der er es durchführt, die Transformation. Es zeigt ins Diesseits zurück, indem es 'Reinigung' und – wie der Schluß des Stückes andeutet – Aufhebung der Entehrung auf göttlicher und menschlicher Ebene signalisiert (Aias wird als Heros in seinem Grab verehrt), und es zeigt auf das Jenseits, indem es Aias zu eben diesem Dasein in einem besonderen Tod bringt. Von hier aus läßt sich die Trugrede dann als eine 'Entdeckung', als eine Einsicht in die menschlichen, aber auch in diejenigen Zusammenhänge verstehen, in die das Menschliche in einem umfassenderen Sinn eingeordnet ist, auch in dem Sinne, daß Aias sieht, in welche Zusammenhänge er selbst von nun an gehört. Es ist denn auch signifikant, daß die 'Wechsel' am Anfang der Rede – dort wo Aias sozusagen innerlich noch im Diesseits verbleibt – alle zum Negativen hin sind, die Wechsel in der zweiten Hälfte (670 ff.) alle zum Positiven hin, sie alle führen 'darüber hinaus'. Das Ritual, das in der Bühnenhandlung auf den diesseitigen Bereich bezogen wird, führt tatsächlich in einen anderen Bereich, bedeutet dort aber Integration in eine feste und umfassendere Ordnung, wie der Schluß des Stückes zeigt.

Schließlich ist nicht zu vergessen, daß das besprochene Reinigungsritual nicht die einzige rituelle Handlung im Stück ist. Mehrfach besprochen wurde in der Sekundärliteratur das Supplikationsritual (Eurysakes am Leichnam seines Vaters Aias, 1171–1181) und das Bestattungsritual am Schluß des Stückes (1402–1416)[48]. Einleuchtend hat A. Henrichs 1993 dargelegt, daß es im *Aias* (wie im *Ödipus auf Kolonos*) darum geht, den Kultheros, wie er zur sakralen Wirklichkeit des Publikums im 5. Jh. v. Chr. gehört, in statu nascendi zu zeigen, wobei die rituellen Handlungen an der Darstellung dieses Prozesses einen wesentlichen Anteil haben. Hier wäre dann das Reinigungsritual einzufügen, das am Anfang dieser rituellen Handlungen steht

---

48 Henrichs 1993; Easterling 1988; Burian 1972.

und mit dem Aias (ähnlich wie Ödipus) selbst den Anstoß zu dieser Verwandlung gibt, die Grenze überschreitet, im Wissen, daß sein Tod die Entehrung aufhebt und ihn wirkungsmächtig macht bei den Menschen. Das Dasein als Heros zeigt sich in Grab, Kult und Wirkungsmächtigkeit: Diese Faktoren sind im Aias alle berücksichtigt – wobei sich die Wirkungsmacht insbesondere auch im Fluch des Aias über das ganze Heer zeigt, der also keinesfalls zu athetieren ist und schließlich am Ende des Stücks in der Formulierung des Teukros auf die Feinde eingeschränkt wird[49].

Die rituellen Handlungen haben also im Stück selbst nicht nur eine unmittelbar sinnstiftende Funktion, und zwar gleich in mehrfacher Weise, wie für das Reinigungsritual aufgezeigt, sondern auch eine über den unmittelbaren Zusammenhang hinausgehende Funktion, indem sie aufeinander verweisen und das Stück im rituell-sakralen Bereich, auf dem es gleichsam aufliegt, eng zusammenbinden[50]. Es ist auch deutlich, daß die Rituale zwar in der religiösen Pragmatik des 5. Jahrhunderts wurzeln, jedoch ganz im Sinne des Stückes als einer poetisch-dramatischen Fiktion über vergangene Ereignisse ausgestaltet sind. Sie wirken, wie eingangs dargelegt, 'zeichenhaft'. Dies jedoch bedeutet nicht, daß sich andere Deutungen des Stückes, insbe-

---

49 Schließlich ist die attische Rückbindung des Stoffes im 5. Jh. nicht zu vergessen. Aias ist Phylenheros und wird im Temenos seines Sohnes Eurysakes auf der Agora verehrt (zusammen mit Teukros). Die Salaminioi sind als Priester mit Pflege und Schutz betraut: H. A. Shapiro, *Art and Cult under the Tyrants in Athens* (Mainz 1989) 154–157, wo auch die hier relevanten Inschriften angeführt sind; vgl. Paus. 1, 35, 2. Insofern ist die Geschichte des Aias im Epos und besonders in der attischen Tragödie immer auch die Geschichte des athenisch-salaminischen Aias, des Vorbildes des athenischen Hopliten und Kriegers. Zur Rückbindung des Stückes an Athen vgl. die Anrede der Salaminioi als ναὸς ἀρωγοὶ ... γενεᾶς χθονίων ἀπ' Ἐρεχθειδᾶν (200f.); 1217–1222 zum Kap Sunion, wohin sich die Salaminioi als ihrem Bollwerk sehnen, τὰς ἱερὰς ὅπως προσείπομεν ᾿Αθάνας; zur Funktion des Kap Sunion als militärische Stellung und sakrale Zufluchtsstätte für das südliche Attika: U. Sinn, "Sunion. Das befestigte Heiligtum der Athena und des Poseidon an der 'Heiligen Landspitze Attikas'", *AntW* 23 (1992) 175–190. Zu den Salaminioi: J. H. Young, "Studies in South Attica", Hesperia 10 (1941) 163–191. Zur generellen Rückbindung der Tragödie an Athen und Attika: Krummen 1993.

50 Die 'Zweiteiligkeit', die man besonders für dieses Stück festgestellt hat, betrifft in erster Linie den Handlungsablauf und die dramatische Anlage: Th. A. Szlezák, "Zweiteilige Dramenstruktur bei Sophokles und Euripides", *Poetica* 14 (1982) 1–23; Ch. Eucken, "Die thematische Einheit des sophokleischen *Aias*", *WüJbb* 17 (1991) 119–133. Vgl. noch E. Lefèvre, "Die Unfähigkeit, sich zu erkennen: Sophokles' Aias", ebd. 91–117. Doch die Einbindung des Stückes im sakral-rituellen Bereich wirkte für die Dramenhandlung vielleicht zwingender, als es heute nachempfunden werden kann.

sondere auch die demokratisch-politische Deutung, erübrigen. Es wäre interessant zu untersuchen, wie sich im einzelnen die Argumentation des Stückes auf der Ebene der *logoi* (zum Beispiel zur Dike, zu 'Groß-und-Klein', zur Hybris) zu diesem rituellen Hintergrund fügt. Denn beides greift schließlich ineinander. Zur Wirksamkeit der rituellen Handlungen ist die sachbezogene Argumentation des Odysseus nötig, damit die Bestattung des Aias zustandekommt und sich Aias erneut als schützendes Bollwerk für seine Freunde erweisen kann.

III

Euripides, Troerinnen

Euripides' *Troerinnen* sind als Stück selbst schon gleichsam im Rhythmus des rituellen Liedes, des Klageliedes, gehalten. Mit jedem Auftritt einer Protagonistin ist eine neue Form des Todes zu beklagen, bis zum Schluß die Stadt in Flammen aufgeht, Pergamon als riesige *pyra* zu Asche verbrennt und die Klagefrauen weggeschleppt werden. Die Zerstörung der Stadt wird sichtbar gemacht in der Zerstörung der Frauen[51].

Im folgenden sei das 'Wahnsinnslied' der Kassandra herausgegriffen, die zuerst als Angehörige des Königshauses zu Hekabe und zum Chor vor dem halbzerstörten Troja im Hintergrund hinzutritt. Das Lied (308–340) setzt den Anfang und das Ende: 'Halte die Fackel empor', 'setz alles in Flammen'[52]. Klar ist, daß das Lied zu denjenigen lyrischen Partien der Tragödien

---

51 Heftig diskutiert wird die Frage des inneren Zusammenhanges (der 'Einheit' des ganzen Stückes), die hier außer acht bleiben muß. Eine knappe Übersicht zu dieser Frage gibt Z. Ritook, "Zur Trojanischen Trilogie des Euripides", *Gymnasium* 100 (1993) 109–125; ausführlicher: Scodel 1980, bes. 11–19. 105–121; vgl. F. M. Dunn, "Beginning at the End in Euripides' *Trojan Women*", *RhMus* 136 (1993) 22–35; J. Gregory, *Euripides and the Instruction of the Athenians* (Ann Arbor 1991) 155–183; ferner die Kommentare von Biehl 1989, bes. 25–31; Steinmann 1987, bes. 177–188; Lee 1976, XIV–XXV. Immer noch wichtig: W. H. Friedrich, *Euripides und Diphilos*, Zetemata 5 (München 1953), bes. 61–75. Zu Städteimaginationen und Frauenbildern S. Weigel, *Topographien der Geschlechter* (Hamburg 1990), bes. 149–229.

52 ἄνεχε πάρεχε: "Hebe (sc. die Fackeln) in die Höhe, halte sie zur Seite" (so Biehl 1989 ad loc.); "Raise (the light)! Bring up (a torch)!" (so Lee 1976 ad loc.). Das Objekt ist in *Iph. Aul.* 732 ergänzt (im Kontext der Hochzeit): τίς δ' ἀνασχήσει φλόγα, vgl. Aristoph. *Ran.* 1361f. In bakchischem Kontext Eur. *Bacch.* 145f.; *Ion* 716. Aber auch 'Licht verbreiten', 'mit Licht ausstatten', so *Od.* 18, 317 φάος πάντεσσι παρέξω. Hier demzufolge 'mit Lichtglanz, mit Feuerschein ausstatten', eine Konnotation, die dem ambivalenten Auftritt Kassandras entspricht (vgl. 299ff.); vgl. andererseits Aristoph.

gehört, die nach rituellen Liedern gestaltet sind, in diesem Fall vordergründig nach einem Hochzeitslied. Es gilt in der Kommentierung als disparat, die divergierenden Bildelemente haben – so liest man – die Funktion 'μανία' zu signalisieren[53]. Bei genauer Betrachtung gibt das Lied jedoch ein gutes Beispiel dafür, wie eine feste rituelle Struktur, in diesem Fall eine rituelle Liedstruktur, zu einem großen Bild, geradezu zu einem 'Bildklang' ausgestaltet werden kann, indem gerade die Ambivalenz oder vielmehr Polyvalenz in der Zeichensetzung der rituellen Grundstruktur ausgenützt wird. Das Lied ist ferner ein gutes Beispiel dafür, wie sich die Bildthematik erhellt und sinnvoll zusammenfügt, sobald man diese polyvalente Zeichengebung berücksichtigt. Es wird – wie bei der Metapher – eine Bewußtseinslage der doppelten oder mehrschichtigen Bedeutung geschaffen, indem zur 'normalen' Bedeutung (Hochzeitsritual oder Hochzeitslied mit den bekannten Elementen und Themen) durch Abweichung in begrifflichen Konventionen oder durch Hinweis auf einen mit der vertrauten Situation des betreffenden Rituals nicht vereinbaren Kontext eine Transformation stattfindet, eine neue Bedeutungsebene oder Bewußtseinslage geschaffen wird. Diese zusätzliche Bedeutungsebene kann die gesamte Situation, auch den Fortgang des Dramas, blitzlichtartig erhellen. Eines verweist aufs andere und zeichnet in der dadurch erreichten Bedeutungspotenzierung den Schrecken der gesamten Existenz, den vergangenen, gegenwärtigen, zukünftigen.

Der mehrfache Anruf an Hymenaios definiert das Lied eindeutig als Hochzeitslied (310 u. ö.)[54]. Zur Hochzeit gehören die Hochzeitsfackeln. Auf diese Fackeln wird immer und immer wieder hingewiesen, bereits in der Einleitung (298), danach steigern sich mit dem Auftritt Kassandras

---

Vesp. 1326 ἄνεχε πάρεχε: "Stand up! Make way!", wenn nach 949 πάρεχ᾽ ἐκποδών verstanden (als Alternative erwogen von Lee ad loc.), insbesondere auch als rituelle Formel in unserem Kontext, was gut zur bakchischen Einfärbung des ganzen Hochzeitsliedes stimmt; Eur. *Cycl.* 203 m. Seaford ad loc.; Eur. fr. 472, 13 Nauck². Fackeln im eleusinischen Kult: Graf 1974, 29f. m. Anm. 37. Die Imperative sind im Sinne einer Selbstaufforderung zu verstehen, C. Robert, "Zu Euripides' Troerinnen", Hermes 56 (1921) 302–313, bes. 306ff.

53 Biehl 1989, 177: "In ihren absurden Gedanken singt sie ein Hochzeitslied"; dagegen richtig Lee 1976, 125.

54 ὦ Ὑμέναι᾽ ἄναξ 310; vorangestellt: Ὑμήν, ὦ Ὑμέναι᾽ ἄναξ 314; vgl. 322. 331; Aufforderung an die Mutter und die Troerinnen, Hymenaios zu besingen: 335. Zu den Konstituenten eines Hochzeitsliedes: E. Contiades-Tsitsoni, *Hymenaios und Epithalamion. Das Hochzeitslied in der frühgriechischen Lyrik*, BzA 16 (Stuttgart 1990) 30–41; Rehm 1994, bes. 11–21. 129–135; Euripides, 'Trojan Women', with transl. and comm. by S. A. Barlow (Warminster 1986) 173f.

diese Bezugnahmen geradezu zur Besessenheit, so daß man am Ende der
Strophe den Eindruck erhält, daß 'alles brennt', daß man nichts mehr sieht,
geblendet ist: "Ich zünde das Licht des Feuers an, daß es strahlt, daß es hell
leuchtet" (ἀναφλέγω πυϱὸς φῶς/ἐς αὐγάν, ἐς αἴγλαν 320f.). Weitere traditionelle Elemente eines Hochzeitsliedes in der ersten Strophe sind die Glückseligpreisung des Bräutigams (311), die Nennung der Mutter, die ihre
besondere Rolle bei den Hochzeitsfeierlichkeiten spielt, und außer Hymenaios auch die Nennung Hekates, die Artemis gleichgesetzt ist. In der Antistrophe folgt dann die Aufforderung zum Hochzeitstanz, Apollon selbst soll
den Tanz anführen, aber auch die Mutter und die Troerinnen als ihre
Gefährtinnen (καλλίπεπλοι κόϱαι 339f.) sollen daran teilnehmen[55].

Doch mehrere Elemente fallen aus dem Rahmen eines Hochzeitsliedes,
signalisieren die 'Verrücktheit': Am markantesten kommt dies zum Ausdruck in den Hochzeitsfackeln und in der Rolle der Mutter, Hekabes.
Zunächst einmal ist es Kassandra, die Tochter und 'Braut', die die Fackeln
selbst trägt, mit ihnen überhaupt schon auftritt, und darauf auch gleich in
einem fast rituell gehaltenen ἄνεχε, πάϱεχε (sc. πύϱσους), danach mit φῶς
φέϱω – φλέγω . . . (307) hinweist. Nicht die Mutter entzündet und hält die
Fackeln, sondern Kassandra selbst, und sie betont es in der zweiten Hälfte
der Strophe: ἐγὼ . . . ἀναφλέγω . . . 319, nennt auch den Grund: Die Mutter tut es nicht, weil sie fortwährend um den toten Vater und die liebe Heimat klagen muß (ἐπὶ δάκϱυσι καὶ γόοισι τὸν θανόντα πατέϱα πατϱίδα τε/φίλαν
καταστένους ἔχεις, 316f.). Da tritt zu der einen Ungeheuerlichkeit, daß die
Tochter sich selbst die Fackeln anzündet, gleich die andere, daß die Hochzeit gefeiert wird, wenn die Mutter klagt, wenn es eine Zeit des Todes und
der Trauer ist, wenn Troja erobert ist und kein Ort mehr ist, eine Hochzeit
zu feiern. Dazu kommt, daß die Nennung der Mutter und der Hinweis auf
ihre Klage unmittelbar auf die Nennung des Bräutigams und auf seine
Glückseligpreisung (μακάϱιος ὁ γαμέτας, 311) folgt. Der Bräutigam aber ist
Agamemnon, der die Stadt zerstört hat, der die Tochter Kassandra nach
Argos verschleppt (κατ' Ἄϱγος ἁ γαμουμένα). Auf die Glückseligpreisung des
Bräutigams und der Braut, auf den Hinweis auf den Ort der Hochzeit,
Argos, folgt die Klage der Mutter. Die Klage der Mutter ist also die Ant-
wort auf die Heirat der Tochter, und ebenso antwortet darauf die Klage um
Troja, dessen Zerstörung Voraussetzung für die gesetzeswidrige Hochzeit ist.

---

55 Zum Makarismos vgl. auch Euripides: *Phaethon*, ed. with Proleg. and Comm.
by J. Diggle, Cambridge Class. Texts and Comm. 12 (Cambridge 1970) 154 (ad 240);
zu den Hochzeitsfackeln ebd. 165f. (ad 268). Die hier apostrophierten schönen Klei-
der der Mädchen stehen natürlich in Kontrast zur Realität.

Ein weiteres Element, das aus dem Rahmen fällt, im Zusammenhang mit den Fackeln angeführt, ist Hekate, Hekate Φωσφόρος, wo man Artemis erwarten würde[56]. Zwar sind Hekate und Artemis Φωσφόρος im 5. Jahrhundert in der Literatur nicht mehr klar voneinander abgegrenzt, doch eröffnet Hekate hier eine weitere Dimension, als Artemis es täte: Hekate mit den Fackeln steht auch am Eingang der Unterwelt; an Kassandras Hochzeitsbett steht Hekate, steht – wie das Bild aussagt und später bekräftigt wird – der Tod (359. 405)[57]. Es ist der Tod Kassandras, aber auch der Tod Agamemnons, und auf diesem Hintergrund erhält die Szenerie des Anzündens, die zwischen die Klage der Mutter und den erneuten Anruf an Hymenaios sowie den Anruf an Hekate – beide Φωσφόρος/-οι – gesetzt ist, eine besondere, unterschwellige Bedeutung: ἀναφλέγω πυρὸς φῶς/ἐς αὐγάν, ἐς αἴγλαν (320f.) – was zündet Kassandra hier eigentlich an bei ihrer Hochzeit, was soll dieses Feuerfanal? Diese Hochzeit setzt alles in Flammen, so wie man die Fackeln an eine *pyra* bringt, an den Scheiterhaufen, auf dem der Tote liegt[58]. Μακάριος ist auch der Eingeweihte, auch und gerade als Toter[59].

56 Zu Artemis/Hekate Graf 1985, 228–236. Die Aufforderung διδοῦσ', ὦ Ἑκάτα, φάος ... (323) verweist auf Hekate Φωσφόρος (vgl. Eur. Hel. 569; frg. 968 Nauck²; Aristoph. *Thesm.* 858), dargestellt mit zwei Fackeln: Th. Kraus, *Hekate. Studien zu Wesen und Bild der Göttin in Kleinasien und Griechenland*, Heidelberger kunstgesch. Abh. N.F. 5 (Heidelberg 1960) 92f.; L. Robert, "Dédicaces et reliefs votifs", *Hellenica* 10 (1955) 5–166, h. 116f. Diese Ikonographie bringt Hekate Φωσφόρος in die Nähe der Artemis Φωσφόρος, wie sie als Artemis Soteira besonders in Megara und auf Delos, dort zusammen mit Hekate, verehrt wird. Zwei Statuetten vom Artemis-Hekate Tempel auf Delos zeigen Artemis (Soteira) mit Fackeln in der Hand. In der Funktion der Soteira fällt Artemis auf Delos mit Hekate Soteira zusammen, vgl. Dedikation an Hekate Soteira, *I. Délos* 2448 (1. Jh. v. Chr.); dazu J. Marcadé, "Les trouvailles de la maison dite de l'Hermès, à Délos", *BCH* 77 (1953) 497–615, h. 548 Anm. 6. Kult der Artemis-Hekate in Athen seit 429/28 bezeugt, *IG* I³ 383; Aesch. *Suppl.* 676; Graf 1985, 229. Licht bedeutet im Griechischen auch Rettung (vgl. o. S. 313 m. Anm. 34; Anm. 40; Anm. 45; Anm. 52); die Göttin, die Licht bringt und der auf Delos verehrten Schwester Apollons angeglichen ist, soll auch Rettung bringen, Rettung insbesondere für das Staatswesen, in diesem Falle für die Frauen, die von der trojanischen Bevölkerung noch übrig geblieben sind. Vgl. Graf 1985, 230–232.

57 Vgl. schon die Aussage im Schol ad loc.: τὴν Ἑκάτην παρέμιξε διὰ τὸ μετ' ὀλίγον ἀποθνῄσκειν· χθονία γὰρ ἡ θεός. ἢ ὅτι γαμήλιος ἡ Ἑκάτη.

58 Die Fackel ist in der ganzen Trilogie ein Symbol für 'Zerstörung': Im *Alexandros* träumte Hekabe vor der Geburt des Alexandros-Paris, daß sie eine Fackel gebäre; weiter *Troad.* 1255ff., wo Troia mit Fackeln angezündet wird und Hekabe die brennende Stadt als ihre eigene πυρά bezeichnet; dazu Scodel 1980, 76–79. Hekate Φωσφόρος: Eur. frg. 968 Nauck².

59 Graf 1991, 88; Riedweg 1987, 52f.

In der Antistrophe kommt die Aufforderung zum großen Hochzeitsreigen, auch hier mit Elementen, die diesen Reigen zu einem besonderen machen: πάλλε πόδ' αἰθέριον – "schwinge den Fuß hoch hinauf", εὐάν, εὐοῖ (325f.), der Anruf an Dionysos, diese Worte bedeuten Schnelligkeit und ekstatischen Tanz. Anführer des Reigens ist Apollon, der göttliche Bräutigam der Kassandra, Ort ist sein Heiligtum, da, wo Kassandra zuhause ist. Von hier wird sie weggerissen, von dem anderen Bräutigam, rechtswidrig, gesetzlos. Doch Apollon greift nicht ein. Auch die Mutter, die eben noch geklagt hat, soll mittanzen (ἕλισσε weist wieder auf die Schnelligkeit des Tanzes hin, 333); βοάσαθ' ὑμέναιον (335) steht für den lauten Gesang mit ekstatischem Tanz und Aulosbegleitung; mit ἰαχαῖς – einerseits freudiger Tanz und Gesang im Kult, andererseits aber auch der ekstatische Klagegesang – sind wir zum Schluß, wo Kassandra alle Trojanerinnen bittet, sich einzufinden, endgültig wieder in der ambivalenten Atmosphäre angekommen, wo der ekstatische Freuden- und Hochzeitstanz auch ekstatische Äußerung der Trauer sein kann[60].

Das ganze Lied ist denn auch gekennzeichnet durch ekstatische, bakchantische Thematik. Man braucht im Grunde 'Hymenaios' nur durch 'Iakchos', den Ruf Ὑμήν durch Ἴακχε zu ersetzen, dann wird es ganz deutlich. Kassandra, die Bakchantin, kommt mit Fackeln; Fackeln sind die Embleme des Mysten, Licht ist ein zentrales Element in Mysterienfeiern, ebenso die Glückseligpreisung des Eingeweihten, wie denn im Griechischen Hochzeit und Mysterienfeier sich in der Thematik und in den Riten nahestehen[61]. Aber

---

60 Ἴακχος ist einerseits eleusinischer Kultruf (Aristoph. *Ran.* 316), bezeichnet jedoch auch allgemein das dionysische Lied (Eur. *Cycl.* 68ff., für Aphrodite), außerdem das ekstatische Klagelied, Eur. *Phoen.* 1295; ähnlich ἰάχω, ἰαχή, ἰαχέω, wobei sich ἰαχή häufig mit φόβος verbindet (*Il.* 2, 394ff.; 4, 506), ἰαχή auf eine instrumentelle Begleitung durch Trompeten, Auloi und Tympana deutet (*H.hom.* 14, 3), aber auch vom freudigen Kultgesang (ἐπήρατον ἴαχον ὄρθιον Sapph. 44, 31f. L.-P.) gesagt sein kann. Aulosmusik in der πομπή nach Eleusis Aristoph. *Ran.* 313; nächtliche Chortänze im Fackelschein in Eleusis: Graf 1974, 54–58. – Vgl. auch ein ähnlich doppeldeutiges 'Hochzeitslied' in Soph. *Trach.* 205–224, wo – wie in den *Troerinnen* – die 'Hochzeitspompe' aus Kriegsgefangenen besteht, dazu Iole, die 'Braut', die das Haus des Herakles zerstören wird wie Kassandra dasjenige Agamemnons. Auch hier ist das Lied in einer 'bakchisch-mänadischen' Einfärbung gegeben, vgl. Henrichs 1996, 49f. und Anm. 62f.

61 Allein schon das Wort τέλος wird sowohl für 'Hochzeit' (*Od.* 20, 74 τέλος γάμοιο; Aesch. *Eum.* 835 τέλος γαμήλιον) als auch für 'Mysterienfeier' (Aesch. fr. 387 *TrGF*; Eur. *Hipp.* 25) verwendet; Graf 1974, 114ff.

auch Hochzeit und Tod, Mysterienbilder und Todesthematik stehen sich
nahe, und so geht hier in diesem Bild das eine in das andere über[62].

In der Fortsetzung des Textes (343 ff.) werden die im Lied der Kassandra in so dichter Form eingeführten Bilder aufgenommen und nun ein-
strängig, in ihren konkreten Bezügen ausgelegt. Es handelt sich um eine
konventionelle Form, im Handlungsablauf einer Tragödie Zusammenhänge
zu schaffen, es sind die großen Linien, die bei der Interpretation offenge-
legt werden müssen, da sie unmittelbar zur Sinngebung eines Stücks bei-
tragen. Sie schaffen dadurch oft eine Hintergründigkeit, die jeder nachfolgenden Szene eine immer beklemmendere Unheimlichkeit gibt. Es ist hier
nicht möglich, alle Stränge im einzelnen zu verfolgen. Ein Beispiel findet
sich in der Reaktion der Hekabe, die als Mutter am unmittelbarsten angesprochen war: Sie versteht ihre Tochter nicht, tadelt sie − indem sie nur die
vordergründigen Züge des Liedes aufnimmt (vor allem das Stichwort
'Hymenaios') −, daß jetzt ein Hochzeitslied fehl am Platze sei. Sie fordert
die Trojanerinnen auf, mit Klagen auf dieses Hochzeitslied zu antworten
(δάκρυά τ' ἀνταλλάσσετε/τοῖς τῆσδε μέλεσι, Τρῳάδες, γαμηλίοις 351 f.) Dadurch
aber wird das in Kassandras Lied eingeführte Bild von Hochzeit *und* Tod,
von Hochzeitslied *und* Klagegesang aktualisiert − denn ἀνταλλάσσετε
bezeichnet gerade im Threnos die Responsion eines Chores auf die Klage
des Vorsängers, der Vorsängerin. Die Trojanerinnen stimmen in den 'hym-
enäischen Threnos' ein, und Kassandra in ihrer Antwort an Hekabe (353)
führt, auf derselben Ebene verbleibend, das Bild von ihrer Todeshochzeit
weiter in der Prophezeiung von Agamemnons und ihrem eigenen Tod. So
schließt sich also dieser Dialog nahtlos an das Lied Kassandras an. In der
Prophezeiung des Todes Agamemnons wird aber noch ein weiteres Bild aufgenommen, das vorerst noch verborgen bleibt: Kassandra sagt nämlich, daß
sie Agamemnon töten, sein Haus zerstören und den Vater und die Brüder

---

62 Vgl. Eur. *Suppl.* 990−1030: Euadne springt als Bakchantin gekleidet auf die *pyra*
des Kapaneus. In der ersten Strophe sind Hochzeitsprozession und *makarismos* angedeutet, die zweite beschreibt den mänadischen Abgang, der das Leiden beendet. Zu
Hochzeit und Mänadentum Seaford 1994a, bes. 301−311: Dionysische Bilder bedeuten die Negation des Hochzeitsrituals, die 'gestörte' Hochzeit; ders. 1993; ders., "The
Tragic Wedding", *JHS* 107 (1987) 106−130; Schlesier 1993. Die Verbindung von
Hochzeit und Mänadentum in der Kassandraszene ist also auch auf dem Hintergrund
dieser besonderen Motivik der Tragödie zu verstehen. In diesem Zusammenhang ist
auch das Ablegen oder Abreißen von Schmuck und Kleidungsstücken, die den vorangehenden Status bedeuteten, charakteristisch, vgl. Troad. 256−258. 451−454 (zum
Netzgewand: H. Bannert, "Beobachtungen zu den Troerinnen des Euripides", *WSt*
107, 1994, 197−220, h. 197−200).

rächen werde. Man hat kritisiert, daß sie dies tatsächlich nicht selbst tut, doch die Aussage ist mit der späteren, expliziten Äußerung zu verbinden, daß sie eine Erinys sei; sie ist außerdem Bakchantin, Mänade. Mit ihrer Fackel verweist sie auf den Anfang, auf die Geburt des Paris, die gleichzeitig den Anfang der Trilogie bildet, wo Hekabe träumte, sie gebäre eine Fackel. Kassandra, ihrerseits Fackelträgerin, trägt den Fackelbrand dann von Troja nach Griechenland. Das Motiv schließt also die Rede Kassandras, aber auch die Trilogie, in der Art einer Ringkomposition zusammen.

Diese knappe Skizzierung kann bereits genügen, um zu zeigen, daß die rituell gebundene Handlung, das rituell eingebundene Lied hier bis zu einem gewissen Grad von der konkreten Pragmatik ablösbar, 'literarisch' geworden ist und der dramatischen Zielsetzung dienstbar gemacht werden kann. Berücksichtigt man diese Gegebenheiten, ist es möglich, die innere Logik dieses Liedes der Seherin Kassandra aufzuweisen, das auch in der heutigen Kommentierung noch als 'verrückt' gilt. Doch Kassandra ist in ihrer μανία ganz klar. Sie sagt ganz klar, was geschah, ist und kommen wird, sie sagt das Ungeheuerliche, das ihr geschieht, an ihr geschieht. Sie sagt es zunächst in diesem groß entworfenen Bild und führt es danach in ihren *logoi* aus, die ihrerseits ein Meisterstück seherischer Argumentation sind – und bei genauer Betrachtung die Funktion eines Epitaphs haben.

IV

Schlußbemerkung

Wie die zwei Beispiele gezeigt haben, ist die Verwendung von rituellen Handlungen in der Tragödie ein sehr komplexes Phänomen. Sicher ist, daß sie eine pragmatische Verankerung im kultisch-rituellen Leben des athenischen Alltags haben, jedoch so, daß sie diesen Alltag nicht unmittelbar abbilden, sondern jeweils sorgfältig an die inhaltlichen und dramatischen Erfordernisse der Stücke angepaßt werden. Gerade diese 'Abgelöstheit' von der Wirklichkeit führt dazu, daß ihre bildlichen und dramatischen Möglichkeiten vollständig ausgeschöpft werden können. In der Komposition stehen sie denn auch häufig an dramatischen Höhepunkten, markieren die Katastrophe (oder Peripeteia). Sie wirken kompositionell und inhaltlich verbindend, indem sie vorangehende Themen, oft in einer Motiv- oder Bilderreihe, aufnehmen, diese auch bündeln und akzentuieren, gleichsam in eine andere Dimension überführen und dem Geschehen eine neue Deutung geben, die zum Guten oder zur Katastrophe hinführen kann. Sie haben in diesem Sinne die Funktion einer Metapher und können – wie diese – in ihrer komplexen Ausgestaltung in einem Stück vielfach wirksam werden.

Eine besondere Stellung in der Umsetzung von rituellen Themen kommt
den lyrischen und chorlyrischen Partien zu. Diese tendieren generell dazu,
zu thematischen Knotenpunkten zu werden, die Katastrophe bildhaft anzudeuten, auszudeuten, aufzudecken und die Zusammenhänge in poetisch
dichtester Form herzustellen. Diese Funktion kann zusätzlich akzentuiert
werden durch die Einbindung in rituelle Formen, wobei uns der musikali-
sche Aspekt, wenn er nicht mindestens in einzelnen Ausdrücken reflektiert
wird, sowie die Choreographie ganz entgehen. Diese Verwendung von
Chorliedern wäre noch systematisch zu untersuchen. Deutlich ist jedenfalls,
daß nicht einfach ein Klage- oder Freudenlied zur Akzentuierung von
Emotionen gesungen wird, sondern daß die rituellen Liedstrukturen sorgfältig dem Verlauf, auch der Hintergründigkeit der Geschichte angepaßt sind
(so läßt der Chor der Salaminioi die Mutter des Aias ein Klagelied singen,
wo das eigene unpassend wäre)[63].

63 Die genaue Bildanalyse und Bestimmung der Funktion im übergeordneten Kontext (bes. der Bilder mit religiösem, kultischem Gehalt) kann in einigen Fällen auch
Theorien zum 'Metatheater' oder zum 'Selbstbezug' ('self-reference', 'self-referential')
des Chores in Frage stellen. So erkennt zum Beispiel Henrichs 1996, 50 m. Anm. 68
im Chorlied von Soph. *Trach.* 216 ff. einen bakchischen Wettstreit, der "metatheatralisch" über das Stück hinausweise und sich auf den Wettkampf der tragischen Chöre
beim Agon an den Dionysien beziehe. Es ist richtig, daß dieses Chorlied gerade im
zweiten Teil von einem dithyrambisch-mänadischen Element geprägt ist. Doch ist dieses zunächst einmal fester Bestandteil des Liedes, das eingangs als Hochzeitslied
bestimmt wird: Hochzeitslieder haben traditionell ein dithyrambisch-dionysisches Element (nach dem päanischen Eingang). Dieses Element wird aufgegriffen, ausgemalt und
zum ekstatischen Lied gesteigert. Gleichzeitig kommt die für die Tragödie typische
Motivik zum Tragen, daß die dionysisch-ekstatische Hochzeit auch das katastrophale
Ende schon in sich trägt, daß das Freudenlied zum Klagegesang wird. Zum freudigen
Hochzeitslied, zum wartenden Haus gehört der Hochzeitszug. Und es kommt in der
Tat ein Bräutigam (Herakles), es kommt in der Tat eine *pompe* und eine 'Braut' (Iole).
Aber welch eine *pompe* und welch eine Braut: es ist die Unglücksbraut. Das Lied dient
also zunächst dazu, wiederum (vgl. Eur. *Troad.* 308–340) in einem großen Kontrast,
fast in musikalischer Schrillheit das 'Falsche' dessen, was da kommt, aufzuzeigen. Aus
dieser ganz und gar unrichtigen 'Hochzeitspompe' und 'Braut' entwickelt, entfaltet sich
dann das ganze Verhängnis im Stück. – Zu den Begriffen 'metatheatralisch' und 'Metatheater' außer Henrichs 1996 kritisch W. Kullmann, "Die 'Rolle' des euripideischen
Pentheus. Haben die Bakchen eine 'metatheatralische' Bedeutung?", in: G. W. Most/
H. Petersmann/A. M. Ritter (Hgg.), *PHILANTHROPIA KAI EUSEBEIA. Festschrift
für Albrecht Dihle zum 70. Geburtstag* (Göttingen 1993) 248–263 (249 Anm. 4 m. weiterer Lit.); Bierl 1991, 115–176 (zum Begriff: 115–119); D. Bain, "Some Reflections
on the Illusion in Greek Tragedy", *BICS* 34 (1987) 1–14; O. Taplin, "Fifth-Century

Hier nicht ausführlicher behandelt werden konnte die vor allem von Euripides weiterentwickelte Form, daß rituelle Handlungsmuster die Struktur eines ganzen Stückes oder umfassender Teile prägen können. Es findet dann in der Regel eine weitgehende Literarisierung statt. So wäre zum Beispiel Euripides' Elektra zu nennen, wo einerseits Aigisthos im Rahmen eines Opferfestes für die Nymphen sozusagen als zweiter Opferstier getötet wird (774–858), andererseits das Stück insgesamt auf einer Initiationsstruktur (sowohl der männlichen wie der weiblichen Initiation) aufliegt. In der Struktur und dramatischen Gestaltung von Initiationsinhalten und -motiven ganz ähnlich ist *Iphigenie bei den Taurern* gehalten[64]. Mit 'Literarisierung' ist gemeint, daß es die rituellen Handlungen, insbesondere die Initiationsrituale, in der Form, wie sie im Stück gestaltet sind, in Wirklichkeit auf diese Weise nicht gibt. Es werden einzelne Motive (oder eine Kette von Motiven) aus rituellen Kontexten entnommen und im Sinne des Stückes dramatisiert[65]. Im Grunde geht es dabei um eine Form der (dramatischen) Geschichtsfindung und -gestaltung, wie sie gerade in der Dichtung und Chorlyrik längst vorgeprägt ist, zum Beispiel in Olympie 1 bei Pindar[66]. Doch gegenüber seinen Vorgängern wirkt Euripides in der Literarisierung und Dramatisierung dieser überlieferten Strukturen abstrakter, oft ist die zugrundegelegte rituelle Handlungsstruktur oder Bildersprache bei ihm fast schon überdeterminiert. Er könnte in dieser Art zu erzählen auch als Vorbote des Hellenismus angesehen werden. Auch die Kultaitien und damit verbundene (meist apotropäische) Rituale wirken bei Euripides, wenn auch konkret einer kultischen Wirklichkeit des 5. Jahrhunderts verhaftet, doch dramatisch-theatralisch, und passenderweise werden sie denn zum Teil auch durch einen deus ex machina initiiert.

Tragedy and Comedy. A Synkrisis", *JHS* 106 (1986) 163–174, der sich gegen die Annahme von theaterbezogenen Selbstreferenzen in der Tragödie wendet. Begriff und Diskussion gehen vor allem auf Segal 1982, 215–271 ("Metatragedy: Art, Illusion, Imitation") zurück.

64 Opferritual in der *Elektra*: Easterling 1988; Foley 1985, 43–45. *Iphigenie bei den Taurern*: Krummen 1993, bes. 208–212.

65 Vgl. zum Beispiel die Gestaltung des kultisch-rituellen Motivs 'Knechtschafts- oder Mägdedienst' in der Elektra, wo Elektra in einem unwirtlichen 'Draußen' in einem sozialen Zwischenbereich (nicht Mädchen und nicht wirklich Ehefrau) Wasserträgerin ist.

66 E. Krummen, *Pyrsos Hymnon. Festliche Gegenwart und mythisch-rituelle Tradition als Voraussetzung einer Pindarinterpretation (Isthmie 4, Pythie 5, Olympie 1 und 3)*, Unters. z. ant. Lit. u. Gesch. 35 (Berlin/New York 1990) 155–211. 270–273.

Nimmt man diese Bild- und Zeichenfunktion der rituellen Handlungen
in der Tragödie ernst, so ist deutlich, daß die rituellen Handlungen in der
Tragödie von der Frage des Ursprungs der Tragödie zu trennen sind. Die
rituellen Handlungen sind nicht Relikte dieses Ursprungs, sondern werden
vom Dichter als Mittel eines spannungsvollen Ausdrucks und einer kom-
primierten Sinngebung aus dem religiösen Alltag übernommen und zu
einer religiösen Bildersprache ausgestaltet. Dies kann der Dichter tun, einerseits weil die Tragödie im Kontext des Dionysosfestes immer noch kultisch-
religiös eingebunden ist und die rituelle Handlung der Situierung der
Tragödie in heroischer Vergangenheit adäquat ist, aber auch wegen ihrer
Aufführung durch einen Chor, dessen Lieder grundsätzlich zur Gattung der
Chorlyrik gehören, die traditionell mit kultisch gebundenen Liedern befaßt
ist. Ritual und Theatralik gehören zusammen. Doch während das Ritual im
religiösen Alltag im 5. Jahrhundert problematisch geworden ist und die
gemeinschaftsstiftende Funktion der rituellen Tötung in der Opferhandlung
in Frage gestellt wird (Empedokles), kann anstelle dieser rituellen Handlungen das Theater treten, das seinerseits Gemeinschaftsgefühl erwirkt und
der rituellen Handlung immerhin so viel Ernst beläßt, daß ihr Zeichencharakter vielleicht die religiöse Dimension und Erfahrung wiederum neu
vermitteln kann. Und in manchen Stücken scheint es, daß das Obsiegen der
guten Kräfte zum Schluß eine fast schon beschwörende Wirkung für die
Gemeinschaft der Athener über das Stück hinaus haben soll[67]. Das Theater
ersetzt das Ritual.

---

67 Vgl. Easterling 1988, 109; Burkert 1985b, 20.

CLAUDE CALAME

Mort héroïque et culte à mystère dans l'*Œdipe* à *Colone* de Sophocle

Actes rituels au service de la création mythique

I

Mythe et rite face au changement social

Marquée et sans doute découragée par l'assimilation plus ou moins forcée des cultures exotiques à l'économie de marché avec ses conséquences délétères, l'anthropologie culturelle et sociale s'est abondamment penchée ces dernières années sur sa propre histoire et sur ses méthodes. Les instruments et les catégories qu'elle a forgés n'ont pas échappé à cette critique réflexive. Ainsi en va-t-il par exemple des notions de mythe et de rite, créées au XVIIIᵉ siècle, puis affirmées au XIXᵉ pour être projetées sur les sociétés autres à partir d'un postulat d'universalité d'inspiration aussi bien européenne qu'ethnocentrique.

Peut-être est-il plus prudent, tout en partant d'un point de vue condamné à être orienté par une perspective occidentale et académique, de reconduire les manifestations conceptualisées à l'aide de ces deux catégories à un unique processus de production symbolique. Les phénomènes dits mythiques ou rituels ne seraient dès lors, avec les manifestations considérées comme littéraires ou artistiques, que le résultat d'un même processus de création et de spéculation à partir d'une réalité écologique, sociale et culturelle donnée. Constructions spéculatives et fictionnelles à travers différents moyens sémiotiques tels le langage, les gestes ou les différents arts plastiques pour agir en retour sur cette réalité même[1].

---

1 Je ne fais que résumer très sommairement ici la conception du processus symbolique que j'ai tenté de développer, en me fondant sur une série de recherches consacrées à la création littéraire, dans Calame 1996, 15–54. Présentée dans une première version en ouverture à la session "Interprétations antiques des mythes et des rituels" du Xᵉ Congrès de la *FIEC* à l'Université Laval à Québec (23–27 août 1994), l'étude offerte ici en hommage à Walter Burkert a bénéficié d'un échange épistolaire soutenu avec Lowell Edmunds, qui vient de publier un ouvrage sur l'*Œdipe à Colone* (Edmunds 1996).

Or la culture grecque antique présente cette spécificité qu'en contraste avec les cultures exotiques que l'on saisit dans le présent de l'enquête anthropologique, elle s'inscrit dans une dimension historique essentielle. Ce qui ne veut pas dire que les manifestations symboliques des sociétés traditionnelles que l'on prétend "sans histoire" ne connaissent aucun développement, figées qu'elles seraient une fois pour toutes dans l'authenticité de leurs structures tribales. Désormais archéologie des cultures exotiques et avancée de l'intérêt anthropologique se conjuguent pour montrer que toute société humaine est soumise au changement. C'est en particulier le cas dans les domaines que l'anthropologie culturelle et sociale délimite à travers les notions du mythe et du rite.

Qu'il me soit permis d'emprunter un bref exemple à une culture côtoyée il y a quelques années. Les Iatmul des bords du Sépik en Papouasie-Nouvelle Guinée doivent leur célébrité dans le monde de l'anthropologie à la cérémonie rituelle choisie par G. Bateson pour intituler l'ouvrage non moins célèbre qu'il a consacré à cette culture "de l'âge de la pierre": le *naven*[2]. Sous la forme canonique où l'a fixé l'étude de Bateson, le *naven* se présente à nous comme une séquence de scènes de travestissement où l'oncle maternel mime l'accouchement du fils de sa soeur, puis frotte son postérieur contre le tibia de l'adolescent. Par l'inversion parodique des statuts de genre, la *naven* constitue un geste rituel de reconnaissance du *wau* (l'oncle maternel) vis-à vis du *lava* (le neveu) qui vient de s'illustrer par un haut fait. Dans l'interprétation proposée par Bateson, le *naven* projette, par un double mouvement de différenciation ("schismogénèse symétrique" et "schismogénèse complémentaire"), la double relation de l'adolescent avec son père et sa mère biologiques sur sa relation avec l'oncle maternel: si au cours du rituel le *wau* commence par jouer le rôle de la mère biologique et le *lava* celui de l'enfant, le premier assume ensuite celui de l'épouse vis-à-vis d'un *lava* qui adopte dès lors quant à lui le statut dominateur de l'adulte marié, c'est-à-dire celui de son père biologique.

Or, en l'espace d'une cinquantaine d'années, la cérémonie du *naven* a connu, dans la perception que nous en avons, un double changement. D'une part, une enquête récente sur le terrain a montré qu'une grande céré-

---

2 Cf. G. Bateson, *Naven. A survey of the problems suggested by a composite picture of the culture of a New Guinea tribe drawn from three points of view* (Stanford 1958[2] [Cambridge 1936[1]]). Le schéma "canonique" du *naven* est habilement reconstruit par M. Houseman et C. Severi dans l'édition française de cet ouvrage, "Lecture de Bateson anthropologue", dans: G. Bateson, *La cérémonie du Naven. Les problèmes posés par la description sous trois rapports d'une tribu de Nouvelle-Guinée* (Paris 1986[2]) 7–29.

monie de *naven* pouvait désormais se terminer par une scène rituelle complémentaire essentielle. Toujours sur le mode de la caricature, le *lava* peut
être appelé à comparaître devant un tribunal fictif où des membres de la
communauté iatmul travaillant en général en ville simulent les rôles d'un
juge et d'un policier; ils siègent devant un public d'hommes travestis quant
à eux en entrepreneurs blancs fumant le cigare. Au cours de cette parodie
des rôles sociaux et du système juridique imposés par l'administration colo-
niale et maintenus depuis l'indépendance du pays par l'intégration rapide
du pays au système économique mondial, le neveu est sommé de compen-
ser par un contre-don en monnaie la prestation de son oncle maternel; puis,
au cours d'un second procès parodique, les fonctionnaires travestis con-
traignent le *wau* à remettre à son *lava* de menus cadeaux. Dans les cérémonies observées par Bateson, le *lava* se contentait de présenter à son *wau* des
coquillages; le jeune homme s'insérait ainsi dans le circuit des échanges
communautaires entre adultes et il se situait dès lors à l'égard de son oncle
maternel dans une position symétrique. Tout se passe donc comme si, désormais, travesti et renversement des rôles rompaient un équilibre que la justice blanche serait chargée de rétablir.

D'autre part, en cinquante ans, la perspective anthropologique sur le
naven, essentiellement androcentrique, a elle-même subi un changement
décisif. En effet d'autres enquêteurs, partis de Bâle et travaillant en couple,
se sont non seulement aperçus que la mère biologique du *lava* et les femmes en général prenaient à la cérémonie du *naven* une part rituelle et affec-
tive que Bateson semble avoir largement sous-estimée. Mais surtout ils ont
remarqué que, par sa participation rituelle centrale, la mère ouvre la *naven*
à une dimension nouvelle essentielle: par ses mimiques, elle fait référence
aux ancêtres de son propre clan en tentant d'y assimiler le *lava,* son fils. Au
travestissement sexuel de genre du *wau,* la mère oppose donc un travesti
totémique et, par ce geste rituel, elle considère son enfant à la fois comme
son ancêtre et comme un partenaire sexuel; comme l'oncle maternel à l'é-
gard du *lava,* du rôle de mère elle passe à celui d'épouse de son fils. Et de
manière complémentaire à l'attitude rituelle du *wau,* les femmes du clan
paternel, et en particulier la soeur du père qu'est la *yau,* adoptent par le travesti le double rôle masculin du père de l'enfant, puis celui de son époux.
Le *naven* se présente donc comme un système rituel complexe et multifor-
me qui met en question, à travers les rôles sociaux de sexe aussi bien que
par les relations d'ascendance, les relations sociales entre les clans compo-
sant la communauté tribale iatmul. Par un jeu savant de masques, la valeur
symbolique de ces relations est à chaque fois resémantisée dans une action
spéculative mêlant constamment les manifestations que nous appelons

"rites" et celles qui pour nous relèvent du "mythe"[3]. Grâce à la distance instituée par la progression du temps, le *naven*, objet anthropologique par excellence, offre un bel exemple de l'influence du changement historique et idéologique aussi bien sur l'observé que sur l'observateur. En même temps, les changements qui travaillent le *naven* lui-même *et* ceux qui en marquent l'appréhension érudite nous engagent à une certaine prudence dans l'emploi des catégories traditionnelles de la classification anthropologique que sont le "rite" et le "mythe".

Ceci pour dire que la comparaison anthropologique peut également contribuer à la compréhension du changement historique travaillant les manifestations symboliques de la culture grecque, tout en nous rendant conscients du changement qui travaille nos propres points de vue épistémologiques. Retour donc à la Grèce antique et en particulier retour aux bouleversements idéologiques provoqués par les confrontations répétées des communautés hellènes avec plusieurs formes de l'étranger au cours des Guerres médiques. En ce qui concerne Athènes particulièrement, les affrontements avec les Perses ont eu notamment pour conséquence politique la brusque ouverture d'une communauté terrienne attachée au territoire de l'Attique sur le domaine maritime représenté par la Ligue de Délos; et ce tournant

---

3 Une description du "nouveau" *naven* a été présentée par Ch. Coiffier, "Cinquante ans après G. Bateson: un grand Naven à Palimbei", à la rencontre intitulée *La cérémonie du 'naven': perspectives nouvelles,* et organisée par le Laboratoire d'anthropologie sociale à Paris en juin 1990. On doit à la présentation de F. Weiss à la même occasion, "Bateson, les femmes iatmoules et le *naven*", l'ouverture d'une perspective qui tient compte dans le *naven* à la fois du rôle de la mère et du rituel destiné aux adolescentes: voir à ce sujet les données présentées par F. Weiss dans "Magendaua", dans: F. Morgenthaler et al., *Conversations au bord du fleuve mourant. Ethnopsychanalyse chez les Iatmouls de Papouasie-Nouvelle-Guinée* (Genève 1987) 144–193 (trad. de: *Gespräche am sterbenden Fluß. Ethnopsychoanalyse bei den Iatmul in Papua-Neuguinea,* Fischer Taschenbuch 42267, Francfort-sur-le-Main 1984, 173–232). A ce propos on lira aussi les remarques de M. Stanek, *Sozialordnung und Mythik in Palimbei. Bausteine zur ganzheitlichen Beschreibung einer Dorfgemeinschaft der Iatmul, East Sepik Province, Papua New Guinea* (Bâle 1983) 276–291, ainsi que "Les travestis rituels des Iatmul", dans: F. Lupu (éd.), *Océanie. Le masque au long cours* (Rennes 1983) 163–186; voir également "Die Männerinitiation bei den Iatmul. Der Funktionswandel unter dem Einfluss der kolonialen Situation in Papua-Neuguinea", dans: B. Hauser-Schäublin (éd.), *Geschichte und mündliche Überlieferung in Ozeanien,* Basler Beitr. z. Ethnologie 37 (Bâle 1994) 217–236. Une étude exhaustive et stimulante du *naven* vient d'être publiée par M. Houseman et C. Severi, *Le 'Naven' ou le donner à voir. Essai d'interprétation de l'action rituelle* (Paris 1994), en particular 124–129 et 169–182.

idéologique fut rapidement suivi par la remise en cause d'un système politique et d'une culture tout entiers en raison des défaites subies à l'occasion
de la Guerre du Péloponnèse. Mais retour aussi à la modernité d'un regard
sensible, notamment grâce à l'analyse de discours d'inspiration sémio-nar-
rative et énonciative, à la construction symbolique de l'espace à travers des
discours fortement marqués par leurs circonstances d'énonciation. Il s'agit
par conséquent d'un regard qui hésite, dans sa modernité même, face à la
dérive d'une visée déconstructionniste entendant réduire le discours à un
jeu infini sur lui-même. Ce regard préfère se porter sur les effets extra-ling-
uistiques de la fiction discursive plutôt que de s'y laisser enfermer.

On aimerait donc proposer ici un cas particulier des réorientations que
cette manifestation symbolique nouvelle qu'est la tragédie attique fait subir
à une légende et à une forme cultuelle préexistantes. Et puisque la construction symbolique de l'espace est placée au centre de cette étude offerte en hommage à un éminent spécialiste des relations entre "mythe" et
"rite", on prendra pour l'illustrer l'exemple de l'*Œdipe à Colone*. En effet,
drame du passage entre des espaces politiquement et culturellement marqués,
la dernière tragédie de Sophocle a été l'objet de ce point de vue d'analyses suffisamment convaincantes pour qu'il soit possible au philologue sémio-
ticien d'échafauder simplement, à l'écart de toute polémique, sa propre construction érudite, en se fondant sur celles de ses prédécesseurs.

II

Œdipe dans la légende et le culte

On sait que la tragédie attique réinterprète aussi bien l'intrigue traditionnelle qu'elle raconte (le "mythe"), que les pratiques cultuelles qu'elle
met en scène (le "rite"). Et ces réinterprétations portent autant sur les formes de l'expression que sur celles du contenu: la représentation dramatique
se substitue au récit épique et au chant choral pour mimer dans le contexte d'un culte rendu à Dionysos et sous forme masquée des intrigues qu'elle modifie de manière décisive. Ainsi, dans l'*Œdipe à Colone,* le héros du
récit mis en scène meurt en un endroit qu'ignorent les versions narratives
précédentes. De plus, sa disparition évoque des pratiques rituelles qui, du
point de vue spatial notamment, ne laissent pas de surprendre.

Selon le récit de l'*Odyssée,* Œdipe, après le suicide de sa mère et épouse Epicaste, continue à régner sur Thèbes. C'est là que, selon le *Catalogue
des femmes* attribué à Hésiode, il trouve la mort, recevant les honneurs de
funérailles officielles. De plus, en montrant qu'autour du tombeau du roi

de Thèbes se déroulaient des jeux funéraires, l'*Iliade* fait d'Œdipe un héros[4]. Mais, peut-être avant même la fin du Ve siècle, d'autres cités célébraient la mémoire d'Œdipe. Sans doute le culte rendu à Sparte aux Erinyes de Laios et d'Œdipe par la famille des Aigéides est-il à rattacher à l'origine thébaine de ce γένος et à l'histoire de son émigration en Laconie. Par ailleurs, à Athènes même, Pausanias découvre dans le sanctuaire consacré aux Erinyes sur l'Aéropage un tombeau qui passait pour être celui d'Œdipe. L'évidente contradiction avec la tradition épique qui fait mourir Œdipe dans sa cité natale est expliquée par le transfert successif des os du héros de Thèbes à Athènes; dès lors le Périégète rejette tout simplement comme invraisemblable le témoignage du texte de Sophocle qui parle en faveur non pas d'Athènes, mais de Colone. Enfin un texte rapporté par l'historien alexandrin Lysimachos, auteur d'un recueil de *Paradoxes thébains,* fait état de la fondation d'un tombeau d'Œdipe auprès de la bourgade d'Etéonos, non loin de Platées, à l'intérieur d'un sanctuaire dédié à Déméter; le héros y aurait été enterré secrètement, sur le conseil du dieu (de Delphes?), après que les Thébains lui auraient refusé des funérailles et qu'une première sépulture dans le village de Céos eût été pour ses habitants une source de nombreux malheurs[5].

Faire mourir Œdipe à Colone est donc un fait légendaire nouveau, probablement déjà attesté quelques années avant la composition du drame de Sophocle dans le texte des *Phéniciennes* d'Euripide, sinon grâce à un fragment d'Eschyle. De même sont originaux, du point de vue des gestes ri-

---

4 Hom. *Od.* 11, 271–280; Hes. fr. 192. 193, 4 Merkelbach-West; Hom. *Il.* 23, 679–680; cette version de la mort d'Œdipe à Thèbes est aussi celle adoptée par Eschyle, *Sept.* 914. 1004, ainsi que par Sophocle lui-même, *Ant.* 33 sq. En relisant le témoignage de Phérécyde, *FGrHist* 3 F 95, et en analysant le qualificatif δεδουπώς utilisé par Homère, *Il.* 23, 679, pour désigner la mort d'Œdipe, E. Cingano, "The Death of Œdipus in the Epic Tradition", *Phoenix* 46 (1992) 1–11, a montré que ces brefs comptes-rendus épiques ne renvoient pas forcément à une mort au combat, comme l'avaient prétendu déjà Aristarque (Apoll. Soph. *Lex. hom.* 60, 11), puis Robert 1915, 108–118 (combat supposé contre Erginos et les Minyens dans la lutte opposant Thèbes à Orchomène).

5 Sparte: Hdt. 4, 149, 2, cf. Paus. 9, 5, 14 sq.: voir à ce propos Edmunds 1981. Athènes: Paus. 1, 28, 6–7 ainsi que Σ Eur. *Phoen.* 1707 (I 411 Schwartz); sur cette tombe athénienne d'Œdipe, cf. L. Beschi − D. Musti, *Pausania. Guida della Grecia. Libro 1: L'Attica* (Milan 1982) 370 sq.; selon Robert 1915, 39–44, la tombe d'Œdipe sur l'Aéropage serait plus récente que la légende de sa mort à Colone alors que J. G. Frazer, *Pausanias' Description of Greece* 2 (London 1913) 366 sq., suppose que la tombe d'Œdipe a été déplacée de Colone à Athènes au début de la Guerre du Péloponnèse: voir à ce propos la prudente mise au point de Kearns 1989, 189. 208 sq.

tuels accomplis dans l'*Œdipe à Colone,* les modes de la disparition du héros
tragique. Ainsi, le roi de Thèbes déchu disparaît à Colone, auprès du "cratère où sont déposés les marques du serment de fidélité éternelle prêté par
Thésée et Pirithoos" (1593 sq.). Sans qu'il corresponde exactement à une
bouche de l'Hadès, ce lieu semble donc associer la disparition d'Œdipe à la
catabase de son protecteur, le roi d'Athènes. En un lieu *nouveau* par rapport
aux versions légendaires précédentes, l'Œdipe de Sophocle semble ainsi
accomplir à l'occasion de sa mort un parcours rituel inédit. Or non seulement l'episode de la descente aux Enfers de Thésée et du roi de Thessalie
était déjà connu des poèmes homériques tout en faisant l'objet d'un récit
attribué à Hésiode et d'une mention importante dans la *Minyade*[6]. Mais le
commentateur antique des vers correspondants de Sophocle doit également
avouer qu'à sa connaissance, la légende ne localisait pas en cet endroit la descente des deux héros dans l'Hadès; il suppose donc que c'est pour rendre
hommage à l'Attique que Sophocle situe à Colone la mort d'un Œdipe qui
deviendrait à cette occasion le sujet d'une très hypothétique catabase. En fait,
selon des textes à vrai dire postérieurs à l'*Œdipe à Colone,* Pirithoos et Thésée
accèdent aux Enfers par la célèbre bouche de l'Hadès située au Cap Ténare, à l'extrémité du Péloponnèse. De plus, Pausanias situe près du Sarapéion,
au nord-est de l'Acropole, le lieu où Thésée et Pirithoos s'engagèrent par
serment dans l'expédition contre Sparte pour ravir Hélène. En ce quartier
d'Athènes bien distinct du dème de Colone, les deux héros alliés s'étaient
engagés par serment à descendre aux Enfers pour y ravir Perséphone. Par
la suite, une version historicisante métamorphosa cet épisode en une expédition militaire destinée à ravir l'épouse du souverain régnant sur le pays du
Thesprotes, région où les cours d'eau portaient les noms des fleuves des
Enfers[7].

6 Hom. *Od.* 11, 630 sq. (vers inséré dans l'*Odyssée* par Pisistrate selon Héréas de
Mégare, *FGrHist* 486 F 21, cité par Plut. *Thes.* 20, 2). Voir aussi *Il.* 1, 265; Hes. fr. 280
Merkelbach-West, cf. Paus. 9, 13, 5; *Minyad.* fr. 1 Bernabé, cité par Paus. 10, 28, 2 dans
sa description de la traversée de l'Achéron par Ulysse peinte par Polygnote dans la *lesché*
des Cnidiens à Delphes. Nombreux sont les savants qui estiment interpolé le passage
d'Eur. *Phoen.* 1705–1709 attestant de la mort d'Œdipe à Colone, "la demeure du dieu
cavalier": cf. D. J. Mastronarde, *Euripides. Phoenissae* (Cambridge 1994) 626 sq.; sur le
texte d'Eschyle, cf. *infra* n. 37. Selon Robert 1915, 8–10. 44, l'*Œdipe à Colone*
contiendrait une série d'allusions à la version qui situe la tombe d'Œdipe à Etéonos
(voir notamment vv. 399–407. 784–786).

7 Σ Soph. *Oed. Col.* 1593 (p. 62 De Marco); catabase de Thésée au Cap Ténare:
Apoll. Rh. 1, 101 avec Σ *ad loc.* (p. 15 Wendel) et Hyg. *Fab.* 79; cf. Σ Aristoph. *Eq.*
785 a et c (I 2, p. 187 sq. Koster), qui, en préalable à la descente aux Enfers, font asseoir

Dès lors, si l'on peut montrer à Pausanias, de passage à Colonos Hippios après qu'il a traversé l'Académie, un hérôon consacré à Pirithoos et à Thésée, mais aussi à Œdipe et à Adraste, tout porte à croire que la représentation de l'*Œdipe à Colone* a joué un rôle déterminant sinon dans la création de ce sanctuaire héroïque, du moins dans l'association d'Œdipe et peut-être d'Adraste à un culte de type héroïque préexistant, mais marginal. Quoi qu'il en soit, le Périégète ne manque pas de relever que la tradition qui attache Œdipe à Colone est différente de celle rapportée par Homère[8]. A l'égard de l'intégration d'Œdipe dans un culte héroïque spécifiquement athénien, l'*Œdipe à Colone* pourrait donc assumer le rôle de l'*aition*: ce sont la vraisemblance et les modalités de cette intégration que l'on aimerait examiner ici en présentant une étude de discours sensible à la construction d'un espace symbolique qui se manifeste aussi bien à travers des gestes rituels que dans des récits, et dont le dessin a sur ses destinataires des effets précis.

III
Réorientations par la tragédie

Pourquoi donc, à partir de traditions préexistantes, l'*Œdipe à Colone* met-il en scène ces déplacements portant en particulier sur l'espace? Pourquoi ces réorientations des données légendaires, mais aussi des pratiques rituelles?

Thésée sur le "Rocher du Chagrin" à Athènes même, là où se serait assise Déméter à la recherche de sa fille Perséphone emmenée aux Enfers par Hadès: cf. *H. Cer.* 200 avec Richardson 1974 *ad loc.; Paus.* 1, 18, 4. Voir encore Paus. 1, 17, 4 sq. et Plut. *Thes.* 31, 4 pour une autre version rationalisante de la tentative de rapt de Perséphone. Sur le problème complexe de la relation que le serment entre Pirithoos et Thésée entretient avec plusieurs épisodes de la vie du roi d'Athènes (à la catabase s'ajoutent le rapt d'Hélène et la lutte contre les Centaures à l'occasion du mariage de Pirithoos avec Déidaméia, cf. H. Herter, "Theseus", *RE* Suppl. 13 (1973) 1045–1238, en particulier 1173–1183, F. Brommer, *Theseus. Die Taten des griechischen Helden in der antiken Kunst und Literatur* (Darmstadt 1982) 97–103, et C. Ampolo – M. Manfredini, *Plutarco. Le vite di Teseo e di Romolo* (Milan 1988) XIII–IV ainsi que 248–252.

8 Paus. 1, 30, 4. L'Atthidographe Androtion, dont le récit est résumé par Σ Hom. *Od.* 11, 271 (p. 496 Dindorf) = *FrGrHist* 324 F 62, reprend la légende telle qu'elle est présentée dans l'*Œdipe à Colone,* mais en faisant d'Œdipe un suppliant dans un sanctuaire consacré à Déméter et Athéna Poliouchos; ce n'est qu'implicitement qu'il y situe le tombeau d'Œdipe, interdit d'accès aux Thébains: cf. Ph. Harding, *Androtion and the 'Atthis'* (Oxford 1994) 192; voir encore Aristeid. 3, 188 Behr (= 46, 171 sq. Dindorf).

A juste titre, la tragédie de l'*Œdipe à Colone* a été définie comme une "tragédie du passage". Elle ne saurait certes mériter à elle seule cette qualification. Mais, comme l'indique l'un des interprètes récents du drame au terme d'une lecture spatiale convaincante, la transition accomplie par Œdipe est double: elle consiste en un passage de la cité de Thèbes, dont Œdipe s'est lui-même exclu, à la cité de Thésée, qui est aussi celle du spectateur de la tragédie; mais elle correspond également à un passage du territoire d'Athènes dans l'autre monde[9].

Le passage horizontal

Les études passées, sinon à venir, permettent d'être concis quant à la dimension horizontale de la transition opérée par Œdipe. On sait désormais que le dème de Colone se situe au centre de l'une des trois régions clisthéniennes de l'Attique, soit l'ἄστυ qui inclut la ville d'Athènes et sa χώρα[10]. Cette situation particulière correspond à la première indication donnée par Antigone à son père aveugle en un lieu dont la définition progressive va occuper toute la première partie de la tragédie: de cet endroit consacré (χῶρος ὅδ' ἱρός) on aperçoit aisément les murs de la ville (πόλις). De simple endroit (χῶρος), ce lieu devient région cultivée (χώρα). En effet, rapidement Œpide apprend qu'il est habité par des démotes qui se distinguent des habitants de l'ἄστυ (78; voir aussi 296 sq.); aux vv. 1087 et 1348, les habitants de Colone sont explicitement appelés δημοῦχοι, et au v. 458, cette dénomination inclut même les Euménides qui sont honorées dans la bourgade. Le roi de Thèbes déchu identifie alors ce lieu avec l'ultime pays (χώρα τερμία 89; cf. aussi 226) désigné par l'oracle de Delphes. Dans un premier temps,

---

9 Cf. Vidal-Naquet 1986 ainsi que Buxton 1984, 29–31, et Segal 1981, 364–371. On verra aussi la paraphrase attentive aux espaces présentée par R. H. Allison, "'This is the Place': Why is Œdipous at Kolonos?", *Prudentia* 16 (1984) 67–69, ainsi que l'étude de J. Jouanna, "Espaces sacrés, rites et oracles dans l'*Œdipe à Colone* de Sophocle", *REG* 108 (1995) 38–58.

10 La situation archéologique et politique de Colone est donnée par l'étude classique de Lewis 1955, 12–17, que l'on complètera avec les photographies publiées par Robert 1915, 18–32. Par ailleurs, le passage de χῶρος à χώρα dans une définition de l'ensemble de l'espace construit sur la scène de l'*Oed. Col.* a été bien décrit par Edmunds 1996, 100–112; ma propre présentation est largement redevable à cette étude. Tout en montrant que la cité de Thésée montrée sur la scène par Sophocle correspond à l'Athènes idéalisée de l'après-Guerres Médiques, M. W. Blundell, "The ideal of Athens in *Œdipus at Colonus*", dans: Sommerstein 1993, 287–306, définit la position spécifique qu'occupe Colone par rapport à Athènes.

l'ensemble de l'endroit se révèle être consacré à Poséidon ainsi qu'à Prométhée Porte-feu (54–56). De ce "seuil d'airain" d'Athènes, le héros fondateur et tutélaire (ἀρχηγός 60) en est le cavalier Colônos, tandis que ses habitants sont administrés par le roi Thésée (69). Mais surtout, auprès de la ville de Pallas, cette partie de la chôra abrite le bois sacré réservé aux Euménides. Chassé de Thèbes et sans patrie (ἀπόπτολις 208), Œdipe va enfin trouver dans ce dème un lieu où s'établir (ἕδρα 36. 45. 90. 112. 176; cf. 195 sq.).

Il est désormais prouvé qu'à l'occasion de ce passage, Œdipe ne devient pas un citoyen d'Athènes, mais qu'il obtient simplement de Thésée le droit d'établissement (κατοικιῶ 637) dans le pays désigné comme χώρα, lui qui est à la recherche d'un χῶρος (644). Le Thébain pourra ainsi s'établir auprès d'un foyer qui n'est certes pas le foyer commun du Prytanée, mais une résidence assurant à un allié, dans la réciprocité (κοινή 633), une hospitalité éternelle. Dès le début de la tragédie, Œdipe exprime son désir de trouver une terre habitable, de trouver une demeure susceptible de l'accueillir (ἐξοικήσιμος 27, οἰκητός 28, οἰκήσαντα 92, οἰκεῖν 602, etc.). C'est pourquoi Œdipe s'adresse d'abord aux gens qui habitent l'endroit (ναίειν 64). C'est peut-être dans ce sens que le chœur consent finalement à confier l'homme chassé de sa cité au gardien (ἔποικος 506) du lieu. C'est aussi avec cette intention que coïncide l'offre de Thésée d'accueillir Œdipe dans son propre palais (δόμους ἐμούς 643; en contraste avec 757). L'aspiration d'Œdipe est tout simplement d'"habiter" à Colone (ναίειν 136. 812). Œdipe est un exilé, il est ἀπόπτολις (208); et le père estime que son fils Polynice, chassé de Thèbes, est dans la même situation que lui (1357). D'exilé Œdipe à Colone devient tout au plus un résident (οἰκητήρ 627, cf. 632). L'emploi de dérivés du verbe οἰκέω rappelle ici la résidence qu'Alcée exilé trouve auprès du sanctuaire de Lesbos ou que l'auteur d'un distique attribué à Théognis, chassé de la terre de ses pères, trouve à Thèbes[11]. Avant son établissement à Colone, les choreutes jugent qu'Œdipe n'est tout simplement pas ἔγχωρος (125): il ne réside pas dans le pays.

---

11 Qu'au v. 537 ἔμπαλιν ne saurait être corrigé en ἔμπολιν a été bien montré par Vidal-Naquet 1986, 187–204, qui insiste sur le statut de "métèque privilégié" dont bénéficie Œdipe en tant que bienfaiteur d'Athènes; voir également Edmunds 1996, 113 sq., qui compare l'accueil accordé à Œdipe avec la procédure d'ἔγκτησις; cf. encore *infra* n. 13. Les différents statuts réservés aux étrangers dans les tragédies attiques sont évoqués par P. Vidal-Naquet, "Note sur la place et le statut des étrangers dans la tragédie athénienne", dans: R. Lonis (éd.), *L'Etranger dans le monde grec* 2 (Nancy 1992) 297-313. C'est aussi ce que comprend Krummen 1993, qui est moins convaincante quand elle ajoute à l'acceptation d'Œdipe par les démotes de Colone une acceptation formelle

Le passage vertical

Sans doute plus important encore que le passage horizontal, le passage dans
la dimension verticale marque toute la seconde partie de la tragédie et par
conséquent le dénouement d'une intrigue souvent jugée peu dramatique.
Cette seconde transition, elle est annoncée à plusieurs reprises dans la première partie du drame, par des indices qui l'inscrivent dans la continuité de
la transition horizontale.

Au terme de sa présentation dans le prologue, Œdipe se refuse la qualité
d'un corps vivant (δέμας) pour s'identifier, par son nom propre, avec un malheureux εἴδωλον (109 sq.; cf. aussi 393); il est donc l'égal de l'un de ces
fantômes qui errent dans l'Hadès comme celui de Patrocle à l'issue de l'*I-
liade* ou ceux des morts visités par Ulysse dans l'*Odyssée*. Dans ce contexte, les Euménides deviennent les filles de l'Ombre (106, cf. 40)[12]. D'autre
part, Œdipe attend de Thésée autant l'hospitalité qu'une sépulture (582), et
c'est de sous la terre, en tant que cadavre, qu'il promet d'intervenir en faveur
d'Athènes (621–628); il en sera le "sauveur" (σωτήρ 460, cf. 487 en accep-
tant la leçon des manuscrits)[13].

Mais les qualités spécifiques qui marquent Colone, finalement partagées
entre dimension horizontale et dimension verticale, apparaissent avant tout
dans le célèbre éloge choral de l'Attique du premier stasimon. Contraire-
ment à ce que l'on a pu en affirmer, le chant vante les spécificités de Colone (668–693) en contraste avec celle de l'Attique, dominée par Athènes
(694–719). Se distinguant par l'olivier qui, toujours vivace, naît spontané-
ment, l'Attique se définit elle-même on opposition avec l'Asie d'une part

par la cité d'Athènes, puis par les Euménides. La syntaxe des vers 632 sq. interdit de voir
dans ces vers une allusion au Foyer commun, cf. R. C. Jebb, *Sophocles. The Plays and Fragments* 2: *The Oedipus Coloneus* (Cambridge 1900) 106 sq. Pour l'emploi du verbe οἰκέω
dans des situations d'exil, voir Alc. fr. 130 b, 10. 16 Voigt ainsi que Theogn. 1209 sq.,
avec le commentaire de G. Nagy, "Alcaeus in sacred space", dans: R. Pretagostini (éd.),
*Tradizione e innovazione nella cultura greca da Omero all'età ellenistica. Scritti in onore di B. Gen-
tili* 1 (Rome 1993) 221–225, qui fait le rapprochement attendu avec l'*Œdipe à Colone*.

12 Hom. *Il.* 23, 104; *Od.* 11, 476. Dénommées filles de Terre et d'Ombre au v. 40,
les Euménides sont filles de Terre et d'Ouranos chez Hes. *Theog.* 185 et filles de Nuit
pour Aesch. *Eum.* 416. 844. Sur le sens de εἴδωλον comme "fantôme" ou "double",
voir notamment J.-P. Vernant, "Figuration et image", *Mètis* 5 (1990) 225–240.

13 La fonction de "sauveur" qu'Œdipe assume à l'égard de la cité en échange du
"permis d'établissement" qui lui est accordé est bien définie par Edmunds 1996,
142–146, qui rappelle le statut analogue promis à la cité par Eurysthée, accueilli après
sa mort en μέτοικος dans le sol de l'Attique (Eur. *Heracl.* 1032–1034); voir aussi à ce
propos Vidal-Naquet 1986, 189–91, et surtout l'étude éclairante de Festugière 1973.

et le Péloponnèse de l'autre, dans une évocation probable du territoire que les Athéniens ont successivement défendu en ce Ve siècle face aux Perses, puis face aux Spartiates. Emblème indestructible d'une courotrophie sans cesse renouvelée, l'olivier de l'Attique bénéficie de la protection de Zeus et d'Athéna tandis que Poséidon, par le mors et la rame, assure à la cité-mère (μᾱτρόπολις 707) la maîtrise du cheval et de la mer[14]. En revanche, la première partie de cet éloge enthousiaste installe dans la blanche Colone des divinités qui ne règnent pas forcément sur l'Acropole: Dionysos qui, en ce lieu couvert par le lierre et la vigne, vient faire le bacchant avec les Nymphes, ses nourrices; Déméter et Perséphone tressant des couronnes avec le narcisse et le crocus qui y fleurissent chaque jour sous l'effet d'une rosée abondante; les Muses et Aphrodite enfin qui ne dédaignent pas cette terre fécondée par l'onde pure du Céphise. Dans le prologue, les premier mots prononcés par Antigone décrivaient déjà au père aveugle ce lieu couvert d'oliviers certes, mais aussi de lauriers et de vignes habitées par le chant des rossignols (16–18).

Ce paysage baigné d'humidité et prospérant dans une floraison accompagnée du chant des oiseaux, on pourrait le croire à une première lecture issu d'un *Idylle* de Théocrite. Du *locus amoenus* il n'a néanmoins que les apparences. Si le séjour d'Aphrodite et des Muses auprès d'un ruisseau à l'eau claire évoque, par le détour de la poésie érotique, le sanctuaire-jardin de Cypris que parcourt le poème de l'ostracon de Sappho, si les danses de Dionysos en compagnie des Nymphes rappellent les rondes dans un premier temps paisibles des suivantes du dieu dans le vallon verdoyant décrit par les *Bacchantes* d'Euripide, les couronnes portées par Perséphone et sa mère évoquent quant à elles la cueillette ainsi que les jeux de Coré et des Océanides dansant dans l'*Hymne homérique à Déméter* sur une tendre prairie,

---

14 L'exploitation métaphorique et politique par les Athéniens des qualités de permanence de cet arbre nourricier qu'est l'olivier est exposée par M. Detienne, "L'olivier: un mythe politico-religieux", *RHR* 178 (1970) 5–23, et *L'écriture d'Orphée* (Paris 1989) 71–84, tandis que J. Daly, "Œdipus Coloneus: Sophocles' *Threpteria* to Athens. II", *QUCC* 52 (1986) 65–84, montre que la trophie de l'olivier traverse dans la tragédie la relation entre ξένος et ἀστοί. Les fonctions respectives de Poséidon Hippios et d'Athéna Hippia dans la maîtrise de la mer et du cheval sont analysés par M. Detienne et J.-P. Vernant, *Les ruses de l'intelligence. La mètis des Grecs* (Paris 1974) 176–200, avec les remarques complémentaires formulées par E. Vilari, "Posidone e l'invenzione del morso. Un'anomalia nella versione del mito? (Soph. *OC* 714)", *Vichiana* 3, 4 (1993) 1–15. La doxa consistant à voir dans l'ensemble de ce chant choral un éloge global des qualités de l'Attique est représentée notamment dans l'étude de N. O. Wallace, "Œdipus at Colonus: The Hero in His Collective Context", *QUCC* 32 (1979) 39–52; voir aussi V. Di Benedetto, *Sofocle* (Florence 1983) 234–237.

émaillée notamment de crocus et de narcisses. Mais, à sa manière, chacun des
sites poétiques que les choreutes évoquent pour composer le paysage à la
végétation luxuriante de Colone est paradoxalement attaché à la mort. Dans
le sanctuaire de Cypris où Sappho appelle la puissance de la déesse, des feuil-
les bruissantes descend un sommeil profond et léthargique auquel les Grecs
comparaient autant l'effet du désir érotique que l'état de mort. Au fond de
la vallée du Cithéron ombragée de pins et baignée d'eaux courantes, les
aimables travaux des Ménades décrits par Euripide dans les *Bacchantes* ne tar-
dent pas à se transformer, sous l'effet du pouvoir de Dionysos, en un sacrifice sauvage, qui renverse toutes les règles de la civilisation. Surtout, dans le
récit de l'*Hymne à Déméter,* la terre fait fleurir en abondance le narcisse dont
l'odeur envoûtante séduit Perséphone avant qu'elle ne s'ouvre elle-même
pour engloutir la jeune fille enlevée par Hadès[15]. Et le chant du rossignol
lui-même, avec le caractère surhumain de sa mélodie, se transforme souvent
en un thrène prolongeant les plaintes des funérailles et du deuil[16].

15 Sapph. fr. 2 Voigt, voir aussi chez Ibyc. fr. 286 Page la description du jardin
intouché des jeune filles où des pommiers baignés par des ruisselets abritent des vignes
fleurissantes; Eur. *Bacch.* 1048–1057; *H. Cer.* 5–18, cf. 417–432. Le sens de κῶμα, le
sommeil léthargique, est commenté par A. P. Burnett, *Three Archaic Poets. Archilochus,
Alcaeus, Sappho* (London 1983) 270–273; aux références qu'elle donne à la n. 113 quant
aux affinités que les Grecs voyaient entre sommeil, mort et éros, je me permets d'ajouter celles que j'ai mentionnées dans Calame 1992, 172 n. 50. Sur le paysage dionysiaque
des *Bacchantes,* voir Buxton 1992; pour l'*Œdipe à Colone,* voir Bierl 1991, 100–103.
Quant à la prairie fleurie et érotisée où évoluent les jeunes filles, elle doit être soigneusement distinguée du jardin-sanctuaire réservé à Cypris, cf. Calame 1992, 120–133; les
valeurs funéraires du narcisse sont explicitées par Richardson 1974, 143–145, qui commente également les doutes qu'exprime le scholiaste ad *Oed. Col.* 684 (p. 37 De Marco)
quant à la relation du narcisse avec les deux déesses; voir les références complémentaires données par Segal 1981, 483 n. 35, ainsi que l'étude de D. del Corno, "I narcisi di
Colono", dans: *Mitologie letterarie tra antico e moderno* (Vérone 1994) 171–174.

16 Le chant du rossignol est en général saisi comme un chant de lamentation
funéraire par les Grecs: voir, pour Sophocle lui-même, Segal 1981, 373–375, ainsi que,
en général, Kannicht 1969, II p. 281–283; N. Loraux, *Les mères en deuil* (Paris 1990)
87–100, et Ch. Segal, "La voce femminile e le sue contraddizioni: da Omero alla tragedia", *Intersezioni* 14 (1994) 71–92; ces valeurs funèbres du chant du rossignol sont aussi
relevées par A. S. McDewitt, "The Nightingale and the Olive. Remarks to the First
Stasimon of *Œdipus Coloneus*", dans: R. Hanslik–A. Lesky–H. Schwabl (éds.), *Anti-
dosis. Festschrift für Walther Kraus zum 70. Geburtstag,* WSt Beih. 5 (Vienne–Graz 1972)
227–237, qui ne voit pas l'opposition que les choreutes dessinent entre Colone et
Athènes. En revanche, F. I. Zeitlin, "Staging Dionysos between Thebes and Athens",
dans: Carpenter/Faraone 1993, 147–182, a bien vu les échos dionysiaques et éleusiniens qui animent la description de Colone par le chœur.

Si donc les puissances divines et les dons vantés dans la seconde partie du stasimon évoquent, sur le thème de la fertilité et de la génération permanentes, les activités guerrière et économique d'Athènes, la première partie du chant attribue à Colone, à l'intérieur du territoire de l'ἄστυ, des privilèges plus ambivalents. Le paysage de Colone incite décidément aux passages: passage horizontal vers un monde sauvage avec Dionysos, passage métaphysique vers un état second d'inspiration divine ou d'amour avec les Muses et Aphrodite, passage vertical vers l'Hadès avec Déméter et sa fille Perséphone.

Or, de même que la molle prairie fleurie s'ouvre sous les pieds graciles de Perséphone, de même la terre de la chôra si fertile de Colone finit-elle par absorber Œdipe en son sein. A cette occasion, le seuil d'airain enraciné dans la terre qui fait de Colone l'un des "soutiens" d'Athènes (57 sq.) et qui assure dans la dimension horizontale le passage vers la ville, devient un seuil vertical (καταρράκτη 1590); ses fondements en bronze sont alors comparés à des racines plongeant dans la terre (1591). Franchir ce seuil, c'est successivement pour Œdipe s'établir à Colone, puis descendre dans l'Hadès. Il convient de rappeler à ce propos que, selon les poèmes homériques, non seulement le palais d'Alcinoos en Phéacie ou la résidence de Zeus lui-même sur l'Olympe possèdent un seuil d'airain, mais que, chez Homère aussi bien que dans la *Théogonie* d'Hésiode, on accède au Tartare en passant par des portes de fer et en franchissant un seuil de bronze qui, inébranlable, s'appuie sur des "racines" sans fin[17]. D'autre part, le commentateur antique aux deux passages concernés de l'*Œdipe à Colone* situe ce seuil dans le sanctuaire de Poséidon auquel le texte de la tragédie associe Prométhée, vénéré auprès de l'Académie voisine. Pausanias quant à lui présente ce sanctuaire comme un bois sacré comportant un temple et un autel dédiés à Poséidon Hippios ainsi qu'à Athéna Hippia. Sans l'associer directement à ce sanctuaire,

---

17 Seuil du palais d'Alcinoos: Hom. *Od.* 7, 83. 89 ainsi que 13, 4; demeure de Zeus: *Il.* 1, 426; 14, 173, etc.; voir aussi, pour la demeure d'Héphaistos, *Od.* 8, 321. Seuil du Tartare: Hom. *Il.* 8, 15 sq. et Hes. *Theog.* 811 sq. 732 sq. 749 sq.; lire à ce propos le commentaire de G. S. Kirk, *The Iliad. A commentary 2: Books 5–8* (Cambridge 1990) 297 sq., qui montre l'image du cosmos qui se dégage du passage de l'*Iliade*. Dans une analyse topographique précise, Robert 1915, 25–29, démontre que le "seuil d'Athènes", correspondant dans le terrain à une légère élévation rocheuse, ne saurait coïncider avec un χάσμα. Voir aussi l'étude de G. Kirkwood, "From Melos to Colonus: τίνας χώρους ἀφίγμεθ' . . .;", *TAPhA* 116 (1986) 99–117, qui compare la désignation de ce seuil comme "appui d'Athènes" (v. 58) avec l'expression analogue qui, chez Pind. fr. 76 Maehler, désigne Athènes comme Ἑλλάδος ἔρεισμα.

les choreutes de la tragédie de Sophocle ne manquent pas de mentionner
la déesse rivale de Poséidon en lui attribuant le même épiclèse (1070 sq.).
De plus, en s'appuyant sur l'autorité des Atthidographes Apollodore
d'Athènes et Istros ainsi que sur celle de l'auteur tragique du IVᵉ siècle Asty-
damas, le commentateur de Sophocle voit dans le seuil d'airain une voie
d'accès vers l'Hadès. La mort d'Œdipe est alors interprétée comme une
catabase et, dans la scholie qui explique la deuxième mention du seuil
d'airain, cette descente dans l'Hadès est associée au rapt de Coré[18].

Sur l'un des chemins qui convergent vers ce seuil de bronze, Œdipe va
disparaître en un lieu marqué par des signes distinctifs dont chacun con-
court par ses valeurs sémantiques propres à définir la mort du nouvel habi-
tant de Colone. Comme on l'a signalé, le cratère sans aucun doute naturel
dans lequel sont déposés les marques de l'accord passé entre Thésée et
Pirithoos est mentionné pour la première fois ici (1593 sq.) et, tout en hésitant à faire correspondre cet emplacement avec le lieu de la catabase des
deux héros, le scholiaste y situe néanmoins à nouveau l'enlèvement de Perséphone. On peut se demander avec lui si ce cratère de pierre ne désigne
pas métaphoriquement la bouche de l'Hadès, sans doute signalée également
par la verticalité du seuil d'airain[19].

Mais il y a plus significatif encore. Certes, on ne sait pratiquement rien
ni du "poirier creux" ni du "tombeau de pierre" auprès desquels s'asseoit
maintenant le quasi métèque Œdipe. Leur présence auprès d'un accès au
monde d'en-bas n'est néanmoins pas l'objet d'un hasard. Utilisées par
Eumée pour défendre l'accès à l'enclos de ses porcs, les branches épineuses
du poirier sauvage sont aussi proverbialement jetées dans un feu d'aubépi-
ne, de ronces et de genêts destiné à brûler nuitamment les serpents. De plus,
une épigramme d'Alcée de Messène associe ce même type de poirier aux
ronces qui ont envahi le tombeau du piquant Hipponax en lieu et place
des grappes de raisin susceptibles d'étancher la soif du passant. Ainsi le des-

18 Σ *Oed. Col.* 57 (p. 10 De Marco) s'appuyant sur Apollod. Athen. *FGrHist*
244 F 144, Istr. *FGrHist* 334 F 28 et Astydam. fr. 60 F 9 *TrGF* ainsi que Σ *Oed. Col.*
1590 (p. 62 De Marco).

19 Σ *Oed. Col.* 1593 (p. 62 De Marco); sur les confluences formant des cratères dans
les régions souterraines, cf. Plat. *Phaed.* 111b. Associées soit à une étendue d'eau, soit
à un χάσμα, les bouches de l'Hadès sont nombreuses en Grèce: voir la liste donnée par
R. Ganschinietz, "Katabasis", *RE* 10 (1919) 2359–2449, aux coll. 2383–2386; la plus
importante est celle du Cap Ténare, cf. Pind. *Pyth.* 4, 44. Œdipe s'asseoit, semble-t-il,
à égale distance des quatre points de repère mentionnés dans ces vers 1593–1597, dont
le texte n'est pas tout à fait assuré: cf. J. C. Kamerbeek, *The Plays of Sophocles, Commentaries* 7: The Oedipus Coloneus (Leiden 1984) 217.

sèchement auquel renvoie le poirier sauvage auprès duquel se tient Œdipe mourant contraste fortement avec l'eau vive que ses filles vont chercher pour procéder aux ablutions et aux libations rituelles auprès de la colline toute proche, consacrée à Déméter la Verte (1598–1603). On sait qu'en Grèce classique, un rite de transition tel que le mariage jouait symboliquement sur les valeurs attachées à la vie sauvage de la jeune fille improductive en contraste avec celles de la vie au blé moulu incarnée par Déméter pour une jeune épouse promise à une nombreuse descendance[20]. Quant au tombeau de pierre, il évoque à notre souvenir le monument funéraire dédié à Agamemnon qu'Egisthe aurait lapidé selon l'*Electre* d'Euripide; surtout, il nous rappelle le sépulcre de pierre (λάϊνον τάφον) de Protée que Ménélas invoque en même temps qu'Hadès pour qu'Hélène, dans la tragédie homonyme, lui soit restituée. Evoquant des monuments de type héroïque, la tombe de pierre de l'*Œdipe à Colone* risque bien d'abriter les restes du héros éponyme de l'endroit: Colonos, le cavalier fondateur (ἱππότης ἀρχηγός 60)[21].

La plus frappante parmi les marques spatiales qui distinguent le lieu de la disparition d'Œdipe à Colone, c'est sans aucun doute le Rocher de Thoricos (1595–1597). Dans la lecture que l'on en a en général donnée, scholiaste inclus, l'adjectif θορίκιος renvoie au dème de Thoricos, de la tribu Acamantis. Mais que peut bien avoir de commun avec Colone une bourgade du Laurion, beaucoup plus proche du Cap Sounion que d'Athènes, sinon que Thoricos devait sa prospérité et sa réputation à ses mines d'argent? Sans doute ces mines ne sont pas sans rappeler les mines de cuivre que le scholiaste commentant la mention du seuil de bronze situe – sans doute un peu à la légère – à Colone. En contraste avec ce lien ténu, un autre commentateur antique rappelle une légende qui nous ramène plus directement à Colone. En interprétant une allusion énigmatique à Poséidon dans l'*Alexandra* de Lycophron, le scholiaste explique que, selon une version

---

20 Sur l'utilisation de l'ἄχερδος, cf. Hom. *Od.* 14, 10 avec Σ *ad loc.* (p. 579 Dindorf: ἀκάνθωδες φυτόν) et Theocr. 24, 90 ainsi que Pherecr. fr. 174 *PCG* et fr. com. adesp. 1277 Kock = *Et. Mag.* p. 181, 5 Gaisford (cité également par *PCG loc. cit.*); *Anth. Pal.* 7, 536. A notre connaissance, fondée sur les témoignages d'Aristoph. *Lys.* 831–835 et de Paus. 1, 22, 3 (voir J. G. Frazer, *Pausanias' Description of Greece* 2 (London 1913) 246–248), ce n'est qu'à Athènes, au pied de l'Acropole, que Déméter Chloé disposait d'un sanctuaire; elle y était associée à Gé Courotrophos, à une Terre protectrice de la croissance; cf. aussi Σ *Oed. Col.* 1600 (p. 63 De Marco). Pour les valeurs mises en jeu symboliquement dans la cérémonie du mariage, voir les références que j'ai données dans "Eros inventore e organizzatore della società greca antica", dans: C. Calame (éd.), *L'Amore in Grecia* (Roma/Bari 1983) IX–XL.

21 Eur. *El.* 320–329; *Hel.* 962–990, cf. Kannicht 1969, II p. 155–157 (ad *Hel.* 547).

de la légende, Poséidon se serait endormi parmi les rochers de Colone et que, d'une émission nocturne du sperme divin, serait né un cheval appelé Scyphios ou Scéironitès. Ce cheval surgi de la terre athénienne n'est pas sans évoquer Erichthonios, engendré par le sperme d'Héphaïstos tombé sur le sol de l'Attique dans la poursuite amoureuse d'Athéna. Pour expliquer l'épiclèse de Πετραῖος donnée à Poséidon par les Thessaliens, un scholiaste à la quatrième *Pythique* de Pindare reprend le même épisode légendaire, mais sans le situer explicitement à Colone[22]. Tout en présentant Scyphios comme le premier cheval, l'érudit emploie le terme technique de θορός pour désigner la semence de Poséidon. Sans doute le schéma rythmique du vers de Sophocle interdit-il de substituer un θορικοῦ au θορικίου qu'offrent les manuscrits et d'introduire ainsi dans le texte un "rocher de la semence". Il n'en reste pas moins que, pour la légende, Colone Hippios a abrité la naissance autochtone du premier cheval de Poséidon, le dieu tutélaire d'Athènes.

Quoi qu'il en soit, en ce lieu qui plonge ses racines dans la terre, la passage au statut de métèque s'est transformé en passage chthonien. C'est le messager qui l'annonce: à peine préparé rituellement pour la mort, Œdipe est confronté à Zeus Chthonios (1606). Selon le souhait des choreutes, l'étranger a désormais trouvé accueil dans la demeure de Styx (Στύγιος δόμος 1560–1564); son foyer, ce n'est plus celui proposé par Thésée, mais un foyer chthonien (χθόνιος ἑστία 1726). Les Euménides, dont le sanctuaire accueille Œdipe au début de la tragédie deviennent des "déesses chthoniennes" (1568, cf. déjà 1390 sq., puis 1752); le commentateur de ce vers s'empresse de les identifier désormais avec les Erinyes elles-mêmes[23].

22 Pour la situation géographique de Thoricos, voir Hdt. 4, 99, 4 ainsi que Strab. 9, 1, 22 et 10, 55, 3; cuivre à Colone: Σ *Oed. Col.* 57 (p. 10 De Marco). Sur la naissance du "cheval autochtone", voir Σ Lyc. *Alex.* 766 (p. 244 Scheer) et Σ Pind. *Pyth.* 4, 246 a/b (II p. 131 Drachmann); en Thessalie, la premier cheval naît d'un coup du trident divin sur un rocher qui devient celui de Poséidon Pétraios: *Et. Mag.* p. 473, 42–45 Gaisford et Σ Verg. *Georg.* 1, 12. On verra à ce propos le commentaire de Robert 1915, 19–21, et de O. Gruppe, "Die eherne Schwelle und der Thorikische Stein", *ARW* 15 (1912) 359–379, dont les spéculations sur une éventuelle relation par l'intermédiaire du cheval Scéironitès entre la balance de Colone (v. 670) et les rochers calcaires de Sciron ne sont pas aisées à suivre. En dépit du commentaire de Jebb (*supra* n. 11) 113, on ne peut exclure que le nom de Scéironitès renvoie à sa naissance du sol calcaire de l'Attique; je me permets à ce propos de renvoyer à Calame 1996, 339–348.

23 Zeus Chthonios est déjà associé à Perséphone par Hom. *Il.* 9, 457, et à Déméter par Hes. *Op.* 465. Eschyle, en particulier *Suppl.* 154–161 et 228–231, fait de Zeus l'hôte et le juge des morts dans l'Hadès; autres références chez West 1978, 276. Pour l'assimilation partielle des Euménides aux Erinyes, cf. Σ *Oed. Col.* 1568 (p. 60 De

Institution d'un culte héroïque?

Pour rendre compte des évidentes réorientations dans l'*Œdipe à Colone* de la légende et du dessin spatial nouveau conféré aux gestes d'une mort à caractère rituel, on a proposé deux explications.

La première est d'ordre historique. On a voulu voir dans l'annonce par Œdipe d'une guerre possible avec Thèbes (615−623) et dans l'avertissement lancé à ce propos par Créon (1036−1039) des allusions à la menace thébaine s'exerçant sur Athènes au moment de la composition de la tragédie en 407. De manière plus précise, Diodore de Sicile nous apprend que cette année-là la cavalerie athénienne serait parvenue à repousser une attaque de cavaliers béotiens lancée par le roi de Sparte, Agis, dans la région de l'Académie et donc de Colone. Une source plus tardive ajoute qu'Œdipe serait apparu aux côtés des Athéniens pour les soutenir contre une attaque des Thébains[24]. L'apparition salvatrice Œdipe semble correspondre au rôle de sauveur que dans la tragédie, en échange de l'hospitalité accordée par les démotes de Colone et par Thésée, le héros promet à la cité (460. 463. 576−578. 621−630. 1524−1526, etc.). Mais, cette relation admise, il est bien difficile de déterminer laquelle de l'installation cultuelle d'Œdipe à Colone ou de l'intervention du héros dans l'événement historique est première. La parallèle offert par l'intervention de Thésée surgi du sol même de Marathon à l'occasion de la bataille de 490 semble montrer que l'institution d'un culte héroïque peut provoquer une réécriture de l'histoire légendaire; celle-ci vient, *a posteriori,* servir d'*aition* aux honneurs rituels rendus au héros auprès de sa tombe[25].

Est-ce à dire qu'à la suite de la mort d'Œdipe telle qu'elle est décrite dans la tragédie, ou plutôt qu'à la suite de la représentation du drame, on aurait réinterprété l'attaque des Béotiens? Un oracle cité par le scholiaste commentant le texte de la tragédie semble en effet en faire état. Mais dans sa formulation énigmatique, la parole oraculaire désigne Colone par le seuil

---

Marco), et Winnington-Ingram 1980, 264−272 et 324−327, ainsi que Segal 1981, 371−375, qui décèle une probable identification entre ces déesses au pouvoir ambivalent et Œdipe lui-même; on lira aussi les remarques déterminantes d'Edmunds 1996, 138−142.

24 Diod. Sic. 13, 72, 3−5, cf. aussi Xen. *Hell.* 1, 1, 33; Σ Aristeid. 46, 172 (III p. 560 Dindorf); voir à ce propos les références données par Edmunds 1981, 232 avec n. 44; 1996, 95−100.

25 La fresque qui au Portique Pœcile dépeignait Thésée surgissant du sol au milieu des héros de Marathon est décrite par Paus. 1, 15, 1−3, cf. Calame 1996, 408−410 ainsi que 439−442 avec les références données n. 26.

d'airain et un rocher "à trois têtes", sans faire allusion à Œdipe et à sa mort[26]. S'il faut conférer à l'*Œdipe à Colone* une signification politique, il convient de la chercher ailleurs, par exemple en se rappelant que c'est à Colone même, auprès du sanctuaire de Poséidon, que se tint la fameuse assemblée qui institua le régime des Quatre-cents. Cela se passait en 411, quatre ans avant la représentation posthume de la tragédie[27].

La seconde explication donnée aux modes singuliers de la mort d'Œdipe fait appel à la religion et au rituel. Nombreux ont été les lecteurs de l'*Œdipe à Colone* à expliquer la tournure qu'y prend la légende par l'institution d'un culte de type héroïque. En fait, jamais la tragédie ne transforme explicitement Œdipe en un héros honoré en son tombeau par les pratiques réservées à une figure épique héroïsée. La disparition du roi de Thèbes dans la tragédie que lui consacre Sophocle n'est qualifiée ni par les jeux funéraires qui marquent sa mort dans l'*Iliade,* ni par le repas rituel ou les ἐναγίσματα que fait attendre tout culte héroïque se développant à partir des honneurs funéraires rendus à un héros[28]. Comme le relève Ch. Segal, si Œdipe entend trouver seul le tombeau sacré (ἱερὸς τύμβος 1545 sq.) où la terre de Colone doit l'accueillir, si Antigone manifeste le désir après la mort de son père de voir cette tombe (1754), la sainte sépulture (θήκη ἱερά 1763) d'Œdipe doit rester, de par un serment conclu sous le contrôle de Zeus, inaccessible aux mortels; Œdipe en confie le secret au seul Thésée qui est

---

26 Σ *Oed. Col.* 57 (p. 9 sq. De Marco). On peut se demander si le rocher auquel fait allusion l'oracle ne correspond pas au roc sur lequel s'installe Œdipe, dans le sanctuaire réservé aux Euménides (v. 192–196). Selon Robert 1915, 35–37, cet oracle est à référer à l'attaque menée par Cléomène contre l'Attique en 506. Mais on verra à ce propos les remarques de F. Jacoby, *FGrHist* III b *(Suppl.)* ad Androt. 324 F 62 (1, p. 169–171; 2, p. 154–156).

27 Thuc. 8, 67, 1 sq.; ainsi que [Aristot.] *Ath. Pol.* 29, 4 sq. avec P. J. Rhodes, *A Commentary on the Aristotelian* Athenaion Politeia (Oxford 1985²) 377–385, qui a étudié en particulier la signification politique de cette assemblée extraordinaire.

28 Hom. *Il.* 23, 679 sq. Voir l'énorme bibliographie et les critiques présentées au sujet de l'héroïsation d'Œdipe par D. A. Hester, "To Help one's Friends and Harm one's Enemies. A Study in the *Œdipus at Colonus*", *Antichthon* 11 (1977) 22–41. Parmi les études classiques à ce propos, on citera celle de Festugière 1973, 9–15, qui signale que la tradition biographique fait mourir Empédocle dans des circonstances analogues (cf. fr. 31 A 1, 68 Dielskranz = Diog. Laert. 6, 68); plus récemment, la thèse de l'héroïsation d'Œdipe a été reprise par D. Birge, "The Grove of the Eumenides. Refuge and Hero Shrine in *Œdipus at Colonus*", *CJ* 80 (1984) 11–17, que l'on lira en tenant compte des remarques critiques de Buxton 1984, 30, et de Vidal-Naquet 1986, 199; voir encore *infra* n. 40 ainsi que Kearns 1989, 50–52, et Edmunds 1996, 95–100, qui donnent des exemples de tombes héroïques dont l'emplacement doit rester caché.

chargé de le transmettre à son successeur (1530–1532). Dans ce contexte, Ismène va jusqu'à croire son père ἄταφος, dépourvu de sépulture (1732). Si Œdipe dispose bien d'une sépulture et si honneurs héroïques il y a, le secret qui doit entourer l'emplacement de ce tombeau semble faire référence à un culte héroïque de type tout à fait particulier. Un fragment de l'*Erechthée* d'Euripide offre à cet égard un parallèle intéressant. On y voit Athéna elle-même assigner aux filles du roi légendaire d'Athènes, qui se sont sacrifiées pour sauver la cité de leur père, un tombeau dont l'accès est interdit. Cette interdiction doit empêcher les ennemis d'Athènes d'y faire un sacrifice qui pourrait leur apporter la victoire[29].

Sans doute la première raison du mystère censé entourer la tombe d'Œdipe est-elle à chercher dans les modes d'une disparition non moins mystérieuse; une disparition qui se partage entre l'apothéose et l'enterrement, une disparition vers le sommet de l'Olympe aussi bien que dans le tréfonds de l'Hadès. Certes, dans un premier temps, Œdipe est convaincu que le moment est désormais venu pour lui de "cacher auprès d'Hadès le terme de sa vie" (1550 sq.); et dans son dernier stasimon, le choeur confirme la conviction d'Œdipe dans une invocation qui ne s'adresse qu'aux puissances infernales (1556–1578). Néanmoins, le récit par le messager de la mort effective d'Œdipe est à cet égard beaucoup moins péremptoire. Si c'est le Zeus céleste de l'Ether qui par la foudre annonce le départ d'Œdipe vers l'Hadès (1456. 1460 sq. 1471), c'est Zeus Chthonios qui, dans ce récit, prend le relais du premier pour frapper les coups de la mort (1606). De plus, au moment de la disparition éclatante d'Œdipe, le roi Thésée adresse un geste de salut aussi bien à la Terre qu'à l'Olympe habité par les dieux (1654 sq.). Enfin, après avoir exclu l'anéantissement (céleste) d'Œdipe par un éclair ou son engloutissement (maritime) par une lame venue des profondeurs, le messager hésite entre l'intervention (olympienne) d'un envoyé des dieux ou la disparition (chthonienne) dans les entrailles de la terre (1658–1662). Olympien ou chthonien, nul ne connaît d'ailleurs l'identité exacte du dieu qui vient chercher Œdipe (1626. 1629).

---

29 Segal 1981, 362–408, en particulier 369–371. 391. 402–404. Eur. fr. 65, 87–89 Austin, avec le commentaire de Kearns 1989, 50–52; selon Pausanias 2, 2, 2, qui se réfère lui-même au poète épique Eumélos de Corinthe, fr. 6 Bernabé, Nélée et Sisyphe disposaient aussi sur l'Isthme de tombes dont l'emplacement devait être tenu secret; il en allait de même par exemple de la tombe de Dircé à Thèbes: Plut. *Gen. Socr.* 5, 578 b–c, avec le commentaire de A. Schachter, *Cults of Boiotia* 1: *Acheloos to Hera,* BICS Suppl. 38, 1 (Londres 1981) 198. Le déroulement du culte héroïque grec est analysé par Burkert 1977, 312–319.

Ainsi ni l'explication historique, ni le recours au culte héroïque ne semblent pouvoir rendre compte entièrement des modes rituels bien singuliers d'une disparition entourée de mystère.

Les marques de l'autochtonie

A la suite d'autres lecteurs de l'*Œdipe à Colone,* on constate que l'endroit (χῶϱος) inconnu abordé par le héros se transforme rapidement en un territoire (χώϱα) dépendant d'une cité. Or il semble qu'à mesure que progresse l'action, cette chôra devient avant tout une "terre" (γῆ/χθών). Si l'on se limite à sa désignation référentielle par le déictique du renvoi immédiat ὅδε, le pays de Colone s'élargit, pour les choreutes (630, cf. 294), pour Créon qui s'adresse à eux (728; cf. 733) aussi bien que pour Thésée (635, cf. 637), à la terre (γῆ/χθών) d'Athènes et de l'Attique; cependant pour Œdipe, qui joue peut-être sur les mots, ce dème n'est encore que l'"endroit" qu'il recherche pour s'établir (χῶϱος 644). Par un double emploi de l'expression γῆ ἥδε aux vv. 1087 et 1095[30], les choreutes poursuivent ce jeu de synecdoque dans la définition de Colone. Quant à Œdipe, c'est seulement au v. 1348 qu'il recourt à la même figure en s'adressant aux choreutes en tant que "démotes de cette terre" (τῆσδε δημοῦχοι χθονός): aux vv. 45 et 85, il n'utilise l'expression ἥδε γῆ qu'en relation avec le "siège" qu'il entend ne point quitter. A bien marquer le contraste, il y a notamment la manière dont Œdipe désigne la cité dont il a été chassé: elle est pour lui une "terre" (γῆ 365. 599; cf. 572). Par ailleurs, l'homme qui le premier accueille Œdipe à Colone ne manque pas de qualifier ce lieu en tant que χθών dès que, par l'intermédiaire du seuil d'airain, il fait référence à ses fondations (57). En revanche, quand Œdipe s'apprête à franchir ce même seuil pour rejoindre le fondement de la terre de Colone, ses paroles d'adieu désignent la surface terrestre, où restent ses hôtes, comme ἥδε χώϱα (1553); mais dans ce même message d'adieu, Œdipe qualifie de ἥδε χθών le sol où il souhaite être enseveli.

Sans doute est-ce encore le choeur qui fait de χθών, pour désigner Colone, l'emploi le plus troublant. En prenant connaissance de l'identité d'Œdipe, les choreutes lui refusent tout d'un coup le siège du refuge (τὰ ἕδϱανα 176. 232) qu'ils lui avaient offert dans un premier geste d'hospitalité. Et le groupe des démotes de Colone surenchérit sur sa demande à Œdipe de

---

30 On verra aussi le v. 462 où les choreutes désignent par ἥδε γῆ le lieu élargi à la ville d'Athènes qu'Œdipe vient de montrer en tant que ἥδε πόλις (v. 459); voir encore le v. 668 où l'emploi de χώϱα se combine avec celui de γῆ.

quitter le pays (χώρα 226) par l'ordre de "s'élancer" hors de sa terre (ἐμᾶς χθονὸς ἔκθορε 234). L'emploi de la forme ἔκθορε n'est pas sans rappeler, sur les plans phonétique et sémantique, la désignation du rocher auprès duquel Œdipe trouve la mort après avoir été tout de même reçu à Colone. S'agit-il d'un simple hasard associatif? Au lieu de jaillir du rocher "de Thoricos" comme le cheval engendré par Poséidon, le roi de Thèbes déchu est finalement appelé à être absorbé par ce sol dont sont par ailleurs également nés, dans le mythe fondateur que l'on connaît, Erichthonios et ses descendants les Athéniens.

Cela signifie-t-il qu'en définitive la réorientation par Sophocle de la légende de la mort d'Œdipe et la resémantisation des gestes rituels apparemment héroïsants qui la marquent conduisent à faire de l'hôte de Thésée le protagoniste d'un nouveau "mythe d'autochtonie"? Œdipe serait-il engagé par Sophocle dans un récit renversant en quelque sorte le processus de la naissance autochtone? Sa légende aurait-elle été soumise à une procédure analogue à celle qui, après les Guerres médiques, insère Thésée lui-même dans un récit faisant (re)naître le jeune homme non seulement des entrailles de la terre, mais aussi du fond de la mer, en un mouvement d' "autothalassie"[31]? Pour être validée, l'hypothèse doit tenir compte du fait que le "mythe de l'autochtonie athénienne" est une construction moderne; il s'agit d'une construction consciente et érudite, à partir d'une série complexe de récits et de figures relatifs à l'autochtonie des citoyens d'Athènes.

Il n'est à l'évidence pas possible de rouvrir ici le dossier des différentes légendes qui, dans l'Athènes classique, légitiment aux yeux des citoyens leur prétention à l'autochtonie. On se limitera à rappeler trois traits essentiels parmi ceux qui caractérisent au Ve siècle cette mouvante configuration légendaire. Tout d'abord il convient de souligner que la légende n'hésite pas à dédoubler les figures fondatrices de l'autochtonie athénienne. Pour commencer il y a Cécrops, le premier roi d'Athènes, le fondateur de la civilisation en dépit de sa nature qui le rattache encore pour moitié à l'animalité; puis son successeur Erechthée, le créateur de l'ordre politique. Tous deux surgissent des entrailles de la terre, mais la premier par parthénogénèse et le second par une union sexuelle inaccomplie. A propos d'Erechthée, que le "Catalogue des vaisseaux" de l'Iliade présente dans une probable interpolation attique comme né "du sol cultivé qui donne le blé" et comme élevé

---

31 Selon le néologisme que je me suis permis de proposer à ce sujet dans Calame 1996, 438–441; on trouvera dans les notes correspondantes les références nécessaires aux études récentes sur l'autochtonie athénienne (voir aussi infra n. 32).

par Athéna, il faut relever un second dédoublement: la naissance des
entrailles de Gé, fécondée par le sperme d'Héphaïstos, et la courotrophie du
nouveau-né par cette seconde mère qu'est Athéna, l'iconographie et les
textes classiques les réservent à Erichthonios, dont le nom dit le destin.
Erechthée quant à lui – et c'est le troisième point à retenir – meurt frappé
par le trident vengeur de Poséidon en raison de la victoire qu'il remporte
contre Eumolpe, ce fils du dieu des entrailles terrestres qui tenta d'aider les
gens d'Eleusis dans leur campagne contre Athènes[32]. Même fragmentaire, le
texte de la tragédie qu'Euripide a consacrée au roi légendaire d'Athènes est
à cet égard sans ambiguïté: Erechthée disparaît sous la terre, qui le cache
(κρύψας). Et le texte de l'*Ion* précise que, par les coups du trident de Poséidon, c'est le gouffre de la terre (χάσμα χθονός) qui a englouti le souverain
héroïque d'Athènes[33].

   Il est en tout cas certain que, au moment de sa mort, Œdipe n'est plus
reçu par la χώρα de Colone; ce n'est même plus de la χθών du dème athénien que le réfugié risque d'être chassé; mais il est accueilli par les assises

---

32 Si chez Hom. *Il.* 2, 547–549 (cf. Dieuchidas *FGrHist* 485 F 6) et Hdt. 8, 55, c'est
Erechthée qui naît de Terre, Euripide dans *Ion* 20. 267–270. 1000–1002 (cf. aussi *Med.*
824–826) fait d'Erichthonios le protagoniste de cette naissance autochtone, qui est sui-
vie de la courotrophie d'Athéna; cf. encore Isocr. 12, 126, Plat. *Tim.* 23 e. Les distinctions à tracer entre ces différentes versions et leurs conséquences pour la représentation
politique de l'autochtonie athénienne ont été soigneusement dessinées par Loraux 1981,
35–73. Pour l'iconographie de la naissance d'Erichthonios, on verra surtout les deux
scènes où Gé, en *anodos,* tend à Athéna l'enfant Erichthonios sous le regard d'Héphaïstos; sur l'un des vases la scène est encadrée par deux Erotes, sur l'autre par Cécrops
et la Cécropide Hersé: stamnos à fig. rouges Munich AS 2413 (*ARV*[2] 495, 1 et *Paralip.* 380) et cylix à fig. rouges Berlin AM 2537 (*ARV*[2] 1268, 2): cf. Bérard 1974, 34–36
ainsi que 172, ainsi que P. Brulé, *La fille d'Athènes. La religion des filles à Athènes à l'époque classique. Mythes, cultes et société,* Ann. Litt. Besançon 363, Centre de Rech. d'Hist.
Anc. 76 (Paris 1987) 13–79. L'histoire de Cécrops et celle d'Erechthée/Erichthonios
sont retracées avec toute l'acribie nécessaire par U. Kron, *Die zehn attischen Phylen-
heroen. Geschichte, Mythos, Kult und Darstellungen,* AthMitt Beih. 5 (Berlin 1976)
84–103. 32–83; voir également les distinctions importantes marquées par R. Parker,
"Myths of Early Athens", dans: J. Bremmer (éd.), *Interpretations of Greek Mythology*
(London/Sydney 1987) 187–214, et par Kearns 1989, 110–112. Quant à G. J. Baudy,
"Der Heros in der Kiste. Der Erichthoniosmythos als Aition athenischer Erntefeste",
A & A 38 (1992) 1–47, il a montré les relations que cette configuration légendaire
entretient avec la semence; on pourrait y trouver une confirmation de l'interprétation
donnée au "Rocher de Thoricos": cf. *supra* n. 22.

33 Eur. fr. 65, 59 sq. Austin et *Ion* 281 sq.; Loraux 1981, 48 n. 54, a bien relevé que
la mort d'Erechthée inverse la naissance d'Erichthonios.

"bienveillantes" de Gé (1662, voir aussi 1591). De même est-ce Gé qu'Œdipe invoque en ce moment décisif, simultanément aux dieux de l'Olympe (1654 sq.). Désormais, il ne sera plus possible aux mortels d'apercevoir la "résidence chthonienne" d'Œdipe (χθόνιος ἑστία 1726; cf. 1732). Restant à l'écart, sa tombe ne pourra même pas être l'objet d'une nomination (1760–1763; cf. 1756 sq.) Œdipe a disparu sous terre (τῇδε κρυφθῆναι χθονί 1546) dans les entrailles de ce même sol où Erechthée a été enfoui lui aussi.

Un itinéraire éleusinien

Mais la disparition chthonienne d'Œdipe est aussi – on vient de rappeler le doute que le récit du messager fait régner à ce propos – une mort olympienne. Dans cette mesure, on peut se demander si, tout en évoquant la manière autochtone de naître et de mourir des héros fondateurs d'Athènes, cette mort n'est pas entourée d'un halo éleusinien. A évoquer une mort rappelant l'initiation aux Mystères d'Eleusis avec sa promesse de bonheur et de survie, il n'y a pas que l'expression δρώμενα par laquelle Œdipe lui-même désigne les actes marquant sa disparition (1644; cf. encore 1604, mais aussi 494). En effet ce n'est que tardivement que le verbe δρᾶν et ses composés ont été extraits du champ de la désignation de l'action dramatique pour dénoter les actes rituels des cultes à mystère[34].

En revanche – et nous passons ainsi définitivement du "mythe" au "rite" – quelques-unes des obligations rituelles auxquelles Œdipe est soumis semblent avoir été reprises par Sophocle à la séquence initiatique éleusinienne. Sans doute est-il en soi significatif non seulement qu'Œdipe est appelé à endosser le vêtement requis par le rite (1603) avant d'être confronté à la mort, mais aussi que ses filles puisent l'eau des ablutions purificatoires pour leur père dans le bois réservé à Déméter (1600–1602). Mais un détail du rituel préalable de l'offrande lustrale d'eau et de miel aux Euménides, en lui-même peu marquant, présente une relation beaucoup plus directe avec

---

34 L'emploi de δρᾶν pour signifier l'action dramatique est attesté dans la tragédie de l'*Œdipe à Colone* elle-même, au v. 48. L'évolution du sens de δρώμενον est analysée par H. Schreckenberg, *Drama. Vom Werden der griechischen Tragödie aus dem Tanz. Eine philologische Untersuchung* (Würzburg 1960) 49–53. 122–127; voir les indications complémentaires que j'ai données dans "'Mythe' et 'rite' en Grèce: des catégories indigènes?", *Kernos* 4 (1991) 179–204. G. Nagy, *Pindar's Homer. The Lyric Possession of an Epic Past* (Baltimore/London 1990) 31–33, a relevé les rapports avec les cultes à mystère que présente la scène finale de l'*Œdipe à Colone*. Sur la longue tradition herméneutique qui a tenté de rapprocher la tragédie attique des Mystères d'Eleusis, voir la mise au point de Schlesier 1995.

l'initiation éleusinienne (481 sq.; cf. 100)[35]. En effet la toison d'une jeune brebis que le coryphée conseille à Œdipe de prendre en mains (475), à l'occasion de ces libations reçues par la terre (γῇ 482), rappelle très précisément la peau de brebis attachée au rituel de la purification précédant l'intronisation aux Mystères d'Eleusis. La légende précise que, désirant être initié aux Mystères avant de descendre dans l'Hadès, Héraclès dut au préalable se purifier du meurtre des Centaures. Pour accomplir ce rite sous le contrôle de son initiateur qui n'est autre qu'Eumolpe lui-même, Héraclès doit se munir de la toison d'une brebis sacrifiée à Zeus Méilichios. Montré dans l'iconographie, ce détail de la légende trouve sa contre-partie dans le culte où ce geste rituel est attribué, par des sources il est vrai tardives, au porteur de torche d'Eleusis. De plus, dans l'*Hymne homérique à Déméter,* la légende elle-même fait asseoir la déesse sur un siège recouvert d'une peau de brebis en signe de deuil pour la perte de sa fille[36].

On sait aussi que le moment culminant du rituel initiatique d'Eleusis, celui de la révélation dans l'ἐποπτεία, était marqué par la lumière violente de centaines de torches brûlant dans le silence religieux le plus absolu. Ce silence rituel avait pour correspondant le secret que les initiés devaient tenir quant aux objets montrés à cette occasion[37]. Or, non seulement l'appel du

---

35 Sans doute la libation d'eau et de miel a-t-elle un champ d'application cultuel trop vaste pour être mise en relation avec le refus du vin par Déméter et la préparation du κυκεών dans *H. Cer.* 206–211: cf. Richardson 1974, 224 sq.; pour l'offrande de νηφάλια notamment aux Euménides, cf. Aesch. *Eum.* 107, et Stengel 1920, 104. De plus, en commentant ce rituel de libation, Burkert 1985b fait remarquer que le rocher sur lequel s'assied Œdipe au début de la tragédie (44–46. 89 sq.) évoque l'ἀγέλαστος πέτρα présent à la fois dans la légende de Déméter et dans celle de la catabase de Thésée: cf. *supra* n. 7.

36 *H. Cer.* 196; sur l'emplacement de ce geste de deuil, cf. *supra* n. 7. L'initiation d'Héraclès aux Mystères d'Eleusis était déjà racontée par un poème fragmentaire attribué à Pindare, fr. 346 Maehler; voir sinon Eur. *Herc. Fur.* 613; Xen. *Hell.* 6, 3, 6; Apollod. 2, 5, 12; Diod. Sic. 4, 25, 1 (en 4, 14, 3 la purification d'Héraclès est présentée comme l'*aition* rendant compte de l'institution des Petits Mystères); Sud. et Hsch. s. v. Διὸς κῴδιον. Voir notamment à ce propos Parker 1983, 283–285. 373; pour l'iconographie, voir Richardson 1974, 22–24. 197. 211–213, avec la scène répésentée sur l'urne Lovatelli et commentée par G. E. Mylonas, *Eleusis and the Eleusinian Mysteries* (Princeton 1961) 205–208.

37 A propos de la lumière et du silence entourant l'ἐποπτεία, le témoignage le plus explicite est celui de la source gnostique citée par Hippolyte, *Ref. Haer.* 5, 8, 39–45 (pp. 163–165 Marcovich); quant au secret initiatique, il est déjà mentionné, à propos de la profanation dans laquelle fut impliqué Alcibiade en 415, par Andoc. *Myst.* 11 et [Lys.] *Andoc.* 51. Les autres documents à ce sujet sont énumérés et analysés par Richardson 1974, 26–28 et 304–310.

dieu qui vient chercher Œdipe pour l'emmener vers son ultime demeure éclate au milieu du plus profond silence (1623), non seulement Thésée qui seul assiste à la disparition de l'exilé doit se protéger les yeux comme d'un spectacle insoutenable au regard (1650–1652), mais Œdipe lui-même présente à ses filles sa mort imminente comme un événement qu'il n'est permis ni de voir, ni d'entendre (1640–1642); et cet événement que seul Thésée peut "apprendre" (μανθάνων), il est précisément désigné par le terme τὰ δρώμενα (1643–1645). Au secret qui entoure la mort et la tombe d'Œdipe, il faut ajouter que, dans leur ode à la guerre contre les ennemis d'Athènes qui marque le centre de la tragédie, les choreutes évoquent, en chantant la défense des frontières de l'Attique, les rites initiatiques (τέλη) auxquels président les deux déesses (1050–1054). A cette occasion, les citoyens de Colone mentionnent le chemin qui, conduisant à Eleusis, est signalé par la lumière des torches du dadouque; ils évoquent alors la clé d'or que les prêtres descendants d'Eumolpe appliquent sur la langue des nouveaux initiés pour qu'ils gardent le secret de la révélation mystique. En identifiant ces gestes initiatiques avec les Mystères d'Eleusis, le commentateur antique de ces lignes cite un vers d'Eschyle; on l'a supposé tiré d'un *Œdipe* qui déjà faisait mourir le roi thébain déchu à Colone[38].

Enfin faut-il rappeler qu'au terme de l'*Hymne homérique* lui-même, au milieu du double *makarismos* qui promet aux initiés la prospérité dans leur vie de mortels et une destinée meilleure après la mort, Déméter comme Perséphone rejoignent la demeure de Zeus sur l'Olympe? Sans doute est-ce dans le sens de cette vie constante dans l'abondance qu'il convient d'interpréter l'αἰεὶ βίοτος que, selon le messager, Œdipe a gagné par sa mort (1584), lui dont on ne sait pas si, enlevé de manière miraculeuse, il a été englouti par la Terre ou emmené par un envoyé des dieux (1661–1665)[39].

---

38 Voir les explications données à ce propos par les ΣΣ *Oed. Col.* 1048–1053 (pp. 47 sq. De Marco). Le sens de τέλη est explicité par la Σ *Oed. Col.* 1049 *(ibid.)* qui cite Aeschyl. fr. 387 *TrGF*: voir Seaford 1994 b, qui centre son étude sur l'*Electre* et sur l'*Ajax*. L'expression métaphorique de "la clef d'or placée sur la langue des Eumolpides" trouve peut-être un écho dans *H. Cer.* 479; voir les commentaires respectifs de Jebb *(supra* n. 11) 167 et Richardson 1974, 310.

39 Cf. *H. Cer.* 480–489 (cf. 494), avec les remarques de Richardson 1974, 311–316, qui cite les deux célèbres fragments de Pindare (fr. 137 Maehler) et de Sophocle (fr. 837 *TrGF*), où la vie éternelle accordée par l'initiation éleusinienne est associée au passage dans l'Hadès. On relèvera encore qu'à la p. 27, Richardson 1974 remarque que les protagonistes divins du drame initiatique éleusinien reçoivent souvent des dénominations génériques en tant que "divinités"; de même le texte de Sophocle (θεός 1626)

IV
L'*Œdipe à Colone* comme *aition*

Ce qu'Œdipe acquiert par les gestes rituels d'inspiration éleusinienne qu'il accomplit au moment de son passage dans l'autre monde c'est donc moins la vie éternelle consacrée par un culte héroïque que la prospérité constante promise aux initiés aux Mystères de Déméter à Eleusis. De ce même point de vue, on est aussi frappé par les relations que, dans le tragédie, les filles d'Œdipe entretiennent avec leur père.

A l'égard des Euménides aussi bien que dans le rite préparatoire d'un trépas peut-être initiatique, Antigone et Ismène aident l'aveugle à accomplir les gestes rituels requis de même qu'elles assurent la vie matérielle (τροφη 341. 346. 352. 362) de leur père, telles que des Egyptiennes qui renversent la coutume grecque d'un marché en principe réservé aux hommes. Mais, au terme du drame, les deux jeunes filles déclarent avoir perdu avec la mort d'Œdipe le nourricier de leur vie (1686 sq.); il ne leur reste plus désormais qu'une vie invivable (βίος οὐ βιωτός 1691). Or dans les légendes qui entourent aussi bien l'autochtonie athénienne que l'institution des Mystères d'Eleusis, la relation de trophie entre parents et enfants des deux sexes joue un rôle essentiel: soit qu'Erichthonios soit adopté par Athéna pour être confié aux Cécropides, soit qu'Erechthée soit contraint de sacrifier ses propres filles les Hyacinthides, soit encore que Déméter, avant de nourrir par le blé tous les Athéniens, assure la trophie de Démophon. Attribuée à Déméter aussi bien qu'à Coré, cette qualité de nourrice est rappelée dans l'*Œdipe à Colone* par le choeur lui-même (1050)[40]. En regard de

---

se garde-t-il dedénommer le dieu qui appelle Œdipe pour l'emmener. L'interprétation proposée ici de ὁ ἀεὶ βίοτος implique que l'on accepte au v. 1583 la correction de λελοιπότα en λελογχότα: cf. Kamerbeek (*supra* n. 19) 216 et Vidal-Naquet 1986, 199 n. 70; *contra:* H. Lloyd-Jones/N. G. Wilson, *Sophoclea. Studies in the Text of Sophocles* (Oxford 1990) 261.

40 Le rapprochement entre l'adoption et la trophie par Déméter de Démophon (*H. Cer.* 234 sq.) et l'adoption par Athéna d'Erichthonios né de Terre a été proposé par Richardson 1974, 27. 234–236, qui ajoute que les initiés se trouvent par rapport aux deux déesses dans la même relation que Démophon vis-à-vis de Déméter. Loraux 1981, 57–65, a bien montré le rôle de τροφος qu'assume Athéna vis-à-vis d'Erichthonios tout en représentant à la fois sa mère et son père. Quant à la signification de la trophie dans l'*Œdipe à Colone,* elle est étudiée par J. Daly, *"Œdipus Coloneus:* Sophocles' *Threpteria* to Athens. I", *QUCC* 51 (1986) 75–93; sur la réciprocité de la τροφή entre Œdipe et ses filles, cf. P. Easterling, "Œdipus and Polynices", *ProcCambrPhilolSoc* N. S. 13 (1967) 1–13. Voir encore M. W. Blundell, *Helping Friends and Harming Enemies. A Study in Sophocles and Greek Ethics* (Cambridge 1989) 253–259, qui montre qu'Œdipe "héroïsé" acquiert peu à peu le pouvoir double des Euménides/Erinyes, un pouvoir qui correspond à l'intitulé de son propre ouvrage.

cette constellation de légendes, l'analogie place à nouveau Œdipe aux côtés d'Erechthée: Erichthonios bénéficie de la trophie d'Athéna comme Démophon de celle de Déméter alors qu'Erechthée doit sacrifier ses filles comme Œdipe se voit contraint de priver les siennes d'un βίος digne de ce nom, elles qui par ailleurs nourrissaient leur père. Tandis qu'Œdipe souligne avant de disparaître la relation de réciprocité qui l'unissait à ses filles (1542 sq.), Antigone montre que l'obscur trépas de son père entraîne pour sa soeur et elle-même la conséquence de disparaître dans une nuit mortifère (1679–1683).

Sans doute les analogies que présentent ces relations filiales de légende relèvent-elles de la métaphore. De même doit être considérée avec prudence l'analogie que le texte lui-même nous invite à voir entre le serment de fidélité qui, prêté par Pirithoos et Thésée, est rappelé dans l'évocation du lieu où disparaît Œdipe (πίστα 1594 sq.) et l'amitié fidèle qui désormais lie l'exilé de Thèbes au roi d'Athènes (πίστις 1632). Et ceci même si l'Œdipe de Sophocle aussi bien que le Thésée de la légende semblent tous deux engagés dans une descente dans l'Hadès: l'un s'y voit conduit, dans un premier temps en tout cas, par Hermès psychopompe et par Perséphone (1547 sq.), l'autre y consent pour aider son allié thessalien à en ramener la même déesse, comme le confirme par exemple la tragédie qu'a consacrée à Pirithoos Critias ou Euripide. Pour Œdipe la transition est définitive; pour Thésée il ne s'agit guère que d'un passage[41].

Ainsi nuancé, ce tissu analogique permet au moins, et en conclusion, de préciser le statut d'Œdipe au terme de la tragédie. Œdipe-Pirithoos (tous deux aidés par Thésée) ou plutôt Œdipe-Erechthée? La comparaison est appelée à devenir contraste. Erechthée meurt en tant que roi, et non pas comme exilé. De plus le roi autochtone d'Athènes dispose d'une résidence héroïque sur l'Acropole; Œdipe quant à lui, roi déchu, exilé de Thèbes et accepté en Attique comme sauveur, réside auprès du seuil de la chôra et de ses fondations. Erechthée, né de la terre par son avatar Erichthonios et réabsorbé par le sol de l'Attique, est un vrai autochthone; Œdipe n'est que l'un de ces "Spartes", l'un de ces hommes nés adultes des dents du dragon

---

41 Crit. frr. 2 (= Eur. fr. 592 Nauck[2]) et peut-être 7, 6 *TrGF;* le fr. 2 est cité par Athénée, 11, 496 a–b, qui tout en hésitant à attribuer le *Péirithoos* à Critias ou à Euripide, laisse entendre que le choeur qui dit parvenir εἰς χθόνιον χάσμα est formé de morts initiés aux Mystères d'Eleusis.

semées dans le sol de Thèbes, comme il le rappelle brièvement au v. 1534; il n'est par son origine qu'un γηγενής[42].

Au terme de l'intrigue réorientée par Sophocle, Œdipe rejoint donc les entrailles de la terre dont sont nés ses ancêtres, mais il s'agit de la glèbe d'un autre territoire à la limite entre le sol cultivé d'Athènes et l'extérieur. Accepté dans la dimension horizontale comme une sorte de métèque dans la chôra d'Athènes, Œdipe retrouve dans la dimension verticale une position liminale, sous le seuil de bronze d'Athènes: le territoire dans les profondeurs duquel le vieil Œdipe finit par résider, selon les derniers mots prononcés par Thésée (κατὰ γῆς 1775), reste aux yeux d'Antigone une terre étrangère (γῆ ξένη 1705. 1713). Mais dans la mesure même où ce seuil se trouve sur la route qui de la ville rejoint par-delà le Céphise la "voie mystique" conduisant à Eleusis, dans la mesure même où, en contraste avec le territoire de l'Attique, la terre de Colone est arrosée par le Céphise qui y fait croître le narcisse et le safran chers aux deux déesses, l'endroit où Œdipe disparaît sous terre se révèle occuper une position étrangement intermédiaire entre Athènes et Eleusis[43]. En ce lieu liminal, par des gestes rituels qui rappellent ceux de l'initiation éleusinienne, le passage vers le bas se combine avec un passage vers le haut, vers la divinisation; ce passage est assorti d'une promesse de survie au sens éleusinien du terme, mais à l'écart de toute idée de rédemption pour les fautes commises.

Désormais enraciné dans le sol de la chôra, Œdipe métèque et autochtone liminal peut agir comme une divinité salvatrice, accordant au pays (χώρα) de Thésée une protection éternelle contre les peines (1764 sq.). Les vers conclusifs où Thésée rappelle l'engagement pris par Œdipe en échange de la tranquillité assurée à son tombeau reprennent en écho le souhait de bonheur (εὐδαίμονες, εὐτυχεῖς 1554 sq.) que l'exilé de Thèbes adresse à Thésée,

---

42 La différence entre héros nés de la terre et héros autochtones a été bien marquée par Bérard 1974, 35−37, et par Loraux 1981, 47−51. Pour le rôle de sauveur que la tragédie attribue à Œdipe décédé, voir *supra* n. 13; rappelons que dans Eur. *Heracl.* 1026−1037 (*supra* n. 13), le roi de Tirynthe Eurysthée non seulement revendique une sépulture à Palléné en Attique, et non pas à Athènes même, mais en échange du salut qu'il entend assurer à la cité, il demande le statut de μέτοικος κατὰ χθόνος.

43 Cité par la Σ *Oed. Col.* 1059 (p. 48 sq. De Marco), c'est l'Atthidographe Istros (*FGrHist* 334 F 17), dans un passage des *Atakta* peut-être consacré à une énumération des points-frontière de l'Attique, qui indique le parcours qui de Colone permettait de rejoindre la Voie Sacrée, puis Eleusis: cf. les remarques de F. Jacoby, *FGrHist* III b (*Suppl.*) I p. 640 et II p. 515; voir la reconstruction topographique présentée par Jebb (*supra* n. 11), 169 sq. et dans l'appendice des p. 286−288 (avec plan).

à sa chôra et à son peuple en échange de la mémoire dont il pourra béné-
ficier après la mort. La bénédiction formulée par Œdipe envers le peuple
d'Athènes au moment de sa mort héroïsante contraste avec la malédiction
lancée par Ajax à l'égard de ses ennemis avant son suicide, dans la tragédie
homonyme. On peut donc se demander si à l'absence de funérailles héroïques ne se substituent pas, pour faire d'Œdipe un héros assurant la prospérité et lui-même assuré du βίοτος, quelques éléments du rituel initiatique
éleusinien. Ces rappels de l'ordre du rituel sont dès lors insérés dans le récit
dramatisé que Sophocle reformule pour les spectateurs de l'Athènes de la
fin du Vᵉ siècle. De ce point de vue, la conclusion de l'*Œdipe à Colone* se
transforme bien en l'*aition* du nouveau culte que désormais l'on peut rendre à une figure dont la biographie vient d'être réorientée sur Athènes[44].

En instituant ou en confirmant un culte peut-être resté jusque-là marginal, le drame de Sophocle représente autant une réécriture du "mythe"
qu'une resémantisation de certains gestes rituels de la mort initiatique et du
culte rendu à une figure qu'on ne peut plus dire exactement héroïque. Ce
faisant, Sophocle, lui-même originaire du dème de Colone et lui-même
proche de la mort, a-t-il anticipé sur sa propre disparition et sur le culte
héroïsant qui lui fut effectivement rendu[45]? Quoi qu'il en soit de cette relation possible entre le monde fictionnel construit par le drame et un aspect
éventuellement biographique lié au moment historique de sa production,
l'*Œdipe à Colone* reprend l'une des fonctions pragmatiques de la poésie

---

44 Ch. Segal, "Catharsis, Audience, and Closure in Greek Tragedy", dans: Silk
1996, 149–172, a montré la valeur cathartique qu'ont les gestes rituels qui sur la scène
attique mettent en général un terme à l'action dramatique; voir également Festugière
1973, 20–22, qui signale que l'*Iph. Aul.* et l'*Hipp.* d'Euripide se terminent par l'institution d'un culte de type héroïque. Sur la mort d'Ajax, cf. Soph. *Aias* 835–865, avec
Henrichs 1993.

45 En effet la tradition biographique sur Sophocle nous apprend que non seulement
Sophocle a reçu Asclépios dans sa maison en lui élevant un autel, mais aussi qu'en raison de ce geste, les Athéniens qui entendirent après sa mort lui élever un hérôon
honorèrent le poète sous le nom de Dexion: T 69 *TrGF = Et. Mag.* p. 256, 6–10 Gaisford, cf. aussi les T 67 sq. et 70–73 *TrGF,* parmi lesquels les *IG* II² 1252 sq.; voir Parker 1996, 184–186. Il semble dès lors possible d'établir entre l'anecdote biographisante
et l'intrigue de l'*Œdipe à Colone* une homologie du type 'Sophocle: Asclépios::
Thésée: Œdipe', sans oublier néanmoins que dans le culte Sophocle se situerait ensuite autant du côté d'Asclépios que de celui d'Œdipe. Voir à ce sujet les propositions
très intéressantes avancées par Edmunds 1996, 163–168. L'homologie acquiert de la
vraisemblance par la tradition qui fait de Sophocle un citoyen originaire du dème de
Colone: cf. Lewis 1955, 15–17.

mélique dont la tragédie classique à maints égards dérive. Face au public athénien assemblé dans le sanctuaire de Dionysos Eleuthereus, la tragédie non seulement raconte la mort éleusinienne que Sophocle a façonnée symboliquement à l'intention d'Œdipe pour faire de lui une figure ancestrale protectrice de la cité, mais elle accomplit aussi cette disparition d'inspiration initiatique. A partir des pratiques propres aux cultes à mystère auxquelles se soumettent de nombreux Athéniens et Athéniennes à l'époque classique, le texte dramatisé réoriente une tradition narrative sur l'espace de son nouveau public: en "athénisant" cette tradition, il la rend active. L'effet sur le public du récit mis en scène est d'autant plus fort qu'en tant que tragédie, ce texte correspond lui-même à une performance rituelle, réalisée notamment à travers les chants du chœur. C'est dans ce texte à caractère "performatif", entre "mythe" et "rite", que se manifestent pleinement les effets du processus symbolique.

"Die Götter sind fern, die Heroen sind nah", a dit Walter Burkert à propos des héros qui, même à la suite d'un crime, peuvent devenir les protecteurs d'une cité[46]. Si c'est bien "l'exceptionnel" qui fait le héros, le récit dramatisé et ritualisé attaché à son culte, avec ses virtualités de resémantisations spatiales et temporelles, le dote d'une efficacité remarquable.

Comme le *naven,* le culte héroïque, objet privilégié de l'anthropologie de la Grèce antique, est soumis à des réinterprétations historiques qui sollicitent notre propre capacité herméneutique. Dans l'*Œdipe à Colone* on voit certains des éléments rituels constitutifs de ce type de culte combinés avec des éléments empruntés aux cérémonies de l'initiation éleusinienne et avec des thèmes fondant les récits de l'autochtonie athénienne; par cette combinaison, la tragédie offre à Œdipe une nouvelle mort légendaire, une mort centrée sur Athènes, sinon sur la mort prochaine de Sophocle lui-même. Mais cette opération de reformulation et de recréation du "mythe" à travers le "rite" ne s'opère elle-même que dans ce rituel qu'est la représentation dramatique au sein du sanctuaire de Dionysos Eleuthereus. Par ailleurs, c'est bien la critique à laquelle nous soumettons désormais nos propres catégories anthropologiques qui nous conduit à notre tour à réinterpréter cet extraodinaire va-et-vient entre "mythe" et "rite". Probablement sommes-nous en train de vivre en sciences humaines, à cet égard, un changement de paradigme déterminant.

---

46 Burkert 1977, 318.

IV

Orphica et Philosophica

CHRISTOPH RIEDWEG

Initiation – Tod – Unterwelt

Beobachtungen zur Kommunikationssituation und narrativen Technik der orphisch-bakchischen Goldblättchen

Im Grunde ist es schon einigermaßen erstaunlich, in welchem Umfang die Datenfülle in unserem Jahrhundert selbst in der Klassischen Philologie, zumal der Gräzistik, zugenommen hat. Zwar verlief der Wissenszuwachs in anderen Bereichen der modernen Informationsgesellschaft selbstverständlich noch viel atemberaubender (und ein Ende ist nicht abzusehen). Doch auch in unserer Wissenschaft gibt es Grund zu fragen, wie diese heute denn aussähe, wo sie stände oder vielmehr stehengeblieben wäre, hätten nicht zahllose Neufunde papyrologischer, epigraphischer, archäologischer Herkunft auf den verschiedensten Gebieten beträchtlichen Erkenntnisgewinn gebracht. Es genügt, auf den orientalischen Hintergrund der ältesten griechischen Literatur, die Entdeckung und Entzifferung der mykenischen Tontafeln, auf die frühgriechische Lyrik, die Dramatiker (allen voran Menander), Kallimachos und andere hellenistische Dichter (neuerdings Poseidippos), auf Mani und die frühchristliche Gnosis, nicht zuletzt aber auch auf die sogenannte Orphik hinzuweisen, wo in den letzten Jahrzehnten einige spektakuläre Neufunde – unter ihnen der Dervenipapyrus[1] und weitere Goldblättchen u. a. aus dem unteritalischen Hipponion, aus Sizilien und aus Thessalien[2] – die kontroverse Diskussion, welche seit langem rings um die unter Orpheus' Namen zirkulierenden Dichtungen (besonders deren Alter), um den Ὀρφικὸς βίος[3] und die damit zusammenhängenden bakchischen

---

1 Ein unter vergleichbaren Umständen gefundener Papyrus des 4. Jh. v. Chr. aus dem rumänischen Kallatis konnte leider nicht gerettet werden; vgl. zu den Fundumständen E. Condurachi, in: *Orfismo in Magna Grecia*, 184f.; Bottini 1992, 149f.

2 S. den Anhang.

3 Vgl. Plat. *Leg.* 782c7.

Reinigungs- und Weiheriten entbrannt war, auf ein völlig neues, bedeutend solideres Fundament gestellt haben[4].

Solche Funde zu machen ist das eine, die Bedeutung der neugewonnenen Daten zu erkennen und sie in ihrer ganzen Fülle wissenschaftlich zu verarbeiten das andere. Und hier hat Walter Burkert bekanntlich Außerordentliches geleistet, gerade auch was die Orphik betrifft. Durch die Auseinandersetzung mit Pythagoras und dem alten Pythagoreismus sowie seine daran anknüpfenden religionswissenschaftlichen Studien bestens gerüstet, hat er die neu ans Licht gekommenen Zeugnisse von Beginn an mit seinem wachen Verstand wissenschaftlich begleitet und dabei Wesentliches zu ihrer Erhellung beigetragen, sei es in Einzelfragen – ich denke u. a. an die brillante Entdeckung der Initiationsfloskel θύρας δ' ἐπίθεσθε βέβηλοι im Dervenipapyrus –, sei es allgemein, was ihre religions- und geistesgeschichtliche Einordnung betrifft[5].

Es versteht sich von selbst, daß Walter Burkert ebenfalls in der Lehre auf die Neufunde aufmerksam gemacht hat. So mag es angemessen sein, ihm, dem selbst immer begeisterungsfähigen und eben dadurch auch begeisternden Lehrer, im Rahmen dieser wissenschaftlichen Geburtstagsfeier ein paar Überlegungen zu den Goldblättchen zu widmen, mit denen ich erstmals in einem von ihm geleiteten Seminar über Orphik im Wintersemester 1978/79 bekannt geworden bin.

I

Schon damals hat mich die auf diesen seltsamen kleinen Grabbeigaben evozierte Szenerie mit all den suggestiven Einzelheiten in ihren Bann gezogen: das Haus des Hades, darin auf der rechten Seite zwei Quellen, bei der einen eine hell leuchtende Zypresse, über der anderen – der vom See der Erinnerung gespeisten – Wächter; dazu die vor Durst zugrunde gehende Seele; ihr Dialog mit den Wächtern; ein heiliger Weg, auf dem Mysten und Bakchen schreiten (wohin auch immer). Auf anderen Blättchen Teile eines

4 Näheres bei Verf., "Orfeo", in: S. Settis (Hrsg.), *I Greci. Storia, cultura, arte, società* 2, 1, (Turin 1996) 1267 ff. Anm. 65 ff.

5 Vgl. bes. W. Burkert, "Orpheus und die Vorsokratiker. Bemerkungen zum Derveni-Papyrus und zur pythagoreischen Zahlenlehre", *A & A* 14 (1968) 93–114; dens., "La genèse des choses et des mots. Le papyrus de Derveni entre Anaxagore et Cratyle", *EPh* 25 (1970) 443–455; dens. 1974; 1975; 1977b; 1980; 1982; dens., "Der Autor von Derveni: Stesimbrotos Περὶ τελετῶν", *ZPE* 62 (1986) 1–5; dens. 1990; dens., "Orpheus, Dionysos und die Euneiden in Athen: Das Zeugnis von Euripides' 'Hypsipyle'", in: A. Bierl/P. v. Möllendorff (Hgg.), *Orchestra. Drama, Mythos, Bühne. FS f. H. Flashar* (Stuttgart/Leipzig 1994) 44–49. Zu θύρας δ' ἐπίθεσθε βέβηλοι in P. Derv. col. VII, 10 (= III, 8 ZPE) vgl. die Angaben bei Verf. 1993, 47 Anm. 118; ferner Tsantsanoglou 1997, 124 ff.

Gesprächs mit der Unterweltskönigin, die Seligpreisung für die Gottwerdung, und wieder der Weg: diesmal zu den heiligen Auen und Hainen der Persephone; ferner das In-die-Milch-Fallen, sei es als Ziegenböcklein, sei es als Stier und Widder, usf.

So sehr die verschiedenen Bild- und Gedankenfragmente auch die Phantasie anregen und einen übergeordneten Sinn erahnen lassen: Bereits die Vieldeutigkeit und Rätselhaftigkeit *einzelner* Äußerungen aufzulösen, fällt uns Nicht-Eingeweihten schwer – geschweige denn, daß wir aus ihnen ohne weiteres ein kohärentes Ganzes zu bilden, daß wir sie, wie Semiotiker sagen würden, zu "monosemieren" vermöchten.

Beeinträchtigt wird eine umfassende Deutung überdies dadurch, daß selbst die rein philologische Arbeit bei diesen Dokumenten schnell an Grenzen stößt. Wie schon ein oberflächlicher Blick auf die bisher publizierten Blättchen[6] zeigt, gehören einige davon enger zusammen. Günther Zuntz unterschied 1971 in seiner grundlegenden Edition und philologischen Kommentierung zwischen einer A- und einer B-Gruppe (das ganz rätselhafte C-Blättchen, bei dem es sich wohl um einen magischen Text handelt[7], bleibt im folgenden unberücksichtigt). Zur B-Gruppe hinzugekommen sind inzwischen 1) das sehr wichtige und bisher älteste Blättchen aus Hipponion (B 10), 2) ein erst vor kurzem bekannt gewordenes, etwas jüngeres Blättchen aus Westsizilien mit einem Text, der sich weitgehend mit dem von B 10 deckt (B 11, in Genfer Privatbesitz), und 3) ein kürzeres, mit den kretischen übereinstimmendes aus Thessalien, welches sich jetzt im J. Paul Getty Museum in Malibu befindet (B 9)[8]. Die beiden 1987 veröf-

---

6 Vgl. den Anhang für eine Übersicht und die Texte der Blättchen; s. auch dort für die in diesem Beitrag verwendete Zählung.

7 Vgl. Murray 1908, 664: "That the tablet is unintelligible as it stands, no one will deny. It seems indeed to belong to that class of magical or cryptic writings in which, as Wünsch puts it, 'singulari quadam scribendi ratione id agitur ne legi possint'"; Harrison 1908, 584; Comparetti 1910, 14; Burkert 1974, 326; Scarpi 1987, 215; Kingsley 1995, 310 (nach seiner freilich problematischen Darstellung wären die Goldblättchen allgemein als magische Amulette gebraucht worden); anders – z. T. im Anschluß an Olivieri 1915, 23 – Zuntz 1971, 345 ff.: "the sequences of meaningless letters bear no similarity to the well-known methods of magical abracadabras, 'Ephesia Grammata', or secret codes. Nor can they, where failing to yield Greek words, be held to convey any Italic language, although it is conceivable that the engraver was an Italic native with imperfect command of Greek (...)".

8 Es wurde durch Burkerts Vermittlung einer breiteren Öffentlichkeit bekannt gemacht, vgl. R. Merkelbach, "Ein neues 'orphisches' Goldblättchen", *ZPE* 25 (1977) 276; Erstveröffentlichung durch J. Breslin, *A Greek Prayer* (Pasadena, Ca. o. J.) [1977]. – B 10 wurde im übrigen von Pugliese Carratelli 1974 erstmals herausgegeben, B 11 von Frel 1994.

fentlichten, als herzförmige Efeublätter stilisierten[9] Goldblättchen aus dem
antiken Pelinna[10] (P) stehen den A-Blättchen beachtlich nahe, wobei es aber
auch Beziehungen zur B-Gruppe gibt. Keiner der beiden Gruppen mit
Sicherheit zuordnen läßt sich das unpublizierte Blättchen aus Pherai[11].

Angesichts der mitunter über weite Strecken wörtlichen Übereinstimmungen möchte man erwarten, daß sich zumindest die verwandten Blättchen nach den Regeln der Textkritik auf einen Archetyp zurückführen
ließen. Bei den beiden in Pelinna entdeckten Blättchen, bei A 2–3 aus
Thurioi und bei den sehr kurzen Blättchen B 3–9 aus Kreta und Thessalien scheint dies noch am leichtesten möglich. Doch bereits bei der B-
Gruppe als ganzer stellen sich erhebliche Schwierigkeiten ein[12], die sich bei
der A-Gruppe, zumal wenn man die Pelinna-Blättchen hinzunimmt, ins
beinahe Unüberwindliche steigern.

Die Gründe für diese wenig erfreuliche Situation dürften verschiedener
Natur sein. Zum einen ist mit einer besonderen Überlieferungssituation zu
rechnen: Es gibt gewichtige Indizien dafür, daß zumindest ein Teil der Graveure nicht nach schriftlichen Vorlagen, sondern aus dem Gedächtnis gear-

---

9 Vgl. zum Aussehen die lorbeer- bzw. olivenblattförmigen Blättchen aus Aigion
und Pella (Anhang S. 391); im übrigen ist B 6 ebenfalls nicht rechteckig, sondern "tag-
liata inferiormente secondo una linea tondeggiante" (Guarducci 1939, 90). Die Pelinna-
blättchen evozieren den im 2. Vers genannten Βάχ⟨χ⟩ιος "through their very form"
(Segal 1990, 414f.; ferner Graf 1993, 240).

10 Heute Petroporos; die Blättchen wurden von Tsantsanoglou-Parássoglou 1987
erstmals ediert.

11 Vgl. schon Tsantsanoglou-Parássoglou 1987, 5; s. im übrigen Anhang S. 390.
Der Anfang schien bis vor kurzem völlig singulär (Σύμβολα· Ἀνδρικε-|παιδόθυρσον
– Ἀνδρικεπαι-| {ι}δόθυρσον. Βριμώ – Βριμώ); doch taucht jetzt zumindest σύμβολα
auch im neugefundenen B 11 auf (v. 19). Der Schluß des Blättchens von Pherai
εἴσιθ⟨ι⟩ | ἱερὸν λειμῶνα· ἄποινος | γὰρ ὁ μύστης †.απεδον† (die letzten Buchstaben
auf dem Kopf) berührt sich im übrigen mit A 5, 4 νόμωι ἴθι δῖα γεγῶσα (vgl.
B 10, 15f.) und A 4, 6 λειμῶνάς τε ἱερὸυς κτλ., ferner vielleicht mit A 2–3, 4 ποινὰν
δ' ἀνταπέτεισ' (vgl. auch P 1–2, 2 ᾠ ὅτι Βάχ⟨χ⟩ιος αὐτὸς ἔλυσε).

12 Vgl. West 1975, 229 über B 1, 2 und 10: "Hinter den Einzelexemplaren steckt
offenbar ein Archetypus, den man jetzt ins 5. Jahrhundert (wenn nicht gar früher) hin-
aufdatieren muß. Man wird ihn wohl nie ganz richtig rekonstruieren können, doch
jeder neue Zeuge bringt uns näher daran" (weshalb er gleichwohl eine Rekonstruktion wagt); ausgewogene Diskussion der Schwierigkeiten bei Janko 1984, 89ff., der seinen eigenen Versuch, den langen Archetyp der B-Blättchen zu rekonstruieren, als "but
one of the many possibilities" versteht (98); vgl. auch Tessier 1987, 238ff.; Pugliese
Carratelli 1993, 14; Cassio 1994, 184.

beitet hat[13]. Die Graveure und auch die Verfasser der Texte in ihrer vorliegenden Form scheinen überdies nicht gerade zu den gebildetsten Zeitgenossen Platons und Aristoteles' bzw. (im Falle des 'Nachzüglers' A 5) Plotins
gehört zu haben, wimmelt es doch teilweise von Schreibfehlern und Ver-
stößen gegen die Metrik[14]. Schließlich ist auch zu bedenken, daß es sich
überhaupt um *Gebrauchstexte* handelt, die kaum einer zentralen Kontrolle
wie z. B. dem Vatikan unterlagen, sondern je nach Bedarf und äußeren
Umständen abgeändert werden konnten. Es braucht daher nicht zu verwundern, wenn vereinzelt Widersprüche zu finden sind, die nicht weiter
erklärt werden können: Vielleicht spiegeln sie einfach unterschiedliche Auffassungen verschiedener Gruppierungen wider[15].

Gleichwohl gibt es unverächtliche Gründe, die bisher bekannten Goldblättchen bei allen Unterschieden, was ihre geographische, zeitliche und
soziokulturelle Herkunft betrifft, letztlich doch als eine Einheit zu betrachten. Äußerliche Übereinstimmungen wie der Umstand, daß alle Texte auf
dünnes Gold graviert und in Gräbern gefunden worden sind – teils waren
sie gefaltet (oder zusammengerollt), teils nicht; bei den nicht kremierten
Leichen befanden sich die ungefalteten in der rechten Hand bzw. (Pelinna-
Blättchen) auf der Brust, während die gefalteten (oder zusammengerollten)
nach einer Vermutung Margherita Guarduccis den Toten vielleicht ur-

---

13 Nach Janko 1984, 90ff. gilt dies mit Ausnahme der kretischen Blättchen B 3–8
für die B-Gruppe, während bei der A-Gruppe von der "transcription of either a written master-text or another, equally diminutive, gold leaf" auszugehen sei (90). Vgl.
auch Graf 1993, 247 im Zusammenhang mit den Pelinna-Blättchen.

14 Zumindest bei A 2–3 kann man sich sogar fragen, ob es sich bei den Graveu-
ren überhaupt um griechischsprachige Personen handelt. Vgl. auch Zuntz 1971, 334
über A 5 und 349 über C (o. Anm. 7); allgemein dens. 299 über A 1–3: "... none of
them suceeded in producing a fully satisfactory text. Even A 1 – by far the most careful
– omits and interchanges letters and wrongly repeats whole phrases; A 2 is lazy and
careless, and A 3 has produced nonsense which, without the other two, would in many
places baffle any attempt at interpretation"; Pugliese Carratelli 1993, 14 über die Texte
der A-Gruppe: "... spesso quasi incomprensibili per la somma di errori che li caratte-
rizza, tale da giustificare l'impressione che alcuni siano stati considerati magici
φυλακτήρια dagli stessi loro γραφεῖς" (ähnlich schon ders. 1974, 124).

15 Vgl. u. a. – im Anschluß an Pugliese Carratelli 1975, 228 – Janko 1984, 97f.;
Graf 1991, 97; allgemein über Orphik G. Casadio, ",I Cretesi' di Euripide e l'ascesi
orfica", *Didattica del Classico* 2 (1990) 298: "Infatti non crediamo che l'orfismo sia mai
stato una 'chiesa', e neanche una 'setta': un movimento spirituale con un corpo di
dottrine coerenti sì, ma non un movimento unitario"; Parker 1995, 486.

sprünglich in den Mund gelegt waren[16] – haben dabei im Vergleich zu den inhaltlichen Berührungen selbstverständlich wenig Gewicht. Zumal seit der Neuentdeckung der Blättchen von Pelinna lassen sich indes auch zwischen Blättchen, die unterschiedlichen Gruppen zugehören, Querverbindungen herstellen, welche auf einen gemeinsamen Hintergrund deuten[17]. So verbinden die Neufunde mit den A-Blättchen, wie im Anschluß an die Erstherausgeber besonders auch Fritz Graf deutlich gemacht hat, etwa in formaler Hinsicht das Schwanken zwischen Poesie und "rhythmisierter Prosa"[18], sachlich die Seligpreisung[19], das Gespräch mit Persephone, die Reinigung bzw. Befreiung[20], das In-die-Milch-Fallen[21]; mit den B-Blättchen hauptsächlich die Nennung des Βάχ⟨χ⟩ιος bzw. der βάχχοι[22], außerdem die Handlungsanweisung an den Verstorbenen εἰπεῖν[23], die Erwähnung der "anderen" Seligen, deren glückliches Los die verstorbene Seele teilen wird[24]. Zu den Gemeinsamkeiten zwischen den A- und den B-Blättchen gehören u. a. mehr äußerlich-formal die Wiedergabe einer Äußerung der verstorbenen Person in direkter Rede, inhaltlich sodann die Betonung der Zugehörigkeit zum göttlichen bzw. himmlischen Geschlecht[25], außerdem vielleicht auch die Erwähnung der Königin der Unterwelt (allerdings ist dies vom leicht entstellten Text her nicht gesichert)[26].

---

16 Vgl. Guarducci 1939, 91ff.; 1974, 13ff. und 1985, 385. Zu P vgl. Tsantsanoglou-Parássoglou 1987, 4 (das eine der beiden Blättchen scheint ursprünglich einmal gefaltet gewesen zu sein [zu Lebzeiten der Verstorbenen?]; im Grab jedoch wurde es offen vorgefunden); ferner Graf 1993, 254. Bei Feuerbestattungen lagen die Goldblättchen in der Urne mit der Asche, im Falle von A 4 und C in der Nähe der Reste des Schädels (vgl. Guarducci 1974, 12). B 11 wurde "dentro una lampada di terracotta, perduta" gefunden (Frel 1994, 183).

17 Bereits zuvor konnte außer im späten Blättchen A 5, welches Bestandteile von A mit solchen von B kombiniert, auch in A 4 ein Bindeglied zwischen den beiden Gruppen gesehen werden; vgl. u. Anm. 118.

18 Ich übernehme den Terminus von Zuntz 1971, 341.

19 P 1–2, 1 τρισόλβιε – A 1, 8 ὄλβιε καὶ μακαριστέ.

20 S. u. zu A 1–3, 1 (bei Anm. 72).

21 P 1–2, 3–5 – A 1, 9 und A 4, 4b.

22 P 1–2, 2 – B 10, 16; zur Schreibweise vgl. auch die Cumae-Inschrift *LSCG* 120 (u. Anm. 59); Tsantsanoglou-Parássoglou 1987, 11.

23 P 1–2, 2 – B 1, 6 und B 2, 8.

24 P 1–2, 7 – B 1, 11 und B 10, 15f.; vgl. allgemein Graf 1991, 93ff. und 1993, 246f. 250ff.; bereits Tsantsanoglou-Parássoglou 1987, 9f.; ferner Giangiulio 1994, 28. 30.

25 A 1–3, 3 (vgl. A 5, 2) – B 1, 7 und B 9, 5 vermutlich auch B 11, 15; vgl. B 2, 9.

26 B 10, 13 mit den Emendationen von Lazzarini (ἐρεοῦσιν) und West (ὑποχθονίωι βασιλεί⟨αι⟩).

Ob die Gemeinsamkeiten eine ausreichende Basis für die Annahme bilden, daß zumindest die hexametrischen Teile letztlich alle auf ein größeres Gedicht zurückgehen, ist – wie überhaupt fast alles Orphische – in der Forschung umstritten[27]. Das Verfahren, aus einem längeren narrativen Text Kernsätze herauszugreifen und auf Gold eingraviert mit ins Grab zu geben, war, aus den Blättchen B 3–9 zu schließen, die m. E. evident ein Exzerpt aus der in B 1, 2, 10 und 11 erhaltenen längeren Erzählung darstellen[28], an sich jedenfalls bekannt. Es scheint daher *a priori* wenigstens nicht ausgeschlossen, daß in den A- und in den B-Täfelchen unterschiedliche Sequenzen eines bestimmten, in orphisch-bakchischen Ritualen[29] verwendeten Gedichtes ausgeschrieben worden sind.

27 Die skeptischen Äußerungen beziehen sich in der Regel auf die Goldblättchen als ganze, nicht allein auf die hexametrischen Teile; vgl. u. a. Zuntz 1971, 383f., der sehr wohl erkennt, daß die erzählenden hexametrischen Abschnitte der A- und der B-Blättchen eine fortlaufende Handlung bilden könnten ("The scenery of B is at, or near, the entrance of the Netherworld, while A places the bearer face to face with its queen; one might, therefore, incline to regard them as fragments of a full vade-mecum for the soul on its way through Hades ..."), jedoch u. a. wegen der Prosaabschnitte in A es für unmöglich hält, daß die A- und B-Texte "excerpts from one comprehensive poem" sein könnten; vgl. auch Bernabé 1991, 234; Scarpi 1987, 215f.; Pugliese Carratelli 1993, 11ff., der die "affinità" zwischen den A- und den B-Blättchen nicht übersieht, sie indessen für "episodiche e marginali" hält (14).
28 Zuntz' umgekehrte Annahme, die ersten fünf Verse von B 1–2 seien "to a preexisting wording of the type B 3" hinzugefügt worden (1971, 378), ist nach dem Bekanntwerden von B 9 kaum mehr zu halten; vgl. Janko 1984, 90f. 93; Scalera McClintock 1991, 399. 408 (zustimmend zu Zuntz dagegen Iacobacci 1993, 255 Anm. 12. 262; ähnlich auch Pugliese Carratelli 1993, 14; doch vgl. auch Cassio 1994, 192 zu B 3–9, 1 πιέμ μοι).
29 Auch wenn es zwischen Orphischem und Pythagoreischem bekanntlich zahlreiche, schon in der Antike festgestellte Berührungen gibt (vgl. jetzt auch Parker 1995, 501ff.), dürfte die noch von Zuntz 1971 mit Nachdruck vertretene Zuweisung der Goldblättchen zum pythagoreischen Ritus (u. a. 343: "I can imagine that they contain main items ... of a Pythagorean *Missa pro defunctis*"; 385. 392f.) nach der Entdeckung der Blättchen B 10 und P, auf denen μύσται καὶ βάχχοι (B 10, 16) und eine "Lösung" durch Βάχ⟨χ⟩ιος (P 1–2, 2) erwähnt werden, heute kaum mehr Anhänger finden. Weiterhin umstritten scheint dagegen, wie u. a. auch die an den Vortrag anschließende Diskussion beim Symposion in Castelen erkennen ließ, die Berechtigung der Bezeichnung "*orphisch*-bakchisch" zu sein. Eine ausführliche Erörterung des Problems würde den Rahmen dieses Beitrags sprengen; es sei daher u. a. auf Graf 1991, 89ff. 97ff.; dens. 1993, 251ff.; Kingsley 1995, 261ff. und Parker 1995, 498 verwiesen, ferner auf die zahlreichen, bei Verf. 1995, 37 Anm. 27 zusammengestellten Belege, die bereits vor der Entdeckung der Knochenplättchen von Olbia erkennen ließen, wie eng nach anti-

So wichtig dieser Punkt auch ist, er spielt in den folgenden Überlegungen eher am Rande eine Rolle. Im Zentrum steht – dem Thema unseres Geburtstagskolloquiums entsprechend – vielmehr die Frage nach dem
Verhältnis der in ihrer aphoristischen Kürze[30] oft rätselhaften Texte *zum
Ritus*. Ich gehe dabei als Arbeitshypothese davon aus, daß auf den erhaltenen Blättchen in wechselnden Brechungen drei verschiedene Momente im Leben eines Initianden bzw. einer Initiandin ins Blickfeld rücken:
1) die Weihe, 2) der Tod und 3) der Gang in die Unterwelt. Daß diese
drei Augenblicke in der Ideologie der orphisch-bakchischen Initiationen
aufs engste miteinander verknüpft waren, dürfte weitgehend unbestritten
sein und wird schon von Platon im *Staat* verdeutlicht, wenn er von Weihen für die Toten berichtet, die "uns" nach Ansicht dieser herumziehen-
den Priester "von Unglück im Jenseits erlösen", während "diejenigen, die
nicht opfern, Schlimmes erwartet" (*Resp.* 2, 365 a 1–3). Es gehört offenkundig zum Selbstverständnis der orphisch-bakchischen Weihen, daß sie
die Initianden auf den Ernstfall vorbereiten: Sie wollen die Angst vor
dem Tod nehmen, indem sie die Mysten mit diesem großen Unbekannten (und eben dadurch Furcht Einflößenden) vertraut machen[31], das Jenseits gewissermaßen vermessen und Weisungen an die Hand geben, die
dem, der sie befolgt, dort ein besseres Los garantieren.

Trotz der inneren Zusammengehörigkeit von Weihe, Tod und Gang in
die Unterwelt sind die drei Phasen qua Ereignisse natürlich auseinanderzu-
halten. Die seit langem diskutierte und von Fritz Graf im Zusammenhang
mit den Pelinna-Blättchen schwankend beantwortete Frage, ob die auf diesen Blättchen erzählten Vorgänge im Initiations- oder im Totenritual ihren

---

ker Auffassung allgemein die Beziehung des Orpheus zu Dionysos/Bakchos und
bakchischen Initiationen ist; besonders wichtig die auch von Burkert 1982, 4f. heraus-
gestellte, sehr weitgehende Parallelität zwischen den Ausführungen Platons über die
Orpheotelesten in *Resp.* 2, 364 b 5 ff. und denjenigen über die dionysischen τελεταί in
Phdr. 244 d 5 ff. 265 b 3 – vgl. Verf. 1995, 41 Anm. 39 –, die den Schluß erlauben, daß
Platon an beiden Stellen *orphisch*-bakchische "Lösungen", "Reinigungen" und "Weihen" im Blick hat, was für die Deutung der Goldblättchen nicht ohne Belang ist (vgl.
u. Anm. 61). Die zahlreichen Überschneidungen zwischen Orphischem und Bakchischem mögen damit zu erklären sein, daß die Orphik an sich eine Art "riforma spirituale del dionisismo" (Burkert 1975, 92) war.

30 Vgl. Bernabé 1991, 230: "Se trata de textos, digamos, alusivos, que expresan sólo
los mínimos indispensables".

31 Vgl. zu diesem Aspekt von Religion allgemein N. Luhmann, *Gesellschaftsstruktur
und Semantik. Studien zur Wissenssoziologie der modernen Gesellschaft 3* (Frankfurt a. M.
1993) 272f.

ursprünglichen Platz hatten[32], scheint mir daher durchaus legitim zu sein[33], wobei allerdings gerade wegen der engen Zusammengehörigkeit über das schlichte "Entweder-Oder" hinaus mit der Möglichkeit zu rechnen ist, daß sich die Perspektive in ein und demselben Text – sei es einmal oder gar mehrfach – ändert.

Der Versuch, dieses Problem einer Klärung näher zu bringen, verlangt m. E., daß die einzelnen Blättchen gründlicher, als es bisher geschehen ist, nach der jeweils vorausgesetzten Kommunikationssituation und – damit verbunden – nach ihrer Erzähltechnik befragt werden[34]. Es erscheint angezeigt, die Texte in Anlehnung an die moderne Narratologie u. a. auf folgende Punkte hin neu zu überprüfen: Welche Instanz spricht? Wer wird angesprochen? Welche Aussage wird in welcher Form und in welchem Kontext gemacht? Wie verhält sich die Erzählung zum erzählten Geschehen oder, wie Genette sagen würde, der *récit* zur *histoire*? Erlaubt die narrative Struktur Rückschlüsse auf das Ritual?

Auch wenn angesichts der Kürze der Texte und der zahlreichen Leerstellen von vorneherein nicht überall mit eindeutigen Antworten zu rechnen ist, bleibt doch zu hoffen, daß die konsequente Auswertung der Kom-

---

32 Vgl. Graf 1991, 98: "Il me paraît bien probable que le texte P n'est rien d'autre que le macarisme actuel prononcé lors de l'initiation bacchique de la femme défunte"; daneben ders. 1993, 249 f.: "As it stands, the sequence of assertion of death and new life, then the libations, and finally the *makarismos* over the grave all fit slightly better into the context of a funeral"; für das Totenritual u. a. Segal 1990, 413: "Discovery of all texts of this type in tombs favors funerary performance, although of course an initiation rite for a *mystes* cannot be excluded"; Burkert bei Graf 1991, 99 Anm. 31; ders. 1996, 119: "addressing the initiate who has just died"; Calame 1995, 17 u. ö.; zu den unterschiedlichen Positionen früherer Forscher vgl. die Angaben bei Burkert 1975, 96 Anm. 32.

33 Vgl. auch Burkert 1975, 96 im Zusammenhang mit A 1, 5–7 und A 4, 3: "L'incertezza principale è quella: si riferisce ciò ad atti rituali che il morto ha compiuto nell'iniziazione, oppure a ciò che gli è accaduto al momento della morte?" Die anschließende Einschränkung: "Ora, proprio l'alternativa, iniziazione oppure morte, sembra sbagliata, dato che Plutarco scrive in un testo famoso (*Fr.* 178): 'Nella morte l'anima sta soffrendo come quelli che sono sottoposti a delle enormi iniziazioni; perciò l'espressione assomiglia all'espressione, il significato al significato: τελετή (iniziazione) – τελευτή (morte)' ", erscheint mir freilich insofern etwas fragwürdig, als das zur Begründung angeführte Plutarchfragment im Kern deutlich von Platon inspiriert ist (vgl. *Resp.* 2, 365 a 1–2 εἰσὶ δὲ [sc. λύσεις τε καὶ καθαρμοὶ ἀδικημάτων] καὶ τελευτήσασιν, ἅς δὴ τελετὰς καλοῦσιν κτλ.).

34 Ansätze dazu bei Graf 1993, 251. 257 f.

munikationssituation, der zeitlichen und räumlichen Segmentierung der
Erzählung, ihrer syntaktischen und metrischen Gestalt neue Einblicke in die
Beschaffenheit und Funktion der Goldblättchen und ihr Verhältnis zu den
Riten eröffnet.

II

Um gewissermaßen von außen her an die zu besprechenden Texte heran-
zutreten: Bei aller Verschiedenheit ist diesen eines zumindest gemeinsam: Sie
sind grundsätzlich *dialogisch* angelegt, als Kommunikation zwischen einem
"ich" und einem "du" (bzw. "ihr"), wobei die Kommunikationssituation in
den Blättchen z. T. wechselt, aus der redenden ersten Person zuweilen eine
zweite bzw. umgekehrt aus der angesprochenen zweiten eine erste wird. Der
Wechsel kann völlig unvermittelt erfolgen oder auch narrativ vorbereitet
werden.

Einer der Dialogpartner ist stets der Myste bzw. die Mystin. Die eingeweihte Person wird in unterschiedlicher Funktion vorgeführt: bald ist sie
selbst die Sprecherin (A 2–3); bald wird sie von einem nicht näher bezeich-
neten Subjekt angesprochen (A 4; P[35]); bald kommt es zum angedeuteten
Sprecherwechsel, wobei die eingeweihte Person entweder die Rolle des
Sprechenden kurz aufgibt und – von wem auch immer – angesprochen
wird (A 1[36]) oder aber in der Rolle des Angesprochenen vom "du" zu einer
Äußerung einer dritten Person oder Personengruppe gegenüber aufgefordert wird, welche dann meist in direkter Rede wiedergegeben wird (man
kann also von einer Verschachtelung reden: B 1–2; B 10–11; in indirekter
Rede: P).

Der primäre Dialogpartner des μύστης ist je nach Blättchen entweder, wie
angedeutet, überhaupt nicht näher bezeichnet (P; A 4; B 1–2; B 10–11[37]),
oder aber es handelt sich um die Unterweltsgöttin und ihr nahestehende
Gottheiten (A 1[38]–3 und 5). Als sekundärer Kommunikationspartner begegnen in der Verschachtelung einerseits wiederum die Unterweltsgöttin
(P 1–2, 2), andererseits "Wächter" in der Unterwelt (B 1–2, 5ff.; B 10, 7ff.;
B 11, 9ff.; in der Kurzfassung nicht als solche ausgewiesen: B 3–9, 3).

35 Auch Pherai (s. Anm. 11).

36 Vgl. auch den Sprecherwechsel in A 5, 4; ferner v. 3 von B 3–9, bei denen es
sich freilich, wie erwähnt, wohl um Kurzfassungen des langen B-Textes handelt.

37 Auch Pherai (s. Anm. 11).

38 Nicht näher bezeichnet ist der Sprecher von A 1, 8, s. u.

Ein erheblicher Teil der Interpretationsschwierigkeiten liegt darin begründet, daß der primäre Kommunikationspartner wiederholt unbestimmt bleibt. Um mit den beiden 1987 veröffentlichten, ans Ende des 4. Jh. v. Chr. datierten Blättchen aus dem thessalischen Pelinna zu beginnen, so läßt sich dort immerhin *eine* Identifikationsmöglichkeit sogleich ausschließen: Wenn die sprechende Person die Mystin im zweiten Vers auffordert, Persephone zu sagen – εἰπεῖν als imperativischer Infinitiv anstelle der 2. Person des Imperativs[39] –, Bakchios selbst habe sie gelöst, so kann, da in keiner Weise ein Sprecherwechsel angedeutet ist, auch der Makarismos des ersten Verses "jetzt bist du gestorben und jetzt geworden, dreifach Seliger, an diesem Tag" und ebenso der Rest des Textes schwerlich von der Unterweltsgöttin, die nach der orphischen Theogonie zugleich die Mutter des Dionysos ist, gesprochen sein.

Dieses an sich schlichte Faktum ist für andere Blättchen nicht ohne Bedeutung: Beim Makarismos in A 1, 8, der mit einem nicht markierten Sprecherwechsel einhergeht – "Seliger und glücklich zu Preisender, Gott wirst du sein anstelle eines Sterblichen" –, möchte man vom narrativen Kontext her zunächst vielleicht die Unterweltskönigin als Sprecherin vermuten[40]. Der Vergleich mit dem Pelinnatext spricht jedoch gegen eine solche Annahme, außerdem auch das Parallelbeispiel A 4, wo im selben Kontext u. a. von den "Hainen der Persephone" die Rede ist (v. 6), was in den Mund der Unterweltskönigin selbst ebenfalls nicht recht paßt.

Wer sonst kommt als Sprecher in Frage? Theoretisch denkbar sind m. E. 1) eine andere Gestalt als Persephone in der Unterwelt, 2) das Blättchen selbst, 3) ein Weihepriester oder Miteingeweihte bei der Initiation, 4) jemand bei der auf πρόθεσις und ἐκφορά der Verstorbenen folgenden Bestattung, über die wir leider äußerst schlecht informiert sind (mag sein, daß bei der Beisetzung eines Mysten ein Weihepriester zugegen war; jedenfalls ist Robert Garland zuzustimmen, wenn er allgemein schreibt: "It is hardly conceivable that the bereaved proceeded without the benefit of any established liturgy or approved form of words"[41]).

Mit der ersten Möglichkeit, nämlich daß sonst jemand in der Unterwelt spricht[42], rechnet Zuntz bei den A-Blättchen Nr. 1, 4 und 5. Für A 1 und

---

39 Kühner-Gerth, 2, 20f.

40 Auch wenn in v. 7 von Persephone bereits in der 3. Person die Rede ist; vgl. Zuntz 1971, 322f.

41 R. Garland, *The Greek Way of Death* (London 1985) 36. Vgl. auch u. Anm. 59.

42 William D. Furley hat bei einer Diskussion im Anschluß an meinen Vortrag in Heidelberg den Seelengeleiter Hermes ins Spiel gebracht; allerdings scheint dieser Gott im orphisch-bakchischen Bereich keine über die allgemeingriechischen Vorstellungen hinausgehende Rolle gespielt zu haben. Zu Dionysos als vorgeschlagenem Sprecher s. u. Anm. 49.

4 schlägt er dabei – in allzu enger Anlehnung an christliche Vorstellungen, wie mir scheint – einen *coetus sanctorum,* der den Neuankömmling am Aufenthaltsort der Gesegneten begrüßt, vor[43], ohne freilich auf die Unterschiede zwischen den beiden Blättchen ausreichend zu achten (die Vergottung des Mysten wird in A 1, 8 für die Zukunft in Aussicht gestellt, in A 4, 4 a ist sie bereits erfolgt; die z. T. weitgehend identischen Formeln sollten nicht darüber hinwegtäuschen, daß der situative Kontext auf den beiden Blättchen wohl überhaupt verschieden ist[44]). Beim jüngsten Beispiel aus Rom, A 5, auf dem der von den anderen A-Blättchen bekannte erste Vers "Ich komme von Reinen als reine, Königin der Unterwelt" in die dritte Person transponiert erscheint, bringt Zuntz einen *ianitor* der Unterwelt ins Spiel. Dabei muß er allerdings mit einem abrupten Wechsel der grammatikalischen Person am Ende des zweiten Verses rechnen: ἔχω hätte dasselbe Subjekt wie ἔρχεται, was ich für ganz unwahrscheinlich erachte[45]. Viel plausibler ist die Annahme, daß für A 5 die zweite der genannten Möglichkeiten zutrifft und das Blättchen selbst in Personifikation sprechend eingeführt wird – ein Stilmittel, welches aus Grab- und Buchepigrammen ganz vertraut ist[46]. Für die Zuntz noch unbekannten Pelinna-Blättchen scheiden die beiden ersten

43 Zuntz 1971, 323, vgl. 331: "some 'chorus mysticus'"; etwas anders im Zusammenhang mit A 1 Guarducci 1974, 23: "All'iniziato si rivolgono i fratelli di fede (rimasti sulla terra), che lo proclamano beato e ne invidiano la sorte (. . .)".

44 Mehr dazu u. bei Anm. 111 und bei Anm. 127.

45 Zuntz 1971, 334 spricht von einer "syntactical *contredanse*". Seine Erklärung dafür erscheint mir sehr zweifelhaft: Nach seiner Darstellung hätte der Versifikator zunächst die Absicht gehabt, "to give brief expression to the necessary claim of divine descent which in the model filled a whole verse (καὶ γὰρ ἐγών, κτλ.). Διὸς τέκος filled the bill for him . . . Ἔχω δέ at the end of his verse left a metrical gap to be filled; he knew the Homeric tag ἀγλαὰ τέκνα and boldly borrowed the adjective from it . . . The difficulty of syntax and scanning he left to the reader (if any) . . . it was unsuitable, he felt, for Secundina to introduce herself as 'the glamorous child of Zeus': hence he put the verb in the third person (. . .)". Nach Graf 1993, 251 wiederum ist A 5 "spoken by a sort of counselor helping the deceased in her confrontation with Persephone". Nochmals anders Colli 1981, 414, der ἀγλαὰ als Subjekt zu ἔχω zieht und schreibt: "In tal modo la laminetta si può forse intendere come un dialogo tra l'anima dell'iniziata e chi l'accoglie (presumibilmente i 'custodi' di 4 [A 62–64]), secondo il modello di altre laminette (cf. sopratutto 4 [A 70] . . .). I custodi parlerebbero nei vv. 1–2; poi da ἀγλαὰ sino alla fine del v. 3 replicherebbe l'anima; infine il v. 4 sarebbe detto di nuovo dai custodi".

46 Das Geschenk der Mnemosyne, welches das Goldblättchen hält (ἔχω δὲ | Μνημοσύνης τόδε δῶρον), dürfte in dem wohl wie A 4, 4a am Grab gesprochenen rituellen Gruß "Καικιλία Σεκουνδεῖνα, νόμωι ἴθι δῖα γεγῶσα" bestehen.

Möglichkeiten jedenfalls aus: Gegen die Versammlung der Seligen oder einen Pförtner *in der Unterwelt* als Dialogpartner spricht die Tatsache, daß der Redende offenkundig als auf der Erde befindlich gedacht ist – dies ergibt sich aus der Opposition zu v. 7 ὑπὸ γῆν[47] –, und für das Blättchen selbst als Sprecher fehlt jeder äußere oder innere Anhaltspunkt.

Somit bleiben die 3. und die 4. Möglichkeit. Daß die daktylischen Verse und die rhythmisierten prosaischen Einschübe[48] vom τελεστής oder von Miteingeweihten bei der Initiation gesprochen wurden, ist zwar nicht auszuschließen, wenn man von der an sich plausiblen Annahme ausgeht, daß bei einer solchen Initiation der Tod rituell inszeniert und damit symbolisch vorweggenommen wurde[49]. Doch fügt sich zumal der letzte, in der Lesart leider unsichere Vers doch besser in den Kontext eines Totenritus: "und es erwarten dich [sc. wohl 'jetzt', denn neben ἔχεις dürfte auch κἀπιμένει eher Präsens als Futur sein[50]] unter der Erde die Weihen [bzw. Preise oder Ehren], welche die anderen Seligen [sc. vollziehen?[51] bzw. haben?[52]]".

Der Versuch, den Pelinna-Text insgesamt unter der Prämisse zu lesen, daß die verstorbene Mystin anläßlich des Totenrituals von einem Mysterien-

---

47 Vgl. auch Graf 1993, 248.

48 Sie lassen sich in der überlieferten Fassung kretisch-päonisch lesen; vgl. auch Tsantsanoglou-Parássoglou 1987, 13.

49 So u. a. Wieten 1915, 105ff. Auch Pugliese Carratelli 1993, 63 denkt im übrigen wohl an die Initiation, wenn er vermutet: "Al *mystes* parla probabilmente Βάκχιος αὐτός".

50 Anders Graf 1993, 247 unter Hinweis auf B 1, 11 καὶ τότ᾽ ἔπειτ᾽ ἄ[λλοισι μεθ᾽] ἡρώεσσιν ἀνάξει/ς; doch an der zweiten, von ihm ebenfalls erwähnten Parallelstelle B 10, 15 wird das Präsens verwendet: ὁδὸν ἔρχεα⟨ι⟩ ἄν τε καὶ ἄλλοι | μύσται καὶ βάχχοι ἱερὰν στείχουσι κλε⟨ε⟩ινοί.

51 Vgl. Tsantsanoglou-Parássoglou 1987, 16; Pugliese Carratelli 1993, 62 ⟨τελέονται⟩.

52 Wenn man mit Lloyd-Jones und Jordan nach einem Vorschlag von Tsantsanoglou-Parássoglou κἀπιμένεις schreibt, wäre auch eine Ergänzung "welche die anderen Seligen ⟨erwarten⟩" denkbar. Zwar liegt die 2. Person Singular nach ἔθανες, ἐγένου, ἔθορες (zweimal), ἔπεσε⟨ς⟩ und ἔχεις vielleicht näher; doch vgl. für die *lectio difficilior* Heraklit 22 B 27 DK (= *fr.* 74 Marcovich) ἀνθρώπους μένει ἀποθανόντας, ἅσσα οὐκ ἔλπονται οὐδὲ δοκέουσιν; Plat. *Resp.* 2, 361 d 8 . . . οἷος ἑκάτερον βίος ἐπιμένει; 365 a 3 μὴ θύσαντας δὲ δεινὰ περιμένει etc. (Tsantsanoglou-Parássoglou 1987, 15). Falls κἀπιμένει σ᾽ richtig ist, dürfte das Zitat wohl vor dem Ende des Satzes im Original abbrechen (e. g. "welche auch die anderen Glückseligen ⟨auf den Auen der Persephone immer vollziehen⟩" etc.; vgl. schon Tsantsanoglou-Parássoglou 1987, 16: "one should not altogether discard the possibility that the sense was completed in another verse, which the scribe had no room to incise"). Nicht zu überzeugen vermag m. E. Luppes Lesart (vgl. Anhang).

priester oder einer anderen eingeweihten, besonders befugten Person[53] feierlich angesprochen wird[54], ergibt ein, wie ich meine, stimmiges Gesamtbild[55]. Im hypermetrischen ersten Vers[56] ist dann mit dem durch Wiederholung hervorgehobenen νῦν und ἄματι τῶιδε der aktuelle Augenblick der Bestattung gemeint[57], dessen Bedeutung für die Griechen kaum betont zu werden braucht: Die Bestattung galt bekanntlich als unabdingbare Voraussetzung dafür, daß ein Verstorbener, wie Homer sagt, "die Tore des Hades durchschreitet" (*Il.* 23, 71). Inwiefern dieser Akt, durch den der Tod gewissermaßen endgültig besiegelt wurde[58], in den Augen des Sprechenden einem (Neu)Werden gleichkommen konnte (νῦν ἔθανες καὶ νῦν ἐγένου) und damit Anlaß für die Seligpreisung bot, bleibt uns zwar eher dunkel – ein am Grab vollzogenes, für Mysten und Bakchen sicher spezielles Totenritual[59] wird den Eingeweihten die Gewißheit vermittelt haben, daß sich in diesem Moment endgültig all das erfüllte, was im Initiationsritual angelegt war[60].

53 Denkbar wäre z. B. auch der Mystagoge. Daß ein Chor von Eingeweihten der Verstorbenen diese Anweisungen erteilte, ist zwar nicht auszuschließen; ich halte es jedoch für weniger wahrscheinlich.

54 Vgl. auch Calame 1995, 29: "L'ordre de s'adresser à Perséphone en se référant à la libération opérée par Dionysos Bacchios renvoie vraisemblablement à la voix du prêtre qui a présidé à la cérémonie d'inhumation; c'est lui qui est en mesure de définir pour la morte l'itinéraire initiatique qui désormais l'attend."

55 Vgl. Segal 1990, 413 f., der im übrigen zu Recht betont: "The repetitive, rhythmic, and formulaic qualities of the new texts . . . would make them highly suitable for oral performance".

56 Nach Giangrande 1991 handelt es sich um einen beabsichtigten Heptameter.

57 Vgl. auch Graf 1993, 248 f.

58 Vgl. Graf 1993, 249.

59 Daß für die Bestattung der Eingeweihten eigene Vorschriften galten, geht u. a. aus Hdt. 2, 81, 2 (vgl. Apul. *Apol.* 56) hervor: Den in orphische und bakchische ὄργια Eingeweihten war es nicht erlaubt, ἐν εἰρινέοισι εἵμασι θαφθῆναι. ἔστι δὲ περὶ αὐτῶν ἱρὸς λόγος λεγόμενος. Vgl. dazu Parker 1995, 484 f., der in diesem Zusammenhang auch zu Recht auf die berühmte, in Cumae gefundene Inschrift *LSCG* 120 (Mitte 5. Jh. v. Chr.) οὐ θέμις ἐντοῦθα κεῖσθαι [ε]ἰ μὴ τὸν βεβαχχευμένον hinweist (dazu u. a. Bottini 1992, 58 ff.). Spezielle Totenriten sind im übrigen auch für die Pythagoreer bezeugt; vgl. Plut. *De genio Socr.* 585 e–586 a, u. a. ἔστι γάρ τι γιγνόμενον ἰδίᾳ περὶ τὰς ταφὰς τῶν Πυθαγορικῶν ὅσιον, οὗ μὴ τυχόντες οὐ δοκοῦμεν ἀπέχειν τὸ μακαριστὸν καὶ οἰκεῖον τέλος; ferner Iambl. *V. Pyth.* 143 (= Arist. *Π. τῶν Πυθαγορείων* fr. 1 Ross, p. 132 = *fr.* 172 Gigon). 154 f.; Plin. *NH* 35, 160.

60 Bei der Deutung des Todes als eines Werdens fühlt man sich jedenfalls an die orphische Umwertung des irdischen Lebens als Gefängnis oder gar Tod erinnert; vgl. dazu u. a. Verf. 1995, 45 ff.; A. Bernabé, "Una etimología Platónica: ΣΩΜΑ–ΣΗΜΑ", *Philologus* 139 (1995) 204 ff., etc.

Daß die Seele "jetzt" aber auf dem Gang durch die Unterwelt gedacht wird, die "Tore des Hades" also endgültig "durchschritten" hat, zeigt die anschließende Aufforderung, Persephone zu sagen, Bakchios habe sie gelöst.

Εἰπεῖν Φερσεφόναι bleibt dabei noch auf die Gegenwart, auf den "heutigen Tag", bezogen, während in σ' ὅτι Βάχ⟨χ⟩ιος αὐτὸς ἔλυσε die Perspektive vermutlich wechselt und Vergangenes in den Blick kommt, nämlich – um Platons Worte zu gebrauchen – die "Lösung und Reinigung von Unrecht durch Opfer und lustvolle Ergötzungen" in der (wie weit auch immer zurückliegenden) Initiation[61].

Die folgenden drei Zeilen, deren Verbformen ἔθορες und ἔπεσε⟨ς⟩ zeitlich auf derselben Stufe wie ἔλυσε stehen, dürften dann ebenfalls Teil der Rückblende sein und im Sinne einer für Uneingeweihte kaum zu entschlüsselnde Losung (σύνθημα) das Reinigungsritual andeutend zusammenfassen[62].

Die Einstellung ändert sich offenkundig wieder in Vers 6[63]: Der Redner fokussiert jetzt erneut die Gegenwart (ἔχεις). Man wird kaum fehlgehen, wenn man in den vier, wohl einen Hexameter abschließenden Daktylen "Wein hast du als glückselige Ehrengabe" entweder den Reflex einer Weinspende am Grab[64] oder den Hinweis auf ein mit Wein gefülltes Gefäß als

---

61 *Resp.* 2, 364 e 3–5 a βίβλων δὲ ὅμαδον παρέχονται Μουσαίου καὶ Ὀρφέως, Σελήνης τε καὶ Μουσῶν ἐκγόνων, ὥς φασι, καθ' ἅς θυηπολοῦσιν, πείθοντες οὐ μόνον ἰδιώτας ἀλλὰ καὶ πόλεις, ὡς ἄρα *λύσεις τε καὶ καθαρμοὶ* ἀδικημάτων διὰ θυσιῶν καὶ παιδιᾶς ἡδονῶν εἰσι μὲν ἔτι ζῶσιν, εἰσὶ δὲ καὶ τελευτήσασιν, ἅς δὴ *τελετὰς* καλοῦσιν, αἵ τῶν ἐκεῖ κακῶν *ἀπολύουσιν* ἡμᾶς, μὴ θύσαντας δὲ δεινὰ περιμένει; vgl. auch 366 a 7 αἱ *τελεταὶ* αὖ μέγα δύνανται καὶ οἱ *λύσιοι* θεοί κτλ.; OF 232 (= Damaskios *In Plat. Phd.* 1, 11, p. 35 Westerink); Tsantsanoglou-Parássoglou 1987, 12.

62 Vgl. Burkert 1975, 99f. zu A 1, 9 und A 4, 4b ἔριφος ἐς γάλ' ἔπετον bzw. ἔπετες: "La funzione di queste parole è chiara: garantiscono l'immortalità; ma la sua comprensione diretta resta impossibile ... Si potrebbe pensare ad un sacrificio d'iniziazione bacchica, analoga al sacrificio del porcellino da Eleusis. Ma è impossibile provarlo. Il detto preserva la funzione di *sintema,* in quanto è comprensibile soltanto agli iniziati, mentre il non-consacrato non vede altro che un seguito di parole semplici ed innocenti"; ders. 1990, 85 zu P 1–2, 3. 5; Calame 1995, 22.

63 Graf 1993, 248 zieht in seiner Segmentierung des Textes die sechste Zeile noch zu 3–5 (1–2, 3–6, 7) und möchte in diesem Abschnitt eine "sequence of libations accompanied by the respective acclamations – three times milk, one time wine" erkennen; seine Gliederung trägt freilich weder der Änderung der Zeitform zwischen 3–5 und 6 noch der unterschiedlichen metrischen Gestalt Rechnung, was insofern nicht überrascht, als Graf 1991, 91 und 1993, 246 seltsamerweise v. 6 überhaupt für unmetrisch hält.

64 Vgl. u. a. Hom. *Od.* 11, 27; Aeschyl. *Pers.* 614f.; Eur. *Iph. Taur.* 164.

Grabbeigabe erkennt[65]. Der letzte Vers eröffnet demgegenüber den Blick auf die nun anbrechende selige Zukunft der Verstorbenen und nimmt mit ὄλβιοι ἄλλοι in einer Ringkomposition den Makarismos des ersten Verses (τρισόλβιε) wieder auf[66].

Falls meine Deutung zutrifft, so schildern die Pelinna-Blättchen die *histoire*, die Ereignisse, also nicht in einer linearen Abfolge. Vielmehr wechselt der Blick des Sprechers in raschem Wechsel von der Gegenwart in die Vergangenheit und wieder zurück und bis in die Zukunft hinein[67]. Mit anderen Worten mag zwar der klar segmentierte Text als ganzer, sozusagen von der Oberflächenstruktur her, einen Ausschnitt aus dem am Grabe Gesagten, aus den λεγόμενα des Totenrituals, darstellen. Doch die berichteten δρώμενα der Lösung, das dreimalige Fallen in die Milch, auf das sich offensichtlich die Zuversicht primär gründete, dürften in Wirklichkeit bei der Initiation vollzogen worden sein[68]. Dies zumindest legt die narrative Struktur nahe, der auch die sprachlich-metrische Gestaltung entspricht: Auf die beiden daktylischen Verse am Anfang folgen die drei in "rhythmisierter Prosa" abgefaßten Zeilen, die in ἔριφος ἐς γάλα ἔπετες bzw. ἔπετον der Blättchen A 4 und A 1 ihr Pendant haben und, wie schon Zuntz im Zusammenhang mit diesen beiden Blättchen gesehen hat, an kultische Akklamationen gemahnen[69]. Zeile 6 bildet gewissermaßen das Scharnier: Zwar bereits wieder daktylisch lesbar, spiegeln die Worte doch weiterhin *rituelles* Geschehen, jetzt allerdings solches am Grab[70]. Reine Hexameter sind einzig Zeile 2 und 7. Sie allein können also mit einiger Zuversicht einem hypothetischen größeren Ge-

---

65 Der Vers ist dabei zugleich auf die Vergangenheit und auf die Zukunft hin offen, spielt doch der Wein sowohl in der (zurückliegenden) bakchischen Initiation wie auch im künftigen συμπόσιον τῶν ὁσίων, welches die Frommen im Jenseits feiern (vgl. Plat. *Resp.* 2, 363 c; Tsantsanoglou-Parássoglou 1987, 14; Graf 1993, 246), eine zentrale Rolle. Kühn die Hypothese von Calame 1995, 19: "disposer du vin comme d'un 'honneur' pourrait renvoyer à l'état de mort. Consommé pur, le vin est l'instrument de la possession dionysiaque. Comme le sommeil ou la mort, il nous met hors de nous-mêmes".

66 Vgl. Segal 1990, 415; Calame 1995, 18.

67 Vgl. auch Calame 1995, 17. 23.

68 Denkbar wäre, daß beim Grabritual durch eine dreimalige Milchspende nochmals darauf Bezug genommen wurde. Zu Milchspenden am Grab vgl. u. a. Aeschyl. *Pers.* 611; Soph. *El.* 895; Eur. *Iph. Taur.* 162.

69 Zuntz 1971, 341 ff.

70 Vgl. zur Scharnierfunktion von v. 6 auch o. Anm. 65.

dicht zugeordnet werden[71]. Dazu fügt sich inhaltlich, daß nur diese beiden Verse den Gang der Seele in die Unterwelt und ihr dortiges Geschick zum Gegenstand haben, während in 1 und 6 wohl das Totenritual und in 3–5 nach meiner Vermutung das Initiationsritual in den Blick gefaßt wird.

III

Die ersten drei der von Zuntz zur Gruppe A gerechneten Goldblättchen – der Sonderfall A 4 bleibt einstweilen noch ausgeklammert; auf das späte Beispiel A 5, in einem anderen Sinn ein Sonderfall, wurde bereits kurz eingegangen – knüpfen "handlungsmäßig", wenn man so sagen darf, bei Vers 2 des Pelinna-Textes an: Der dort lediglich angedeutete Dialog – "Sage Persephone, daß dich Bakchios selbst gelöst hat" – wird hier in direkter Rede entfaltet: "Ich komme von Reinen als reine, Königin der Unterwelt" usw. Ἐκ κοθαρῶ⟨ν⟩ κοθαρά hat dabei einen mit σ' ὅτι Βάχ⟨χ⟩ιος αὐτὸς ἔλυσε vergleichbaren Aussagewert[72]: Die "Lösung" bestand zweifellos in einem Reinigungsritual, die "reine" Seele ist also auch eine "gelöste". Vielleicht darf aus dieser schon oft festgestellten Übereinstimmung trotz ebenfalls vorhandener Unterschiede[73] geschlossen werden, daß der Text dieser A-Blättchen, anders als Zuntz seinerzeit vermutete, kein in sich geschlossenes Ganzes[74], sondern nur einen Ausschnitt aus einem größeren Gedicht darstellt, in dem der direkten Rede vielleicht eine mit εἰπεῖν Φερσεφόναι vergleichbare Aufforderung des *Erzählers* vorausging. Da es ferner schwer vorstellbar ist, daß die Seele bei der imaginierten Begegnung mit der Unterweltsgöttin ohne ein entsprechendes Signal von deren Seite zu ihrer längeren Rede anhebt, dürfte ursprünglich auch eine Anrede der *Persephone* an die Seele in der Erzählung kaum gefehlt haben[75].

---

71 Wobei wegen der mündlichen Überlieferung im Kult mit mehr oder weniger großen Änderungen gegenüber dem Original zu rechnen ist.

72 Vgl. Tsantsanoglou-Parássoglou 1987, 12; Graf 1993, 252.

73 Vgl. Graf 1993, 252f.

74 Zuntz 1971, 384 spricht von "the self-sufficiency" sowohl der A- wie der damals bekannten B-Blättchen.

75 Antwortet ἔρχομαι ἐκ καθαρῶν καθαρά vielleicht auf eine Frage nach Art der homerischen τίς πόθεν εἰς ἀνδρῶν . . .? Ganz allgemein gilt jedenfalls: "Eine Kommunikationssituation, in der ein Sprecher ohne Einleitung und Motivation eine Erzählrede von sich gibt, ist im praktischen Redegebrauch nicht üblich und entspricht nicht der Norm menschlichen Verhaltens" (D. Janik, *Literatursemiotik als Methode. Die Kommunikationsstruktur des Erzählwerks und der Zeichenwert literarischer Strukturen*, Tübingen 1985², 28).

Sollte dies zutreffen, so wäre als Hintergrund für Pelinna vv. 2 und 7 sowie
den Anfang von A 1–3 eine sehr ähnliche narrative Struktur anzusetzen, wie
sie im übrigen auf den B-Blättchen noch deutlicher zum Ausdruck kommt:
Ein allwissender Erzähler[76] bereitet eine angesprochene Person auf das vor, was
ihr in der Unterwelt widerfahren wird, und gibt Anweisungen, wie sie sich
zu verhalten haben werde. "Dann wirst du zu Persephone gelangen; auf ihre
Frage antworte, daß dich Bakchios gelöst hat, daß du als reine von Reinen
kommst": So etwa läßt sich die auf den A- und den Pelinnablättchen anklin-
gende Handlungssequenz paraphrasieren, während auf den B-Blättchen das,
was sich am Eingang zu den "Häusern des Hades" zuträgt – also wohl eine
zeitlich vorausliegende Handlungssequenz –, geschildert wird: "Rechts wirst
du eine Quelle, bei der eine hell leuchtende Zypresse steht, finden; der sollst
du dich keinesfalls nähern. Weiter vorne aber findest du kühles Wasser, welches vom See der Erinnerung fließt und über welchem Wächter sind; diese
werden dich mit klugen Sinnen fragen, wozu du die Finsternis des Hades aus-
forschst. Sage ihnen [wiederum εἰπεῖν!]: 'Ich bin ein Kind der Erde und des
gestirnten Himmels, mein Geschlecht aber ist himmlisch. Vor Durst vergehe
ich: Gebt mir schnell zu trinken von diesem Wasser'. Und sie werden es der
Königin der Unterwelt melden[77] und Dir zu trinken geben". Anschließend
folgt der Blick auf die gemeinsame Zukunft mit den "anderen Mysten und
Bakchen", wie es auf dem Hipponionblättchen B 10 heißt, bzw. – auf B 1 –
mit den "anderen Heroen". Beide Formulierungen erinnern stark an die
ὄλβιοι ἄλλοι von Pelinna v. 7[78]. Und eben diese Übereinstimmung legt den
Schluß nahe, daß beides, sowohl die Geschehnisse im Eingangsbereich des
Hades (zwei Quellen, Dialog mit den Wächtern usw.) wie das Gespräch mit
Persephone, Sequenzen aus ein und derselben fortlaufenden Erzählung sind.

Den ursprünglichen Wortlaut dieser hexametrischen Erzählung wieder-
herzustellen, dürfte wegen der eingangs angedeuteten Schwierigkeiten, die
sich aus der besonderen Überlieferungssituation der Goldblättchen als ganze
ergeben, nicht ohne weiteres möglich sein und gehört auch nicht zu den
Zielen meiner Ausführungen. Nicht übergangen werden kann jedoch die
Frage, um was für einen Text es sich bei dieser Erzählung handeln und wer
der Erzähler sein könnte sowie in welchem rituellen Kontext das Gedicht
Verwendung gefunden haben mag.

---

76 Vgl. auch Graf 1993, 251.
77 Vgl. o. Anm. 26.
78 Vgl. auch die ähnliche Satzstruktur P 1–2, 7 τέλεα ἄσ⟨σ⟩απερ ὄλβιοι ἄλλοι –
B 10, 15f. ὁδὸν ἔρχεα⟨ι⟩ ἄν τε καὶ ἄλλοι | μύσται καὶ βάχχοι ἱερὰν στείχουσι κλε⟨ε⟩ινοί;
Graf 1991, 93; ders. 1993, 246f.

Um mit dem Erzähler zu beginnen: dieser zeichnet sich durch exakte Kenntnis der Unterweltstopographie aus: "Du wirst in den Häusern des Hades rechts eine Quelle finden", beginnt B 2; das erzählende Ich, welches auf keinem der Texte näher bezeichnet wird, kennt den Unterschied zwischen der ersten und der zweiten Quelle, es weiß, daß letztere aus dem See der Erinnerung gespeist wird, und ist genau darüber informiert, wem die Seele in welcher Folge in der Unterwelt begegnen wird. Eine solche Allwissenheit kann nur haben, wer bereits einmal in der Unterwelt war, sie aus eigener Anschauung kennt.

Einem gewöhnlichen Weihepriester wird man diese Anschauung kaum zutrauen – es sei denn, er hätte schamanistische Fähigkeiten; doch mit dem Schamanismuskonzept ist man inzwischen vorsichtig geworden[79]. Da Platon im Zusammenhang mit bakchischen 'Lösungen', Reinigungen und Weihen von Büchern des Musaios und des Orpheus spricht, scheint es völlig legitim, hier nicht so sehr Namen wie Herakles, Theseus oder Pythagoras ins Spiel zu bringen als vielmehr Orpheus[80], den wundersamen thrakischen Sänger, der bei der Suche nach Eurydike die Unterwelt im einzelnen kennengelernt hat. Seine Bedeutung für verstorbene Mysten geht unmißverständlich aus der berühmten Grabamphore des Ganymed-Malers der Basler Sammlung Ludwig hervor – ein archäologisches Zeugnis, auf das auch Walter Burkert im Anschluß an Margot Schmidt unsere Aufmerksamkeit gelenkt hat[81]: Auf dieser Vase wird Orpheus in einem ναΐσκος, der das Grab symbolisiert, vor einem alten Mann singend dargestellt; dieser alte Mann sitzt in heroischer Pose, in der linken Hand eine *Buchrolle* haltend. Als Inhalt dieser Rolle möchte man aufgrund der Konstellation vielleicht weniger einen vorsokratischen Kommentar zu kosmogonisch-theogonischen Versen des Orpheus, der wie der Dervenipapyrus mit dem Leichnam verbrannt wurde, als vielmehr einen orphischen ἱερὸς λόγος περὶ τῶν ἐν Ἅιδου oder περὶ τῆς εἰς Ἅιδου καταβάσεως[82] in der Art jenes Gedichtes ver-

79 Vgl. Parker 1995, 502 m. Anm. 90.

80 Vgl. unter den modernen Forschern u. a. Bernabé 1991, 234; Graf 1991, 90. 97 ff.; dens. 1993, 243 ff.; Parker 1995, 484. 497 f.

81 Vgl. Burkert 1977 b, 3; dens. 1980, 38 f.; s. bereits Schmidt 1975, 112 ff.; M. Schmidt et al., *Eine Gruppe Apulischer Grabvasen in Basel. Studien zu Gehalt und Form der unteritalischen Sepulkralkunst* (Basel/Mainz 1976) 32 ff.; ferner M. Wegner, "Orpheus – Ursprung und Nachfolge", *Boreas* 11 (1988) 183 f.; Bottini 1992, 145; Giangiulio 1994, 46; Parker 1995, 497; LIMC Orpheus Nr. 88.

82 Vgl. OF p. 304 ff.; die Annahme, daß ein solches Gedicht des Orpheus die Vorlage für die Goldblättchen hätte sein können, u. a. schon bei Dieterich 1913 (1893¹), 124–129, bes. 127 f.; vgl. Guthrie 1952, 171 f.

muten, welches auf den Goldblättchen wenigstens ausschnittsweise kenntlich wird[83].

In welchen rituellen Kontext gehört ein solcher Logos? Zuallererst gewiß in den der Initiation[84]: Im Rahmen der παράδοσις[85] dürfte der Myste durch den orphisch-bakchischen Weihepriester damit bekannt gemacht worden sein. Für diesen "Sitz im Leben" spricht in unseren Texten u. a. auch das nachdrücklich hervorgehobene Futur εὑρήσεις[86]: 'Du wirst dann – d. h. wenn du einmal sterben sollst[87] – dies alles vorfinden'. Wie allgemein bei Initiationen üblich, wird die "Übergabe" dieses Logos an den Mysten sicher nur mündlich erfolgt sein (mit Mündlichkeit sind, wie bereits angedeutet, nicht wenige der Fehler auf den Goldblättchen zu erklären[88]).

Nicht auszuschließen scheint mir überdies aber auch, daß einzelne Passagen, die für das künftige Glück der Seele von ausschlaggebender Bedeutung waren, über dem Grab nochmals in Erinnerung gerufen wurden. Jedenfalls war dies die Aufgabe der hier untersuchten Goldblättchen[89]: Sie sollten Kernstellen aus dem ἱερὸς λόγος auf dauerhaftem Material festhalten und den Mysten in unauslöschlicher Erinnerung bewahren. Auf diese Funktion weist ein Zusatz auf den Blättchen B 1 und B 10–11 sowie A 5 unmißverständlich hin: "Dies ist das Werk [oder das Grabmal oder das Blatt

---

83 Leider wissen wir nichts über den Inhalt des Papyrus, der in Kallatis in der rechten Hand des Verstorbenen gefunden wurde (o. Anm. 1).

84 Zur Verwendung von Büchern in orphisch-bakchischen Initiationen vgl. u. a. Plat. *Resp.* 2, 364 e 3 ff.; Burkert 1982, 5; Parker 1995, 484 ff.

85 Vgl. dazu Verf. 1987, 5 ff.; Burkert 1990, 59; G. Casadio, "Aspetti della tradizione orfica all'alba del cristianesimo", in: *La tradizione. Forme e modi. XVIII Incontro di studiosi dell'antichità cristiana, Roma 7–9 maggio 1989,* Studia Ephemeridis "Augustinianum" 31 (Rom 1990) 185–204, h. 190–197.

86 B 1–2, 1. 4; B 10, 6; auch in B 11, 4. 8 vorauszusetzen.

87 B 1, 12; B 10, 1; B 11, 1; vgl. A 4, 1 (dazu u. bei Anm. 119).

88 S. o. bei Anm. 13.

89 Dickie 1995, 82 f. vermutet, daß es sich bei den hier nicht erörterten Goldblättchen, die oft lediglich einen Namen als Aufschrift tragen (s: Anhang), im Vergleich zu P 1–2, 2 um "a yet more truncated version of the same message" handelt, und schreibt: "It is as though they were meant to utter the name of the deceased on his or her behalf". Seine Deutung des Dativs im Blättchen von Pella Φερσεφόνηι Ποσείδιππος μύστης εὐσεβής auf dem Hintergrund von P 1–2, 2 εἰπεῖν Φερσεφόναι (82: "Persephone in the dative in the lamella from Pella is not, accordingly, a dative of dedication, but means something like: 'Tell Persephone', or 'This is for Persephone's attention'"; ebenso Rossi 1996, 59) erscheint jedoch deshalb zweifelhaft, weil er das kretische Blättchen 'B 9' Zuntz (1971, 384) = *I. Cret.* ii, XII 31 bis, wo der Dativ von χαίρεν regiert wird (vgl. u. Anh., S. 391), nicht berücksichtigt.

oder das Geschenk oder der Wollfaden – oder was sonst bisher mehr oder weniger plausibel gelesen bzw. konjiziert wurde[90]] der Erinnerung (Μναμο-σύνας), wenn [sc. wohl der oder die Eingeweihte] sterben soll"[91]. Von dieser als 'Gebrauchsanweisung' lesbaren autoreferentiellen Äußerung[92] abgesehen – sie konnte anscheinend wahlweise am Anfang oder am Schluß stehen –, begnügen sich die B-Blättchen mit einer Wiedergabe unterschiedlich langer Ausschnitte aus der Erzählung des ἱερὸς λόγος[93], so daß die Kommunikationssituation hier keine weiteren Probleme bereitet[94].

Anders die A-Blättchen: Der direkten Anrede der Königin der Unterwelt und anderer Götter zu Beginn stehen in A 1–3 Verse gegenüber, in denen von derselben Königin in der dritten Person gesprochen wird. Nicht genug damit, wechselt im Makarismos von A 1 überraschend die grammatikalische Person von der ersten zur zweiten und wieder zurück zur ersten. Diese Änderungen sind für die Interpretation von großer Bedeutung und müssen daher genauer betrachtet werden, ehe wir uns dann abschließend der Kommunikationssituation des Blättchens A 4 zuwenden wollen.

Die ersten drei Verse sind in A 1–3 fast wörtlich identisch: "Ich komme von Reinen als reine, Königin der Unterwelt,/Eukles und Eubuleus und andere unsterbliche Götter [bzw. andere Götter, soviele ihr δαίμονες seid]./Ja, auch ich rühme mich, von eurem seligen Geschlecht zu sein". In der Fortsetzung weicht A 1 von A 2 und 3 ab. Beginnen wir mit A 1: "Doch

90 Es ist hier nicht der Ort, die verschiedenen Vorschläge ausführlich zu diskutieren; ich verweise auf Bernabé 1991, 222ff.; hinzuzufügen ist jetzt noch Pugliese Carratelli 1993, 23f., der – ausgehend von B 1, 12, wo nach τόδε vom nächsten, gewöhnlich als ν gedeuteten Buchstaben kaum mehr als der vertikale Strich zu erkennen ist – die Lesart des Blättchens EPION als ἀναγραμματισμός für ἱερόν interpretiert (er übersetzt "A Mnemosyne è sacro questo [dettato]").

91 Der Vers ist in B 1, 12 und B 11, 1 nur bruchstückhaft erhalten; A 5, 3 enthält nur die erste Hälfte.

92 Vgl. Janko 1984, 92. In A 5 ist der ursprüngliche Sinn abgewandelt, vgl. o. Anm. 46.

93 Daß selbst der (neben B 11) längste bisher bekannte B-Text, B 10, wohl nur ein Teilstück der ursprünglichen Erzählung darstellt, deutet u. a. auch Guarducci 1985, 392 an: "Ma è possibile, anzi probabile, che nel testo originario qualche altro particolare ci sia stato, per esempio un accenno alla via da seguire per giungere al palazzo di Ade (...)".

94 Auf der einen Seite der Erzähler – d. h. in der Fiktion wohl Orpheus, in der kultischen Wirklichkeit vermutlich ein Ὀρφεοτελεστής, der die Verse des Orpheus rezitiert –; auf der anderen die angesprochene Person, die eingeweiht wird.

mich überwältigte das Schicksal und der Strahlschleuderer mit seinem Blitz-schlag./Doch ich entflog dem leidschweren, schmerzlichen Kreislauf;/ich trat auf den begehrten Kranz mit raschen Füßen;/ich tauchte unter den Schoß der Unterweltskönigin ein"; es folgt der Makarismos mit seinem Perspektivenwechsel: "Seliger und glücklich zu Preisender, Gott wirst du sein anstelle eines Sterblichen"; und schließlich wieder in rhythmisierter Prosa: "Ein Böcklein fiel ich in die Milch".

Die Einzelheiten dieser Erzählung sind rätselhaft, und zwar nicht nur auf den ersten Blick. Um einem Verständnis näher zu kommen, erweist sich m. E. Algirdas Greimas' radikale Reduktion der Proppschen Handlungs-morpheme auf die beiden Grundfunktionen "rupture de l'ordre et aliéna-tion" und "réintegration et restitution de l'ordre" als hilfreiches begriffliches Instrumentarium[95]. Wie der Vergleich mit den Pelinna-Blättchen gezeigt hat, ist der Vorgang der "réintegration" im Augenblick dieses Gesprächs mit der Unterweltsgöttin bereits abgeschlossen: Die Seele ist gelöst und rein; sie hat die ursprüngliche Ordnung wieder erreicht. Diese Ordnung, gewissermaßen der Ausgangspunkt des ganzen Dramas, ist in v. 3 ausgedrückt: Die Seele rühmt sich, daß sie eigentlich, ihrem wahren Wesen nach, von göttlicher Abkunft ist (durativer Infinitiv εἶμεν)[96]. Doch anscheinend war diese Essenz nicht immer gleichermaßen zu erkennen, sondern es kam zu einer Störung, einer "rupture de l'ordre et aliénation".

Dieser Richtungswechsel wird zu Beginn von v. 4 mit ἀλλά deutlich genug markiert[97]. Wenn Sinn, wie heute nicht nur Semiotiker annehmen, nicht einzelnen Wörtern und Fügungen inhärent, sondern immer relational ist, sich in der Beziehung zu anderen Worthülsen konfiguriert, so heißt dies für v. 4, daß ἀλλά με μοῖρα ἐδάμασσε καὶ ἀστεροβλῆτα κεραυνῶι nicht einfach in Übereinstimmung mit den homerischen Vorbildern[98] bedeutet, die im

95 Greimas 1966, 199ff.

96 Vgl. auch B 1, 6f.; B 2, 8f.; B 10, 10; B 11, 12; B 3–9, 4f. (dazu Burkert 1975, 88f.); zur Herkunft der Seele ἐκ θεῶν vgl. Pi. *fr.* 131b (dazu Lloyd-Jones 1985, 266f. = 1990a, 94f.).

97 Zuntz 1971, 315f. spielt die Bedeutung von ἀλλά in fragwürdiger Weise her-unter: "The connection, in A 1, of this verse with the preceding, by ἀλλά, is taken over from the Homeric models. Its bearing must not be tested too severely – there is no particular, contrasting relation between the two – but it may be felt to afford a pas-sable start for a fresh statement"; doch die "contrasting relation" zwischen v. 3 und 4 ist m. E. nicht zu übersehen (schon Wieten 1915, 94 stellte hier den entscheidenden Einschnitt fest; vgl. ferner Kerényi 1928, 324 Anm. 2).

98 V. a. *Il.* 18, 119 und 16, 849; vgl. Zuntz 1971, 314.

Timpone Piccolo von Thurioi bestattete Person sei vom Schicksal über-
wältigt worden und durch einen Blitzschlag gestorben[99]. Vielmehr erwächst
der traditionellen Wendung aus der Opposition zu καὶ γὰϱ ἐγὼν ὑμῶν γένος
ὄλβιον εὔχομαι εἶμεν heraus eine neue Bedeutung: "Von der Moira überwäl-
tigt werden" muß hier einen (zumindest vorübergehenden) Abschied von
der Teilhabe am seligen Geschlecht der Götter bedeuten; μοῖϱα meint dann
nicht das traurige Los des Todes, sondern vielmehr das der Sterblichkeit: die
Trennung von den Göttern und das Eintreten in den (im unmittelbar folgenden Vers genannten) "schmerzlichen", von den Orphikern offenbar als
Tod gedeuteten "Kreislauf" der Wiedergeburten[100]. Mit anderen Worten: Es
geht in Vers 4, wenn man ihn nicht isoliert, sondern im narrativen Kontext
interpretiert, gewissermaßen um die "Menschwerdung", die Anthropogonie,
und daß in diesem Zusammenhang auch die Erwähnung von Zeus' Blitz
nicht fehl am Platz ist, wurde schon oft gesehen[101]: Bekanntlich verdanken
in der orphischen Anthropogonie, deren Alter freilich noch immer heftig
umstritten ist, die Menschen ihre Existenz dem kannibalischen Verbrechen
der Titanen an Dionysos, deren Treiben Zeus mit einem Blitzschlag ein
Ende bereitete; aus dem aufsteigenden Ruß aber entstanden die Menschen[102].

Auf die "aliénation" folgt die "réintegration". Sie wird in v. 5, wenn ich
es richtig sehe, vom Ende her betrachtet: "Ich bin dem leidschweren,
schmerzlichen Kreislauf entflogen". Wie es dazu gekommen ist, läßt sich

99 So – im Anschluß an Rohde 1898, 2, 218 Anm. 4 – Zuntz 1971, 316, u. a. von
Burkert 1974, 326 begrüßt (vgl. dens. 1975, 94; ferner Kingsley 1995, 257f.); kritisch
Musti 1984, 64; Lloyd-Jones 1985, 275 (= 1990a, 100); vgl. auch Cosi 1987.
100 Ähnlich Empedokles, u. a. 31 B 115,8 DK ἀϱγαλέας βιότοιο ... κελεύθους,
31 B 119 DK ἐξ οἵης τιμῆς τε καὶ ὅσσου μήκεος ὄλβου ... (μεθέστηκεν ... οὐϱανοῦ καὶ
σελήνης γῆν ἀμειψαμένη [sc. ἡ ψυχή] fährt Plutarch, einer unserer Gewährsleute für das
Fragment, fort [De exil. 17, 607 d]); zur orphischen Einschätzung des irdischen Daseins
o. Anm. 60.
101 Vgl. u. a. bereits Harrison 1908, 587; Olivieri 1915, 6; Musti 1984, 63f.;
Lloyd-Jones 1985, 275 (= 1990a, 100); Graf 1993, 253; Pugliese Carratelli 1993, 13
(anders 56!); Giangiulio 1994, 23. 48; Parker 1995, 498.
102 Weiterführende Literatur zu diesem Mythos bei Verf. 1995, 45 Anm. 68; vgl.
ferner Parker 1995, 494ff., der 496 zu Recht darauf hinweist, daß schon das orphische
Gedicht, welches im Dervenipapyrus kommentiert wird, kaum bei der Vergewaltigung
der Rhea/Demeter durch ihren Sohn Zeus aufhörte, sondern auch die Fortsetzung des
Mythos (Geburt der Persephone, mit der sich Zeus erneut gewaltsam vereinigte und
den noch als Kind von den Titanen ermordeten Dionysos zeugte) enthalten haben
dürfte; Bremmer 1996a, 98f.

dieser Feststellung nicht entnehmen. Und doch: keine "restitution de l'ordre" ohne vorausgehende "épreuves" (um einen weiteren Terminus Greimas' zu gebrauchen[103]). Im Pelinna-Text wird auf ein bakchisches Reinigungsritual verwiesen. Es spricht einiges dafür, daß in der Fortsetzung von
A 1 darauf Bezug genommen wird – der Ritus gewissermaßen als Helfer
("adjuvant"[104]) bei der Rückkehr zur alten Ordnung. Zum einen scheint
die narrative Fiktion, daß die Seele zu Persephone und anderen Göttern
spricht, spätestens in v. 7 aufgegeben: Daß sie unter den Schoß der Herrin,
der Königin der Unterwelt, eingetaucht ist, braucht die Seele dieser selbst
gewiß nicht zu vermelden[105]. Man beachte außerdem, wie die Ausdrucks-
weise zwischen v. 5 und v. 6 wechselt: hier die aus Homer vertraute Vorstellung der geflügelten ψυχή, die dem Körper bzw. an unserer Stelle überhaupt der Sterblichkeit wie einem Käfig entfliegt[106] – dort das Bild des
Läufers, der mit "raschen Füßen auf den begehrten Kranz tritt".

Mag man den letztgenannten Vers vielleicht auch noch metaphorisch
verstehen können[107], so greift bei v. 7 die übertragene Deutung doch wohl
zu kurz[108]. Walter Burkert hat es unter Hinweis auf den Schlußmythos des
Platonischen *Staates* sehr wahrscheinlich machen können, daß hier "un rito
di nascita" durchschimmert[109]. Wie immer dieser konkret inszeniert worden
sein mag, er dürfte jedenfalls Teil des Initiationsrituals gewesen sein und den
Mysten auf die *Neugeburt* des Todes vorbereitet haben[110].

---

103 Vgl. Greimas 1966, 196 ff.

104 Vgl. Greimas 1966, 202 (im Anschluß an Propp).

105 Zu v. 8 vgl. o. bei Anm. 40.

106 Z. B. *Il.* 22, 362 ψυχὴ δ' ἐκ ῥεθέων πταμένη Ἄϊδόσδε βεβήκει; 23, 880 ἐκ
μελέων θυμὸς πτάτο; vgl. auch Empedokles 31 B 2, 4 DK, etc. (die Verbform ἐξέπτη
im übrigen bei Hes. *Op.* 98).

107 Vgl. u. a. Zuntz 1971, 319; Guarducci 1974, 22; Lloyd-Jones 1985, 276 (=
1990a, 101). Angesichts der Rolle, welche Kränze in Mysterienweihen gespielt haben
(vgl. zu bakchischen Weihen u. a. Harp. s. v. λεύκη, dazu Burkert 1977a, 438; Dickie
1995, 84 ff.; allgemein M. Blech, *Studien zum Kranz bei den Griechen,* RgVV 38, Ber-
lin/New York 1982, 205. 283. 305 f.), scheint eine konkretere Deutung jedoch nicht
von vornherein ausgeschlossen (vgl. auch Burkert 1975, 96: "La 'corona' può essere
una metafora agonistica, anche se una 'corona mistica' nella processione dionisiaca di
Tolemeo II è notevole"). Auf Einzelheiten der Interpretation kann im Rahmen dieses
Beitrags freilich nicht eingegangen werden.

108 Für metaphorische Deutung u. a. Rohde 1898, 2, 421; Zuntz 1971, 319; Guarducci 1974, 23; Lloyd-Jones 1985, 275–277 (= 1990a, 100 f.); Kingsley 1995, 267 f.

109 Burkert 1975, 94 ff. Vgl. schon Harrison 1908, 593.

110 So gedeutet, wirft A 1, 7 auch Licht auf P 1–2, 1 und A 4, 4a.

Daß die folgenden beiden Zeilen genauso einem rituellen Kontext entstammen, zeigt nicht nur ihre äußere Form: Während v. 8 nach Zuntz' Beob-
achtung "the mark of a prose-utterance laboriously and imperfectly turned into
a hexameter" trägt[111], handelt es sich in Zeile 9 nicht anders als bei Pelinna
vv. 3–5 um "rhythmisierte Prosa", wie sie für Kultrufe charakteristisch ist. Für
die Initiation und nicht für das Totenritual als ursprünglichen Rahmen spricht
dabei das Futur ἔσῃι: Offensichtlich ist der Betroffene im Augenblick der Akkla-
mation noch immer ein normaler βροτός. Der Makarismos, der sprachlich und
inhaltlich einen Bogen zu v. 3 καὶ γὰρ ἐγὼν ὑμῶν γένος ὄλβιον εὔχομαι εἶμεν
schlägt, kontrastiert in dieser Hinsicht nicht allein mit Pelinna v. 1, sondern
auch mit dem wohl genauso über dem Grab gesprochenen θεὸς ἐγένου ἐξ
ἀνθρώπου im Blättchen A 4, auf das sogleich zurückzukommen sein wird.

Falls ich A 1 richtig deute, so beginnt dieses Blättchen aus Thurioi also mit
einem Exzerpt aus dem hypothetischen orphischen Logos, in dem die Seele
des Verstorbenen mit Persephone und anderen Göttern spricht, auf ihre
eigene göttliche Abkunft hinweist und in aller Kürze ihren Fall und ihre
Rückkehr andeutet. Die Anspielung auf die Rückkehr führt dann dazu, daß
sie – ähnlich wie dies bei Pelinna vv. 3–5 zu vermuten war – die Umstän-
de ihrer "réintegration" näher ausführt und in der Rückblende das Initiationsritual deutlich anklingen läßt, wobei zum Ende die metrische Form
gänzlich aufgegeben wird. Anders als beim Pelinna-Text fehlt in A 1
anscheinend jeder direkte Bezug auf das Totenritual.

Auf die mit A 1 im Timpone Piccolo von Thurioi gefundenen Blättchen
A 2–3 möchte ich nur ganz kurz eingehen. Sie unterscheiden sich, was die
Erzählfolge betrifft, von A 1 hauptsächlich dadurch, daß auf ihnen alle auf
Rituelles anspielenden Verse fehlen[112]. Statt dessen schließen sie mit zwei
Versen, die umgekehrt auf A 1 nicht vorkommen und die in der überlie-

---

111 Zuntz 1971, 323.
112 Die "rupture de l'ordre" und deren "restitution" scheinen im übrigen in einem
einzigen Vers zusammengezogen (v. 4: ἔργων ἕνεκα οὔτι δικαίων deutet den Bruch an,
während ποινὰν δ' ἀνταπέτεισ' den Prozeß der Wiederherstellung der Ordnung anklingen läßt). – Da in A 2–3 im Unterschied zu den übrigen A-Blättchen nichts von der
Vergottung oder der Beendigung des schmerzvollen Kreislaufs der Wiedergeburten
gesagt wird, vermutet man seit Rohde 1898, 2, 219ff., die Textvariante dieser Blättchen sei für Verstorbene bestimmt gewesen, die nach einem "interval of bliss" (Zuntz
1971, 337) noch weitere Reinkarnationen zu bestehen gehabt hätten (vgl. außer Zuntz
1971, 336f. noch Burkert 1975, 94; Graf 1993, 254; ähnlich Scarpi 1987, 205ff., der
jedoch auch das Blättchen A 1, auf welchem die Vergottung erst für die Zukunft ver-

ferten Form zwar metrisch nicht ganz einwandfrei sind, deren daktylisches
Grundmuster aber nicht zu verkennen ist[113]. Es ist daher zu vermuten, daß
sie noch immer aus dem erschlossenen Hexametergedicht stammen. Merkwürdig an diesen Versen ist die Tatsache, daß von Persephone jetzt in der
dritten Person gesprochen wird. Wird hier die Dialogsituation vielleicht aufgegeben? Und wenn ja, war dies bereits in der hypothetischen Vorlage der
Fall oder stammt die Änderung vielleicht vom Graveur der Blättchen[114]?
Oder bleibt die Seele vielleicht weiterhin im Gespräch mit Persephone *und*
den anderen Göttern und wählt die dritte Person u. a. zum Ausdruck ihrer
Ehrfurcht[115]? Klar scheint mir jedenfalls, daß die beiden Verse den Dialog
an sich hervorragend abrunden würden: Die Seele äußert zum Schluß ihre
eigentliche Bitte an Persephone, und mit dem Hinweis auf die "Wohnsitze
der Reinen", zu denen sie geschickt werden möchte, schließt sie überdies
den Bogen zu v. 1 ἔρχομαι ἐκ καθαρῶν καθαρά[116].

IV

Das im Timpone Grande gefundene Blättchen A 4[117] ist von den übrigen
A-Blättchen grundverschieden[118]: Es zeigt uns die Seele des Verstorbenen
nicht im Gespräch mit Persephone, sondern nach einer allgemeinen Ein-

heißen wird, zu A 2–3 zieht und seine Auffassung durch den archäologischen Befund
stützt: A 1–3 wurden zusammen in Timpone Picolo gefunden, wo im Unterschied zu A 4
Erdbestattung erfolgte). Eine solche Deutung ist besonders auf dem Hintergrund von Pi.
fr. 133 Snell-Mähler und *Ol.* 2, 68ff. an sich einleuchtend, auch wenn gewisse Probleme
bestehen bleiben; so fehlen etwa die genannten Punkte auch auf den Pelinnablättchen;
zeigt dort vielleicht τρισ- im ersten Vers an, daß die Verstorbene nach drei erfolgreichen
Inkarnationen jetzt endgültig ins Elysium kommt? Vgl. Ricciardelli Apicella 1992, 29;
s. im übrigen auch Giangiulio 1994, 25 zu den Gemeinsamkeiten zw. A 2–3 und A 4.

113 In v. 6 ließe sich παρ⟨ὰ⟩ ἀγνὴ⟨ν⟩ (aus παιαγνη A 2 und παρα A 3) mit Diels
(1 B 19) zu παρ' ἀγαυὴν wiederherstellen (zustimmend Zuntz 1971, 317); den Schluß
von v. 7 ἕδρας ἐς εὐαγέων restituiert Zuntz 1971, 340 e. g. ⟨εἰς εὐαγέων λειμῶνα⟩.

114 Zumindest in v. 7 wäre die Personalendung mühelos zu πέμψηι⟨ς⟩ zu ändern.

115 Als Möglichkeit von Zuntz 1971, 317 erwogen.

116 Vgl. Zuntz loc. cit.: "The poem thus ends on the same note on which it began;
namely, ritual purity".

117 Es befand sich in der Nähe des Kopfes der halbverbrannten Leiche, auf deren
Brust ferner zwei Silberplättchen lagen. Auf diesen waren Frauenköpfe eingeprägt, welche nach Graf 1993, 254f. wohl Persephone darstellen.

118 Es nimmt überhaupt unter den bisher gefundenen Goldblättchen eine Sonderstellung ein. Gleichwohl lassen sich zahlreiche Verbindungslinien ziehen: 1) v. 1:
vgl. B 1, 12b und 14b, B 10, 1b, B 11, 1b; 2) v. 2 δεξιόν (ferner 5 δεξιάν): vgl. B 2, 1,

leitung wird sie von jemandem in feierlicher Weise angesprochen. Die Kommunikationssituation ist also mit derjenigen der Pelinna-Blättchen vergleichbar.

Der erste Vers der Einleitung ist ein tadelloser Hexameter: "Doch wenn die Seele das Licht der Sonne verläßt". Mit ἀλλ' ὁπόταμ beginnen zahlreiche Orakel[119]; also ist es vielleicht nicht ausgeschlossen, daß auch dieser Vers am Anfang (oder zumindest in der Eröffnungspartie) eines Gedichtes – warum nicht unseres Hieros Logos? – stand. Jedenfalls scheint sich darin wieder der allwissende Erzähler zu Wort zu melden.

Die folgende Zeile macht einen heillos verdorbenen Eindruck[120]. Handelte es sich ursprünglich möglicherweise sogar um mehr als einen Vers[121]? Sicher lesbar ist der Anfang: δεξιὸν "rechts" – ein Wort, welches A 4 mit den B-Blättchen verbindet, die von den beiden Quellen auf der rechten Seite am Eingang des Hades berichten, deren eine zu meiden sei[122]. Verständlich ist ferner der Schluß: "wobei er/du alles sehr wohl behalten soll(st)". Offensichtlich ist hier nicht mehr die Seele Subjekt (πεφυλαγμένον). Vielmehr dürfte der implizierte Zuhörer, d. h. der jeweilige Initiand, die jeweilige Initiandin, aufgefordert werden, sich die Ausführungen über die Topographie und das richtige Verhalten im Jenseits ganz genau zu merken[123]. Mag sein, daß diese Aufforderung mit am Anfang des Logos stand. Genauso gut, wenn nicht sogar besser, würde sie allerdings auch an das Ende passen – es sei an Parallelen wie den Schluß des sog. Testaments des Orpheus[124] oder

B 10, 2, B 11, 4; 3) v. 4: vgl. A 1, 8f., ferner P 1–2, 1 (ἐγένου) und 3–5 (εἰς γάλα ἔπετες); 4) v. 5 ὁδοιπόρ⟨ει⟩: vgl. B 10, 15 σὺ πιὼν ὁδὸν ἔρχεα⟨ι⟩; 5) v. 6 λειμῶνάς τε ἱερούς: vgl. Pherai (o. Anm. 11).

119 Vgl. J. D. Denniston, *The Greek Particles*, Oxford 1954[2], 21. 173 und bes. Zuntz 1971, 330 m. Anm. 1 (im Anschluß an A. Dieterich, *De hymnis orphicis capitula quinque*, Marburg 1891, 41 Anm. 2).

120 Vgl. Colli 1981, 403: "La corruzione del v. 2 è risultata sinora insanabile".

121 So schon Murray 1908, 663 im Anschluß an Kaibel; vgl. Harrison 1908, 583: "The second line seems to be a fragment of a whole sentence or set of sentences put for the whole, as we might put 'Therefore with Angels and Archangels,' leaving those familiar with our ritual to supply the missing words"; Zuntz 1971, 330.

122 O. Anm. 118.

123 Pugliese Carratelli 1993, 61 möchte in πεφυλαγμένον wenig überzeugend ein "accenno alla presenza di custodi" sehen und übersetzt den Vers so: "procedi diritto verso destra, ove sono custodi (?)".

124 *OF* 247, 41 εὖ μάλ' ἐπικρατέων, στέρνοισι δὲ ἔνθεο φήμην, vgl. dazu Verf. 1993, 51ff.

OF 61 erinnert, ein Fragment, welches doch wohl am Ende der 4. orphischen Rhapsodie stand: ταῦτα νόῳ πεφύλαξο, φίλον τέκος, ἐν πραπίδεσσιν, | εἰδώς περ μάλα πάντα παλαίφατα κἀπὸ Φάνητος[125]; ferner – die engste Parallele – Hesiod *Op*. 491 (am Ende des Abschnitts über das Pflügen) ἐν θυμῷ δ᾽ εὖ πάντα φυλάσσεο[126]. Falls meine Vermutung zutrifft, dann hätte der Graveur also mit dem "Incipit" ἀλλ᾽ ὁπόταμ ... und dem "Explicit" ... πεφυλαγμένον εὖ μάλα πάντα den *gesamten* Hieros Logos beschworen und dazwischen vielleicht absichtlich ein paar Wortfetzen bzw. (mehr oder weniger sinnlose) Buchstaben als Füllsel angebracht.

Der Rest dieses Blättchens ist jedenfalls in einem ganz anderen Ton gehalten: Es handelt sich um geradezu hymnische Akklamationen. Ihr ursprünglicher Ort dürfte wie im Fall der Pelinna-Blättchen das Totenritual am Grab gewesen sein. Darauf deutet nicht nur die Vergangenheitsform θεὸς ἐγένου ἐξ ἀνθρώπου (4a[127]) im Unterschied zum Futur ὄλβιε καὶ μακαριστέ, θεὸς δ᾽ ἔσηι ἀντὶ βροτοῖο in A 1, 8 hin. Vor allem die dreimalige Wiederholung des χαῖρε weist auf das Totenritual: Schon bei Homer ist χαῖρε der formelhafte Gruß an die Toten und bleibt dies auch später (*Il*. 23, 19. 179; Eur. *Alc*. 436. 626. 743 etc.). Außerdem zeigt ebenfalls δεξιὰν ὁδοιπόρ⟨ει⟩ κτλ., daß sich die Seele nach Meinung des Sprechenden bereits in der Unterwelt befindet.

Ein Wort noch zur metrischen Gestalt der letzten vier Verse: Während der hexametrische Vers 3, wie Zuntz dargetan hat, seine Herkunft aus einer Prosaformel höchstens leidlich verdeckt[128], ist Zeile 4, welche Rituelles spiegelt, überhaupt wieder in rhythmisierter Prosa abgefaßt. Vers 5 kann als katalektischer trochäischer Trimeter gelesen werden, fällt also ebenfalls aus dem Rahmen. Der einzige gut gebaute Hexameter dieses Blättchens ist neben v. 1 und dem Schluß von v. 2 der letzte Vers (6): λειμῶνάς τε ἱεροὺς καὶ ἄλσεα Φερσεφονείας. Man wird daraus folgern dürfen, daß hier – wiederum ähnlich wie beim Pelinna-Text – am Ende nochmals auf den orphischen Logos zurückgegriffen wird.

---

125 Von Colli 1981, 182 für seine Rekonstruktion εἰ⟨δ⟩υ⟨ῖα⟩ (aus ειυ) herangezogen.

126 Vgl. auch *H. Apoll*. 544 εἴρηταί τοι πάντα, σὺ δὲ φρεσὶ σῇσι φύλαξαι.

127 Die Fortsetzung ἔριφος ἐς γάλα ἔπετες (4b) mag – ähnlich wie P 1–2, 3–5 – eine Reminiszenz an das Initiationsritual sein, welches die jetzt im Tode sich vollendende Vergottung begründete.

128 Zuntz 1971, 331.

V

Sollten diese auf die jeweilige Kommunikationssituation und Erzähltechnik gestützten Beobachtungen in den wesentlichen Punkten wenigstens halbwegs zutreffen, so läßt sich als Fazit festhalten, daß die bisher bekannten Goldblättchen je unterschiedliche 'Ansichten' orphisch-bakchischer Rituale freigeben. A 2–3 und die B-Blättchen scheinen sich überhaupt damit zu begnügen, relevante Abschnitte aus einem ἱερὸς λόγος festzuhalten, in dem vermutlich Orpheus aus seiner überlegenen Kenntnis der Unterwelt heraus den einzelnen auf den unvermeidlichen Gang in die "Häuser des Hades" vorbereitete. Mit diesem Logos dürften die Mysten, wie gesagt, im Rahmen der παράδοσις der Initiation mündlich vertraut gemacht worden sein – dies der rituelle "Sitz im Leben" des Hexametergedichts.

Andere Blättchen gewähren direkteren Einblick in Rituelles. In A 1 wird die aus dem Hieros Logos stammende Szene, die die Seele im Gespräch mit Persephone und anderen Göttern zeigt, im Laufe der Erzählung ausgeblendet und der Blick fast unvermerkt auf das kathartische Initiationsritual zurückgelenkt – so sehr, daß gegen Ende auch die hexametrische Form aufgegeben wird und der Initiand, vielleicht auf den Zuruf des Mysterienpriesters[129] oder anderer an der Initiation Beteiligter[130] "Gott wirst du sein . . .", in rhythmisierter Prosa antwortet: "Als Böcklein fiel ich in die Milch".

Eine solche Rückblende auf die λύσεις τε καὶ καθαρμοί der Initiation findet sich m. E. auch auf jenen Blättchen, die als ganze einem anderen Ritual, nämlich dem Totenritual, zugehören dürften: ich meine A 4 und die Pelinna-Blättchen. Diese Texte sind, was die Erzählstruktur betrifft, die *vielschichtigsten* der bisher gefundenen Beispiele: Sie feiern im entscheidenden Moment der Bestattung, für den sie anscheinend geschaffen waren, nicht allein die augenblickliche Erfüllung all dessen, wozu im reinigenden Initiationsritual der Grund gelegt worden war, sondern rufen auch dieses zurückliegende Ereignis mit rhythmischen Formeln in Erinnerung. Zugleich beschwören sie das Ziel der Katabasis des Mysten: sein Glück auf den heiligen Wiesen und Auen der Persephone in Gemeinschaft mit anderen Seligen. Die drei Momente Initiation, Tod und Gang in die Unterwelt werden hier über dem Grab zugleich in ihrer Verschiedenheit und in ihrer inneren Verknüpfung erkennbar.

---

129 Vgl. Wieten 1915, 118f.; jetzt auch Watkins 1995, 283.

130 Laut Demosthenes *Or.* 18, 259 forderte Aischines, der seiner Mutter bei der Durchführung von Sabaziosmysterien assistierte, die Initianden im Anschluß an den καθαρμός dazu auf, den Spruch ἔφυγον κακόν, εὗρον ἄμεινον zu sagen.

Eine "Archäologie" der auf diesen Blättchen gespiegelten Rituale auf der Grundlage meiner Ausführungen, die zugegebenermaßen in manchem Punkt hypothetisch bleiben, ja angesichts des aphoristischen Charakters dieser Dokumente es wohl notwendigerweise bleiben müssen, könnte somit etwa folgendes Bild ergeben:

1) Für das *Totenritual* lassen sich der Pelinna-Text und A 4, 3–6 beanspruchen[131]. Beide stellen einen Teil der über dem Grab gesprochenen λεγόμενα dar, für die offenbar die Vermischung von Versen aus dem Hieros Logos mit anders rhythmisierten Kultrufen charakteristisch war. Ob es je eine einzige verbindliche Fassung davon gegeben hat, erscheint sehr unsicher. Verschiedene Gruppierungen mögen ihre je eigenen Formulare gehabt haben. Jedenfalls ist es trotz aller Ähnlichkeiten illusorisch, den Pelinna-Text und A 4 auf einen Archetyp zurückführen zu wollen. Als δρώμενον ist aus beiden Texten einzig eine Weinspende oder das Mitgeben von Wein ins Grab zu erschließen (Pelinna v. 6).

2) Was die λεγόμενα des *Initiationsritus* betrifft, so läßt sich wenigstens der Makarismos von A 1, 8 mit einiger Zuversicht dazu zählen (ὄλβιε καὶ μακαριστέ, θεὸς δ' ἔσηι ἀντὶ βροτοῖο). Ἔριφος ἐς γάλ' ἔπετον bzw. die entsprechenden Wendungen auf den Pelinna-Blättchen mögen ursprünglich die Antwort des Mysten auf diese Seligpreisung gewesen sein[132]. Jedenfalls spiegeln sich in diesen Formeln wohl kathartisch-initiatorische δρώμενα[133], die zu entschlüsseln schon oft versucht worden ist, bisher allerdings ohne durchschlagenden Erfolg. Zu den δρώμενα der Initiation möchte ich ferner die Verse 6 und 7 von A 1 rechnen[134], deren Deutung bisher ebenfalls nur annäherungsweise geglückt ist. Ob im Rahmen der Initiation auch der Inhalt des Hieros Logos in Szene gesetzt wurde, entzieht sich unserer Kenntnis. Ein Indiz dafür könnte man in einem der neuesten Funde, dem Blättchen von Pherai, sehen, wo in einer *Prosasequenz* der Myste, nachdem er sich anscheinend mit Symbola ausgewiesen hat, in den "heiligen Hain" hineingelassen wird[135].

---

131 Zuntz 1971, 385 wollte überhaupt alle damals bekannten A- und B-Blättchen auf "verses and acclamations which were recited at . . . funerals" zurückführen.

132 Die zweite Person in P 1–2, 3–5 und A 4, 4b wäre dann für die Rekonstruktion des Initiationsrituals in die erste zurückzuversetzen.

133 Vgl. u. a. Tsantsanoglou-Parássoglou 1987, 12f.; R. Schlesier, "Das Löwenjunge in der Milch. Zu Alkman, Frg. 56 P. [= 125 Calame]", in A. Bierl/P. v. Möllendorff (Hgg.), *Orchestra: Drama, Mythos, Bühne, Festschr. für H. Flashar* (Stuttgart/Leipzig 1994) 22f., etc.

134 Vgl. auch Pugliese Carratelli 1993, 56: "A questa [sc. die μύησις] sembrano alludere i versi 6 e 7".

135 O. Anm. 11.

Der Hieros Logos, der im übrigen ja nicht nur die Platonischen Unter-
weltsbeschreibungen[136], sondern auch das 6. Buch der Aeneis beeinflußt zu
haben scheint[137], während er selbst teilweise an das ägyptische Totenbuch
anschließt[138], stellt im Grunde das einigende Band der verschiedenen Goldblättchen dar. Alle nehmen sie in irgendeiner Weise auf ihn Bezug[139]. An
wesentliche Sequenzen daraus zu erinnern, ist die Hauptaufgabe dieser dauer-
haften Grabbeigaben, ihr ἔργον. Auch wenn es wegen des freien Gebrauchs,
den die einzelnen Blättchen vom Hexametergedicht machen, fraglich
erscheint, ob sich dieser Logos in philologisch befriedigender Weise rekonstruieren läßt, so ist er in Umrissen doch einigermaßen faßbar: Es handelt sich um
einen erzählenden Text mit eingeschobenen Dialogen, um eine διήγησις mit
teilweiser μίμησις also, um Platons Terminologie zu verwenden[140]. Ein allwis-
sendes Ich klärt ein Du über das auf, was sich ereignen wird, "wenn die Seele
das Licht der Sonne verläßt". Es ist zu vermuten, daß dieser Logos außer der
Begegnung mit den Wächtern und mit Persephone noch weitere "épreuves"
enthielt, die die Eingeweihten auf ihrem Gang in der Unterwelt zu bestehen
hatten. Doch darüber werden wir erst dann – vielleicht – mehr wissen, wenn
uns die Erde weitere Beispiele dieser erstaunlichen Dokumente freigibt[141].

Anhang: Übersicht und Texte der bisher publizierten Goldblättchen (mit Ausnahme von C)

1. Übersicht

A. Bisher publizierte Blättchen:
– P(elinna) 1–2 = II B 3–4 Pugliese Carratelli (Ende des 4. Jh. v. Chr.)
– A 1 Zuntz = 4 [A 65] Colli = II B 1 Pugliese Carratelli (Thurioi [Tim-
   pone Piccolo], wohl vor 350 v. Chr.)

---

136 Vgl. jetzt Bernabé (im Druck) §§ 3. 4. 11ff. (mit weiterführender Literatur in
Anm. 2f.), ferner Kingsley 1995, 112ff. (freilich nicht in allem überzeugend).
137 Vgl. u. a. R. G. Austin, *P. Vergili Maronis Aeneidos Liber Sex. With a Commentary* (Oxford 1977) 202f. 229ff.
138 Vgl. Zuntz 1971, 370ff.; Burkert 1975, 86f.; skeptisch Pugliese Carratelli 1993, 45.
139 Zum Blättchen von Pherai vgl. o. Anm. 11.
140 *Resp.* 3, 392d 5ff.
141 Eine verkürzte lateinische Fassung dieses Beitrags, welche im Rahmen der von
Klaus Sallmann organisierten lateinischen Ringvorlesung "De religione antiqua et
nova" im Wintersemester 1995/96 in Mainz, Saarbrücken und Marburg vorgetragen
wurde, ist in *Vox latina* 32 (1996) 475–489 erschienen. – Für tatkräftige Hilfe v. a. bei
der Anfertigung des Anhangs danke ich herzlich Dr. Sabine Föllinger (Mainz).

- A 2–3 Zuntz = 4 [A 66] a–b Colli = II A 1–2 Pugliese Carratelli (Thurioi [Timpone Piccolo], um die Mitte des 4. Jh. v. Chr. oder etwas später)
- A 4 Zuntz = 4 [A 67] Colli = II B 2 Pugliese Carratelli (Thurioi [Timpone Grande], um die Mitte des 4. Jh. v. Chr. oder etwas früher)
- A 5 Zuntz = 4 [B 31] Colli = I B 1 Pugliese Carratelli (Rom, Mitte des 3. Jh. n. Chr.)
- B 1 Zuntz = 4 [A 63] Colli = I A 2 Pugliese Carratelli (Petelia, vor 350 v. Chr.)
- B 2 Zuntz = 4 [A 64] Colli = I A 3 Pugliese Carratelli (Pharsalos, 350–320 v. Chr.)
- B 10 Graf = H bzw. B^H Zuntz = 4 [A 62) Colli = I A 1 Pugliese Carratelli (Hipponion, Ende des 5. oder Anfang des 4. Jh. v. Chr.)
- B 11 Riedweg (Westsizilien [bei Entella?], vermutlich 3. Jh. v. Chr.) (eine erste, problematische Umschrift des Textes bei Frel 1994)
- B 3–8 Zuntz (Eleutherna [Kreta], 3./2. Jh. v. Chr.) und B 9 Graf (Thessalien, jetzt im J. Paul Getty Museum, Malibu; zweite Hälfte des 4. Jh. v. Chr. [zu unterscheiden von 'B 9' Zuntz, s. u.]) = 4 [A 70] a–f und [A 72] Colli = I C 1–7 Pugliese Carratelli
- C Zuntz = 4 [A 68] Colli = III 1 Pugliese Carratelli (Thurioi [Timpone Grande], um die Mitte des 4. Jh. v. Chr. oder etwas früher).

Heute verloren scheinen zwei Blättchen aus *Silber*, die 1879/80 in einem dritten Grabhügel in Thurioi gefunden wurden, auf denen die (nicht sehr sorgfältig vorgehenden) Ausgräber um L. Fulvio allerdings keine Schriftzeichen feststellen konnten: vgl. Bottini 1992, 39 und 43. Nach Burkert 1972a, 113 Anm. 21 gehört auch das ebenfalls in einem Grab gefundene Silberblättchen aus Poseidonia (IG XIV 665), welches die Aufschrift Τᾶς θεῶ τ⟨ᾶ⟩ς παιδός ἦμι trägt, in unseren Zusammenhang. –

B. Noch nicht wirklich publiziert sind bisher folgende Goldblättchen:
1) Pherai (spätes 4. Jh. v. Chr.): Text bei P. Ch. Chrysostomou, Ἡ θεσσαλικὴ θεὰ Ἐν(ν)οδία ἢ Φεραία θεά, Diss. Thessaloniki 1991, 372ff.; s. o. Anm. 11. Vgl. Burkert 1995, 96, Bremmer 1996a, 149 Anm. 342 und jetzt bes. Tsantsanoglou 1997, 114 Anm. 38 (mit Text). 116f. (Nachtrag: Laut Br. Helly, "Bulletin épigraphique: Thessalie", Nr. 285, *REG* 111, 1997, 530 ist dieses Blättchen in P. Chrysostomou, *Le culte de Dionysos à Phères . . .*, Athènes 1994, 126–139 ediert und kommentiert.)
2) Lesbos (4. Jh. v. Chr.): vgl. *ArchRep* 35 (1988–89) 93; Ausgabe in Vorbereitung.

C. Es wird oft übersehen, daß außer den angeführten auch einige weitere Goldblättchen unterschiedlicher Herkunft bekannt sind, die möglicherweise demselben kulturellen Kontext entstammen (vgl. Rossi 1996, 59), indessen nur ganz kurze Aufschriften – z. T. allein den Namen des Verstorbenen – enthalten (vgl. auch die Angaben bei Dickie 1995, 81f. und Rossi 1996, 59 Anm. 1):

1) Eleutherna (Kreta) ('B 9' Zuntz = *I. Cret.* ii, XII 31 bis = II C 1 Pugliese Carratelli; 3. Jh. v. Chr.): Πλού]τωνι καὶ Φ[ερσ]οπόνει χαίρεν. Vgl. Zuntz 1971, 384; Guarducci 1978, 266f.: "formula di saluto suggerita all'anima per il momento in cui essa si troverà all'augusto cospetto dei sovrani del mondo infero", ferner dies. 1985, 396f.

2) Aigion (Achaia):

a) ein Goldblättchen in Form eines Lorbeer- (oder Oliven-)blattes (3. Jh. v. Chr.): μύστης (SEG 34, 1984, 338);

b) und c) zwei Goldblättchen, "almond-shaped" (also ebenfalls lorbeerblattförmig?) (Zeit: "hellenistic"): Δεξίλαος μύστας und (zusammen mit zwölf unbeschriebenen Blättchen) Φίλων μύστας (SEG 41, 1991, 401).

3) Pella:

a) und b) zwei Goldblättchen in Form eines Lorbeerblattes (Ende des 4. Jh. v. Chr.): Φιλοξένα und Φερσεφόνηι Ποσείδιππος μύστης εὐσεβής (M. Lilibaki-Akamati, Ἀρχαιολογικὸ Ἔργο στὴ Μακεδονία καὶ Θράκη 3, 1989, 95ff.; vermutlich mit den von A. Pariente, *BCH* 14, 1990, 787 angezeigten Goldblättchen identisch; anders Dickie 1995, 82);

c) ein Goldblättchen (ebenfalls Ende des 4. Jh. v. Chr.): Ἡγησίσκα (M. Lilibaki-Akamati, Ἀρχαιολογικὸ Ἔργο . . . 6, 1992, 127f.);

d) unbeschriftetes Goldblättchen in Form eines Olivenblattes (?) (Anfang des 2. Jh. v. Chr.) (P. Chrysostomou, ebd. 141f., nach dessen Vermutung der Name der Verstorbenen ursprünglich wohl mit Tinte auf dem Blättchen angebracht war).

4) Vergina (= Aigai) (hellenistisch): Φιλίστη Φερσεφόνῃ χαίρειν (F. Petsas, *Arch-Delt* 17, 1961–62, Teil A, 259).

5) Methone (Makedonien) (4. Jh. v. Chr.): Φυλομάγα (*ArchDelt* 41, 1986 [1991], Teil B, 142f.).

6) Tumpa (Makedonien) (Ende des 4. Jh. v. Chr.): Βοττακός (Th. Savopoulou, Ἀρχαιολογικὸ Ἔργο . . . 6, 1992, 427).

Für die hier untersuchte Frage sind diese Blättchen kaum ergiebig (vgl. einzig o. Anm. 89).

Möglicherweise entstammen auch die in Streifen zerschnittenen und kaum mehr lesbaren Goldblättchen aus San Vito di Luzzi (Cosenza) (Mitte des 5. Jh. v. Chr.), die zusammen mit zwei Ohrringen (ebenfalls aus Gold), welche die Aufschriften KOP[ας (?) und ΛΥΣ[ίο (?) tragen, gefunden wurden, dem orphisch-bakchischen Bereich: S. Ferri, "San Vito di Luzzi (Cosenza), Frammenti di laminette auree inscritte", *NotScavAnt* 11 (1957) 181–183; vgl. Bottini 1992, 56f.

Im übrigen ist an das von H. Malay, *Greek and Latin Inscriptions in the Manisa Museum* (Wien 1994) als Nr. 488 (Fig. 197) veröffentlichte Goldblättchen unbekannter Herkunft und Datierung zu erinnern, dessen Zugehörigkeit zum orphisch-bakchischen Bereich wegen des sehr lückenhaften Erhaltungszustandes einstweilen aber unsicher bleibt (den Hinweis auf dieses Blättchen verdanke ich Alberto Bernabé, Madrid).

2. Texte der bisher publizierten Goldblättchen (mit Ausnahme von C)

P(elinna) 1–2 = II B 3–4 Pugliese Carratelli (Ende des 4. Jh. v. Chr.)

1   νῦν ἔθανες καὶ νῦν ἐγένου, τρισόλβιε, ἄματι τῶιδε.
2   εἰπεῖν Φερσεφόναι σ᾽ ὅτι Βάχ⟨χ⟩ιος αὐτὸς ἔλυσε.
3   ταῦρος εἰς γάλα ἔθορες·
4   αἶψα εἰς γ⟨ά⟩λα ἔθορες·
5   κριὸς εἰς γάλα ἔπεσε⟨ς⟩.
6   οἶνον ἔχεις εὐδαίμονα τιμάν.
7   κἀπιμένει σ᾽ ὑπὸ γῆν τέλεα ἄσ⟨σ⟩απερ ὄλβιοι ἄλλοι.

---

1 ἔθανες P 1 : εθανε P 2   τῶιδε P 1 : δε P 2   **2** εἰπεῖν P 1 : ιπειν P 2 Φερσεφόναι σ᾽ P 1 : Φερσεφο P 2 Βαχιος P 2 : Βχιος P 1   **3** ταῦρος P 2 : ταυρος P 1 εἰς P 1 : ει P 2 γάλα P 2 : γαλδ P 1 ἔθορες P 1 : εθορς P 2   **4** versus deest in P 2 αἶψα P 1 : αἴξ? ("undoubtedly correct" Lloyd-Jones) : δίψα? Tsantsanoglou-Parássoglou : "Ob αἰγός?" Merkelbach   **5** κριὸς P 2 : χριος P 1 : χοῖρος? Lloyd-Jones επεσε P 2 : επεσ P 1   **6** τιμάν Merkelbach (τιμήν Graf 1993) : ευδμιονατιμν P 1 : ευδαιμοντιμμν P 2 : οἶνον ἔχεις, εὔδαιμον, ἄτιμον? Tsantsanoglou-Parássoglou (οἶνον ἔχεις, εὔδαιμον, τιμήν Graf 1991) : οἶνον ἔχεις, εὔδαιμον, ἀπὸ μν[ήμης τινὰ λίμνης] tempt. Lloyd-Jones   **7** versus deest in P 2 καπυμενεις P 1 : κἀπιμένεις (vel κἀπιμενεῖς)? Tsantsanoglou-Parássoglou (accl. Lloyd-Jones et Jordan) τελεαασαπερ P 1 : τέλε᾽ (ὅ)σ⟨σ⟩απερ vel τέλεα ᾽σ⟨σ⟩απερ Jordan καὶ σὺ μὲν εἷς ὑπὸ γῆν τελέ⟨σ⟩ας (vel τελέ⟨σ⟩ασ᾽) ἅπερ ὄλβιοι ἄλλοι Luppe

A 1 Zuntz = 4 [A 65] Colli = II B 1 Pugliese Carratelli (Thurioi [Timpone Piccolo], wohl vor 350 v. Chr.)

1   ἔρχομαι ἐκ κοθαρῶ⟨ν⟩ κοθαρά, χθονί⟨ων⟩ βασίλεια,
2   Εὐκλῆς Εὐβο⟨υ⟩λεύς τε καὶ ἀθάνατοι θεοὶ ἄλλοι·
3   καὶ γὰρ ἐγὼν ὑμῶν γένος ὄλβιον εὔχομαι εἶμεν.

4 ἀλ⟨λ⟩ά με μο⟨ῖ⟩ρα ἐδάμασ⟨σ⟩ε {καὶ ἀθάνατοι θεοὶ ἄλλοι}
  καὶ ἀσ{σ}τεροβλῆτα κεραυνῶι.
5 κύκλο⟨υ⟩ δ' ἐξέπταν βαρυπενθέος ἀργαλέοιο·
6 ἱμερτο⟨ῦ⟩ δ' ἐπέβαν στεφάνο⟨υ⟩ ποσὶ καρπαλίμοισι,
7 δεσ{σ}ποίνας δὲ ὑπὸ κόλπον ἔδυν χθονίας βασιλείας.
  {ἱμερτο⟨ῦ⟩ δ' ἀπέβαν στεφάνο⟨υ⟩ ποσὶ καρπασίμοισι}
8 "ὄλβιε καὶ μακαριστέ, θεὸς δ' ἔσηι ἀντὶ βροτοῖο."
9 ἔριφος ἐς γάλ' ἔπετον.

---

1 κοθαρῶ⟨ν⟩] κοθαρο lam.   4 καὶ ἀθάνατοι θεοὶ ἄλλοι del. Kaibel, Dieterich, Zuntz, al.: def. et post ἄλλοι lacunam sumps. Murray, Diels, Kern, Colli, al. κεραυνῶι Zuntz : κεραυνον lam. : κεραυνῶν Dieterich : κεραυνός Kaibel   7 versum ἱμερτο⟨ῦ⟩ κτλ. del. Kaibel, al.: def. et corr. Diels, Kern, Colli, Pugliese Carratelli 1993

A 2–3 Zuntz = 4 [A 66] a–b Colli = II A 1–2 Pugliese Carratelli
(Thurioi [Timpone Piccolo], um die Mitte des 4. Jh. v. Chr. oder etwas später)

1 ἔρχομαι ἐκ καθαρῶ⟨ν⟩ καθαρά, χ⟨θ⟩ονίων βασίλει⟨α⟩,
2 Εὔκλε καὶ Εὐβουλεῦ καὶ θεοὶ ὅσοι δαίμονες ἄλλοι·
3 καὶ γὰρ ἐγὼν ὑμῶ⟨ν⟩ γένος εὔχομαι ὄλβιον εἶναι·
4 ποινὰν δ' ἀνταπέτεισ' ἔργων ἕνεκα οὔτι δικα⟨ί⟩ων·
5 εἴτε με μοῖρα ἐδάμασσ' εἴτε ἀστεροπῆτι κεραυνῶν.
6 νῦν δ' ἱκέτ⟨ης⟩ ἥκω παρ⟨ὰ⟩ ἁγνή⟨ν⟩ Φε⟨ρ⟩σεφόνε⟨ι⟩αν
7 ὥς με πρόφ⟨ρ⟩ω⟨ν⟩ πέμψηι ἕδρας ἐς εὐαγέων.

---

1 ἔρχομαι A 3 : ερχομα A 2   εκαθαρω A 3 : εκαρωισχον A 2   χονιων A 2 : ο A 3   βασιληει A 2 : βασιλυρ A 3   2 Εὔκλε A 2 : ρυκλευα A 3   καὶ A 2 : κα A 3   Εὐβουλεῦ A 2 : Εὐβολεῦ A 3   ὅσοι A 3 : deest in A 2 (θε⟨ῖ⟩οι? Lloyd-Jones)   δαιμονε A 2 : δμονες A 3   ἄλλοι A 2 : αμο A 3   3 γὰρ A 3 : γρα A 2   ἐγὼν A 2 : εω A 3   υμω A 2 : υ. A 3   γένος vel πενος? A 3 : γενο A 2   εὔχομαι A 2 : ευχομα A 3   ὄλβιον εἶναι] ὄλβιοι εἶναι A 2 : ενα ολβιο A 3   4 ποινὰν A 3 : ποναι A 2   δ' ἀνταπέτεισ'] δανταπειγεσει (vel δανταπειτεσει) A 2 : ναταπετε A 3   ἔργων] εργωι A 2 : εργω A 3   ἕνεκα A 2 : deest in A 3   οὔτι A 2 : οτι A 3   5 εἴτε A 2 : ετ A 3   μοῖρα A 3 : μορα A 2   ἐδάμασσ' corr. Kaibel : ἐδαμάσατο A 2 (ἐδαμάσ⟨σ⟩ατ[ο] Weil) : deest in A 3. – Post ἐδαμάσατο lacunam sumps. Murray, Diels   εἴτε A 2 : ετ A 3   ἀστεροπῆτι A 2 : εροπητικη A 3   κεραυνῶν] κραυνω^ν A 2 : κεραυνο A 3   6 ἱκέτ⟨ης⟩ ἥκω Zuntz, al. : ικετικω A 2 : κηκω A 3 : ἱκέτι⟨ς⟩ ἥκω Diels, Kern, al. : ἱκέτι⟨ς⟩ ἵκω Kaibel, Pugliese Carratelli 1974, Colli   παρ⟨ὰ⟩ ἁγνή⟨ν⟩] παιαγνη A 2 : παρα A 3 : παρ' ἀγαυὴν Diels   Φε⟨ρ⟩σεφόνε⟨ι⟩αν] φεσεφονεαν A 2 : φσεφ A 3   7 με πρόφ⟨ρ⟩ω⟨ν⟩] μειπροφω A 2 : λλλ(pro μ)εροφ A 3   πέμψηι] πειψη A 2 : πε ψε^μ A 3   ἕδρας ἐς ευπ^ω A 3 : ἕδραις ἐς εὐα γ ει ω ι A 2 : ἕδρας ε⟨ὶ⟩ς εὐαγε⟨όν⟩τω⟨ν⟩ Diels : ⟨εἰς εὐαγέων λειμῶνα⟩ e. g. Zuntz

A 4 Zuntz = 4 [A 67] Colli = II B 2 Pugliese Carratelli (Thurioi [Timpone Grande], um die Mitte des 4. Jh. v. Chr. oder etwas früher)

1   ἀλλ' ὁπόταμ ψυχὴ προλίπηι φάος Ἀελίοιο,
2   δεξιὸν †εσοιασδεετναι† πεφυλαγμένον ε{ι}ῦ μάλα πάν[τ]α.
3   χαῖρε παθὼν τὸ πάθημα τὸ δ' οὔπω πρόσθε ἐπεπόνθεις·
4a   θεὸς ἐγένου ἐξ[.] ἀνθρώπου·
4b   ἔριφος ἐς γάλα ἔπετες.
5   χαῖρ⟨ε⟩ χαῖρε· δεξιὰν ὁδοιπόρ⟨ει⟩
6   λειμῶνάς τε ἱεροὺς καὶ ἄλσεα Φερσεφονείας.

2 †εσοιασδεετναι†] †εσοιασδεετ† ⟨ἱέ⟩ναι Zuntz : εἰσιέναι {δεῖ τινα} Rohde : ε⟨ἴ⟩ς οἴ⟨μ⟩ας δ' ἐ⟨νέρων .... | – ˘ ˘ – ε⟨ἴ⟩{ε}ναι Olivieri : εἴσιθι, ὡς δεῖ ... τινα Kaibel : al. alia πεφυλαγμένον lam. : πεφυλαγμένος Rohde   ειυ lam. : εἰ⟨δ⟩υ⟨ῖα⟩ Colli   5 ὁδοιπόρ⟨ει⟩ Zuntz : ὁδοιπορ⟨ῶν⟩ al.

A 5 Zuntz = 4 [B 31] Colli = I B 1 Pugliese Carratelli (Rom, Mitte des 3. Jh. n. Chr.)

1   ἔρχεται ἐκ καθαρῶν καθαρά, χθονίων βασίλεια,
2   Εὔκλεες Εὐβουλεῦ τε, Διὸς τέκος ἀγλαά· ἔχω δὲ
3   Μνημοσύνης τόδε δῶρον ἀοίδιμον ἀνθρώποισιν·
4   "Καικιλία Σεκουνδεῖνα, νόμωι ἴθι δῖα γεγῶσα."

2 post τέκος interp. Colli, West. Deinde ἀγλαὰ ἔχω δ(ὴ) Colli : ἀλλὰ δέχεσθε West   4 Σεκουνδεῖνα lam. : Σκουνδεῖνα Diels, Olivieri, Kern (propter metrum) δῖα lam. : θ⟨ε⟩ῖα Diels

B 1 Zuntz = 4 [A 63] Colli = I A 2 Pugliese Carratelli (Petelia, vor 350 v. Chr.)

1   εὑρή{σ}σεις δ' Ἀΐδαο δόμων ἐπ' ἀριστερὰ κρήνην,
2   πὰρ δ' αὐτῆι λευκὴν ἑστηκυῖαν κυπάρισσον·
3   ταύτης τῆς κρήνης μηδὲ σχεδὸν ἐμπελάσειας.
4   εὑρήσεις δ' ἑτέραν, τῆς Μνημοσύνης ἀπὸ λίμνης
5   ψυχρὸν ὕδωρ προρέον· φύλακες δ' ἐπίπροσθεν ἔασιν.
6   εἰπεῖν· "Γῆς παῖς εἰμι καὶ Οὐρανοῦ ἀστερόεντος·
7   αὐτὰρ ἐμοὶ γένος οὐράνιον· τόδε δ' ἴστε καὶ αὐτοί.
8   δίψηι δ' εἰμὶ αὔη καὶ ἀπόλλυμαι· ἀλλὰ δότ' αἶψα
9   ψυχρὸν ὕδωρ προρέον τῆς Μνημοσύνης ἀπὸ λίμνης."
10   καὐτ[οί] σ[ο]ι δώσουσι πιεῖν θείης ἀπ[ὸ κρή]νης,
11   καὶ τότ' ἔπειτ' ἄ[λλοισι μεθ'] ἡρώεσσιν ἀνάξει[ς.

12   Μνημοσύ]νης τόδε γ[. . . . .] θανεῖσθ[αι
13(?)   . . . .].οδεγρα.[. . . . .
14(?)   . . . .]τογλωσειπα σκότος ἀμφικαλύψας.

4 ἑτέραν lam. : ἑτέραι West   10 κρή]νης Göttling, al. : λίμ]νης Franz, al.   11 ἄ[λ-
λοισι μεθ'] Kaibel   12 ν[ᾶμα Anon. in Brit. Mus. Cat. No. 3155 : ἱ[ερόν Pugliese
Carratelli 1993 : ⟨ἔ⟩ργ[ον Guarducci : ἠ[ρίον Pugliese Carratelli 1974 : δ[ῶρον ἐπὴν
μέλλησι] Marcovich (ἐπεὶ ἄν Merkelbach) : ν[ῆμα Gallavotti   13 ἐν χρυσίωι] τόδε
γράψ[αι Guarducci (ἐν πίνακι χρυσέῳ] τόδε γρα[ψάτω ἠδὲ φορείτω ex. gr. West : ἐν
δέλτωι χρυσῆι] τόδε γράψ[αι χρὴ μάλ' ἀκριβῶς ex. gr. Gallavotti) :]τόδ' ἔγραψ⟨α⟩ Diels
14 marg. τογλωσειπα] τὸ κλέος (= notitia) εἶπα . . . . Olivieri

B 2   Zuntz = 4   [A 64]   Colli = I A 3   Pugliese Carratelli (Pharsalos,
350–320 v. Chr.)

1   εὑρήσεις Ἀΐδαο δόμοις ἐνδέξια κρήνην,
2   πὰρ δ' αὐτῆι λευκὴν ἑστηκυῖαν κυπάρισσον·
3   ταύτης τῆς κρήνης μηδὲ σχεδόθεν πελάσησθα·
4   πρόσσω δ' εὑρήσεις τὸ Μνημοσύνης ἀπὸ λίμνης
5   ψυχρὸν ὕδωρ προ⟨ρέον⟩· φύλακες[ι] δ' ἐπύπερθεν ἔασιν·
6   οἱ δέ σ' εἰρήσονται ὅ τι χρέος εἰσαφικάνεις·
7   τοῖς δὲ σὺ εὖ μάλα πᾶσαν ἀληθείην καταλέξαι[μ]·
8   εἰπεῖν· "Γῆς παῖς εἰμι καὶ Οὐρανοῦ ἀστ⟨ερόεντος⟩·
9   Ἀστέριος ὄνομα· δίψηι δ' εἰμ' αὖος· ἀλλὰ δότε μοι
10   πιὲν ἀπὸ τῆς κρήνης."

5 προ⟨ρέον⟩ Verdelis   6 εἰρήσονται] ⟨ἐπ⟩ειρήσονται Lloyd-Jones   7 ἀληθείην
Verdelis : ἀληθείηι lam.   8 ειπειγ lam.   ἀστ⟨ερόεντος⟩ Verdelis

**B 10   Graf = H bzw. B^H Zuntz = 4   [A 62]   Colli = I A 1   Pugliese
Carratelli** (Hipponion, Ende des 5. oder Anfang des 4. Jh. v. Chr.)

1   Μναμοσύνας τόδε ἔργον· ἐπεὶ ἄμ μέλλησι θανεῖσθαι
2   εἰς Ἀΐδαο δόμους εὑήρεας, ἔστ' ἐπὶ δ⟨ε⟩ξιὰ κρήνα,
3   πὰρ δ' αὐτὰν ἑστακῦα λευκὰ κυπάρισ⟨σ⟩ος·
4   ἔνθα κατερχόμεναι ψυχαὶ νεκύων ψύχονται.
5   ταύτας τᾶς κράνας μηδὲ σχεδὸν ἐγγύθεν ἔλθηις.
6   πρόσθεν δὲ εὑρήσεις τᾶς Μναμοσύνας ἀπὸ λίμνας
7   ψυχρὸν ὕδωρ προρέον· φύλακες δὲ ἐπύπερθεν ἔασι.
8   τοὶ δέ σε εἰρήσονται ἐν φρασὶ πευκαλίμαισι
9   ὅτ⟨τ⟩ι δὴ ἐξερέεις Ἄϊδος σκότος ὀ[. .]εεντος.
10   εἶπον· "ὑὸς Γᾶς εἰμι καὶ Οὐρανοῦ ἀστερόεντος.

11 δίψαι δ' εἰμ' αὖος καὶ ἀπόλλυμαι· ἀλ⟨λ⟩ὰ δότ' ὦ[κα
12 ψυχρὸν ὕδωρ πιέναι τῆς Μνημοσύνης ἀπὸ λίμ[νης."
13 καὶ δή τοι ἐρεοῦσιν ὑποχθονίωι βασιλεί⟨αι⟩·
14 καὶ δή τοι δώσουσι πιὲν τᾶς Μναμοσύνας ἀπ[ὸ] λίμνας·
15 καὶ δὴ καὶ σὺ πιὼν ὁδὸν ἔρχεα⟨ι⟩ ἄν τε καὶ ἄλλοι
16 μύσται καὶ βάχχοι ἱερὰν στείχουσι κλε⟨ε⟩ινοί.

---

1 ἔργον Burkert, Gil, Ebert (ap. Luppe), Guarducci : εριον lam. : ⟨h⟩ιερόν Pugliese Carratelli 1993 : ἠρίον Pugliese Carratelli 1974 : θρῖον West : σρῖον Marcovich : ?ἔριον? Luppe : εἴριον Gallavotti, Musti : ἐπιὸν Ricciardelli Apicella : σῆμα Merkelbach : δῶρον Lloyd-Jones   μέλλησι θανεῖσθαι] μέλλησθα νέεσθαι Gil. - Post θανεῖσθαι interp. Gallavotti, Musti, Giangrande, Pugliese Carratelli 1993   **2** εἰς Merkelbach : εἶς Pugliese Carratelli : εἶσ' Zuntz   εὐήρεας] corrupt. ex εὑρήσεις? Lloyd-Jones, West (εὕρηις δ' Gil). – Post εὐήρεας lacunam unius versus susp. Marcovich (Εἰς Ἀΐδαο δόμους εὐήρεας ⟨e.g. ὡς ἀφικάνεις | εὑρήσεις μελάνυδρον ἐκεῖθ'⟩ {ἔστ'} ἐπὶ δ⟨ε⟩ξιὰ κρήνα⟨ν⟩ κτλ.)   **3** ἐστακῦα] ἐστακυ⟨ῖ⟩α Pugliese Carratelli 1993   **4** ψύχονται] ψυχοῦνται Tortorelli   **8** τοὶ δέ σε] τοίδε σε Guarducci : οἳ δή σ' Merkelbach, Marcovich : τ]οὶ δή σ(ε) Luppe   εἰρήσονται] ⟨ἐπ⟩ειρήσονται Lloyd-Jones   ἐν] ἐν⟨ί⟩ Merkelbach, Burkert : (εἰρήσοντ') ἀῖεν Ebert (accl. Luppe [– ἀῖεν φρασὶ πευκαλίμαισι –])   **9** ὅτ⟨τ⟩ι Pugliese Carratelli : "vel τοῖσι?" Zuntz : π]ὸτ ⟨τ⟩ί Luppe   δὴ vel δὲ lam. ο[. .]εεντος] ὀρφνήεντος Ebert : ὀροέεντος lam.? (Lazzarini) : οὐλοέεντος Guarducci (ὀλοέεντος Pugliese Carratelli 1974) : ἠερόεντος Cassio   **10** ὑὸς] ιος lam.   Γᾶς εἰμι Guarducci : Γαίας Zuntz : Γαίας ⟨τε⟩ Luppe : Βαρέας Pugliese Carratelli   **11** εἰμ' Pugliese Carratelli : ἠμὶ Zuntz   δότ' ὦ[κα Pugliese Carratelli : δότ' αἶψα (δότω [τις?) West   **12** πιέναι Pugliese Carratelli 1993 : πιεῖν Guarducci : πιὲν Cassio 1987 : π[ρο]ρέον Pugliese Carratelli 1974, Zuntz   τῆς] αὐτῆς Guarducci   λίμ[νης Pugliese Carratelli   **13** ἐρεοῦσιν Lazzarini : ἐλεοῦσιν Pugliese Carratelli (⟨σ'⟩ ἐλεοῦσιν Janko) : ?ἐλεοῦσιν? Luppe : ⟨τ⟩ελέουσί ⟨σ'⟩ West   ὑποχθονίωι ιυποχθονιοι lam.   ὑποχθονίωι βασιλεί⟨αι⟩ West : ὑποχθονίωι βασιλῆϊ Merkelbach : ὑπὸ χθονίωι βασιλῆϊ Pugliese Carratelli : ὑποχθόνιοι βασιλῆες Lloyd-Jones : ⟨ο⟩ἵ ὑπὸ χθονίωι βασιλῆι Burkert   **14** δή τοι] δή σοι Lloyd-Jones (καὐτοί σοι? Riedweg [cf. B 1, 10]) : δὴ τοὶ Tsantsanoglou-Parássoglou : {δὴ τοι} Bernabé   τᾶς Μναμοσύνας lam. : κείνας Lloyd-Jones : ταύτας Marcovich   **15** πιὼν Luppe, Gil, Gallavotti : συχνὸν Pugliese Carratelli 1974 : συχνῶν Merkelbach : συχνὰν Burkert : σὺ ⟨τέ⟩κνον? West   **16** κλε⟨ε⟩ινοί Merkelbach, Burkert : κέλευθον? Zuntz : κλυτάν τε Feyerabend

B 11 Riedweg[142] (Westsizilien [bei Entella?], vermutlich 3. Jh. v. Chr.)

1   ]ηνιοιν θανεῖσθαι
2   ]εμνημεος ἥρως
3   ] σκότος ἀμφικαλύψαι.
4   εὑρήσεις δ' Ἀΐδαο δόμων ἐπὶ] δεξιὰ λίμνην,

---

142 Provisorischer Text auf der Grundlage der ersten, problematischen Umschrift von Frel 1993.

5 πὰρ δ᾽ αὐτῆι λευκὴν ἑστη]κῦαν κυπάρισσον·
6 ἔνθα κατερχόμεναι ψυ]χαὶ νεκύων ψύχονται.
7 ταύτης τῆς κρήνης μη]δὲ σχεδὸν ἐ⟨μ⟩πελάσ⟨ασ⟩θαι.
8 πρόσθεν δὲ εὑρήσεις τῆς] Μνημοσύνης ἀπὸ λίμνης
9 ψυχρὸν ὕδωρ προρέον·] φύλακες δ᾽ ἐπύπε⟨ρ⟩θ⟨εν ἔ⟩ασιν.
10 τοὶ δέ σε εἰρήσονται ἐνὶ] φρασὶ πευκαλίμησιν
11 ὅττι δὴ ἐξερέεις Ἄϊδος σκότο]ς ὀρφ{ο}νήεντο⟨ς⟩.
12 εἶπον· "ὑὸς Γᾶς εἰμι καὶ] Οὐρανοῦ ἀστεροέντος.
13 δίψαι δ᾽ εἰμὶ αὖος καὶ ἀπόλλ]υμαι· ἀλλὰ δότε μμοι
14 ψυχρὸν ὕδωρ πιέναι τῆς] Μνημοσύνης ἀπὸ λίμνης.
15 αὐτὰρ ἐ[μοὶ γένος οὐράνιον· τόδε δ᾽ ἴστε καὶ αὐτοί."
16 καὶ τοὶ δὴ [ἐρεοῦσιν ὑποχθονίωι βασιλείαι·
17 καὶ τότε τ[οι δώσουσι πιεῖν τῆς Μνημοσύνης ἀπὸ λίμνης·
18 καὶ τότε δ[ὴ
19 σύμβολα· φ[
20 καὶ φε[
21 σεν

1]ηνιοιν lam. (Frel) : Μνημοσύνης τόδε . . . . . ἐπεὶ ἂμ μέλ]ληισι? Riedweg   θανεῖσθαι Riedweg : θανιέσθαι lam. (Frel)   **2**]εμνημεος lam. (Frel) : μεμνημένος? Riedweg   **3** ἀμφικαλύψαι] ἀμφικαλύψας (cf. B 1, 14)? Riedweg   **5** ἑστη]κῦαν Riedweg :]κῦαι lam. (Frel)   **9** φύλακες? Riedweg : φύλακοι lam. (Frel)   δ᾽ Riedweg : θ᾽ lam. (Frel)   ἐπύπε⟨ρ⟩θ⟨εν ἔ⟩ασιν Riedweg : ὑποπέθασιν lam. (Frel)   **11** ὅττι δὴ ἐξερέεις Ἄϊδος σκότο]ς ὀρφ{ο}νήεντο⟨ς⟩ Riedweg :]μου φονηεντά lam. (Frel)   **16** δὴ Bernabé : ἂν lam. (Frel)   [ἐρεοῦσιν ὑποχθονίωι βασιλείαι Riedweg : [ἐλεῶσιν ὑποχθονίοι βασιλεῖς Frel   **17** τ[οι δώσουσι πιεῖν τῆς Μνημοσύνης ἀπὸ λίμνης Riedweg : τ[οὶ πιεῖν ὥδωρ προρέον Frel   **18** τότε δ[ὴ σὺ πιὼν ὁδὸν ἔρχεαι ἥν τε καὶ ἄλλοι . . .? vel τότ᾽ ἔπ[ειτ᾽ ἄλλοισι μεθ᾽ ἡρώεσσιν ἀνάξεις? Riedweg : τότε δ[ώσωσιν τῆς Μνημοσύνης ἀπὸ λίμνης Frel

---

B 3–8 Zuntz (Eleutherna [Kreta], 3./2. Jh. v. Chr.) **und B 9 Graf** (Thessalien, jetzt in Malibu, zweite Hälfte des 4. Jh. v. Chr.) = **4 [A 70] a–f** und **[A 72] Colli = I C 1–7 Pugliese Carratelli**

1 δίψαι δ᾽ αὖος ἐγὼ καὶ ἀπόλλυμαι· ἀλλὰ πιέμ μοι
2 κράνας αἰειρόω ἐπὶ δεξιά, τῇ κυφάρισσος.
3   "τίς δ᾽ ἐσσί; πῶ δ᾽ ἐσσί;"
4 Γᾶς υἱός ἦμι καὶ Ὡρανῶ ἀστερόεντος.
5 αὐτὰρ ἐμοὶ γένος ὡράνιον.

---

1 δίψαι B 3–5 et 7 et 9 : διψαα B 8 : διψα B 6   δ᾽ B 6 et 8 : {αυοσ}δ B 5 : δ᾽ deest in B 3 et 4 et 7 et 9   αὖος ἐγὼ B 3–5 (α[.]ος B 5) et 7–9 : ἠμ᾽ αὖος B 6   καὶ B 3–8 : κ B 9   ἀπόλλυμαι B 3 et 5 et 7–9 : απολλυμαμαι B 4 : απολομαι B 6   ἀλλὰ B 3–5 et 8

et 9 : αλα B 6 et 7   πιέμ B 5 et 7 : πιέν B 6 : πιε B 3 et 4 et 9 : πεμ B 8   μοι B 3 et 4
et 6 et 7 (cf. B 2, 9 s. δότε μοι πιὲν) : μου B 5 et 9 : μο B 8   **2** κράνας B 3 et 4 et 6–9
(κραν B 7) : ιρανας B 5   αἰειρόω B 3 et 4 et 9 : αιιρ[.]ω B 7 : αἰενάω B 5 et 8 : αιγιδδω
B 6   τῇ B 3–8 : λευκὴ B 9   κυφάρισσος] κυφάριζος B 3 et 4 et 7 et 8 : κυφάρισζος
B 5 : κυπάριζος B 6 : κυπάρισσος B 9   **3** ἐσσί[1 et 2]] ἐζί B 3–8 (τις δεδεζ[1] B 7) : ἐσί
B 9   **4** υἱός ἤμι B 3–5 (ημ B 5) et 7–8 : υἱός εἰμι B 9 : ἤμι †γυητηρ† (θυ⟨γ⟩άτηρ Guar-
ducci : γ⟨ενε⟩τήρ Pugliese Carratelli 1993) B 6   Ὠρανῶ B 3–8 (κἀρανῶ B 7) : Οὐρανοῦ
B 9   **5** versus deest in B 3–8   ὠράνιον] οὐράνιον Iam.

HANS DIETER BETZ

"Der Erde Kind bin ich und des gestirnten Himmels".

Zur Lehre vom Menschen in den orphischen Goldplättchen

Zu den vielen Anregungen, die ich Walter Burkert verdanke, gehört, daß er mich zuerst auf die Bedeutung der orphischen Goldplättchen aufmerksam gemacht hat. Das war vor vielen Jahren in Kalifornien. Seitdem hat die Bedeutung der früher bekannten und der inzwischen neu hinzugekommenen Goldplättchen für das Verständnis der griechischen Religion in einem Maße zugenommen, wie man es sich damals nicht hätte vorstellen können. Die Geschichte der Entdeckung dieser Texte ist noch nicht geschrieben. Für eine kritische Gesamtausgabe mit Kommentar ist es wohl noch zu früh, weil die Dinge zu sehr im Fluß sind[1]. Eher warten wir gespannt auf neue Textfunde. An Wilamowitz-Moellendorffs lapidarer Feststellung von 1932 hat sich freilich nichts geändert: "Alles sehr merkwürdig"[2]. Diese Feststellung gilt nicht nur für den Klassischen Philologen, sondern nicht weniger für den Neutestamentler, der in den Goldplättchen zahlreiche und in ihrer Bedeutung noch wenig erforschte Beziehungspunkte sieht. Auch Burkert spricht ja davon, daß in diesen Texten "das System der traditionellen griechischen Religion durch Mysterien gesprengt"[3] wird und daß "eine tiefere Schicht der Weltfrömmigkeit"[4] zum Vorschein kommt.

---

1 Im folgenden werden die älteren Texte nach Zuntz 1971 zitiert; vgl. dazu Burkert 1974. Die deutschen Übersetzungen stammen, falls nicht anders angegeben, vom Verfasser. Für die danach gefundenen Goldplättchen werden ihre Veröffentlichungen in den betr. Anmerkungen angegeben bzw. wird auf die Appendix zum Beitrag von C. Riedweg in diesem Band (359–398) verwiesen, die eine Arbeitsedition der einschlägigen Texte bietet.

2 Wilamowitz-Moellendorff 1932, 200f.

3 Burkert 1977, 440.

4 Ebd. 432.

I
Die Esoterik der Inschriften

Die auf den Goldplättchen befindlichen Inschriften haben aus mehreren
Gründen große Bedeutung für die griechische Religion[5]. Diese Inschriften
gehören zu den wenigen Zeugnissen erster Hand, die uns Aufschluß geben
über religiöse Erfahrungen und Erwartungen in einem antiken Mysterienkult. Diese Zeugnisse waren ja nicht für uns heutige Leser bestimmt, sondern sie wurden eingeweihten Mysten als geheime Memoranden mit ins
Grab gegeben. Auf einem Stück Goldfolie war ein unbedingtes Minimum
von Wissen[6], ohne das der Weg in die Gefilde der Seligen nicht gefunden
werden kann, inskribiert worden. Es handelt sich bei ihnen also um *esoterische* Inschriften, die von den *exoterischen* und für den vorübergehenden Wan-
derer bestimmten Grabinschriften, mit denen sie im übrigen aufschlußreiche Berührungen haben, zu unterscheiden sind. Auch diese, für die Öffentlichkeit bestimmten Grabinschriften schärfen, wie sie öfters selbst betonen,
Grundweisheiten für Leben und Sterben ein. Dabei enthalten manche dieser *exoterischen* Grabinschriften Hinweise auf Einweihungen in die Mysterien, ohne aber die geheimen Riten zu verraten[7].

Die *esoterischen* Inschriften auf den Goldplättchen sollten dem Mysten
aber nicht nur als Jenseitsführer durch die Unterwelt dienen, sondern sie
enthalten auch eigenartige formelhafte Sätze, die dem Mysten bekannt
waren und von ihm zu angesagten und erwarteten Gelegenheiten zitiert
werden sollten.

---

5 Auf die Parallelen in der altägyptischen Religion war schon von Zuntz 1971,
370–376 hingewiesen worden. Vgl. auch die allgemeine Charakteristik von Hornung
1989, 11: "Ohne genaue Kenntnis des Jenseits gibt es keinen gesicherten Weg dorthin. Der selig Verstorbene, der die Jenseitsreise ohne Schaden übersteht, ist für den
Ägypter ein 'Verklärter *(Ach),* der seinen Spruch kennt'. Zu seinem Rüstzeug gehören
nicht nur Grab, Mumie, Statue und Beigaben, sondern ein Vorrat an Sprüchen, der es
ihm erlaubt, jeglicher Krisensituation zu begegnen: Sprüche, die ihm Belehrung geben
über Wesen und Orte, die er antrifft, und andere, die durch die Zauberkraft des Wortes Gefahren bannen."

6 Burkert 1977, 437 spricht von "Wissen und Gewißheit"; vgl. auch dens. 1990a,
65 mit Bezug auf die Selbstvorstellung des Mysten: Sie setze "ein 'Wissen' um seine
Abstammung voraus, das dem gewöhnlichen Menschen nicht zugänglich ist". Zum
geheimen Wissen der Mysterien allgemein vgl. Burkert 1995.

7 Folgende Inschriften lassen auf die Einweihung der betreffenden Toten in Mysterienkulte schließen: Nr. 208. 210. 250. 255. 266. 278. 287. 304. 306. 450. 451
Peek.

II
Eine Selbstvorstellung des Mysten

Wir greifen einen dieser für uns heute nur schwer verständlichen Sätze heraus und wollen versuchen, seine nähere und weitere Bedeutung herauszuarbeiten. Es handelt sich um die oft kommentierte Selbstvorstellungsformel[8]:

> "Der Erde Kind bin ich und des gestirnten Himmels"[9]. Γῆς παῖς εἰμι καὶ Οὐρανοῦ ἀστερόεντος.

Bevor wir auf den Inhalt dieser Formel zu sprechen kommen, soll einiges über ihre äußere Form und ihren Kontext vorausgeschickt werden. Formal handelt es sich, wie Zuntz richtig gesehen hat, um eine Selbstvorstellung, die in einem dialogischen Kontext erfolgt. Der dialogische Kontext wiederum ist in einen Erzählungszusammenhang eingespannt, der sich aus der vom Mysten erwarteten Wanderung durch das Jenseits ergibt. Diese Erwartung kann sowohl aus den Goldplättchen als auch aus literarischen Texten wenigstens teilweise rekonstruiert werden.

Die verhältnismäßig starke Variabilität der Texte, selbst innerhalb der ähnlichen Typen, wie sie von Zuntz herausgearbeitet worden sind, schließt eine Annahme von einem schriftlich fixierten Grundtext und dessen Variationen aus. Daß die Texte nahe Beziehungen zu Ritualen haben und daß manche Sätze aus Ritualen zitiert sind, kann als wahrscheinlich angesehen werden[10]. Die Texte als solche machen aber nicht den Eindruck, als seien sie das, was man gewöhnlich unter liturgischem Gut versteht. Dennoch zeigen die aus ganz verschiedenen geographischen Gegenden und geschichtlichen Zeiten stammenden Texte bei aller Variabilität auch wiederum ein erstaunliches Maß an Übereinstimmung. Diese Übereinstimmung erklärt sich nicht aus einer direkten literarischen Abhängigkeit voneinander, sondern eher aus einem vorausgesetzten und angedeuteten mythologischen und rituellen Bezugsrahmen, der sich vor allem auch außerhalb der Goldplättchen in zunächst wohl mündlichen und dann schriftlich fixierten Traditionen fin-

---

8 Vgl. Zuntz 1971, 364: "formula of self-presentation".

9 Die Übersetzung versucht, die chiastische Struktur festzuhalten.

10 So mit Recht Burkert 1974, 327. Vgl. die Parallelen, auf die Hornung 1989, 14 aufmerksam macht. In den *Pyramidentexten* § 890 (24./23. Jh. v. Chr.) heißt es vom verstorbenen König: "Er gehört nicht zur Erde, er gehört in den Himmel". In den *Sargtexten* (21. Jh.) wird der Verstorbene als "Sohn" und als Osiris von der Himmelgöttin Nut aufgenommen.

det. Wenn die Texte daher auf uns heute den Eindruck einer Kompilation von Zitaten machen, so waren die Mysten damals wohl in der Lage, durch ihre Kenntnis des mythologischen und rituellen Gesamtrahmens die einzelnen Zitate in ihren Zusammenhang einzuordnen. Wenn dem so ist, kann der heutige Wissenschaftler nur in behutsamer Weise versuchen, die unterschiedlichen Texte zueinander in Beziehung zu setzen und sich gegenseitig ergänzen zu lassen.

Von einer Wanderung durch die Unterwelt reden alle erhaltenen Goldplättchen. Danach erwarten die Mysten, Männer und Frauen[11], nach ihrem irdischen Ableben in den Hades versetzt zu werden, wo sie den Weg in die Gefilde der Seligen nicht verfehlen dürfen. Dazu helfen ihnen die Angaben über die Geographie der Unterwelt, die hier nicht im einzelnen erörtert werden sollen[12].

Die Tatsache, daß den Verstorbenen das Goldplättchen mit ins Grab gegeben wurde, setzt voraus, daß das Vergessen ein Haupthindernis auf dem Wege zu den Gefilden der Seligen darstellt. Danach ist der eigentliche Tod, der Tod im Tod, das Vergessen[13]. Das Goldplättchen hilft daher, den gefährlichsten Teil der Wegstrecke bis zur Quelle der Erinnerung zu überwinden[14], deren Wasser aus einem See gespeist wird und aus der ein kühler

---

11 Die Goldplättchen differenzieren nur zum Teil zwischen Männern und Frauen. Es ist die Rede vom sich Vorstellenden als "Sohn" (υἱός), "Tochter" (θυγάτηρ) oder unspezifisch "Kind" (παῖς). Vgl. die Zusammenstellung des Materials bei Graf 1993, bes. 257f. Es scheint, als könnten unter υἱός auch Frauen genannt werden, ein Sprachgebrauch, der später bei Paulus belegt ist: Die Erlösten werden mit ihrem traditionellen eschatologischen Titel als "Söhne Gottes" angesprochen, der aber auch Frauen umfaßt (vgl. bes. Gal 3, 26–28). In der Bearbeitung der Weissagung von 2Sam 7, 8 LXX in 2Kor 6, 18 heißt es aber erweiternd: ". . . und ihr werdet mir zu Söhnen und Töchtern" (καὶ ὑμεῖς ἔσεσθέ μοι εἰς υἱοὺς καὶ θυγατέρας). Vgl. auch Betz 1995, 140–142.

12 Vgl. hierzu die Überblicke bei Graf 1974, 79–150; C. Colpe et al. "Jenseits (Jenseitsvorstellungen)", RAC 17 (1994) 246–407, bes. 268–282.

13 So mit eindrücklichen Worten Zuntz 1971, 380: "Why, then, is the dead expected to long for a drink of 'Remembering' and is warned against 'Forgetting'? Death is Forgetting. The dead enter another world beyond our comprehension and beyond our reach; they forget – forget us, and all. This is true with Homer and Plato and a thousand others; because, simply, it is true. Cutting the connection between us and them – wherever, howsoever, they may be; however much we may remember them – death is, in essence, forgetting; their forgetting. And not-forgetting would be not-death. To seek the drink of 'Memory' is to seek Life".

14 So vor allem der Hipponiontext (u. Anm. 16). Vgl. die Grabinschrift Nr. 306 Peek: . . . καὶ Λήθης οὐκ ἔπιον λιβάδα (". . . und der Lethe Trank habe ich nicht gekostet"). Die Inschrift verquickt die Mysterien des Osiris in Abydos mit griechischen Jenseitsvorstellungen. Die zugehörige Stele stammt vermutlich aus Alexandria (2. Jh. n. Chr.).

Trunk die Wandernden erquicken soll. Vor dieser Quelle aber stehen Wächter (φύλακες), die sie anhalten und befragen. Während in einigen Texten die Wächter nur eben genannt werden, ist der nach dem B-Typ zu erwartende Dialog[15] auf dem Täfelchen von Hipponion[16] ausgeführt: "Sie werden dich mit schlauem Sinn fragen: 'Was hast du hier in der Finsternis des tödlichen Hades zu suchen?'"[17]

Diesen Wächtern gegenüber soll der Myste sich mit den Worten der Selbstvorstellungsformel ausweisen und um einen kühlen Trunk bitten, den ihm die Wächter dann auch in barmherziger Zuwendung, als einem Unterweltkönig gebührend[18], gewähren werden. Daraufhin könne er dann den heiligen Weg zusammen mit den anderen bakchischen Mysten fortsetzen[19], als dessen Ziel im Pelinna-Text[20] das eschatologische Zusammensein mit den Seligen verheißen wird[21].

Um was für einen Satz geht es bei dieser Selbstvorstellung? Sie ist sicherlich mehr als eine Formel, die, wenn zitiert, *modo magico* den Weg zu den Gefilden der Seligen freigibt. Es handelt sich vielmehr um eine sorgfältig formulierte, an bestimmte Grabepigramme erinnernde Selbstdefinition des Mysten, mit der sich auch Ansprüche philosophischer Art verbinden. Als ihnen inhaltlich diametral entgegengesetzt können solche Grabinschriften

---

15 B1; B2 Zuntz (1971, 358f. 363. 368–370).

16 Zum Text und zur Diskussion des Goldplättchens von Hipponion vgl. Pugliese Carratelli 1974 b; Merkelbach 1975; West 1975; Zuntz 1976; Marcovich 1976; Luppe 1978.

17 Z. 8–10 (Text nach Marcovich): φύλακες δ(ὲ) ἐπ᾽ ὕπερθεν ἔασι⟨ν⟩· [h]οι δέ σε εἰρήσονται ἐν⟨ὶ⟩ φρασὶ πευκαλίμαισι ὅτ⟨τ⟩ι δὴ ἐξερέεις Ἄϊδος σκότος οὐλοέεντος.

18 Vgl. Marcovich 1976, 224: "I think Merkelbach is right when reading as printed and writing, 'Hier ist anscheinend der Tote zum ὑποχθόνιος βασιλεύς erhöht . . .'".

19 Z. 16–17 (Marcovich): καὶ δὴ καὶ συχνῶν hοδὸν ἔρχεα⟨ι⟩, hάν τε καὶ ἄλλοι μύσται καὶ βάχχοι hιερὰν στείχουσι κλ⟨ε⟩εινοί.

20 Zu diesem Text vgl. Tsantsanoglou/Parássoglou 1987; Merkelbach 1989; Luppe 1989; Graf 1993.

21 Z. 7 (Text nach Luppe): κἀπιμένει σ᾽ ὑπὸ γῆν τέλεα ἄσ⟨σ⟩απερ ὄλβιοι ἄλλοι. Vgl. auch B10 Graf, 15f. (Riedweg *App.* 395–396) (s. oben Anm. 16). Merkelbach (1989, 16) macht auf Pindar, fr. 133 Maehler (ap. Plat. Men. 81b–c) aufmerksam, nach dem es im Jenseits um ein Leben zusammen mit den Heroen geht. Vom Zusammensein mit den Heroen sprechen auch andere Texte, darunter die Grabinschriften 209. 250. 255. 266. 287. 304. 306. 450. 451 Peek. Plat. *Phd.* 115 d läßt Sokrates über sein Leben im Jenseits sagen: . . . οἰχήσομαι ἀπιὼν εἰς μακάρων δή τινας εὐδαιμονίας, . . .

angesehen werden, die vom Pessimismus und Epikureismus beeinflußt zu sein scheinen[22].

III
Zur Anthropologie der Selbstdefinition

Definieren sich der oder die Verstorbene mit dieser Formel als Mysten (μύστης)[23], so ist die Frage nach dem genaueren Inhalt dieser Selbstdefinition umstritten. Sie umfaßt mehrere anthropologische Aspekte, die spannungsvoll durch "und" (καί) verbunden sind. Zum einen verstehen sich die Mysten als zusammengesetzte Wesen, als Kinder der Mutter Erde und als Abkömmlinge des Himmels. Sie verstehen sich also als Wesen teils irdischer, teils göttlicher Art[24]. Daß diese Verbindung als spannungsvoll empfunden wird, geht aus Text B1 bei Zuntz hervor, wo in Zeile 7 zur in Zeile 6 genannten Formel ein bedeutsamer Zusatz gemacht wird: "Jedoch ist mein Geschlecht das himmlische; das wißt ihr ja auch selbst"[25].

---

22 Auf solche Einflüsse weisen einige Grabepigramme hin, in denen Selbstvorstellungen erfolgen, die denen der Goldplättchen diametral entgegengesetzt sind. Vgl. etwa das Epigramm auf einer Herme aus Rom (G. Pfohl, *Griechische Inschriften als Zeugnisse des privaten und öffentlichen Lebens,* München [2]1980, Nr. 31): Οὐκ ἐγενόμην· ἤμην, οὐκ εἰμί· τοσαῦτα. Εἰ δέ τις ἄλλο ἐρεῖ, ψεύσεται· οὐκ ἔσομαι. ("Ich war nicht, [dann] war ich, [jetzt] bin ich nicht [mehr]. So ist es. Wenn aber einer anderes sagen wird, wird er lügen. Ich werde nicht sein"). Vgl. auch Nr. 453. 480 Peek: ἐντεῦθεν οὐθεὶς ἀποθανὼν ἐγείρεται ("Kein Toter wird von hier auferweckt"). Ähnliche Aussagen finden sich auch in lateinischen Inschriften; siehe H. Geist/G. Pfohl, *Römische Grabinschriften* (München 1969) Nr. 433: *Non fueram, non sum, nescio; non ad me pertin(et).* ("Ich war nicht gewesen, bin nicht [mehr], ich weiß nichts; es betrifft mich nicht"). Nr. 434: *n(on) f(ui), n(on) s(um), n(on) c(uro).* ("Ich bin nicht gewesen, ich bin nicht [mehr], ich kümmere mich nicht [darum]"). Nr. 435: *Nil fui, nil sum; et tu, qui vivis, es bibe lude veni.* ("Ich bin nicht gewesen, ich bin nicht [mehr]; aber du, der du lebst, iß, trink, spiel, [dann] komm"). Zur Interpretation vgl. Nr. 442: *Nihil sumus et fuimus mortales. Respice, lector: in nihil ab nihilo quam cito recidimus* ("Wir sind nichts und waren [bloß] Sterbliche. Bedenke, Leser: Aus dem Nichts ins Nichts fallen wir zurück in kürzester Zeit".) Alle Übers. v. Verf.

23 Dieser Begriff findet sich auf dem Hipponiontext (B10 Graf, 16 [Riedweg, *App.* p. 395] μύσται καὶ βάχχοι und auf Goldplättchen aus Thessalien. Vgl. Graf 1993, 246f.; Dickie 1995.

24 Vgl. die merkwürdige Inschrift auf einer Stele aus Eretria (3. Jh. v. Chr.), Nr. 220 Peek. Dort heißt es: εἰ θεὸς ἐσθ᾽ ἡ γῆ, κἀγὼ θεός εἰμι δικαίως· ἐκ γῆς γὰρ βλαστὼν γενόμην νεκρός, ἐκ δὲ νεκροῦ γῆ. ("Wenn die Erde eine Gottheit ist, so heiße mit Recht auch ich eine Gottheit. Denn der Erde entsprossen, bin ich ein Leichnam geworden und aus dem Leichnam wieder Erde".)

25 B1 Zuntz, 7 (1971, 359): αὐτὰρ ἐμοὶ γένος οὐράνιον· τόδε δ᾽ ἴστε καὶ αὐτοί.

Zum anderen deutet die Wortfolge der Formel auf einen geschichtsmythologischen Aspekt: Am Anfang stehen die Mutter Erde und der väterliche Himmel, denen das Menschenkind entstammt, das seiner Individualität bewußt ist. Das letzte Wort deutet auf die Sternenwelt, der die Mysten nicht nur entstammen, sondern der sie auch durch die eschatologische Verstirnung entgegengehen[26]. Die sich mit dieser Formel präsentierenden Mysten sind demnach nicht nur zusammengesetzte, sondern auch geschichtliche Menschenwesen. Faßt die Formel also eine Anthropogonie knapp zusammen, so läßt sie andererseits wichtige Fragen zur weiteren Interpretation offen.

1. Als was werden die Mysten definiert? Als menschliche oder als göttliche Wesen? Die Antwort darauf ist umstritten.

In seinem grundlegenden Werk *Persephone,* erschienen 1971, lehnte Günther Zuntz im Gefolge seines Lehrers Ulrich von Wilamowitz-Moellendorff eine Beziehung der Goldplättchen zu orphisch-dionysischen Mysterien ab und wies sie dem philosophischen Pythagoreismus zu. Folglich hielt er die Selbstvorstellungsformel für eine philosophische Definition des Menschen.

Zuntz' Interpretation wendet sich gegen frühere Deutungen, nach denen der verstorbene Myste sich als Gott definiert. Diese Deutung beruft sich auf Hesiods *Theogonie* und die dort öfter begegnende Definition der Unsterblichen als Kinder des Götterpaares Gaia und Uranos:

οἳ Γῆς τ' ἐξεγένοντο καὶ Οὐρανοῦ ἀστερόεντος. "Die von der Erde Stammenden und vom gestirnten Himmel"[27].

Nach einer kritischen Durchsicht der Texte meinte Zuntz feststellen zu können, daß diese eben nicht von Menschen[28], sondern von Göttern reden, und daß gerade auch dies gegen eine Beziehung der Goldplättchen zur Orphik spricht: "The claimant at the gates of Hades is neither a Titan nor a god but – a man"[29]. Zuntz zieht dann die Selbstdefinition des Ödipus in Sophokles' *Oedipus Tyrannus* heran[30]:

"Ein Sohn der Erde bin ich; zu lieben gemacht, zu leiden".

cf. ET, p.102!
this is a quote
from Hölderlin

---

26 Darauf deutet wohl auch der B2 Zuntz, 7f. belegte Name Asterios (vgl. Zuntz 1971, 360f. 367).

27 *Theog.* 106, vgl. 45. 154. 421.

28 Zuntz (1971, 365) betont, daß griechische Mythen eine Abstammung des Menschen von Uranos und Gaia nicht gelehrt haben: "But many and various as they are, none presents mankind as the offspring of Uranos and Gaia; this primordial couple is, reasonably, the origin of the principal cosmic realities and of the oldest deities but not of man".

29 Ebd. 364.

30 Ebd. 365, *Oed.* 1080.

Zuntz zufolge und im Vergleich mit dem sophokleischen Oedipus definiert sich der Verstorbene auf den Goldplättchen als Mensch nicht so, daß er als Sohn der Erde bloß aus Fleisch und Knochen besteht, sondern daß er sich eines anderen, himmlischen Bestandteils seiner Person bewußt ist. Danach konstituiert sich das Wesen des Menschen aus der Einheit seiner irdischen und himmlischen Bestandteile. Dies ist es, was der Verstorbene vor den Wächtern der Unterwelt bekennt, und dies öffnet ihm den Weg zu einem höheren Leben im Jenseits, weil er des Menschen "dual potentiality" erfüllt hat[31].

Folgerichtig verbindet Zuntz diese philosophische Auslegung mit Pindar, Empedokles und letztlich Pythagoras, so daß er auch hierin eine Bestätigung seiner Hauptthese findet, nach der die Goldplättchen altpythagoreische Religion widerspiegeln[32], nicht aber Orphisches und Dionysisches[33].

Zuntz ist geneigt, diese Definition auf Pythagoras selbst zurückzuführen, der, eine zu seiner Zeit umlaufende Volkserzählung benutzend, den Weg des Toten in die Unterwelt beschrieben und als zentralen Bestandteil eine magische Formel einbezogen habe, eben die Definition des Menschen. Poetisch ausgestaltet, sei diese Erzählung dann als Bestandteil des pythagoreischen Grabrituals weitertradiert worden[34].

Wie schon angedeutet, wendet sich Zuntz' Auslegung gegen die von Albrecht Dieterich, Erwin Rohde und W. K. C. Guthrie[35] vertretenen Auffassungen. Dieterich will die Goldplättchen im Zusammenhang mit orphisch-dionysischen Hadesbüchern erklären, die in Pythagoreerkreisen Süditaliens umliefen[36]. Pythagoras habe schon in seiner ionischen Heimat "die orphisch-dionysischen Mysterien und ihre Propheten" kennengelernt. Diese

31 Ebd. 366: ". . . it is not flesh and bones only that make him a son of the Earth. And he is aware of another, the heavenly element in his person; it is the unity of the two which constitutes the essence of man. This he proclaims before the infernal guardians, and the way to a higher after-life is opened up for him who has fulfilled this, man's dual potentiality".

32 Ebd. 366: "Thus, unqualified, the verse stands on the Cretan leaves; this is the confession which 'opens the gates of hell', and if it is accepted that the Gold Leaves are Pythagorean, here is a piece of old-Pythagorean religion".

33 Vgl. ebd. 336f. 383f.

34 Ebd. 383–385.

35 Auf Guthrie wurde Zuntz erst durch E. R. Dodds aufmerksam gemacht; siehe Zuntz' Bemerkung 1971, 366 Anm. 3.

36 Dieterich 1913, 84–108. Die erste Auflage dieses Werkes erschien 1893, die zweite wurde nach dem Tode Dieterichs (1908) im Jahre 1913 von seinem Schüler Richard Wünsch herausgegeben.

hätten sich in den "pythagoreisch-orphisch-bakchischen Gemeinden und Mysterien" Unteritaliens weiter ausgebreitet[37]. Beeindruckt durch die Parallelen mit den Orphischen Hymnen, über die Dieterich seine Doktorarbeit geschrieben hatte, hielt er die Goldplättchen zum Teil für Zitate aus zugrundeliegenden Hymnen. Auch die Lehre von der Seelenwanderung sei auf den Goldplättchen enthalten[38]. Im Zusammenhang damit steht die Selbstdefinition des Mysten: "Der Myste rühmt sich göttlichen, himmlischen Geschlechts zu sein und nennt sich ein Kind des Uranos und der Ge"[39]. Mit dieser Lehre verbindet er die andere von der "Ge als 'Mutter der seligen Götter und der sterblichen Menschen', wie sie in den Orphischen Hymnen angerufen wird"[40]. Dieterich rechnet zwar mit Veränderungen in den Lehren der Orphiker während ihrer Ausbreitung, betont aber die "Constanz der Überlieferung in diesen orphischen Gemeinden vom vierten Jahrhundert v. Chr. bis zum zweiten n. Chr."[41]. Er nimmt an, die Texte seien aus größeren Zusammenhängen herausgenommen. "Die Fahrt des Toten zum Hades war in einem Gedicht beschrieben, in einer orphisch-pythagoreischen κατάβασις εἰς ῎Αιδου. Die Formeln, die der Geweihte bei seinem Eintritt in den Hades kennen muß, um des Wassers des Lebens teilhaftig zu werden und den Eintritt in den Hain der Seligkeit zu erlangen, werden ihm immer mit ins Grab gegeben, viele Jahrhunderte lang in gleicher Weise. Zuerst haben diese Formeln ohne Zweifel gestanden in einer unteritalischen Nekyia"[42].

Diese Linien werden weiter ausgezogen in Erwin Rohdes monumentalem Werk *Psyche*[43]. Nach Rohde stammen die Inschriften auf den Goldplättchen aus einem "mit fremden Elementen vermischten orphischen Mysticismus". Auf ihnen redet "die Seele des Todten . . . die Königin der Unterirdischen und die anderen Götter der Tiefe an (. . .)"[44]. "Sie gehört also einem Sterblichen an, der selbst, wie schon seine Eltern, in den heiligen Weihen einer Cultgenossenschaft 'gereinigt' war. Sie rühmt sich selbst, aus dem seligen Geschlecht der unterirdischen Götter zu stammen"[45]. Sie

---

37 Ebd. 84.
38 Ebd. 88−100.
39 Ebd. 100.
40 Ebd. 100−101, unter Verweis auf *Hymn. Orph.* 31.1; 4.1.
41 Ebd. 108.
42 Ebd.
43 Rohde 1898, Bd. 2, 103−136. 204−222.
44 Ebd. 217.
45 Ebd. 218.

ist nun aus dem Kreis der Geburten ausgeschieden, und sie, die erlöste Seele, wird selig gepriesen[46]. Es ist also die erlöste Seele, nicht der Mensch und auch nicht ein Gottwesen, die sich der Persephone vorstellt und von dieser die Verheißung empfängt: "Glücklich, Seligzupreisende du, nun wirst du statt eines Sterblichen ein Gott sein"[47].

Auf diese Auffassungen hat bekanntlich Wilamowitz-Moellendorff sehr negativ reagiert. Die Goldplättchen haben nach seiner Ansicht nichts mit der Orphik zu tun, und unter den Alternativen scheint es ihm: "Griechisch ist dies schwerlich". Offenbar denkt Wilamowitz an einen synkretistischen Kult: Der Durst nach frischem Wasser weise nach Ägypten. Wie dort "beruft sich der Tote darauf, ein Sohn von Himmel und Erde zu sein. In einem längeren Gedichte wird er, nachdem er getrunken hat, unter die Heroen aufgenommen (Petelia 32 a Kern), dann steigert sich das zur Vergottung"[48].

In seinem Werk *Orpheus and Greek Religion* schwenkte W. K. C. Guthrie nicht auf die Linie von Wilamowitz und Zuntz ein[49]. Guthrie beobachtet, daß es eine Spannung in der Selbstdefinition gibt: der Verstorbene beanspruche zwar göttlichen Ursprung, aber die beiden Aussagen "Sohn der Erde" und "Sohn des Himmels" paßten nicht spannungslos zusammen[50]. Nach Guthrie hängt die Spannung mit dem Titanenmythos zusammen. Der Orphiker wisse um den titanischen Anteil an seinem Menschsein, um das Böse in ihm. Deshalb betone er den göttlichen, dionysischen Teil seines Wesens, wenn er versichert: "Aber meine wirkliche Abstammung ist vom Himmel"[51].

Der Streit wurde, wie bekannt, endgültig durch die Auffindung weiterer Goldplättchen, insbesondere des aus Hipponion[52] stammenden, entschieden.

---

46 Ebd. 219.

47 Ebd. 219.

48 Wilamowitz-Moellendorff 1932, 200.

49 Guthrie 1952.

50 Ebd. 174: "The two halves of this confession do not fit very well together, and may have been taken from different poems; but it is easy to see that there can have been a clear purpose in the minds of those who wrote them down together for the use of the dead man".

51 Ebd.: "The Orphic knows, however, that although the Titans had Ouranos for their father, they were a wicked and rebellious race, and that it is only owing to their crime, which secured that he should have something of the Dionysiac nature in him too, that he can base any claims to divinity in his relationship with him. Consequently it is on that Dionysiac nature that he insists – 'But my real lineage is of heaven'. This he could boast if he had lived the Orphic life and so quelled the Titanic and cherished the Dionysiac side of his nature".

52 B10 Graf (Riedweg *App.* 395); vgl. o. Anm. 16.

Denn auch auf diesem Goldplättchen findet sich die Selbstdefinition, und zwar in einer neuen Variante (Zeile 10).

Ὑὸς Βαρέας καὶ Οὐρανοῦ ἀστερόεντος· "Ein Sohn der Schweren (d. h., der Erde) bin ich und des gestirnten Himmels".

Jedoch, und dies war das umstürzend Neue, wird in Zeile 16 derselben Inschrift die so Vorgestellte[53] unter die μύσται καὶ βάχχοι, also unter die Mysten der Dionysosmysterien, eingereiht. Daß diese Verbindung mit den bakchischen Mysterien kein Zufall war, hat sich inzwischen durch weitere Funde bestätigt. Dabei sind auch die Orphiker wieder im Spiele, seitdem auf den Knochenplättchen von Olbia die Namen "Dio(nysos)" und "Orphik(?)" aufgetaucht sind[54].

2. Eine weitere Frage ist die nach dem Subjekt in (ἐγώ) εἰμι: Wer definiert sich hier, eine irdisch-menschliche oder eine göttliche Seele (ψυχή)?

Die Frage ist nicht eindeutig zu beantworten. Im Hipponiontext (Z. 3–5) sind ψυχαί genannt, aber es sind die Totengeister von Nichteingeweihten, die sich an der ersten Quelle des schwarzen Wassers, die vom Mysten zu meiden ist, kühlen. Können wir mit Zuntz ergänzen, daß diese Seelen von der Quelle der Lethe trinken und zur Oberwelt zurückkehren[55]? Auf den Goldplättchen steht davon nichts. Es hilft auch nicht viel, wenn auf einem der Knochenplättchen von Olbia das Wort ψυχή zu lesen ist, denn es fehlt ein Kontext[56]. Darf man Burkert folgen, wenn er vorsichtig formuliert: "Die bakchischen Goldplättchen scheinen die Seelenwanderung vorauszusetzen, ohne sie ausdrücklich zu nennen"[57]? Oder handelt es sich vielleicht um eine ältere Anthropologie, die einen platonischen Dualismus von irdischem Leib und unsterblicher Seele noch nicht ausgebildet hat[58]? Auffallend ist, daß sich die verstorbenen Mysten im Jenseits nicht

---

53 Die Verstorbene war weiblich (o. Anm. 11).
54 Siehe West 1983, 17–20 u. Taf. 1.
55 Zuntz 1971, 380f.
56 West 1983, 19.
57 Burkert 1990a, 74 m. Anm. 131.
58 Vgl. Wilamowitz-Moellendorff 1932, 184f: "Unabweisbar ist der Schluß, daß die Schaffung und Benennung eines Totenrichters an verschiedenen Orten nebeneinander erfolgt ist. (...) Immerhin bestanden die Richter nebeneinander, als Platon die Apologie und den Gorgias schrieb, denn in diesen weiß er von der pythagoreischen Seelenwanderung noch nichts, aber seine Erfindung ist, daß die Seelen vom Körper befreit gerichtet werden, woraus folgt, daß das Totengericht in Gegenden entstanden ist, wo der ganze Mensch in den Hades kam, also in dem Mutterlande oder wo sonst der Heroenglaube auf Grund der materiellen Fortexistenz des Toten bestand".

einfach als Seelen vorstellen, die ihren Leib auf der Erde zurückgelassen haben, sondern als Männer und Frauen, einige sogar mit Namen. Im *Phaidon* läuft dagegen die Argumentation des platonischen Sokrates darauf hinaus, daß der Glaube an eine Fortexistenz nach dem Tode ohne die Lehre von der Unsterblichkeit der Seele gegenüber den vorgetragenen Einwänden seiner Freunde nicht durchgehalten werden kann. Daraus könnte man schließen, daß die im Dialog besprochenen Mysterienlehren über das Leben im Jenseits die platonische Lehre von der Unsterblichkeit der Seele zunächst nicht enthielten. Die Folgerung ist klar: Von Kriton um Anweisungen für seine Bestattung befragt, antwortet Sokrates, er solle es damit halten, wie er es für richtig befinde. Er bedaure, daß Kriton immer noch glaube, er, dieser Sokrates, der das Gespräch mit ihnen führe, sei derselbe, den er in Kürze als Leichnam sehen und zu begraben wünschen werde. Kriton könne "ihn" ja begraben, wenn er sich fassen lasse und nicht zuvor entwischt sei. Mit der Seele sei sein Ich dann schon bei den Seligen im Jenseits und beim Begräbnis überhaupt nicht anwesend; Kriton könne "ihn" also gar nicht begraben (*Phd.* 115 C).

Die Frage ist zu stellen, ob die Seelenlehren vor Platon eher uneinheitlich waren und verschiedene Ausprägungen zuließen, während die Lehre von der unsterblichen Seele erst durch Platon zum allgemeinen Glaubensgut griechischer Religion geworden wäre[59]. Diese Möglichkeit legt sich auch durch einige andere Überlegungen nahe.

Die orphischen Lehren, die auf den Goldplättchen enthalten sind, stehen in Spannung zur delphischen Maxime "Erkenne dich selbst" (γνῶθι σαυτόν), die doch für die platonische Seelenlehre so wichtig ist[60]. Diese Maxime ist auf den Goldplättchen nicht belegt, und man würde sie dort wohl auch kaum erwarten. Die orphische Selbstdefinition kennt zwar die Selbstkennt-

---

59 Vgl. hierzu M. Baltes, "Die Todesproblematik in der griechischen Philosophie", *Gymnasium* 95 (1988) 97–128. P. Kingsley führt die im *Phaidon* vorausgesetzte vorplatonische Mythologie auf Sizilien zurück (1995, 88–95: "The *Phaedo* Myth: The Sources"). Als Beispiel für den hellenistischen Seelenglauben mag eine Grabinschrift aus Phrygien (2./3. Jh. n. Chr.) angeführt werden, Nr. 250 Peek: οὔνομά μοι Μενέλαος· ἀτὰρ δέμας ἐνθάδε κεῖται· ψυχὴ δ' ἀθανάτων αἰθέρα ναιετάει. ("Ich heiße Menelaos. Aber nur mein Leib ruht hier, meine Seele wohnt im Äther bei den Unsterblichen". Übers. d. Verf.).

60 Zur delphischen Maxime vgl. meine Aufsätze "The Delphic Maxim ΓΝΩΘΙ ΣΑΥΤΟΝ in Hermetic Interpretation", in: H. D. B.: *Hellenismus und Urchristentum. Gesammelte Aufsätze 1* (Tübingen 1990), 92–111 (zuerst: *HThR* 63, 1970, 465–484) und "The Delphic Maxim 'Know yourself' in the Greek Magical Papyri", ebd. 156–172 (zuerst: *History of Religions* 21, 1981, 156–171).

nis als fundamentale Aufgabe des Menschseins, aber sie steht der Annahme entgegen, daß der Mensch sich selbst *er*kennen kann. Vielmehr wird dem Mysten in der Initiation zugesprochen, wer er ist. Diese Zusage nimmt der Myste mit seiner Selbstvorstellung auf, die er dann im Jenseits wiederholt, nachdem das Goldplättchen die Erinnerung daran aufgefrischt hat.

Weiterhin ist auf die Wiedergeburtslehre hinzuweisen, mit der der Initiationsritus eng verbunden ist. Im Text der Goldplättchen von Pelinna "wird der reale Tod als eine Geburt gefaßt, Beginn einer neuen Existenz; das Ende ist mit dem Anfang verknüpft, wie es schon Pindar ausgesprochen hat"[61]. Die Pelinnatexte beginnen mit einer Anrede an die Verstorbene:

νῦν ἔθανες καὶ νῦν ἐγένου, τρισόλβιε, ἄματι τῶδε. "Jetzt bist du gestorben und jetzt bist du geboren worden, dreimal Seliger, an diesem Tag"[62].

Man muß sich vorstellen, daß die Verstorbene diese Worte selbst vom Goldtäfelchen abliest, daß sie also sich selbst vergewissert darüber, was da gerade mit ihr geschehen ist[63]. Diese Worte sprechen doch wohl gegen eine Kontinuität, wie sie in der platonischen Seelenlehre angenommen wird. Merkwürdig ambivalent ist auch die Schilderung der orphischen Lehre in Platons *Menon*, für die Pindar als Gewährsmann genannt wird. Danach sei "die Seele des Menschen unsterblich; sie endet zwar einmal, was man das Sterben nennt, dann aber beginnt sie wieder, verloren aber geht sie niemals. Deswegen muß man das ganze Leben in der heiligsten Weise durchführen"[64]. Die Unsterblichkeit der Seele entspricht der Lehre Pindars und Platons, während Ende und Neubeginn eine direkte Parallele im Pelinnatext haben. Wird hier etwa eine ältere orphische von einer späteren platonischen Seelenlehre überdeckt[65]?

---

61 Burkert 1990, 85, unter Verweis auf Pindar, fr. 137 Maehler.

62 Übersetzt von Burkert 1990, 28.

63 Vgl. den Aufruf zur Freude in Lk 6, 23, in dem es auch heißt: "an jenem Tage" (ἐν ἐκείνῃ τῇ ἡμέρᾳ); zur Interpretation Betz 1995, 582f. In der Bergpredigt bei Matthäus begegnet der Ausdruck "an jenem Tage" nicht in den Makarismen, wohl aber in der Gerichtsszene Mt 7, 21–23 in Verbindung mit der Verdammung (vgl. ebd. 549).

64 *Men.* 81b: φασὶ γὰρ τὴν ψυχὴν τοῦ ἀνθρώπου εἶναι ἀθάνατον, καὶ τότε μὲν τελευτᾶν, ὃ δὴ ἀποθνήσκειν καλοῦσι, τότε δὲ πάλιν γίγνεσθαι, ἀπόλλυσθαι δ' οὐδέποτε· δεῖν δὴ διὰ ταῦτα ὡς ὁσιώτατα διαβιῶναι τὸν βίον· κτλ.

65 Vgl. auch die Überlegungen von Lloyd-Jones 1985, bes. 101, der grundverschiedene Seelen annimmt: "The tablets, which are designed simply to help the soul of the initiate to present his credentials, distinguish the common souls who drink of the fountain of forgetfulness from the souls of the initiates who drink at the fountain of memory; but they give no notion of the existence of the special third category whom Pindar places in the Islands of the Blest".

IV
Soteriologie und Eschatologie

Zum Selbstverständnis der Mysten gehört, daß sie keine unbeschriebenen Blätter sind. Die Goldplättchen enthalten verschiedene Anspielungen auf Verfehlungen in der Vergangenheit. Damit ist die Frage gestellt, um was für Verfehlungen es sich handelt, und welche Bedeutung sie für die Lehre vom Menschen hat.

1. An dieser Stelle ist zunächst der Dialog zu nennen, der sich auf Plättchen A1 Zuntz findet. Der Kontext läßt folgenden Zusammenhang erkennen: Am Ende des Weges durch die Unterwelt tritt der Myste der Göttin Persephone gegenüber[66]. Auch hier findet sich eine Selbstvorstellung, aber sie ist anders formuliert als im Typ B der Goldplättchen[67], wenn der Myste in A1,1−3 die Göttin wie folgt anredet[68]:

Ἔρχομαι ἐκ κοθαρῶν κοθαρά, χθονίων βασίλεια, Εὐκλῆς Εὐβουλεύς τε καὶ ἀθάνατοι θεοὶ ἄλλοι· καὶ γὰρ ἐγῶν ὑμῶν γένος ὄλβιον εὔχομαι εἶμεν.
Ich komme von den Reinen, ein Reiner, (du) Königin derer drunten, und (ihr), Eukles und Eubuleus und (ihr) anderen unsterblichen Götter. Und auch ich kann mich rühmen, zu eurem seligen Geschlecht zu gehören.

Diese Reinheit aber kommt nicht von ungefähr. Der Eingeweihte berichtet der Göttin in Andeutungen von seiner Rettung durch eigene Taten. Er sei dem Joch der Moira entkommen, aus dem Kreislauf des Werdens und Vergehens ausgebrochen und an den Busen der Göttin geflohen:

ἀλλά με μοῖρ᾽ ἐδάμασσε [καὶ ἀθάνατοι θεοὶ ἄλλοι] καὶ ἀστεροβλῆτα κεραυνῶι. κύκλου δ᾽ ἐξέπταν βαρυπενθέος ἀργαλέοιο, ἱμερτοῦ δ᾽ ἐπέβαν στεφάνου ποσὶ καρπαλίμοισι, δεσποίνας δ᾽ ὑπὸ κόλπον ἔδυν χθονίας βασιλείας. Doch hat mich die Moira unterjocht [und die anderen unsterblichen Götter], und vom Blitz ward ich getroffen. Dem Kreislauf schwerer Trauer und Schmerzen entflog ich; zum ersehnten Kranz eilte ich mit schnellem Fuße; in den Schoß der Herrin, der chthonischen Königin, habe ich mich geworfen[69].

---

66 Vgl. auch die Erwähnung von Begegnungen mit Persephone in den Grabinschriften Nr. 208. 210. 266 Peek.

67 Diese Selbstvorstellung erinnert an die Unschuldsbeteuerungen, die sich in anderen Mysterientexten und sogar in der Bergpredigt finden. Siehe hierzu Betz 1995, 543−556 (zu Mt 7, 21−23), wo die weitere Literatur genannt ist.

68 Zu Text und Kommentar siehe Zuntz 1971, 304−308.

69 A1 4−7 Zuntz (1971, 301).

2. In den Texten A 2–3, 4 berichtet der Myste, er habe die Buße gezahlt: ποινὰν δ' ἀνταπέτεισ' ἔργων ἕνεκ' οὔτι δικαίων. Buße habe ich gezahlt für ungerechte Werke[70].

Handelt es sich um persönliche Verfehlungen der Mysten oder um die durch Strafen erwirkte Begleichung der "alten Schuld", von der Pindar und Platon sprechen? Herbert J. Rose wird das Richtige getroffen haben, wenn er den mythischen Tod des Dionysos durch die Titanen nennt[71]. Nach Platon und Dion Chrysostomos ist diese Schuld dann beglichen, wenn der Myste nach einem tugendhaften Leben durch seinen Tod von der Strafe der Gefangenschaft im Leibe als Seelenkerker erlöst wird[72]. Persephone, die Mutter des getöteten Dionysos, spricht daraufhin dem Mysten den Makarismus[73] zu:

ὄλβιε καὶ μακαριστέ, θεὸς δ' ἔσηι ἀντὶ βροτοῖο. "Glücklich und gesegnet bist du, du wirst Gott sein statt Sterblicher"[74].

So wird die Göttin sprechen, heißt es auf dem Goldplättchen. Freilich ist das, was die Göttin verkündigt, nicht eigentlich eine Verheißung, sondern eine bestätigende Entscheidung[75], die zur Einweisung des Mysten unter die Unsterblichen und Heroen (B1,11) führt. Ihre Entscheidung folgt auf die Bitte des Mysten um Anerkennung, die in Text A2,6f. ausgesprochen ist[76]:

70 A2; A3, 4 Zuntz (1971, 303–305).

71 Platon, *Phaedr.* 265 b. 244 d–e; Pindar, fr. 133 Maehler; vgl. H. J. Rose, "The Ancient Grief. A Study of Pindar, Fragment 133 (Bergk), 127 (Bowra)", in: C. Bailey et al. (Hgg.), *Greek Poetry and Life. Essays presented to Gilbert Murray on his Seventieth Birthday, January 2, 1936* (Oxford 1936) 78–96; Burkert 1977, 435. 442f.; Graf 1993, 244f.

72 So wird der Mythos bei Platon gedeutet; für ihn ist das philosophische Leben Reinigung der Seelen (*Leg.* III 702c; *Cra.* 400b–c; *Phaed.* 62b. 66b–69e. 70c–73a. 81a; *Ep.* VII 335a. Dion. Chr. 30, 10–24 stellt diese Auffassung ausführlich in der Konsolationsrede für Charidemos dar. Zum Thema "Purity and Salvation" Parker 1983, 281–307.

73 Zu Form und Funktion des Makarismus verweise ich auf meinen Aufsatz "Die Makarismen der Bergpredigt (Mt. 5, 3–12). Beobachtungen zur literarischen Form und theologischen Bedeutung", in meinem Band *Synoptische Studien. Gesammelte Aufsätze 2* (Tübingen 1992, 92–110; zuerst: *Zs. f. Theol. u. Kirche* 75, 1978, 3–19; engl. in: Verf.; *Essays on the Sermon on the Mount,* Philadelphia 1985, 17–36); sowie auf Betz 1995, 92–105.

74 A1, 8 Zuntz (1971, 301).

75 Zu dieser Unterscheidung vgl. auch Betz 1995, 96f.

76 Text nach Zuntz 1971, 303.

νῦν δ' ἱκέτης ἥκω παρ' ἁγνὴν Φερσεφόνειαν ὥς με πρόφρων πέμψηι
ἕδρας ἐς εὐαγέων. Jetzt aber komme ich als Bittsteller zur heiligen
Persephone, daß freundlich sie mich sende zum Sitz der Reinen.

Der Text A4, 5f. berichtet über den nächsten Schritt[77]:

χαῖρ⟨ε⟩ χαῖρε· δεξιὰν ὁδοιπόρ⟨ει⟩ λειμῶνάς τε ἱεροὺς καὶ ἄλσεα Φερσεφονείας. Freue dich, freue dich! Geh den Weg zur Rechten zu den
heiligen Auen und Hainen Persephones.

Zu bedenken ist, daß die Mysten um diese Entscheidung ja bereits vor dem
Tode wußten, sonst hätte man sie ihnen nicht zur Erinnerung ins Grab
gegeben. Der Makarismus muß ihnen also schon zu Lebzeiten bekanntge-
geben worden sein, so daß die Entscheidung der Göttin nur ein Einlösen
eines schon früher gegebenen Versprechens darstellt[78].

3. Eigentümlich ist nun, daß auf den Pelinnatexten eine, wie es scheint,
andere Lehre begegnet. Hier heißt es, die eingeweihte Mystin solle zu Persephone sagen, daß Bakchios sie befreit habe[79]:

εἰπεῖν Φερσεφόναι σ' ὅτι Βά⟨κ⟩χιος αὐτὸς ἔλυσε. Sage Persephone, daß
Bakchios selbst dich gelöst hat.

Hier ist die Erlösung von der Schuld also eine Tat des Dionysos selbst. Wann
hat dieses Erlösungsgeschehen stattgefunden, und in welchem Zusammenhang hat die Eingeweihte davon erfahren? Auf diese Frage kann es nur eine
Antwort geben: Nach allem, was wir auf Grund von Parallelen erschließen
können, müssen Erlösung und Makarismus Bestandteile des Initiationsrituals gewesen sein[80]. Die drei heiligen Handlungen, in den Texten durch kryp-
tisch-synthematisch formulierte Sätze angedeutet, müssen demnach im diesseitigen Leben bereits vollzogen worden sein[81]. Offenbar ist die Befreiung

---

77 Text nach Zuntz 1971, 329.

78 So stellt sich der Sachverhalt auch nach der Bergpredigt dar. Die Makarismen
werden schon jetzt zugesprochen, aber erst nach dem Jüngsten Gericht eingelöst. Im
Zusammenhang damit steht auch hier ein Aufruf zur Freude (Mt 5,12; Lk 6,23); vgl.
Betz 1995, 95f. 582f.

79 Text nach Graf 1993, 241.

80 Vgl. die Erwägungen von Tsantsanoglou/Parássoglou 1987, 11–14; Graf 1993,
243–255.

81 Zur Form des kultischen *synthema* s. A. Dieterich, *Eine Mithrasliturgie* (Berlin/
Leipzig ³1923), 213–218. 256–258; Burkert 1990a, 82–84; Betz 1995, 99f. Vgl. auch
die drei kultischen Handlungen, die in der Jenseitsszene Mt 7,22 genannt sind (hierzu
Betz 1995, 549 Anm. 252).

durch Bakchios Inhalt und Ergebnis dieser Riten, worauf dann am Schluß an die eschatologische Verheißung erinnert wird:

κἀπιμενεῖ σ' ὑπὸ γῆν τέλεα ἅσ(σ)απερ ὄλβιοι ἄλλοι. Und dich erwarten unter der Erde die Weihen, die auch die anderen Seligen (feiern)[82].

Dank des mythisch-kultischen Heilsereignisses, durch das die Verstorbenen schon zu Lebzeiten "abgelöst" und "befreit" worden sind, gibt es für sie einen Neubeginn für ihr Leben im Jenseits[83].

Worauf bezieht sich dieses Heilsereignis? Worum geht es bei dieser dem Bakchios verdankten λύσις? Man wird Fritz Graf zustimmen: Es geht um mehr und anderes als bloß um die Befreiung der Seele durch Trennung vom Leibe, die ja mit dem Tode erfolgt[84]. Die Erörterungen Grafs deuten darauf hin[85], daß Dionysos Lysios Züge einer Erlösergottheit angenommen hat, die die Macht hat, Mysten von den Unterweltstrafen zu befreien. Auf welchen mythologischen Voraussetzungen diese Macht begründet ist und auf welchem Wege Dionysos sie zur Wirkung bringt, können wir nur vermuten[86]. Hat der gewaltsame Tod des Dionysos durch Zerreißung erlösende Wirkung und wurde diese durch geheime Riten auf den Mysten übertragen? Man kann nur hoffen, daß neue Textfunde weitere Informationen enthalten.

Wenn die Mysten demnach als Reine vor Persephone treten, so tun sie es als von Bakchios Gereinigte, die Persephone darum bitten, diese Tilgung anzuerkennen. Dies tut sie denn auch, und durch den Makarismus gibt sie den Weg in die Gefilde der Seligen frei.

Die Frage bleibt, ob sich diese durchaus verschiedenen Vorstellungen von der Schuldtilgung auf einen Nenner bringen lassen. Möglich ist, daß innerhalb dieser Vorstellungswelt Kohärenz auch da besteht, wo wir auf Grund

---

82 Übers. von Burkert 1990a, 28.

83 Darauf bezieht sich auch ein neugefundenes Goldplättchen aus Thessalien, auf das Walter Burkert aufmerksam gemacht hat und in dem es heißt: "Geh ein zur heiligen Wiese. Frei von Schuld ist der Myste". Vgl. Burkert 1995, 96.

84 Graf 1993, 243: "The term *lusis* cannot just mean death as a freeing of the soul from the body: why should that be the work of Dionysus, and why should that be relevant to Persephone?".

85 Ebd. 243–245.

86 Platons polemischer Bericht über das Treiben der Orpheotelesten (*Resp.* II 364 c) deutet darauf, daß auch er ähnliche Vorstellungen und Praktiken kennt, sie aber ablehnt, weil sie mit seiner Philosophie unvereinbar sind. Vgl. auch Graf 1993, 244.

unseres begrenzten Wissens tiefgreifende Unterschiede sehen[87]. Möglich ist aber auch, daß, wie uns Hendrik Versnel sehen gelehrt hat, Inkonsistenzen integraler Bestandteil einer unserem Denken fernstehenden "Logik" sind[88].

V
Merkwürdige Analogien in der frühchristlichen Literatur

Treffen die eben genannten Mutmaßungen im großen und ganzen zu, dann kann der Neutestamentler nicht umhin, den Blick auf merkwürdige Analogien bei Paulus und in der Gnosis zu lenken. Die beiden Texte, die im folgenden genannt werden sollen, erfordern eigentlich einen ausführlichen Kommentar, den wir uns aus Platzgründen aber versagen müssen.

1. Die Selbstvorstellung spielt eine entscheidende Rolle im Römerbrief des Paulus, 8,15f. Nach dem Kontext befinden wir uns in den Darlegungen zur Taufe (Röm 6–8), die Paulus, wie ich meine gezeigt zu haben, als christlichen Initiationsritus interpretiert[89]. In Römer 8 geht es um die Erfahrung christlicher Identität als Folge der Begabung mit dem Geiste, die ja in der Taufe erfolgt. Mit dem heiligen Geist empfängt der Täufling den "Geist der Sohnschaft" (πνεῦμα υἱοθεσίας Röm 8, 15; Gal 4, 6). Die Evidenz dafür sieht Paulus im ekstatischen Gebet (κράζειν), in dem der Täufling zuerst Gott als Vater anruft (ἀββὰ ὁ πατήρ). Paulus deutet dies in Röm 8, 15f. (etwas anders in Gal 4,6) so, daß er eine Art von Informationsaustausch (συμμαρτυρεῖν) annimmt, wonach der göttliche Geist unserem menschlichen Geist mitteilt: "Wir sind Kinder Gottes" (ἐσμὲν τέκνα θεοῦ). Daraufhin redet der Täufling Gott als Vater an und definiert sich damit ihm gegenüber als Kind Gottes (Röm 8, 16).

Diese Selbstvorstellung muß natürlich im Gesamtrahmen der paulinischen Soteriologie und Eschatologie gesehen werden. Paulus definiert den Menschen zunächst im Blick auf die Adam-Christus-Typologie (1Kor 15, 47):

---

87 So das Urteil von Graf 1993, 254: "But from the point of methodology, a solution that gives a coherent picture is more likely to be right, besides being intellectually more satisfactory."

88 Versnel 1990; 1993; zum Dionysoskult 1990, 96–205.

89 Vgl. meinen Aufsatz "Transferring a Ritual: Paul's Interpretation of Baptism in Romans 6", in: *Paulinische Studien. Gesammelte Aufsätze 3* (Tübingen 1994) 240–271 (zugl. in: T. Engberg-Pedersen, Hrsg., *Paul in His Hellenistic Context,* Edinburgh 1994 u. Minneapolis 1995, 84–118).

ὁ πρῶτος ἄνθρωπος ἐκ γῆς χοϊκός, ὁ δεύτερος ἄνθρωπος ἐξ οὐρανοῦ.
Der erste Mensch stammt aus der Erde, war also irdisch; der zweite Mensch stammt aus dem Himmel.

Diese Lehre beruht auf einer Deutung der Schöpfungsgeschichte (1Kor 15, 45–49), wonach es in LXX Gen 2, 7 um die Erschaffung des Erdmenschen Adam (ὁ χοϊκός) geht, der durch göttliches Einblasen des Atems zu einem Lebewesen wurde (ἐγένετο ὁ πρῶτος ἄνθρωπος Ἀδάμ εἰς ψυχὴν ζῶσαν). Diesem irdischen Menschen steht der himmlische Geist-Adam (ὁ ἔσχατος Ἀδάμ, ὁ ἐπουράνιος) gegenüber, dessen Herkunft seine Existenz als πνεῦμα ζῳοποιοῦν und als σῶμα πνευματικόν voraussetzt. Der Sohn Gottes, der in Jesus Christus erschien, war dieser himmlische Geist-Adam (vgl. auch Röm 5, 12–21). Als Himmelswesen besaß er die Kraft der Verwandlung (Phil 2, 6–11) und konnte sich darum in einen irdischen Menschen "inkarnieren" (Phil 2, 7; vgl. Gal 4, 4–5):

ἀλλὰ ἑαυτὸν ἐκένωσεν μορφὴν δούλου λαβών, ἐν ὁμοιώματι ἀνθρώπων γενόμενος· καὶ σχήματι εὑρεθεὶς ὡς ἄνθρωπος ... Sondern er entäußerte sich selbst, er nahm die Form eines Untergeordneten an, er wurde im Gleichbild der Menschen erfunden und in der äußeren Gestalt als ein Mensch.

Verwandlung, Menschwerdung, Kreuzestod, Auferstehung und Inthronisation als Kosmokrator stellen das Heilsereignis dar (Phil 2, 7–11).

Die paulinische Erlösungslehre sieht vor, daß der Glaubende eschatologisch in die Geistexistenz des auferstandenen Christus hineinverwandelt wird. Dieser komplizierte Verwandlungsprozeß wird von Paulus in mehreren seiner Briefe dargelegt. Was uns vor allem interessiert, ist, daß es im Kernpunkt auch hier um die Definition des Menschen geht, um die Tilgung der Sünden der Vergangenheit durch den Sühnetod Christi (1Kor 15, 3; 1, 30; 6, 20; 7, 23; Röm 3, 24–26; 4, 25; 5, 18; 8, 10), die Neuschöpfung (Gal 6, 15; 2Kor 5, 17) und die Überwindung des Todes durch Verwandlung (1Kor 15, 12–57; Phil 3, 10). Wie Burkert zu Recht hervorgehoben hat[90], ereignet sich bei Paulus, anders als in den orphisch-dionysischen Mysterien, die Sündentilgung nicht erst beim physischen Tode des Christen, sondern schon in der Vergegenwärtigung des Todes Christi in der Taufe (Röm 6, 1–11). Auch Paulus spricht vom Tode als Entgelt für die Sünde (Röm 6, 23: τὰ γὰρ ὀψώνια τῆς ἁμαρτίας θάνατος), aber dieses wird

---

90 Burkert 1990a, 85: "Doch ist davon keine Rede, daß schon der Lebende nach der Initiation als 'wiedergeboren' gelten könnte; so ist denn auch kein Ritual des 'Sterbens' vorausgesetzt."

bereits in der Taufe beglichen. So beginnt das neue Leben nicht erst nach
dem Tode, sondern bereits mit der Taufe (Röm 6, 4.11; 7, 6). Das Heilsereignis befreit nicht vom, sondern zum Menschenleben als "für Gott"[91]. In
dieser Zeit zwischen Taufe und physischem Tod ist das christliche Leben
jedoch vom inneren Kampf des Geistes (πνεῦμα) gegen das "Fleisch" (σάρξ)
gekennzeichnet (Gal 5, 17; Röm 7, 15–25). Der physische Tod bezeichnet
den abschließenden Augenblick der Metamorphose der Vergänglichkeit zur
Unvergänglichkeit und der Sterblichkeit zur Unsterblichkeit (1Kor 15, 42–
55; Phil 3, 20–21; Röm 8, 29). Im Endgericht sollen die Getauften erscheinen als die Gereinigten und Gerechtgemachten, die in das Reich Gottes
eingehen werden. Dies aber betrifft den ganzen Menschen, wie Paulus es
in 1Thess 5, 23 formuliert: "Er aber, der Gott des Friedens, heilige euch
vollständig, und unversehrt möge euer Geist, die Seele und der Leib unta-
delig bewahrt werden bei der Parusie unseres Herrn Jesus Christus". Gewiß,
der irdische Mensch endet mit dem Tode: "Fleisch und Blut können das
Reich Gottes nicht ererben, noch auch kann die Vergänglichkeit die Unvergänglichkeit ererben" (σάρξ καὶ αἷμα βασιλείαν θεοῦ κληρονομῆσαι οὐ δύναται
οὐδὲ ἡ φθορὰ τὴν ἀφθαρσίαν κληρονομεῖ 1Kor 15, 50). Was in das Jenseits
hinübertritt, ist aber die Person als Ganzheit, das σῶμα, wobei dieses in ein
σῶμα πνευματικόν verwandelt wird (1Kor 15, 35–57).

In merkwürdiger Analogie zu 1Kor 15, 50, aber doch fundamental
anders, heißt der Grundsatz im *Phaidon* (67b): "Denn daß die Unreinheit
sich mit der Reinheit berührt, ist nicht erlaubt" (μὴ καθαρῷ γὰρ καθαροῦ
ἐφάπτεσθαι μὴ οὐ θέμιτον ᾖ). Reinheit kann es vielmehr nur geben durch die
gänzliche Trennung der Seele vom Leibe als eine Befreiung aus dem
Gefängnis, sowohl in diesem Leben als auch im Jenseits (67c–d).

2. Als Beispiel dafür, daß für die orphische Formel auch später noch Parallelen auftauchen, sei ein griechisches, nur von Epiphanius überliefertes
Fragment des gnostischen Philippus-Evangeliums genannt, in dem es heißt:

"ἀπεκάλυψέν μοι ὁ κύριος τί τὴν ψυχὴν δεῖ λέγειν ἐν τῷ ἀνιέναι εἰς τὸν
οὐρανὸν καὶ πῶς ἑκάστῃ τῶν ἄνω δυνάμεων ἀποκρίνεσθαι· ὅτι ἐπέγνων
ἐμαυτήν, φησί, καὶ συνέλεξα ἐμαυτὴν ἐκ πανταχόθεν, καὶ οὐκ ἔσπειρα
τέκνα τῷ ἄρχοντι, ἀλλὰ ἐξερρίζωσα τὰς ῥίζας αὐτοῦ καὶ συνέλεξα τὰ μέλη
τὰ διεσκορπισμένα, καὶ οἶδά σε τις εἶ. ἐγὼ γάρ, φησί, τῶν ἄνωθέν εἰμι". καὶ
οὕτως, φησίν, ἀπολύεται. ἐὰν δέ, φησίν, εὑρεθῇ γεννήσασα υἱόν, κατέχεται
κάτω ἕως ἂν τὰ ἴδια τέκνα δυνηθῇ ἀναλαβεῖν καὶ ἀναστρέψαι εἰς ἑαυτήν.

---

91 Der Schlüsselbegriff ζῆν τῷ θεῷ begegnet mit weiteren Interpretationen in Gal
2, 19–20; Röm 6, 10–13; 12, 1–2; 14, 7–8; Phil 1, 21–26.

Der Herr hat mir geoffenbart, was die Seele sagen muß, wenn sie in den Himmel aufsteigt, und wie sie einer jeden der oberen Mächte antworten muß, (nämlich) folgendermaßen: 'Ich habe mich selbst erkannt und habe mich selbst von überall her gesammelt; ich habe keine Kinder für den Archonten gesät, sondern habe seine Wurzeln ausgerissen und habe die zerstreuten Glieder gesammelt; und ich weiß, wer du bist. Denn ich gehöre zu denen von oben.' Und so wird sie freigelassen. Wenn es sich aber findet, daß sie einen Sohn geboren hat, wird sie unten festgehalten, bis sie imstande ist, ihre eigenen Kinder aufzunehmen und zu sich zu kehren[92].

Dieser Text verbindet die griechische Tradition vom Aufstieg der Seele mit einer gnostischen Interpretation der delphischen Maxime "Erkenne dich selbst" und mit radikaler Askese. Das Aushalten der Spannung zwischen dem "Kind der Erde" und dem "Kind des Himmels" im Menschen, charakteristisch sowohl für die orphisch-dionysische als auch für die paulinische Anthropologie, ist hier zugunsten eines radikalen gnostischen Dualismus aufgegeben[93].

---

92 Epiphanius, *Panarion* 26, 13, 2f. Holl (*GCS* 25, p. 292), nach der Übers. von H.-M. Schenke, in: W. Schneemelcher (Hrsg.), *Neutestamentliche Apokryphen in deutscher Übersetzung* 1: *Evangelien* (Tübingen 1987[5]) 149.

93 Für weitere gnostische Texte vgl. Origen: *Contra Celsum*, transl. with an introd. and notes by H. Chadwick (Cambridge 1953) 346–348. 402 m. Anm. zu *C. Cels.* 6, 31; 7, 9; Epiphanius *Panarion* 36, 3, 1–6 Holl (*GCS* 31, p. 46f.; 2., bearb. Aufl. hrsg. v. J. Dummer, Berlin 1980); Irenaeus *Adv. haer.* 1, 21, 5 Rousseau-Doutreleau (Bd. 1,2 [*SC* 264] p. 304–308; m. Komm. Bd. 1,1 [*SC* 263] p. 272–276) = 1, 14, 4 Wigan Harvey (Bd. 1, p. 186–188); *1 Apoc. Iacobi* (*NHC* V 3, 132, 23–134, 20) (übers. v. W. R. Schoedel, in: D. M. Parrott, Hrsg., *Nag Hammadi Codices V, 2–5 and VI with Papyrus Berolinensis 8502, 1 and 4 [The Coptic Gnostic Library]*, Nag Hammadi Stud. 11, Leiden 1979, 84–89 = J. M. Robinson, Hrsg., *The Nag Hammadi Library in English,* Leiden usw. 1988[3], 265f.). Vgl. zu den mandäischen Texten K. Rudolph, *Die Gnosis. Wesen und Geschichte einer spätantiken Religion,* Uni-Taschenb. 1577 (Göttingen 1990[3]) 191–213; W. Foerster (Hrsg.), *Die Gnosis. 2: Koptische und mandäische Quellen,* eingel., übers. u. erl. v. M. Krause u. K. Rudolph, Zürich/München 1971 (Ndr. 1995) 270–354. 361–368.

THOMAS ALEXANDER SZLEZÁK

Von der τιμή der Götter zur τιμιότης des Prinzips

Aristoteles und Platon über den Rang des Wissens und seiner Objekte

Die frühe Dichtung der Griechen war immer auch ein Reden von den Göttern, θεολογία im frühesten bezeugten Wortsinn[1]. Die ersten Philosophen knüpften an die Denkformen, manchmal auch an die Darstellungsformen solcher θεολογία an[2], wollten die in ihr enthaltene Weltdeutung korrigieren und schließlich ersetzen. Wie eng und gleichzeitig wie gespannt das Verhältnis von Dichtung und Philosophie vom 6. bis noch ins 4. Jh. v. Chr. war, zeigt die Kritik an Homer und Hesiod von Xenophanes über Herakleitos bis Platon[3], oder auch die Erwägung des Aristoteles, die philosophische Spekulation statt bei Thales bei den θεολόγοι beginnen zu lassen, von denen er indes nicht viel hält[4].

---

1 Plat. *Resp.* 379a 5: οἱ τύποι περὶ θεολογίας (das Wort nur hier bei Platon; bei Aristoteles ebenfalls nur einmal, im Plural: οἱ διατρίβοντες περὶ τὰς θεολογίας, *Meteor.* 353a 35; nächster Beleg bei Philod. *Piet.* 29. 34 Obbink; im Neuplatonismus öfter).

2 Zur engen Beziehung etwa des parmenideischen Lehrgedichts zur Theogonie des Hesiodos vgl. W. Burkert, "Das Proömium des Parmenides und die Katabasis des Pythagoras", *Phronesis* 14 (1969) 1–30, bes. 8–16.

3 Xenoph. DK 21 B 11 (mit B 12–16. 23–26), Heracl. DK 22 B 42. 57, Plat. *Resp.* 377d ff. 598d ff. Zur Kontinuität der Kritik an der Dichtung (vgl. *Resp.* 607b 5 παλαιά τις διαφορὰ φιλοσοφίᾳ τε καὶ ποιητικῇ) vgl. Burkert 1977, 456 ff.; G. Cerri, *Platone sociologo della comunicazione* (Mailand 1991) 39–52.

4 Aristot. *Met.* 983b 27–984a 3: Nachdem Thales zuvor (983b 20) als Archeget der vorsokratischen Arche-Spekulation genannt war, erwähnt Aristoteles die Ansicht, schon die πρῶτοι θεολογήσαντες (983b 28f.) hätten sich für das Wasser als Ursprung ausgesprochen; ob das wirklich als alte naturphilosophische Anschauung zu werten ist, läßt Aristoteles hierbei offen. Mit unverhohlener Geringschätzung erwähnt er *Met.* 1000a 9–19 "Hesiodos und alle θεολόγοι", welche die Götter als ἀρχαί ansetzten, aber nicht erklären konnten, worauf ihre Unsterblichkeit beruht. Als unzureichende Erklärung des Ursprungs und der Ordnung der Welt wird die Ansicht der θεολόγοι noch erwähnt *Met.* 1071b 27; 1075b 26; 1091a 34–b 8.

"Alles ist voll von Göttern" – dieser Satz, der Thales zugeschrieben wurde[5], trifft nicht nur auf die archaisch verstandene Welt selbst zu, sondern auch auf ihre Spiegelung in der frühen Dichtung. Von den Dichtern wird der Mensch als in allen Dingen abhängig von der Gottheit gezeigt. Das Gefühl der Passivität, das daraus resultiert, ist vor allem durch ein Mittel in den Griff zu bekommen: die Götter sind gnädig zu stimmen durch Gebet und Opfer. Das Opfer ist der wichtigste, weil aktive und Effekte zeitigende Bezug zum Göttlichen. Der Mensch gewinnt die Initiative zurück, indem er, der sich faktisch abhängig weiß, auch bewußt unterordnet: durch das rituelle Tun erkennt er die höhere τιμή der Götter an und erzwingt als Gegenleistung die Abwendung von Schaden[6]. Die Ehrenbezeigung durch das Opfer ist unerläßlich, die schlimmen Folgen der Unterlassung werden im Mythos immer wieder in Erinnerung gerufen. Eine Welt ohne Opfer wäre eine heillose, sinnentleerte Welt.

Unter dem Gesichtspunkt der τιμή betrachtet, ist das Bild von den Göttern, wie sie zu einander und zu den Menschen stehen, für die archaische Zeit klar und einfach. Kronos hatte einst die βασιληΐδα τιμήν, die Ehren- und Machtstellung des Königs (Hes. *Theog.* 462), Zeus gelang es, ihn daraus zu vertreiben, τιμῆς ἐξελάαν (*Theog.* 491). So ist Zeus der Größte und hat die größte Macht und Ehrenstellung, μέγιστός τ᾽ ἐστί, μεγίστης τ᾽ ἔμμορε τιμῆς (*H. Ven.* 37). Er kann nun an dem, worüber er letztlich allein verfügt, andere teilhaben lassen: τιμὴ δ᾽ ἐκ Διός ἐστι, das ist in der Ilias von Königswürde und Königsamt bei den Menschen gesagt (B 197, vgl. P 251), gilt aber zuvor noch von der Zuteilung der Funktionen und Machtbereiche bei den Göttern selbst. Die von Zeus festgesetzte Ordnung ist eine gelungene: εὖ δὲ ἕκαστα ἀθανάτοις διέταξε νόμους καὶ ἐπέφραδε τιμάς, heißt es vorweg zusammenfassend im Prooimion der *Theogonie* (74), und ganz ähnlich abschließend am Ende des Titanenkampfes (885). Zuteilung von bestimmten τιμαί, d. h. Privilegien und Machtbereichen, an einzelne Götter durch den Göttervater spielen sowohl in der *Theogonie*[7] eine wichtige Rolle als auch in den *Hymnen*[8]. Durch dieses Ordnungswerk des Zeus sind die Götter insgesamt diejenigen geworden, deren Tüchtigkeit, Ehre und Kraft die größere ist: τῶν περ καὶ μείζων ἀρετὴ τιμή τε βίη τε (I 498). 'Größer' natürlich im Vergleich mit dem schwächeren Menschengeschlecht. Die Menschen müssen

5 Aristot. *An.* 411 a 8 = Thales DK 11 A 22.

6 Zum Prinzip des *do ut des* in der Religion vgl. Burkert 1996, 129–155: "The Reciprocity of Giving".

7 *Theog.* 203 (Aphrodite); 412ff. (Hekate); 904 (Moiren).

8 *H. Merc.* 516 (Hermes); *H. Cer.* 366 (Persephone); 327f. 461f. (Demeter).

die Götter durch Abgaben anerkennen. Das silberne Geschlecht wollte den Olympiern nicht opfern, so ließ Zeus es verschwinden, οὕνεκα τιμὰς οὐκ ἔδιδον μακάρεσσι θεοῖς (*Op.* 138f.). Hier sind die τιμαί konkret die darzubringenden Opfer. Unzweifelhaft würde es auch dem jetzigen Geschlecht so ergehen, wollte es Gleiches wagen. Es gab aber noch eine andere Gefährdung der Opfer: Demeter war dabei, die Menschen durch Entzug der Feldfrüchte zu vernichten, dadurch zugleich καταφθινύτουσα δὲ τιμάς ἀθανάτων (*H. Cer.* 353). Hätte Zeus nicht eingegriffen, sie hätte den Olympiern die γεράων τ' ἐρικυδέα τιμὴν καὶ θυσιῶν (311f.) genommen. Dies nennt Hermes zu Recht ein μέγα ἔργον (351). Die Götter, die leicht lebenden und autarken, scheinen doch auf die Gaben der von ihnen Abhängigen angewiesen zu sein. Das ist im Mythos des Aristophanes in Platons *Symposion* klar vorausgesetzt (190c 4–5) und in Aristophanes' *Vögeln* ein unverzichtbares Element für die Konstruktion der Handlung. Den altorientalischen Ursprung dieser Vorstellung im *Atrahasis*-Epos hat neuerdings C. Auffahrt behandelt[9].

Zusammenfassend können wir sagen: Ehre ist durch Kampf gewonnen; der Größte besitzt die größte Ehre, weil er dank seiner ἀρετή Sieger im Kampf ist. Die Ehre, die er eigentlich allein besitzt, kann er gestuft weitergeben. τιμή ist von der Wurzel her agonal verstanden, stets einbezogen in Auseinandersetzung und Vergleich im Rahmen personaler Beziehungen. Der entscheidende Vergleich ist der zwischen der Schwäche der Menschen und der Macht der Götter. Dennoch wollen die Höheren nicht nur die Anerkennung durch die Niedrigeren, sie brauchen sie auch. τιμή hat Teil an der Reziprozität archaischer ethischer Begriffe (wie χάρις oder αἰδώς): der Abhängige erkennt den Rang des Höheren an, dieser respektiert ihn als den, der allein ihm die τιμή, die ihm gebührt, auch erweisen kann.

Wenn aber für die spätere Zeit die Gottheit, wie die Philosophen sie verstehen lehren, nicht mehr beeinflußbar ist – sie ist (wie bei Platon) ethisch rigoroser gefaßt, läßt sich den Groll über die Missetat nicht mehr durch Opfer abkaufen, und ist überhaupt ihrem Wesen nach unwandelbar und keiner Manipulation zugänglich, oder sie ist (wie bei Aristoteles und Epikuros) als glückseliges Wesen jenseits unseres Kosmos der Menschenwelt zu weit entrückt, um sich ihr zuwenden zu wollen oder zu können – so müßte das recht eigentlich das Ende des Kultes bedeuten. Aber bekanntlich hat sich nicht nur die religiöse Praxis um diese theoretische Konsequenz aus den

---

9 C. Auffahrt, "Der Opferstreik. Ein altorientalisches 'Motiv' bei Aristophanes und im homerischen Hymnus", *GrazBeitr* 20 (1994) 59–86, bes. 76–83.

Konzeptionen der Philosophen nicht gekümmert; die Philosophen selbst zogen mehrheitlich diese Konsequenz nicht, sondern entschieden sich (mit der bemerkenswerten Ausnahme des Empedokles) für eine ausgesprochen konservative Haltung zur tradierten Religion[10].

Das mag schwer nachvollziehbar sein für eine Zeit, die sich an den Gedanken gewöhnt hat, Veränderungen im Bereich der politisch-sozialen Ordnung wie in dem des öffentlichen Bewußtseins und der durchschnittlichen Mentalität seien durch Vordenker zu planen und aktiv herbeizuführen[11]. Denken wir aber an die archaische Konzeption der Beziehung von Menschen und Göttern, so bietet sich vielleicht ein Anhaltspunkt, von dem aus sich der seltsame Mangel an revolutionärem Elan bei den griechischen Philosophen mit erklären ließe[12]. Der Kern dieser Konzeption war, daß der Mensch die Götter ehren muß, ihre τιμή nicht verletzen darf[13]. Die Philosophie hat die τιμή, die eine Beziehung zwischen dem Ehrenden und dem Geehrten ist, abstrakter gefaßt und umgeformt zum τίμιον, einer Eigenschaft, die sich allein vom Wesen des Ranghohen her bestimmt. Damit ist die erwähnte Reziprozität aufgegeben. Das Höhere braucht das Niedrigere nicht mehr. Das erlaubt es, das Göttliche weiterhin als das Ranghöchste oder τιμώτατον zu denken, ohne daß dieser Rang unmittelbar eine Forderung an das Verhalten des Einzelnen implizieren würde. Das Höchste wirkt als letzte Ursache gestuft in alle Bereiche hinein, und kann demnach auf den verschiedenen Stufen verschieden erfaßt werden. Ob man das Göttliche seiner Geistnatur gemäß geistig erfaßt im θεωρεῖν, oder es in abgeleiteten, von alters her tradierten bildhaften Vorstellungen findet, die nicht ein θεωρεῖν, sondern ein πράττειν – eben den Kult – verlangen, ist dann lediglich eine Frage des Niveaus, zu dem sich der einzelne in seiner Reaktion

10 Vgl. das Schlußkapitel "Philosophische Religion" bei Burkert 1977, 452–495 (zu Empedokles: 450. 469f.).

11 Auf das hierbei entstehende neuartige Problem der Ethikfolgenabschätzung macht mit Nachdruck aufmerksam H. Keuth, "Sozialwissenschaften, Werturteile und Verantwortung", in: H. Albert/K. Salamun (Hgg.), *Mensch und Gesellschaft aus der Sicht des kritischen Rationalismus,* Schriftenr. z. Philosophie Karl R. Poppers u. d. Kritischen Rationalismus 4 (Amsterdam 1993) 271–287.

12 *"mit* erklären" – es mag dafür auch pragmatische Gründe gegeben haben, denen hier nicht nachgespürt werden soll. Aber auch die inhaltliche Erklärung, wie sie hier versucht wird, erhebt nicht den Anspruch, alles Relevante erfaßt zu haben.

13 "Diese Götter sind vor allem auf ihre 'Ehre' bedacht, . . ., sie insistieren auf ihrem Vorrang": Burkert 1994, 34; vgl. auch ibid. 32: ". . . wie selbstverständlich in der Antike und anderwärts die Ehre des Gottes darin besteht, daß 'für den Gott' getötet wird, im blutigen Opfer."

auf das τίμιον erheben kann. Zu ändern ist jedenfalls wegen des reineren, vergeistigten Gottesbegriffs nichts – oder man müßte schon die Menschen selbst ändern (worüber sich die Alten weniger Illusionen hingaben als die Neuzeit, seit sie sich aufgeklärt nennt).

Beginnen wir mit Aristoteles: bei ihm ist die Loslösung des Göttlichen aus dem Bezug zum Menschlichen besonders deutlich. In der Nikomachischen Ethik lesen wir, es gebe keine ἀρετή eines Gottes (*Eth. Nic.* VII 1, 1145 a 26). Das könnte zunächst klingen wie eine Korrektur des schon zitierten homerischen Verses über die Götter τῶν περ καὶ μείζων ἀρετή, ist aber nicht so gemeint, vielmehr versucht Aristoteles auf den Spuren Homers – er zitiert Priamos' hyperbolische Worte über die *arete* seines Sohnes Hektor aus dem letzten Buch der *Ilias* (Ω 258 f.) – die Vorzüglichkeit des Gottes von der menschlichen abzuheben: sie ist für ihn τιμιώτερον ἀρετῆς (ib.), von höherem Rang als die menschliche sittliche Trefflichkeit. Dieser höhere Rang, der das Wort ἀρετή (anders als bei Homer) als nicht mehr angemessen erscheinen läßt, hebt die Götter auch über menschliches Lob hinaus. Es hat für Aristoteles etwas Komisches, wenn im Lob der Götter diese in Beziehung zu uns gesetzt werden (γελοῖοι γὰρ φαίνονται πρὸς ἡμᾶς ἀναφερόμενοι, *Eth. Nic.* I 12, 1101 b 19). Jedes Loben impliziert solch ein In-Beziehung-Setzen. Für die besten Dinge bzw. die vollkommensten Wesen gibt es kein Lob (τῶν ἀρίστων οὐκ ἔστιν ἔπαινος, b 22). Auch hier will Aristoteles gewiß nicht etwa die homerischen Hymnen, die die Götter preisen, abschaffen, sondern den Rang des Besten bzw. der Besten verdeutlichen: was ihnen zukommt, ist nicht Lob, ἀλλὰ μεῖζόν τι καὶ βέλτιον (b 22–23), nämlich das μακαρίζειν.

Welche Konzeption von Würde, Ehre, Rang liegt hier zugrunde, wenn Aristoteles die Götter von Lob und *arete* abtrennen will? Betrachten wir zunächst die gesellschaftliche und politische Ehre, die das Ziel des πολιτικὸς βίος ist (*Eth. Nic.* I 3, 1095 b 23). In der *Rhetorik* definiert Aristoteles die τιμή als "Zeichen des Ansehens des Wohltäters" (σημεῖον εὐεργετικῆς εὐδοξίας, 1361 a 28); geehrt werden vor allem Wohltäter (im weitesten Sinn) und solche, die es werden können (b 28–30). Die Asymmetrie des Verhältnisses, die Aristoteles hier nicht weiter erläutert[14], liegt in der Natur der Sache und wird aus den beigegebenen Beispielen (1361 a 30 sqq.) deutlich. Die Definition als σημεῖον εὐεργετικῆς εὐδοξίας faßt die Ehre ganz von der Seite der Ehrenden in den Blick. Die Bestimmung ihrer gesellschaftlichen Funktion

---

14 Vgl. jedoch die Erörterung *Eth. Nic.* IX 7, 1167 b 17 ff., warum der Wohltäter für den Empfänger der Wohltat mehr Freundschaft empfindet als umgekehrt.

in der *Nikomachischen Ethik* als "Preis der sittlichen Trefflichkeit" hingegen berücksichtigt die Auszeichnung und den Ausgezeichneten gleichermaßen: τῆς ἀρετῆς ἆθλον ἡ τιμή, καὶ ἀπονέμεται τοῖς ἀγαθοῖς (*Eth. Nic.* IV 7, 1123 b 35). Auch hier ist das Gefälle zwischen denen, die Ehre zuteilen, und denen, die sie empfangen, evident: es können nicht alle gleichermaßen ἀγαθοί sein. Mögen die Menschen faktisch auch vornehme Abkunft, Macht und Reichtum ehren, so gilt doch: κατ᾽ ἀλήθειαν ὁ ἀγαθὸς μόνος τιμητός (*Eth. Nic.* IV 8, 1124 a 20–25).

Wenn die τιμή in einem so eindeutigen Verhältnis zur ἀρετή steht, warum genügt sie dann nicht als das in der Ethik gesuchte eigentliche Ziel des Menschen? Sie ist zu äußerlich oder 'oberflächlich' (ἐπιπολαιότερον), hängt sie doch mehr von denen ab, die sie geben, als von dem, der sie empfängt; sie ist also nichts Eigenes und Beständiges, schwer zu Verlierendes (1095 b 23–26). Ferner wird sie selbst von denen, die sie erstreben, der *arete* untergeordnet, wollen sie doch auf Grund ihrer *arete* geehrt werden (b 26–30).

Die gesellschaftlich-politische Ehre ist also der symbolhafte Ausdruck des Verhältnisses zwischen Ungleichen, wobei der Geehrte der objektiv Überlegene und Ranghöhere ist, die Vergabe der Ehre aber bei den Geringeren liegt. Dies macht die Ehre zu etwas dem Trefflichen Äußerlichem. Sie bleibt ein hohes Gut, aber doch nur das größte der äußerlichen Güter (μέγιστον ... τῶν ἐκτὸς ἀγαθῶν, *Eth. Nic.* 1123 b 20). Wenn schon der ἀγαθός in seinem Wesen nicht über die τιμή erfaßt werden kann, um wieviel weniger dann der Gott, für den die Ehre, die wir ihm zollen (1123 b 18), noch weit unwesentlicher und äußerlicher sein muß.

Die *arete* hingegen gehört unzweifelhaft in die höchste Güterklasse, zu den Gütern der Seele (vgl. *Eth. Nic.* I 8, 1098 b 12–15). Doch unter den ἀγαθά der Seele ist sie nicht das höchste. Dreifach sind die ἀγαθά unterteilt: sie sind potentiell gut (bloße δυνάμεις) oder lobenswert (ἐπαινετά), oder τίμια. In dieser Einteilung, die in den *Magna Moralia* (1183 b 20 sq.) explizit getroffen, in der *Nikomachischen Ethik* klar vorausgesetzt wird, fallen die Tugenden unter die lobenswerten Dinge (ὁ μὲν γὰρ ἔπαινος τῆς ἀρετῆς, 1101 b 31; τὰ δ᾽ ἐπαινετά, οἷον ἀρεταί, 1183 b 27). Ihre Wertschätzung resultiert aus ihrem Bezogensein (πρός τί πως ἔχειν, 1101 b 13) auf anderes, hier die Handlungen, die wir durch sie zu vollbringen imstande sind – eben dieser Zug war aber, wie wir sahen, der Anlaß, die Begriffe Lob und Tugend von den Göttern fernzuhalten. 'Lobenswerte Grundhaltung' ist nachgerade eine Definition von *arete* (τῶν ἕξεων δὲ τὰς ἐπαινετὰς ἀρετὰς λέγομεν, 1103 a 9 sq.).

Über den lobenswerten Dingen stehen τὰ τίμια καὶ τέλεια (1102 a 1), um derentwillen alles andere unternommen wird. Niemand lobt Dinge dieser

Art, denn dergleichen ist κρεῖττον τῶν ἐπαινετῶν (1101b 29 sq.). Das hatte Eudoxos gut verstanden, der die Tatsache, daß die ἡδονή nicht gelobt wird, als Indiz für ihren Rang als das Gute schlechthin wertete (27–31). Die Bezogenheit der ἀρετή auf ein von ihr verschiedenes höchstes Ziel formulierte auch Epikuros in seiner Schrift Περὶ τέλους: τιμητέον τὸ καλὸν καὶ τὰς ἀρετὰς ... ἐὰν ἡδονὴν παρασκευάζῃ (fr. 22, 4 Arrighetti). Sein später Anhänger Diogenes von Oinoanda spricht von der τῷ ὄντι τειμία χαρά (fr. i, III 8 Smith): wahrhaft τίμιον ist für alle diese Denker nur das Ziel, die Eudaimonie (die von Aristoteles inhaltlich als Tätigsein der Seele gemäß der vollendeten ἀρετή, von Eudoxos, Epikuros und Diogenes als 'Lust' oder 'Freude' ausgelegt wird); was auf diese bezogen ist, ist nur ἐπαινετόν bzw. nur bedingt τιμητέον. In den *Magna Moralia* freilich lesen wir, auch die Tugend sei ein τίμιον (οὐκοῦν καὶ ἡ ἀρετὴ τίμιον, 1183b 25). F. Dirlmeier in seinem Kommentar[15] versuchte das zu rechtfertigen, wozu er freilich erst den Text ändern mußte; es bleibt die auch von ihm anerkannte Tatsache, daß die anderen beiden Ethiken die *arete* nur als ἐπαινετόν kennen. Andernfalls spräche ja auch nichts dagegen, sie den Göttern zuzusprechen. So aber bleiben die Tugenden bezogen auf τὰ καλά, die wir durch sie zu tun vermögen, und auf das Glück als letztes Ziel. Das Höchste aber ist, wie in *De motu animalium* in anderem Zusammenhang formuliert wird, zu göttlich und zu ranghoch als daß es auf etwas bezogen sein könnte (θειότερον καὶ τιμιώτερον ἢ ὥστ' εἶναι πρὸς ἕτερον, 700b 34–35). Oder – wieder im Bereich des menschlichen Handelns gesehen – das an sich Wertvolle ist das, was um seiner selbst willen gewählt wird, auch wenn nichts anderes daraus folgt (*Top.* 118b 25–26).

Im übrigen finden sich τίμιον und seine komparativischen und superlativischen Formen immer wieder im *Corpus Aristotelicum,* um Rangunterschiede in einem bestimmten Bereich zu bezeichnen. τιμώτερον und τιμώτατον können in allen erdenklichen Zusammenhängen auftreten. So sind für Aristoteles die Kehle und die Luftröhre τιμώτερα als die Speiseröhre (*Part. an.* 665a 22–26), Lebewesen mit größerer Körperwärme sind insgesamt τιμώτερα als solche mit geringerer (*Respir.* 477a 16), die Formen von Seele bzw. die Seelenteile sind τιμότητι unterschieden (*Gen. an.* 736b 31), oben ist τιμώτερον als unten (*Inc. an.* 706b 13), Reichtum ist ein τίμιον im Staat (*Pol.* 1273a 39), ebenso Vornehmheit (1283a 36). Das Adjektiv charakterisiert aber auch das fünfte Element (*Cael.* I 2, 269b 16), die Wissenschaft

---

15 Aristoteles: *Magna Moralia,* übers. v. F. Dirlmeier, Aristoteles: Werke in deutscher Übersetzung 8 (Berlin 1966²) 189.

und die Theorie (*Part. an.* 639 a 2), den *nous* (*Met.* Λ 9, 1074 b 26; *Eth. Nic.*
X 7, 1178 a 1), die φύσις der μουσική (*Pol.* 1340 a 1) und die vordere Seite
des Körpers (*Part. an.* 658 a 20–23).

Wie soll man Ordnung bringen in diese unendliche Fülle des Wertvol-
len und Ranghohen? Aristoteles selbst schafft gerne Ordnung mittels der
von ihm entdeckten Kategorien. So wie es das ἀγαθόν in allen Kategorien
als ein je verschiedenes gibt – das versichert er mit Nachdruck gegen Platon, der ein einheitliches Gutes als Prinzip für alles, was ist, ansetzte (*Eth.
Nic.* I 4, 1096 a 23–34, vgl. *Eth. Eud.* I 8, 1217 b 25–1218 a 1) –, so könnte
man auch erwarten, die τίμια nach diesem Schema geordnet zu sehen; einen
Ansatz dazu oder gar eine durchgeführte Aufzählung scheint es aber im
Corpus nicht zu geben.

Man könnte beginnen bei den Bewegungsrichtungen. Die Rotation des
Himmels steht für Aristoteles fest – aber in welcher Richtung dreht er sich?
Im Bereich des Ewigen kann nichts zufällig und beliebig sein; also muß die
Rotation des Himmels in die ranghöhere Richtung, ἐπὶ τὸ τιμιώτερον, erfolgen, d. h. rechts herum, so lesen wir in *De caelo* (II 5, 288 a 12). Doch Aristoteles weiß, daß dies eine bloße Meinung ist, kann er doch offenbar das
Prinzip[16], das hinter der behaupteten Überlegenheit von rechts über links
steht, nicht zur Evidenz bringen[17]; so hofft er, daß eines Tages jemand τὰς
ἀκριβεστέρας ἀνάγκας auffinden werde (287 b 34 f.).

Eindeutig höherrangig (τιμιώτερα) ist die Bewegung nach oben, denn der
Ort oben ist göttlicher als der unten (θειότερος γὰρ ὁ τόπος ὁ ἄνω τοῦ κάτω,
288 a 4–5). Der obere Bereich des Kosmos ist unvergänglich und unwandelbar. Was sich dort befindet, ist zwar nicht unkörperlich – wir können ja
den Himmel und seine Teile wahrnehmen –, wohl aber frei von Materie,
wenn unter Materie das zu verstehen ist, was bald in diese formende Substanz, bald in jene eingehen kann. Da die dortigen ewigen Substanzen ihr
Substrat nicht ändern, können sie nicht aus den hier unten bekannten Elementen bestehen. Aristoteles erschließt für sie ein Analogon zu den hiesi-
gen Stoffen, den *aither.* Dessen natürliche Bewegung ist die Kreisbewegung,
die eine vollkommene ist, und seine Natur ist von höherem Rang
(τιμιώτερα) als die der σώματα der sublunaren Welt (269 a 18 sqq.; b 15–17).
τίμια heißen ferner die Gestirne, die an diesem göttlichen oberen Ort

---

16 Vgl. 287 b 27 f. ἀνάγκη γὰρ καὶ τοῦτο (sc. die Bewegungsrichtung) ἢ ἀρχὴν εἶναι
ἢ εἶναι αὐτοῦ ἀρχήν.

17 Daß auch 'rechts' und 'links' nach dem Kriterium von 'früher' und 'später'
gestuft sind, wird 288 a 8 nur versichert.

kreisen (290a 32). Die Herkunft der wertenden Auszeichnung eines ranghöchsten Ortes im Kosmos, an dem sich das ranghöchste Element befinden
muß, zeigt das Kapitel *De caelo* II 13, wo mitten im Bericht über die Pythagoreer auf gewisse andere Denker verwiesen wird, die gleichfalls die Erde
nicht in der Mitte als der τιμωτέρα χώρα haben wollten (293a 27−b 1)[18].
Dies läßt an Platons Atlantis-Mythos denken, wo Zeus die Götter versammelt εἰς τὴν τιμωτάτην αὐτῶν οἴκησιν, die in der Mitte des gesamten Kosmos
liegt (*Crit.* 121 c 2 sq.).

In diesem Kosmos nun, dessen oberem Teil Aristoteles den Vorrang
zuteilt, gibt es Lebewesen vielfacher Art. Die wertmäßige Stufung der ζῷα
als Teil der *scala naturae* gehört zu den Dingen, die von Aristoteles' Natur-
auffassung mit am längsten Bestand hatten. In allen Lebewesen ist der *nous*
zugegen, καὶ τιμίοις καὶ ἀτιμοτέροις, so lesen wir in *De anima* − doch hier ist
Anaxagoras zitiert, und Aristoteles widerspricht denn auch (404b 3−6). Keineswegs bei allen ist der *nous* das Bestimmende, ja selbst bei den Menschen
kommt er nicht allen gleichermaßen zu (*An.* 404b 6). Ob eine Gattung
τιμώτερον oder ἀτιμότερον ist, hängt nach seiner Ansicht (bei der spontanen
Entstehung) von der Art ab, wie die in ihr wirksame ἀρχὴ ἡ ψυχική aufgenommen wird (*Gen. an.* 762a 24−26). Nach Maßgabe ihrer Teilhabe am
jeweiligen bestimmenden seelischen Prinzip sind selbst die Teile des Lebe-
wesens ranghöher oder rangniedriger (744b 12). Daß das Feuer höheren
Ranges ist als die Erde, ist der Grund dafür, daß ein Lebewesen um so höher
auf der *scala naturae* steht, je mehr Wärme es in sich hat (*Respir.* 477a
16 sq.)[19]. Als τιμώτατον ζῷον gilt im *Protreptikos* der Mensch (fr. 11 Ross =
Iambl. *Protr.* p. 51, 4 Pistelli). Dies ist freilich zu ergänzen durch die Feststellung in *De anima,* das Denkvermögen finde sich beim Menschen, καὶ εἴ
τι τοιοῦτόν ἕτερον ἔστιν ἢ τιμώτερον (414b 19), was man wohl mit Ross[20] als
Anspielung auf die Unbewegten Beweger lesen muß.

Teile haben nicht nur die Körper der Lebewesen, auch deren Entelechie,
die Seele, ist strukturiert, hat Seelenteile (auch wenn Aristoteles die Vorstellung von 'Teilen' der Seele problematisiert und durch die von 'Vermögen', δυνάμεις, ersetzen will: *An.* III 9, 432a 22 sqq.; vgl. auch *Eth. Nic.* I 13,
1102a 28−32). Das Ranggefälle dieser seelischen δυνάμεις ist das bestimmende Prinzip der *scala naturae:* διαφέρουσιν τιμιότητι αἱ ψυχαὶ καὶ ἀτιμίᾳ −

---

18 Vgl. hierzu Burkert 1962, 306 Anm. 17 (= 1972a, 327 n. 16).

19 Vgl. H. Happ, *Hyle. Studien zum aristotelischen Materiebegriff* (Berlin/New York
1971) 768f.

20 Aristotle: *De anima,* ed. with Introd. and Comm. by Sir D. Ross (Oxford 1961)
223.

mit diesen Worten in *Gen. an.* (736b 31) sind natürlich nicht ungleiche Einzelseelen gemeint, sondern die Formen von Seele vom θρεπτικόν über das αἰσθητικόν, ὀρεκτικόν und κινητικόν bis zum διανοητικόν, das – in diesem Zusammenhang jedenfalls – auch *nous* heißt[21]. Der *nous* aber ist das, was auch nach der *Nikomachischen Ethik* τιμιότητι πάντων ὑπερέχει (1178a 1).

Ein angeborenes Vermögen der Unterscheidung (eine δύναμις σύμφυτος κριτική, *An. Post.* II 19, 99b 35) gehört bereits zum αἰσθητικόν; alle Lebewesen haben Wahrnehmung. Auch für den Menschen ist sie der Ausgangspunkt aller Erkenntnis (99b 36–100b 5). Wozu sie selbst aber nicht ausreicht, ist das ἐπίστασθαι (I 31, 87b 28–88a 17), verstanden als Erkenntnis des Grundes und der Notwendigkeit einer Sache (I 2, 71b 9–12). Was notwendig ist, ist immer und überall so, es ist also allgemein, καθόλου (vgl. I 31, 87b 32f.). Das Allgemeine aber ist wertvoll, weil es die Ursache klarmacht (τὸ δὲ καθόλου τίμιον, ὅτι δηλοῖ τὸ αἴτιον 88a 5 sq.). Die allgemeine Erklärung ist τιμιωτέρα nicht nur als die Wahrnehmung, die beim Einzelnen stehen bleibt, sondern auch als das intuitive Erfassen, die νόησις, jedenfalls bei Dingen, die eine Ursache außerhalb ihrer selbst haben (88a 5–8). Erst bei den ersten Prinzipien des Erkennens ist die νόησις bzw. der νοῦς die überlegene ἕξις (II 19, bes. 100b 5–17).

Die ἐπιστήμη als ἕξις ἀποδεικτική (*Eth. Nic.* VI 3, 1139b 31) manifestiert sich in vielen Disziplinen. Sogleich stellt sich die Rangfrage. τιμιωτέρα καὶ βελτίων ἡ πολιτικὴ τῆς ἰατρικῆς, sagt Aristoteles zu Beginn der *arete*-Abhandlung in der *Nikomachischen Ethik* (*Eth. Nic.* I 13, 1102a 20 sq.), natürlich weil der Arzt es mit dem Körper, der nur ein Teil des Menschen (und nicht der ranghöchste) ist, zu tun hat, während der Politiker die Voraussetzungen für die εὐδαιμονία ἀνθρωπίνη (1102a 15) sicherzustellen hat. Mit spürbarer innerer Beteiligung verteidigt Aristoteles als Zoologe die Erforschung der rangniedrigeren Tiere (τὴν περὶ τῶν ἀτιμοτέρων ζῴων ἐπίσκεψιν, 645a 16) in dem berühmten Kapitel I 5 von *De partibus animalium* (644b 22–645a 23). Von den unvergänglichen Substanzen können wir leider nur wenig wissen, von den Lebewesen hier unten hingegen vieles, und das genau (644b 25–645a 1). Darin liegt eine Art Kompensation zugunsten der Zoologie im Vergleich mit der περὶ τὰ θεῖα φιλοσοφία (645a 3). Vorausgesetzt ist bei dieser Erwägung die (höhere) τιμιότης τοῦ γνωρίζειν (644b 32), der höhere Rang des Wissens vom Unvergänglichen.

---

21 *An.* B 3, 414a 31 sq. b 18. (Nur vier Seelenarten zählt Aristoteles in *Part. an.* 641b 4–10; als eigene Seelen -'teile' bzw. -'arten' werden erwogen das φανταστικόν *An.* 432a 31–b 3 und das βουλευτικόν 433b 3).

Was macht nun, allgemein gesprochen, den Rang einer Wissenschaft aus? Drei Stellen geben darüber übereinstimmende Auskunft, zwei frühe und eine späte. Nach der *Topik* und dem *Protreptikos* ist eine Wissenschaft höher zu werten als eine andere ἢ διὰ τὴν αὐτῆς ἀκρίβειαν ἢ διὰ τὸ βελτιόνων καὶ τιμιωτέρων εἶναι θεωρητικήν[22]. Nach eben diesen beiden Kriterien beansprucht der erste Satz von *De anima* für die Seelenkunde einen herausragenden Platz (402a 1–4). Der *Protreptikos* verwies auch noch auf die Nützlichkeit der Philosophie (fr. 5b Ross, p. 33, 30), doch ist dies ein Gesichtspunkt, der deutlich nur an die noch nicht für die Philosophie Gewonnenen gerichtet ist. Denn in Aristoteles' eigener Theorie der Eudaimonie und der θεωρία ist letztere καθ᾽ αὑτὴν τιμία (*Eth. Nic.* X 8, 1178b 31), ein Wert an sich (und sogar der höchste) und daher um ihrer selbst willen erstrebenswert. Anderes mag für sie nützlich sein, nicht aber sie für anderes.

Von den beiden anderen Kriterien tritt das eine, die Genauigkeit, zurück, es bleibt letztlich nur das des ontologischen Status des Objekts. Ausgesprochen ist das im K der *Metaphysik:* βελτίων δὲ καὶ χείρων ἑκάστη (sc. ἐπιστήμη) λέγεται κατὰ τὸ οἰκεῖον ἐπιστητόν (1064b 5 sq.). Das K ist schwerlich von Aristoteles selbst, doch was hier gesagt ist, ist auch in E 1 beim Vergleich der drei 'theoretischen Philosophien' (1026a 18 sq.) Mathematik, Physik, Theologik vorausgesetzt, wo es heißt: τὴν τιμιωτάτην δεῖ περὶ τὸ τιμώτατον γένος εἶναι (1026a 21). Ebenso hatte schon die einleitende Charakterisierung der metaphysischen Untersuchung in *Met.* A diese als σοφία bestimmt, und diese wiederum als θειοτάτη καὶ τιμιωτάτη (sc. ἐπιστήμη) (982a 1–6; 983a 5–7), übrigens mit Verweis (981b 25) auf *Eth. Nic.* VI 7, wo die σοφία bereits als ἐπιστήμη καὶ νοῦς τῶν τιμιωτάτων τῇ φύσει definiert war (1141b 3, vgl. 20).

Die Genauigkeit als Kriterium wird also dem ontologischen Kriterium der selbständigen Existenz untergeordnet[23]. Denn hinsichtlich des anderen ontologischen Kriteriums, der Unveränderlichkeit (E 1, 1026a 8–16), wären die Objekte der Mathematik denen der Physik überlegen. Aber sie existieren nicht für sich, sind nicht οὐσίαι χωρισταί, daher erscheint die Mathe-

22 Der oben zitierte Wortlaut ist Iambl. *De communi mathematica scientia* entnommen (p. 72, 8–10 Festa), dessen 23. Kapitel (p. 70, 1–74, 6 Festa) von Ph. Merlan, *From Platonism to Neoplatonism* (Den Haag 1968³) 141–153 dem Protreptikos zugewiesen wurde (zustimmend A.-J. Festugière, "Un fragment nouveau du Protreptique d'Aristote", *RevPhilos* 146, 1956, 117–127 und W. Theiler, in: Aristoteles, *Über die Seele*, übers. von W. Th. (Aristoteles, Werke in dt. Übers. 13), Berlin 1969³, 87; vorsichtiger W. Burkert 1962, 387f. = 1972a, 411). Die Parallele aus der Topik ist 157a 9–10.

23 Die Genauigkeit ist allerdings in A 2, 982a 13. 25–28 noch genannt unter den allgemein angenommenen Merkmalen des σοφός.

matik trotz ihres Vorsprungs an ἀϰρίβεια als die unterste theoretische Wissenschaft in der Klimax Mathematik – Physik – Theologik. Eine besondere Genauigkeit der Theologik wird in E 1 nicht mehr geltend gemacht, und aus Λ 8, wo die genaue Zahl der unbewegten Beweger Thema ist, wird klar, daß sie über solch eine Genauigkeit auch nicht verfügt. Die Astronomie hingegen gilt als die der Philosophie am nächsten verwandte (οἰϰειοτάτη φιλοσοφίᾳ), und dann wohl auch ranghöchste, unter den mathematischen Wissenschaften, nicht weil sie größere Exaktheit bewiese als Arithmetik und Geometrie[24], sondern weil nur sie von οὐσίαι handelt (1073 b 3–8).

Der Grund für die Zurückdrängung der Exaktheit als Rangkriterium liegt in der ontologischen Konzeption des Aristoteles. Wissenschaft sucht Gründe und Ursachen, letzte Begründung von Sachverhalten muß aber immer auf Substanzen rekurrieren, auf die alle anderen Bestimmungen bezogen sind. Erste Wissenschaft muß Wissenschaft der ersten Substanz sein. Kann sie dann aber noch ϰαθόλου sein, eine allgemeine Seinswissenschaft, die das Seiende als Seiendes erkennt? In dieser Form stellt Aristoteles die Frage am Ende von *Met.* E 1, anschließend an die Rangbestimmung der Theologik durch den Rang ihres Objektes. Dies ist die Kernfrage der aristotelischen Metaphysik geblieben: ist sie allgemeine Metaphysik, d. h. Ontologie, oder Theorie eines höchsten Seienden, spezielle Metaphysik als Theologik? Aristoteles' Antwort ist, daß sie beides ist, aber primär Wissenschaft vom τιμιώτατον γένος: dadurch ist sie *erste* Philosophie, und erst dadurch wird sie auch allgemein: ϰαθόλου οὕτως ὅτι πρώτη (1026 a 30). Nicht "allgemein" ohne weitere Bestimmung – so wie der Gattungsbegriff ϰαθόλου ist, weil er auf alle Artbegriffe, die er umfaßt, gleichermaßen zutrifft, sondern "allgemein in dem Sinne, daß sie die erste ist". Ihr Objekt, das θεῖον (1026 a 20), ist nicht Gattungsbegriff der anderen ὄντα, wohl aber erste in einer gestuften Reihe von Substanzen und die ἀρχή, von der die anderen abhängen (Λ 7, 1072 b 13 sq., vgl. *Cael.* 279 a 28–30) und von deren Seinsweise her auch die Seinsweise der nachgeordneten Substanzen zu verstehen ist. Von diesem Ersten her läßt sich überhaupt erst verstehen, was "seiend", rein als solches gedacht, was ὄν ἧ ὄν bedeutet, und was zu diesem Begriff gehört. Die Untersuchung dieser Substanz ist 'allgemein' nur in dem Sinn, daß alles, was sonst über die ὄντα gesagt werden kann, auf den so gewonnenen Seinsbegriff bezogen bleibt. Die ranghöchste Wissenschaft ist mithin 'allgemein', aber nicht höchste, *weil* allgemein, sondern umgekehrt 'allgemein' (in einem bestimmten Sinn), weil höchste und erste.

---

24 Das ist nach *Met.* 982 a 26–28 vielmehr auszuschließen.

Der höchste Rang eignet also dem ersten Prinzip[25]. Daß das τίμιον zur ἀρχή gehört, stand auch schon hinter den zuvor besprochenen Beispielen und wird von Aristoteles in unterschiedlichsten Zusammenhängen ausgesprochen. Öfters wird τίμιον mit Begriffen assoziiert, die auf die ἀρχή weisen, so wenn es in der Kategorienschrift heißt, τὸ βέλτιον καὶ τὸ τιμιώτερον πρότερον εἶναι τῇ φύσει δοκεῖ (14b 4 – das seiner Natur nach Erste ist ja das Prinzip), oder wenn im Zusammenhang der tierische Zeugung gesagt wird: τὰ τιμιώτερα καὶ αὐταρκέστερα τὴν φύσιν ἐστίν (Gen. an. 732a 17). Zweifellos könnte dieser Satz auch als generelle ontologische Aussage stehen, denn völlige Autarkie besitzt ja nur das Prinzip. Der Rang der spontan entstehenden Lebewesen bestimmt sich, wie wir sahen, nach der Art der Aufnahme der ἀρχὴ ἡ ψυχική (Gen. an. 762a 24–26), wie überhaupt die Seele ein τίμιον ist, weil sie οἷον ἀρχὴ τῶν ζῴων ist (An. 402a 6). Der schlichte Satz ἡ γὰρ ἀρχὴ τίμιον in De incessu animalium (706b 12) verrät noch nicht die sachliche Beziehung der beiden Begriffe, ebenso wenig wie die Nennung der ἀρχή in einer Liste von τίμια in den (unechten) Magna Moralia (1183b 23). Wenn hingegen die Eudaimonie in der Nikomachischen Ethik als letztes Ziel allen Handelns unter die τίμια καὶ τέλεια eingeordnet wird, und dies διὰ τὸ εἶναι ἀρχή (1102a 1 sq.), so wird klar, daß Rang und Wert allemal nur vom Prinzip kommen kann. Das steckt auch im Begriff des nous als θειότατον καὶ τιμιώτατον (Λ 9, 1074b 26), als Spitze der positiven Systoichie (Λ 7, 1072a 30–32) und damit Prinzip, von dem alles abhängt (1072b 14).

Aristoteles' Äußerungen zu Rang und Prinzip sind zu einem Teil ganz von der ihm eigenen Begrifflichkeit geprägt. So gilt ihm in der Metaphysik die ἐνέργεια als βελτίων καὶ τιμιωτέρα τῆς δυνάμεως (Θ 9, 1051a 4 sq.), ähnlich sagt er in De anima 430a 18 sq. ἀεὶ γὰρ τιμιώτερον τὸ ποιοῦν τοῦ πάσχοντος und fügt epexegetisch hinzu: καὶ ἡ ἀρχὴ τῆς ὕλης, "d. h. das Prinzip (ist ranghöher) als die Materie". An anderen Stellen scheint er seine Überzeugungen als ἔνδοξα, d. h. als allgemein akzeptierte Ansichten präsentieren zu wollen, so an der erwähnten Stelle der Kategorienschrift, wo das δοκεῖ auf die generelle Akzeptanz weist, oder an der Stelle über die Eudaimonie als Prinzip, wo die Fortsetzung lautet: τὴν ἀρχὴν δὲ καὶ τὸ αἴτιον τῶν ἀγαθῶν τίμόν τι

---

25 Daß dies auch für griechisches Denken keine Selbstverständlichkeit ist, zeigt die 'evolutionistische' Ontologie einiger Pythagoreer und des Speusippos, die Aristoteles Met. Λ 7, 1072b 30–1073a 3; N 4, 1091a 29–b 6 referiert. Es ist Aristoteles nicht entgangen, daß die pythagoreisch-speusippeische Sicht als philosophische Umsetzung des mythischen Denkens gelesen werden kann, in dem ja auch "nicht die ersten (Wesenheiten), wie Nacht und Himmel oder Chaos oder Okeanos" die Macht haben, "sondern Zeus" (1091b 5 sq.).

καὶ θεῖον τίθεμεν (1102a3sq.). "Wir" urteilen so – wer ist "wir"? Alle Griechen, die doch die θεοὺς τιμῇσι φερίστους (vgl. Emp. DK 31 B 23, 8) schon immer als (θεοί) δωτῆρες ἑάων (Od. 8, 325) auffaßten? Vielleicht. Beim höchsten Rang des Prinzips als Ursache des Guten (αἴτιον τῶν ἀγαθῶν) könnte man freilich auch an ein ἔνδοξον denken, das die σοφοί teilen[26]. Sehen wir uns bei anderen σοφοί um: Wo finden wir dieselbe enge Verknüpfung von τίμιον mit den drei Begriffen θεῖον, ἀρχή, ἀγαθόν wie bei Aristoteles?

Theophrastos in seinem kurzen metaphysischen Fragment verwendet sechsmal Formen von τίμιον, dazu einmal die Form ἐντιμότατα[27]. Dabei zitiert er u. a. den aristotelischen Vorrang der Luftröhre vor der Speiseröhre (11a10) und verwendet zweimal die Wortverbindung πρότερον καὶ τιμώτερον, einmal in Anwendung auf die ἐνέργεια (7b14). So weit ist also alles ganz aristotelisch. Willy Theiler bemerkte zu Theophrastos' Gebrauch des Wortes: "τίμιον ist Schulausdruck"[28]. Welcher Schule Terminologie fassen wir hier? Theiler dachte offenbar an die peripatetische, und so versteht es auch M. van Raalte in ihrem neuen Kommentar zu Theophrastos' Metaphysik[29]. Nun beziehen sich aber von Theophrastos' sechs Stellen zwei auf die Akademie: eine auf Speusippos, eine auf Platons Timaios[30]. Es besteht also Anlaß, nach der Verwendung des Wortes bei Aristoteles' und Speusippos' gemeinsamem Lehrer zu fragen, zumal noch ein weiterer Schüler Platons, Philippos von Opus, die in seinem Weltbild höchsten Wesenheiten, die Gestirngötter, als θεοὺς ... μεγίστους καὶ τιμωτάτους preist (Epin. 984d 5–6) und einen staatlichen Kult für sie fordert (985d1sqq.), damit auch diese θεῖα – deren von Seelen verursachte Bewegung τιμωτέρα ist im Vergleich mit jeder nur physischen Bewegung (988c6) – endlich als die τίμια, die sie sind (987a7sq.), Anerkennung finden.

26 Vgl. Top. 100b21sq. ἔνδοξα δὲ τὰ δοκοῦντα πᾶσιν ἢ τοῖς πλείστοις ἢ τοῖς σοφοῖς, καὶ τούτοις ἢ πᾶσιν ἢ τοῖς πλείστοις ἢ τοῖς μάλιστα γνωρίμοις καὶ ἐνδόξοις.

27 Theophr. Met. 6b28; 7b14; 10b26; 11a10. 12; 11a23, τῶν ἐντιμοτάτων 5b22.

28 W. Theiler, "Die Entstehung der Metaphysik des Aristoteles. Mit einem Anhang über Theophrasts Metaphysik", MusHelv 15 (1958) 85–105; Zitat ebd. 103 Anm. 63 (wieder in: F. P. Hager, Hrsg., Metaphysik und Theologie des Aristoteles, WdF 206, Darmstadt 1969, 266–298, Zit. 294 Anm. 63).

29 Theophrastus: Metaphysics, with an Introd., Transl. and Comm. by M. van Raalte, Mnemosyne Suppl. 125 (Leiden 1993) 288.

30 Theophr. Met. 11a23 = Speus. fr. 41 Lang = fr. 83 Tarán; Met. 6b28 hat keine exakte Entsprechung im Timaios, drückt aber den Grundgedanken dieses Dialogs (Vorrang von Struktur und Ordnung) in gut platonischer Weise aus. Zur Verbindung von τιμώτατα und τάξις könnte man ferner auf Pol. 285e4 (τιμώτατα) und Resp. 500c2 (τεταγμένα) verweisen (beides von den Ideen gesagt).

Nach menschlicher und göttlicher Einschätzung, sagt Sokrates im *Phaidros,* gibt es nichts Wertvolleres (τιμώτερον) als die Bildung der Seele (ψυχῆς παίδευσις)[31]. Dieses höchste Gut wird in der Eros-Rede dann inhaltlich erklärt als Entwicklung der angeborenen Fähigkeit zur Erinnerung an die vorgeburtlich geschauten Ideen, was bildlich auch als 'Leichtwerden' und als 'Beflügelung' der Seele dargestellt wird, als Wiedergewinnung der Fähigkeit des Aufschwungs zum göttlichen Ideenbereich[32]. Mit einer anderen lokalen Metapher beschreibt Platon im Anschluß an das Höhlengleichnis, das ja ebenfalls von der παιδεία (514a 1 sq.) handelt, diese als Kunst der 'Umwendung' der ganzen Seele, weg vom nachtartigen Tag der Werdewelt, hin zur wahren Tageshelle des Lichts der Idee des Guten[33]. 'Das Wertvollste' für den Menschen ist solche παιδεία, weil die Dinge, zu denen die Umwendung bzw. der Aufschwung führt, die Ideen selbst, τίμια sind (*Phdr.* 250b 2). Wenn in der aufsteigenden Reihe der Formen des Schönen im *Symposion* die seelische Schönheit τιμώτερον ist als die körperliche (210b 7), so folgt daraus, daß das Schöne selbst für Platon notwendig τιμώτατον sein muß. Und mit diesem Ausdruck belegt denn auch die unkörperlichen Dinge, die die 'schönsten' und 'bedeutendsten' sind, d. h. eben die Ideen, eine Stelle des *Politikos:* sie sind μέγιστα καὶ τιμώτατα[34]. Daß das Ranghöchste 'göttlich' ist, versteht sich gleichsam von selbst, wir finden daher die Ideen immer wieder als θειότατα benannt (*Pol.* 269d 6) oder als θεία (*Resp.* 500c 9) oder, mit kollektivem Singular, als τὸ θεῖον καὶ ἀθάνατον καὶ τὸ ἀεὶ ὄν (611e 2 sq.)[35].

Kann diese göttliche Ideenwelt, wie die homerische Götterwelt, rangmäßig abgestuft sein? Das Zögern des noch ganz jungen Sokrates, von gänzlich Wertlosem (ἀτιμότατον) eine Idee anzusetzen, wird vom alten Parmenides sanft korrigiert: es werde die Zeit kommen, ὅτε οὐδὲν αὐτῶν ἀτιμάσεις (*Parm.* 130c 5–e 4). Also postuliert er Ideen von allem, was ist. Heißt das auch: ranggleiche Ideen von allem? Das scheint die Stelle nicht

---

31 *Phdr.* 241c 5–6. Die Fortführung der sokratischen 'Sorge für die Seele' (vgl. *Apol.* 29e–30b) ist offensichtlich.

32 Wiedererinnerung *Phdr.* 249b 5–250c 6, ὑπόπτεροι καὶ ἐλαφροὶ γεγονότες 256b 4; Wesen der πτεροῦ δύναμις 246d 6–e 4, vorgeburtlicher Besitz von 'Flügeln' 251b 7, Beginn des erneuten Wachstums der Flügel 249c 4; 251b 1 sqq.

33 *Resp.* 518b 7–d 5, τέχνη ... τῆς περιαγωγῆς d 3 sq., und ψυχῆς περιαγωγὴ ἐκ νυκτερινῆς τινος ἡμέρας εἰς ἀληθινήν 521c 6, was Platon zugleich als Umschreibung der 'wahren Philosophie' versteht.

34 Was mit den 'größten und ranghöchsten Dingen' in 285e 4 gemeint ist, wird in 286a 5 sq. deutlich: τὰ γὰρ ἀσώματα, κάλλιστα ὄντα καὶ μέγιστα.

35 Vgl. *Phaed.* 81a 5, *Tim.* 90c 1, *Theaet.* 176e 4.

zu implizieren. Vielmehr heißen die dialektischen Grundbegriffe, die im *Sophistes* erörtert werden, mit gutem Grund μέγιστα γένη[36], und dies bestätigt die klare Aussage der *Politeia,* daß es auch beim wahren Sein ranghöhere und rangniedrigere Teile gibt[37].

Dieser Rang im Intelligiblen kommt vom Guten selbst. Die Idee des Guten als "Ursache alles Richtigen und Schönen" (*Resp.* 517 c 2) verleiht den Ideen nicht nur ihr Erkanntwerden, sondern auch ihr Sein und ihr Wesen (509 b 6–8) – überzeitliches Sein und vollkommene Erkennbarkeit machen aber den Rang der Ideen aus. Daß es im Sonnengleichnis (auch) um Rangbestimmung im Reich der Intelligibilia geht, wird mehrfach klar. Das Licht ist οὐκ ἄτιμον, es verbindet das Sehvermögen des Subjekts mit der Sichtbarkeit des Objekts als ein "Joch", das τιμώτερον ist als das anderer Sinnesvermögen (507 e 6–508 a 2). Gleiches gilt von den intelligiblen Entsprechungen von Sehvermögen und Licht: Wissenschaft und Wahrheit sind οὕτω καλά (508 e 4). Doch an den Rang ihrer Ursache kommen sie nicht heran, ἀλλ᾿ ἔτι μειζόνως τιμητέον τὴν τοῦ ἀγαθοῦ ἕξιν (509 a 4 sq.). Nach dieser Hinführung kommt die entscheidende Aussage nicht mehr überraschend: . . . οὐκ οὐσίας ὄντος τοῦ ἀγαθοῦ, ἀλλ᾿ ἔτι ἐπέκεινα τῆς οὐσίας πρεσβείᾳ καὶ δυνάμει ὑπερέχοντος (509 b 8–10). Aristoteles hatte offenbar den Wortlaut dieser Stelle im Sinn, als er von dem, was in seinem ontologischen Entwurf die höchste Stelle einnimmt, dem *nous,* schrieb: δυνάμει καὶ τιμιότητι πολὺ μᾶλλον πάντων ὑπερέχει (*Eth. Nic.* X 7, 1178 a 1 sq.). Bei Platon freilich ist dieses Höchste zugleich zeugender Vater[38], wie der Zeus der homerischen Religion, der folglich – wen könnte es verwundern – im Reich der Intelligibilia als 'König' herrscht, βασιλεύει[39].

---

36 Genauer: μέγιστα τῶν γενῶν ἃ νυνδὴ διῆμεν 254 d 4, vgl. προελόμενοι τῶν μεγίστων λεγομένων (sc. εἰδῶν) ἄττα 254 c 2–4; die Liste der fünf 'obersten Gattungen' ist also nicht vollständig. Weitere Grundbegriffe der akademischen Dialektik finden sich im *Parmenides* sowie bei Aristoteles, *Met.* Γ 2, 1003 b 35 f.; 1004 a 18; 1005 a 11–18.

37 *Resp.* 485 b 6 τιμώτερον – ἀτιμότερον μέρος (nämlich des immerseienden Seins, b 2).

38 *Resp.* 506 e 6 πατήρ, 508 b 12–13 die Sonne als τὸν τοῦ ἀγαθοῦ ἔκγονον (vgl. 506 e 3), ὃν τἀγαθὸν ἐγέννησεν; 517 c 3 die Idee des Guten φῶς καὶ τὸν τούτου κύριον τεκοῦσα.

39 *Resp.* 509 d 2; vgl. H. Dörrie, "Der König. Ein platonisches Schlüsselwort, von Plotin mit neuem Sinn erfüllt" (zuerst: *RevInternPhilos* 24, 1970, 217–235), in: ders., *Platonica minora,* Studia et testimonia antiqua 8 (München 1976) 390–405 (392: "Somit ist wahrscheinlich ein von Platon herrührender, altakademischer Sprachgebrauch nachzuweisen").

Dieser König und Vater, die Idee des Guten, ist "Ursache von Wissenschaft", αἰτία ἐπιστήμης (508 e 3, vgl. 509 b 6 sq.). ἐπιστήμη ist allgemein ein τιμιώτερον als die richtige Meinung, weil sie das Richtige an der Meinung durch Argument 'festzubinden' weiß (*Men.* 98 a 7). Im besonderen sind die Darlegungen (λόγοι) einer Wissenschaft nach einer Stelle im *Timaios* dem Gegenstand verwandt, den sie auslegen (29 b–c): die das Unwandelbare der Ideenwelt auslegenden *logoi* sind – so weit möglich – unwandelbar (*Tim.* 29 b 5–c 1). Nach Maßgabe ihrer Unwiderlegbarkeit (29 b 7) müßten sie dann auch am ontologischen Rang ihres Objektes teilhaben. Und je näher sie an die Darlegung des Prinzips als des μέγιστον μάθημα und der Quelle von allem Rang herankommen, desto τιμιώτερα sind die Darlegungen des Philosophen (vgl. *Phdr.* 278 d)[40].

Für die Dialektik als Weg zur ἀρχή beansprucht Platon Genauigkeit, ἀκρίβεια. Dem Mangel an Genauigkeit, der den hier und jetzt im geschriebenen Dialog geführten Gesprächen anhaftet (*Resp.* 435 d 1; 504 b 5), müßte auf einem anderen, längeren Weg abgeholfen werden[41]. Es wäre dies der Weg der Dialektik, von dem eben deswegen, weil er sich auf die größten Dinge richtet, auch die größte Genauigkeit zu fordern ist (504 d 8–e 3). Die philosophischen Regenten müssen, um den Staat erhalten und richtig lenken zu können, mit größtmöglicher Genauigkeit auf das intelligible Paradigma blicken können[42]. Da nur wenige herausragend Begabte die hohen Anforderungen, die der Weg der Philosophie stellt, erfüllen können, muß man im besten Staat denen, die die entsprechenden Anlagen nicht mitbringen, von vornherein "keinen Anteil geben an der genauesten Erziehung", d. h. der Dialektik[43].

---

40 Die oben angedeutete Auslegung der vieldiskutierten τιμιώτερα der platonischen Mündlichkeit ergibt sich aus dem im *Phaidros* überall gegenwärtigen Aufstiegsgedanken in Verbindung mit der platonischen Bedeutung von βοηθεῖν τῷ λόγῳ. Vgl. hierzu meine Beiträge "Mündliche Dialektik und schriftliches 'Spiel': *Phaidros*", in: Th. Kobusch/B. Mojsisch (Hgg.), *Platon. Seine Dialoge in der Sicht neuer Forschungen* (Darmstadt 1996) 115–130, und "Was heißt 'dem Logos zu Hilfe kommen'?", in: L. Rossetti (Hrsg.), *Understanding the Phaedrus. Proceedings of the II Symposium Platonicum*, Intern. Plato Studies 1 (Sankt Augustin 1992) 93–107.

41 *Resp.* 435 d 3; 504 b 2; c 9, vgl. 611 a 10–612 a 6 (mit dem Gegensatz νῦν 611 b 6 – τότε 612 a 3).

42 484 c 6–d 7 (θεώμενοι ὡς οἷόν τε ἀκριβέστατα, d 1), vgl. 505 d 2–506 b 1.

43 *Resp.* 503 d 8–9 μήτε παιδείας τῆς ἀκριβεστάτης ... μεταδιδόναι μήτε ἀρχῆς, vgl. 474 c 2; 539 d 5. – Die verschiedenen Vorsichtsmaßnahmen (εὐλάβεια 539 b 1, vgl. a 9; d 3) zur Sicherung des richtigen Philosophierens, d. h. die esoterische Organisation des Studiums der Dialektik, wird dieses Geschäft τιμιώτερον ἀντὶ ἀτιμωτέρου machen (539 d 1).

Für die dazu Geeigneten aber erfolgt die Hinführung zur dialektischen Genauigkeit über die mathematischen Disziplinen. Bei Schilderung dieser propädeutischen Studien entwirft Platon eine rein mathematische Astronomie, deren Himmelsbewegungen diejenigen der empirischen Astronomie an Schönheit und Genauigkeit bei weitem übertreffen werden (529 c 7–530 d 5, bes. 529 c 8–d 2).

Im Blick auf dieses Beispiel nun läßt sich die von Platon intendierte größere Genauigkeit der Erkenntnis der μέγιστα καὶ τιμώτατα sehr klar in aristotelischen Begriffen erklären: Je mehr sich eine Wissenschaft auf begrifflich Früheres und Einfacheres richtet, umso mehr hat sie Genauigkeit, sagt Aristoteles in *Met.* M 3[44]. Platons reine Astronomie wäre zwar nicht ohne Bewegung, aber ihre Himmels-'körper' wären, als nichtempirische, ohne Masse, und so beträfe diese Astronomie Gegenstände πρότερα τῷ λόγῳ und wäre deshalb genauer.

Insofern nun bei Platon das, was dem Begriff nach früher ist, auch dem Sein nach früher ist – dies ist ja der Grundgedanke der Ideenhypothese –, ist bei ihm die Identität der genauesten Wissenschaft mit der Wissenschaft vom seinsmäßig Ranghöchsten in den ersten Prämissen seines ganzen Entwurfs angelegt. Die höchste Idee, das Gute selbst, ist nichts anderes als das Eine selbst (*Met.* N 4, 1091 b 14–15). Das Eine aber ist der allgemeinste und absolut einfachste Begriff – die ἐπιστήμη hiervon hat, dank der Abwesenheit verunklarender Relationen, höchste 'Genauigkeit' und Sicherheit[45].

Und insofern Aristoteles gegen Platon nachweist, daß nicht alles, was dem Begriff nach früher ist, auch dem Sein nach früher ist – οὐ πάντα ὅσα τῷ λόγῳ πρότερα καὶ τῇ οὐσίᾳ πρότερα, *Met.* M 2, 1077 a 36–b 2 –, ist bei ihm das Auseinanderfallen der beiden Erfordernisse an die ranghöchste Wissenschaft vorprogrammiert. Ontologische Priorität beruht auf selbständiger

---

44 *Met.* M 3, 1078 a 9–13 καὶ ὅσῳ δὴ ἂν περὶ προτέρων τῷ λόγῳ καὶ ἁπλουστέρων, τοσούτῳ μᾶλλον ἔχει τὸ ἀκριβές (τοῦτο δὲ τὸ ἁπλοῦν ἐστιν), ὥστε ἄνευ γε μεγέθους μᾶλλον ἢ μετὰ μεγέθους, καὶ μάλιστα ἄνευ κινήσεως, ἐὰν δὲ κίνησιν, μάλιστα τὴν πρώτην· ἁπλουστάτη γάρ, καὶ ταύτης ἡ ὁμαλή.

45 Die Genauigkeit und Sicherheit der philosophischen Dialektik ist freilich nicht die der mathematischen Disziplinen. Noetische Einsicht ist nicht erzwingbar; ihr Zustandekommen gleicht eher dem 'Aufleuchten' eines Lichtes (*Epist.* 7, 341 c 6–d 2; 344 b 7, vgl. *Resp.* 435 a 2), das denen, die diese Erfahrung nicht gemacht haben, nicht verständlich zu machen ist (*Epist.* 7, 343 d 2–344 b 1). Sie ist ferner durch die Schrift nicht übertragbar (*Phdr.* 277 d 7–8). Diese Unterschiede zur Erkenntnisweise der ἄλλα μαθήματα (*Epist.* 7, 341 c 6) liegen an der Wurzel platonischer Esoterik, die z. B. auch an der unter diesem Aspekt kaum gewürdigten Stelle *Resp.* 539 d 3–6 zum Ausdruck kommt.

Existenz, begriffliche auf dem Vorausgesetztsein eines Begriffs durch einen anderen – "das aber liegt nicht zugleich vor" (ταῦτα δὲ οὐχ ἅμα ὑπάρχει, 1077b 4). Daher wird größere Genauigkeit nur für das begrifflich Frühere, nicht für das ontologisch Frühere postuliert (1078a 9, zit. o. Anm. 44). Der Erste Beweger ist, als reine *energeia,* erste und einfache Substanz (οὐσία πρώτη und ἁπλῆ, 1072a 31 sq.), hat also seinsmäßige Priorität. Als Spitze der intelligiblen Systoichie (ibid.) hat er gewiß auch begriffliche Priorität. Doch welche Art von Genauigkeit kommt der Erkenntnis dieses Ersten zu? Die von Platon intendierte Genauigkeit der Erkenntnis des Einen als absoluten Maßes und Bedingung der Möglichkeit aller 'späteren', letztlich auf es zu beziehenden 'genauen' Erkenntnis[46], sei sie Ideenerkenntnis oder mathematischer Art, kann es nicht sein. Denn die Reihe der zunehmend einfachen Dinge, deren Erkenntnis zunehmend genauer werden müßte, führt über Astronomie, Stereometrie, Geometrie und Arithmetik nicht zum Ersten Beweger, sondern zum ἕν. Dieses ist zwar auch für Aristoteles noch das Prinzip der Zahl[47], hat sonst aber als allgemeinster und damit leerster Begriff[48] durchaus nicht den Charakter eines Prinzips. Nur in der Sicht seiner akademischen Gegner können die obersten Gattungen (πρῶτα γένη) ἕν und ὄν der gleichsam natürliche Gegenstand der gesuchten höchsten Wissenschaft sein. Denn gäbe es sie nicht, so wäre auch alles andere aufgehoben, und da Prinzip das ist, was die anderen Dinge mit sich aufhebt (ἀρχὴ τὸ συναναιροῦν, *Met.* K 1, 1060a 1), machen sie ganz den Eindruck, Prinzipien zu sein, und gelten den Akademikern als πρῶτα τῇ φύσει (1059b 30)[49] – eine Einschätzung, die Aristoteles, wie erwähnt, durch die Trennung von τῷ λόγῳ πρότερον und τῇ οὐσίᾳ πρότερον unterläuft. Größte Allgemeinheit kommt auch der Erkenntnis der ἀξιώματα zu (*Met.* B 2, 997a 13). Der *nous,* der sie erfaßt, ist als Erkenntnisweise 'genauer' als die beweisende Wissenschaft, mithin das genaueste unserer Vermögen (*An. Post.* 100b 8). Die Axiome sind zwar die sichersten Prinzipien der Erkenntnis (*Met.* Γ 3, 1005b 11–23), doch haben sie nicht die Seinsart der Substanz. Die Beschäftigung

---

46 Vgl. hierzu D. Kurz, *AKPIBEIA. Das Ideal der Exaktheit bei den Griechen bis Aristoteles,* Göppinger akad. Beitr. 8 (Göppingen 1970) 96–108.

47 *Met.* I 1, 1052b 23–24 τὸ ἕν ἀριθμοῦ ἀρχὴ ᾗ ἀριθμός, vgl. Δ 6, 1016b 18; 15, 1021a 12–13; N 1, 1088a 7–8.

48 *Met.* I 2, 1053b 20 τὸ γὰρ ὂν καὶ τὸ ἕν καθόλου κατηγορεῖται μάλιστα πάντων, ähnlich B 3, 998b 21; 4, 1001a 22 (vgl. K 1, 1059b 24–30).

49 Das Problem der siebten Aporie (*Met.* B 3, 998b 14 sqq.) wird im obigen Text in der kürzeren Fassung aus K 1, 1059b 24–1060a 1 zitiert, die sachlich nichts Unaristotelisches enthält.

sowohl mit den allgemeinsten Bestimmungen ἕν und ὄν als auch mit den
Axiomen gehört in den Aufgabenbereich des ('ersten') Philosophen (Γ 2,
1004a 31–b 10; 3, 1005b 5–8); doch diese Aufgaben sind, weil anderswo
nicht unterzubringen, von der 'ersten Philosophie' als der Wissenschaft der
Substanz lediglich mitzuversehen, wobei diese ihren Rang nicht etwa aus
der Allgemeinheit, Genauigkeit und Sicherheit dieses Teils ihrer Aufgaben
bezieht, sondern vom göttlichen Rang ihres ersten und vorzüglichsten
Objekts (E 1, 1026a 21).

So dürfte also der platonische Entwurf mit dem Guten an der Spitze die
auch bei Aristoteles anzutreffende enge Verbindung der Begriffe ἀγαθόν,
θεῖον, ἀρχή und τίμιον erklären. τίμιον ist "Schulausdruck", wie Theiler sah,
aber doch wohl der Akademie, nicht erst des Peripatos. Der gleichsam
homerisch-theologisch gedachte 'Vater' und 'König' der Ideenwelt ist die
Quelle aller τιμότης der τίμα und zugleich Bedingung der Möglichkeit wie
auch Objekt des genauesten Wissens. Der Zerfall dieser ursprünglichen Einheit bei Aristoteles ist deutlich[50]. Das programmatische Nebeneinander der
beiden Kriterien des ontologischen Ranges und der Genauigkeit zeigt seine
Platonnähe, das faktische Auseinanderfallen der Kriterien ist Gradmesser seiner Entfernung von seinem Lehrer.

Die Desintegration des einheitlichen Weltverständnisses ging nach Aristoteles weiter, wenn auch zunächst weder schnell noch geradlinig. Gegen-
bewegungen wie der Neuplatonismus in der Spätantike oder der Hegelia-
nismus in der Neuzeit konnten den Zug erst zur Pluralität der Prinzipien,
schließlich zur Negation des Begriffs Prinzip überhaupt im 20. Jh. nicht
aufhalten. Was bleibt, ist eine gewisse Wertschätzung der Wissenschaften: τῶν
καλῶν καὶ τιμίων τὴν εἴδησιν ὑπολαμβάνοντες … Und hier wiederum hat
immer noch Rang und Ansehen das Wissen, das mehr umfaßt als anderes:
τίμιον τὸ καθόλου gilt weiterhin, sofern das καθόλου nicht einen generischen
Allgemeinheitsanspruch anzeigen soll, sondern ein Wissen, das sich auf vieles, möglichst auf alles andere irgendwie – nicht notwendig auf alles in der
gleichen Weise – auswirkt. So wird man verstehen, daß diese Studie dem
Gelehrten gewidmet ist, dessen Forschungen und Ergebnisse sich auf sozusagen alle Bereiche des weiten Feldes der Altertumswissenschaften befruch-
tend ausgewirkt haben.

---

50 Zur 'Pragmatientrennung' als Auflösung der von Platon intendierten Einheit der
Seins- und Erkenntnisordnung vgl. H. J. Krämer, *Arete bei Platon und Aristoteles. Zum
Wesen und zur Geschichte der platonischen Ontologie,* Abh. Heidelberger Akad. d. Wiss.,
Phil.-hist. Kl. 1959 : 6, 552–571, bes. 564–567.

WALTER BURKERT

Ein Schlußwort als Dank

Die 'letzte Vorlesung', die man an der Universität Zürich feierlich begeht, liegt hinter mir. Wenn mir hier Gelegenheit zu einem allerletzten Wort gegeben wird, das keine Vorlesung sein soll, so mag einem jener Professor einfallen, der bei Überreichung seiner umfangreichen Festschrift gesagt haben soll: Um Gottes willen, da muß ich ein ganzes Jahr arbeiten, bis ich das alles widerlegt habe. Nun, dem Alter, das unleugbar erreicht ist, geziemt eher irenische Freundlichkeit: Mein Dank an alle Organisatoren und Teilnehmer ist voll und uneingeschränkt, ganz besonders insofern ich hier nicht so sehr den Widerhall des Eigenen vernommen habe als vielmehr weiterführende, auch kritische Erkundungen.

Es ist so eine Sache mit dem 'Widerlegen': Karl Popper hat bekanntlich die Widerlegbarkeit einer These zum Kriterium der Wissenschaftlichkeit überhaupt erhoben: Sachhaltig ist, was widerlegt werden kann. Und da klingt mir noch in den Ohren, wie seinerzeit Wendy Doniger O'Flaherty nach einer meiner Sather-Vorlesungen in Berkeley sagte: "You have invented a myth, and you cannot be refuted." Dies klang anerkennend – und doch, da bleibt ein Stachel. Wir haben es im Bereich der Mythen und Kulte von vornherein mit 'Erfindungen' zu tun, wenn wir denn die Möglichkeit der 'Offenbarung' im heidnischen Bereich nicht ernsthaft verfolgen; und insofern wir versuchen, solche Projektionen, Symbole, Sinn-Erfindungen nachzuvollziehen, sind wir dann unvermeidbar selbst am 'Erfinden'? Dabei zielen im kulturgeschichtlichen Kontext die neueren Trends sowieso darauf, kulturelle, ja ideologische 'Erfindungen' als solche aufzuweisen und darzustellen, sei es schon in der antiken Polis – Nicole Loraux, *L'invention d'Athènes*[1] –, sei es bei den Modernen – Marcel Detienne, *L'invention de la mythologie*[2].

---

1 *L'invention d'Athènes. L'histoire de l'oraison funèbre dans la cité classique,* Civilisations et sociétés 65 (Paris usw. 1981, 1993)[2].

2 Paris 1981.

Solche Herausforderungen kommen in erster Linie von unseren französischen Kollegen; wir haben uns ihnen zu stellen. So sprach hier auch Jan Bremmer über 'Constructing Religion'. Sind wir also selbst immer wieder mit der 'Erfindung des Altertums' befaßt, insbesondere der 'Erfindung der griechischen Religion', etwa von Jane Harrison bis Walter Burkert? Ein durchaus freundlicher Kollege sprach von den neueren mythologischen Studien, die sich entfaltet haben, wie von Werken aus einem Kreis epischer Sänger, wobei mir gar die Rolle des "Homer of this culture" zufallen sollte[3]. Daß solche Studien im übrigen vor allem in den Bereich der Tragödie ausstrahlen, versteht sich, wie dies denn auch in unserem Kreis durch den je besonderen Zugriff von Hugh Lloyd-Jones, Claude Calame und Eveline Krummen lebendig geworden ist.

Ich selber kann demgegenüber zunächst einmal nur vom eigenen Erleben berichten: Mein Eindruck war immer der, daß es nicht um ein Erfinden gehe, sondern um ein Finden. Da fällt einem etwas auf, vielleicht fällt es einem auch zu, vielleicht hat es ein anderer gezeigt, was Aufmerksamkeit erregt; man geht dem nach, man hält Augen und Ohren offen, und man findet dann weitere Einzelheiten oder plötzlich auch weithin offene, aufschlußreiche Perspektiven – vielerlei zeigt sich, oft ganz Unerwartetes, was sich dann doch zusammenfügt.

So waren für mich etwa, nach Abschluß meiner Pythagoreerstudien, zunächst die Anregungen von Reinhold Merkelbach wegweisend, der damals an seinem Buch über *Roman und Mysterium*[4] arbeitete und dabei in kühner, eindrucksvoller Weise Erzählung und Ritual verknüpfte. Gerade damals konnte ich zum ersten Mal an den Golf von Neapel reisen, und ich erlebte unmittelbar nacheinander die Karfreitagsprozession in Sorrent und den Fries der *Villa dei Misteri* in Pompei; irgendwie schien dies miteinander zu tun zu haben, das harte Insistieren auf dem Tod und die verschleierte Verheißung der Sexualität. Die längst bestehende wissenschaftliche Terminologie von Festzyklen, Initiationsbräuchen, *rites de passage* ließ sich dann nachträglich in den Bibliotheken erarbeiten. Danach kam, anläßlich meiner ersten selbständigen Griechenlandreise, die intensivere Begegnung mit griechischem Land und griechischer Kunst, insbesondere mit den älteren Vasenbildern in den Museen; da traten Gewalt und Opfer weit stärker in den Vordergrund und lenkten den Weg von den ins Auge gefaßten Initiationsritualen um zu *Homo Necans*[5].

---

3 K. Dowden, Rez. v. Bonnechère 1994, *ClassRev* 46 (1996) 278f.
4 *Roman und Mysterium in der Antike* (München/Berlin 1962).
5 Burkert 1972b/1983.

So verfolgt man den Weg, der sich öffnet, vom einen zum anderen, findet Texte und Kontexte in sich weitenden Ringen. Es sei nicht behauptet, daß solcher Weg über das persönliche Glück des Findens hinaus einem objektiven Fortschritt der Wissenschaft oder gar des Weltgeistes entspreche. Ich sehe mich eher in der von Epiktet beschriebenen Situation[6], wie Reisende an einem Strand spazieren gehen und einige hübsche Muscheln und Schneckenhäuser auflesen, mit Interesse und mit Freude – bis der Steuermann zur Abfahrt ruft. Ende und Abschied sind nicht zu umgehen. Immerhin, selbst bei Epiktet richtet sich der Blick auf eine fremdartige Vielfalt und geht mit der Freude des Findens einher: Es ist nicht so, daß wir im Vexierspiegel immer nur das eigene Antlitz erblicken.

Besonders beglückt uns als Finder, wenn Neues in den Blick tritt. Gerade nach Abschluß des Buchs *Weisheit und Wissenschaft*[7] erfuhr ich vom Papyrus von Derveni, der Mythologie und Philosophie so eigenartig verknüpft; die jahrzehntelange Bemühung um diesen Text ist zu einer fast abenteuerlichen Entdeckungsreise geworden, wobei Martin West mit seinen Erkundigungen in Thessaloniki den bedeutenderen Beitrag geleistet hat[8]. Aber auch die Goldblättchen, die immer wieder neu aufgetaucht sind und unser Wissen dramatisch erweitert und auch modifiziert haben, strahlen dieses Glück des Findens aus; den ersten Hinweis auf das Hipponion-Täfelchen gab mir seinerzeit Fritz Graf aus Rom. Gut, daß die *lamellae* auch in diesem Kolloquium in den Beiträgen von Christoph Riedweg und Hans Dieter Betz ihren gebührenden Platz gefunden haben. Ein anderer überraschender Fund, aus anderer Epoche und anderen Stils, ist der Mani-Codex von Köln, von dem Albert Henrichs bei der Tagung der Mommsen-Gesellschaft 1969 erstmals Kunde brachte; wenn in diesem merkwürdigen Text Pflanzen klagen und Bäume bluten, wenn gerade die Manichäer um die 'Schuld' beim Essen besorgt sind, ist man mit einem Mal doch wieder in der gleichen Welt von Opfer, Gewalt und Gewissen, mit der die *Homo Necans* sich auseinandergesetzt hatte.

Wie viel an Neuem aus dem Bereich des Spätantiken und Römischen zu gewinnen ist, haben John Scheid und Fritz Graf hier aufgezeigt. Fast schon selbstverständlich ist das Glück des Findens in der Archäologie.

---

6 *Ench.* 7.

7 Burkert 1962/1972a.

8 Vgl. "Graeco-Oriental Orphism in the Third Century B.C.", in: D. M. Pippidi (Hrsg.), *Assimilation et résistance à la culture gréco-romaine dans le monde ancien. Travaux du VIe Congrès International des Études Classiques, Madrid 1974* (Bukarest/Paris 1976) 221–226; West 1983, 68–115.

Dort fordern selbst bekannte Bilder neue Deutungen heraus – Erika Simon kann hier immer wieder Wichtiges zeigen; Peter Blome hat in überraschender Weise Motive des *homo necans* in der archaischen Kunst gefunden. Faszinierend sind erst recht jene versunkenen Kulturen am Rand der Geschichte, deren eigener Charakter sich doch fortschreitend erhellen läßt: Ich habe von der Kennerschaft von Nanno Marinatos und Robin Hägg im minoischen und mykenischen Bereich seit vielen Jahren profitiert. Schließlich hat mich die eigene Neugier auch besonders in den Alten Orient geführt, wo man so viel Zusätzliches kennenlernen kann; und es freut mich besonders, daß mich Martin West auch bei diesem Unternehmen begleitet oder vielmehr schon überholt hat[9].

Daß man auf solchen Wanderwegen nicht allein ist, sondern miterlebt und darauf angewiesen bleibt, daß Weggenossen die rechten Hinweise geben, die Augen öffnen, auch mit ihrer oft andersartigen Perspektive und vor allem auch mit ihrer Kritik die *mirages,* die nun einmal immer wieder auftreten, zu überwinden helfen, das ist eigentlich selbstverständlich in der Wissenschaft, soll aber doch ausdrücklich gesagt sein. Für methodische Reflexion haben an diesem Ort vor allem Albert Henrichs und Henk Versnel gesorgt, Gerhard Baudy hat eine alternative Perspektive ins Spiel gebracht, Thomas Szlezák hat die philosophische Dimension hinzugefügt. Daß unter Umständen durch methodische Kritik ein Zeugnis auch verloren geht, wie Philippe Borgeaud vorgeführt hat, ist in Kauf zu nehmen.

Daß auch ich manches finden und anderen zeigen konnte, was jetzt zur Verfügung steht und als Bereicherung gelten mag, ist besonders beglückend. In diesem Sinn ist zu hoffen, daß auch dieses Symposion insgesamt anderen Wesentliches zeigen kann und Wege zu weiterem Finden weist. Das persönliche Glück des συζητεῖν war an diesem Ort, wie ich glaube, für alle besonders spürbar. Dafür sei allen von Herzen gedankt.

9 Vgl. Early Greek Philosophy and the Orient (Oxford 1971); ders., The East Face of Helicon. West Asiatic Elements in Early Greek Poetry and Myth (ebd. 1997).

Gesamtbibliographie und Abkürzungsverzeichnis

(alle mehrfach zitierten Werke)

Albers 1994   Albers, G.: *Spätmykenische Heiligtümer. Systematische Analyse und vergleichende Auswertung der archäologischen Befunde*, Brit. Archaeol. Reports, Intern. Ser. 596, Oxford 1994.

Aronen 1992   Aronen, J.: "Notes on Athenian Drama as Ritual Myth-Telling within the Cult of Dionysos", *Arctos* 26 (1992) 19–37.

Alexiou 1974   Alexiou, M.: *The Ritual Lament in Greek Tradition*, Cambridge 1974.

D. Baudy 1987   Baudy, D.: "Strenarum commercium. Über Geschenke und Glückwünsche zum römischen Neujahrsfest", *RhMus* N. F. 130 (1987) 1–18.

Baudy 1986   Baudy, G.: *Adonisgärten. Studien zur antiken Samensymbolik*, Beitr. z. klass. Philologie 176, Frankfurt a. M. 1986.

Baudy 1992   –: "Der Heros in der Kiste. Der Erichthoniosmythos als Aition athenischer Erntefeste", *A & A* 38 (1992) 1–47.

Baudy 1995   –: "Cereal Diet and the Origins of Man. Myths of the Eleusinia in the Context of Ancient Mediterranean Harvest Festivals", in: J. Wilkins/D. Harvey/M. Dobson (Hgg.), *Food in Antiquity. International Conference on Food in Ancient Greece, Italy and the Mediterranean and Near East, 22-25 July 1992*, Exeter 1995, 177–195.

Bérard 1974   Bérard, C.: *Anodoi. Essai sur l'imagerie des passages chthoniens*, Bibl. Helv. Rom. 13, Rom 1974.

Bergquist 1988   Bergquist, B.: "The archaeology of sacrifice: Minoan-Mycenaean versus Greek", in: R. Hägg/N. Marinatos/G. C. Nordquist (Hgg.): *Early Greek Cult Practice. Proc. of the Fifth International Symposium at the Swedish Institute at Athens, 26–29 June, 1986*, Skrifter utg. av Svenska Institutet i Athen, 4°, Bd. 38, Stockholm/Göteborg 1988, 21–34.

Bernabé 1991   Bernabé, A.: "El poema órfico de Hiponion", in: J. A. López Férez (Hrsg.), *Estudios actuales sobre textos griegos (II jornadas internacionales, UNED, 25–28. octubre 1989)*, Madrid 1991, 219–235.

Bernabé i. Druck   –: "Platone e l'Orfismo", in: G. Sfameni Gasparro (Hrsg.), Gedenkschrift Ugo Bianchi, im Druck.

Besnier 1920   Besnier, M.: "Récents travaux sur les defixionum tabellae latines 1904–1914", *RPh* 44 (1920) 5–30.

Betz 1995   Betz, H. D.: *The Sermon on the Mount. A Commentary on the*
                             Sermon on the Mount, including the Sermon on the Plain (Mathew
                             5:3–7:27 and Luke 6:20–49), Minneapolis 1995.

Bianchi 1994   Bianchi, U. (Hrsg.): *The Notion of "Religion" in Comparative*
                             Research. Selected Proc. of the XVIth Congress of the Internatio-
                             nal Association for the History of Religions, Rome, 3rd–8th Sep-
                             tember, 1990, Storia delle religioni 8, Rom 1994.

Biehl 1989   Euripides: *Troades*, erkl. v. W. Biehl, Heidelberg 1989.

Bierl 1989   Bierl, A. F. H.: "Was hat die Tragödie mit Dionysos zu tun?
                             Rolle und Funktion des Dionysos am Beispiel der Antigo-
                             ne des Sophokles", *WüJbb* 15 (1989) 43–57.

Bierl 1991   –: *Dionysos und die griechische Tragödie. Politische und 'metathea-*
                             tralische' Aspekte im Text, Class. Monacensia 1, Tübingen 1991.

Björck 1938   Björck, G.: *Der Fluch des Christen Sabinus*, Papyrus Upsali-
                             ensis 8, Uppsala 1938.

Blegen/Rawson 1966   Blegen, C. W./M. Rawson: *The Palace of Nestor at Pylos in*
                             Western Messenia 1: The Buildings and their Contents, Prince-
                             ton 1966.

Bloch 1963   Bloch, H.: "The Pagan Revival in the West at the End of
                             the Fourth Century", in: A. Momigliano (Hrsg.), The Con-
                             flict between Paganism and Christianity in the Fourth Cen-
                             tury, Oxford 1963, 193–218.

Bonnechère 1994   Bonnechère, P.: *Le sacrifice humain en Grèce ancienne*, Kernos
                             Suppl. 3, Athen/Liège 1994.

Borgeaud 1979   Borgeaud, Ph.: *Recherches sur le dieu Pan*, Bibl. Helv. Rom.
                             17, Rom 1979.

Borgeaud 1991   – (Hrsg.): *Orphisme et Orphée, en l'honneur de Jean Rudhardt*,
                             Recherches et rencontres 3, Genf 1991.

Bottini 1992   Bottini, A.: *Archeologia della salvezza. L'escatologia greca nelle testi-*
                             monianze archeologiche, Bibl. di archeologia 17, Mailand 1992.

Bowersock et al. 1979   Bowersock, G. W./W. Burkert/M. C. J. Putnam (Hgg.):
                             Arktouros. Hellenic Studies presented to Bernard M. W. Knox on
                             the Occasion of His 65th Birthday, Berlin/New York 1979.

Bowie 1993   Bowie, A. M.: *Aristophanes. Myth, Ritual and Comedy*, Cam-
                             bridge 1993.

Bravo 1987   Bravo, B.: "Une tablette magique d'Olbia pontique. Les
                             morts, les héros et les démons", in: *Poikilia. Études offertes à*
                             Jean-Pierre Vernant, Paris 1987, 185–218.

Brelich 1969   Brelich, A.: *Paides e parthenoi*, Incunabula Graeca 36, Rom
                             1969.

Bremmer 1978   Bremmer, J. N.: "Heroes, Rituals, and the Trojan War",
                             StudStorRel 2 (1978) 5–38.

Bremmer 1996a/1994   –: *Götter, Mythen und Heiligtümer im antiken Griechenland*,
                             Darmstadt 1996 (überarb. Übers. v.: *Greek Religion*, Gree-
                             ce & Rome, New Surveys in the Classics 24, Oxford 1994).

Bremmer 1996b   –: "Modi di comunicazione con il divino. La preghiera, la divinazione e il sacrificio nella civiltà greca", in: S. Settis (Hrsg.), *I Greci. Storia, cultura, arte, società.* 1: *Noi e i Greci*, Turin 1996, 239–283.

Bünger 1910   Bünger, F.: *Geschichte der Neujahrsfeier in der Kirche*, Diss. Jena 1908, Berlin 1910.

Burian 1972   Burian, P.: "Supplication and Hero Cult in Sophocles' Ajax", GRBS 13 (1972) 151–156.

Burkert 1962/1972a   Burkert, W.: *Weisheit und Wissenschaft. Studien zu Pythagoras, Philolaos und Platon*, Erlanger Beitr. z. Sprach- u. Kunstwiss. 10, Nürnberg 1962 (überarb. als: *Lore and Science in Ancient Pythagoreanism*, tr. by E. L. Minar, Jr., Cambridge, Ma. 1972).

Burkert 1966a/1990c   –: "Greek Tragedy and Sacrificial Ritual", *GRBS* 7 (1966) 87–121 (dt.: "Griechische Tragödie und Operritual", in: ders., *Wilder Ursprung. Opferritual und Mythos bei den Griechen*, Berlin 1990, 13–39).

Burkert 1966b/1990d   –: "Kekropidensage und Arrhephoria. Vom Initiationsritus zum Panathenäenfest", *Hermes* 94 (1966) 1–25 (wieder in: ders., *Wilder Ursprung. Opferritual und Mythos bei den Griechen*, Berlin 1990, 40–59).

Burkert 1972b/1983   –: *Homo necans. Interpretationen altgriechischer Opferriten und Mythen*, RgVV 32, Berlin/New York 1972 (engl.: *Homo necans. The Anthropology of Ancient Greek Sacrificial Ritual and Myth*, tr. by P. Bing, Berkeley etc. 1983).

Burkert 1974   –: Rez."G. Zuntz, Persephone (Oxford 1971)", *Gnomon* 46 (1974) 321–328.

Burkert 1975   –: "Le laminette auree. Da Orfeo a Lampone", in: *Orfismo in Magna Grecia*, 1975, 81–104.

Burkert 1977a/1985a   –: *Griechische Religion der archaischen und klassischen Epoche*, Die Religionen der Menschheit 15, Stuttgart usw. 1977 (engl.: *Greek Religion*, tr. by J. Raffan, Cambridge, Ma./London 1985).

Burkert 1977b   –: "Orphism and Bacchic Mysteries. New Evidence and Old Problems of Interpretation", in: W. Wuellner (Hrsg.): *Protocol of the 28th Colloquy of the Center for Hermeneutical Studies in Hellenistic and Modern Culture (13 March 1977)*, Berkeley 1977, 1–10.

Burkert 1979   –: *Structure and History in Greek Mythology and Ritual*, Sather Class. Lectures 47, Berkeley usw. 1979.

Burkert 1980   –: "Neue Funde zur Orphik", *Informationen zum Altsprachlichen Unterricht* 2:2 (1980) 27–42.

Burkert 1981   –: "Glaube und Verhalten. Zeichengehalt und Wirkungsmacht von Opferritualen", in: *Le sacrifice*, 91–125 (Diskussion: ebd. 126–133).

Burkert 1982　　　　　　–: "Craft Versus Sect. The Problem of Orphics and Pythagoreans", in: Meyer/Sanders 1982, 1–22.

Burkert 1985b　　　　　–: "Opferritual bei Sophokles. Pragmatik – Symbolik – Theater", *AU* 28:2 (1985) 5–20.

Burkert 1987　　　　　　–: "The Problem of Ritual Killing", in: R. G. Hamerton-Kelly (Hrsg.), *Violent Origins. Walter Burkert, René Girard and Jonathan Z. Smith on Ritual Killing and Cultural Formation*, Stanford 1987, 149–176 (Diskussion: ebd. 177–188).

Burkert 1988a　　　　　Cape, R. W.: "An Interview with Walter Burkert", *Favonius* 2 (1988) 41–52.

Burkert 1988b　　　　　Burkert, W.: "Burkert über Burkert. 'Homo necans': Der Mensch, der tötet", *Frankfurter Allgemeine Zeitung* 178 (3. 8. 1988) 29f.

Burkert 1990a　　　　　–: *Antike Mysterien. Funktionen und Gehalt*, München 1990 (urspr.: *Ancient Mystery Cults*, Cambridge, Ma./London 1987).

Burkert 1990b　　　　　–: "Herodot als Historiker fremder Religionen", in: *Hérodote et les peuples non grecs*, Entretiens sur l'Antiquité classique 35, Vandœuvres-Genf 1990, 1–39.

Burkert 1992a　　　　　–: "Opfer als Tötungsritual: Eine Konstante der menschlichen Kulturgeschichte?", in: Graf 1992, 169–189.

Burkert 1992b　　　　　–: *The Orientalizing Revolution. Near Eastern Influence on Greek Culture in the Early Archaic Age*, Revealing Antiquity 5, Cambridge, Ma./London 1992 (urspr.: *Die orientalisierende Epoche in der griechischen Religion und Literatur*, Sitz.-Ber. Heidelberger Akad. d. Wiss. 1984:1.)

Burkert 1994　　　　　　–: *'Vergeltung' zwischen Ethologie und Ethik*, Carl Friedrich von Siemens-Stiftung, Themen 55, München 1994.

Burkert 1995　　　　　　"Der geheime Reiz des Verborgenen. Antike Mysterienkulte", in: H. G. Kippenberg/G. G. Stroumsa (Hgg.), *Secrecy and Concealment. Studies in the History of Mediterranean and Near Eastern Religions*, Stud. in the Hist. of Religions 65, Leiden usw. 1995, 79–100.

Burkert 1996　　　　　　–: *Creation of the Sacred. Tracks of Biology in Early Religions*, Cambridge, Ma./London 1996.

Buxton 1984　　　　　　Buxton, R.: *Sophocles*, Greece & Rome, New Surveys in the Classics 16, Oxford 1984.

Buxton 1992　　　　　　–: "Imaginary Greek Mountains", *JHS* 112 (1992) 1–15 (wieder in: ders., *Imaginary Greece. The Contexts of Mythology*, Cambridge usw. 1994, 81–97).

Calame 1977　　　　　　Calame, C.: *Les chœurs de jeunes filles en Grèce archaïque*, 2 Bde., Filologia e critica 20–21, Rom 1977.

Calame 1992　　　　　　–: *I Greci e l'eros. Simboli, pratiche, luoghi*, Rom/Bari 1992.

Calame 1995　　　　　　–: "Invocations et commentaires 'orphiques'. Transpositions funéraires de discours religieux", in: M. Mactoux/E. Geny (Hgg.), *Discours religieux dans l'Antiquité. Actes du colloque Be-*

	sançon 27–28 janvier 1995, Ann. Litt. de l'Univ. de Besançon 578, Centre de Recherches d'Histoire Ancienne vol. 150, 'Lire les polythéismes' 4, Paris 1995, 11–30.
Calame 1996	–: *Thésée et l'imaginaire athénien. Légende et culte en Grèce classique*, Lausanne ²1996.
Calder 1991	Calder III, W. M. (Hrsg.): *The Cambridge Ritualists Reconsidered. Proc. of the first Oldfather Conference, held on the campus of the University of Illinois at Urbana – Champaign, April 27–30, 1989*, ICS Suppl. 2, Illinois Stud. in the History of Class. Scholarship 1, Atlanta 1991.
Cameron 1939	Cameron, A.: "Sappho's Prayer to Aphrodite", *HThR* 32 (1939) 1–17.
Carpenter/Faraone 1993	Carpenter, T. H./C. A. Faraone (Hgg.): *Masks of Dionysus*, Ithaca/London 1993.
Casabona 1966	Casabona, J.: *Recherches sur le vocabulaire des sacrifices en grec des origines à la fin de l'époque classique*, Aix-en-Provence 1966.
Cassio 1987	Cassio, A. C.: "ΠΙΕΝ nella laminetta di Hipponion", *RFIC* 115 (1987) 314–316.
Cassio 1994	–: "ΠΙΕΝΑΙ e il modello ionico della laminetta di Hipponion", in: ders./P. Poccetti (Hgg.), *Forme di religiosità e tradizioni sapienziali in Magna Grecia, A.I.O.N.* Filol.-lett. 16 (1994), Pisa/Rom 1995, 183–205.
Ceragioli 1992	Ceragioli, R. Ch.: *Fervidus ille canis. The Lore and Poetry of the Dog Star in Antiquity*, Diss. Harvard Univ., Cambridge, Ma. 1992.
Champeaux 1989	Champeaux, J.: "'Pietas'. Piété personnelle et piété collective à Rome", *Bull. Ass. Budé* 1989, 263–279.
Clinton 1988	Clinton, K.: "Artemis and the Sacrifice of Iphigeneia in Aeschylus' *Agamemnon*", in: P. Pucci (Hrsg.): *Language and the Tragic Hero. Essays on Greek Tragedy in honor of Gordon M. Kirkwood*, Atlanta 1988, 1–24.
Colli 1981	Colli, G.: *La sapienza greca* 1, Mailand 1981³.
Comparetti 1910	Comparetti, D.: *Laminette orfiche*, Florenz 1910.
Cosi 1987	Cosi, D. M.: "L'orfico fulminato", *MusPat* 5 (1987) 217–231.
Despland 1979	Despland, M.: *La religion en Occident*, Montreal 1979.
Detienne/Vernant 1979	Detienne, M./J.-P. Vernant (Hgg.), *La cuisine du sacrifice en pays grec*, Paris 1979.
Deubner 1982	Deubner, L.: *Kleine Schriften zur klassischen Altertumskunde*, Beitr. z. Klass. Phil. 140, Meisenheim 1982.
Dickie 1995	Dickie, M. W.: "The Dionysiac Mysteries in Pella", *ZPE* 109 (1995) 81–86.
Dieterich 1913	Dieterich, A.: *Nekyia. Beiträge zur neuentdeckten Petrus-Apokalypse*, Leipzig/Berlin 1913² (1893¹).
Dolbeau 1992	Dolbeau, F.: "Nouveaux sermons de saint Augustin pour la conversion des païens et des donatistes (IV)", *RechAugust* 26 (1992) 69–141.

Dover 1978   Dover, K. J.: *Greek Homosexuality*, London 1978.

Dowden 1989   Dowden, K.: *Death and the Maiden. Girls' Initiation Rites in Greek Mythology*, London/New York 1989.

Durkheim 1899   Durkheim, É.: "De la définition des phénomènes religieux", *AnnSoc* 2 (1897–98) [1899] 1–28 (wieder in: ders., *Journal sociologique*, Paris 1969, 140–165).

Durkheim 1912   –: *Les formes élémentaires de la vie religieuse. Le système totémique en Australie*, Paris 1912, 1925² u. ö.

Duthoy 1969   Duthoy, R.: *The Taurobolium. Its Evolution and Terminology*, EPRO 10, Leiden 1969.

Easterling 1988/1993   Easterling, P. E.: "Tragedy and Ritual: 'Cry *Woe, woe*, but may the good prevail!'", *Métis* 3 (1988) [1991] 87–109 (gekürzt wieder als: "Tragedy and Ritual", in: Scodel 1993, 7–23).

Easterling 1990   –: "Constructing Character in Greek Tragedy", in: C.B.R. Pelling (Hrsg.), *Characterization and Individuality in Greek Literature*, Oxford 1990, 83–99.

Easterling 1991   –: "Euripides in the Theatre", *Pallas* 37 (1991) 49–59.

Edmunds 1981   Edmunds, L.: "The Cults and the Legend of Œdipus", *HSCP* 85 (1981) 221–238.

Edmunds 1996   –: *Theatrical Space and Historical Place in Sophocles' 'Œdipus at Colonus'*, Lanham, Md. 1996.

Elsner 1992   Elsner, J.: "Pausanias. A Greek Pilgrim in the Roman World", *Past & Present* 135 (1992) 3–29.

Faraone 1989   Faraone, C. A.: "An Accusation of Magic in Classical Athens (Ar. *Wasps* 946–48)", *TAPhA* 119 (1989) 149–161.

Faraone 1991   –: "The Agonistic Context of Early Greek Binding Spells", in: Faraone/Obbink 1991, 3–32.

Faraone 1993   –: "The Wheel, the Whip and Other Implements of Torture. Erotic Magic in Pindar Pythian 4.213–19", *CJ* 89 (1993) 1–19.

Faraone/Obbink 1991   –/D. Obbink (Hgg.): *Magika Hiera. Ancient Greek Magic and Religion*, New York/Oxford 1991.

Feil 1986   Feil, E.: *Religio. Die Geschichte eines neuzeitlichen Grundbegriffs vom Frühchristentum bis zur Reformation*, Forsch. z. Kirchen- und Dogmengesch. 36, Göttingen 1986.

Festugière 1973   Festugière, A. J.: "Tragédie et tombes sacrées", *RHR* 184 (1973) 3–24 (wieder in: ders., *Études d'histoire et de philosophie*, Paris 1975, 47–68).

Fless 1995   Fless, F.: *Opferdiener und Kultmusiker auf stadtrömischen historischen Reliefs. Untersuchungen zur Ikonographie, Funktion und Benennung*, Mainz 1995.

Foley 1985   Foley, H.: *Ritual Irony. Poetry and Sacrifice in Euripides*, Ithaca/London 1985.

Frel 1994   Frel, J.: "Una nuova laminella 'orfica'", *Eirene* 30 (1994) 183f.

French 1981a   French, E. B.: "Cult Places at Mycenae", in: Hägg/Marina-
                      tos 1981, 41–48.
French 1981b   –: "Mycenaean Figures and Figurines, their Typology and
                      Function", in: Hägg/Marinatos 1981, 173–177.
French/Wardle 1988   –/K. A. Wardle (Hgg.), *Problems in Greek Prehistory. Papers
                      presented at the Centenary Conference of the British School of
                      Archaeology at Athens, Manchester, April 1986*, Bristol 1988.
Friedrich 1983   Friedrich, R.: "Drama and Ritual", in: J. Redmond (Hrsg.),
                      Drama and Religion, Cambridge usw. 1983, 159–223.
Friedrich 1996   –: "Everything to Do with Dionysos? Ritualism, the Dio-
                      nysiac, and the Tragic", in: Silk 1996, 257–283.
Fritze 1893   Fritze, H. von: *De libatione veterum Graecorum*, Diss. Berlin 1893.
Fritze 1894   –: *Die Rauchopfer bei den Griechen*, Berlin 1894.
Furley 1981   Furley, W. D.: *Studies in the Use of Fire in Ancient Greek Reli-
                      gion*, New York 1981.
Gagé 1955   Gagé, J.: *Apollon romain. Essai sur le culte d'Apollon et le déve-
                      loppement du "ritus Graecus" à Rome des origines à Auguste*,
                      BÉFAR 182, Paris 1955.
Gallavotti 1978-79   Gallavotti, C.: "Il documento orfico di Hipponion e altri
                      testi affini", *MusCrit* 13–14 (1978–79) 337–359.
van Gennep 1909   Gennep, A. van: *Les rites de passage*, Paris 1909 (Ndr. Paris/
                      Den Haag 1969; Paris 1981, 1994).
Gernet 1983   Gernet, L.: *Les Grecs sans miracle. Textes 1903–1960*, réunis
                      et présentés par R. Di Donato, Paris 1983.
Giangiulio 1994   Giangiulio, M.: "Le laminette auree nella cultura religiosa
                      della Calabria Greca. Continuità ed innovazione", in: S. Set-
                      tis (Hrsg.), *Storia della Calabria antica. Età italica e romana*,
                      Rom 1994, 9–53.
Giangrande 1991   Giangrande, G.: "Zu zwei Goldlamellen aus Thessalien",
                      Minerva 5 (1991) 81–83.
Giangrande 1993   –: "La lamina orfica di Hipponion", in: Masaracchia 1993,
                      235–248.
Gigante 1979   Gigante, M.: "Il nuovo testo orfico di Hipponion", in: *Sto-
                      ria e Cultura del Mezzogiorno. Studi in memoria di Umberto Cal-
                      dora*, Cosenza o. J. (ca. 1979), 3–7.
Gigante 1990   –: "Una nuova lamella orfica e Eraclito", ZPE 80 (1990) 17f.
Gil 1978   Gil, J.: "Epigraphica 3", *Cuad. de filología clásica* 14 (1978)
                      83–120.
Girard 1972   Girard, R.: *La violence et le sacré*, Paris 1972.
Gleason 1986   Gleason, M. W.: "Festive Satire. Julian's *Mysopogon* and the
                      New Year at Antioch", *JRS* 76 (1986) 106–119.
Goldhill 1990   Goldhill, S.: "The Great Dionysia and Civic Ideology", in:
                      Winkler/Zeitlin 1990, 97–129.
Goody 1961   Goody, J.: "Religion and Ritual. The Definitional Pro-
                      blem", *BritJournSociol* 12 (1961) 142–164.

Graf 1974   Graf, F.: *Eleusis und die orphische Dichtung Athens in vorhelle-*
                     nistischer Zeit, RgVV 33, Berlin/New York 1974.

Graf 1985   –: *Nordionische Kulte. Religionsgeschichtliche und epigraphische*
                     Untersuchungen zu den Kulten von Chios, Erythrai, Klazomenai
                     und Phokaia, Bibl. Helv. Rom. 21, Rom 1985.

Graf 1991   –: "Textes orphiques et rituel bacchique. À propos des
                     lamelles de Pélinna", in: Borgeaud 1991, 87–102.

Graf 1992   – (Hrsg.): *Klassische Antike und neue Wege der Kulturwissen-*
                     schaften. Symposium Karl Meuli (Basel, 11.–13. September
                     1991), Beitr. z. Volkskunde 11, Basel 1992.

Graf 1993   –: "Dionysian and Orphic Eschatology. New Texts and Old
                     Questions", in: Carpenter/Faraone 1993, 239–258.

Graf 1994/1996/1997 –: *La magie dans l'antiquité gréco-romaine. Idéologie et pratique*,
                     Paris 1994 (überarb. dt. Ausg.: *Gottesnähe und Schadenzauber.*
                     Die Magie in der griechisch-römischen Antike, München 1996;
                     überarb. engl. Ausg.: *Magic in the Ancient World*, Cambridge
                     MA/London 1997).

Greimas 1966   Greimas, A.: *Sémantique structurale. Recherche de méthode*, Paris
                     1966.

Gruppe 1906   Gruppe, O.: *Griechische Mythologie und Religionsgeschichte*,
                     Hdb. d. Klass. Altertumswiss. 5:2:1–2, München 1906.

Guarducci 1939   Guarducci, M.: "Le laminette auree con iscrizioni orfiche
                     e l' 'obolo di Caronte'", *RendPontifAccArch* 15 (1939) 87–
                     95.

Guarducci 1972   –: "Il cipresso dell' oltretomba", *RFIC* 100 (1972) 322–327.

Guarducci 1974   –: "Laminette auree orfiche. Alcuni problemi", *Epigraphica*
                     36 (1974) 7–32.

Guarducci 1975   –: "Qualche osservazione sulla laminetta orfica di Hipponi-
                     on", *Epigraphica* 37 (1975) 19–24.

Guarducci 1978   –: "Laminette auree 'orfiche'", in: dies., *Epigrafia Greca* 4,
                     Rom 1978, 258–270.

Guarducci 1985   –: "Nuove riflessioni sulla laminetta 'orfica' di Hipponion",
                     RFIC 113 (1985) 385–397.

Guarducci 1987   –: *L'epigrafia greca dalle origini al tardo impero*, Rom 1987.

Guépin 1968   Guépin, J.-P.: *The Tragic Paradox. Myth and Ritual in Greek*
                     Tragedy, Amsterdam 1968.

Guthrie 1952   Guthrie, W. K. C.: *Orpheus and Greek Religion. A Study of*
                     the Orphic Movement, London 1952[2].

Hägg 1981   Hägg, R.: "Official and Popular Cults in Mycenaean Gree-
                     ce", in: Hägg/Marinatos 1981, 35–39.

Hägg 1990   –: "The Role of Libations in Mycenaean Ceremony and
                     Cult", in: Hägg/Nordquist 1990, 177–184.

Hägg 1994   – (Hrsg.): *Ancient Greek Cult Practice from the Epigraphical Evi-*
                     dence. Proc. of the Second International Seminar on Ancient Greek
                     Cult, organized by the Swedish Institute at Athens, 22–24

	November 1991, Skr. utg. av Svenska Institutet i Athen, 8°, Bd. 13, Stockholm 1994.
Hägg 1995	–: "State and Religion in Mycenaean Greece", in: R. Laffineur/W.-D. Niemeier (Hgg.), *Politeia. Society and State in the Aegean Bronze Age. Proc. of the 5th International Aegean Conference/5ᵉ Rencontre Égéenne Internationale, University of Heidelberg, Archäologisches Institut, 10–13 April 1994*, Bd. 2, Aegaeum 12:2, Liège/Austin 1995, 387–391.
Hägg/Marinatos 1981	Hägg, R./N. Marinatos (Hgg.): *Sanctuaries and Cults in the Aegean Bronze Age. Proc. of the First International Symposium at the Swedish Institute in Athens, 12–13 May 1980*, Skr. utg. av Svenska Institutet i Athen, 4°, Bd. 28, Stockholm 1981.
Hägg/Nordquist 1990	–/G. C. Nordquist (Hgg.): *Celebrations of Death and Divinity in the Bronze Age Argolid. Proc. of the Sixth International Symposium at the Swedish Institute at Athens, 11-13 June 1988*, Skr. utg. av Svenska Institutet i Athen, 4°, Bd. 40, Stockholm 1990.
Harrison 1908	Harrison, J. E.: *Prolegomena to the Study of Greek Religion*, Cambridge 1908² (1922³).
Hegyi 1968	Hegyi, D.: "Der Kult des Dionysos Aisymnetes in Patrae", *AAntHung* 16 (1968) 99–103.
Heikkilä 1991	Heikkilä, K.: "'Now I Have the Mind to Dance'. The References of the Chorus to their Own Dancing in Sophocles' Tragedies", *Arctos* 25 (1991) 51–67.
Henrichs 1982	Henrichs, A.: "Changing Dionysiac Identities", in: Meyer/Sanders 1982, 137–160.
Henrichs 1984	–: "The Eumenides and Wineless Libations in the Derveni Papyrus", in: *Atti del XVII Congresso Internazionale di Papirologia (Napoli, 19–26 maggio 1983), 2: Papirologia letteraria, testi e documenti egiziani*, Neapel 1984, 255–268.
Henrichs 1985	–: "'Der Glaube der Hellenen': Religionsgeschichte als Glaubensbekenntnis und Kulturkritik", in: W. M. Calder III/H. Flashar/Th. Lindken (Hgg.), *Wilamowitz nach 50 Jahren*, Darmstadt 1985, 263–305.
Henrichs 1990	–: "Between Country and City. Cultic Dimensions of Dionysus in Athens and Attica", in: M. Griffith/D. J. Mastronarde (Hgg.), *Cabinet of the Muses. Essays on Classical and Comparative Literature in honor of Thomas G. Rosenmeyer*, Atlanta 1990, 257–277.
Henrichs 1992	–: "Gott, Mensch, Tier. Antike Daseinsstruktur und religiöses Verhalten im Denken Karl Meulis", in: Graf 1992, 129–167.
Henrichs 1993	–: "The Tomb of Aias and the Prospect of Hero Cult in Sophokles", *ClAnt* 12 (1993) 165–180.
Henrichs 1994–95	–: "'Why Should I Dance?' Choral Self-Referentiality in Greek Tragedy", *Arion* 3:3:1 (1994–95) 56–111.

Henrichs 1994a   –: "Der rasende Gott. Zur Psychologie des Dionysos und des Dionysischen in Mythos und Literatur", *A&A* 40 (1994) 31–58.

Henrichs 1994b   –: "Anonymity and Polarity. Unknown Gods and Nameless Altars at the Areopagos", *ICS* 19 (1994) 27–58.

Henrichs 1996   –: *"Warum soll ich denn tanzen?" Dionysisches im Chor der griechischen Tragödie*, Lectio Teubneriana 4, Stuttgart/Leipzig 1996.

Henrichs i. Vorb.   –: "Wie ein Rind zur Schlachtbank. Zur Problematisierung der Opferthematik in der griechischen Tragödie", in: R. Schlesier (Hrsg.), *Internationales Symposium 'Mythos und Interpretation'*, i. Vorb.

Herbillon 1929   Herbillon, J.: *Les cultes de Patras*, Baltimore usw. 1929.

Himmelmann 1996   Himmelmann, N.: "Spendende Götter", in: ders., *Minima archaeologica. Utopie und Wirklichkeit der Antike*, Kulturgesch. d. ant. Welt 68, Mainz 1996, 54–61.

Himmelmann 1997   –: *Tieropfer in der griechischen Kunst*, Nordrhein-Westf. Akad. d. Wiss., Geisteswissenschaften, Vorträge G 349, Opladen 1997.

Hornung 1989   Hornung, E.: *Die Unterweltsbücher der Ägypter*, Zürich/München 1989[3].

Iacobacci 1993   Iacobacci, G.: "La laminetta aurea di Hipponion. Osservazioni dialettologiche", in: Masaracchia 1993, 249–264.

Jameson et al. 1993   Jameson, M. H. et al.: *A Lex Sacra from Selinous*, Greek, Roman and Byz. Monogr. 11, Durham 1993.

Janko 1984   Janko, R.: "Forgetfulness in the Golden Tablets of Memory", *CQ* 34 (1984) 89–100.

Jeanmaire 1939   Jeanmaire, H.: *Couroi et Courètes. Essai sur l'éducation spartiate et sur les rites d'adolescence dans l'antiquité hellénique*, Lille 1939.

Johnstone 1995   Johnstone, W. (Hrsg.): *William Robertson Smith. Essays in Reassessment*, Sheffield 1995.

Jordan 1985   Jordan, D. R.: "*Defixiones* from a Well near the Southwest Corner of the Athenian Agora", Hesperia 54 (1985) 205–255.

Jordan 1989   –: "A Note on a Gold Tablet from Thessaly", *Horos* 7 (1989) 129–130.

Jordan 1994   –: "Late Feast for the Ghosts", in: Hägg 1994, 131–143.

Jouanna 1992/1993   Jouanna, J.: "Libations et sacrifices dans la tragédie grecque", *REG* 105 (1992) 406–434 (gekürzt auch in: *AAntHung* 34, 1993, 77–93).

Kahil 1984   Kahil, L.: "Artemis", *LIMC* 2 (1984) 618–753.

Kamerbeek 1963   J.C. Kamerbeek, *The Plays of Sophocles. Commentaries*, 1: *The Ajax*, Leiden 1963[2] (1953[1]).

Kannicht 1969   Euripides: *Helena*, hrsg. u. erkl. v. R. Kannicht, 2 Bde., Heidelberg 1969.

Kearns 1989   Kearns, E.: *The Heroes of Attica*, BICS Suppl. 57, London 1989.

Keel 1992   Keel, O.: *Das Recht der Bilder, gesehen zu werden. Drei Fallstudien zur Methode der Interpretation altorientalischer Bilder*, Orbis Biblicus et Orientalis 122, Göttingen/Freiburg (Schweiz) 1992.

Kerényi 1928   Kerényi, K.: "ΑΣΤΕΡΟΒΛΗΤΑ ΚΕΡΑΥΝΟΣ", *ARW* 26 (1928) 322–330.

Kerényi 1976   –: *Dionysos. Urbild des unzerstörbaren Lebens*, Werke in Einzelausgaben 8, München/Wien 1976 (wieder: Werke in Einzelausgaben 1, Stuttgart 1994).

van Keuren 1989   Keuren, F. van: *The Frieze from the Hera I Temple at Foce del Sele*, Archaeologica 82, Rom 1989.

Kilian 1981   Kilian, K.: "Zeugnisse mykenischer Kultausübung in Tiryns", in: Hägg/Marinatos 1981, 49–58.

Kilian 1990   –: "Patterns in the Cult Activity in the Mycenaean Argolid", in: Hägg/Nordquist 1990, 185–197.

Kingsley 1995   Kingsley, P.: *Ancient Philosophy, Mystery, and Magic. Empedocles and Pythagorean Tradition*, Oxford 1995.

Kippenberg/Luchesi 1991   Kippenberg, H.G./B. Luchesi (Hgg.), *Religionswissenschaft und Kulturkritik. Beiträge zur Konferenz 'The History of Religions and Critique of Culture in the Days of Gerardus van der Leeuw (1890–1950)'*, Marburg 1991.

Knox 1961   Knox, B. M. W.: "The Ajax of Sophocles", *HSCP* 65 (1961) 1–37 (wieder in: ders., *Word and Action*, Baltimore/London 1979, 125–160).

Kovacs 1987   Kovacs, D.: *The Heroic Muse. Studies in the 'Hippolytus' and 'Hecuba' of Euripides*, AJPh Monogr. in Class. Phil. 2, Baltimore/London 1987.

Krauskopf 1988   Krauskopf, I. (– S. C. Dahlinger): "Gorgo, Gorgones", *LIMC* 4 (1988) 285–330.

Krauskopf 1995   –: "Schnabelkannen und Griffphialen aus Bronze und Ton (Nachrichten aus dem Martin-von-Wagner-Museum)", *ArchAnz* 1995, 501–526.

Kroll 1963   Kroll, J.: "Das Gottesbild aus dem Wasser", in: H. Kuhn/K. Schier, *Märchen, Mythos, Dichtung. Festschrift zum 90. Geburtstag Friedrich von der Leyens am 19. August 1963*, München 1963, 251–268.

Krummen 1993   Krummen, E.: "Athens and Attica. Polis and Countryside in Greek Tragedy", in: Sommerstein 1993, 191–217.

Lacroix 1949   Lacroix, L.: *Les reproductions de statues sur les monnaies grecques. La statuaire archaïque et classique*, Bibl. de la Fac. de Philos. et Lettr. de l'Univ. de Liège 116, Liège 1949.

Lafond 1991   Lafond, Y.: "Artémis en Achaïe", *REG* 104 (1991) 410–433.

Laks/Most 1997   Laks, A./G. W. Most (Hgg.): *Studies on the Derveni Papyrus*, Oxford 1997.

Lambrinoudakis 1981   Lambrinoudakis, V.: "Remains of the Mycenaean Period in the Sanctuary of Apollo Maleatas", in: Hägg/Marinatos 1981, 59–65.

Lazzarini/Cassio 1987   Lazzarini, M. L./A. C. Cassio: "Sulla laminetta di Hipponion", *AnnScNormPisa* 3:17 (1987) 329–334.

Lee 1976   Euripides: *Troades*, ed. with intr. and comm. by K. H. Lee,
Glasgow 1976.

Lehnus 1979   Lehnus, L.: *L'Inno a Pan di Pindaro*, Testi e documenti per
lo studio dell'antichità 64, Mailand 1979.

Lesky 1939   Lesky, A.: "Troilos 2", *RE* 7A (1939) 602–615.

Lesky 1972   –: *Die tragische Dichtung der Hellenen*, Studienh. z. Altertumswiss. 2, Göttingen 1972³.

Lewis 1955   Lewis, D. M.: "Notes on Attic Inscriptions (II)", *BSA* 50
(1955) 1–36.

Lloyd-Jones 1975   Lloyd-Jones, Sir H.: "On the Orphic Tablet from Hipponion", *ParPass* 30 (1975) 225f.

Lloyd-Jones 1983a   –: *The Justice of Zeus*, Sather Class. Lect. 41, Berkeley usw.
1983² (1971¹).

Lloyd-Jones 1983b   –: "Artemis and Iphigeneia", *JHS* 103 (1983) 87–102 (wieder in: Lloyd-Jones 1990b, 306–330).

Lloyd-Jones 1985   –: "Pindar and the Afterlife", in: *Pindare*, Entretiens sur
l'Antiquité classique 31, Vandœuvres-Genf 1985, 245–283
(wieder in: *Lloyd-Jones* 1990a, 80–109, m. Add. 1989).

Lloyd-Jones 1990a: *Greek Epic, Lyric, and Tragedy. The Academic Papers of Sir
Hugh Lloyd-Jones*, Oxford 1990.

Lloyd-Jones 1990b: *Greek Comedy, Hellenistic Literature, Greek Religion, and Mis-
cellanea. The Academic Papers of Sir Hugh Lloyd-Jones*, Oxford
1990.

Loraux 1981   Loraux, N.: *Les enfants d'Athéna. Idées athéniennes sur la citoy-
enneté et la division des sexes*, Paris 1981.

Lukes 1973   Lukes, S.: *Émile Durkheim. His Life and Work. A Historical
and Critical Study*, London 1973.

Luppe 1978   Luppe, W.: "Abermals das Goldblättchen von Hipponion",
ZPE 30 (1978) 23–26.

Luppe 1989   –: "Zu den neuen Goldblättchen aus Thessalien", ZPE 76
(1989) 13f.

Luschey 1938   Luschey, H.: *Die Phiale*, Diss. München 1938.

Luschey 1940   –: "Φιάλη", *RE* Suppl. 7 (1940) 1026–1030.

Marcovich 1976   Marcovich, M.: "The Gold Leaf from Hipponion", *ZPE* 23
(1976) 221–224 (wieder in: ders., *Studies in Greek Poetry*,
ICS Suppl. 1, Atlanta 1991, 138–142).

Marinatos 1986   Marinatos, N.: *Minoan Sacrificial Ritual. Cult Practice and Symbolism*, Skrifter utg. av Svenska Institutet i Athen, 8°,
Bd. 9, Stockholm 1986.

Marinatos 1988   –: "The Fresco from Room 31 at Mycenae. Problems of
Method and Interpretation", in: French/Wardle 1988,
245–251.

Marinatos 1993   –: *Minoan Religion. Ritual, Image and Symbol*, Columbia, S.C.
1993.

Martinetz et al. 1989   Martinetz, D. et al.: *Weihrauch und Myrrhe. Kulturgeschichte und wirtschaftliche Bedeutung*, Berlin (Ost) 1989/Stuttgart 1989.

Martinez 1991   Martinez, D. G.: *A Greek Love Charm from Egypt (P.Mich. 757)*, American Stud. in Papyrology 30, Michigan Papyri 16, Atlanta 1991.

Martinez 1995   –: "'May she neither eat nor drink'. Love Magic and Vows of Abstinence", in: Meyer/Mirecki 1995, 335–360.

Masaracchia 1993   Masaracchia, A. (Hrsg.): *Orfeo e l'Orfismo. Atti del Seminario Nazionale (Roma-Perugia 1985-1991)*, QUCC, Atti di Convegni 4, Rom 1993.

Massenzio 1968   Massenzio, M.: "La festa di Artemis Triklaria e Dionysos Aisymnetes a Patrai", *StudMatStorRel* 39 (1968) 101–132.

Matheson 1995   Matheson, S. B.: *Polygnotos and Vase Painting in Classical Athens*, Madison, Wisc. 1995.

Mattes 1970   Mattes, J.: *Der Wahnsinn im griechischen Mythos und in der Dichtung bis zum Drama des fünften Jahrhunderts*, Bibl. d. klass. Altertumswiss., N.F. 2:36, Heidelberg 1970.

Mauss/Hubert 1909   Mauss, M./H. Hubert: "Introduction à l'analyse de quelques phénomènes religieux", in: dies., *Mélanges d'histoire des religions*, Paris 1909, I–XLII (zuerst: *RHR* 58, 1908, 162–203; wieder in: Mauss 1968, 3–39).

Mauss 1968/1969   Mauss, M.: *Œuvres*, hrsg. v. V. Karady. Bd.1: *Les fonctions sociales du sacré*, Paris 1968; Bd. 2: *Représentations collectives et diversité des civilisations*, ebd. 1969.

Merkelbach 1975   Merkelbach, R.: "Bakchisches Goldtäfelchen aus Hipponion", *ZPE* 17 (1975) 8f.

Merkelbach 1988   –: *Die Hirten des Dionysos. Die Dionysos-Mysterien der römischen Kaiserzeit und der bukolische Roman des Longos*, Stuttgart 1988.

Merkelbach 1989   –: "Zwei neue orphisch-dionysische Totenpässe", *ZPE* 76 (1989) 15f.

Meslin 1970   Meslin, M.: *La fête des kalendes de janvier dans l'empire romain. Étude d'un rituel de Nouvel An*, Coll. Latomus 115, Brüssel 1970.

Meuli 1946/1975   Meuli, K.: "Griechische Opferbräuche", in: O. Gigon et al., *Phyllobolia für Peter Von der Mühll*, Basel 1946, 185–288 (wieder in: ders., *Gesammelte Schriften*, hrg. v. Th. Gelzer, Bd. 2, Basel/Stuttgart 1975, 907–1021.)

Meyer/Sanders 1982   Meyer, B. F./E. P. Sanders (Hgg.): *Jewish and Christian Self-Definition, 3: Self-Definition in the Graeco-Roman World*, London 1982.

Meyer/Mirecki 1995   Meyer, M./P. Mirecki (Hgg.): *Ancient Magic and Ritual Power*, Religions in the Graeco-Roman World 129, Leiden usw. 1995.

Meyer/Smith 1994   –/R. Smith (Hgg.), *Ancient Christian Magic. Coptic Texts of Ritual Power*, San Francisco 1994.

Moore 1988   Moore, A.: "The Large Monochrome Terracotta Figures
                      from Mycenae. The Problem of Interpretation", in: French/
                      Wardle 1988, 219–228.

Moraux 1960   Moraux, P.: *Une défixion judiciaire au Musée d'Istanbul*, Acad.
                      Royale de Belgique, Cl. des Lettres et des Sciences Morales
                      et Politiques, Mém., 8°, Série 2, t. 54, fasc. 2, Brüssel 1960.

Moret 1975   Moret, J.-M.: *L'Ilioupersis dans la céramique italiote. Les mythes
                      et leur expression figurée au IVe siècle*, 2 Bde., Bibl. Helv. Rom.
                      14, Rom 1975 (auch als Diss. Genf 1975).

Murray 1908   Murray, G.: "Critical Appendix on the Orphic Tablets", in:
                      Harrison 1908, 659–673.

Musti 1984   Musti, D.: "Le lamine orfiche e la religiosità d'area locrese",
                      QUCC 45 (1984) 61–83.

Mylonas 1972   Mylonas, G. E.: *Τὸ θρησκευτικὸν Κέντρον τῶν Μυκηνῶν/
                      The Cult Center of Mycenae*, Πραγματεῖαι τῆς Ἀκαδημίας
                      Ἀθηνῶν 33, Athen 1972.

Mylonas 1977   –: *Μυκηναϊκὴ θρησκεία. Ναοὶ, βωμοὶ καὶ τεμένη/Mycenaean
                      religion. Temples, altars and temenea*, Πραγματεῖαι τῆς
                      Ἀκαδημίας Ἀθηνῶν 39, Athen 1977.

Mylonas 1983   –: *Mycenae Rich in Gold*, Athen 1983.

Nilsson 1906   Nilsson, M. P.: *Griechische Feste von religiöser Bedeutung mit
                      Ausschluß der attischen*, Leipzig 1906 (Ndr. m. einer Einf. v.
                      F. Graf: Stuttgart/Leipzig 1995).

Nilsson 1916-19   –: "Studien zur Vorgeschichte des Weihnachtsfestes", *ARW*
                      19 (1916–19) 50–150, hier 50–94: "I. Kalendae Ianuariae".

Nilsson 1950   –: *The Minoan-Mycenaean Religion and Its Survival in Greek
                      Religion*, Skr. utg. av Kungl. Humanistika Vetenskapssam-
                      fundet i Lund 9, Lund 1950² (1927¹).

Olivieri 1915   *Lamellae aureae orphicae*, ed., commentario instruxit A. Olivieri,
                      Kleine Texte für Vorlesungen und Übungen 133, Bonn 1915.

Orfismo in Magna Grecia   *Orfismo in Magna Grecia. Atti del Quattordicesimo Convegno di
                      Studi sulla Magna Grecia (Taranto, 6–10 ottobre 1974)*, Nea-
                      pel 1975.

Otto 1975   Otto, Walter F.: *Aufsätze zur römischen Religionsgeschichte*,
                      Beitr. z. Klass. Philologie 71, Meisenheim 1975.

Papers on Greek Drama   Rodley, L. (Hrsg.): *Papers given at a Colloquium on Greek
                      Drama in Honour of R. P.Winnington-Ingram*, Soc. for the
                      Prom. of Hell. Stud., Suppl. Paper 15, London 1987.

Parker 1983   Parker, R.: *Miasma. Pollution and Purification in Early Greek
                      Religion*, Oxford 1983.

Parker 1995   –: "Early Orphism", in: A. Powell (Hrsg.), *The Greek World*,
                      London/New York 1995, 483–510.

Parker 1996   –: *Athenian Religion. A History*, Oxford 1996.

Peirce 1993   Peirce, S.: "Death, Revelry, and Thysia", *ClAnt* 12 (1993)
                      219–266.

Petropoulos 1988   Petropoulos, J. C. B.: "The Erotic Magical Papyri", in: *Proc. of the XVIIIth International Congress of Papyrology* 2, Athen 1988, 215–222.

Petropoulos 1993   –: "Sappho the Sorceress. Another Look at Fr. 1 (LP)", *ZPE* 97 (1993) 43–56.

Piccaluga 1982   Piccaluga, G.: "L'olocausto di Patrai", in: *Le sacrifice*, 243–277.

Pickard-Cambridge 1962   Pickard-Cambridge, Sir A. W.: *Dithyramb, Tragedy and Comedy*, 2nd ed. rev. by T. B. L. Webster, Oxford 1962 (1927[1]).

Pugliese Carratelli 1974a   Pugliese Carratelli, G.: "Un sepolcro di Hipponion e un nuovo testo orfico", *ParPass* 29 (1974) 108–126.

Pugliese Carratelli 1974b   –: "ΟΡΦΙΚΑ", in: ders., „Tra Cadmo e Orfeo. Contributi alla storia civile e religiosa dei Greci d'Occidente", Bologna 1990, 391–402 (= PP 29, 1974, 135–144).

Pugliese Carratelli 1975   –: "Sulla lamina orfica di Hipponion", *ParPass* 30 (1975) 226–231.

Pugliese Carratelli 1976   –: "Ancora sulla lamina orfica di Hipponion", *ParPass* 31 (1976) 458–466.

Pugliese Carratelli 1988   –: "L'orfismo in Magna Grecia", in: ders. (Hrsg.), *Magna Grecia* 3: *Vita religiosa e cultura letteraria, filosofica e scientifica*, Mailand 1988, 159–170.

Pugliese Carratelli 1993   –: *Le lamine d'oro 'orfiche'. Edizione e commento*, Mailand 1993.

Redfield 1990   Redfield, J.: "From Sex to Politics. The Rites of Artemis Triklaria and Dionysos Aisymnetes at Patras", in: D. M. Halperin/J. J. Winkler/F. I. Zeitlin (Hgg.), *Before Sexuality. The Construction of Erotic Experience in the Ancient Greek World*, Princeton 1990, 115–134.

Rehm 1994   Rehm, R.: *Marriage to Death. The Conflation of Wedding and Funeral Rituals in Greek Tragedy*, Princeton 1994.

Ricciardelli Apicella 1987   Ricciardelli Apicella, G.: "L'inizio della lamina di Ipponio", *Athenaeum* 75 (1987) 501–503.

Ricciardelli Apicella 1992   –: "Le lamelle di Pelinna", *SMSR* 58 (1992) 27–39.

Richardson 1974   N. J. Richardson, *The Homeric Hymn to Demeter*, Oxford 1974.

Riedweg 1987   Riedweg, C.: *Mysterienterminologie bei Platon, Philon und Klemens von Alexandrien*, Unters. z. ant. Lit. u. Gesch. 26, Berlin/New York 1987.

Riedweg 1993   –: *Jüdisch-hellenistische Imitation eines orphischen Hieros Logos. Beobachtungen zu OF 245 und 247 (sog. Testament des Orpheus)*, Class. Monacensia 7, Tübingen 1993.

Riedweg 1995   –: "Orphisches bei Empedokles", *A & A* 41 (1995) 34–59.

Robert 1915   Robert, C.: *Oidipus. Geschichte eines poetischen Stoffs im griechischen Altertum* 1, Berlin 1915.

L. Robert 1940   Robert, L.: *Les gladiateurs dans l'Orient grec*, Paris 1940.

Rohde 1898   Rohde, E.: *Psyche. Seelencult und Unsterblichkeitsglaube der Griechen*, 2 Bde., Freiburg i. Br. usw. 1898[2] (Ndr. in 1 Bd. Darmstadt 1991).

Rosivach 1994   Rosivach, V. J.: *The System of Public Sacrifice in Fourth-Cen-*
                        tury Athens, Atlanta 1994.

Rossi 1996   Rossi, L.: "Il testamento di Posidippo e le laminette auree
                        di Pella", *ZPE* 112 (1996) 59–65.

Rutter 1968   Rutter, J. B.: "The Three Phases of the Taurobolium",
                        Phoenix 22 (1968) 226–249.

Le sacrifice   *Le sacrifice dans l'Antiquité*, Entretiens sur l'Antiquité classique
                        27, Vandœuvres-Genf 1982.

Sakellarakis 1970   Sakellarakis, J. A.: "Das Kuppelgrab A von Archanes und das
                        kretisch-mykenische Tieropferritual", *PrähistZs* 45 (1970)
                        135–219.

Scalera McClintock 1991 Scalera McClintock, G.: "Non fermarsi alla prima fonte.
                        Simboli della salvezza nelle lamine auree", *Filosofia e teologia*
                        5 (1991) 396–408.

Scarpi 1987   Scarpi, P.: "Diventare dio. La deificazione del defunto nelle
                        lamine auree dell'antica Thurii", *MusPat* 5 (1987) 197–217.

Schefold 1989   Schefold, K./F. Jung: *Die Sagen von den Argonauten, von The-*
                        ben und Troja in der klassischen und hellenistischen Kunst, Mün-
                        chen 1989.

Schefold 1993   –: *Götter- und Heldensagen der Griechen in der Früh- und Hoch-*
                        archaischen Kunst, München 1993.

Scheid 1990   Scheid, J.: *Romulus et ses frères. Le collège des Frères Arvales,*
                        modèle du culte public dans la Rome des empereurs, BÉFAR 275,
                        Rom 1990.

Scheid 1995   –: "Le δεσμὸς de Gaionas", *MÉFAR* 107 (1995) 301–314.

Schilling 1979   Schilling, R.: *Rites, cultes, dieux de Rome*, Études et Com-
                        mentaires 92, Paris 1979.

Schlesier 1988   Schlesier, R.: "Die Bakchen des Hades. Dionysische Aspek-
                        te von Euripides' *Hekabe*", *Métis* 3 (1988) [1991] 111–135.

Schlesier 1993   –: "Mixtures of Masks. Maenads as Tragic Models", in: Car-
                        penter/Faraone 1993, 89–114.

Schlesier 1995   –: "Lust durch Leid. Aristoteles' Tragödientheorie und die
                        Mysterien. Eine interpretationsgeschichtliche Studie", in:
                        W. Eder (Hrsg.), *Die athenische Demokratie im 4. Jahrhundert*
                        v. Chr. Vollendung oder Verfall einer Verfassungsform?, Stuttgart
                        1995, 389–415.

Schmidt 1994   Schmidt, F.: "Des inepties tolérables. La raison des rites de
                        John Spencer à W. Robertson Smith", *ArchScSocRel* 39
                        (1994) 121–136.

M. Schmidt 1975   Schmidt, M.: "Orfeo e Orfismo nella pittura vascolare ita-
                        liota", in: *Orfismo in Magna Grecia*, 105–137.

Schmitt Pantel 1992   Schmitt Pantel, P.: *La cité au banquet. Histoire des repas publics*
                        dans les cités grecques, Coll. de l'École Franç. de Rome 157,
                        Rom 1992.

Schneider 1920-21   Schneider, F.: "Über Kalendae Ianuariae und Martiae im
                        Mittelalter", *ARW* 20 (1920–21) 82–134. 360–410.

Scodel 1980	Scodel, R.: *The Trojan Trilogy of Euripides*, Hypomnemata 60, Göttingen 1972.
Scodel 1993	– (Hrsg.): *Theater and Society in the Classical World*, Ann Arbor 1993.
Seaford 1981	Seaford, R.: "Dionysiac Drama and the Dionysiac Mysteries", *CQ* 31 (1981) 252–275.
Seaford 1984	Euripides: *Cyclops*, with introd. and comm. by R. S., Oxford 1984.
Seaford 1986a	–: "Immortality, Salvation, and the Elements", *HSCP* 90 (1986) 1–26.
Seaford 1986b	–: "Wedding Ritual and Textual Criticism in Sophocles' *Trachiniae*", *Hermes* 114 (1986) 50–59.
Seaford 1993	–: "Dionysus as Destroyer of the Household. Homer, Tragedy, and the Polis", in: Carpenter/Faraone 1993, 115–146.
Seaford 1994a	–: *Reciprocity and Ritual. Homer and Tragedy in the Developing City-State*, Oxford 1994.
Seaford 1994b	–: "Sophocles and the Mysteries", *Hermes* 122 (1994) 275–288.
Seaford 1996a	–: "Something to Do with Dionysos. Tragedy and the Dionysiac: Response to Friedrich", in: Silk 1996, 284–294.
Seaford 1996b	Euripides: '*Bacchae*', with an introd., transl. and comm. by R. S., Warminster 1996.
Segal 1981	Segal, C.: *Tragedy and Civilisation. An Interpretation of Sophocles*, Martin Class. Lect. 26, Cambridge, Ma./London 1981.
Segal 1982	–: *Dionysiac Poetics and Euripides' 'Bacchae'*, Princeton 1982.
Segal 1990	–: "Dionysus and the Gold Tablets from Pelinna", *GRBS* 31 (1990) 411–419.
Sicherl 1977	Sicherl, M.: "The Tragic Issue in Sophocles' *Ajax*", *YCS* 25 (1977) 67–98.
Silk 1996	Silk, M. S. (Hrsg.): *Tragedy and the Tragic. Greek Theatre and Beyond*, Oxford 1996.
Simon 1954	Simon, E.: "Die Typen der Medeadarstellung in der antiken Kunst", *Gymnasium* 61 (1954) 203–227.
Simon/Hirmer 1981	–: *Die griechischen Vasen*, Aufn. v. M. u. A. Hirmer, München 1976, 1981².
Smith 1889	Smith, W. R.: *Lectures on the Religion of the Semites*, London 1889.
Solin 1968	Solin, H.: *Eine neue Fluchtafel aus Ostia*, Comm. Hum. Litt. 42:3, Helsinki 1968.
Solin 1977	–: "Tabelle Plumbee di Concordia", *Aquileia Nostra* 48 (1977) 145–164.
Sommerstein 1993	Sommerstein, A. H. et al. (Hgg.): *Tragedy, Comedy and the Polis. Papers from the Greek Drama Conference Nottingham, 18–20 July 1990*, 'Le rane', Studi 11, Bari 1993.

Sourvinou-Inwood 1988   Sourvinou-Inwood, C: "Further Aspects of Polis Religion", *A.I.O.N.* Arch.-stor. 10 (1988) 259–274.

Stählin 1924   Stählin, F.: *Das hellenische Thessalien*, Stuttgart 1924.

Steinmann 1987   Euripides: *Die Troerinnen*, griech.-dt., übers. u. hrsg. v. K. Steinmann, Reclams Universalbibl. 8424, Stuttgart 1987.

Stengel 1910   Stengel, P.: *Opferbräuche der Griechen*, Leipzig/Berlin 1910.

Stengel 1920   –: *Die griechischen Kultusaltertümer*, Hdb. d. Klass. Altertumswiss. 5:3, München 1920³.

van Straten 1995   Straten, F. T. W. van: *Hierà kalá. Images of Animal Sacrifice in Archaic and Classical Greece*, Religions in the Graeco-Roman World 127, Leiden usw. 1995.

Strubbe 1991   Strubbe, J. H. M: "Cursed be he that moves my bones", in: Faraone/Obbink 1991, 33–59.

Taylour 1969   Taylour, W. D.: "Mycenae, 1968", *Antiquity* 43 (1969) 91–97.

Taylour 1970   –: "New Light on Mycenaean Religion", *Antiquity* 44 (1970) 270–280.

Tessier 1987   Tessier, A.: "La struttura metrica della laminetta di Hipponion. Rassegna di interpretazioni", *MusPat* 5 (1987) 232–241.

Thomas 1984   Thomas, G.: "Magna Mater and Attis", *ANRW* 2:17:3 (1984) 1500–1535.

Tomlin 1988   Tomlin, R. S. O.: "The Curse Tablets", in: B. Cunliffe (Hrsg.), *The Temple of Sulis Minerva at Bath. 2: The Finds from the Sacred Spring*, Oxford Univ. Committee for Archaeol., Monogr. 16, Oxford 1988, 59–277.

Tortorelli Ghidini 1992   Tortorelli Ghidini, M.: "Sul verso 4 della laminetta di Hipponion: ψύχονται ο ψυχοῦνται?", *ParPass* 46 (1992) 177–181.

Tsantsanoglou 1997   Tsantsanoglou, K.: "The First Columns of the Derveni Papyrus and their Religious Significance", in: Laks/Most 1997, 93–128.

Tsantsanoglou/   –/G. M. Parássoglou: "Two Gold Lamellae from Parássoglou 1987 Thessaly", *Hellenika* 38 (1987) 3–16.

Turner 1969   Turner, V.: *The Ritual Process. Structure and Antistructure*, London usw. 1969.

Usener 1899   Usener, H.: *Die Sintfluthsagen (Religionsgeschichtliche Untersuchungen 3)*, Bonn 1899.

Usener 1904   –: "Heilige Handlung", *ARW* 7 (1904) 281–339 (= ders., *Kleine Schriften* 4, Leipzig/Berlin 1910, 422–467).

Velasco López 1992   Velasco López, M. de H.: "Le vin, la mort et les bienheureux (à propos des lamelles orphiques)", *Kernos* 5 (1992) 209–220.

Verdelis 1950–51   Verdelis, N. M.: "Χαλκῆ τεφροδόχος κάλπις ἐκ Φαρσάλων", *ArchEph* 89–90 (1950–51) 80–105.

Verdelis 1953–54   –: "Ὀρφικὰ ἐλάσματα ἐκ Κρήτης (Προσφορὰ Ἑλένης Ἀ. Σταθάτου)", *ArchEph* 1953–54 (εἰς μνήμην Γεωργίου Π. Οἰκονόμου), Bd. 2, 56–60.

Vermeule 1974	Vermeule, E. T.: *Götterkult*, Archaeol. Homerica 3:5, Göttingen 1974.
Vernant 1979	Vernant, J.-P.: "A la table des hommes. Mythe de fondation du sacrifice chez Hésiode", in: Detienne/Vernant 1979, 37–132.
Vernant 1981	–: "Théorie générale du sacrifice et mise à mort dans la θυσία grecque", in: *Le sacrifice* 1–21 (Diskussion: 22–39).
Vernant 1982–83/1990	–: "Étude comparée des religions antiques: Résumé des cours et travaux", *Ann. du Collège de France* 1982–83, 443–458 (wieder als: "Artémis et les masques", in: ders., *Figures, idoles, masques. Conférences, essais et leçons du Collège de France*, Paris 1990, 185–207).
Vernant 1985a	–: *La mort dans les yeux. Figures de l'autre en Grèce ancienne*, Paris 1985.
Vernant 1985b	–: "Le Dionysos masqué des *Bacchantes* d'Euripide", *L'Homme* 93 (1985) 31–58 (wieder in: Vernant/Vidal-Naquet 1986, 237–270: hiernach zitiert; erneut in: ders./P. Vidal-Naquet: *La Grèce ancienne* 3: *Rites de passage et transgressions*, Paris 1992, 253–287).
Vernant/ Vidal-Naquet 1972	–/P. Vidal-Naquet: *Mythe et tragédie en Grèce ancienne*, Paris 1972.
Vernant/ Vidal-Naquet 1986	–/–: *Mythe et tragédie en Grèce ancienne* 2, Paris 1986.
Versnel 1985	Versnel, H. S.: "'May he not be able to sacrifice . . .'. Concerning a Curious Formula in Greek and Latin Curses", *ZPE* 58 (1985) 247–269.
Versnel 1990	–: *Ter Unus. Isis, Dionysos, Hermes. Three Studies in Henotheism (Inconsistencies in Greek and Roman Religion 1)*, Stud. in Greek and Roman Religion 6:1, Leiden usw. 1990.
Versnel 1991a	–: "Beyond Cursing. The Appeal for Justice in Judicial Prayers", in: Faraone/Obbink 1991, 60–106.
Versnel 1991b	–: "Some Reflections on the Relationship Magic-Religion", *Numen* 38 (1991) 177–197.
Versnel 1993a	–: *Transition and Reversal in Myth and Ritual (Inconsistencies in Greek and Roman Religion 2)*, Stud. in Greek and Roman Religion 6:2, Leiden usw. 1993.
Versnel 1993b	–: "What's Sauce for the Goose is Sauce for the Gander. Myth and Ritual, Old and New", in: Versnel 1993a, 15–88 (überarb. aus: L. Edmunds, Hrsg., *Approaches to Greek Myth*, Baltimore/London 1990, 25–90; urspr. als: "Gelijke monniken, gelijke kappen. Myth and ritual, oud en nieuw", *Lampas* 17, 1984, 194–246).
Versnel 1994	–: "Πεπρημένος. The Cnidian Curse Tablets and Ordeal by Fire", in: Hägg 1994, 145–154.

Veyne 1989   Veyne, P.: "La nouvelle piété sous l'Empire. S'asseoir auprès
                            des dieux, fréquenter les temples", *RevPhil* 63 (1989)
                            175–194.

Vicaire 1968   Vicaire, P.: "Place et figure de Dionysos dans la tragédie de
                            Sophocle", *REG* 81 (1968) 351–373.

Vidal-Naquet 1986   Vidal-Naquet, P.: "Œdipe entre deux cités. Essai sur
                            l'*Œdipe à Colone*", in: Vernant/Vidal-Naquet 1986, 175–211
                            (auch in: *Métis* 1, 1986, 37–69).

Wagenvoort 1980   Wagenvoort, H.: *Pietas. Selected Studies in Roman Religion*,
                            Stud. in Greek and Roman Religion 1, Leiden 1980.

Watkins 1995   Watkins C., *How to Kill a Dragon. Aspects of Indo-European
                            Poetics*, Oxford 1995.

D. R. West 1995   West, D. R.: *Some Cults of Greek Goddesses and Female Dae-
                            mons of Oriental Origin*, Alter Orient u. Altes Test. 233,
                            Kevelaer/Neunkirchen-Vluyn 1995.

West 1975   West, M. L.: "Zum neuen Goldblättchen aus Hipponion",
                            ZPE 18 (1975) 229–236.

West 1978   Hesiod: *Works and Days*, ed. with proleg. and comm. by
                            M. L. W., Oxford 1978.

West 1983   –: *The Orphic Poems*, Oxford 1983.

West 1997   –: "Hocus-Pocus in East and West. Theogony, Ritual, and
                            the Tradition of Esoteric Commentary", in: Laks/Most
                            1997, 81–90.

Wieten 1915   Wieten, J. H.: *De tribus laminis aureis quae in sepulcris Thuri-
                            nis sunt inventae*, Diss. Leiden, Amsterdam 1915.

Wilamowitz-   Wilamowitz-Moellendorff, U. von: *Der Glaube der Hellenen*,
Moellendorff 1931/1932   2 Bde., Berlin 1931 (Bd. 1)/1932 (Bd.2) (Darmstadt 1959³).

Wilhelm 1904   Wilhelm, A.: "Über die Zeit einiger attischer Fluchtafeln",
                            JÖAI 7 (1904) 105–126.

Willemsen 1990   Willemsen, F.: "Die Fluchtafeln", in: W. K. Kovacsovics, *Die
                            Eckterrasse an der Gräberstraße des Kerameikos*, Kerameikos, Ergeb-
                            nisse der Ausgrabungen 14, Berlin/New York 1990, 142–151.

Winkler 1990   Winkler, J. J.: *The Constraints of Desire. The Anthropology of
                            Sex and Gender in Ancient Greece*, New York/London 1990.

Winkler/Zeitlin 1990   –/F. I. Zeitlin (Hgg.), *Nothing to Do with Dionysos? Atheni-
                            an Drama in its Social Context*, Princeton 1990.

Winnington-Ingram 1980 Winnington-Ingram, R. P.: *Sophocles. An Interpretation*, Cam-
                            bridge 1980.

Winter 1983   Winter, U.: *Frau und Göttin. Exegetische und ikonographische
                            Studien zum weiblichen Gottesbild im Alten Israel und in dessen
                            Umwelt*, Orbis Biblicus et Orientalis 53, Göttingen/Freiburg
                            (Schweiz) 1983.

Wissowa 1912   Wissowa, G.: *Religion und Kultus der Römer*, Hdb. d. Klass.
                            Altertumswiss. 5:4, München 1912² (1902¹).

Wortmann 1968   Wortmann, D.: "Neue magische Texte", *Bonner Jb* 168
                            (1968) 56–111.

Wünsch 1900	Wünsch, R.: "Neue Fluchtafeln", *RhMus* N.F. 55 (1900) 62–85. 232–271.
Xella 1976	Xella, P. (Hrsg.): *Magia. Studi di storia delle religioni in memoria di Raffaela Garosi*, Rom 1976.
Zeitlin 1996	Zeitlin, F. I.: *Playing the Other. Gender and Society in Classical Greek Literature*, Chicago 1996.
Ziebarth 1934	Ziebarth, E.: "Neue Verfluchungstafeln aus Attika, Böotien und Euboia", *Sb. Preuss. Akad. d. Wiss., Phil.-hist. Kl.* 1934, 1022–1050.
Zuntz 1971	Zuntz, G.: *Persephone. Three Essays on Religion and Thought in Magna Graecia*, Oxford 1971.
Zuntz 1976	–: "Die Goldlamelle von Hipponion", *WSt* 89 (N.F. 10) (1976) 129–151.

Abkürzungsverzeichnis

ABV	J. D. Beazley: *Attic Black-Figure Vase-Painters*, Oxford 1956.
ANEP	J. B. Pritchard: *The Ancient Near East in Pictures Relating to the Old Testament*, Princeton 1954.
ANET	– (Hrsg.): *Ancient Near Eastern Texts Relating to the Old Testament*, Princeton 1969³.
ARV²	J. D. Beazley: *Attic Red-Figure Vase-Painters*, 3 Bde., Oxford 1963².
Beazley *Paralip.*	–: *Paralipomena. Additions to 'Attic Black-Figure Vase-Painters' and to 'Attic Red-Figure Vase-Painters' (2nd edition)*, Oxford 1971.
Beazley *Add.*	*Beazley Addenda. Additional references to ABV, ARV² and Paralipomena*, compiled by L. Burn and R. Glynn, Oxford 1982¹. 2nd ed. compiled by T. H. Carpenter et al., ebd. 1989.
CCCA	M. Vermaseren: *Corpus Cultus Cybelae Attidisque*, 7 Bde., EPRO 50, Leiden 1977–1989.
CMG	*Corpus medicorum Graecorum*, Leipzig/Berlin (später: Berlin) 1908– .
CMS	I. Pini (Hrsg.): *Corpus der minoischen und mykenischen Siegel*, begr. von F. Matz u. H. Biesantz, Berlin 1964– .
CVA Deutschland	*Corpus Vasorum Antiquorum: Deutschland*, München 1938– .
DK	*Die Fragmente der Vorsokratiker*, gr. u. dt. v. H. Diels, hrsg. v. W. Kranz, 3 Bde., Berlin 1951–52⁶.
DT	A. Audollent: *Defixionum tabellae quotquot innotuerunt*, Paris 1904.
DTA	R. Wünsch: *Defixionum tabellae Atticae*, IG III 3, Berlin 1897.
EncRel	M. Eliade (Hrsg.): *Encyclopedia of Religion*, 16 Bde., New York usw. 1987.
FGrHist	F. Jacoby: *Die Fragmente der griechischen Historiker*, Berlin (später: Leiden) 1923–1958.

FHG   *Fragmenta Historicorum Graecorum* coll. Karl Müller, 5 Bde., Paris 1841–1870.

Gager   J. G. Gager (Hrsg.): *Curse Tablets and Binding Spells from the Ancient World*, New York/Oxford 1992 (zit. m. Nr. der Inschr.).

GCS   *Die griechischen christlichen Schriftsteller der ersten drei Jahrhunderte*, Leipzig (später: Berlin) 1897– .

HistWbPhilos   J. Ritter/K. Gründer (Hgg.): *Historisches Wörterbuch der Philosophie*, Basel/Stuttgart 1971– .

HrwG   H. Cancik/B. Gladigow/M. Laubscher [ab Bd. 3: K.-H. Kohl]: *Handwörterbuch religionswissenschaftlicher Grundbegriffe*, Stuttgart usw. 1988– .

IG   *Inscriptiones Graecae*, Berlin (später: Berlin/New York) 1873– .

IGUR   *Inscriptiones Graecae urbis Romae* cur. L. Moretti, 4 Bde., Rom 1968–1990.

ILS   *Inscriptiones latinae selectae* ed. H. Dessau, 5 Bde., Berlin 1892.

LIMC   *Lexicon Iconographicum Mythologiae Classicae*, Zürich/München 1981–1997 (Seitenangaben beziehen sich jeweils auf den ersten Halbband, der Text und Kommentar enthält; auf die Abb. des zweiten Halbbandes wird in der Form "Taf." oder "pl." m. Seitenzahl verwiesen).

LSAM   F. Sokolowski: *Lois sacrées de l'Asie Mineure*, École Franç. d'Athènes, Travaux et mémoires d'anciens membres étrangers de l'École et de divers savants 9, Paris 1955.

LSS   —: *Lois sacrées des cités grecques. Supplément*, École Franç. d'Athènes, Travaux et mémoires . . . 11, Paris 1962.

LSCG   —: *Lois sacrées des cités grecques*, École Franç. d'Athènes, Travaux et mémoires . . . 18, Paris 1969.

LSJ   *A Greek-English Lexicon* compiled by H. G. Liddell and R. Scott, rev. and augm. throughout by Sir H. St. Jones with the assistance of R. McKenzie, Oxford 1940[9]. With a rev. Supplement 1996.

ML   W. H. Roscher (Hrsg.): *Ausführliches Lexikon der griechischen und römischen Mythologie*, 9 Bde., Leipzig 1884–1937.

Nilsson, GGR I[3]   M. P. Nilsson, *Geschichte der griechischen Religion. 1: Die Religion Griechenlands bis auf die griechische Weltherrschaft*, Hdb. d. Klass. Altertumswiss. 5:2:1, München 1967[3].

NP   H. Cancik/H. Schneider (Hgg.): *Der Neue Pauly. Enzyklopädie der Antike*, Stuttgart/Weimar 1996– .

Num.Comm. on Paus.   Imhoof-Blumer, F. W./P. Gardner: *Ancient Coins Illustrating Lost Masterpieces of Greek Art. A Numismatic Commentary on Pausanias*, new enlarg. ed. with introd., comm. and notes by A. N. Oikonomides, Chicago 1964.

OCD[3]   S. Hornblower/A. Spawforth (Hgg.): *The Oxford Classical Dictionary*, Oxford 1996[3].

OF	*Orphicorum fragmenta* coll. O. Kern, Berlin 1922.
OGIS	*Orientis Graeci Inscriptiones Selectae. Supplementum Sylloges Inscriptionum Graecarum* ed. W. Dittenberger, Leipzig 1903–1905.
PCG	*Poetae Comici Graeci* edd. R. Kassel et C. Austin, Berlin/New York 1983–
Peek	W. Peek (Hrsg.), *Griechische Grabgedichte. Griechisch und deutsch*, Schr. u. Qu. d. Alten Welt 7, Berlin 1960.
Pfuhl, *MuZ*	E. Pfuhl, *Malerei und Zeichnung der Griechen*, 3 Bde., München 1923.
PG	*Patrologiae cursus completus omnium ss. patrum . . .* accurante J.-P. Migne, *Series graeca*, Paris 1857–66.
PGM	K. Preisendanz (Hrsg.): *Papyri Graecae Magicae/Die griechischen Zauberpapyri*, 2 Bde., 2., verb. Auflage m. Erg. v. K. Preisendanz u. E. Heitsch durchges. u. hrsg. von A. Henrichs, Slg. wiss. Comm., Stuttgart 1973–74 (Leipzig/Berlin 1928–311).
PGMTr	H. D. Betz (Hrsg.): *The Greek Magical Papyri in Translation Including the Demotic Spells*, Chicago/London 1986, 1992².
PL	*Patrologiae cursus completus omnium ss. patrum . . .* accurante J.-P. Migne, Series latina, Paris 1844–55.
RAC	Th. Klauser et al. (Hrsg.): *Reallexikon für Antike und Christentum. Sachwörterbuch zur Auseinandersetzung des Christentums mit der antiken Welt*, Stuttgart 1950– .
SC	*Sources chrétiennes*, Paris 1941– .
SEG	*Supplementum Epigraphicum Graecum*, Leiden 1923– (vol. 26 [1976–77] –27 [1977]: Alphen aan den Rijn/Germantown, Maryland; vol. 28 [1978]–: Amsterdam).
SGD	D. R. Jordan: "A Survey of Greek *Defixiones* not Included in the Special Corpora", *GRBS* 26 (1985) 151–197.
Suppl. Mag.	R.W. Daniel/F. Maltomini (Hgg.): *Supplementum Magicum* 1–2, Abh. d. Rhein.-Westf. Akad. d. Wiss., Sonderreihe Papyrologica Coloniensia 16:1–2, Opladen 1990–1992.
ThR	G. Krause/G. Müller (Hgg.): *Theologische Realenzyklopädie*, Berlin/New York 1976– .
ThWNT	G. Kittel (Hrsg.): *Theologisches Wörterbuch zum Neuen Testament*, 11 Bde., Stuttgart 1932–79.
TrGF	*Tragicorum Graecorum fragmenta* edd. B. Snell, R. Kannicht, St. Radt, Göttingen 1971– .

Abbildungen

Abb. 1 (Blome)   Schale des Onesimos.
J. P. Getty Museum Malibu 83.AE.362/84.AE.80/85.AE.385.
Ilioupersis = LIMC 8 Ilioupersis 7.

Abb. 2 (Blome) Hydria der Leagrosgruppe.
British Museum London B 326.
Achill und Troilos = LIMC 1 Achilleus 363.

Abb. 3 (Blome)   Campanische Strickhenkelamphora.
Paris Cab. Méd. 876.
Medea = LIMC 6 Medea 30.

Abb. 4 (Blome)   Schale des Onesimos.
Sammlung H. A. Cahn Basel HC 599.
Prokne und Itys = LIMC 7 Prokne 3.

Abb. 5 (Blome)   Stamnos des Berliner Malers.
Ashmolean Museum Oxford 1912. 1165.
Pentheus = LIMC 7 Pentheus 42.

476

Abb. 6 (Blome) Schale des Duris. Bibel Lands Museum Jerusalem. Pentheus = LIMC 7 Pentheus 43.

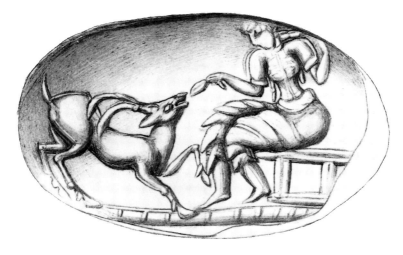

Abb. 7 (Marinatos)   Bronze Age Goddess feeding animal.
Seal from Crete. *CMS* V Suppl. 1A 175.

Abb. 8 (Marinatos)   Bronze Age Goddess flanked by griffins.
Seal from Rhodes. *CMS* V 654.

Abb. 9 (Marinatos)   Bronze Age Goddess holding griffin as pet.
Seal from Mycenae. *CMS* I 128.

Abb. 10 (Marinatos)   Bronze Age Goddesses riding chariot drawn by griffins.
Seal from Crete. *CMS* V Suppl. 1B 137.

Abb. 11 (Marinatos)   Bronze Age Goddess holding birds by the neck.
Seal now in Paris, Cabinet des Medailles. *CMS* IX 154.

Abb. 12 (Marinatos)   Bronze Age Goddess and huge dog.
Seal from Asine. *CMS* V Suppl. 1B 58.

Abb. 13 A (Marinatos)   Bronze Age Goddess/priestess and ram.
Now in a European collection. *CMS* XI 335.

Abb. 13 B (Marinatos)   Bronze Age Goddess/priestess with huge dog.
Seal now in Berlin. *CMS* XI 255.

Abb. 14 (Marinatos)   Bronze Age Seated goddess and wild boar.
Seal from Crete. *CMS* II. 3, 167.

Abb. 15 (Marinatos)   Bronze Age Master of animals.
Seal from Prosymna. *CMS* I Suppl. 27.

Abb. 16 (Marinatos)   Archaic Artemis with stag and panther.
After *LIMC* 2 (1984) pl. 445 no. 33b.

Abb. 17 (Marinatos) Archaic Artemis with bow.
After *LIMC* 2 (1984) pl. 528 no. 1060.

484

Abb. 18 (Marinatos) Early Archaic Artemis on Corinthian aryballos.
After *LIMC* 2 (1984) 625 no. 19.

Abb. 19 (Marinatos)   Artemis attacking a feline on Phrygian Oenochoe.
Orientalizing period. After *LIMC* 2 (1984) 634 no. 109a.

Abb. 20 (Marinatos)   Artemis harpooning a panther on stand from Lemnos.
Orientalizing period. After *LIMC* 2 (1984) 692 no. 935.

Abb. 21 (Marinatos)   Bronze Age seal from Prosymna
with cow and suckling calf.
CMS I Suppl. 28.

Abb. 22 (Marinatos)   Archaic Artemis as huntress
on Tyrhenian amphora.
After *LIMC* 2 (1984) 707 no. 1116.

Abb. 23 (Marinatos)   Artemis as huntress from late Archaic vase.
After *LIMC* 2 (1984) pl. 563 no. 1439.

488

Abb. 24 (Marinatos)   Artemis and Athena on François Vase. Archaic.
After *LIMC* 2 (1984) pl. 551 no. 1281.

Abb. 25 (Marinatos)   Gorgo as Mistress of birds on Archaic Rhodian plate.
After *LIMC* 4 (1988) pl. 182 no. 280.

Abb. 26 (Marinatos)　Gorgo with horse. Archaic Metope from S. Italy.
After *LIMC* 4 (1988) pl. 181 no. 271.

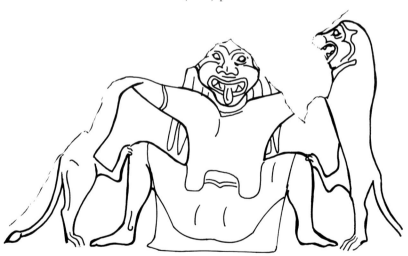

Abb. 27 (Marinatos)　Gorgo as Baubo and Mistress of animals
on Archaic Bronze found in Etruria.
After *LIMC* 4 (1988) pl. 193 no. 89.

Abb. 28 (Marinatos)   Gorgo as Baubo on a vase from Tarent.
Basel Antikenmuseum und Sammlung Ludwig no. 80. Courtesy P. Blome.

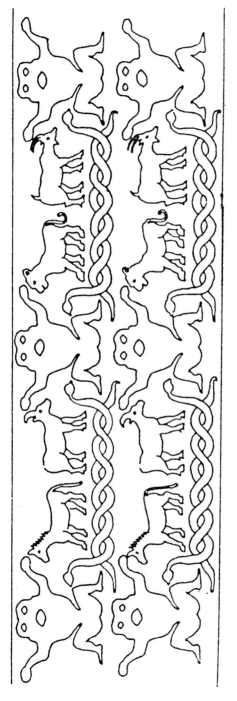

Abb. 29 (Marinatos)   Baubo and Mistress of animals on NE Seal. After O. Keel 1992, p. 261, no. 271.

Abb. 30 (Marinatos)   Lamastu as a mistress of animals.
After O. Keel, *The Symbolism of the Biblical World,*
New York 1978, p. 82, fig. 94.

Abb. 31 (Marinatos)   Peleus and Thetis. Archaic.
After *LIMC* 7 (1994) 257 no. 71.

494

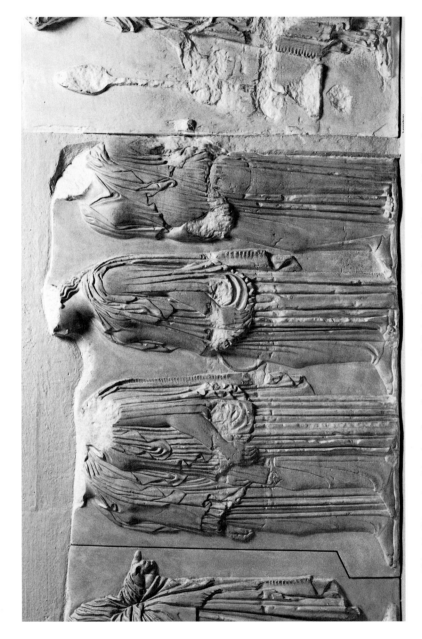

Abb. 32 (Simon) Gipsabguß nach einem Teil der Pariser Platte (VII) vom Ostfries des Parthenon. Basel, Skulpturhalle.

Abb. 33 (Simon) Aus Spina Volutenkrater des Kleophon-Malers.
Ferrara, Mus. Naz.

Abb. 34 (Simon)   Set aus Wasserkanne und Griffphiale aus Ton (Unteritalien).
Würzburg, Martin-von-Wagner-Museum der Universität

Abb. 35 (Simon)   Fragment einer klazomenischen Hydria.
Athen, Nat. Mus. 5610

Abb. 36 (Simon)   Poseidonstatue und Thymiaterion.
Stater von Poseidonia, um 350 v. Chr.

Abb. 37 (Simon)   Kelchkrater des Kekrops-Malers.
Schloß Fasanerie (Adolphseck) bei Fulda 77

Abb. 38 und 39 (Simon)   Bronzestatuette eines Äthiopen.
Cleveland/Ohio, The Cleveland Museum of Art